Uni-Taschenbücher 1082

UTB
FÜR WISSEN
SCHAFT

Eine Arbeitsgemeinschaft der Verlage

Wilhelm Fink Verlag München
Gustav Fischer Verlag Jena und Stuttgart
Francke Verlag Tübingen und Basel
Paul Haupt Verlag Bern · Stuttgart · Wien
Hüthig Verlagsgemeinschaft
Decker & Müller GmbH Heidelberg
Leske Verlag + Budrich GmbH Opladen
J. C. B. Mohr (Paul Siebeck) Tübingen
Quelle & Meyer Heidelberg · Wiesbaden
Ernst Reinhardt Verlag München und Basel
F. K. Schattauer Verlag Stuttgart · New York
Ferdinand Schöningh Verlag Paderborn · München · Wien · Zürich
Eugen Ulmer Verlag Stuttgart
Vandenhoeck & Ruprecht in Göttingen und Zürich

Grundwissen der Ökonomik
Betriebswirtschaftslehre

Herausgegeben von

F. X. Bea, Tübingen
E. Dichtl, Mannheim
M. Schweitzer, Tübingen

Allgemeine Betriebswirtschaftslehre

Band 1: Grundfragen
Band 2: Führung
Band 3: Leistungsprozeß

Allgemeine Betriebswirtschaftslehre

Herausgegeben von

F. X. Bea, E. Dichtl und M. Schweitzer

Band 2: Führung

Mit Beiträgen von

M. Schweitzer, K. Bleicher, B. Erichson,
P. Hammann, E. Zahn, W. Eisele, G. Scherrer,
K. Brockhoff

6., neubearbeitete Auflage

124 Abbildungen und 6 Tabellen

Gustav Fischer Verlag · Stuttgart · Jena

Anschriften der Herausgeber:

Prof. Dr. Franz Xaver Bea
Lehrstuhl für Betriebswirtschaftslehre, insbesondere Planung und Organisation,
Universität Tübingen
Sigwartstraße 18, 72076 Tübingen

Prof. Dr. Dr. h. c. Erwin Dichtl
Lehrstuhl für Allgemeine Betriebswirtschaftslehre und Marketing I,
Universität Mannheim
L 5, 1 (Schloß), 68161 Mannheim

Prof. Dr. Marcell Schweitzer
Lehrstuhl für Betriebswirtschaftslehre, insbesondere Industriebetriebslehre und
Unternehmensforschung, Universität Tübingen
Mohlstraße 36, 72076 Tübingen

1. Aufl. 1983, 2. Aufl. 1985, 3. Aufl. 1987, 4. Aufl. 1989, 5. Aufl. 1991

Die Deutsche Bibliothek – CIP-Einheitsaufnahme

Allgemeine Betriebswirtschaftslehre / hrsg. von F. X. Bea ... –
Stuttgart ; Jena : G. Fischer.
(Grundwissen der Ökonomik : Betriebswirtschaftslehre)

NE: Bea, Franz X. [Hrsg.]

Bd. 2. Führung : 6 Tabellen / mit Beitr. von M. Schweitzer ... –
6., neubearb. Aufl. – 1993
(UTB für Wissenschaft : Uni-Taschenbücher ; 1082)
ISBN 3-8252-1082-0 (UTB)
ISBN 3-437-40304-4 (Fischer)
NE: Schweitzer, Marcell; UTB für Wissenschaft / Uni-Taschenbücher

---

Gesamtherstellung: Friedrich Pustet, Regensburg
Umschlaggestaltung: Alfred Krugmann, Stuttgart
Printed in Germany

0 1 2 3 4 5

UTB-Bestellnummer ISBN 3-8252-1082-0

Vorwort

Der Wissensbereich der Allgemeinen Betriebswirtschaftslehre ist in den letzten Jahren so stark gewachsen, daß es kaum noch Wissenschaftler gibt, die das gesamte Fach überblicken. Ein Lehrbuch zur Allgemeinen Betriebswirtschaftslehre, das den Ansprüchen nach Kompetenz und Gründlichkeit genügen will, läßt sich daher in der Regel nur durch ein Team von Experten bewältigen. Diese Erkenntnis hat uns veranlaßt, solche Wissenschaftler mit der Bearbeitung eines Kapitels zu betrauen, die auf dem entsprechenden Gebiet als Autoren bereits reiche Erfahrung gesammelt haben.

Als Herausgeber haben wir uns von dem Ziel lenken lassen, einen systematischen und umfassenden Überblick über den gegenwärtigen Wissensstand zu vermitteln. Daß diesem Vorhaben vom Umfang selbst eines dreibändigen Werkes her Grenzen gesetzt sind, ist verständlich. Auf einige Randgebiete der Betriebswirtschaftslehre wird deshalb verzichtet.

Band 1 behandelt die wichtigsten **Grundfragen** der Allgemeinen Betriebswirtschaftslehre. Er beginnt mit einer Darstellung von Gegenstand und Wissenschaftsprogrammen der Betriebswirtschaftslehre. Da sich die Betriebswirtschaftslehre hauptsächlich mit den unternehmerischen Entscheidungen beschäftigt, werden im 3. Kapitel zunächst die Rahmenbedingungen und im 4. Kapitel die Grundlagen der Entscheidungen sowie die konstitutiven Entscheidungen erörtert.

Band 2 ist den Instrumenten der **Unternehmensführung** gewidmet, zunächst der Planung und Kontrolle sowie der Organisation. Das 3. Kapitel hat die Information zum Gegenstand, d. h. die Grundlagen der Informationsbeschaffung, die Informationstechnologie (einschl. Datenverarbeitung), das Rechnungswesen (Bilanzen und Kostenrechnung) sowie die Prognosen.

Band 3 befaßt sich mit dem **Leistungsprozeß**. Ausgangspunkt ist die Erörterung der Beschaffung. Auf sie folgen die Kapitel Fertigung, Marketing, Investition, Finanzierung und Personalwirtschaft.

Für jeden an der Materie Interessierten ist es gewiß eine große Hilfe, wenn ihm der Wissensstoff, der den Kern des Faches ausmacht, in einer überschaubaren, systematischen und prägnanten Weise dargeboten wird. Diesem Ziel fühlten sich alle Autoren verpflichtet. Erfreulicherweise ist es gelungen, für das Vorhaben Hochschullehrer zu gewinnen, die dank der Verschiedenheit von Alter, Herkunft und Wissenschaftsauffassung die Gewähr dafür bieten, daß keine bestimmte Schulrichtung den Charakter der drei Bände prägt, sondern daß diese bei allem Streben nach Einheitlichkeit in der Darstellung ein möglichst getreues Abbild der Wissenschaftsvielfalt vermitteln und damit den pluralistischen Charakter der hierzu entwickelten Auffassungen dokumentieren.

In der vorliegenden 6. Auflage dieses Bandes wurden alle Kapitel gründlich überarbeitet und auf den neuesten Stand gebracht. Dies gilt insbesondere für die Darstellung der computergestützten Informationssysteme und der Konzernrechnungslegung. Einzelne Kapitel wurden darüber hinaus um aktuelle Entwicklungen angereichert, so etwa wird im Rahmen der Erörterung der Kostenrechnungssysteme nunmehr die Prozeßkostenrechnung ausführlich dargestellt.

Besonderer Wert wurde erneut auf die Verbesserung der Lesbarkeit dieser Einführung gelegt: Zentrale Begriffe bzw. Aussagen sind im fortlaufenden Text durch Umrahmung hervorgehoben. Weitere Hervorhebungen werden durch Fett- oder Kursivdruck in einer Weise vorgenommen, daß der Lesefluß nicht behindert, der Aufmerksamkeitswert jedoch erhöht wird. Außerdem erleichtert diese Drucktechnik das Wiederfinden von Begriffen und Sachfragen, was ein wirkungsvolles Lernen deutlich unterstützt.

Zahlreiche Hochschullehrer und Studenten, die mit den drei Bänden der Allgemeinen Betriebswirtschaftslehre arbeiten, haben uns vielfältige Ratschläge für Verbesserungen gegeben. Wir konnten sie weitgehend berücksichtigen. Ihnen allen sei an dieser Stelle herzlich gedankt.

Mannheim und Tübingen, November 1993

F. X. Bea
E. Dichtl
M. Schweitzer

Inhaltsverzeichnis

1. Kapitel

Planung und Kontrolle

Marcell Schweitzer

2. Kapitel

Organisation

Knut Bleicher

3. Kapitel

Information

1 Beschaffung und Aufbereitung von Informationen

Bernd Erichson und Peter Hammann

2 Informationstechnologie und Informationsmanagement

Erich Zahn

3 Rechnungswesen

3.1 Das Rechnungswesen als Informationssystem

Wolfgang Eisele

3.2 Bilanzen

Wolfgang Eisele

3.3 Kostenrechnung

Gerhard Scherrer

4 Prognosen

Klaus Brockhoff

Allgemeine Betriebswirtschaftslehre

Kurzübersicht über das Gesamtwerk

Einleitung: Führung

1 Begriff der Führung

Wie in Band 1 dargelegt, besteht die Aufgabe eines Unternehmens darin, Güter zu erzeugen, die für die Deckung eines Bedarfes geeignet sind. Dieser Prozeß darf in einer sich immer dynamischer und komplexer entwickelnden Unternehmensumwelt nicht dem Zufall überlassen bleiben, sondern ist auf Ziele auszurichten und so zu gestalten, daß diese Ziele erfüllt werden.

Als vorläufige Kennzeichnung der Führung läßt sich festhalten:

Führung ist zielorientierte Gestaltung.

Diese zielorientierte Gestaltung kann sich sowohl auf Personen als auch auf Unternehmen beziehen. Es ist daher zwischen Personalführung einerseits und Unternehmensführung andererseits zu unterscheiden. Bei der **Personalführung** wird der Begriff »Gestaltung« häufig durch »Beeinflussung« ersetzt, da die Personalführung auf die Beeinflussung des Verhaltens der im Unternehmen beschäftigten Personen ausgerichtet ist. Der Grad der Einflußnahme von Vorgesetzten (Führern) auf Untergebene (Geführte) bzw. der Grad der Partizipation der Mitarbeiter an den Maßnahmen der Führungsorgane kann unterschiedlich gestaltet werden. In den unterschiedlichen Verhaltensmustern kommen verschiedene **Führungsstile** zum Ausdruck (vgl. Abb. 2).

Aus den bisherigen Ausführungen kann zusammenfassend folgende Definition abgeleitet werden:

Führung ist zielorientierte Gestaltung von Unternehmen (= Unternehmensführung) bzw. zielorientierte Beeinflussung von Personen (= Personalführung).

Bei der **Personalführung** stehen verhaltensorientierte Aspekte im Vordergrund der Betrachtung. Theoretische Grundlagen der Personalführung liefern u. a. die Psychologie und die Soziologie.

Die **Unternehmensführung** befaßt sich im Rahmen der zielorientierten Gestaltung von Unternehmen vor allem mit den Aspekten des Führungsprozesses, der Führungstechniken und der Führungsinstrumente.

Der **Führungsprozeß** (gelegentlich auch als **Managementprozeß** bezeichnet) setzt sich aus einzelnen Teilschritten, der Planung, der Realisation von Plänen und der Kontrolle zusammen. Dieser Prozeß kann durch **Führungstechniken,** wie z. B. Portfolio-Analyse und Kennzahlensysteme erleichtert und verbessert werden. Der Einsatz von Führungstechniken zur Gestaltung des Führungsprozesses wird von Personen im Rahmen einer Organisation wahrgenommen. »Führung« bezeichnet demzufolge nicht nur eine Tätigkeit (**Führung als Funktion**), sondern auch eine Gruppe von Personen, die Führungsaufgaben wahrnehmen (**Führung als Institution**). Sowohl zur Wahrnehmung des Führungsprozesses wie auch zum Einsatz der Führungstechniken und zur organisatorischen Gestaltung der Führung werden Informationen benötigt. Planung und Kontrolle, Organisation und Information werden als **Führungsinstrumente** bezeichnet.

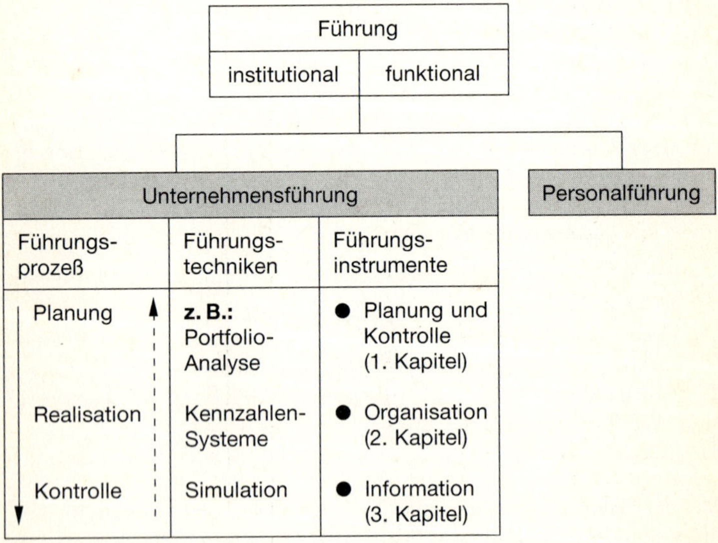

Abb. 1: Die Aspekte der Führung

Wie gezeigt, läßt sich die Führung unter einer Vielzahl von Aspekten beleuchten. Abb. 1 enthält eine Darstellung der wesentlichen Aspekte und nennt jene Kapitel, in denen sie im Rahmen dieses Bandes behandelt werden.

2 Theorien der Führung

Will man die Führungsinstrumente gezielt einsetzen, benötigt man eine Vorstellung über Bedingungen, Strukturen, Prozesse und Konsequenzen von Führung. Diese Vorstellung wird als Führungstheorie bezeichnet.

»**Führungstheorien** sollen Bedingungen, Strukturen, Prozesse und Konsequenzen von Führung beschreiben, erklären und vorhersagen.« (Wunderer/Grunwald [Führung] 112).

Eine allgemeine Führungstheorie, welche den genannten Anforderungen entspricht, ist bis heute noch nicht gefunden worden. Es gibt vielmehr eine Vielzahl vorläufiger Führungstheorien. Ihre Entwicklungsgeschichte kann verkürzt in **drei Phasen** zerlegt werden (vgl. Seidel/Jung [Führungstheorien]):

- Suche nach den Führungseigenschaften (eigenschaftstheoretischer Ansatz)
- Hinwendung zum Führerverhalten und zur Frage nach der Effizienz von Führung (verhaltenstheoretischer Ansatz)
- Berücksichtigung der Führungssituation (situationstheoretischer Ansatz).

(1) **Eigenschaftstheoretischer Ansatz.** Dieser älteste und lange Zeit vorherrschende Ansatz wurde schon von *Aristoteles* und später von *Machiavelli* vertreten. Nach ihnen ist der Führungserfolg abhängig von den Eigenschaften des Führers, die sowohl angeboren wie auch erworben sein können.

Die erste Phase der Führungsforschung zu Beginn dieses Jahrhunderts war geprägt von der Suche nach spezifischen Persönlichkeitsmerkmalen, die angeblich einen Führer auszeichnen. Grundidee der Eigenschaftstheorie war die Überzeugung, daß Führungspersönlichkeiten einen Katalog idealer Eigenschaften besitzen müssen, um für Führungsaufgaben geeignet zu sein. Während in den 20er und 30er Jahren die Bedeutung physischer Eigenschaften, wie z. B. Alter, Körpergröße einer Führungsperson, erforscht wurde, wandte man sich in den späteren Untersuchungen vermehrt der Analyse geistiger Fähigkeiten, wie z. B. Intelligenz, Belastbarkeit, Kreativität, Selbstbewußtsein, Risikobereitschaft, Willensstärke zu.

(2) **Verhaltenstheoretischer Ansatz.** Das weitgehende Scheitern der eigenschaftstheoretischen Forschungsrichtung führte dazu, daß sich das Augenmerk der Untersuchungen zunehmend auf die Führer-Geführten-Beziehung richtete. Grundlage der Forschungen waren Experimente mit Kleingruppen. Eine besondere Aufmerksamkeit erfuhr das Verhalten von Gruppenmitgliedern bei unterschiedlichen Führungsstilen. Die Frage nach der Effizienz von Führung gewann zunehmend an Bedeutung. Ihre Antwort setzte Erkenntnisse über die Auswirkungen des Führungsverhaltens auf die Reaktionen der Geführten voraus.

Vertreter des verhaltenstheoretischen Ansatzes sind *Lewin* 1939 (»Iowa Studien«) und *Roethlisberger/Dickson* 1939 (»Hawthorne-Experimente«).

(3) **Situationstheoretischer Ansatz.** In den 70er und 80er Jahren rückte die Frage nach dem Einfluß der Unternehmensumwelt, d. h. der Führungssituation, auf die Führung in den Vordergrund der Betrachtung. Die Wurzeln dieser Kontingenz- bzw. Situationstheorien reichen weit in die Geschichte der Führungstheorien zurück. Bereits im Hegel'schen Weltgeist wurde die Führungssituation herausgestellt, die angeblich den jeweils geeigneten Führer hervorbringt. Die Grundidee der neueren unternehmensorientierten Situationstheorie besteht jedoch im folgenden: Empirische Untersuchungen belegen die These, daß Planung und Organisation in unterschiedlichen Situationen unterschiedlich effizient sein können. In diesem Zusammenhang wurde deutlich, daß ein Unternehmen langfristig nur überleben kann, wenn es die unternehmensspezifischen Veränderungen der wirtschaftlichen, politisch-rechtlichen und gesellschaftlichen Unternehmensumwelt wahrnimmt und diese beim Einsatz der Führungsinstrumente berücksichtigt. Dieses Vorgehen kann als **situative Führung** bezeichnet werden. Wenn die Umweltveränderungen zudem bewußt und rechtzeitig wahrgenommen werden und aus dem Vergleich der Ergebnisse einer Umwelt- und Unternehmensanalyse langfristige Gestaltungsziele abgeleitet werden, liegt eine **strategische Unternehmensführung** vor. Die Möglichkeiten der Analyse des Unternehmens und seiner Umwelt sowie der daraus abzuleitenden Strategien sind heute wesentliche Elemente der Führungsforschung.

Im Rahmen des situationstheoretischen Ansatzes sind insbesondere das Kontingenzmodell von *Fiedler* (1967) und das *Vroom/Yetton-Modell* (1973) beachtet worden.

3 Funktionen der Führung

Begründungen für die Notwendigkeit von Führung lassen sich aus einer eher personalorientierten und einer eher unternehmerischen Sichtweise ableiten.

Die erste Begründung von Menschenführung entstammt der patriarchalischen Sichtweise zu Beginn dieses Jahrhunderts: Führung ist notwendig, **weil Menschen geführt werden wollen.** Dieses Menschenbild geht von unmündigen, sich unterordnenden, hilflosen und schutzsuchenden Personen aus, die einer »starken Hand« bedürfen.

In den 20er und 30er Jahren ging man von der patriarchalischen Führungsbegründung ab. Führung wurde nun mit der eher ideologischen Überzeugung begründet, **daß die Menschen geführt werden müssen.** Ohne eine »starke Hand« würden Egoismus, Orientierungslosigkeit und chaotische Selbstbestimmung um sich greifen. Diese Tendenz sollte durch Führung unterbunden werden. Eine notwendige Gleichschaltung oder verordnete Uniformiertheit passen zu dieser Sichtweise. Diese Führungsbegründung gipfelte in der heftig geführten Diskussion um die Existenz von Eliten, die eine Gesellschaft führen sollen und denen man sich zu unterwerfen habe.

Neuere Führungsbegründungen gehen vom elitären Menschenbild einer Über/Unterordnung ab und betonen ein notwendiges Miteinander von Menschen. Personalführung wird hier angesichts einer zunehmend aufgeklärten, informierten und freiheitlichen Gesellschaft zu einem **Motivationsinstrument.** Führung legitimiert sich in einer solchen Sichtweise kaum noch durch Macht, sondern vielmehr durch die Fähigkeit, andere zu motivieren.

Führungsbegründungen werden heute zunehmend sachlicher und auf das Unternehmen bezogen entwickelt. **Es gilt, ein Unternehmen in einer sich verändernden Unternehmensumwelt zu führen** und somit seinen Bestand oder seine Entwicklung zu gewährleisten.

Während in früheren Zeiten eine Unternehmung Güter weitgehend losgelöst von der Unternehmensumwelt, insbesondere von gesellschaftlichen Entwicklungen, erzeugen und dennoch auf eine gesicherte Nachfrage hoffen konnte, ist heute eine Unternehmensführung ohne die Berücksichtigung der Umweltveränderungen nicht mehr denkbar. Einige Beispiele von **Umweltveränderungen,** die sich immer dynamischer und komplexer vollziehen und die betriebliche Führung nachhaltig beeinflussen, seien hier kurz genannt:

Der technische Fortschritt führt dazu, daß sich Innovations- und Produktlebenszyklen immer mehr verkürzen. Die Wirtschaft ist gekennzeichnet durch eine zunehmende Internationalisierung und Konzentration der Märkte sowie der Unternehmen. Unternehmenskooperationen und -allianzen werden in verstärktem Maße gebildet. Der Trend zu Käufermärkten ist unverkennbar und das Konsumentenverhalten verändert sich u. a. durch den Wertewandel nachhaltig. Zunehmende Freizeit mit steigenden Ansprüchen an Lebenshaltung und -gestaltung sowie ein verändertes Arbeitsbewußtsein sind Beispiele sozio-kultureller Veränderungen. Weitere Beispiele ließen sich auf politisch-rechtlichem, demographischem und ökologischem Gebiet anführen.

Eine zielorientierte Gestaltung von Unternehmen und eine zielorientierte Einflußnahme auf Mitarbeiter müssen heute solche Umweltveränderungen berücksichtigen. Die Frage nach der »richtigen Führung« wird daher immer häufiger gestellt, so daß Kurse, Seminare und Studiengänge, die eine Orientierung und Hilfestellung bei Führungsproblemen versprechen, einen wahren Nachfrageboom erleben.

Wenn die **Notwendigkeit** von Führung **erkannt** ist, muß konsequenterweise nach den **Funktionen** der Führung gefragt werden (vgl. Korndörfer [Unternehmensführungslehre] 35 ff.):

1. Wer zielorientiert gestaltet, benötigt Ziele. Die Bildung und Vorgabe solcher Ziele oder gar Visionen ist vorderste Aufgabe der Führung. Ziele sind sowohl für Führende als auch für Ausführende wesentliche Leitlinien.

Führung gibt Ziele vor

2. Unternehmen bestehen u. a. aus Personen und Sachmitteln, die zur Erfüllung der Unternehmensaufgabe eingesetzt werden. Diese Elemente des Systems Unternehmen gilt es aufeinander abzustimmen und zu integrieren. Abstimmung, d. h. Koordination, setzt ganzheitliche Denkweisen und Übersicht voraus.

Führung koordiniert

3. Ohne Personen ist eine Unternehmung nicht denkbar. Neben der persönlichen und fachlichen Qualifikation, d. h. der Leistungsfähigkeit, wird heute der Leistungswille von Mitarbeitern immer wichtiger. Mitarbeiter, die Führungsentscheidungen ausführen sollen, müssen über ihre Aufgaben informiert und zur Leistung motiviert werden. Motivation und Information sind daher wesentliche Führungsfunktionen, die Selbständigkeit und Kompetenz der Führung voraussetzen.

Führung informiert und motiviert

4. Ein Betrieb muß in vielfältigen Fällen nach außen hin vertreten werden. Gesetzliche Vorschriften regeln z. T. solche Vertretungsrechte und -pflichten von führenden Personen. Diese und weitere repräsentative Vertretungsaufgaben sind meist nicht delegierbar.

Führung repräsentiert

Aus den bisherigen Ausführungen kann zusammenfassend folgende **Kennzeichnung** von Führung abgeleitet werden.

> **Führung** soll Ziele vorgeben, koordinieren, motivieren, informieren und repräsentieren.

Führung in dem oben verstandenen Sinne ist nicht Leitung oder Verwaltung. **Leitung** ist eine abgeleitete, d. h. derivative Führungsaufgabe. Sie sorgt dafür, daß durch konkrete Anweisungen die von der Führung vorgegebenen Richtlinien realisiert werden. Eine **Verwaltung** nimmt ausführende Aufgaben wahr.

»Führung« und »Management« sind eng verwandte Begriffe, gelegentlich werden sie auch synonym verwendet. Häufig wird der Begriff »**Management**« auch zur Bezeichnung der Führungsebene gebraucht; so ist dann die Rede von top-, middle- und lower-management. Ein **Beispiel** soll diesen Zusammenhang verdeutlichen: Der Vorstand einer Bank (top-management) beschließt, aufgrund veränderter Kundenwünsche verstärkt bestimmte Zielgruppen je Kundenbereich durch neue Anlageformen verbunden mit einer Werbekampagne anzusprechen und dadurch den Gewinn im nächsten Jahr um mindestens 10% zu steigern. Diese Führungsentscheidung wird den Hauptabteilungsleitern der verschiedenen Kundensparten und dem Marketingleiter (middle-management) vermittelt. Die Hauptabteilungsleiter ihrerseits fordern ihre Abteilungsleiter (lower-management) auf, entsprechende Vorschläge zu entwickeln, um zusammen mit dem Marketingleiter ein Gesamtkonzept zu entwerfen. Schalterbedienstete und Werbesachbearbeiter führen schließlich entsprechende Anweisungen aus.

4 Modelle der Führung

Nachdem der Begriff und die Funktionen der Führung geklärt sind, können nun Modelle der Führung, wie sie in Theorie und Praxis entwickelt wurden, vorgestellt werden.

Führungsmodelle (auch Führungskonzepte oder Führungsprinzipien genannt) sind Aussagensysteme, die theoretische und instrumentale Aussagen über die Struktur und die Funktion zielorientierter Gestaltungsprozesse enthalten.

Der Inhalt eines Führungsmodells wird wesentlich vom grundsätzlichen Verhalten der Führungspersonen bestimmt. Die **Verhaltensmuster der Führung** werden als Führungsstile bezeichnet (Wunderer/Grunwald [Führung] 218 ff.). Grundsätzlich können zwei konträre **Typen von Führungsstilen** unterschieden werden:

- autoritärer Führungsstil,
- kooperativer Führungsstil.

Kennzeichen für den **autoritären** Führungsstil ist, daß die Führungspersonen anordnen, ohne die Betroffenen zu befragen. Im Gegensatz dazu findet beim **kooperativen** Führungsstil eine Mitwirkung der Geführten in Form von Willensbildungsprozessen und von Entscheidungsdelegation statt. Abb. 2 enthält eine Beschreibung verschiedener Führungsstile (nach Tannenbaum/Schmidt, entnommen Staehle [Management] 312).

Das in einem Unternehmen praktizierte Führungsmodell und die im Rahmen dieses Führungsmodells angewandten Führungsstile werden in einzelnen Unternehmen in Form von **Führungsgrundsätzen** festgehalten. Sie stellen schriftlich formulierte Anweisungen an die Führungskräfte dar. Beispiel für einen Führungsgrundsatz aus der Praxis: »Aufgaben sollen möglichst dezentral gelöst werden.«

Systematische Darstellungen von **Führungsmodellen** finden sich in der Literatur kaum. Zum einen ist die Zahl der Modelle und ihrer Varianten inzwischen beinahe unübersehbar, zum anderen fehlen aussagekräftige Klassifikationsmöglichkeiten. Unterschiede im Führungsbegriff machen sich ebenfalls bemerkbar. Im folgenden soll ein Eindruck von dieser Vielfalt der Führungsmodelle vermittelt werden.

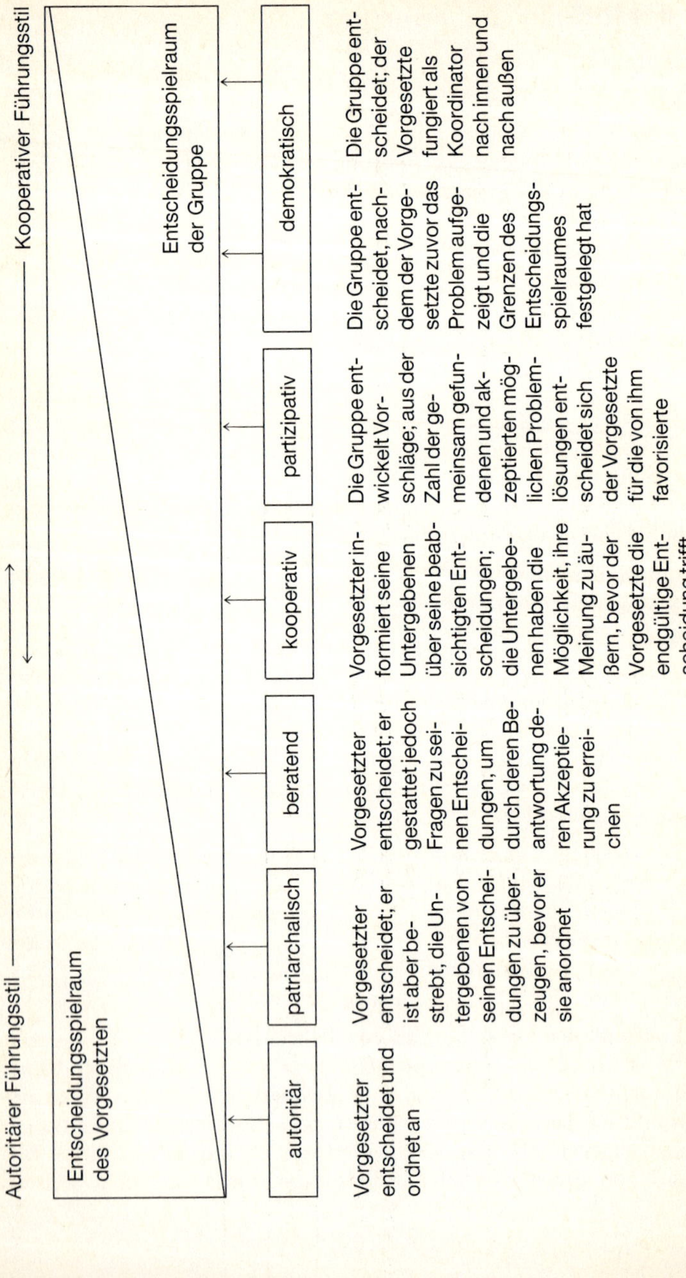

Abb. 2: Führungsstile

Dabei untergliedern wir in Partialmodelle und Totalmodelle. Während Partialmodelle nur Teilaspekte der Führung berücksichtigen, erfassen Totalmodelle alle möglichen Gestaltungsparameter der Führung.

Als **Partialmodelle** sind vor allem zu nennen:

(1) Führung durch Eingriffe in Ausnahmefällen
(Management by Exception – MbE)
(2) Führung durch Aufgabenübertragung
(Management by Delegation – MbD)
(a) Führung durch Vorgabe von Entscheidungsregeln
(Management by Decision Rules – MbDR)
(b) Führung durch Ergebnisüberwachung
(Management by Results – MbR)

Als **Totalmodelle** sind insbesondere zu nennen:

(1) Führung durch Zielvereinbarung
(Management by Objectives – MbO)
(2) Das Harzburger Führungsmodell
(Führung im Mitarbeiterverhältnis)
(3) Das St. Galler Führungsmodell
(Systemansatz)
(4) Das Gruppenkonzept von Likert
(integrierte Gruppenentscheidungen)

Partialmodelle

(1) **Die Führung durch Abweichungskontrolle und Eingriffe in Ausnahmefällen (Management by Exception – MbE)** gehört sicherlich zu den bekanntesten Führungsmodellen. Dieses personalorientierte Modell versucht, die Arbeitsbelastung von Führungskräften dadurch zu vermindern, daß Mitarbeiter solange selbständig entscheiden können, bis vorgeschriebene Toleranzgrenzen überschritten werden oder unvorhersehbare Ereignisse, d. h. Ausnahmefälle, eintreten. Die Führungsinstanz legt Ziele und Richtlinien für die Einschätzung von Normal- und Ausnahmefällen fest. Für Normalfälle erhält der Mitarbeiter Entscheidungskompetenz und -verantwortung. Problematisch dürfte für die Mitarbeiter allerdings die Einteilung der Realität in Normalfälle und Ausnahmefälle sein. Ein Mitarbeiter, dem die Bewältigung eines

Ausnahmefalles nicht zugetraut wird und der ständig mit plötzlichem »Eingreifen von oben« zu rechnen hat, büßt zudem an Motivation ein. Die alleinige Richtlinien- und Zielvorgabe durch die Führungsinstanz läßt außerdem Kreativität und Initiative bei den Mitarbeitern verkümmern. Diese Kritikpunkte sind den möglichen Vorteilen einer Zeitersparnis für die Führung und einer möglichen Motivation der Mitarbeiter durch begrenzte selbständige Entscheidungen in Normalfällen gegenüberzustellen.

(2) **Führung durch Aufgabenübertragung** (**Management by Delegation – MbD**), d. h. Delegation auf untergeordnete Hierarchieebenen, ist ein allgemeines Führungsprinzip, das beinahe zwangsläufig aus der zunehmenden Arbeitsteilung und der Größe von Unternehmen erwächst. Eine konkrete Ausgestaltung erfährt dieses Prinzip erst in weiteren Management-by-Prinzipien, so im Management by Decision Rules und im Management by Results.

(a) Das Prinzip der **Führung durch Vorgabe von Entscheidungsregeln** (**Management by Decision Rules – MbDR**) kombiniert den Grundgedanken positiver Anreize durch Delegation mit der Vorstellung, Mitarbeiter durch präzise Regeln steuern zu müssen. Die delegierten Aufgaben können nicht selbständig bewältigt, sondern müssen von dem betroffenen Mitarbeiter im Rahmen der genauen Regelvorgabe erfüllt werden. Fraglich ist, ob sich die Mitarbeiter durch die engen Regelvorgaben noch motivieren lassen. Eine allgemeine Zielausrichtung aller Teilaufgaben des Unternehmens ist dadurch jedoch gewährleistet.

(b) **Führung durch Ergebnisüberwachung** (**Management by Results – MbR**) bedeutet eine ergebnisorientierte Unternehmensführung, die dem Mitarbeiter klare Leistungsergebnisse, meist in Form von zu erreichenden Umsätzen, Stückzahlen oder einzuhaltenden Budgets vorgibt. Die Vorgaben werden von der Unternehmensführung festgelegt und unabhängig vom Weg der Erreichung mehr oder weniger ständig überwacht. Organisatorischer Ausdruck dieses Prinzips ist die profitcenter-Organisation. Bereichsegoismus und Zahlenfetischismus können die Folge sein. Diesem Führungsprinzip liegt eine skeptische Grundhaltung gegenüber dem Leistungswillen untergebener Mitarbeiter zugrunde. Daraus wird die Notwendigkeit ständiger Kontrollen, verbunden mit autoritärem Führungsverhalten, abgeleitet.

Totalmodelle

(1) **Führung durch Zielvereinbarung** (**Management by Objectives – MbO**) ist sicherlich eines der bekanntesten Führungskonzepte in Theo-

rie und Praxis. Es wurde in der anglo-amerikanischen Führungspraxis entwickelt und geht auf theoretische Arbeiten von *Drucker* (1954) und *Odiorne* (1965) zurück. Durch die Betonung von Zielvereinbarungen im Gegensatz zu detaillierten Verhaltensregeln und -anweisungen wird dem einzelnen Mitarbeiter bewußt ein Ermessensspielraum bezüglich des Weges zur Zielerreichung eingeräumt.

Im Gegensatz zum Management by Results, bei dem die Führungsinstanz die Ziele vorgibt, sollen beim MbO Führungsinstanz und Mitarbeiter gemeinsam die Ziele festlegen. Das Ergebnis soll in präzisen Angaben zu Inhalt, Ausmaß und zeitlichem Geltungsbereich der Ziele bestehen. Die Ziele sind nicht nur vollständig zu formulieren, sondern den Fähigkeiten der jeweiligen Stelleninhaber anzupassen sowie als eine Herausforderung für diese zu interpretieren. Unterforderung ist auszuschließen. Die Ziele werden periodisch neu festgelegt und nicht einfach fortgeschrieben, um Situationsänderungen zu berücksichtigen. Führungstätigkeit »beschränkt« sich auf die Zielvereinbarung mit den Mitarbeitern und die Kontrolle der Ziele. Die Mitarbeiter werden nicht nach dem Weg der Zielerreichung beurteilt. Oft wird die divisionale Organisationsform als strukturelle Ausprägung dieses Führungsmodells genannt.

Der Erfolg dieses Führungsmodells hängt sicher entscheidend von der Art der Mitarbeiterbeteiligung bei der Zielbildung und der Art der Zielkontrolle durch die Führungsinstanz ab. Unternehmensziele, die den persönlichen Zielen von Mitarbeitern entgegenkommen, sind ideale Voraussetzungen für Leistungswille und -bereitschaft. Die Bildung klarer, exakter, realistischer und doch möglichst flexibler Ziele stellt aber ein Problem an sich dar. Wenn ausschließlich die Leistung und nicht die Kreativität der Maßnahmen zur Zielerreichung beurteilt werden, kann dies zu Motivationsproblemen führen, insbesondere wenn die Leistung nicht exakt den Zielvorgaben entspricht. Es ist daher wichtig, daß Vorgesetzte und Mitarbeiter die Abweichungen der Ergebnisse von den Zielen gemeinsam erörtern.

(2) Als »**Harzburger Führungsmodell**« wird das von Reinhard *Höhn,* Gründer und Leiter der Führungsakademie in Bad Harzburg, entwickelte Konzept der »**Führung im Mitarbeiterverhältnis**« bezeichnet. Es ist von ihm in der Nachkriegszeit als Gegenstück zum autoritär-patriarchalischen Führungsstil entwickelt worden. Das Harzburger Führungsmodell läßt sich von dem Grundgedanken leiten, daß die Motivation von Mitarbeitern durch **Delegation von Verantwortung** und die Übertragung selbständiger Aufgabenbereiche gefördert werden

kann. Jeder Mitarbeiter erhält ein festumgrenztes Aufgabengebiet mit Kompetenzen und eigenverantwortlicher Entscheidungs- und Handlungsbefugnis. Für diesen Aufgabenbereich trägt er aber die volle Verantwortung. Der Vorgesetzte darf in den jeweiligen Aufgabenbereich – abgesehen von extremen Ausnahmesituationen – nicht eingreifen.

Hauptbestandteil des Modells sind umfangreiche **Führungsanweisungen** und **Stellenbeschreibungen.** Die Führungsanweisungen enthalten detaillierte Rechte und Pflichten eines Vorgesetzten bezüglich der Information, Kontrolle und Bewertung von Mitarbeitern. Diese Detailliertheit drückt sich beispielsweise in mehrseitigen Anweisungen zur Gestaltung von Mitarbeitergesprächen aus. Die Stellenbeschreibungen beinhalten umfangreiche Aussagen zu den jeweiligen Kompetenzen und Verantwortungsbereichen des Stelleninhabers.

Dem Harzburger Modell wird einerseits vorgeworfen, den Mitarbeitern zuviel Freiraum und Selbständigkeit bei Entscheidungen und Handlungen einzuräumen und andererseits durch vielfältige Vorschriften ein bürokratisches Betriebsklima zu schaffen. Ein Indiz für das Argument der Bürokratisierung mag in der Präferenz für dieses Modell bei Kommunalverwaltungen und anderen öffentlichen Institutionen gesehen werden.

(3) Anfang der 70er Jahre entwickelte *Hans Ulrich* mit seinem Schüler *Walter Krieg* vor dem Hintergrund des sich ausbreitenden Systemansatzes das »**St. Galler Managementmodell**«. Es soll Probleme der Personalwirtschaft und Unternehmensführungsaspekte integrieren, einen klaren Begriffsapparat zur Verfügung stellen und in der Praxis leicht implementierbar sein. Tatsächlich liefert es eine Vielzahl systemtheoretisch geprägter und im Rahmen des Modells konsistenter Begriffe, die Führung in all ihren Aspekten beleuchten. Die besondere Bedeutung der Interdependenzen eines Unternehmens als sozio-technisches System mit seinen Umsystemen wird hervorgehoben. Das Modell leistet damit eine Sensibilisierung für Probleme, die sich aus Veränderungen der Unternehmensumwelt ergeben; es ermöglicht auch einen umfassenden Überblick über alle Instrumente des Führungssystems (Planungs-, Kontroll-, Analyse-, Organisations-, Informations- und Personalentwicklungssystem). Das St. Galler Managementmodell enthält im Gegensatz zu den bisher genannten Konzepten jedoch keine normativen Aussagen über Verhaltensweisen oder Handlungen und ist insofern eher als komprimierte Inhaltsübersicht über eine bestimmte Sicht der Führungslehre zu verstehen.

Z. Z. wird an der Weiterentwicklung des St. Galler Management-Konzeptes gearbeitet (vgl. dazu Bleicher [Integriertes Management]).

(4) Das »**Gruppenkonzept von Likert**« (1961) stellt ein Modell sich überlappender Personengruppen dar, bei dem Entscheidungen grundsätzlich in der Gruppe getroffen werden. Abgesehen von den Personen auf unterster Hierarchieebene ist jeder Mitarbeiter Mitglied zweier Gruppen (linking pin). In der einen Gruppe ist die jeweilige Person untergeordnetes Mitglied, in der anderen Gruppe übergeordnetes Mitglied. Abb. 3 verdeutlicht diesen Zusammenhang.

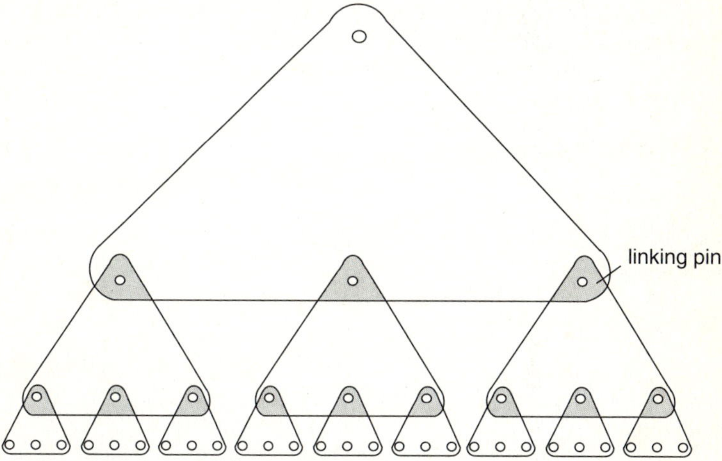

Abb. 3: Das Gruppenkonzept von Likert

Entscheidungen sollen soweit nach unten verlagert werden, daß gerade noch der nötige Sachverstand in der Gruppe vorhanden ist, um die Entscheidung treffen zu können (Prinzip der Subsidiarität). Durch ein Netzwerk ineinander verflochtener Gruppen sollen die Kommunikation und Integration verbessert werden.

Gruppenarbeit muß jedoch nicht immer motivierend wirken. Gruppenentscheidungen benötigen viel Zeit, werden aber bei Mehrheitsbeschlüssen von den Mitgliedern gemeinsam getragen und evtl. effizienter realisiert. Der Erfolg des Konzeptes hängt entscheidend von der Fähigkeit der Mitglieder zur Zusammenarbeit in einer Gruppe und deren Willen zu gemeinsamen Entscheidungen ab. Ein nachteiliger Konformismus ist mit positiven Motivationswirkungen durch eine teamorientierte Organisation abzuwägen. Praktische Anwendungen des Modelles sind selten.

Abschließend sei noch erwähnt, daß die **Einführung eines Führungsmodells** oder einer Kombination von Modellelementen in der Praxis erhebliche Implementationsprobleme mit sich bringen kann. Bestehende Organisationsstrukturen, Macht- und Interessenverhältnisse sowie persönliche Beziehungen machen jedes theoretisch noch so fundierte Konzept wirkungslos, wenn die beteiligten Personen sich mit ihm nicht identifizieren. Die Auswahl eines geeigneten Führungsmodells stellt damit ein komplexes Entscheidungsproblem dar, das zu planen ist. Häufig werden zur Bewältigung dieser Aufgabe externe Unternehmensberater engagiert.

5 Instrumente der Führung

Um zu Führungsentscheidungen zu gelangen, sind – wie eingangs gezeigt – Planung, Kontrolle, Organisation und Information notwendig. Sie werden als **Instrumente der Führung** bezeichnet.

Planung und Kontrolle

Die Planung kann in die Teilphasen der Zielbildung, Problemanalyse, Prognose, Alternativensuche, Bewertung und Entscheidung eingeteilt werden. Die Aufgabe der Planung besteht darin, Entwürfe zu erstellen, durch welche Größen für das Erreichen von Zielen vorausschauend festgelegt werden. Durch diese Entwürfe sollen die Chancen und Risiken der Zielerreichung rechtzeitig erkannt sowie geeignete gestaltende Maßnahmen ergriffen werden können. Der Planung folgen i. d. R. die **Realisation** oder Durchführung der Pläne und sinnvollerweise deren **Kontrolle** und die **Abweichungsanalyse.** Die Kontrolle soll Plan-Ist-Abweichungen feststellen, eine Abweichungsanalyse die Ursachen der ermittelten Abweichungen untersuchen. Die Ergebnisse der Kontrolle und Analyse sind wiederum wesentliche Informationen für den weiteren Planungsprozeß.

Welche Aufgaben Planung und Kontrolle aufwerfen und wie diese erfüllt werden können, wird im **1. Kapitel** beschrieben.

Organisation

Die Aufgabe der Organisation besteht darin, die Beziehungen zwischen den Aktivitäten im Unternehmen, den Personen und den Sachmitteln eines Unternehmens so zu gestalten (zu strukturieren), daß eine optimale Zielerfüllung gewährleistet ist. Dafür steht eine Reihe von Gestaltungsalternativen zur Verfügung. Sie werden als Organisationsformen und Organisationsmodelle bezeichnet. Ihre Wahl erfolgt zielorientiert unter Beachtung der jeweiligen Umweltbedingungen.

Das **2. Kapitel** ist der Organisation gewidmet.

Information

Information ist zweckgerichtetes Wissen, das für den Führungsprozeß und die Bildung einer Organisation notwendig ist. Planung und Kontrolle stellen informationsverarbeitende Prozesse dar. Die Organisation befaßt sich mit der Strukturierung von Informationsbeziehungen im Unternehmen. Die betriebliche Informationswirtschaft stellt gleichzeitig das Bindemittel zur Verfügung für die Integration der Führungsinstrumente Planung, Kontrolle und Organisation sowie für die Verkettung des Führungssystems mit dem Ausführungssystem.

Das 3. **Kapitel** behandelt die Information.

Im folgenden werden diese 3 Führungsinstrumente dargestellt.

Literaturhinweise

Bleicher, Knut: Das Konzept [Integriertes Management], 2. Aufl., Frankfurt, New York 1992.

Göbel, Elisabeth: Das Management der sozialen Verantwortung, Berlin 1992.

Heinen, Edmund: Betriebswirtschaftliche Führungslehre, 2. Aufl., Wiesbaden 1984.

Höhn, Reinhard: Führungsbrevier der Wirtschaft, 12. Aufl., Bad Harzburg 1986.

Kieser, Alfred, Reber, Gerhard und Rolf Wunderer (Hrsg.): Handwörterbuch der Führung, Stuttgart 1987.

Korndörfer, Wolfgang: [Unternehmensführungslehre], 6. Aufl., Wiesbaden 1988.

Neuberger, Oswald: Führen und geführt werden, 3. Aufl., Stuttgart 1990.

Seidel, Eberhard und Rüdiger H. Jung: [Führungstheorien], Geschichte der, in: Kieser, Alfred, Reber, Gerhard und Rolf Wunderer (Hrsg.): Handwörterbuch der Führung, Stuttgart 1987, Sp. 774 ff.

Staehle, Wolfgang H.: Management, 6. Aufl., München 1991.

Steinmann, Horst und Georg Schreyögg: Management, Grundlagen der Unternehmensführung 3. Aufl., Wiesbaden 1993.

Ulrich, Hans und Walter Krieg: Das St. Galler Management-Modell, 3. Aufl., Berlin und Stuttgart 1974.

Welge, Martin, K.: Unternehmungsführung, Bd. I: Planung, Stuttgart 1985, Band II: Organisation, Stuttgart 1987.

Wunderer, Rolf und Wolfgang Grunwald: Führungslehre, Bd. I: Grundlagen der [Führung], Bd. II: Kooperative Führung, Berlin 1980.

1. Kapitel
Planung und Kontrolle

Marcell Schweitzer

1 Planung als Führungsinstrument

1.1 Begriff und Zwecke der Planung

1.1.1 Begriff der Planung und des Planes

In einer Gesellschaft mit hohem technischen, kulturellen und wirtschaftlichen Entwicklungsstand ist heute jenes Instrument, das Planung genannt wird, eine unverzichtbare Gestaltungshilfe. Wachsende Bevölkerungen, der technische Fortschritt sowie eine Fülle in Niveau und Umfang steigender Ansprüche stellen die verantwortlichen Instanzen in Politik, Wirtschaft und Wissenschaft vor Probleme, die nach wirkungsvollen Lösungen für Individuen, Familien, Unternehmungen, Kommunen, Länder, Staaten sowie für die gesamte Menschheit verlangen. Wohlhabende wie arme Völker erwarten von der Zukunft gute Überlebenschancen, nach Möglichkeit sogar eine Wohlfahrtssteigerung. Es bedarf nach aller Erfahrung menschlicher Denkanstrengung und Gestaltungshandlungen, um die komplizierten Zukunftsprobleme zu meistern. Insbesondere sind ordnende Entwürfe und Konzepte erforderlich, durch welche die gewünschten Ziele und die Maßnahmen zu deren Erreichung rechtzeitig bewußt gemacht und analysiert werden. Je knapper die Mittel der Bedürfnisbefriedigung werden, desto wirkungsvoller müssen die Instrumente sein, mit welchen eine rationale Steuerung der zugehörigen technischen, wirtschaftlichen, sozialen und kulturellen Prozesse beabsichtigt und realisiert wird. Eines der **Instrumente,** an welches diese Erwartung geknüpft wird, ist die **Planung.**

Durch mehrere Sachverhalte wird das Erstellen von ordnenden Entwürfen jedoch erschwert: einmal durch eine **große Zahl von Planungs-**

trägern, dann durch **erhebliche Freiräume für Aktionen und Reaktionen** im System, schließlich durch **unvollkommenes Wissen** über Entwicklungen in der Zukunft, das den Horizont der Vorausschau beträchtlich einengt. Mit zunehmender **Dezentralisierung** der Planungskompetenzen steigt die Zahl der Faktoren, die bei individuellen Planungen berücksichtigt werden müssen, sehr stark an. Berücksichtigt man weiter, daß Planung nur dann wirkungsvoll realisiert werden kann, wenn die isolierten und verbundenen **Wirkungen** aller beteiligten Faktoren mit hinreichender Wahrscheinlichkeit abgeschätzt werden können, wird das Ausmaß der prinzipiellen Schwierigkeiten sichtbar, das bei der Planung in Wirtschaftseinheiten bewältigt werden muß.

Sowohl staatliche als auch private Einrichtungen müssen in dieser komplexen Problemsituation ihre Ziele und Aktivitäten planen. So betreibt der **Bund** die verschiedensten Planungen für Maßnahmen der sozialen Sicherung, für die rechtliche Ordnung, für Wirtschaftsförderung, für Verkehrswesen, für Verteidigung, für zwischenstaatliche Beziehungen sowie für Bundessteuern und anteilige Einkommen-, Körperschaft- und Umsatzsteuern. Auf **Landesebene** werden u. a. Schul- und Hochschulstrukturen, teilweise Maßnahmen der Infrastruktur, der gesundheitlichen Versorgung und Maßnahmen der polizeilichen Sicherung geplant. Planungen der **Gemeinden** beziehen sich auf Bauvorhaben, Straßenführung, Nutzungsbestimmungen und öffentliche Versorgung sowie Entsorgung im kommunalen Bereich, auf Kindergärten, Schulen, Altenheime usw. In **privaten Unternehmen** werden beispielsweise Planungen für Absatz, Fertigung, Lagerhaltung, Beschaffung, Investition, Finanzierung und Personal durchgeführt. Schließlich kann ein **privater Haushalt** das Einkommen, den Konsum, das Sparen, die Bildung, die Altersvorsorge, das Vermögen, den Hausbau und die Reisen als Planungsgegenstände wählen.

Planungen, die bisher genannt wurden, können in ihrer zeitlichen Reichweite, Präzision, Revidierbarkeit und Koordination sehr verschieden ausgeprägt sein. Gemeinsam haben sie jedoch folgende Merkmale:

- Sie sind **geordnete Prozesse.**
- Sie sind **informationsverarbeitende Vorgänge.**
- Sie führen zu **Entwürfen.**
- Sie sind auf die **Erreichung von Zielen** gerichtet.
- Sie sind **zukunftsbezogen.**

Mit diesen Merkmalen läßt sich folgende Definition der Planung formulieren:

> **Planung** ist ein geordneter, informationsverarbeitender Prozeß zur Erstellung eines Entwurfs, welcher Größen für das Erreichen von Zielen vorausschauend festlegt.

Das Ergebnis der Planung ist ein Plan oder ein System von Plänen. In Entsprechung zur getroffenen Definition der Planung läßt sich der Begriff des **Planes** festlegen:

> Ein **Plan** ist als Ergebnis eines geordneten, informationsverarbeitenden Prozesses ein Entwurf, welcher Größen für das Erreichen von Zielen vorausschauend festlegt.

In der Betriebswirtschaftslehre wird eine Reihe von **Planungsdefinitionen** vorgeschlagen, die von dem hier formulierten Planungsbegriff verschieden stark abweichen, im Kern jedoch sehr ähnlich sind. Einige **Beispiele** seien dafür genannt:

- Planung ist »gestaltendes Denken für die Zukunft« (Adam [Planung] 11).
- Planung (im weiteren Sinne) »beinhaltet das Fällen von Führungsentscheidungen auf der Basis systematischer Entscheidungsvorbereitung zur Bestimmung künftigen Geschehens« (Hahn [PuK] 29).
- Planung ist »Antizipationsentscheidung«, d. h. »als Planung wird eine Entscheidung dann bezeichnet, wenn diese (nebst dem zugehörigen Entscheidungsinformationsprozeß) zeitlich vor Eintritt jener Datenkonstellation oder jener Periode getroffen wird, auf die sie bezogen ist« (Koch [Unternehmensplanung] 12).
- Planung »ist im Kern als prospektives Denkhandeln aufzufassen, in dem eine geistige Vorwegnahme und Festlegung zukünftigen Tathandelns erfolgt« (Kosiol [Planung] 79).
- »Planung ist ein systematisch-methodischer Prozeß der Erkenntnis und Lösung von Zukunftsproblemen« (Wild [Unternehmungsplanung] 13).
- »Ein Plan ist ein Entwurf für Entscheidungen« (Wittmann [Betriebswirtschaftslehre] 209).

Allein aus Gründen der Zweckmäßigkeit wird nachfolgend von Planung i. S. eines geordneten, informationsverarbeitenden Prozesses zur Erstellung eines Entwurfs, welcher Größen für das Erreichen von Zielen vorausschauend festlegt, gesprochen.

1.1.2 Zwecke der Planung

Ein einfaches **Beispiel** aus der Seefahrt möge helfen, die Aufgabenstellungen der Planung besser zu verstehen. Dieses Beispiel soll gleichzeitig verdeutlichen, wie die zukunftsorientierten Fragen der Planung auch auf Sachverhalten der Vergangenheit und Gegenwart aufbauen sowie welchen Rang die Planung beim täglichen Denken, Handeln und Verhalten der Menschen einnimmt:

Ein Kapitän habe vor, eine bestimmte Ladung vom Heimathafen A mit seinem Schiff sicher und pünktlich in einem genau bekannten Zielhafen B anzulanden. Dabei will er alle Kosten für die Besatzung, das Schiff und die Ladung niedrig halten, möglichst den kürzesten Kurs wählen sowie Schäden an Menschen, Schiff, Fracht und Umwelt vermeiden.

Um seine Ziele zu erreichen, muß sich der Kapitän Gedanken darüber machen, welche Problemstellungen durch die beabsichtigte Fahrt aufgeworfen werden. So muß er abschätzen, wie Gestirne, Wind und Meer sich während seiner Fahrt verhalten werden. Er muß wissen, welche Tiefen, Riffe, Klippen und Sandbänke auf seiner Route liegen, ob andere Schiffe seine Route kreuzen können und ob mit Strömungen, Treibholz, Eis oder anderen Behinderungen zu rechnen ist. Weiterhin hat er sich Gewißheit darüber zu verschaffen, was Schiff und Mannschaft zu leisten imstande sind. Mit diesem Wissen muß er sodann über eine Reihe von Größen Entscheidungen treffen, von welchen das Gelingen des Unternehmens abhängt. Hierzu sind u. a. zu rechnen: Die Stärke der Mannschaft, der Umfang der Ladung, die Art der Verstauung, die Navigationshilfen, der Zeitpunkt der Abreise, die zweckmäßigste Route, die anzulaufenden Häfen sowie die Versicherungsart.

Der Kapitän muß aber auch Vorkehrungen dafür treffen, daß während der Fahrt neu auftretende Probleme im Zusammenhang mit Schiff, Mannschaft oder Route adäquat gelöst werden können. Dies kann bedeuten, daß bereits getroffene Grundsatzentscheidungen revidiert bzw. modifiziert oder nur grob festgelegte Größen in der fraglichen Situation präzisiert oder angepaßt werden (müssen).

Zu einer adäquaten Lösung aller angesprochenen Aufgaben, die im Zusammenhang mit der beschriebenen Schiffsfahrt auftreten, bedarf es einer hinreichend guten **Planung.**

Überträgt man die Sachverhalte, die im erwähnten Beispiel der Schiffahrt Bezug zur Planung haben, auf ein beliebiges Unternehmen, dann läßt sich für dessen Planung generell folgender Hauptzweck formulieren:

> Der oberste **Zweck der Planung** besteht darin, ein **wirkungsvolles Instrument zur Erreichung von Zielen** zu sein, d. h., die Mittel, die Alternativen sowie die Chancen und Risiken der Zielerreichung rechtzeitig zu erkennen sowie geeignete Maßnahmen auszuwählen.

Aus diesem Hauptzweck ergibt sich eine Reihe einzelner **Teilzwecke** der Planung. In Anlehnung an *Wild* ([Unternehmungsplanung] 19), der in diesem Zusammenhang von »speziellen Funktionen der Planung« spricht, lassen sich folgende **Zwecke der Planung** unterscheiden:

- **Zielausrichtung:** Durch Planung werden Unterziele und Vorgehensweisen von Personen sowie Institutionen auf Oberziele abgestimmt.
- **Frühwarnung:** Planung ermöglicht es, durch das Erkennen prognostizierter Problemlagen rechtzeitig Lösungs- bzw. Gegenmaßnahmen zu ergreifen.
- **Koordination von Teilplänen:** Durch Planung werden Lösungen von Teilproblemen aufeinander abgestimmt, eine unvorhergesehene wechselseitige Beeinträchtigung ihrer Realisierung wird vermieden.
- **Entscheidungsvorbereitung:** Im Planungsprozeß werden die erkannten Probleme analysiert und diejenigen Alternativen untersucht, welche zu einer Problemlösung (Zielerreichung) führen können. Auf diese Weise wird die Entscheidung über eine günstige Alternative zweckmäßig und systematisch vorbereitet. Für alle Folgeentscheidungen wird gleichzeitig ein Entscheidungsrahmen fixiert.
- **Grundlegung der Kontrolle:** Durch Planung wird es möglich, gewollte Soll-Größen sowie getroffene Prognosen (Wird-Größen) mit Ist-Größen (realisierten Größen) zu vergleichen und zugleich Prämissen der Planung zu überwachen. Planung wird somit zur Grundlage einer aussagefähigen Kontrolle.
- **Mitarbeiterinformation:** Die Mitarbeiter können durch Planung über Ziele, Alternativen, Mittelverwendungen, Restriktionen und Termine angemessen unterrichtet werden.
- **Mitarbeitermotivation:** Durch Mitwirkung am Prozeß der Planerstellung sowie durch akzeptierte Planvorgaben können Mitarbeiter zu plankonformer Verhaltensweise, d. h. zur Erreichung der betrieblichen und individuellen Ziele, angeregt werden.

1.2 Teilaufgaben und Phasen des Planungsprozesses

Aus den genannten Zwecken der Planung ergeben sich **Teilaufgaben** für die Planungsträger, die sich wie folgt skizzieren lassen:

- Wer plant, muß Klarheit über seine **Ziele** herbeiführen, d. h. darüber,
  - welche **Ziele** überhaupt verfolgt werden sollen,
  - aus welchen **Unterzielen** sich Oberziele zusammensetzen,
  - welche **Beziehungen** zwischen einzelnen Unterzielen bestehen,
  - insbesondere welchen **Vorrang** einzelne Ziele haben sollen,
  - für welche **Dauer** Ziele gewählt werden,
  - welche **Chancen** und **Risiken** gewählte Ziele für die Erreichung anderer Ziele in sich bergen.
- Wer plant, muß wissen, welche **externen Umweltgrößen,** die er i. d. R. nicht beinflussen kann (natürliche Gegebenheiten, Gesetze, Marktformen), auf seine Vorgehensweise Einfluß nehmen. Dieser Einfluß liegt darin, daß Umweltdaten den Freiraum der Handlungsmöglichkeit des Planers i. d. R. beschränken.
- Wer plant, muß sich einen Überblick über alle **internen Daten,** Begrenzungen und Unabänderlichkeiten seines eigenen Betriebes (Standort, Mitarbeiter, Techniken, Maschinenkapazitäten, Marktgrenzen, Vertriebssystem) verschaffen, die während der Planperiode als feste Gegebenheiten zu betrachten sind. Deren Einfluß liegt in gleicher Weise darin, daß sie den Freiraum der Handlungsmöglichkeiten (weiter) einschränken.
- Wer plant, muß möglichst umfassend über alle Größen informiert sein, die innerhalb der Planperiode von ihm verändert werden können. Diese **Entscheidungsvariablen** sind seine zentralen Aktionsgrößen, die er zu unabhängigen Entscheidungsalternativen kombinieren kann. Die Menge der zulässigen Entscheidungsalternativen macht den soeben gekennzeichneten Freiraum der Handlungsmöglichkeiten, den sog. **zulässigen Bereich,** aus.
- Wer plant, muß sich fundiertes Wissen darüber verschaffen, mit welcher Wahrscheinlichkeit welche Entscheidungsalternative welche **Zielwirkungen** haben wird. Erst wenn absehbar ist, welchen Beitrag Alternativen zum Erreichen von gesetzten Haupt- und Nebenzielen, Ober- und Unterzielen bzw. Anfangs-, Zwischen- und Endzielen erbringen, kann darüber befunden werden, welche Alternative bzw. Alternativenkette gewählt werden soll.
- Wer plant, benötigt Informationen über die **Revisionsmöglichkeit** von Entscheidungen. Er muß wissen, in welchem Umfange Entschei-

dungen, die er in der gegenwärtigen Planperiode trifft, in späteren Planperioden revidiert, modifiziert und präzisiert werden können. Nicht revidierbare Entscheidungen führen häufig zu (langfristigen) Konsequenzen, die bei unsicherer Voraussicht Erfolgsrisiken nach sich ziehen.

Umfassende und systematische Analysen von Zielen, Umweltgrößen, internen Daten, Entscheidungsvariablen, Zielwirkungen von Alternativen sowie deren Revisionsmöglichkeiten sollen letztlich dazu beitragen, Pläne zu erstellen, die auf der einen Seite Risiken von Fehlentscheidungen senken und auf der anderen Seite die Chancen einer guten Zielerreichung erhöhen.

Betrachtet man den **Ablauf eines Planungsprozesses,** so kann festgestellt werden, daß er sich in abgrenzbaren **Prozeßphasen** vollzieht. Jede dieser Phasen ist durch eine besondere Aufgabenstellung gekennzeichnet und mit anderen Phasen durch Folge- und Informationsbeziehungen systematisch verknüpft. Die Aufgabeninhalte der einzelnen Prozeßphasen lassen sich aus den oben angeführten Teilaufgaben der Planungsträger herleiten. Sie können unterschiedlich detailliert gekennzeichnet werden. In einer ersten Abgrenzung kann gesagt werden, daß Planungs- und Steuerungsprozesse die Phasen **Problemformulierung, Problemlösung, Durchführung, Überwachung** und **Sicherung** der Lösung umfassen. Verfeinert man diese Phasen, gelangt man zur Trennung (in Anlehnung an Schweitzer [Fertigungswirtschaft] 570ff. und Wild [Unternehmungsplanung] 33ff.) von:

- Zielbildung,
- Problemfeststellung,
- Alternativensuche,
- Prognose,
- Bewertung und Entscheidung,
- Durchsetzung,
- Vorgabe von Sollwerten*,
- Ermittlung von Istwerten,
- Soll-Ist-Vergleich (Ermittlung der Soll-Ist-Abweichung),
- Abweichungsanalyse,
- Auslösung von Anpassungsmaßnahmen.

Prinzipiell kann davon ausgegangen werden, daß alle Phasen, die auf die Bewertung und Entscheidung folgen, nicht zum Aufgabenbereich

* Für den Fall des Soll-Ist-Vergleichs

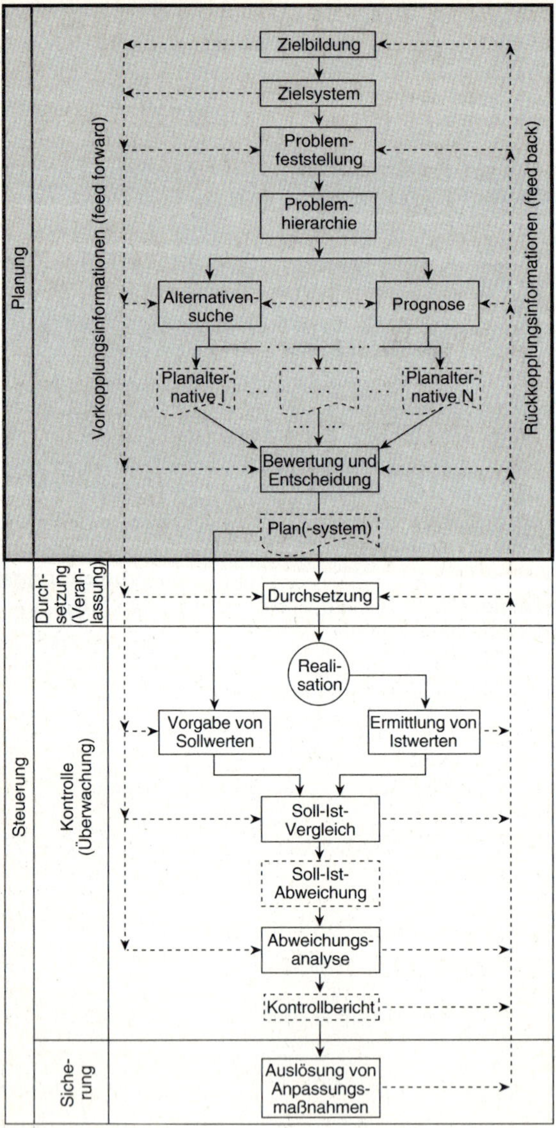

Abb. 1.1: Stellung der Planung im Planungs- und Steuerungsprozeß des Unternehmens

der Planung gehören. Strittig ist, ob die Phasen der Zielbildung und Entscheidung als Planungsaufgaben anzusehen sind.

Im folgenden wird davon ausgegangen, daß die Prozeßphasen Zielbildung, Problemfeststellung, Alternativensuche, Prognose, Bewertung und Entscheidung den Planungsprozeß des Unternehmens bilden. Maßnahmen, die **nach** der Planauswahl und -vorgabe getroffen werden, d. h. die Durchsetzung, die Vorgabe von Sollwerten, die Ermittlung von Istwerten, der Soll-Ist-Vergleich, die Abweichungsanalyse sowie die Auslösung von Anpassungsmaßnahmen, werden unter der Bezeichnung »Steuerung« zusammengefaßt. Die Steuerung umfaßt damit die zwischen der Planung und der Realisation liegende Durchsetzung, die gesamte Kontrolle sowie die Sicherung. Die Kontrolle bildet damit eine Phase der Steuerung.

Es ist zu erwähnen, daß mehrere der besprochenen Phasen innerhalb eines Planungsprozesses erneut auftreten und damit u. a. Vorentscheidungen (niederer Ordnung) in allen Phasen, die der Entscheidungsphase vorgelagert sind, zulassen. Außerdem können einzelne Prozeßphasen in Form von Unterzyklen mehrfach durchlaufen werden und dazu führen, daß bis dahin gefundene Phasenergebnisse revidiert werden (vgl. Abschnitte 3.1 und 3.2). Diese Sachverhalte der **Periodizität** und des **Mehrfachdurchlaufs** von Prozeßphasen wiederholen sich zwischen allen hierarchischen Ebenen eines Unternehmens und machen die Planung sowie die Kontrolle zu wichtigen Instrumenten der Führung. Den Grundaufbau eines Planungs- und Steuerungsprozesses unter Berücksichtigung vor- und rückgekoppelter Informationsströme vermittelt Abb. 1.1.

1.3 Planung und Information

1.3.1 Begriff der Information

Für die Planung ist umfassendes Wissen unerläßlich. **Wissen** über Gesetzmäßigkeiten, Beziehungen, Ziele, Restriktionen, Märkte, Güter, Handlungsalternativen, Konsequenzen oder Personen kann als eine begründete Erkenntnis über diese Größen verstanden werden. Wissen steht damit im Gegensatz zur bloßen Vermutung oder zur persönlichen Meinung. Das Wissen, das zur Erstellung von Plänen erforderlich ist, muß stets vor der Realisation der Pläne verfügbar sein und es ermöglichen, beabsichtigtes Handeln gedanklich vorwegzunehmen sowie vorausschauend vorzubereiten.

Information ist Wissen, welches der Vorbereitung zielorientierter Handlungen dient; kurz Information ist entscheidungsrelevantes Wissen.

In Unternehmen gibt es besondere Abteilungen, welche erforderliche Informationen systematisch bereitstellen. Dazu sind in erster Linie die **Forschung, Entwicklung** sowie **Konstruktion,** die **Dokumentation,** die **Marktforschung** und das **Rechnungswesen** zu zählen. Die durch diese Abteilungen bereitgestellten Informationen werden von anderen Abteilungen nachgefragt und als »Wiedereinsatzgut« u. a. beim Erstellen ihrer Pläne benutzt. Zur Informationsbereitstellung tritt eine Informationsdistribution, eine Informationsspeicherung sowie eine Informationsnutzung hinzu.

1.3.2 Planung als informationsverarbeitender Prozeß

Blickt man auf die Phasen des Planungs- und Steuerungsprozesses in Abb. 1.1, ist erkennbar, daß sie alle, zu Teilen ausgenommen die Realisationsphase, im Kern **informationsverarbeitende Prozesse** sind. Die ersten vier Prozeßphasen der Planung in Abb. 1.1 kann man als informationsverarbeitenden input-output-Prozeß interpretieren. Eingangsinformationen (input) werden durch Planer in mehreren Bearbeitungsstufen arbeitsteilig, mittels bestimmter Techniken in Ausgangsinformationen (output), d. h. zu Planalternativen verarbeitet. In diesem Sinne stellt Planung einen Umwandlungsprozeß von Eingangs- in Ausgangsinformationen dar. Zieht man die Kennzeichen aus dem Abschnitt 1.2 hinzu, erweist sich **Planung als ein zyklischer und informationsverarbeitender input-output-Prozeß.** Die strikte Zielorientierung dieses Prozesses wird durch systematische Koordination auf der Basis einer umfassenden Vorkopplung (feed forward) und Rückkopplung (feed back) aller Prozeßphasen sichergestellt (vgl. Abb. 1.1).

Der Planungsprozeß, wie er in der Realität abläuft, hat neben der formal-strukturellen Seite, die bisher beschrieben wurde, noch eine **sozial-verhaltensbestimmte** Seite. Gemeint ist damit jener Fragenkreis, der durch den Umstand aufgeworfen wird, daß Planung **arbeitsteilig durch Menschen** vollzogen wird. Menschen als Individuen oder als

Mitglieder von Gruppen zeigen bei Prozessen der Informationsverarbeitung und Kommunikation bestimmte **Verhaltensweisen,** durch welche der Planungsprozeß beeinflußt wird. So können unterschiedliche persönliche Wert- und Zielvorstellungen in den Arbeitsprozeß eingebracht werden, soweit ein Freiraum für Interessenpluralismus zugelassen wird. Daneben kann eine gegebene Problemlage von mehreren Planern durchaus in subjektiver Sicht betrachtet werden und zu einer abweichenden Entscheidung führen (vgl. Pfohl [Planung] 34). Nachwuchskräfte können im Planungsprozeß gezielt Techniken des Verhandelns, der Konsensbildung und der Konfliktlösung einüben. Alle diese Verhaltensweisen können zu Wirkungen führen, die den Planungsprozeß in seiner Rationalität relativieren. Obwohl diese durch menschliches Verhalten bestimmten Fragen Einfluß auf den Planungsprozeß nehmen, wird im weiteren auf sie nicht näher eingegangen, weil das gesicherte Wissen über sie noch relativ lückenhaft ist.

1.3.3 Planung bei verschiedenen Informationsständen

Da Planung ein informationsverarbeitender Prozeß ist, wirkt sich der **Sicherheitsgrad** der verarbeiteten prognostischen Informationen auf den Sicherheitsgrad der Planung aus. Planung kann in diesem Sinne bei vollkommener Information (Sicherheit) oder unvollkommener Information (Ungewißheit) betrieben werden.

- Ein Planer erstellt seine Pläne bei **vollkommener Information** (deterministischer Fall), wenn er davon ausgehen kann, daß sein Wissen über die Planinhalte (Ziele, Problemstellungen, Instrumentalvariablen, Wirkungen, Daten, Träger, Termine) vollständig, sicher und bestimmt ist.
- Der erste Fall eines unvollkommenen Informationsstandes ist der bei **Risiko.** Von Planung bei Risiko ist zu sprechen, wenn der Planer damit rechnen muß, daß z.B. für jede realisierbare Alternative mehrere Wirkungen mit jeweils zugehörigen (objektiven oder subjektiven) Wahrscheinlichkeiten eintreten können. Dasselbe gilt für Instrumentalvariablen, Daten, Termine usw.
- Als zweiter Fall eines unvollkommenen Informationsstandes ist der bei **Unsicherheit** zu nennen. Der Planer muß in dieser Situation davon ausgehen, daß z. B. jede realisierbare Alternative zu mehreren Wirkungen führen kann, deren Eintrittswahrscheinlichkeiten unbekannt sind. Über die Umweltzustände, welche eine Alternativenwahl

beeinflussen, können keine Wahrscheinlichkeitsaussagen gemacht werden.

Obwohl in der Planungspraxis Risiko- und Unsicherheitssituationen häufiger vorkommen als Situationen bei Sicherheit, kommt der Sicherheitssituation und damit den Planungssystemen und -rechnungen, die mit der Annahme vollkommener Information arbeiten, sehr große Bedeutung zu. Die **Gründe** dafür sind darin zu suchen, daß die Planungspraxis

– (stark) vereinfachendem Modelldenken verhaftet ist,
– bereits bei der Informationsgewinnung mehrwertige (ungewisse) Erwartungen durch Risikozuschläge bzw. -abschläge auf einwertige (sichere) zurückführt,
– für verschiedene Zukunftserwartungen Planalternativen durchrechnet sowie
– generell vermutet, die explizite Berücksichtigung aller unvollkommenen Informationen über zukünftige Entwicklungen würde die deterministisch gefundenen Planungsergebnisse nur unwesentlich verbessern.

Unabhängig von diesem Verhalten der Planungspraxis ist das Bemühen der neueren Entscheidungstheorie sowie der Planungslehre auf eine zunehmende explizite Erfassung unvollkommener Informationen gerichtet.

1.4 Grundannahmen der Planung

Die Betriebswirtschaftslehre ging bisher bei ihrem Versuch, eine Planungslehre zu konzipieren, von einem Betrachtungsgegenstand aus, der den heutigen Ansprüchen an die Betriebswirtschaftslehre als Realwissenschaft nicht standhalten kann. Dieser ältere Ansatz läßt sich rückblickend durch folgende **Grundannahmen** kennzeichnen:

(1) Träger der Planung (Planer) ist eine einzige Person (der Unternehmer).
(2) Der Planungsprozeß ist in seiner Ausdehnung zeitlos.
(3) Die Planung dient dem Erreichen einer einzigen Zielvorstellung, die eindeutig formuliert ist (meist Gewinnmaximierung).

(4) Dem Planer ist die Menge der realisierbaren Alternativen vollständig bekannt.
(5) Die Prognose der für die Planung erforderlichen Parameter (Daten) kann einwertig (sicher) getroffen werden.
(6) Die Prognose der Zielwirkung jeder Alternative ist einwertig (sicher) möglich.
(7) Alternativen gelten als optimal, wenn sie zu einer extremalen Zielwirkung führen.
(8) Zum Bestimmen der Problemlösung existiert ein effizientes (Rechen-) Verfahren, das zum Optimum führt.

Sehr deutlich spiegeln sich diese Annahmen u. a. in einer größeren Zahl von Planungsmodellen (bzw. Entscheidungsmodellen) wider, die für Planungszwecke konzipiert und teilweise auch verwendet werden (vgl. Bd. 1).

Die gegenwärtigen Bemühungen um die **Weiterentwicklung** der Lehre von der Planung gehen im Gegensatz zum älteren Ansatz davon aus, daß die Grundannahmen der Planung für die überwiegende Zahl der Anwendungsfälle (insbesondere für Unternehmen) lauten müssen:

(1′) Träger der Planung ist i. d. R. eine **Personenmehrheit,** die den Planungsprozeß arbeitsteilig und hierarchisch differenziert vollzieht.
(2′) Der Planungsprozeß ist eine Abfolge von verschieden strukturierten **Teilprozessen** (Planungsphasen) mit Beanspruchung von Zeit und mit unterschiedlicher zeitlicher Reichweite.
(3′) Planung dient dem Erreichen eines **Zielsystems,** das eine geordnete Menge von Einzelzielen mit unterschiedlichem Zeitbezug und Konfliktgehalt sowie mit unterschiedlicher Priorität, Präzision, Akzeptanz usw. umfaßt.
(4′) Jede realisierbare Alternative zur Problemlösung ist i. d. R. eine **Kombination von Entscheidungsvariablen,** deren Anzahl und Beziehungszusammenhänge den Planern nicht immer bekannt sind. Das bedeutet für die Menge der realisierbaren Alternativen (den zulässigen Bereich), daß sie reduziert oder gar offen sein kann.
(5′) Die **Prognose der** für die Planung erforderlichen **Parameter** (Daten) kann in vielen Fällen nur mehrwertig (ungewiß) getroffen werden.
(6′) Die **Prognose der Zielwirkungen** jeder Alternative ist in vielen Fällen nur mehrwertig (ungewiß) möglich.
(7′) Eine Alternative kann als optimal bezeichnet werden, wenn sie nach einer akzeptierten **Entscheidungsregel** (bei Sicherheit, Risiko oder Unsicherheit) gewählt wird, wobei die extremierende Alternative nur in Sonderfällen die optimale ist.

(8′) Für bestimmte Problemstellungen existieren effiziente systematische (**Rechen-)Verfahren,** die zur optimalen Lösung führen; für andere gibt es keine entsprechenden Algorithmen oder, soweit vorhanden, führen sie nicht zu einer optimalen Lösung. Planung muß sich daher auch vorhandener bzw. neu zu entwickelnder **Heuristiken** bedienen und komplexe Planungsprobleme mit Hilfe von **Simulationen** einer Näherungslösung zuführen.

In der Planungsliteratur werden in bezug auf einige der hier formulierten Grundannahmen der Planung **wohlstrukturierte** und **defekte** Planungsprobleme (Entscheidungsprobleme) unterschieden (vgl. z.B. Adam [Planung] 13ff.). Dazu werden insbesondere die Annahmen (3), (4), (6) und (8) herangezogen.

> Planungsprobleme mit eindeutiger Zielvorstellung, mit bekanntem und geschlossenem Lösungsraum, bekannten Wirkungen der Alternativen sowie einem verfügbaren, effizienten Lösungsalgorithmus gelten als **wohlstrukturiert.**

Alle anderen Planungsprobleme, die in einer oder in mehreren dieser vier Annahmen Strukturmängel aufweisen, gelten als **defekt,** was im allgemeinen für praktische Planungsprobleme zutrifft. Im einzelnen werden dann zielsetzungsdefekte, wirkungsdefekte, bewertungsdefekte und lösungsdefekte Planungsprobleme unterschieden.

Bei einer Orientierung an einer größeren Menge von Grundannahmen der Planung, z.B. an den hier formulierten Grundannahmen (1′) bis (8′), läßt sich ohne Schwierigkeit zeigen, daß praktische Planungsprobleme unter einer noch größeren Zahl von »Defektarten« leiden können. Für die weiteren Überlegungen wird dieser Terminologie nicht gefolgt, jedoch darf nicht übersehen werden, daß bei praktischen Planungsproblemen verschieden große Informationsmängel auftreten können, die bei der Entwicklung von Planungstechniken bzw. -rechnungen und Planungssystemen beachtet werden müssen. Desgleichen müssen die möglichen Informationsmängel bei der Postulierung von Anforderungen an Pläne bzw. Planungssysteme sowie bei der Beurteilung ihrer Wirtschaftlichkeit Berücksichtigung finden.

> Von großer Bedeutung ist, daß **Planungsmodelle** als Abbildungen des zu lösenden Sachproblems die **gleiche Struktur** wie das Sachproblem besitzen sollten, d.h., sie sollten **isomorphe Abbildungen** des zugrundeliegenden Sachproblems sein.

In allen Fällen, in welchen Planungsmodelle nur **ähnliche Strukturen** haben wie das Sachproblem, bezeichnet man sie als **homomorphe Abbildungen.** Faktisch sind die meisten Planungsmodelle nur ähnliche Abbildungen des realen Sachproblems, was die Aussagekraft bzw. die Brauchbarkeit entsprechend hergeleiteter Pläne als Führungsinstrumente mindert.

2 Arten der Planung

2.1 Arten der Planung nach Bezugsgrößen

Arten der Planung lassen sich nach einer Reihe von Merkmalen unterscheiden. Bezugsgrößen der Planung bilden eine erste Möglichkeit zur Klassifikation der Planung. Solche Merkmale sind:

- der Bezugszeitraum,
- der Funktionsbereich,
- die Leitungshierarchie,
- die Planungshierarchie.

(1) Die Zeitdauer, auf die sich Planung (ein Plan) bezieht, heißt der **Bezugszeitraum.** Der Planbeginn fällt mit dem Realisationsbeginn des Planes zusammen. Das Realisationsende des Planes kann auch vor dem Planende liegen. Der **Auswirkungszeitraum** eines Planes ist eine weitere Fristigkeit, die vom Planbeginn (Auswirkungsbeginn) bis zum (subjektiven) Planungshorizont reicht. Das ist i. d. R. der Zeitpunkt, bis zu welchem sich die Prognosereichweite erstreckt. Nach dem **Bezugszeitraum** (B) lassen sich trennen:

- kurzfristige Planung (Pläne) (etwa $B \leq 1$ Jahr),
- mittelfristige Planung (Pläne) (etwa $1 < B \leq 5$ Jahre),
- langfristige Planung (Pläne) (etwa $B > 5$ Jahre).

Die Fristigkeit der Pläne ist von der Qualität der Prognosen, vom Planungsgegenstand, von dem planenden Unternehmen und von der Branche abhängig. Aber auch die Produktlebenszyklen, der Stand von Forschung und Entwicklung sowie mögliche Produktsubstitutionen haben Einfluß auf die Fristigkeit der Pläne (vgl. Kreikebaum/Grimm [Unternehmensplanung] 36).

(2) Nach dem Merkmal des erfaßten **Funktionsbereichs,** auf den sich die Planung bezieht, lassen sich beispielsweise unterscheiden: Absatzplanung, Fertigungsplanung, Lagerhaltungsplanung, Beschaffungsplanung, Finanzplanung, Investitionsplanung.

(3) Das Merkmal der **Leitungshierarchie** führt zur Unterscheidung

von Gesamtplanung, Bereichsplanung, Stellenplanung sowie zu weiteren Unterteilungen nach aufbauorganisatorischen Gesichtspunkten.

(4) Schließlich nimmt das Merkmal der **Planungshierarchie** darauf Bezug, daß einzelne Pläne des Unternehmens in einem Über-/Unterordnungsverhältnis zueinander stehen können. Dabei gilt ein Plan einem anderen als übergeordnet, wenn er den Handlungsrahmen absteckt, in welchem der andere (untergeordnete) Plan formuliert werden muß. In der Lehre von der Planung hat es sich durchgesetzt, nach dem Merkmal der Planungshierarchie drei Ebenen zu unterscheiden:

– die strategische (oberste),
– die taktische (mittlere),
– die operative (unterste) Ebene.

Gelegentlich werden diese drei Hierarchieebenen den drei Planungsarten nach dem Bezugszeitraum (langfristig, mittelfristig und kurzfristig) gleichgesetzt. Diese Zuordnung ist jedoch bedenklich, weil sich die strategische, taktische und operative Planung jeweils durch mehrere Merkmale kennzeichnen lassen. Neben dem Bezugszeitraum kommen als weitere Merkmale der Differenziertheitsgrad, der Detailliertheitsgrad, die Präzision der verwendeten Informationen sowie die Strukturmängel der Planungsprobleme in Betracht (vgl. Abb. 1.2).

Merkmale von Planungsproblemen / Ebene der Planung	Differenziertheitsgrad (Aufgliederung in Teilpläne)	Detailliertheitsgrad (Erfassung von Einzelheiten)	Präzision (Information über die zu erfassenden Größen)	Bezugszeitraum (Planungshorizont/Prognosereichweite)	Strukturmängel (Abgrenzung des Suchraums für zulässige Lösungen)
strategisch	wenig differenziert (Gesamtplan)	globale Größen (Problemfelder)	grobe Informationen über die Größen	langfristig	schlecht-definierte Probleme
taktisch	↓	↓	↓	↓	↓
operativ	stark differenziert (viele Teilpläne)	detaillierte Größen (Detailprobleme)	feine («exakte») Informationen über die Größen	kurzfristig	wohl-definierte Probleme

Abb. 1.2: Kennzeichnung strategischer, taktischer und operativer Planung (nach Pfohl [Planung] 123)

In einer Planhierarchie stehen die Pläne abnehmender Ebenen in einem »Ableitungsverhältnis«. Formal wird ein taktischer Plan aus einem strategischen »abgeleitet« und ein operativer Plan aus einem taktischen. Beachtet man, daß über diese drei Hierarchieebenen der Pläne gleichzeitig eine zunehmende Präzision, Detailliertheit, Differenziertheit usw. auftritt, so ist der Inhalt dieser »Ableitung« als allgemeine **Planverträglichkeit** bzw. als **Plankoordination** zu interpretieren.

2.2 Arten der Planung nach Koordinationsformen

2.2.1 Kennzeichnung der Koordinationsformen

Entschließt sich ein Unternehmen, für einen bestimmten Bezugszeitraum alle seine beabsichtigten Aktivitäten in einem einzigen Gesamtplan festzulegen, so ist dieser Entwurf oder Handlungsrahmen ein sehr komplexes Gebilde. Darin müssen alle Ziele und Aktivitäten in den Teilperioden des Bezugszeitraums spezifiziert sein; es müssen die Aktivitäten aller betrieblichen Funktionsbereiche (Beschaffung, Lagerung, Fertigung, Absatz, Investition, Finanzierung usw.) bestimmt werden, und schließlich muß der Gesamtplan für alle Leitungsebenen konkretisiert sein. Alle diese Teilperioden, Teilbereiche und Teilhierarchien sind jedoch i. d. R. interdependent. Z. B. sind bei Planungen, die sich auf mehrere Perioden beziehen, folgende **Interdependenzen** zu beachten:

- Eine in Periode 1 getroffene Ausgangsentscheidung engt den Lösungsbereich für spätere Folgeentscheidungen in den Perioden 2, 3 usw. ein.
- Eine für die Periode 1 zu treffende Entscheidung hängt davon ab, welche Folgeentscheidungen in den Perioden 2, 3 usw. geplant sind.
- Die in einer Periode zu wählende Alternative hängt selbst vom Eintreten einer bestimmten Situation (Bedingungskonstellation) ab, deren Prognose nur unsicher getroffen werden kann.

Ein realisierbarer Gesamtplan muß also das gegebene Geflecht von Wechselbeziehungen zwischen allen nach den vier Bezugsgrößenmerkmalen differenzierten Teilplänen möglichst wirklichkeitsgetreu berücksichtigen und auf das Zielsystem des Unternehmens abgestimmt sein. D. h., daß die Teilpläne koordiniert werden müssen. Unter **Koordination** ist dabei die zielbezogene Abstimmung von Einzel- und Teilplänen zu verstehen. Die hier auftretende Koordinationsproblematik kann prinzipiell auf zwei Wegen gelöst werden: Entweder plant man die einzelnen Teilperioden, Teilbereiche und Teilhierarchien **schrittweise** und verdichtet die entstehenden Einzelpläne unter Berücksichtigung erforderlicher Abstimmungen zum Gesamtplan des Unternehmens, oder man plant **gleichzeitig** alle Funktionsbereiche in einem einzigen Planungsansatz unter Berücksichtigung aller bestehenden Interdependenzen. Während die erste Art der Planung **sukzessive Planung** genannt wird, heißt die zweite Art **simultane Planung.**

Da die Unterscheidung in sukzessive und simultane Planung die Frage betrifft, wie verschiedene Teilpläne miteinander koordiniert werden, können Sukzessivität und Simultaneität als die beiden grundsätzlichen Koordinationsformen bezeichnet werden. Einer genaueren Analyse ist es dienlich, nur jeweils ein einziges dieser Merkmale zur Differenzierung des Planungsbezugs zu betrachten. Dann können drei Ausprägungsarten der beiden Koordinationsformen auseinandergehalten werden:

- Nach dem Merkmal der **zeitlichen Koordination** kann man zeitlich sukzessive und zeitlich simultane Planung unterscheiden.
- Nach dem Merkmal der **sachlichen Koordination** läßt sich sachlich sukzessive und sachlich simultane Planung trennen.
- Nach dem Merkmal der **hierarchischen Koordination** gibt es hierarchisch sukzessive und hierarchisch simultane Planung.

Diese drei Koordinationsformen sollen im folgenden genauer beschrieben werden.

2.2.2 Planungen nach der zeitlichen Koordination

Der Zeitraum, auf den sich die Planung bezieht, wird als Bezugszeitraum bezeichnet. Er kann hier als fest vorgegeben betrachtet werden. Unabhängig von seiner absoluten Länge kann der Bezugszeitraum stets in mehrere Teilperioden unterteilt werden. Wird für die Teilperioden in einer bestimmten Reihenfolge nacheinander in der Weise geplant, daß die Planungsresultate schon geplanter Perioden als feste Vorgaben für die noch zu planenden Perioden betrachtet werden, handelt es sich um **zeitlich sukzessive Planung.** Sie liegt beispielsweise dann vor, wenn bei einem Bezugszeitraum von fünf Jahren nacheinander fünf Einjahrespläne erstellt werden, wobei zunächst der Plan für das erste Jahr erstellt wird, auf dessen Ergebnissen und Vorgaben aufbauend der Plan für das zweite Jahr usw.

Werden dagegen in einem umfassenden Planungsansatz alle fünf Perioden gleichzeitig erfaßt und ein Gesamtplan für alle Perioden unter Berücksichtigung der zeitlichen Interdependenzen erstellt, handelt es sich um **zeitlich simultane Planung.** Sie kann auch als simultane Mehrperiodenplanung bezeichnet werden; die zeitlich sukzessive Planung läßt sich demgegenüber als eine Kette von Einperiodenplanungen auffassen. Hieran wird auch deutlich, daß sich das Problem der Koordination bei kleineren Betrachtungseinheiten analog wiederholt: Die Einperiodenplanung kann etwa für die erste Teilperiode bei getrennter Betrachtung der Koordinationsformen z. B. eine sachlich sukzessive oder simultane Planung sein.

2.2.3 Planungen nach der sachlichen Koordination

Die sachliche Koordination der Planung betrifft die Frage, inwieweit in einem geschlossenen Planungsansatz mehrere (im Grenzfall alle) betrieblichen Funktionsbereiche erfaßt und gemeinsam geplant werden. Bei **sachlich sukzessiver Planung** sind i. d. R. mehrere Planungsdurchgänge mit veränderten Teilplanungen für die zuerst geplanten Bereiche erforderlich. Damit wird angestrebt, zielgünstige Gesamtpläne oder überhaupt erst zulässige Pläne zu erhalten.

Um die Zahl der Planungsdurchgänge möglichst klein zu halten, bietet es sich an, für den Funktionsbereich mit dem geringsten Leistungsgrad, dem sog. Leistungsengpaß, mit der Planung zu beginnen und mit einem Teilplan fortzufahren, der sachlich auf dem Engpaßplan aufbaut. Schritt für Schritt plant man auf diese Weise alle Funktionsbereiche und kann dann die entstandenen Teilpläne zu einem Gesamtplan verdichten. Sobald bei sachlich sukzessiver Planung zwei oder mehr Engpässe auftreten, sind Mehrfachdurchgänge der Teilplanung unumgänglich.

Die Abstimmung der Teilpläne auf einen Engpaß (Minimumsektor) nennt *Gutenberg* das »**Ausgleichsgesetz der Planung**«.

Zweckmäßiger wäre es, in diesem Zusammenhang den Ausdruck »Gesetz« zu vermeiden und von einem »Abstimmungsprinzip« der Teilpläne zu sprechen, weil das Streben des Unternehmens mittel- und langfristig dahin gehen wird, den fraglichen Engpaß zu beseitigen.

Bei sachlich sukzessiver Planung sind nach abstimmenden Mehrfachdurchgängen von Teilplanungen i. d. R. die sachliche Koordination und die Realisierbarkeit des Gesamtplanes gewährleistet. Ob jedoch der auf diese Weise entstehende Gesamtplan zu einer optimalen Lösung des Gesamtproblems führt, bleibt offen.

Zweck der **sachlich simultanen Planung** ist das Aufstellen eines Gesamtplans bei gleichzeitiger Erfassung aller Funktionsbereiche mit ihren Interdependenzen über eine oder mehrere Perioden. Die simultane Planung wird meist zentral in einer Planungsabteilung oder in einem Planungsstab durchgeführt und erfordert ein simultanes Planungsmodell, das alle ökonomischen sowie technischen Daten, Variablen, Restriktionen und Ziele erfaßt. Dieses Planungsmodell kann ein exaktes **Optimierungsmodell** oder ein **Näherungsmodell** sein. Informationen über auftretende Leistungsengpässe werden hier systematisch zum »zulässigen Bereich« verarbeitet, der die Menge der realisierbaren Alternativen umfaßt. Damit wird vom Ansatz her sichergestellt, daß die unter einer (bzw. mehreren) Zielvorstellung(en) gewählte Alternative tatsächlich realisierbar ist. Das bedeutet gleichzeitig, daß die sachliche Koordination über die abgebildeten Funktionsbereiche umfassend gewährleistet ist.

Der Gesamtplan des Unternehmens, der durch sachlich simultane Planung aufgestellt wird, führt zu einer **optimalen Lösung** des Gesamtproblems. Jedoch ist dieser Planungsweg außerordentlich aufwendig, was die Informationsbereitstellung und -verarbeitung betrifft. Andererseits sind die erforderlichen **Planungsmodelle** noch nicht so weit entwickelt, daß ihre Anwendung für viele Unternehmen mittlerer und kleinerer Größe unter wirtschaftlichen Gesichtspunkten angebracht erscheint. Tatsächlich wenden nur wenige der größeren Unternehmen simultane Planungsmodelle an. Die übrigen Unternehmen bedienen sich aus Tradition bzw. notgedrungen sukzessiver Planungsansätze. Gegenwärtig sind insbesondere lineare Planungsmodelle entwickelt, welche den Investitions-, Finanzierungs-, Produktions-, Beschaffungs-, Absatz- und den Personalbereich in Ausschnitten simultan über eine oder mehrere Perioden erfassen können. Auch bei simultaner Planung sind Mehrfachdurchrechnungen dann erforderlich, wenn einzelne Parameter geändert werden und festgestellt werden soll, wie diese Änderungen auf die optimale Planalternative wirken. Zweckmäßig bedient man sich in diesem Falle der **parametrischen Planungsrechnung,** die dieser Aufgabenstellung besonders entspricht.

Die Unterscheidung von zeitlich sukzessiver und zeitlich simultaner Planung ist unabhängig davon, auf welchen sachlichen Umfang, auf wie viele und welche Hierarchie-Ebenen sich die Planung inhaltlich bezieht. So kann z. B. sowohl ein Beschaffungsplan (sachlich sukzessive Planung) als auch ein Plan über alle betrieblichen Funktionsbereiche (sachlich simultane Planung) in den beiden Versionen der zeitlichen Sukzessivplanung und der zeitlichen Simultanplanung erstellt werden (vgl. Abb. 1.3).

zeitlich / Koordination / sachlich	sukzessiv	simultan
sukzessiv	einperiodige Beschaffungsplanung für das erste Jahr im Rahmen einer gesamtbetrieblichen Fünfjahresplanung	simultane mehrperiodige Beschaffungsplanung für alle fünf Jahre im Rahmen einer gesamtbetrieblichen Fünfjahresplanung
simultan	einperiodige Gesamtplanung des Betriebs für das erste Jahr im Rahmen einer gesamtbetrieblichen Fünfjahresplanung	simultane mehrperiodige Gesamtplanung des Betriebes für alle fünf Jahre im Rahmen einer gesamtbetrieblichen Fünfjahresplanung

Abb. 1.3: Beispiele zum Zusammenhang zwischen zeitlicher und sachlicher Koordination

2.2.4 Planungen nach der hierarchischen Koordination

Für die hierarchische Koordination von Plänen gibt es drei Verfahren (vgl. Abb. 1.4):

- das **retrograde** Verfahren (auch retrograde Planung oder **Top-Down-Planung** genannt),
- das **progressive** Verfahren (auch progressive Planung oder **Bottom-Up-Planung** genannt),
- das **zirkuläre** Verfahren (auch zirkuläre Planung, Gegenstromplanung oder kombinierte Top-Down-Vorlauf- und Bottom-Up-Rücklauf-Planung genannt).

Im Kern stellen alle drei Koordinationsverfahren eine **sukzessive** Abstimmung hierarchisch differenzierter Pläne eines Unternehmens dar. Während das **retrograde** Verfahren vom Gesamtplan des Unternehmens ausgeht und daraus die Bereichs- und Stellenpläne herleitet, geht das **progressive** Verfahren umgekehrt von den Stellenplänen aus

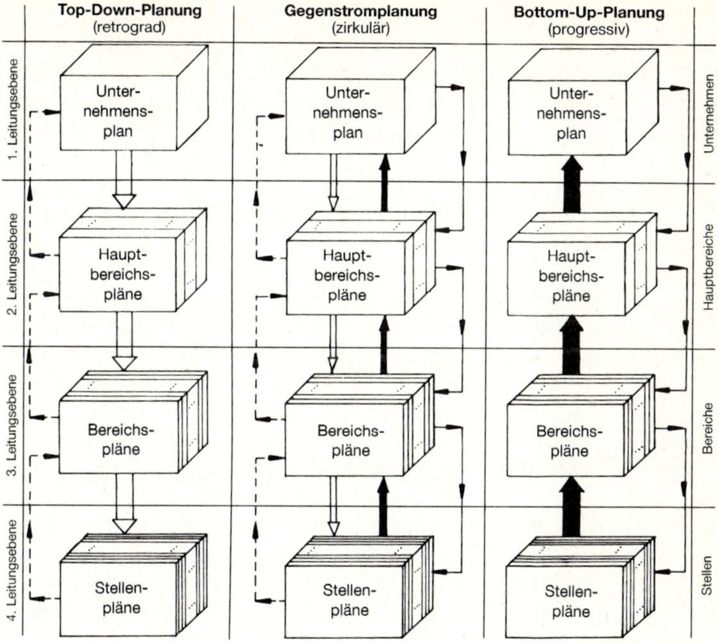

Abb. 1.4: Planungsarten nach der hierarchischen Koordination

und aggregiert diese schrittweise zu den übergeordneten Bereichsplänen sowie zum Gesamtplan des Unternehmens. Das **zirkuläre** Verfahren verbindet das retrograde und das progressive Verfahren mit dem Zweck, die Vorteile beider Verfahren dem gesamten Planungsablauf dienstbar zu machen.

Die drei genannten Planungs- und Koordinationsverfahren führen bei ihrer praktischen Anwendung zu unterschiedlichen Vor- und Nachteilen, die daran gemessen werden können, welche Anforderungen sie an die beteiligten Planungsträger (persönliche Anforderungen) oder an das Planungssystem (sachliche Anforderungen) stellen (vgl. dazu Wild [Unternehmungsplanung] 191 ff. und Pfohl [Planung] 139 ff.).

– Als **persönliche Anforderungen** sind zu nennen:
  fachliche Eignung, Wissensstand, Zuständigkeit, angemessener Informationsstand, Leistungsbereitschaft sowie Kooperationsbereitschaft u. a.

– Zu den **sachlichen Anforderungen** sind zu rechnen: Koordinierbarkeit von Plänen, Abstimmungsnotwendigkeiten, latente Konfliktpotentiale, erforderliche Dokumentations- und Organisationsgrade (vgl. S. 84), Kommunikationsbedarfe, Steuerungsverluste u. a.

Bei **retrograder Planung** von der Unternehmensspitze bis zu den untersten Stellen zeigt sich häufig die Schwäche, daß die Unternehmensleitung nur begrenzt Ziele und andere Planinhalte eines Rahmenplans festlegen kann, bevor sie deren Erreichbarkeit in unteren Plänen überprüft hat. Diese Konkretisierungs- und Präzisierungsschwäche der Unternehmensleitung führt i. d. R. zur Einrichtung von Planungsabteilungen bzw. -stäben auf oberster Ebene mit der Tendenz zur Zentralplanung. Daraus ergibt sich wiederum, daß die zentral erstellten Pläne für die niedrigeren Leitungsebenen definitiv vorgegeben werden und nur eine geringe Planungsbeteiligung der unteren Ebenen zulassen. Auf diese Weise werden weder die fachliche Eignung noch ein guter Wissensstand untergeordneter Ebenen angemessen gefordert. Das gleiche gilt für deren Leistungs- und Kooperationsbereitschaft. Die zentralen Planungsabteilungen arbeiten zudem in großer Entfernung von den tatsächlichen Planungsproblemen der unteren Ebenen und haben daher auf Dauer hohe Informationsbedarfe, während die unteren Ebenen nur eine geringe Motivation zur Kooperation und Informationsweitergabe verspüren. Aus diesen Gründen begnügt man sich bei retrograder Planung an der Unternehmensspitze häufig entweder mit der Erstellung von globalen Rahmenplänen oder Budgetvorgaben, die im Ablauf der Planungsperiode schrittweise durch Einzelentscheidungen ausgesteuert werden, wobei bereits Unterzyklen auftreten können. Für nachgeordnete Einzelpläne steigt bei diesem Vorgehen der Koordinationsbedarf, während die Motivation zur Koordination schwach ausgeprägt ist. Um bei retrograder Planung den vertikalen Interdependenzen aller Teilpläne weitestgehend Rechnung zu tragen und um den Gesamtplan mit präzisen Planinhalten zu versehen, ist es daher unumgänglich, den gesamten Planungsprozeß zu zentralisieren und damit i. d. R. hohe Planungskosten hinzunehmen.

Bei **progressiver Planung** ist zu erwarten, daß die aufgezählten Nachteile der retrograden Planung weitgehend vermieden werden. Dafür sprechen die Beteiligung aller Ebenen »von unten nach oben« sowie deren Motivation, eine größere Problemnähe der Planungsträger, die stufenweise Koordination und vertikale Integration der Teilpläne in Richtung Unternehmensspitze, eine größere Präzision der Planinhalte usw. Jedoch treten hier andere Nachteile auf, die sich wie folgt kennzeichnen lassen:

Wegen der vorrangigen vertikalen Koordination und Integration der Teilpläne von der Basis zur Unternehmensspitze, d.h. von unteren Teilplänen zum Gesamtplan, treten Schwächen bei der horizontalen Plankoordination auf. Außerdem muß koordinierend eingegriffen werden, um die Zielvorstellungen der unteren Pläne auf die Gesamtzielvorstellung abzustimmen, woraus ein komplizierter Zielabstimmungsprozeß in Gestalt von Unterzyklen resultieren kann. Dieser Abstimmungsprozeß der Teilziele verschiedener Ebenen mit dem Gesamtziel auf oberster Ebene kann nur vermieden werden, wenn zunächst retrograd von der Unternehmensspitze bis zur untersten Ebene ein realisierbares Zielsystem vorgegeben (aufgebaut) wird und dann von der untersten Ebene an progressiv zielkonforme Pläne erstellt werden. Andererseits kann dieses realisierbare Zielsystem zentral nur formuliert werden, wenn bis zur untersten Ebene bekannt ist, daß alle unteren Teilziele auch tatsächlich erreicht werden können. Obwohl bei progressiver Planung i. d. R. die persönlichen Anforderungen an die Planungsträger besser erfüllt werden als bei retrograder Planung, liegen die Schwächen bei den sachlichen Anforderungen: die horizontale Plankoordination, die Abstimmung von Teilzielen mit dem Gesamtziel sowie der erforderliche Kommunikationsumfang werfen zahlreiche Probleme auf.

Die **zirkuläre Planung** (Gegenstromplanung) versucht, durch eine Kombination von Elementen der retrograden sowie der progressiven Planung die Schwächen dieser Planungen zu überwinden. Sie baut auf folgenden drei Elementen auf:

(1) Jeder Planungsträger plant für seinen Verantwortungsbereich selbst. Außerdem integriert und koordiniert er die Pläne seiner untergeordneten Instanzen.

(2) Es ist zu unterscheiden zwischen Planerstellung und der Konkretisierung der Planinhalte auf der einen Seite sowie zwischen Plankoordination bzw. Planintegration und Steuerung der Planung auf der anderen Seite.

(3) Der Planungsprozeß ist gekennzeichnet durch einen retrograden Planungsvorlauf und einen progressiven Planungsrücklauf. Bei Bedarf können Unterzyklen der Planung zwischen hierarchischen Ebenen auftreten.

Grundsätzlich beginnt die zirkuläre Planung mit einem retrograden Vorlauf und schließt dann einen progressiven Rücklauf an. Im retrograden Vorlauf wird zunächst für das gesamte Unternehmen ein globaler

Rahmenplan basierend auf vorläufigen bzw. gewünschten Oberzielen erstellt. Sowohl der Rahmenplan als auch die Oberziele werden dann schrittweise über die einzelnen Leitungsebenen in Teilpläne und Unterziele »heruntergebrochen«, wobei sich zunehmend herausstellt, ob und wie die übergeordneten Pläne und Ziele erfüllt bzw. erreicht werden können. Diese Top-Down-Planung reicht bis zu den untersten Stellen, für welche noch Pläne erstellt werden. Dann setzt der progressive Rücklauf (Bottom-Up-Planung) von den Stellen bis zur Unternehmensspitze ein, dessen zentrale Aufgabe darin liegt, die Teilpläne der jeweils unteren Ebene zu einem (Teil-)Plan der darüberliegenden Ebene zu koordinieren und zu integrieren. Der Planungsablauf gilt als abgeschlossen, wenn der integrierende und koordinierende Rücklauf zu einem detaillierten Gesamtplan und zu präzisen Oberzielen geführt hat. Der Planungszyklus ist dann beendet. In manchen Fällen erweist sich jedoch, daß die präzisierten Oberziele nicht den Vorstellungen der Unternehmensspitze entsprechen und/oder der detaillierte Gesamtplan nicht verabschiedungsreif (entscheidungsreif) ist. Dann setzt ein zweiter Planungszyklus ein, welchem die Unternehmensspitze nunmehr den detaillierteren (Rahmen-) Gesamtplan und die präziseren Oberziele vorgibt. Sowohl im Vorlauf als auch im Rücklauf können dabei verschieden lange Unterzyklen auftreten. Dieser zirkuläre Planungsprozeß wird abgeschlossen, sobald der Gesamtplan und die Oberziele von der Unternehmensspitze als zufriedenstellend akzeptiert und verabschiedet, d. h. durch eine Entscheidung als verbindliche Handlungsvorgaben für den Planungszeitraum festgelegt werden.

Bisherige Erfahrungen mit der zirkulären Planung zeigen, daß durch dieses Planungsverfahren den persönlichen Anforderungen an die Planungsträger und den sachlichen Anforderungen an das Planungssystem in hohem Umfang Rechnung getragen wird. Die fachliche Eignung und der Wissensstand der Planungsträger werden gut in den Planungsprozeß eingebracht. Die Motivation zu Leistung und Kooperation wird durch die partizipative Struktur des gesamten Planungs- und Zielbildungsprozesses positiv beeinflußt. Vertikale und horizontale Abstimmungsnotwendigkeiten werden erkannt, und Konfliktpotentiale werden abgebaut. Planungskompetenz und Planungsverantwortlichkeit werden klar abgegrenzt und respektiert. Allerdings sind die Kosten für die Organisation, Dokumentation und Kommunikation meist höher als bei retrograder oder progressiver Planung. Letztlich bleibt jedoch die Schwäche bestehen, daß auch die zirkuläre Planung ein sukzessiver Planungsansatz ist, dessen Ergebnis nur ausnahmsweise ein Gesamtplan mit höchstem Zielerreichungsgrad ist. I. d. R. ist vielmehr ein

Gesamtplan zu erwarten, der den Zielvorstellungen der Unternehmensspitze eher zufriedenstellend entspricht.

2.3 Arten der Planung nach Anpassungsformen

2.3.1 Kennzeichnung der Anpassungsformen

Da die Umwelt des Unternehmens veränderlich ist und auch das eigene Aktionsfeld im Zeitablauf umgestaltet wird, müssen die Pläne des Unternehmens an zukünftige Änderungen anpassungsfähig, d. h. **elastisch** sein. Mögliche Anpassungsmaßnahmen hängen weitgehend von Informationen über die Zukunft ab, deren Unvollkommenheit bereits beschrieben wurde. Sicherlich hätte ein Planer den besten Informationsstand, wenn er mit seiner Planerstellung bzw. Plananpassung bis kurz vor Beginn der Planperiode warten würde. Da jedoch jede Planung einen zeitlichen Vorlauf erfordert, muß der Planer stets mit unvollkommenen Informationen arbeiten. Sicherlich würde ein Planer auch gern seinen Plan sofort anpassen, wenn er eine präzisere Information über einen Planinhalt erhält. Dies ist jedoch kaum möglich, weil eine kontinuierliche Planrevision sehr unergiebig wäre.

Von den möglichen Wegen zu einer elastischen Planung werden nachfolgend einige beschrieben, die in Wissenschaft und Wirtschaftspraxis Bedeutung bzw. eine gewisse Bewährung erfahren haben. Anknüpfungspunkte für diese Erörterung der Planungselastizität sind der **Anpassungsrhythmus** und die **Verbindlichkeit** von Teilplänen.

2.3.2 Planungen nach dem Anpassungsrhythmus

Das Merkmal des **Anpassungsrhythmus** bezieht sich auf die Art und Weise der Planfortschreibung von zeitlich aufeinanderfolgenden Plänen. Am Beispiel einer Fünfjahresplanung sei der betrachtete Sachverhalt erläutert (vgl. Abb. 1.5). Unterteilt ein Unternehmen seinen Fünfjahresplan in fünf einzelne Jahrespläne, die als Grobpläne erstellt werden, und schreibt es diese Jahrespläne nicht oder nur unregelmäßig in Abständen mehrerer Jahre fort, dann wird diese Fortschreibungsart als **nicht-rollende** (nichtrollierende, sprunghafte) Planung bezeichnet. Wird dagegen der erste Jahresplan als Feinplan eingerichtet und sind die übrigen vier Jahrespläne Grobpläne, wobei der erste Jahresplan noch-

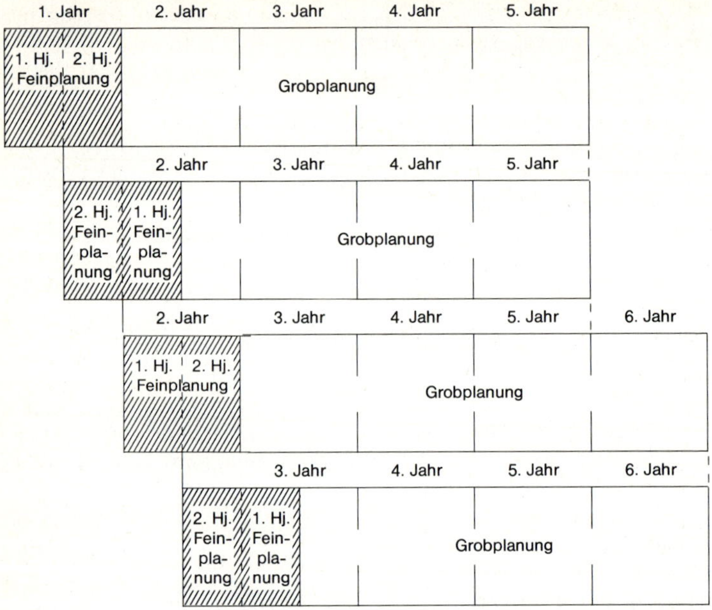

Abb. 1.5: Planentwicklungsrhythmus bei der rollenden Fünfjahres-Planung

mals in Dreimonats-, Viermonats- oder Sechsmonatsteilpläne (als Feinpläne) unterteilt werden kann, dann wird diese Planfortschreibung als **rollende** (rollierende, gleitende) Planung bezeichnet, wenn die Feinplanung regelmäßig nach Ablauf eines Teilplans und die Grobplanung regelmäßig in Jahresabständen fortgeschrieben werden.

Eine Planfortschreibung, die eine Anpassung von Feinplänen nach Ablauf eines Teilplans und die Anpassung von Grobplänen in Jahresabständen verlangt, heißt **rollende Planung**.

In Abb. 1.5 wird dieser Zusammenhang für den Fall einer Sechsmonatsteilplanung in der Feinplanung und insgesamt für eine Fünfjahresplanung wiedergegeben.

Durch die rollende Planfortschreibung können neu gewonnene Informationen in die Mehrperiodenplanung adäquat einbezogen werden. Die sachliche Koordination und die Realisierbarkeit aller Teilpläne werden durch die rollende Planung i. d. R. gewährleistet. Praktisch ist die rollende Planung eine Fortschreibungstechnik für flexible Pläne.

2.3.3 Planungen nach der Verbindlichkeit von Teilplänen

Das Merkmal der **Verbindlichkeit** von Teilplänen in einer mehrperiodigen Planungskette drückt aus, ob eine und welche Trennung zwischen verbindlichen (definitiven) und unverbindlichen (bedingten) Teilplänen getroffen wird.

> Eine Planfortschreibung, die eine Anpassung von Teilplänen nach dem Muster von verbindlichen und unverbindlichen Teilplänen zuläßt, wird **flexible Planung** genannt.

Das Gegenstück zur flexiblen Planung ist eine Planungstechnik, die nur verbindliche Teilpläne für den gesamten Bezugszeitraum zuläßt. Sie wird **starre Planung** genannt. Die flexible Planung ist besonders auf Risikosituationen zugeschnitten, welchen sie dadurch genügt, daß i. d. R. der erste Jahresplan in der Planungskette ein definitiver Plan ist, während die übrigen Pläne bis zum Planungshorizont bedingte alternative Teilpläne sind. Ein flexibles mehrperiodiges Planungsproblem läßt sich durch einen **Entscheidungsbaum** darstellen, der durch seine Verästelungen alle realisierbaren Folgeentscheidungen (alternative Teilpläne) über eine gegebene Zahl von Teilperioden mit ihren Wirkungen erfaßt.

Die **Elastizität** der flexiblen Planung besteht darin, daß zum Beginn einer Teilperiode über diejenige Teilalternative definitiv entschieden wird, die in der gerade beginnenden Periode realisiert werden soll. Dies geschieht bei Kenntnis aller Folgealternativen der späteren Teilperioden. Über die Folgeentscheidungen der späteren Teilperioden wird lediglich bedingt entschieden, so daß von Periode zu Periode in Abhängigkeit von der eingetretenen Situation in der behandelten Teilperiode genau einer der möglichen Eventualpläne gewählt werden kann.

Voraussetzung für den Aufbau eines flexiblen Planungssystems ist ein hoher Informationsstand über realisierbare Teilalternativen, mögliche Situationen mit ihren Eintrittswahrscheinlichkeiten, Wirkungen der Alternativen, Restriktionen u. a. Zudem muß ein effizienter Algorithmus vorliegen, um im Entscheidungsbaum die optimale Kette von Teilplänen bestimmen zu können. Besonders geeignet zur Lösungsfindung sind für Entscheidungsbäume Verfahren der **dynamischen Planungsrechnung.** Diese Verfahren ermöglichen die Aufstellung eines Gesamtplans des Unternehmens, der zur extremalen Lösung des Gesamtproblems führt.

In der Wirtschaftspraxis finden die Verfahren der dynamischen Planungsrechnung bei der Lösung von Planungsproblemen wegen ihrer Kompliziertheit bisher nur begrenzt Anwendung. In ihrer Struktur sind diese Verfahren jedoch an sehr unterschiedliche Planungsprobleme anpaßbar und stellen die sachliche Koordination und die Realisierbarkeit der Teilpläne bzw. des Planungssystems sicher.

Eine Verbindung von flexibler Planung und rollender Fortschreibungstechnik ist möglich (vgl. S. 45 f.).

Bei der **starren Planung** werden im Gegensatz zur flexiblen Planung keine bedingten, sondern stets definitive Entscheidungen getroffen. Greift man auf einen Entscheidungsbaum zurück, läßt sich der Sonderfall der starren Planung wie folgt kennzeichnen:

> Wird zu Beginn der ersten Periode nicht nur über die Alternative dieser Teilperiode definitiv entschieden, sondern bereits definitiv über eine geschlossene Alternativenkette durch den Entscheidungsbaum, dann wird von **starrer Planung** gesprochen.

Dieses Vorgehen erscheint nur vertretbar, wenn die Gesamtplanung des Unternehmens bei vollkommener Information über die zukünftige Entwicklung der Planungsdaten erfolgt. Da diese Informationsannahme sehr wirklichkeitsfremd ist, hat die starre Planung für die Planungspraxis die strukturelle Schwäche, daß man sich bei Nichteintreten der erwarteten Situationen in den Folgeentscheidungen bereits festgelegt hat und keine vorteilhaften Anpassungsentscheidungen mehr treffen kann. Die Kette der Teilpläne kann bei starrer Planung mit Hilfe eines Optimierungsmodells oder nach Erfahrungsprinzipien bestimmt werden. In beiden Fällen der starren Planung ist im praktischen Vollzug eine optimale Lösung des Planungsproblems im Sinne einer extremalen Zielerreichung kaum zu erwarten. Die sachliche Koordination und die Realisierbarkeit der Teilpläne bzw. des Planungssystems sind dagegen bei dieser Planungsweise gegeben.

3 Phasen des Planungsprozesses

3.1 Teilaufgaben der Planungsphasen

In Abschnitt 1.2 sind folgende Phasen des Planungsprozesses unterschieden worden (vgl. Abb. 1.1):

- Zielbildung,
- Problemfeststellung,
- Alternativensuche,
- Prognose,
- Bewertung und Entscheidung.

Die Bezeichnungen dieser Phasen sind globale Umschreibungen der jeweiligen Phasenaufgabe. Diese sind jedoch zu grob, um detailliert nachvollziehen zu können, welche Einzelfragen ein Planungsprozeß tatsächlich aufwerfen kann. In den folgenden Abschnitten soll daher erörtert werden,

- in welche **Teilaufgaben** eine Planungsphase gegliedert werden kann und
- welche **Fragen** die einzelnen Teilaufgaben aufwerfen.

Zur Bearbeitung der Phasenaufgaben steht außerdem eine Reihe von **Planungstechniken** zur Verfügung. Einen Überblick über diese Planungstechniken und deren Zuordnung zu den Planungsphasen gibt Abb. 1.6 (vgl. hierzu auch die entsprechenden Stichwörter in Szyperski [Planung]).

3.1.1 Zielbildung

Die erste Phase des Planungsprozesses ist die **Zielbildung.**

Zielbildung ist das Festlegen eines präzisen, strukturierten und realisierbaren Systems von Handlungsnormen.

Für die Planung hat diese Phase besonderes Gewicht, wenn im Unternehmen kein formuliertes Zielsystem existiert. Durch die Erfüllung der Phasenaufgabe »Zielbildung« verhilft man dem Unternehmen zu einer präzisen Darstellung seiner Handlungsnormen. Besteht dage-

Planungsphase / Planungstechnik	Zielbildung	Problemfeststellung	Alternativensuche	Prognose	Bewertung	Entscheidung
Techniken der Zielbildung						
Relevanzbaum (PATTERN)	×	×	×		×	×
Kennzahlensysteme	×	×			×	
Zielbeziehungsmatrix	×			×		
Techniken der Problemfeststellung						
Frühwarnsysteme		×	×			
Szenario-Technik		×		×		
Checklisten	×	×	×	×		
Wertanalyse		×				
Systemanalyse		×				
Ablaufdiagramme		×				
Portfolio-Analyse		×	×			
Lückenanalyse (gap analysis)		×		×		
Kepner-Tregoe-Technik		×				
Branchenstrukturanalyse		×	×	×	×	
Produktlebenszyklusanalyse		×		×		
Analyse der Wertschöpfungskette		×	×			
Verflechtungsmatrix		×	×	×		
SOFT-Analyse		×				
Erfahrungskurvenanalyse		×	×			
ABC-Analyse		×				
Techniken der Alternativensuche						
Brainstorming-Techniken:						
– Klassisches Brainstorming	×	×	×	×		
– Anonymes Brainstorming	×	×	×	×		
– Didaktisches Brainstorming	×		×	×		
– Destruktiv-konstruktives Brainstorming	×	×	×	×		
– Creative Collaboration Technique	×	×	×	×		
– Diskussion 66	×	×	×	×		
– Imaginäres Brainstorming	×		×	×		
– SIL-Technik			×			

Abb. 1.6: Zuordnung von Planungstechniken zu Planungsphasen

Planungsphase / Planungstechnik	Zielbildung	Problemfeststellung	Alternativensuche	Prognose	Bewertung	Entscheidung
Brainwriting-Techniken:						
– Technik 635	×		×	×		
– Brainwriting-Pool	×		×	×		
– Kärtchen-Befragung	×	×	×	×		
– Idea Engineering		×	×			
– CNB-Technik			×	×		
– Trigger-Technik	×		×	×		
– BBB-Technik			×			
Morphologische Techniken:						
– Morphologischer Kasten		×	×			
– Funktionsanalyse		×	×			
– Attribute Listing			×			
– Problemfeld-Darstellung		×	×			
– Sequentielle Morphologie		×	×			
Synektische Techniken:						
– Klassische Synektik			×			
– Synektische Konferenz			×			
– Visuelle Synektik			×			
– Bionik		×	×			
– Force-Fit-Spiel			×			
– Suchfeldauflockerung			×			
– Nebenfeldintegration		×	×			
– Semantische Intuition			×			
– Forced Relationship			×			
– Katalog Technik			×			
– NM-Technik		×	×			
– TILMAG-Technik		×	×			
Progressive Abstraktion		×	×			
Epistemologische Analyse		×	×			
KJ-Technik		×	×			
Hypothesen-Matrix		×	×			
Metaplan-Technik			×			
Zustandsbaum		×	×			
SYRA			×			

Abb. 1.6 (Fortsetzung): Zuordnung von Planungstechniken zu Planungsphasen

Planungstechnik \ Planungsphase	Zielbildung	Problemfeststellung	Alternativensuche	Prognose	Bewertung	Entscheidung
Techniken der Prognose						
Delphi-Technik	×	×	×	×		
Repräsentativbefragung				×		
Indikatorenmodelle				×		
Zeitreihenanalyse		×		×		
Transformations- u. Produktionsfunktionen				×		
Kostenfunktionen				×		
Gozintograph				×		
Box-Jenkins-Technik				×		
Regressionsanalyse		×	×	×		
Wachstums- und Sättigungsmodelle				×		
Prognosekostenrechnung				×		
Durchlaufkurven				×		
Netzplantechnik		×	×	×	×	×
Cross-Impact-Analyse				×		
Techniken der Bewertung						
Break-even-Analyse					×	
Investitionsrechnung					×	×
Kosten-Nutzen-Analyse					×	
Nutzwertanalyse					×	×
Multi-Attributive-Nutzentheorie					×	
Risikoanalyse					×	×
Sensitivitätsanalyse		×	×	×	×	×
SEER	×			×	×	×
Produktbewertungsprofil		×			×	
Techniken der Entscheidung						
Lineare Programmierung			×		×	×
Nichtlineare Programmierung			×		×	×
Heuristiken			×		×	×
Simulation		×	×	×	×	×
Entscheidungsbaum			×		×	×

Abb. 1.6 (Fortsetzung): Zuordnung von Planungstechniken zu Planungsphasen

Planungsphase / Planungstechnik	Zielbildung	Problemfeststellung	Alternativensuche	Prognose	Bewertung	Entscheidung
Entscheidungsregeln bei Sicherheit:						
– Zielrangordnung	×				×	×
– Zielgewichtung	×				×	×
– Goal Programmierung					×	×
Entscheidungsregeln / -prinzipien bei Risiko:						
– μ-Regel					×	×
– μ-σ-Prinzip					×	×
– Bernoulli-Prinzip					×	×
Entscheidungsregeln / -prinzipien bei Unsicherheit:						
– Wald-Regel					×	×
– Maximax-Regel					×	×
– Hurwicz-Regel					×	×
– Laplace-Regel					×	×
– Savage-Niehans-Regel					×	×
– Krelle-Prinzip					×	×

Abb. 1.6 (Fortsetzung): Zuordnung von Planungstechniken zu Planungsphasen

gen bereits ein Zielsystem, kann die erste Phase des Planungsprozesses (i. d. R.) übersprungen werden.

Teilaufgaben der Zielbildung sind:

- Zielfindung,
- Zielpräzisierung,
- Zielstrukturierung,
- Realisierbarkeitsprüfung der Ziele,
- Zielauswahl.

- Als **Zielfindung** werden alle Maßnahmen bezeichnet, durch welche oberste Ausgangsziele festgestellt, untere Teilziele verschiedener Ordnung aus den Ausgangszielen abgeleitet bzw. diesen als verträglich und erfüllungswirksam zugeordnet sowie mögliche Ziele systematisch auf ihre Bezüge zu den Ausgangszielen überprüft werden.

- Die **Zielpräzisierung** bedeutet eine möglichst genaue Kennzeichnung von Inhalt, Ausprägung, Terminen, Trägern und Begrenzungen einzelner Ziele. Zielpräzisierung und Zielfindung sind sehr eng miteinander verknüpft. Ziele, die präziser formuliert werden, ermöglichen genauere Planungen sowie Kontrollen und erhöhen damit die Wirksamkeit von Instrumenten der Unternehmensführung.

- In der **Zielstrukturierung** wird danach gestrebt, die Menge der gefundenen Ziele hierarchisch zu ordnen. Hierbei sind verschiedene Zielhierarchien (Zielsysteme) möglich. Eine **teleologische Zielhierarchie** entsteht, wenn Ober- und Unterziele nach ihren Zweck-Mittel-Beziehungen geordnet werden. Dagegen ergibt sich eine **definitionslogische Zielhierarchie** durch die Art des verwendeten Begriffsnetzes. Wird der Periodenüberschuß P definiert als P = Periodenertrag – Periodenaufwand, so gilt der Periodenüberschuß im Verhältnis zu Ertrag und Aufwand als übergeordnetes Ziel. Als eine weitere Zielhierarchie ist die nach **Prioritäten** zu nennen. In ihr sind diejenigen Ziele als Oberziele anzusehen, denen eine hohe Dringlichkeit der Erreichung zugeordnet wird. Eine **entscheidungsbezogene Zielhierarchie** kann nach der Bedeutung einzelner Ziele für Entscheidungsfälle (-modelle) formuliert werden. Dabei gelangt man zur Unterscheidung von Hauptzielen und Nebenzielen (Nebenbedingungen). Schließlich sei noch die **organisatorische Zielhierarchie** erwähnt, die nach Elementen des Leitungssystems eines Unternehmens gebildet wird und zur Unterscheidung von Unternehmenszielen, Bereichszielen, Abteilungszielen und Stellenzielen führt. Diese Hierarchie der Ziele rückt dann in den Vordergrund der Betrachtung, wenn eine weitgehende Deckungsgleichheit von Leitungssystem und Zielsystem herbeigeführt werden soll (Kongruenzprinzip).

- Eine **Realisierbarkeitsprüfung von Zielen** ist auf die Feststellung gerichtet, ob einzelne Ziele unter zielstrukturellen, wirtschaftlich-technischen und personellen Gesichtspunkten überhaupt erreichbar bzw. umsetzbar sind. Der **zielstrukturelle** Aspekt umfaßt die Analyse von Beziehungen zwischen Zielen in bezug auf ihre Verträglichkeit. Dabei können sich Ziele als verträglich oder als unverträglich erweisen. Verträgliche Ziele können im Verhältnis zueinander neutral oder komplementär, im Grenzfall identisch sein. Bei unverträglichen Zielen handelt es sich um konkurrierende, im Extremfall um antinomische Ziele. Unter **wirtschaftlich-technischem** Aspekt ist herauszufinden, ob die vorgesehene Zielausprägung (der Grad der Zielerreichung, das Anspruchsniveau) bei gegebenen Bedingungen der Märkte, Kapazitäten, Kapitalausstattung usw. realistisch gewählt wurde. Die Zielanalyse unter **personellem** Aspekt soll zeigen, in welchem Umfang Eignung, Zeit und Kompetenz sowie Motivation der beteiligten Mitarbeiter ausreichen, um die gewünschte Zielausprägung zu erreichen.

- Als **Zielauswahl** (Zielentscheidung) ist schließlich die Handlung zu verstehen, durch die der Entschluß über das tatsächlich zu verfolgende Zielsystem getroffen wird. Wurden mehrere alternative Zielsysteme erarbeitet, muß dasjenige Zielsystem ausgewählt werden, das die höchste bzw. eine zufriedenstellende Eignung zur Erreichung der Oberziele besitzt. Für den anderen Fall, daß nur ein Zielsystem erstellt wurde, sind bei alternativ möglichen Unterzielen diejenigen Unterziele bzw. deren Kombinationen auszuwählen, welche zum Erreichen der Oberziele die entsprechend guten Beiträge zu erbringen versprechen. Das auf diese Weise gewählte Zielsystem muß des weiteren dem Beschluß über die vorläufige Verbindlichkeit für die nachfolgenden Planungsphasen unterzogen werden. Im Zuge der Erfüllung der übrigen Phasenaufgaben der Planung kann es durchaus noch zu Änderungen oder zu völligen Neuformulierungen von Zielen kommen, weshalb das ausgewählte Zielsystem nur als vorläufig verbindlich gelten kann. Darüber hinaus wird erkennbar, daß in der Planungsphase der Zielbildung bereits Teilaufgaben der Alternativensuche, der Prognose sowie der Bewertung und Entscheidung auftreten (vgl. dazu Abb. 1.1).

In der Phase der Zielbildung können u. a. folgende **Techniken** zum Einsatz gelangen (vgl. Abb. 1.6): Relevanzbaum, Kennzahlensysteme, Zielbeziehungsmatrix.

3.1.2 Problemfeststellung

Die zweite Phase des Planungsprozesses ist die **Problemfeststellung.**

Problemfeststellung ist die Ermittlung der Lücke zwischen der Zielvorstellung und dem prognostizierten Ist-Zustand einer Planungsperiode.

Diese Phase hängt mit der Phase der Zielbildung dergestalt zusammen, daß ohne eine Zielvorgabe keine Problemstellung formuliert werden kann. Erst wenn ein Ziel präzise formuliert und als Handlungssoll gesetzt wird, kann herausgefunden werden, welche Maßnahmen ergriffen werden müssen, um die spätere Zielerreichung abzusichern bzw. mögliche Zielabweichungen möglichst niedrig zu halten.

In der Forschung ist ein **Problem** eine ungelöste wissenschaftliche Aufgabe. Für den Erkenntnisfortschritt der Wissenschaften sind Probleme entscheidende Antriebe. Im Zusammenhang mit Planungen läßt sich ein Problem als Abweichung zwischen dem gegenwärtigen oder künftigen Ist-Zustand und dem beabsichtigten Soll-Zustand (Zielvorgabe) kennzeichnen. Gelingt für eine beliebige Planungsperiode z. B. die Prognose der für diese Periode erwarteten Ist-Situation und weicht diese von der gesetzten Zielvorstellung ab, so verkörpert die gemessene Abweichung das aufgeworfene Planungsproblem. Die Höhe dieser Zielabweichung kennzeichnet die »Problemlücke«. Fragt man nach den einzelnen **Schritten,** die zur Feststellung der Problemlücke führen, können diese wie folgt beschrieben werden:

- Am Anfang wird eine Beschreibung und Analyse der gegenwärtigen Situation getroffen (**Lageanalyse**).
- Danach wird vorausschauend festgestellt, welche Situationsänderung im betrachteten Planungszeitraum eintreten würde, wenn keine Maßnahmen zur Gestaltung des Geschehens in dieser Periode vorgesehen werden (**Lageprognose**).
- Schließlich wird die Zielvorstellung der Planungsperiode mit dem prognostizierten Ist-Zustand derselben Periode verglichen (Feststellung der **Problemlücke**).

> Die Abweichung des prognostizierten Ist-Zustandes von der Zielvorstellung ist die **Problemlücke,** die durch Maßnahmen des Planungsträgers geschlossen werden soll.

Dabei ist noch von Bedeutung, daß die Bedingungen der prognostizierten Ist-Situation als Prämissen für die zu ergreifenden Maßnahmen der Problemlösung zu verstehen sind. Je früher und präziser Problemlücken festgestellt werden, desto höher ist die Wahrscheinlichkeit des Findens von wirkungsvollen Alternativen zur Lösung der Probleme.

Ein besonderer Planungsfall ist das Auftreten von **komplexen Problemen.** Diese geben häufig Anlaß zur Problemaufspaltung, zur Analyse der Teilprobleme im Hinblick auf ihre Komponenten sowie zur Untersuchung der Beziehungen zwischen Teilproblemen. Die darauf folgende Verknüpfung von Teilproblemen nach ihren Abhängigkeiten oder Prioritäten führt schließlich zu einer überschaubaren und gestaltbaren

Problemhierarchie als Anknüpfungspunkt für eine zielwirksame Lösung des Gesamtproblems.

Die Problemlücke kann mit **Methoden der Ursachenanalyse** untersucht werden (vgl. Abb. 1.6). Hierzu zählen: Kepner-Tregoe-Technik, Systemanalyse, SOFT-Analyse u. a.

3.1.3 Alternativensuche

Eine **Alternative** ist eine Vorgehensweise zur Erreichung eines vorgegebenen Ziels, die von anderen möglichen Vorgehensweisen unabhängig ist. I. d. R. besteht eine Alternative aus einer Kombination von Entscheidungsvariablen bestimmter Ausprägung, die **Maßnahmen** genannt werden. Ändert man diese Variablenausprägung, gelangt man zu einer neuen Alternative, wobei zu beachten ist, daß unterschiedliche Alternativen meist auch zu unterschiedlichen Graden der Zielerreichung und damit der Problemlösung führen.

In Fällen, in welchen für die Lösung eines Problems mehrere Alternativen zulässig sind, kann für jede von ihnen ein Alternativplan aufgestellt werden. Will man eine Problemlösung systematisch und umfassend angehen, ist es stets von Bedeutung zu wissen, welche Alternativen unter wirtschaftlichen, technischen, sozialen, rechtlichen sowie ökologischen Bedingungen überhaupt realisierbar sind. Die Menge der realisierbaren Alternativen macht den sog. **zulässigen Bereich** aus.

> Ein **zulässiger Bereich** (Lösungsraum) ist diejenige Menge an realisierbaren Alternativen, die dem Entscheidungsträger zum Zeitpunkt der Entscheidung zur Auswahl steht. Diese Alternativen sind so zu formulieren, daß sie sich gegenseitig ausschließen.

Ein zulässiger Bereich kann zudem **endlich** viele Alternativen oder **unendlich** viele Alternativen enthalten.

Bevor jedoch ein Planer einen spezifischen, zulässigen Bereich abgrenzt, hat er die häufig schwierigere Aufgabe zu lösen, die wichtigsten Alternativen aufzuspüren, sie zu formulieren und zu analysieren. Eine vorzeitige und voreilige Beschränkung auf einige wenige Alternativen oder gar auf eine einzige Alternative, auf die der Planer zufällig stößt, kann zu schwerwiegenden Fehlentscheidungen führen. Welche voraussichtliche Wirkung eine Alternative hat, d. h., welcher Grad der Zielerreichung durch sie herbeigeführt werden kann, muß durch eine Prognose, die sog. **Wirkungsprognose,** festgestellt werden. Eine ausgeprägte Kreativität des Planers stellt meist einen guten Wegbereiter zum Entdecken wirkungsvoller Alternativen dar.

Nach ihrem Verbund lassen sich einfache Alternativen und kombinierte (komplexe) Alternativen unterscheiden. **Einfache Alternativen** sind weder hierarchisch noch zeitlich in Teilalternativen oder Maßnahmen gegliedert, sie sind kein Element einer Alternativenkette, sie bleiben im Zeitablauf unveränderlich und hängen nicht von der Entscheidung über nachfolgende Alternativen ab. Im Regelfalle hängen sie jedoch vom Eintritt bestimmter Ereignisse oder Bedingungen (Prämissen) ab, die selbst ungewiß sind, so daß eine einfache Alternative für verschiedene Ausprägungen der Bedingungen zu verschiedenen Wirkungen führen kann. Anders liegt dagegen der Sachverhalt bei den **komplexen Alternativen.** Diese können in hierarchisch über- bzw. untergeordnete und zeitlich vor- bzw. nachgeordnete Teilalternativen gliederbar oder als Glied einer Alternativenkette von vorangehenden und nachfolgenden Alternativen abhängig sein. Sie hängen aber – wie die einfachen Alternativen – i. d. R. vom Eintritt ungewisser Ereignisse oder Bedingungen ab, so daß auch sie für verschiedene Bedingungen unterschiedliche Wirkungen herbeiführen können. Eine typische Darstellungsform für die Aufteilung von Gesamtalternativen in Ketten zeitlich aufeinanderfolgender Teilalternativen ist der **Entscheidungsbaum.** Die Teilalternativen sind dabei durch unsichere Ereignisse bedingt, über deren Eintritt nur mehrwertige Erwartungen bestehen. Eine derartige Gesamtalternative kann daher als komplexe, mehrstufig-bedingte Vorgehensweise gekennzeichnet werden.

> Unter **Alternativensuche** versteht man das systematische Aufspüren, Formulieren und Analysieren von Vorgehensweisen zur Zielerreichung.

Zur Bewältigung dieser Aufgabe ist ein **Suchprozeß** zu durchlaufen, der aus folgenden **Teilaufgaben** besteht (vgl. dazu auch Wild [Unternehmungsplanung] 85 f.):

- Systematische und umfassende Suche nach Einzelideen (Hinweise, Ansätze und Einfälle zur Lösung des Problems),
- Kombination der Einzelideen zu unabhängigen Alternativen,
- präzise Kennzeichnung der gefundenen Alternativen,

- Analyse des Alternativenaufbaus und der Beziehungen zwischen den (Teil-)Alternativen,
- Abgrenzung der Alternativen zu einem zulässigen Bereich (insbesondere Aussonderung der bei auftretenden Nebenbedingungen nicht realisierbaren Alternativen),
- Überprüfung der Vollständigkeit des zulässigen Bereichs.

Mit der Feststellung des zulässigen Bereichs ist die Alternativensuche abgeschlossen. Das durch den Suchprozeß als Lösungsbereich gefundene Ergebnis bildet die Grundlage für die nachfolgenden Planungsphasen der Prognose, Bewertung sowie Entscheidung.

Als **Methoden der Ideenfindung** gelangen u. a. zur Anwendung (vgl. Abb. 1.6): Brainstorming-Techniken, morphologische Techniken und synektische Techniken.

3.1.4 Prognose

Für die Planung haben diejenigen Informationen besondere Bedeutung, die über Sachverhalte in der Zukunft sprechen; sie sind ihrer Art nach prognostische Informationen. Sowohl die prognostische Information selbst als auch der Vorgang ihrer Gewinnung bzw. Herleitung werden **Prognose** genannt (vgl. S. 560).

Prognosen sind Wahrscheinlichkeitsaussagen über das Auftreten von Ereignissen (Wirkungen, Daten) in der Zukunft, die auf Beobachtungen und theoretischen Aussagen beruhen.

Zur Durchführung einer Prognose benötigt man eine theoretische Aussage sowie eine Reihe von Randbedingungen, mit deren Hilfe bestimmte **Konsequenzen** vorhergesagt werden können. Diese Konsequenzen sind die oben genannten Ausprägungen einzelwirtschaftlicher Sachverhalte, die durch singuläre Aussagen beschrieben werden. Entscheidungslogisch handelt es sich bei den prognostizierten Konsequenzen um die **Ausprägungen abhängiger Entscheidungsvariablen.** Deren Ausprägungen sind die Ergebnisse, Auswirkungen oder Konsequenzen einer getroffenen Wahl über die zugehörigen unabhängigen Entscheidungsvariablen.

Nach der Beeinflußbarkeit durch einzelne Entscheidungsträger eines Unternehmens lassen sich beeinflußbare und nicht beeinflußbare, vorhergesagte bzw. vorhersagbare Konsequenzen unterscheiden:

- Die **beeinflußbaren,** vorhergesagten Konsequenzen sind stets Ausprägungen von abhängigen Variablen, auf die ein Entscheidungsträger des Unternehmens durch seine Entscheidung über Alternativen, d. h. über bestimmte Kombinationen von unabhängigen Variablen (Entscheidungs-, Aktions- oder Instrumentalvariablen), einwirken kann. Die auftretenden abhängigen Variablen heißen auch »endogene Erwartungsvariable«. Die Vorhersage ihrer Ausprägungen wird **Wirkungsprognose** genannt.
- Bei den **nicht beeinflußbaren,** vorhergesagten Konsequenzen handelt es sich um Ausprägungen von abhängigen Variablen, auf die ein Entscheidungsträger des Unternehmens durch seine Entscheidung (zumindest für den jeweiligen Prognosezeitraum) nicht einwirken kann. Die in diesem Zusammenhang auftretenden abhängigen Variablen tragen auch die Bezeichnung »exogene Erwartungsvariable«. Die Vorhersagen ihrer Ausprägungen heißen **Lage-** oder **Entwicklungsprognosen.**

Während die durch eine Wirkungsprognose vorhergesagten Konsequenzen darüber informieren, zu welchen Auswirkungen, Ergebnissen oder allgemein **Zielerreichungen** unabhängige Alternativen, Variablen oder Maßnahmen führen, liefert eine Lageprognose Informationen über Konstanten, Parameter oder allgemein **Daten,** die im Prognosezeitraum zu erwarten sind und die den zulässigen Bereich der Alternativenwahl begrenzen. Zu den Merkmalen und Verfahren der Prognose siehe S. 570 ff.

Eine **Vorhersage** wird eine Prognose genannt, wenn sie wissenschaftlich begründet ist. Als wissenschaftlich begründet gelten im allgemeinen realwissenschaftliche Theorien, die ihre **Fundierung** im Erfahrungsmaterial der Wirtschaftspraxis finden. Dazu rechnet man objektive Sachverhalte wie Vergangenheitserfahrungen, Beobachtungen und Messungen, so daß Prognosen, die mittels realwissenschaftlicher Theorien getroffen werden, auf objektiven Grundlagen beruhen und daher als **objektiv begründete Vorhersagen** anzusehen sind. Durch diese objektive Fundierung unterscheiden sich Prognosen von allen anderen Vorhersagearten, insbesondere von solchen, die nur subjektiv begründet oder unbegründet sind. **Subjektiv begründete Vorhersagen** stützen sich nur auf persönliche Erfahrungen, Einstellungen, Überzeugungen, Hoffnungen oder Befürchtungen und haben den Charakter von **Erwartungen,** die keine objektive Fundierung besitzen. Bei den **unbegründeten Vorhersagen** handelt es sich schließlich um zukunftsbezogene Aussagen, die ihre Fundierung in spekulativen, wirklichkeitsunverbindlichen und -neutralen **Annahmen** finden. Derartige Annahmen werden gelegentlich in Ermangelung besser begründeter Aussagen fiktiv unterstellt, um überhaupt zu einer Voraussage zu gelangen. Damit reicht die Spannweite möglicher Vorhersagen von Prognosen über Erwartungen bis zu Annahmen, wobei nur die Begründung für Prognosen als wissenschaftlich zu charakterisieren ist. Jedoch ist anzumerken, daß der gegenwärtige Bestand an realwissenschaftlichen Theorien in der Betriebswirtschaftslehre noch relativ klein ist, so daß Erwartungen und Annahmen häufig an die Stelle von Prognosen treten müssen.

Neben der Begründung hängt die Qualität betriebswirtschaftlicher Prognosen auch vom **Bestätigungsgrad** der verwendeten theoretischen Aussagen ab. Die zutreffendsten Prognosen können nach aller Erfahrung mit Hypothesen gewonnen werden, die wissenschaftlich begründet und empirisch gut bestätigt sind. Diese Hypothesen haben den Charakter betriebswirtschaftlicher Gesetzmäßigkeiten oder bei raumzeitlicher Begrenzung den Charakter von Quasi-Gesetzen. Sie können deterministische oder nicht-deterministische Aussagen machen.

Die Aufgabenstellung der Prognose kann in folgende **Teilaufgaben** zerlegt werden (vgl. auch Wild [Unternehmungsplanung] 99f.):

– Kennzeichnung der gewünschten Prognose nach Gegenstand, Genauigkeit, Qualität und zeitlicher Reichweite.
– Analyse der Vergangenheitserfahrungen und deren Ursache-Wirkungs-Zusammenhänge sowie Prognose der Ursachenkonstellation für den Prognosezeitpunkt bzw. -zeitraum.
– Herleitung der Prognose nach Auswahl geeigneter Hypothesen und Vorgabe der unabhängigen Entscheidungsvariablen sowie Formulierung der sonstigen Bedingungen für die Geltung der Prognose einschließlich einer Angabe über die Prognosewahrscheinlichkeit.
– Überprüfung aller durchgeführten Einzelprognosen auf ihre Widerspruchsfreiheit.
– Bei Bedarf Durchführung von Alternativprognosen; diese können sich auf einen einzelnen Plan oder auf mehrere Alternativpläne beziehen. Bei einem einzelnen Plan können für denselben Sachverhalt alternative Teilprognosen erstellt werden. Über diese ist eine Auswahl und Kombination so zu treffen, daß sie verträglich sind und einem aufgestellten Gütekriterium entsprechen. Analoge Überlegungen sind für den Fall der Erstellung mehrerer Alternativpläne durchzuführen.

Die **resultierende Gesamtprognose** ist in einen Entwurf (Plan) einzubringen, der alle für die Zielerreichung erforderlichen Größen festlegt.

Zur **Durchführung von Prognosen** kann man sich qualitativer Methoden (z. B. Befragungen von Experten in Form der Delphi-Technik, Repräsentativbefragung) oder quantitativer Methoden (z. B. Indikatorenmodelle, Zeitreihenanalyse, Box-Jenkins-Technik) bedienen (vgl. Abb. 1.6 und S. 575 ff.).

3.1.5 Alternativenbewertung und Entscheidung

Nach einer systematischen Erfüllung der Phasenaufgaben Zielbildung, Problemfeststellung, Alternativensuche und Prognose ist ein Planer oder eine Planungsgruppe in der Lage, eine begrenzte Anzahl von unabhängigen Alternativplänen zu entwickeln, die einer Überprüfung ihrer Zielwirksamkeiten unterzogen werden können. Da jeweils nur ein Plan für die Realisation vorgegeben werden kann, ist über die erarbeiteten Alternativpläne eine **Entscheidung** herbeizuführen.

> Eine **Entscheidung** ist die Wahl einer optimalen Alternative bei gegebener Zielvorstellung unter Nebenbedingungen.

Nach dem Abwägen aller positiven und negativen Wirkungen der im jeweiligen Plan erarbeiteten Handlungsalternative ist derjenige Alternativplan auszuwählen, welcher eine optimale (extremale, satisfizierende oder fixierende) Gesamtwirkung hat und somit eine optimale Erreichung des gewählten Ziels bzw. Zielsystems vorhersagt (vgl. zu Einzelheiten Band 1).

Die Entscheidung für einen bestimmten Alternativplan ist ein rationaler Wahlakt, bei dem Wertfeststellungen und -zuordnungen, also Bewertungen, unumgänglich sind. In entscheidungslogischem Sinne ist **Wert** die Maßgröße für den Grad der Zielerreichung durch eine Alternative.

> **Bewertung** ist die Zuordnung einer Zielwirkung zu einer Alternative.

Als Ergebnis der Bewertung kann häufig über alle berücksichtigten Alternativen eine Rangordnung erzeugt werden, welche die Entscheidung als rationale Wahl einer Alternative ermöglicht. In einigen Fällen, so z. B. beim Verfolgen mehrerer Zielvorstellungen, kann es sich als notwendig erweisen, durch besondere Verfahren eine eindeutige Rangordnung der Alternativen überhaupt zu erzeugen. Auf welche Alternative dann letztlich die Wahl fällt, hängt zusätzlich von der verwendeten Entscheidungsregel ab.

Die grundlegende Maßgröße für die Bewertung einer Planalternative liefert die Wirkungsprognose. Als Ergebnis der Prognose werden die Haupt- und alle Nebenwirkungen dieser Alternative erkennbar. Für alle Wirkungsprognosen gilt in der Wirtschaftspraxis, daß sie bei unvollkommener Information erfolgen und daher nicht sicher sind. Das Bewertungsproblem für eine Alternative ist deshalb schwierig, weil bei seiner Lösung mehrere unsichere Wirkungsprognosen berücksichtigt werden müssen. Auf jeden Fall ist die zu prognostizierende Gesamtwirkung, die man einer Planalternative als Wert zuordnet, stets nur ein **wahrscheinlicher** Wert.

Die **Aufgaben** der Bewertung und Entscheidung lassen sich in die nachfolgenden Teilaufgaben gliedern:

(1) **Festlegung der Bewertungskriterien und der Kriteriengewichte**
Bei der Festlegung eines Bewertungskriteriums handelt es sich um die Bestimmung der Maßgröße, durch welche ein Zielerreichungsgrad ausgedrückt werden soll. Durch diese Maßgröße sollen alle Alternativenwirkungen möglichst präzise und einfach entweder direkt oder indirekt gemessen werden können. Sobald mehrere Bewertungskriterien verwendet werden, können sie untereinander verschiedenes Gewicht haben, was damit zusammenhängt, daß auch die Teilziele, auf welche sich die einzelnen Bewertungskrierien beziehen, verschieden gewichtet sein können.

(2) **Berechnung der Kriterienwerte**
Sobald festgelegt ist, welche Alternativenwirkung durch welches Bewertungskriterium gemessen werden soll, sind für jede Alternative und deren Teile die Ausprägungen der Bewertungskriterien, die Kriterienwerte, zu berechnen (zu prognostizieren).

(3) **Berechnung des Gesamtwertes der Alternative**
Aus den einzelnen Kriterienwerten, die verschiedene Wirkungen einer Alternative angeben, ist im nächsten Schritt ein gesamter Wert der betrachteten Alternative zu berechnen (zu prognostizieren). Dieser Wert drückt aus, zu welchem Grad der Zielerreichung die bewertete Alternative als geschlossene Vorgehensweise zu führen verspricht. Diese Erwägungen gelten zunächst für das Verfolgen einer einzigen Zielvorstellung. Für den Fall des gleichzeitigen Verfolgens mehrerer

Zielvorstellungen hat dieselbe Alternative so viele Kriterienwerte, wie Ziele verfolgt werden. Diese einzelnen Kriterienwerte sind analog zu einem gesamten Wert der Alternative zu verdichten. Da es in der Wirtschaftspraxis häufig darum geht, ordinale und kardinale Kriterienwerte zu einem Gesamtwert einer Alternative zu verdichten, begnügt man sich häufig bereits mit ordinalen Gesamtwerten und folglich mit ordinal skalierten Rangordnungen der betrachteten Alternativen.

(4) **Wahl des optimalen Alternativplans**

Mit Hilfe der prognostizierten Gesamtwerte der Alternativpläne gelingt es i. d. R., eine Reihung der Alternativpläne, eine Rang- oder Präferenzordnung, nach steigenden bzw. fallenden Gesamtwerten herzustellen. Auf der Grundlage dieser Rangordnung kann diejenige Planalternative gewählt werden, welche nach der Vorstellung des Entscheidungsträgers zur optimalen Zielerreichung führt. Die gewählte Planalternative muß keineswegs immer auf der Alternative mit dem extremalen Gesamtwert beruhen, sondern auf derjenigen, welche dem Anspruchsniveau im Gesamtwert sowie der Grundeinstellung des Entscheidungsträgers zu Chance und Risiko am besten entspricht. Ihren Niederschlag finden diese Merkmale in einer Auswahlvorschrift für Alternativen, die **Entscheidungsregel** genannt wird.

Als **Bewertungsmethoden** können zur Anwendung kommen: Nutzenzuordnungstechniken (z. B. Investitionsrechnungen, Kosten-Nutzen-Analysen, Nutzwertanalysen) und Techniken der Bewertungsstabilisierung (z. B. Sensitivitätsanalysen, Risikoanalysen). Beispiele für Entscheidungstechniken sind die lineare Planungsrechnung, die Simulation sowie die Entscheidungsregeln bei den verschiedenen Informationsständen (vgl. Abb. 1.6).

Erfüllt ein Planer die Phasenaufgaben Zielbildung, Problemfeststellung, Alternativensuche, Prognose sowie Alternativenbewertung und Entscheidung, gelangt er zu einem **Plan** bzw. **Plansystem** als einem wirkungsvollen Instrument zur Führung des Unternehmens. In der Wirtschaftspraxis ist die Planung mit den übrigen Führungsinstrumenten (Kontrollkonzept, Organisationskonzept, Informationskonzept) derart wechselseitig abzustimmen, daß der kombinierte Einsatz aller Instrumente zum optimalen Erreichen des gesamten Zielsystems des Unternehmens führt.

3.2 Beispiel: Teilaufgaben der Planungsphasen bei einer simultanen Planung des Investitions- und Produktionsprogramms

Um die Phasen der Planung mit ihren wichtigsten Teilaufgaben noch einmal und möglichst anschaulich zu erläutern, wird in diesem Abschnitt ein **Beispiel zur (taktischen) simultanen Planung des optimalen Investitions- und Produktionsprogramms** beschrieben. In den Planungsphasen Alternativenbewertung und Entscheidung wird dann ein lineares Optimierungsmodell formuliert, das die gesamte Planungsproblematik erfaßt und einer Lösung zuführt.

(1) **Planungsaufgabe**

Bei der Planung des optimalen Produktions- und Absatzprogramms wird i. d. R. angenommen, daß die Fertigungskapazitäten der betrachteten Planungsperiode unveränderlich sind. Diese Annahme trifft jedoch nur bei kurzfristiger Betrachtung zu. Gewöhnlich muß davon ausgegangen werden, daß sich der Planungshorizont über mehrere Perioden erstreckt. Je größer die Zahl der berücksichtigten Planungsperioden ist, um so größer ist auch die Wahrscheinlichkeit einer Kapazitätsveränderung. Dabei kann es sich um Erweiterungs- oder Rationalisierungsinvestitionen sowie um Desinvestitionen handeln.

Eine art- und mengenmäßige Veränderung der Fertigungskapazitäten führt meist nicht nur zur isolierten Variation des Fertigungspotentials, sondern sie strahlt auf mehrere Planungsbereiche des Unternehmens aus. So können die Produktionskoeffizienten (vgl. Band 3, Kap. 2) mehrerer Einsatzgüter veränderte Werte annehmen, die Liquidität des Unternehmens kann beeinflußt, der Personalbedarf erhöht bzw. gesenkt, das Produktions- und Absatzprogramm umgeschichtet sowie die Wirtschaftlichkeit des gesamten Unternehmens verändert werden. Auf die Planungsebene übertragen heißt dies, daß die Konsequenzen des Investitionsplans in allen tangierten Teilplänen berücksichtigt werden müssen, wenn das Planungssystem wirklichkeitsnah konzipiert sein soll. Umgekehrt sind alle Konsequenzen anderer Teilpläne bei der Planung des Investitionsprogramms zu berücksichtigen.

Ein Planungskonzept, welches alle auftretenden Wechselbeziehungen zwischen einzelnen Teilplänen präzise abbildet, heißt **simultaner Planungsansatz** (vgl. S. 36 ff.).

Annahmen:

Das hier betrachtete Unternehmen erzeugt **zwei Produkte** ($j = 1, 2$). Die Fertigung erfolgt in **zwei Fertigungsstufen** ($i = 1, 2$), und die Planung erstreckt sich über **zwei Planungsperioden** ($t = 1, 2$). Die Herstellung einer Einheit der Produktart j beansprucht $f_{ij}^{(t)}$ Einheiten der Kapazität F_i in Fertigungsstufe i. Dabei ist jedes $f_{ij}^{(t)}$ ein Produktionskoeffizient, der als konstant angenommen wird. Weiter soll davon ausgegangen werden, daß die Fertigungskapazitäten der ersten Planungsperiode auch in der zweiten Periode voll einsatzfähig sind. Außerdem kann am Anfang der zweiten Periode die Kapazität jeder Fertigungsstufe i durch multiple Erweiterungsinvestitionen I_i erhöht werden, die in der zweiten Planungsperiode voll abgeschrieben werden sollen. Die Erweiterungsinvestition I_1 wird in Fertigungsstufe 1 und die Erweiterungsinvestition I_2 in Fertigungsstufe 2 vorgenommen. Die Deckungsbeiträge d_j der Produkte sind bekannt und in beiden Perioden konstant. Beschaffungsbeschränkungen für die Rohstoffe und die neu zu beschaffenden Aggregate werden nicht erwartet. Die Anschaffungsausgaben für eine Einheit des Aggregatetyps I_i betragen A_i. Als Budget zur Finanzierung der Erweiterungsinvestitionen der zweiten Periode steht ein Betrag von K zur Verfügung, der vom Rückfluß der Deckungsbeiträge unabhängig ist. Der Abzinsungsfaktor zur Bestimmung des Barwertes der Deckungsbeiträge und der Anschaffungsausgaben der zweiten Planungsperiode beträgt q. Außerdem sollen für die beiden Produkte Absatzobergrenzen $S_j^{(t)}$ gelten. Es wird ferner davon ausgegangen, daß Produktions- und Absatzprogramm identisch sind.

(2) **Zielbildung**

In einem Unternehmen werden keineswegs nur ökonomische Ziele verfolgt, sondern in gleicher Weise eine Reihe von technischen, sozialen und ökologischen Zielen, die mit den ökonomischen zusammen das **Zielsystem des Unternehmens** bilden. Alle technischen, sozialen und ökologischen Ziele sind mit den ökonomischen bestmöglich zu koordinieren. In privaten Unternehmen werden die ökonomischen Ziele i. d. R. als Hauptziele definiert. Technische, soziale und ökologische Ziele werden dann in Form von Nebenbedingungen berücksichtigt.

Zu den ökonomischen Zielen sind zu rechnen: Aufwands-, Ertrags-, Kosten-, Leistungs-, Verlust-, Gewinn-, Deckungsbeitrags-, Kapitalwert-, Endwert-, Nutzen-, Risikofunktionen usw. Das hier betrachtete Unternehmen verfolgt das Ziel der **Deckungsbeitragsmaximierung.** Um dieses Hauptziel zu erreichen, müssen der Entscheidung über Produktmengen und anzuschaffende Anlagen Werte zugeordnet werden, die deren Zielwirksamkeit beschreiben. Hierzu läßt sich eine definitionslogische Zielhierarchie entwickeln (vgl. Abb. 1.7).

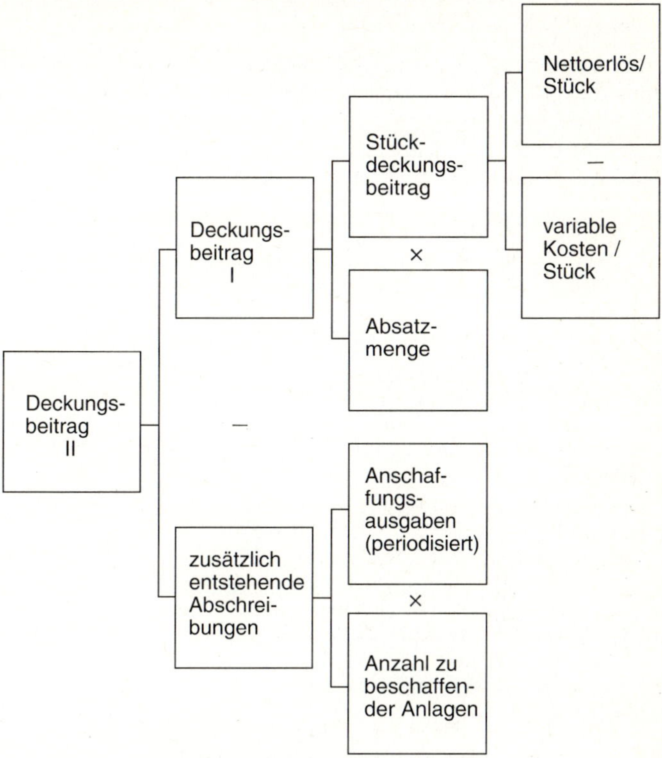

Abb. 1.7: Definitionslogische Zielhierarchie

Da die Investitionsentscheidung keinen Einfluß auf die laufenden fixen Kosten hat, sondern lediglich auf die durch die Anschaffung zusätzlich entstehenden Abschreibungen, ist die Berücksichtigung der laufenden Abschreibungen in der Zielfunktion überflüssig. Entsprechend können in dem hier diskutierten Beispiel zwei Deckungsbeiträge unterschieden werden: Der Deckungsbeitrag I ist die Differenz zwischen dem Nettoerlös und den variablen Kosten, während der Dekkungsbeitrag II als Differenz zwischen Deckungsbeitrag I und den durch eine Investitionsentscheidung zusätzlich entstehenden Abschreibungen definiert wird. Der Tatsache, daß ein Teil der Deckungsbeiträge und die Abschreibungen in verschiedenen Perioden anfallen, soll durch Abzinsung auf den Entscheidungszeitpunkt Rechnung getragen werden. Diese Barwertermittlung ist jedoch nur bei mehrperiodigen Entscheidungsproblemen erforderlich.

Unter Verwendung der Angaben von Seite 67 läßt sich als **Zielvorstellung** die Maximierung der Deckungsbeiträge II über beide Planperioden, d. h. die Maximierung der Differenz zwischen dem Barwert der Deckungsbeiträge I und dem Barwert der (zusätzlichen) Anschaffungsausgaben, formulieren:

$$\text{DB II} = \underbrace{[d_1 x_1^{(1)} + d_2 x_2^{(1)}}_{\substack{\text{Deckungsbeiträge I} \\ \text{der Periode } t\,=\,1}} + \underbrace{q^{-1}\,(d_1 x_1^{(2)} + d_2 x_2^{(2)})]}_{\substack{\text{abgezinste Deckungsbeiträge I} \\ \text{der Periode } t\,=\,2}}$$

$$- \underbrace{[q^{-1}\,(A_1 I_1 + A_2 I_2)]}_{\substack{\text{abgezinste Anschaffungs-} \\ \text{ausgaben für Erweiterungs-} \\ \text{investitionen}}} \rightarrow \text{Max!}$$

Symbole

A_i = Anschaffungsausgaben für eine in Fertigungsstufe i investierte Anlage I_i
d_j = Stückdeckungsbeitrag für Produkt j
I_i = Anzahl der neu anzuschaffenden Anlagen in Fertigungsstufe i zu Beginn der zweiten Planungsperiode
q = Abzinsungsfaktor für die Deckungsbeiträge I und Anschaffungsausgaben der 2. Periode
$x_j^{(t)}$ = Produktions- bzw. Absatzmenge des Produkts j in Periode t
DB II = Deckungsbeitrag II

Neben dem **Hauptziel** der Maximierung der Deckungsbeiträge II soll die Sicherung der Liquidität als **Nebenziel** in einer Nebenbedingung berücksichtigt werden.

Mit der Festlegung der genannten Zielvorstellung ist die Planungsphase Zielbildung, bestehend aus den einzelnen Teilaufgaben Zielfindung, -präzisierung, -strukturierung, Realisierbarkeitsprüfung von Zielen sowie Zielauswahl, in dem hier beschriebenen Fall abgeschlossen.

(3) **Problemfeststellung**

Die Phase Problemfeststellung des Planungsprozesses kann in die Schritte Lageanalyse, Lageprognose und Feststellung der Problemlücke untergliedert werden (vgl. S. 56).

Im ersten Schritt ist für die gegenwärtige Periode (Zeitpunkt der Planung) eine **Lageanalyse** notwendig, in der das aktuelle Produktions- und Absatzprogramm mit seinen Absatzobergrenzen sowie die dazu benötigten Anlagen mit ihren Kapazitäten untersucht werden. Unter der Annahme, daß in den Planungsperioden keine Maßnahmen zur Optimierung des Investitions- und Produktionsprogramms ergriffen würden, ließe sich im zweiten Schritt ein dann zu erzielender Deckungsbeitrag prognostizieren (**Lageprognose**). Zur Feststellung der Problemlücke ist im dritten Schritt zu untersuchen, ob durch die Optimierung des Investitions- und Produktionsprogramms ein höherer Deckungsbeitrag erreichbar ist, als er durch die Lageprognose berechnet wurde. In allen Fällen, in denen die Zielfunktion nicht satisfiziert, sondern extremiert werden soll, ist jedoch die exakte Ermittlung der **Problemlücke** nicht vor den Planungsphasen Alternativenbewertung und Entscheidung möglich, da erst dann ein konkreter Zielwert berechnet werden kann.

(4) **Alternativensuche**

Zweck des formulierten Planungsmodells ist das Auffinden eines Lösungsvektors $x = (x_1^{(1)}, x_1^{(2)}, x_2^{(1)}, x_2^{(2)}, I_1, I_2)$, der die gewählte Zielfunktion maximiert und gleichzeitig keine der Nebenbedingungen verletzt. Die Elemente dieses Vektors werden **Entscheidungsvariablen** genannt. Im vorliegenden Beispiel handelt es sich um die Produktionsmengen in den beiden Planungsperioden ($x_j^{(t)}$) und die neu anzuschaffenden Anlagen in der zweiten Planungsperiode (I_i). Jede Ausprägung dieses Vektors bildet eine **Alternative,** die eine unabhängige Vorgehensweise zur Erreichung des gewählten Ziels darstellt.

Um diesen Sachverhalt zu verdeutlichen, soll das vorliegende Beispiel zunächst auf ein zweidimensionales (und somit grafisch im $\mathbb{R}^2$ darstellbares) Problem reduziert werden. Dazu wird im folgenden nur die erste Planungsperiode (t = 1) betrachtet. Zweck dieses vereinfachten Planungsproblems ist das Auffinden eines Lösungsvektors x^* mit nur zwei Entscheidungsvariablen: $x^* = (x_1^{(1)}, x_2^{(1)})$. Er gibt diejenige Produktionsmenge der Produkte 1 und 2 an, bei deren Fertigung bzw. Absatz ein maximaler Deckungsbeitrag I erwirtschaftet wird, wobei die Kapazitäts- und Absatzrestriktionen eingehalten werden müssen. In Abbildung 1.8 ist der durch die Restriktionen abgegrenzte **zulässige Bereich** *B* gekennzeichnet. Dabei stellen die Geraden (1) und (2) die Kapazitätsrestriktionen und die Geraden (3) und (4) die Absatzrestriktionen dar. Jeder Vektor *x* innerhalb des zulässigen Bereichs *B* ist eine realisierbare Alternative, da in *B* sowohl die beiden Kapazitäts- als auch

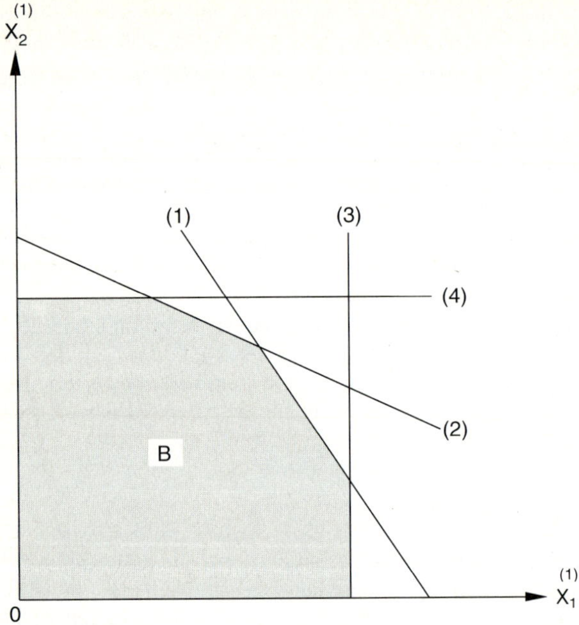

Abb. 1.8: Zulässiger Bereich *B* von Alternativen

die beiden Absatzrestriktionen wie auch die Nichtnegativitätsbedingungen eingehalten werden.

Das auf Seite 65 ff. beschriebene weitere Planungsproblem besteht jedoch aus mehr als zwei Entscheidungsvariablen und ist somit nur im vieldimensionalen Raum darstellbar. Die Restriktionen muß man sich dort als lineare Hyperflächen vorstellen, die einen Lösungsraum (zulässiger Bereich) begrenzen, in dem sich die Menge aller realisierbaren Alternativen befindet.

Geht man davon aus, daß es sich bei der artmäßigen Zusammensetzung des Produktionsprogramms ausschließlich um unteilbare Produkte handelt und sind in der Lösung des Planungsproblems nur ganzzahlige Werte zugelassen, so ist die Alternativenmenge endlich. Die gefundenen Alternativen sind außerdem zeitlich in vor- bzw. nachgeordnete Teilalternativen gliederbar, man nennt sie daher **komplexe Alternativen** (vgl. S. 58).

Eine vollständige Auflistung von Alternativen ist für alle Fälle unnötig, in denen ein lineares Optimierungsmodell formuliert wird (vgl. S. 74 f.), das mit Hilfe des Simplex-Algorithmus gelöst werden kann. Im Rahmen der einzelnen Iterationen dieses Algorithmus werden nur wenige Alternativen ausgewählt und berechnet.

(5) **Prognose**

Zur Planung des Investitions- und Produktionsprogramms sind zahlreiche zukunftsbezogene Informationen erforderlich. Bei diesen handelt es sich teilweise um Ergebnisse anderer Teilplanungen, wie z. B. das Finanzierungsbudget. Andere Daten, z. B. Deckungsbeiträge und Absatzhöchstmengen, sind zu prognostizieren. Die Prognosen liefern Wahrscheinlichkeitsaussagen über das Auftreten von Daten, die im Prognosezeitraum zu erwarten sind. Zur Demonstration erforderlicher Prognosen soll nachfolgend das Verfahren der **exponentiellen Glättung 2. Ordnung** am Beispiel einer Absatzhöchstmenge erläutert werden. Dieses Verfahren beruht auf einer Zerlegung von Zeitreihen. Grundlage dieses Vorgehens bildet eine in der Vergangenheit beobachtete Zeitreihe von Absatzhöchstmengen:

t	1	2	3	4	5	6	7	8	9	10
y_t	87	103	105	108	111	125	129	135	–	–

t = betrachtete Periode (t = 1, …, 8)
y_t = Absatzmenge in der Periode t (beobachtete, realisierte Werte)

An Komponenten von Zeitreihen unterscheidet man i. d. R. eine **Trendkomponente** (einschließlich konjunktureller Einflüsse), eine **Saisonkomponente** und eine **Zufallskomponente.** Bei der hier vorliegenden Zeitreihe sind zwar deutlich eine Trend- und Zufallskomponente zu erkennen, saisonale Schwankungen liegen jedoch nicht vor (vgl. Abb. 1.9). Damit kommen als Prognoseverfahren die Methode der gleitenden Durchschnitte 2. Ordnung, die Methode der kleinsten Quadrate, die exponentielle Glättung mit Trendkorrektur oder die exponentielle Glättung 2. Ordnung in Frage.

Bei der exponentiellen Glättung 2. Ordnung handelt es sich um ein **approximatives Prognosemodell,** welches die zukünftige Absatzmenge aus den exponentiell geglätteten Mittelwerten erster und zweiter Ordnung der Absatzmengen vergangener Perioden berechnet. Grundidee der exponentiellen Glättung ist, daß für die Mittelwertberechnung einem Wert der beobachteten Zeitreihe um so mehr Gewicht beigemes-

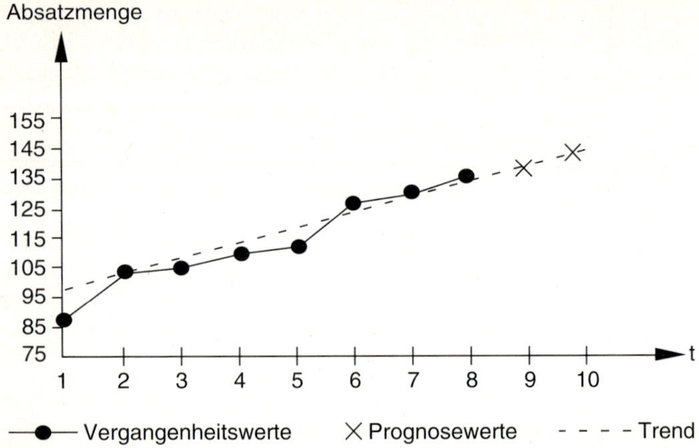

Abb. 1.9: Absatzprognose mittels exponentieller Glättung 2. Ordnung

sen wird, je näher er an der Planungsperiode liegt. Der zuletzt beobachtete Wert (hier die Absatzmenge der 8. Periode) wird mit einem Faktor α gewichtet ($0 < \alpha < 1$), während die in der i-ten Periode davorliegenden Werte mit $\alpha(1-\alpha)^i$ gewichtet werden. Dabei ist α eine **Glättungskonstante,** die je nach Art der Zeitreihe eine schnelle Anpassung des berechneten Wertes an die aktuelle Entwicklung (α nahe 1) oder den Ausgleich von Zufallsschwankungen der beobachteten Absatzmengen (α nahe 0) bewirken soll. Der **Mittelwert 1. Ordnung** der Periode t wird definiert als:

$$\bar{y}_t^{(1)} = \alpha y_t + (1-\alpha)\bar{y}_{t-1}^{(1)}$$

Entsprechend wird der **Mittelwert 2. Ordnung** $\bar{y}_t^{(2)}$ definiert aus den Mittelwerten erster Ordnung mit:

$$\bar{y}_t^{(2)} = \alpha\bar{y}_t^{(1)} + (1-\alpha)\bar{y}_{t-1}^{(2)}$$

Die allgemeine **lineare Prognosefunktion** lautet:

$$\hat{y}_{t+\tau} = a_t + b_t \cdot \tau$$

Unter Vernachlässigung von zufälligen Schwankungen der Meßwerte um die Prognosefunktion lassen sich die Parameter a_t und b_t der Prognosefunktion als Schätzwerte aus den besprochenen Mittelwerten erster und zweiter Ordnung bestimmen:

$$a_t = 2\bar{y}_t^{(1)} - \bar{y}_t^{(2)}$$

$$b_t = \bar{y}_t^{(2)} - \bar{y}_{t-1}^{(2)}$$

Setzt man diese Ausdrücke in die allgemeine Prognosefunktion ein, ergibt sich:

$$\hat{y}_{t+\tau} = 2\bar{y}_t^{(1)} - \bar{y}_t^{(2)} + (\bar{y}_t^{(2)} - \bar{y}_{t-1}^{(2)}) \cdot \tau$$

Symbole

$\hat{y}_{t+\tau}$ = Prognosewert für die Periode $t+\tau$ auf der Basis der Zeitreihe bis t
$\bar{y}_t^{(1)}$ = Mittelwert 1. Ordnung für Periode t
$\bar{y}_t^{(2)}$ = Mittelwert 2. Ordnung für Periode t
y_t = Absatzmenge in der Periode t
α = Glättungsparameter
τ = auf t folgende Periode(n)
a_t = Grundwert, welcher der Prognose zum Zeitpunkt t für den Zeitpunkt (Zeitraum) t entspricht
b_t = Steigungsmaß je zukünftiger Zeiteinheit τ

Zur Ermittlung der Prognosewerte für die Perioden t = 9 und t = 10 mit Hilfe der exponentiellen Glättung 2. Ordnung läßt sich folgende Arbeitstabelle entwickeln (Initialisierungswerte: $\bar{y}_0^{(1)} = 84$, $\bar{y}_0^{(2)} = 81$, $\alpha = 0{,}3$):

t	1	2	3	4	5	6	7	8	9	10
y_t	87	103	105	108	111	125	129	135	–	–
$\bar{y}_t^{(1)}$	84,9	90,3	94,7	98,7	102,4	109,2	115,1	121,1	–	–
$\bar{y}_t^{(2)}$	82,2	84,6	87,6	90,9	94,4	98,8	103,7	108,9	–	–
$\hat{y}_{8+1}$	–	–	–	–	–	–	–	–	138,5	–
$\hat{y}_{8+2}$	–	–	–	–	–	–	–	–	–	143,7

Durch Einsetzen der entsprechenden Werte in die Prognosefunktion erhält man für $\tau = 1$ bzw. $\tau = 2$ die **Prognosewerte** für die Perioden 9 und 10 auf der Basis der Zeitreihe bis t = 8: $\hat{y}_{8+1} = \hat{y}_9 = 138{,}5$ und $\hat{y}_{8+2} = \hat{y}_{10} = 143{,}7$. Verfahren der exponentiellen Glättung sind jedoch für Absatzprognosen nur dann verwendbar, wenn für die Prognoseperiode(n) keine strukturellen Verschiebungen im Absatzprogramm zu erwarten sind.

Der Prognose für die Perioden t = 9 und t = 10 gehen folgende Teilaufgaben der Planungsphase Prognose voraus (vgl. S. 61): Kennzeichnung der gewünschten Prognose, Analyse der Vergangenheitserfahrungen sowie Herleitung der Prognose. Im Anschluß an die Prognose sonstiger Daten erfolgt eine Überprüfung aller durchgeführten Einzelprognosen auf ihre Widerspruchsfreiheit und bei Bedarf eine Durchführung von Alternativprognosen. Eine ausführliche Beschreibung der Prognoseverfahren findet sich auf S. 575 ff.

(6) Alternativenbewertung und Entscheidung

Auf der Grundlage der Ergebnisse der vorangehenden Planungsphasen kann ein **lineares Optimierungsmodell** formuliert werden, für welches bei Anwendung eines systematischen Rechenverfahrens (Algorithmus) die optimale Lösung des Problems berechnet werden kann. Die Planungsphasen Alternativenbewertung sowie Entscheidung werden dabei implizit im Lösungsalgorithmus abgearbeitet.

Modellformulierung:

Zielvorstellung:

$$DB\ II = [d_1x_1^{(1)} + d_2x_2^{(1)} + q^{-1}(d_1x_1^{(2)} + d_2x_2^{(2)})] - [q^{-1}(A_1I_1 + A_2I_2)] \quad \rightarrow \text{Max!}$$

Nebenbedingungen:

Als **Restriktionen** des Entscheidungsproblems treten Kapazitäts-, Absatz-, Liquiditäts-, Nichtnegativitäts- und Ganzzahligkeitsbedingungen auf.

– *Kapazitätsbedingungen der 1. Periode:*

$$f_{11}^{(1)}\, x_1^{(1)} + f_{12}^{(1)}\, x_2^{(1)} \leq F_1 \qquad (1)$$

$$f_{21}^{(1)}\, x_1^{(1)} + f_{22}^{(1)}\, x_2^{(1)} \leq F_2 \qquad (2)$$

– *Kapazitätsbedingungen der 2. Periode:*

$$f_{11}^{(2)}\, x_1^{(2)} + f_{12}^{(2)}\, x_2^{(2)} \leq F_1 + I_1 \cdot m_1 \qquad (3)$$

$$f_{21}^{(2)}\, x_1^{(2)} + f_{22}^{(2)}\, x_2^{(2)} \leq F_2 + I_2 \cdot m_2 \qquad (4)$$

In der Periode $t = 2$ kann die zur Verfügung stehende Kapazität F_i der jeweiligen Fertigungsstufe um $I_i \cdot m_i$ $(i = 1, 2)$ erhöht werden.

– *Absatzbedingungen:*

$$x_j^{(t)} \leq S_j^{(t)} \text{ (für alle j, t = 1, 2)} \qquad (5)$$

– *Liquiditätsbedingung der 2. Periode:*

$$A_1I_1 + A_2I_2 \leq K \qquad (6)$$

– *Nichtnegativitätsbedingungen:*

$$x_j^{(t)}, I_i \geq O \text{ (für alle i, j, t = 1, 2)} \qquad (7)$$

– *Ganzzahligkeitsbedingungen:*

$$x_j^{(t)}, I_i = \text{ganzzahlig! (für alle i, j, t = 1, 2)} \qquad (8)$$

Symbole

A_i = Anschaffungsausgaben für eine in Fertigungsstufe i investierte Anlage I_i
d_j = Stückdeckungsbeitrag für Produkt j
$f_{ij}^{(t)}$ = Bearbeitungszeit für eine Mengeneinheit des Produkts j in Fertigungsstufe i während Periode t (= Produktionskoeffizient)
F_i = Kapazität der Fertigungsstufe i vor einer etwaigen Erweiterungsinvestition (z. B. Fertigungsminuten pro Periode)
I_i = Anzahl der neu anzuschaffenden Anlagen in Fertigungsstufe i zu Beginn der zweiten Planungsperiode
m_i = Kapazität einer Anlage (Erweiterungsinvestition) in Fertigungsstufe i (z. B. Fertigungsminuten pro Periode)
K = Budget zur Finanzierung der Erweiterungsinvestitionen zu Beginn der zweiten Planungsperiode
q = Abzinsungsfaktor für die Deckungsbeiträge I und die Anschaffungsausgaben der 2. Periode
$S_j^{(t)}$ = Absatzhöchstmenge für das Produkt j in der Periode t
$x_j^{(t)}$ = Produktions- bzw. Absatzmenge des Produkts j in Periode t
DB II = Deckungsbeitrag II (vgl. Abb. 1.7)

Zur Lösung linearer Planungsprobleme existieren **Algorithmen,** die es erlauben, auf einfache Weise eine endliche Anzahl von Alternativen zu ermitteln und den Wert der Zielfunktion für diese Alternativen zu bestimmen. Letztlich bezwecken sie die Berechnung der optimalen Alternative im Sinne der Zielvorstellung. Ein sehr häufig angewendetes Optimierungsverfahren ist der **Simplex-Algorithmus.**

Der **Simplex-Algorithmus** baut auf dem sog. »Ecken-Theorem« auf, welches besagt, daß die Lösung einer linearen Planungsaufgabe in (mindestens) einer Ecke des durch Restriktionen gebildeten zulässigen Bereichs (Polyeder, Vieleck) liegen muß. Das Simplex-Verfahren arbeitet iterativ, indem es, von Ecke zu Ecke fortschreitend, einzelne Alternativen auf die verlangte Optimalität hin prüft.

Durch die Definition der Zielfunktion über dem zulässigen Bereich werden alle realisierbaren Alternativen mittels einer Wirkungsprognose bewertet. Das geschieht, indem der Simplex-Algorithmus auf dem Weg zum Optimum in jeder abzurechnenden Ecke des zulässigen Bereichs den Zielfunktionswert bestimmt. Die auf diese Weise bewertete Alternative wird dann anhand des Simplexkriteriums auf ihre Optimalität überprüft. Dieser Vorgang wiederholt sich, bis das Planungsproblem gelöst ist, d. h. diejenige Alternative gefunden ist, welche zum optimalen (hier zum maximalen) Zielfunktionswert führt. Die Vorteilhaftigkeit dieses Algorithmus liegt darin, daß nur diejenigen Alternativen wertmäßig berechnet werden müssen, die in den Rechengang einbezogen werden.

Mit der Formulierung einer Zielfunktion, durch welche die Alternativen bewertet werden, ist die Teilaufgabe Festlegung der Bewertungskriterien abgeschlossen. Da es sich bei dem vorliegenden Planungsproblem nur um eine einfache Zielsetzung handelt, entfällt die Festlegung von Kriteriengewichten und eine Berechnung einzelner Kriterienwerte. Mit der Lösung des Optimierungsproblems erhält man einen Gesamtwert des optimalen Alternativplans. Damit ist die Planungsphase Bewertung und Entscheidung abgeschlossen.

4 Betriebliche Planungssysteme

4.1 Bestandteile eines Planes

Nach den vorangehenden Überlegungen zu den Aufgaben der Planungsphasen kann zusammenfassend gesagt werden, daß ein **Plan** folgende **Bestandteile** enthalten sollte:

- Zielvorstellung(en),
- prognostizierte Daten,
- Problemstellung,
- verfügbare Mittel (Vermögen u. a.),
- Einzelmaßnahmen und deren Kombination,
- zuständige Planungsträger,
- zeitliche Bedingungen und Termine,
- prognostizierte Wirkungen.

Die Pläne der Wirtschaftspraxis enthalten in ihrer endgültigen Form meist nur einige der hier aufgezählten Planbestandteile. Jedoch findet man i. d. R. in den Teilplänen, welche diesen Plänen zugrunde liegen, viele skizzierte Planbestandteile wieder. Dies soll an den Beispielen eines Produktionsplans für ein Projekt des Maschinenbaus und am Produktionsplan eines Werkes in der Elektroindustrie erläutert werden.

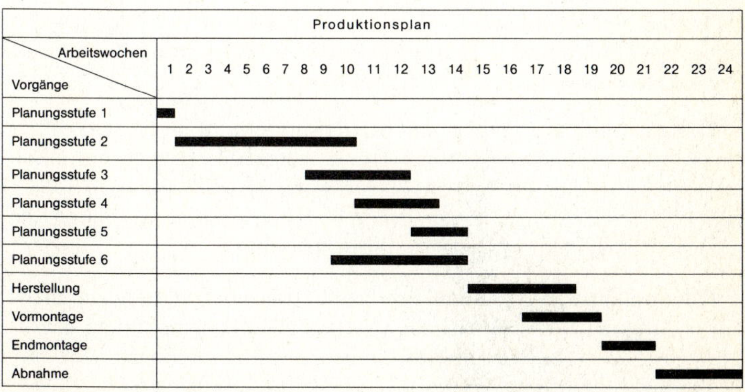

Abb. 1.10: Beispiel eines Produktionsplanes für ein Projekt des Maschinenbaus (nach Rost [Produktionsplanung] 1237)

(1) Der **Produktionsplan des Maschinenbauprojekts** in Abb. 1.10 enthält im Kern nur eine Terminierung der projektbezogenen Vorgänge. Dieser Plan basiert auf einer Reihe von Teilplänen, die hier als »Planungsstufen 1 bis 6« bezeichnet werden. Im einzelnen umfassen die sechs Planungsstufen folgende Teilpläne, Aufgaben und Maßnahmen (in Anlehnung an den Ausschuß für wirtschaftliche Fertigung AwF nach Rost [Produktionsplanung] 1234 ff.):

Planungsstufe 1: Überschlagsweise Vorplanung von Kundenanfragen oder Anfragen der Entwicklungsabteilung mittels einer vorläufigen Zeitbedarfsplanung und eines zugehörigen Kostenvoranschlags. Handelt es sich um ein neues Erzeugnis, werden die Produktionsstufen Entwicklung, Musterbau, Konstruktion, Fertigungsplanung, Materialbeschaffung, Fertigung, Vor-, Zwischen- und Endmontage sowie die Abnahme in die Vorplanung einbezogen.

Planungsstufe 2: Planung der Erzeugnisgestaltung sowie der erforderlichen Zeitbedarfe. Im einzelnen finden dabei folgende Teilaufgaben Berücksichtigung: Projektentwurf, Technische Berechnung, Funktionsentwicklung, Entwicklungskonstruktion, Werkstatt- und Rohteilebeschaffung für Prototyp, Herstellung des Prototyps, konstruktive Durcharbeitung, Zeichnungsprüfung sowie Erstellen der Grund-Stückliste.

Planungsstufe 3: Vorbereitung der Erzeugnisfertigung und Planung der zugehörigen Zeitbedarfe. Diese Planungsstufe umfaßt die Teilpläne bzw. Aufgaben: Erstellen der Fertigungsstückliste, Aufstellen der Einzelteile-Fertigungspläne, Aufstellen der Vor- und Endmontagepläne, Aufstellen der Prüfpläne, Festlegung von Arbeitsunterweisungen, Planung der Stückzeiten je Arbeitsgang, Arbeitsbewertung, Planung des Werkstatt- sowie des Arbeitskräftebedarfs.

Planungsstufe 4: Planung der Betriebsmittel und ihrer Zeitbedarfe. Einzubeziehen sind die Teilpläne und Aufgaben: Betriebsmittelkonstruktion, Erstellen der Einzelteile-Fertigungspläne, Planung der Stückzeiten je Arbeitsgang, Terminierung der Betriebsmittelfertigung, Betriebsmittelherstellung sowie Funktionsprüfung.

Planungsstufe 5: Abschluß der Produktionsvorbereitung durch Berücksichtigung der Teilpläne bzw. Aufgaben: Fristenplanung für die Nullserie, Aufgabe der Nullserie, Fertigung der Nullserie, Vor- und Endmontage, Prüfung bzw. Probelauf, Verbesserungen an Einzelteilen, Durchführung notwendiger Betriebsmitteländerungen sowie Freigabe der Fertigung.

Planungsstufe 6: Vorbereitung des Fertigungsanlaufs durch Erledigung der Teilplanungen bzw. Aufgaben: Fristenplanung, Aufgabe der Einzelaufträge, Feststellung der tatsächlichen Kapazitätsplanung, Arbeitskräfteeinsatzplanung, termingerechter Abruf der Werkstoff- und Rohteileanlieferung, Betriebsmittelbereitstellung, termingerechte Arbeitsverteilung sowie Produktionsanlauf.

Aggregiert man die Produktionspläne von Erzeugnissen und Projekten über Werkstätten und Bereiche, entsteht der **Produktionsplan des gesamten Werkes,** in welchem mehrere der postulierten Planbestandteile wiederzufinden sind.

(2) Der **Produktionsplan eines Werkes** der SEL umfaßt z. B. folgende Bestandteile (Solaro [Kontrollsystem] 873 ff.):

»– Kapazität, aufgegliedert nach Erzeugnisgebieten;
- Erlösfähiger Ausstoß/Werksleistung, d. h.
  Erlösfähiger Ausstoß, aufgegliedert nach Erzeugnisgebieten
  Innerbetrieblicher Ausstoß, Halbfabrikateänderung, Werksleistung, Werksergebnis;
- Kosteneinsatz, aufgegliedert nach Kostenelementen und Erzeugnisgebieten;
- Kostensteigerungen / Kostensenkungsmaßnahmen, aufgegliedert nach Erzeugnisgebieten;
- Plan zur Vergabe von Unteraufträgen;
- Anlagevermögen (Brutto-, Nettoanlagevermögen, Wertberichtigung), aufgegliedert nach Erzeugnisgebieten;
- Investitionen, aufgegliedert nach Objekten (Grundstücke, Maschinen usw.) und Kategorien (z. B. Ersatz, Qualitätsverbesserung, Kostensenkung);
- Fabrikumlaufvermögen, aufgegliedert nach Erzeugnisgebieten;
- Beschäftigte, aufgegliedert nach Bereichen und Erzeugnisgebieten;
- Fläche, aufgegliedert nach Erzeugnisgebieten;
- Kennzahlen.«

Eine Überprüfung zeigt, daß in diesem Werksproduktionsplan folgende der postulierten **Planbestandteile** enthalten sind:

- Zielvorstellung:
  Kostengünstige Durchführung der Herstellung und der sonstigen Maßnahmen (nur indirekt ablesbar);
- Prognostizierte Daten:
  Kapazitäten, Beschäftigte, Flächen;
- Verfügbare Mittel:
  Anlagevermögen, Umlaufvermögen;

- Einzelmaßnahmen und deren Kombination:
  Realisation der Ausstoßarten, Vergabe von Unteraufträgen, Durchführung von Investitionen;
- Zuständige Planungsträger:
  Werksleitung;
- Zeitliche Bedingungen und Termine:
  Bezug auf eine Planperiode;
- Prognostizierte Wirkungen:
  Werksergebnis, Kosten (einschließlich Kostensteigerungen und -senkungen), Erlöse, Kennzahlen.

4.2 Aufbau eines angewandten Planungssystems

Ein **Planungssystem** ist ein geordnetes Gefüge von Einzelplanungen.

Am Beispiel des **Planungssystems der Volkswagenwerk AG** (**VAG**) (vgl. Selowsky / Müllmann / Höhn [Planungsrechnung] 715 ff.) soll gezeigt werden, welche Erscheinungsform die in den vorangehenden Abschnitten erörterten Sachverhalte in der Wirtschaftspraxis annehmen können.

Im Volkswagenwerk sind alle Ressorts im Rahmen ihrer Aufgabenstellung für Planung verantwortlich zuständig. Die Struktur des Planungssystems ist verrichtungsorientiert, wobei die Koordination der Teilpläne im Rahmen der Gesamtplanung durch Controller, Planungskonferenzen und diverse Ausschüsse bzw. Komitees erfolgt. Die strategische, operative und finanzielle Gesamtplanung wird von der Produktplanung und von der Beteiligungsplanung flankiert (vgl. Abb. 1.11). Aus Abb. 1.11 gehen ebenfalls die Zuständigkeiten der Vorstandsbereiche für die gesamte unternehmensbezogene Planung sowie für die funktionsbereichsorientierten Pläne hervor (vgl. Selowsky / Müllmann / Höhn [Planungsrechnung] 730 ff.).

Abb. 1.11: Organisation der Gesamtplanung der Volkswagen AG (nach Selowsky/Müllmann/Höhn [Planungsrechnung])

⇨

Organisation der Gesamtplanung der Volkswagenwerk AG

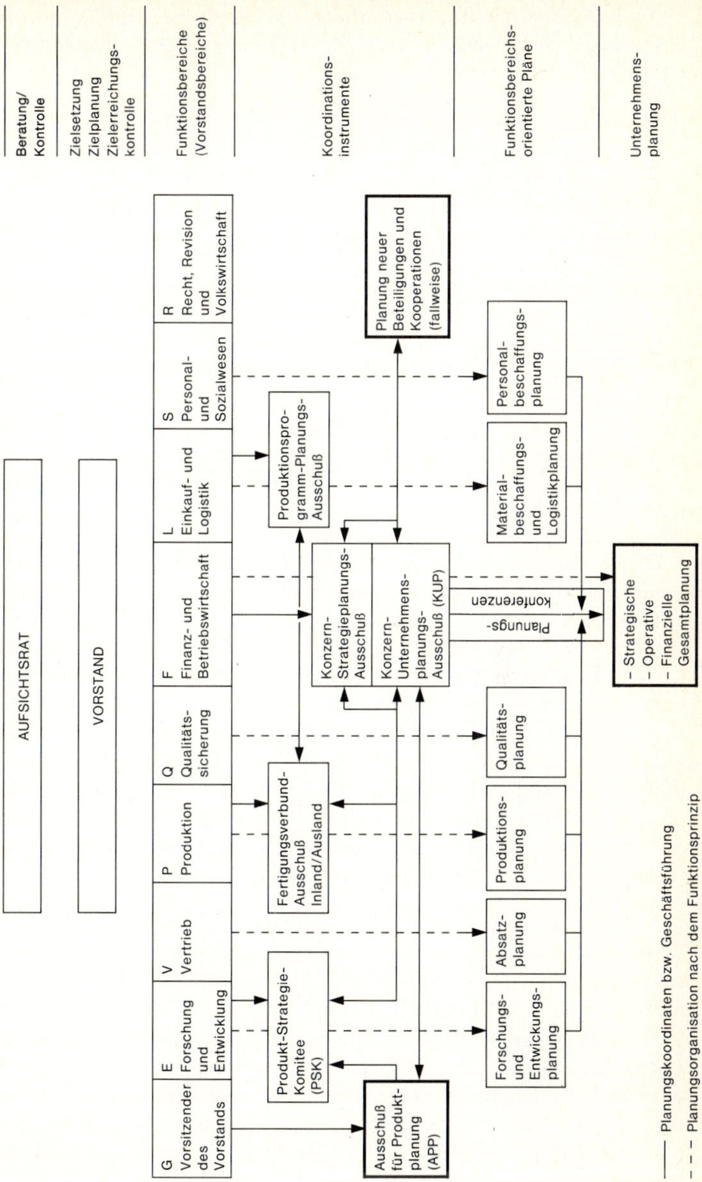

Nach der **Fristigkeit** werden in der VAG die folgenden Planungsstufen (-arten) unterschieden (Selowsky / Müllmann / Höhn [Planungsrechnung] 739 ff.):

- Strategische Rahmenplanung,
- Langfristplanung,
- Mittelfristplanung,
- Budgetplanung,
- Revolvierende Kurzfristplanung.

Die **Rahmenplanung** steckt nur **globale Ziele** und **Strategien** ab, die auf einen Zeitraum von 10 bis 20 Jahren bezogen sind; sie dient der Abschätzung langfristiger Entwicklungsmöglichkeiten auf der Basis von unsicheren Prognosen über volkswirtschaftliche Tendenzen, Bevölkerungsentwicklungen, technologische Entwicklungen usw. In diesem Entwurf können allenfalls Diversifikationsabsichten zu Produktgruppen in groben Zügen markiert werden. Der Rahmenplan wird als Zentralplan kontinuierlich bzw. als Objektplan (zentral oder dezentral) nicht regelmäßig erstellt.

Die **Langfristplanung** konkretisiert **Investitions- und Produktprogramme** bis zum branchenspezifischen Planungshorizont, der bis zu zehn Jahren reicht. Das Branchenspezifische des Planungshorizonts wird in der Entwicklungszeit für ein neues Kraftfahrzeug gesehen, welche nach Erfahrung eine Größenordnung von drei bis fünf Jahren hat (das ist die Zeitspanne von der Zielformulierung bis zur Serienreife). Dabei kann die Investitionsplanung im Einzelfalle den genannten Planungshorizont überschreiten: Die besondere Bedeutung der Langfristplanung liegt darin begründet, daß sie für die Planung von Produktprogrammen hierarchisch die höchste Einordnung erfährt, d. h., sie hat den Charakter einer **strategischen Planung.** Die Aufstellung eines Langfristplanes erfolgt mindestens einmal im Jahr.

Die **Mittelfristplanung** hat die Aufgabe, die **Voraussetzungen zur Realisierung der Programme der Langfristplanung** unter finanziellen, wirtschaftlichen und technischen Aspekten zu schaffen. Ihr Bezugszeitraum liegt bei fünf Jahren, die in erster Linie durch die Zeitbedarfe der Investition, insbesondere der Anlagen- und Gebäudeerrichtung, Spezialwerkzeugherstellung usw. bestimmt werden. Die Fünfjahresfrist wird auch als angemessen für die Investitionsentscheidungen sowie für die Aufsichtsbefugnis des Aufsichtsrats erachtet. Die Mittelfristplanung wird mindestens einmal im Jahr als Dezentralplanung durchgeführt.

Das **Budget** legt die Handlungsalternative mit ihren Einzelmaßnahmen für ein Geschäftsjahr fest. Es ist ein detaillierter, präziser Entwurf, der als **Vollzugsplan der lang- und mittelfristigen Zielvorstellungen** betrachtet wird. Steuerungsziele sind in erster Linie günstige Erlös-Kosten-Relationen und hohe Kapazitätsauslastungsgrade. Das Budget wird als Steuerungsinstrument i. S. des »management by exception« eingesetzt und zu diesem Zwecke in Monate bzw. Quartale gegliedert. Die Ermittlung und Analyse der auftretenden Abweichungen erfolgt mittels flexibler Plankostenrechnung in »Controller-check-lists«.

Die **revolvierende Kurzfristplanung** (»Voraussichtliches Ist«) deckt einen Zeitraum von 21 Monaten bei einer Aufteilung in Monatspläne oder Quartalspläne ab. Eine Fortschreibung der Pläne erfolgt entweder monatlich oder quartalsweise, deren Koordination in der Hand des Controllers liegt. »Absicht der kurzfristigen Planung ist es, die vorausschaubaren Geschäftsentwicklungen monatlich aktualisiert auf die genannten Zeiträume ›hochgerechnet‹ disponibel und steuerungsfähig zu halten. Die technische und wirtschaftliche **Anpassung der laufenden Operationen** steht also im Mittelpunkt dieser Planung. Gleichzeitig wird sie zum ständigen Korrektiv der jeweiligen Budget-, Mittel- und Langfristplanung« (Selowsky/Müllmann/Höhn [Planungsrechnung] 741). Das rollierende (revolvierende) Merkmal liegt in der fortlaufenden Korrektur der nachfolgenden Teilpläne durch die aktualisierten vorausgehenden Teilpläne.

In diesem Abschnitt werden einige **aufbauorganisatorische** Fragestellungen eines angewandten Planungssystems am Beispiel der Volkswagenwerk AG behandelt. Der praktische Vollzug des Planungsprozesses verlangt jedoch die Klärung einer Fülle weiterer **Gestaltungsfragen,** von welchen einige genannt werden sollen: Einsatz von Methoden, Modellen, Verfahren und Techniken in den einzelnen Planungsphasen; Einsatz von Planungsinstrumenten; Berücksichtigung von prozessualen Einflußgrößen im Planungsprozeß; Dokumentierung von Planungsinformationen u. a. Tatsächlich existiert bei jedem Planungsprozeß ein komplexes Beziehungsgefüge von Einflußgrößen, Gestaltungsmerkmalen der Planung und Konsequenzen der Planungsgestaltung (vgl. dazu die empirische Untersuchung von Rau [Unternehmungsplanung] 155 ff.).

4.3 Beurteilung von Planungssystemen

4.3.1 Eigenschaften von Planungssystemen

Die zentrale betriebswirtschaftliche Fragestellung, welche im Zusammenhang mit dem Einrichten und Anwenden eines komplexen Planungssystems zu beantworten ist, läßt sich auf die der Vorteilhaftigkeit des Planungssystems reduzieren. Anders formuliert lautet sie: Welchen Beitrag leistet das Planungssystem zum Erreichen des vorgegebenen Zielsystems? Diese Frage ist zu stellen, obwohl partielle Zielerreichungswerte der einzelnen Führungsinstrumente, die zum Einsatz gelangen, nur bedingt kardinal gemessen und diesen Instrumenten zugeordnet werden können. Dennoch benötigt man Merkmale, nach denen sich Planungssysteme und ihre Einzelpläne auf mögliche Vorteile oder Nachteile beurteilen lassen, um darüber befinden zu können, ob Planung überhaupt betrieben werden soll oder Planungssysteme in der entwickelten Form beibehalten bzw. umgestaltet werden sollen. Im einzelnen lassen sich folgende **Eigenschaften von Planungssystemen** nennen (vgl. Wild [Unternehmungsplanung] 157 ff.):

(1) **Dokumentationsgrad**

Für die Abstimmung, Fortschreibung und Kontrolle von Plänen ist es bedeutsam, daß ihre wichtigsten Bestandteile **schriftlich niedergelegt** werden. Gute Dokumentierung der Planbestandteile und Pläne erleichtert die Erfüllung der erwähnten Aufgabenstellungen und wirkt sich vorteilhaft auf die Zielerreichung aus; zu beachten ist, daß diese Vorteile nicht durch hohe Dokumentationskosten aufgehoben werden. Der Dokumentationsgrad ist in jedem Fall eine Eigenschaft, die auf die Vorteilhaftigkeit des Planungssystems schließen läßt.

(2) **Organisationsgrad**

Unter dem Organisationsgrad ist die Strenge der Festlegung von **Ordnungsstrukturen** im Planungsaufbau sowie im Planungsablauf zu verstehen (zur Organisation der Planung vgl. Frese [Unternehmungsführung] 198 ff.). Überzogene Organisation und fehlende Improvisation schmälern mit Sicherheit die Anpassungsfähigkeit (Elastizität) des Planungssystems. Dagegen genügen Planungssysteme mit ausgewogenem Organisationsgrad hohen Anforderungen im Hinblick auf die Belastbarkeit, Anpassungsfähigkeit und Austauschbarkeit von Relationen. Sie erbringen damit einen Beitrag zur Ergiebigkeit des Unternehmens.

(3) **Standardisierungsgrad**

Im Zusammenhang mit Planung bedeutet Standardisierung die **Vereinheitlichung** von Plänen, Planungsprozessen, Planungstechniken, Planungshilfsmitteln usw. Die Vereinheitlichung stellt sicher, daß gleiche Planungsprobleme in verschiedenen Tochtergesellschaften oder in demselben Unternehmen für verschiedene Planperioden bzw. Bereiche nach demselben Konzept gelöst werden. Auch der Standardisierungsgrad kann eine Maßgröße für die Vorteilhaftigkeit eines Planungssystems sein.

(4) **Grad der Vollständigkeit**

Im Abschnitt 3.1.2 über die Problemfeststellung wurde gesagt, daß komplexe Problemstellungen in Teilprobleme aufgespalten und die Beziehungen zwischen diesen analysiert werden müssen, um zu einer **Problemhierarchie** zu gelangen. Planung kann hier einerseits nur für die in der Hierarchie als hochrangig ausgewiesenen Problemstellungen betrieben werden, während die übrigen Problembereiche mit gröberen Lösungstechniken daran angepaßt werden. Andererseits kann Planung nur auf intensive Schnittstellen zwischen Funktionsbereichen oder nur auf chronische Engpässe bezogen werden. Diese bisher genannten Arten von Planungsansätzen gelten als unvollständig und werden als »**Schwerpunktplanung**« bezeichnet. Hingegen wird im Zusammenhang mit Planungsansätzen, welche die planbaren Problemstellungen vollständig erfassen, von »**Flächenplanung**« gesprochen. Gelegentlich werden im beschriebenen Zusammenhang auch die entsprechenden Prinzipien der »Schwerpunktbildung« sowie der »Flächendeckung« formuliert. Auch der Grad der Abdeckung möglicher Problemfelder durch Pläne kann als Maßgröße für den Beitrag eines Planungssystems zur Ergiebigkeit des Unternehmens betrachtet werden.

(5) **Präzisionsgrad**

Die Forderung nach Präzision bei Planungen bedeutet eine angemessen **genaue Kennzeichnung** (Messung) der Planungsgegenstände, Planbestandteile und damit der Planinhalte. Der Grad der Präzision muß jedoch nicht für alle Einzelpläne eines Planungssystems derselbe sein. Er richtet sich ganz danach, ob ein Plan als Grobplan mit weniger präzisen Planinhalten oder als Feinplan mit angemessen präzisen Planinhalten erstellt wird. Der Präzisionsgrad ist ebenfalls eine Maßgröße für den Ergiebigkeitsbeitrag eines Planungssystems.

(6) **Grad der Planabstimmung**

Alle Einzelpläne eines Planungssystems müssen umfassend und gründlich **koordiniert und integriert** werden, um zu verhindern, daß

Disordination zu schwächeren Zielerreichungsgraden führt. Die Planabstimmungen beziehen sich stets auf Planbestandteile oder Beziehungen zwischen den Einzelplänen. Unter dem Gesichtspunkte der Planinhalte lassen sich Ziel-, Prognose-, Problem-, Maßnahmen-, Mittel-, Planungsträger- sowie Terminabstimmungen durchführen. Dagegen können unter dem Aspekt der Beziehungen zwischen einzelnen Plänen Dringlichkeits-, Fristigkeits-, Hierarchie-, Reihenfolge-, Bedingtheits- und Flexibilitätsabstimmungen erforderlich werden. Begrifflich läßt sich eine Differenzierung zwischen der Abstimmung gleichrangiger Pläne (**Plankoordination**) und der Abstimmung verschiedenrangiger Pläne (**Planintegration**) treffen. Allgemein gilt auch für den Grad der Abstimmung von Planbestandteilen und Planbeziehungen, daß er als Maßgröße für den Beitrag eines Planungssystems zur Ergiebigkeit des Unternehmens angesehen werden kann.

(7) **Sonstige Eigenschaften von Planungssystemen**

Planungssysteme können noch durch weitere Eigenschaften gekennzeichnet sein, die kurz skizziert werden sollen. Da ist zunächst ihre **Elastizität** (Anpassungsfähigkeit), die bereits im Zusammenhang mit der flexiblen Planung im Abschnitt 2.3.3 unter Anpassungsgesichtspunkten erwähnt wurde. Es kommt die **Übersichtlichkeit** der Plandarstellung hinzu, die das Begreifen der Planzusammenhänge, die Anwendung der Pläne sowie deren Fortschreibung erleichtert. Schließlich müssen gewisse **Übereinstimmungen zwischen Planungsprinzipien und Führungsprinzipien** (Führungsstil, Umfang der Entscheidungsdelegation) herbeigeführt werden. Auch diese Eigenschaften, die einem Planungssystem verliehen werden müssen, dienen als Maßgröße für den Ergiebigkeitsbeitrag des gesamten Planungssystems. Erstrebenswert ist die Gestaltung aller genannten Eigenschaften des Planungssystems derart, daß seine praktische Brauchbarkeit und seine Einsatz- und Leistungsfähigkeit, d. h. sein Beitrag zur Ergiebigkeit des gesamten Unternehmensprozesses, mit großer Wahrscheinlichkeit als positiv beurteilt werden kann.

4.3.2 Ergiebigkeit von Planungssystemen

Abschließend soll ein kurzer Überblick über **Resultate empirischer Untersuchungen** auf dem Gebiete der Unternehmensplanung in den letzten Jahren gegeben werden.

Vielfach wird davon ausgegangen, daß Langfristplanung eine positive Wirkung auf die Wirtschaftlichkeit des Unternehmens hat. Demgegenüber kommen *Grinyer/Norburn* ([Strategic Planning] 84 ff.) nach gründlichen Untersuchungen zum Ergebnis, daß kein Zusammenhang zwischen (formaler) Planung und Eigenkapitalrendite aufzufinden ist. *Karger/Malik* ([Long Range Planning]) wiederum behaupten zumindest für die von ihnen untersuchten Branchen (Elektronik, Maschinenbau, Chemie, Pharmazie) eine positive Wirkung einer strukturierten Langfristplanung auf das Umsatzwachstum, die Renditen und das Wachstum der Gewinne.

Nach umfangreichen empirischen Untersuchungen kommen *Poensgen/Hort* ([Determinanten] 70) zur Formulierung einer Optimumhypothese über den Zusammenhang zwischen Planung und Erfolg: »Im Durchschnitt planen die Firmen in dem Ausmaß, das für ihren Erfolg optimal ist (diesen Durchschnitt nennen wir die ›Standardpraxis‹). Ein Weggehen von der Standardpraxis beeinträchtigt den Erfolg progressiv.« In ihrer Hypothese sehen sich *Poensgen/Hort* von *Muth* ([Expectations]) und *Bowman* ([Consistency] bestätigt, wenn sie ihre formulierte Behauptung mit folgendem Graph ausdrücken (vgl. Abb. 1.12):

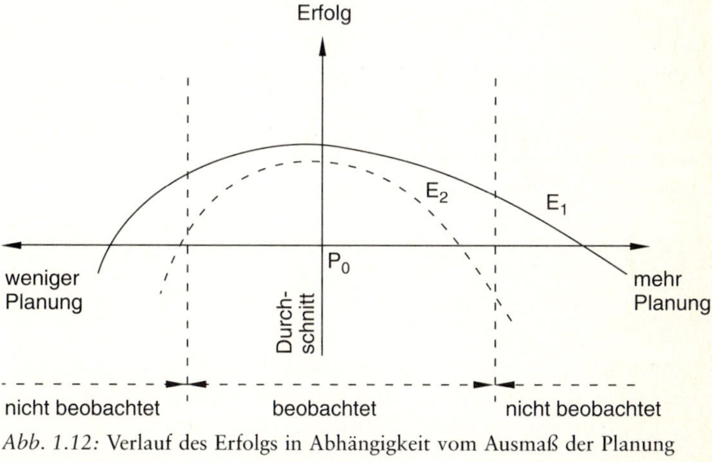

Abb. 1.12: Verlauf des Erfolgs in Abhängigkeit vom Ausmaß der Planung

Die **Erfolgskurven E_1 und E_2** in Abb. 1.12 informieren darüber, daß die hier betrachteten zwei Unternehmen mit Erfolgseinbußen rechnen müssen, wenn sie das Planungsausmaß P_0 (den Durchschnitt) verlassen. Da die Erfolgskurven im näheren Bereich um P_0 relativ flach verlaufen, führt eine geringe Abweichung von P_0 zu kleineren Erfolgsminderungen. Zunehmende Abweichungen von P_0 erbringen dagegen steigende Erfolgsminderungen.

Poensgen/Hort sind sich der Beschränkung ihrer Aussage auf folgende Anwendungsbedingungen bewußt:

- Das Planungsausmaß wird durch eine einzige unabhängige Variable gemessen.
- Ein einziges Ziel wird verfolgt (hier: Erfolg).
- Die Unternehmensgröße ist gegeben.
- Die Umweltstruktur ist gegeben.

Dies bedeutet, daß sich z. B. bei einem Zielaustausch oder bei Vermehrung der Ziele zu einem Zielsystem der Planungsdurchschnitt, die Dimension, die Form sowie die Lage der Kurven verändern können. Entsprechendes gilt auch für die übrigen Anwendungsbedingungen.

Beim gegenwärtigen Forschungsstand auf dem Gebiete der Planung (und Kontrolle) gibt es noch keine Hypothesen, die über die Beziehungen zwischen Planung und Kontrolle sowie deren Ergiebigkeitswirkungen in Form von Gesetzesaussagen informieren. Soweit Forscher die Zurechnungsschwierigkeiten von Erfolgen auf den Planungs- und Kontrollgegenstand erkennen, weichen sie auf Ersatzfragestellungen der Effizienzmessung aus. So wird nach der Effizienz einzelner Planungs- und Kontrollprozesse (vgl. Gzuk [Effizienz]), nach der Effizienz von Planungs- und Kontrolltechniken (vgl. Pfohl [Entscheidungsfindung]), nach Beziehungen zwischen Problemkomplexität und Systemkomplexität (vgl. Kirsch/Mayer [Handhabung]), nach dem Zusammenhang von Planungsdauer und Erfolg (vgl. Poensgen/Hort [Determinanten]) sowie nach der Abhängigkeit der Zielerreichung und der Planungskosten von den verschiedenen Gestaltungsmerkmalen der Planung (Rau [Unternehmungsplanung]) geforscht. Es erscheint schon lange plausibel, daß umfassende Planung die Ergiebigkeit eines Unternehmens sichert und verbessert, durch eine gut bestätigte realwissenschaftliche Hypothese kann diese Aussage aber noch nicht belegt werden.

Einen guten Überblick über empirische Studien zur Planungsergiebigkeit (Planungseffizienz) geben *Welge/Rüth* ([Studien] 352 ff.) sowie *Rau* ([Unternehmungsplanung] 50 ff.).

5 Kontrolle als Führungsinstrument

5.1 Begriff und Zweck der Kontrolle

Die wichtigsten Führungsinstrumente eines Unternehmens sind:

- das Planungs- und Kontrollkonzept,
- das Organisationskonzept,
- das Informationskonzept.

Das Kontrollkonzept eines Unternehmens ist auf das engste mit dem Planungskonzept verbunden. Betrachtet man die einzelnen Zwecke der Planung, wird ersichtlich, daß die Kontrolle für die Zweckerreichung der Planung eine gewichtige Rolle spielt. Noch klarer tritt die **Bedeutung der Kontrolle** hervor, wenn man berücksichtigt, daß die meisten Vorgaben bzw. Handlungsvorschriften der Planung mit Unsicherheiten verknüpft sind und außerdem subjektive Zielsetzungen der Planungsträger zu Abweichungen von den Vorgaben führen können. Für die Unternehmensführung ist es in dieser Situation dringlich zu erfahren, welche Planabweichungen auftreten und wo deren Ursachen liegen. Mit diesen Informationen kann eine plankonforme Steuerung des gesamten Unternehmensgeschehens verfolgt werden (vgl. Schweitzer [Fertigungswirtschaft] 568 ff.).

Zur Feststellung einer Planabweichung bedarf es eines Vergleichs zwischen einer **Plangröße** und einer (oder mehreren) **Vergleichsgröße(n)**. Dabei muß die Plangröße Vorgabe- oder Normcharakter haben. Meist ist die Plangröße ein Ziel (Soll) und die Vergleichsgröße ein realisiertes Ergebnis (Ist), so daß die Kontrolle auf einem **Soll-Ist-Vergleich** beruht. Dies muß jedoch nicht in allen Fällen zutreffen. Insbesondere können in den Größenvergleich neben Zielen (Soll) und Ergebnissen (Ist) auch Prognosen (Wird) einbezogen werden. Unterstellt man, daß als Plangrößen sowohl Soll- als auch Wird-Größen auftreten können, ergeben sich die möglichen Vergleichsarten (Kontrollarten) nach Abbildung 1.13.

Neben der **Ermittlung** der Abweichung zwischen Plangröße und Vergleichsgröße umfaßt die Kontrolle auch die **Analyse** dieser Abweichung, denn ohne eine Ursachenanalyse der Planabweichung bleibt jede Kontrolle als Führungsinstrument unfruchtbar. Auf der Grundlage der bei der Abweichungsanalyse gewonnenen Ergebnisse müssen **Maßnah-**

Vergleichsgröße / Plangröße	Soll	Wird	Ist
Soll	Soll-Soll-Vergleich (Zielkontrolle)	Soll-Wird-Vergleich (Planfortschrittskontrolle)	Soll-Ist-Vergleich (Ergebniskontrolle)
Wird	–	Wird-Wird-Vergleich (Prognosekontrolle)	Wird-Ist-Vergleich (Prämissenkontrolle)

Abb. 1.13: Vergleichsarten (Kontrollarten) nach verschiedenen Plan- und Vergleichsgrößen

men zur Anpassung an erwartete bzw. aufgetretene Änderungen der Umwelt- und Unternehmensgrößen erarbeitet und ausgelöst werden, um die damit verbundenen Störungen beseitigen bzw. Chancen wahrnehmen zu können. Diese Aufgabe bildet den Gegenstand der **Sicherung,** welche nicht zur Kontrolle gezählt wird. Kontrolle und Sicherung sind Teilphasen der **Steuerung.**

Die bei der Kontrolle durchzuführenden Vergleiche und Abweichungsanalysen müssen geordnet und laufend erledigt werden. Kontrolle läßt sich dann wie folgt definieren:

> **Kontrolle** ist ein geordneter, laufender, informationsverarbeitender Prozeß zur Ermittlung von Abweichungen zwischen Plangrößen und Vergleichsgrößen sowie die Analyse dieser Abweichungen.

Die Kontrolle in dem hier definierten (weiten) Sinne ist von der **Revision** zu trennen. Bei der Revision handelt es sich auch um einen Vergleich zwischen Plangrößen und Vergleichsgrößen, jedoch erfolgt dieser Vergleich nicht laufend, sondern nur fallweise. Auch von der Aufgabenstellung des **Controlling** ist die Kontrolle zu unterscheiden.

> Unter **Controlling** ist die Gesamtheit derjenigen Aufgaben zu verstehen, welche die Koordination der Unternehmensführung sowie die Informationsversorgung der Führungskräfte zur optimalen Erreichung der Unternehmensziele zum Gegenstand haben (vgl. Friedl [Beschaffungscontrolling] 46).

Das Controlling zielt auf eine umfassende Versorgung der Führungskräfte mit aufgaben- und zielrelevanten Informationen sowie auf eine systematische Entscheidungskoordination. Damit stellt das Controlling eine führungsunterstützende Aufgabe dar, die sich auch auf die Führungsinstrumente der Planung und Kontrolle bezieht (vgl. Schweitzer/Friedl [Controlling-Konzeption] 147 ff.).

Die Stellung der Kontrolle im Planungs- und Kontrollprozeß des Unternehmens verdeutlicht Abbildung 1.14.

Im einzelnen sind die **Zwecke der Kontrolle** dieselben wie die der Planung (vgl. S. 23):

- Zielausrichtung,
- Frühwarnung,
- Koordination von Teilplänen,
- Entscheidungsvorbereitung,
- Mitarbeiterinformation,
- Mitarbeitermotivation.

Es geht dabei insgesamt um die informatorische Unterstützung der Unternehmensführung bei ihren Entscheidungs- und Koordinationsaufgaben.

5.2 Phasen und Teilaufgaben der Kontrolle

Ebenso wie der Planungsprozeß läuft auch der Kontrollprozeß in abgrenzbaren Prozeßphasen ab. Jede dieser Phasen ist durch eine besondere Aufgabenstellung gekennzeichnet. Außerdem sind die Phasen der Kontrolle durch Folge- und Informationsbeziehungen miteinander und mit den Phasen der Planung systematisch verknüpft. Nach Abb. 1.14 umfaßt die Kontrolle vier **Prozeßphasen**, dargestellt am besonderen Fall des Soll-Ist-Vergleichs:

- Vorgabe von Sollwerten,
- Ermittlung von Istwerten,
- Soll-Ist-Vergleich
  (Ermittlung der Soll-Ist-Abweichung),
- Abweichungsanalyse.

Die **Vorgabe von Sollwerten** erfolgt i. d. R. durch die Handlungsvorschrift des Planes (Planziel). Dies gilt sowohl für den Fall des Bestehens

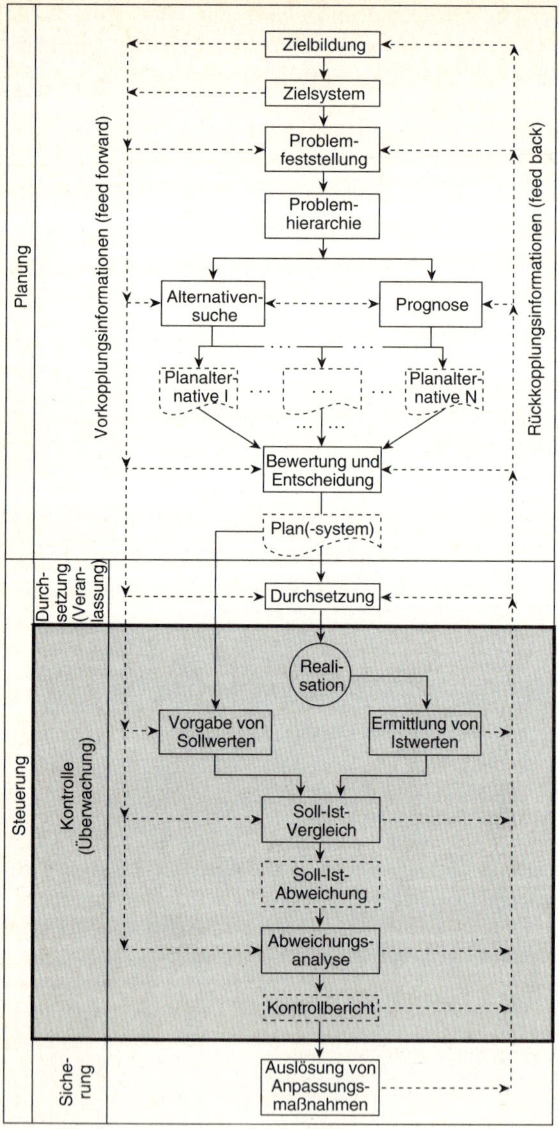

Abb. 1.14: Stellung der Kontrolle im Planungs- und Steuerungsprozeß des Unternehmens

eines geschlossenen Planungssystems als auch für den Fall der Formulierung eines Einzelplans zu einem isolierten Problem. Durch die Vorgabe einer Sollgröße (Ziel) wird in erster Linie die Erreichung dieses Solls angestrebt. Ob dieses Soll durch die Realisation des Plans erreicht wird bzw. wie hoch der Zielerreichungsgrad (Planerfüllungsgrad) jeweils ist, kann nur durch einen Ziel-Ergebnis-Vergleich, d. h. durch Kontrolle, festgestellt werden. Instrumente zur Vorgabe von Sollgrößen sind u. a. Kostenbudgets, Deckungsbudgets und Kennzahlen.

Die **Ermittlung von Istwerten** ist neben der Vorgabe der Sollwerte das zweite Element zur Durchführung eines Vergleichs. Die ermittelten Istwerte messen das Ergebnis der Planrealisation und dienen der Feststellung, ob und wie die Planvorgabe (das Ziel) erreicht wurde. Um diesen Zielerreichungsgrad ausdrücken zu können, müssen die verwendeten Maßstäbe des Istwerts dieselbe Dimension wie das Zielmerkmal haben und möglichst präzise sein. Bei unpräziser Formulierung der Ziele in den Plänen und/oder bei Verwendung unpräziser Maßstäbe zur Ergebnisfeststellung muß damit gerechnet werden, daß die abgeleiteten Kontrollinformationen ebenfalls unpräzise bzw. im Grenzfall unbrauchbar sind. Bei der Ermittlung von Istwerten können folgende Instrumente zur Anwendung gelangen: Kostenrechnung, Betriebsdatenerfassung, Befragung u. a.

Im **Soll-Ist-Vergleich** werden den Sollwerten des Plans die Istwerte der Planrealisation gegenübergestellt, und es werden die Soll-Ist-Abweichungen ermittelt. Durch den Soll-Ist-Vergleich wird damit der Planerfüllungsgrad faktisch festgestellt. Als Beispiele für Instrumente des Soll-Ist-Vergleichs können Balkendiagramme, Profilvergleiche sowie Fortschrittszahlenkonzepte genannt werden. Liegt der Planerfüllungsgrad hoch, wird i. d. R. keine Anpassungs- oder Korrekturmaßnahme erwogen. Dagegen wird bei Planabweichungen, die einen bestimmten Umfang überschreiten, nach den Abweichungsursachen zu forschen sein. Zur Auswahl der zu analysierenden Abweichungen ist eine Reihe von Entscheidungsmodellen entwickelt worden. Einen Überblick über diese Modelle gibt Küpper ([Controlling] 878).

Die **Abweichungsanalyse** verfolgt den Zweck, herauszufinden, auf welche Ursache die ermittelten Planabweichungen zurückzuführen sind. Erlaubt es der Planungsgegenstand und sind die Verfahren der Abweichungsanalyse exakt, läßt sich häufig für eine spezifische Ursache (Ursachengruppe) auch eine zugehörige Abweichungsart herausfinden. Zu den Verfahren der Abweichungsanalyse zählen u. a. die Methoden zur Aufspaltung von Kostenabweichungen sowie eine Reihe von Methoden der Problemfeststellung (vgl. Abb. 1.6).

Im **Kontrollbericht** werden schließlich die Abweichungsursachen und die Abweichungsarten erläutert, systematisiert bzw. verdichtet, so daß Ansatzpunkte erkennbar werden, wie steuernd in die Planung, Realisation oder gar in die Kontrolle selbst durch Entscheidungen eingegriffen werden kann. Die Kontrollinformationen gelangen auf dem Wege der Rückkopplung in die jeweiligen Funktionsbereiche bzw. zu den zuständigen Aufgabenträgern und lösen dort entsprechende Maßnahmen zur Anpassung bzw. Korrektur der bisherigen Vorgehensweise aus. Diese als »Sicherung« bezeichnete Aufgabe bildet neben der Kontrolle eine weitere Phase der Steuerung. In dem hier besprochenen Zusammenhang ist von Bedeutung, daß rückgekoppelte Kontrollinformationen in jeder der Planungsphasen Zielbildung, Problemfeststellung, Alternativensuche, Prognose sowie Bewertung und Entscheidung Anpassungen und Korrekturen auslösen können. Gegenstand dieser Planungsanpassungen können sowohl die einzelnen Phasenaufgaben, die Planungsträger, die Planungstechniken als auch die Planungsbedingungen sein.

Durch die Ergänzung mittels der Steuerungsphasen »Kontrolle« und »Sicherung« wird Planung erst zum wirkungsvollen **Instrument der Unternehmensführung.**

5.3 Arten der Kontrolle

5.3.1 Arten der Kontrolle nach Bezugsgrößen

Die Unterteilung der Kontrollarten nach Bezugsgrößen entspricht derjenigen der Planung nach demselben Merkmal (vgl. S. 34). Zur Gliederung sollen hier folgende Merkmale herangezogen werden:

- der Bezugszeitraum,
- der Funktionsbereich,
- die Leitungshierarchie,
- die Planungshierarchie.

Nach dem **Bezugszeitraum** können getrennt werden:

- kurzfristige Kontrolle,
- mittelfristige Kontrolle,
- langfristige Kontrolle.

Nach dem erfaßten **Funktionsbereich** lassen sich z. B. unterscheiden:

- Absatzkontrolle,
- Fertigungskontrolle,
- Lagerungskontrolle,
- Beschaffungskontrolle,
- Finanzkontrolle,
- Investitionskontrolle.

Das Merkmal der **Leitungshierarchie** ermöglicht die Unterscheidung von:

- Gesamtkontrolle (Unternehmenskontrolle),
- Bereichskontrolle,
- Stellenkontrolle.

Das Merkmal der **Planungshierarchie** führt zur Gliederung in:

- strategische Kontrolle,
- taktische Kontrolle,
- operative Kontrolle.

Der Vergleich dieser Kontrollarten mit den Planungsarten nach den verschiedenen Bezugsgrößen (vgl. S. 34 ff.) zeigt, daß hier eine Zuordnung von Planungsart und Kontrollart nach demselben Gliederungsmerkmal möglich ist. Dieser Grundsatz der Zuordnungsfähigkeit von Planungsart und Kontrollart gilt ebenfalls für die Gliederungen nach der Koordinationsform (vgl. S. 36 ff.) und nach der Anpassung (vgl. S. 45 ff.).

5.3.2 Arten der Kontrolle nach Plan- und Vergleichsgrößen

Verschiedene **Kontrollarten** können auch danach unterschieden werden, auf welche Plan- und Vergleichsgrößen sich die Kontrolle bezieht. Als Plan- und Vergleichsgrößen kommen grundsätzlich in Frage: Soll-Größen, Wird-Größen und Ist-Größen (vgl. Abb. 1.13). Während **Soll-Größen** stets (vorgegebene) Planziele darstellen, handelt es sich bei **Wird-Größen** um Prognosen über die spätere Realisierung eines zugehörigen Plans. **Ist-Größen** sind schließlich Maßausdrücke über realisierte Werte, Mengen, Zeiten usw. Aus diesen drei Größen lassen sich die fünf Kontrollarten der Abb. 1.13 entwickeln (vgl. Wild [Unternehmungsplanung] 44 f.; Pfohl [Planung] 59 ff., Frese [Unternehmungsführung] 187 ff.):

(1) **Zielkontrolle** (Soll-Soll-Vergleich)
Bei der Zielkontrolle werden verschiedene Planziele (Soll-Größen) auf ihre Verträglichkeit überprüft. Dies geschieht vor der Zielrealisation im Rahmen der Realisierbarkeitsprüfung (vgl. S. 54 f.).

(2) **Planfortschrittskontrolle** (Soll-Wird-Vergleich)
Eine Planfortschrittskontrolle vergleicht bereits während der Planperiode das vorgegebene Ziel (Soll) mit prognostizierten Größen (Wird-Größen) der späteren Zielerreichung. Zweck dieses Vergleichs ist die frühzeitige Aufdeckung von Störgrößen und damit von potentiellen Soll-Ist-Abweichungen. Planungs- und kontrolltechnisch geht man dabei so vor, daß ein bestimmter Plan in einzelne Planabschnitte (milestones) aufgelöst wird, die eine Wird-Aussage über die zu erwartende Planrealisierung zulassen. Soll-Wird-Informationen sind eine wesentliche Komponente der Vorkopplung und ermöglichen eine Alternativenbewertung.

(3) **Ergebniskontrolle** (Soll-Ist-Vergleich)
In Wissenschaft und Praxis wird der Begriff Kontrolle sehr oft i. S. eines Soll-Ist-Vergleichs verwendet. Bei dieser Gegenüberstellung wird eine Soll-Größe (z. B. ein geplanter Gewinn) mit der realisierten Ist-Größe derselben Planperiode (dem Ist-Gewinn) verglichen, um den Grad der Planerfüllung zu ermitteln. Da dieser Vergleich im Kern ein Ziel-Ergebnis-Vergleich ist, wird er Ergebniskontrolle genannt. Die durch eine Ursachenanalyse aufbereiteten Resultate der Ergebniskontrolle stellen wichtige Informationen für die Rückkopplung des Führungsprozesses dar.

In der Literatur wird häufig auch ein **Ist-Ist-Vergleich** als mögliche Kontrollart unterschieden. Der reine Vergleich realisierter Ist-Größen hat jedoch keinen unmittelbaren Bezug zur Planung. Von einem reinen Ist-Ist-Vergleich kann gesprochen werden, wenn z. B. die realisierten Stromkosten vom Januar 1993 mit denjenigen vom Februar desselben Jahres verglichen werden. Die Differenz zwischen diesen zwei Kostenbeträgen liefert bei konstanten Preisen zwar eine Information über den Mehr- oder Minderverbrauch an elektrischem Strom in den betreffenden Monaten, jedoch handelt es sich dabei um keine Kontrollinformation i. S. des hier entwickelten Planungs- und Kontrollzusammenhangs. Die Information über die Abweichung im Stromverbrauch wird erst dann zu einer relevanten Kontrollinformation, wenn eine der beiden Vergleichsgrößen Vorgabe-, Plan- oder Normcharakter bekommt. Vergleicht man also die Stromkosten vom Januar 1993 mit den durchschnittlichen Stromkosten der Branche, die man zukünftig als Planziel anstrebt, stellt man tatsächlich einen Soll-Ist-Vergleich an, bei dem jedoch die Besonderheit vorliegt, daß die Soll-Größe aus realisierten Ist-Größen ermittelt wird. Somit liegt in diesem Fall eigentlich ein verdeckter Soll-Ist-Vergleich vor.

(4) **Prognosekontrolle** (Wird-Wird-Vergleich)
Der Wird-Wird-Vergleich dient der Konsistenzüberprüfung prognostizierter Größen bei Wirkungsprognosen und Entwicklungsprognosen. Werden z. B. die Konsequenzen (Wirkungen) mehrerer Alternativen prognostiziert und diese Wirkungen auf ihre Konsistenz überprüft, handelt es sich um einen Wird-Wird-Vergleich und damit um eine Prognosekontrolle.

(5) **Prämissenkontrolle** (Wird-Ist-Vergleich)
Jede Planung baut auf bestimmten Prämissen über Plangrößen auf. Die Planung eines optimalen Absatzprogramms fußt u. a. auf einer Prämisse über die in der Planperiode zur Verfügung stehende Fertigungskapazität. Diese Fertigungskapazität wird vor der Planrealisation als Wird-Aussage prognostiziert und bei der Planformulierung berücksichtigt. Sobald die Planrealisation begonnen hat, ist es von Bedeutung, nach der Abwicklung bestimmter Planabschnitte zu erfahren, ob die eingeplante Kapazität auch wirklich noch zur Verfügung steht. Es wird also danach gefragt, ob die formulierte Kapazitätsprämisse noch zutrifft. Dies stellt man durch einen zugehörigen Wird-Ist-Vergleich relativ einfach fest. Erweisen sich Planprämissen zwischenzeitlich als von der Wirklichkeit überholt, wird der betroffene Plan häufig unbrauchbar. Informationen, die aus der Prämissenkontrolle fließen, haben in erster Linie für die Vorkopplung Bedeutung (vgl. Abb. 1.14).

5.4 Betriebliche Kontrollsysteme

5.4.1 Beispiel einer Planungs- und Kontrollrechnung

Auch für den Kontrollbereich soll am Beispiel der Volkswagenwerk AG (VAG) gezeigt werden (vgl. Selowsky/Müllmann/Höhn [Planungsrechnung] 771 ff.), wie eine gewinnzentrenbezogene Planungs- und Kontrollrechnung praktische Anwendung finden kann. Bezugsbereich dieser Rechnung ist in der VAG ein sog. **Gewinnzentrum** (Profit-Center).

Unter einem **Profit-Center** versteht man einen Aufgabenbereich der Unternehmung, dessen Aufgaben nach dem Objektprinzip abgegrenzt werden und dessen Verantwortlichkeit am Erfolg orientiert wird.

»Die Planungs- und Kontrollrechnung der Gewinnzentren führt die jeweils abgestimmten Teilplanungen der Subsysteme zu Gesamtplänen zusammen und prüft, ob diese rentable und finanzierbare Entwicklungen der Unternehmenseinheiten versprechen und inwieweit auf dieser Basis die Zielvorstellungen des Konzerns realisiert werden können. Die Planungs- und Kontrollrechnung für ein Gewinnzentrum bildet damit als finanzielle Planung den vorletzten Schritt in der Erstellung und Beurteilung des Unternehmens-Gesamtplans. Dieser Schritt ist entscheidend im Hinblick auf die finanzwirtschaftlichen Ziele des Unternehmens, Rentabilität und Liquidität« (Selowsky/Müllmann/Höhn [Planungsrechnung] 771).

Zum Zwecke der Kontrolle aller Pläne von Gewinnzentren wird für das obere Management ein besonderer **»Planungs- und Kontrollbericht«** erstellt, der in zusammengefaßter Form die Komponenten der Abbildung 1.15 enthält.

5.4.2 Ergiebigkeit von Kontrollsystemen

In den bisherigen Ausführungen ist mehrfach angeklungen, daß die Aufgabenstellungen von Planung und Kontrolle sehr eng verknüpft sind. Diese enge Verknüpfung liegt daher auch bei ausgebauten Planungs- und Kontrollsystemen vor. Wissenschaftliche Untersuchungen, die sich dem Gebiet der Planung zuwenden, beziehen aus dem erwähnten Grunde i. d. R. das Gebiet der Kontrolle mit ein. Dies trifft auch für die Erforschung der **Beziehung zwischen einem Kontrollsystem und dessen Ergiebigkeit** zu. Im wesentlichen kann daher hier im Zusammenhang mit der Frage nach der Ergiebigkeit von Kontrollsystemen auf den Abschnitt 4.3.2 (Ergiebigkeit von Planungssystemen) verwiesen werden. Der dort skizzierte Forschungsstand für die Planungssysteme beschreibt auch den Erkenntnisstand auf dem Gebiete der Kontrolle. Es kann daher ebenso wie dort festgestellt werden.

Volkswagenwerk AG **Ergebniseinheit:**

Januar – Juni 1993					Wesentliche Zahlen der ergebnis- und liquiditätsorientierten Planungs- und Kontrollrechnung	Gesamtjahr 1993					1994	
	Veränderung Vorjahr		Abweichung Budget			voraus-sichtliches IST*)	Veränderung Vorjahr		Abweichung Budget		Budget	Veränd.
IST	absolut	%	absolut	%			absolut	%	absolut	%	Gesamt-jahr	93 94 %
					Umsatzerlöse (Mio. DM)							
					Absatz (Fahrz.)							
					Auslieferungen an Kunden (Fahrz.)							
					Lagerbestand (Fahrz.)							
					Produktion (Fahrz.)							
					Belegschaft							
					Technische Arbeitsproduktivität							
					Ökonomische Arbeitsproduktivität							
					Kapitalproduktivität							
					Betriebsergebnis (Mio. DM)							
					Untern.-Ergeb. vor Steuern (Mio. DM)							
					Untern.-Ergeb. nach Steuern (Mio. DM)							
					Investitionen (Mio. DM)							
					Cash-flow brutto (Mio. DM)							
					ø Unternehmensvermögen (Mio. DM)							
					Kapitalrendite (ROI) (%)							
					Umsatzrendite (%)							
					Vorräte (Mio. DM)							
					Flüssige Mittel (Mio. DM)							
					Kreditstand (Mio. DM)							
					Effektivverschuldung (Mio. DM)							

*) Resultate der kurzfristigen 6 bis 18 Monatsplanung

Abb. 1.15: Planungs- und Kontrollbericht der Volkswagenwerk AG

Es erscheint schon lange plausibel, daß angemessene (im Sinne der Standardpraxis) Planung und Kontrolle die **Ergiebigkeit** eines Unternehmens sichert und verbessert; durch eine gut bestätigte realwissenschaftliche Hypothese kann diese Aussage aber noch nicht belegt werden.

Literaturhinweise

Ackoff, Russel L.: [Unternehmensplanung]. Ziele und Strategien rationeller Unternehmensführung. München u. Wien 1972.

Adam, Dietrich: Kurzlehrbuch [Planung]. 2. Aufl., Wiesbaden 1983.

Baetge, Jörg: Kontrolltheorie. In: Erwin Grochla (Hrsg.): Handwörterbuch der Organisation. 2. Aufl., Stuttgart 1980, Sp. 1091–1104.

Bowman, E. H.: [Consistency] and Optimality of Managerial Decision Making. In: Management Science, 9. Jg. (1963), S. 310–325.

Brink, Hans-Josef: Kontrolle, Organisation der. In: Erich Frese (Hrsg.): Handwörterbuch der Organisation. 3. Aufl., Stuttgart 1992, Sp. 1143–1151.

Brockhoff, Klaus: [Prognoseverfahren] für die Unternehmensplanung. Wiesbaden 1977.

Frese, Erich: Kontrolle und Unternehmensführung. Wiesbaden 1968.

Frese, Erich unter Mitarbeit von Helmut Mensching und Axel v. Werder: [Unternehmungsführung]. Landsberg a. Lech 1987.

Friedl, Birgit: Grundlagen des [Beschaffungscontrolling]. Berlin 1990.

Grinyer, Peter H. und David Norburn: [Strategic Planning] in 21 U. K. Companies. In: Long Range Planning, 7. Jg. (1974), S. 80–88.

Grünewald, Hans G.; Kilger, Wolfgang u. Wolfgang Seiff (Hrsg.): Agplan-Handbuch zur Unternehmungsplanung. 2. Aufl., Berlin 1986.

Gzuk, Roland: Messung der [Effizienz] von Entscheidungen. Beitrag zu einer Methodologie der Erfolgsfeststellung betriebswirtschaftlicher Entscheidungen. Tübingen 1975.

Hahn, Dietger (Hrsg.): Planungs- und Kontrollrechnung [PuK]. 3. Aufl., Wiesbaden 1985.

Hax, Herbert und Helmut Laux: [Flexible Planung]. Verfahrensregeln und Entscheidungsmodelle für die Planung bei Ungewißheit. In: Zeitschrift für betriebswirtschaftliche Forschung, 24. Jg. (1972), S. 318–340.

Heigl, Anton: [Controlling] – Interne Revision. 2. Aufl., Stuttgart 1989.

Hill, Wilhelm: [Unternehmungsplanung]. 2. Aufl., Stuttgart 1971.

Hinterhuber, Hans H.: Strategische [Unternehmungsführung I]. Band 1: Strategisches Denken. 5. Aufl., Berlin u. New York 1992.

Hinterhuber, Hans H.: Strategische [Unternehmungsführung II]. Band 2: Strategisches Handeln. 5. Aufl., Berlin u. New York 1992.

Jacob, Herbert (Hrsg.): Neue Aspekte der betrieblichen [Planung]. Schriften zur Unternehmensführung. Bd. 28. Wiesbaden 1980.

Karger, Delmar W. und Zafar A. Malik: [Long Range Planning] and Organizational Performance. In: Long Range Planning, 8. Jg., Dezember 1975, S. 60–64.

Kirsch, Werner und Gerd Mayer: Die [Handhabung] komplexer Probleme in Organisationen. In: Werner Kirsch (Hrsg.): Entscheidungsverhalten und Handhabung von Problemen. München 1976, S. 99–219.

Koch, Helmut: Aufbau der [Unternehmensplanung]. Wiesbaden 1977.

Koch, Helmut: Neuere Beiträge zur [Unternehmensplanung]. Wiesbaden 1980.

Kosiol, Erich: Zur Problematik der [Planung] in der Unternehmung. In: Zeitschrift für Betriebswirtschaft, 37. Jg. (1967), S. 77–96.

Kreikebaum, Hartmut: Strategische [Unternehmensplanung]. 4. Aufl., Stuttgart, Berlin, Köln u. Mainz 1991.

Kreikebaum, Hartmut und Ulrich Grimm: Strategische [Unternehmensplanung]. Ergebnisse einer empirischen Untersuchung. Seminar für Industriewirtschaft der Johann-Wolfgang-Goethe-Universität Frankfurt/M. 1978.

Küpper, Hans-Ulrich: Industrielles [Controlling]. In: Marcell Schweitzer (Hrsg.): Industriebetriebslehre. München 1990, S. 781–891.

Muth, John F.: Rational [Expectations] and the Theory of Price Movements. In: Econometrica, 29. Jg. (1961), S. 315–335.

Pfohl, Hans-Christian: [Planung] und Kontrolle. Stuttgart, Berlin, Köln u. Mainz 1981.

Pfohl, Hans-Christian: Problemorientierte [Entscheidungsfindung] in Organisationen. Berlin u. New York 1977.

Pfohl, Hans-Christian und Günther E. Braun (Hrsg.): [Beiträge] zur Planungspraxis. Stuttgart 1980.

Poensgen, Otto H. und Helmut Hort: [Determinanten] der Planung und ihre Wirkung auf den Erfolg. Saarbrücken o. J.

Rau, Karl-Heinz: Gestaltung der [Unternehmungsplanung]. Berlin 1985.

Rost, Karl Heinz: [Produktionsplanung]. In: Manangement Enzyklopädie. Bd. 4. München 1971, S. 1232–1239.

Schweitzer, Marcell: Industrielle [Fertigungswirtschaft]. In: Marcell Schweitzer (Hrsg.): Industriebetriebslehre. München 1990, S. 561–696.

Schweitzer, Marcell: [Profit-Center]. In: Erich Frese (Hrsg.): Handwörterbuch der Organisation. 3. Aufl., Stuttgart 1992, Sp. 2078–2089.

Schweitzer, Marcell und Birgit Friedl: Beitrag zu einer umfassenden [Controlling-Konzeption]. In: Klaus Spreman und Eberhard Zur (Hrsg.): Controlling. Wiesbaden 1992, S. 141–167.

Selowsky, Rudolf; Müllmann, Helmut und Siegfried Höhn: Integrierte [Planungsrechnung] im Planungssystem des Volkswagen-Konzerns. In: Dietger Hahn (Hrsg.): Planungs- und Kontrollrechnung – PuK. 3. Aufl., Wiesbaden 1985, S. 715–789.

Solaro, Dietrich: Das integrierte Planungs- und [Kontrollsystem] der Standard

Elektrik Lorenz AG (SEL), Stuttgart. In: Dietger Hahn (Hrsg.): Planungs- und Kontrollrechnung – PuK. 3. Aufl., Wiesbaden 1985, S. 829–890.

Steinmann, Horst (Hrsg.): [Planung] und Kontrolle. Probleme der strategischen Unternehmensführung. München 1981.

Szyperski, Norbert (Hrsg.): Handwörterbuch der [Planung]. Stuttgart 1989.

Szyperski, Norbert und Udo Winand: [Grundbegriffe] der Unternehmensplanung. Stuttgart 1980.

Thom, Norbert: Kontrolle. In: Klaus Chmielewicz und Marcell Schweitzer (Hrsg.): Handwörterbuch des Rechnungswesens. 3. Aufl., Stuttgart 1993, Sp. 1140–1145.

Töpfer, Armin: Planungs- und [Kontrollsysteme] industrieller Unternehmungen. Berlin 1976.

Welge, Martin K. und Dieter Rüth: Empirische [Studien] zur Planungseffizienz. In: Norbert Szyperski (Hrsg.): Handwörterbuch der Planung. Stuttgart 1989, Sp. 348–360.

Wild, Jürgen: Grundlagen der [Unternehmungsplanung]. 4. Aufl., Opladen 1982.

Wittmann, Waldemar: [Betriebswirtschaftslehre]. Ein einführendes Lehrbuch. Bd. I. Tübingen 1982.

Wittmann, Waldemar: [Unternehmung] und unvollkommene Information. Unternehmerische Voraussicht, Ungewißheit und Planung. Köln u. Opladen 1959.

2. Kapitel
Organisation

Knut Bleicher

1 Grundlagen

1.1 Begriff und Aufgaben der Organisation

Kaum ein anderer Ausdruck wie derjenige der »Organisation« weist in der Umgangssprache und als Begriff in der Wissenschaft eine vergleichbare Vielfältigkeit auf. Dies mag darauf zurückzuführen sein, daß Probleme einer zielorientierten, arbeitsteiligen und zugleich harmonisierenden Vorgehensweise zur Lösung komplexer Probleme die Menschheitsgeschichte von Anfang an begleitet haben. Dabei überlegt und planerisch, also rational und nicht emotionsbestimmt vorzugehen, verleiht einer Handlung einen eigenen Wert.

Beispiel: Der Banküberfall von mehreren Ganoven, die aus einer Stimmung heraus einen ungeplanten, dilettantischen Raub bei einer Dorfsparkasse vornehmen und dabei DM 15 000 erbeuten, wird nicht nur der unmoralischen, gesetzeswidrigen Zielsetzung wegen verurteilt, sondern auch weil dieser nicht rational vollzogen wurde. Der englische Postraub dagegen ist vom Ziel her nicht anders zu beurteilen, findet jedoch als große »organisatorische« Leistung allgemeine Bewunderung.

Es würde allerdings zu weit gehen, jegliche Art planerischen Vorgehens, das sich vor einer eingetretenen Situation (»**präsituativ**«) – statt unter dem Druck der Situation selbst (»**situativ**«) – mit möglichen zukünftigen Problemlagen und ihren denkbaren Lösungen auseinandersetzt, mit dem Begriff »Organisation« zu belegen. Stattdessen läßt sich **definieren**:

Organisation ist zielorientierte ganzheitliche Strukturierung.

Die Beschäftigung mit der Organisationsproblematik reicht weit in die Anfänge der Menschheit zurück. Eine Diskussion um die zweckmäßige Organisationsgestaltung ist mit größerer Intensität jedoch immer dann entfacht worden, wenn es galt, größere gesellschaftliche Einheiten, auf Dauer angelegte Institutionen rational zu gestalten. Kirche, Heer und Staat lösten frühzeitig eine Suche nach zunächst pragmatischen organisatorischen Lösungen und theoretisch nach einer Entwicklung »allgemeingültiger« **Organisationsprinzipien** aus. Im Zuge der wirtschaftlichen Entwicklung, die im Gefolge der Industrialisierung zu größeren wirtschaftlichen Einheiten führte, erfolgte eine Übernahme dieser Organisationsprinzipien in den Bereich der Wirtschaft und eine zunehmende Differenzierung der theoretischen Aussagen.

Erich Gutenberg formulierte in diesem Zusammenhang das »**Substitutionsprinzip der Organisation**«: Je höher die Homogenität (Gleichartigkeit, Regelmäßigkeit, Wiederholbarkeit) eines betrieblichen Prozesses ist, desto eher können spezielle, einzelfallspezifische durch generelle Regelungen ersetzt (»substituiert«) werden.

Generelle Regelungen bedeuten für die Führungsorgane eine Entlastung von zeitraubender Einzelfallösung und insofern eine Vereinfachung ihrer Aufgabe. Andererseits besteht die Gefahr übermäßiger Schematisierung und Schablonisierung, die dem jeweiligen Einzelfall nicht länger gerecht wird. Das **organisatorische Gleichgewicht** zwischen Stabilität (genereller Regelung) und Flexibilität (fallweiser Regelung) hängt letztlich von der Dynamik des organisatorischen Umfeldes ab.

1.2 Ansätze der Organisationstheorie

Am Beginn der Entwicklungsgeschichte der Organisationstheorie standen zunächst **Einzelansätze,** die zumeist das Organisationsproblem von der schwerpunktmäßigen Betrachtung eines der folgenden **Elemente** her entfalteten:

- **Aufgaben** als Handlungsaufforderungen,
- **Personen** als Erbringer der geforderten Handlungen und
- **Sachmittel,** die Personen beim Handeln unterstützen. Hierbei interessiert vor allem die Informationstechnologie, nachdem sich ein Zweig

der Büro»organisation« bereits frühzeitig mit Sachmitteln im Verwaltungsbereich beschäftigt hatte.

1.2.1 Einzelansätze

Vielfältige Ansätze der Organisationstheorie versuchen, von einem bestimmten Element ausgehend, organisatorische Gestaltungsprobleme zu analysieren. Dabei werden von den Vertretern einzelner organisationstheoretischer Richtungen unterschiedliche Elemente gewählt. So kann man unterscheiden:

- Aufgabenorientierte Ansätze
- Personenorientierte Ansätze
- Informationsorientierte Ansätze.

(1) **Aufgaben als Ausgangspunkt**
Die anfängliche wissenschaftliche Auseinandersetzung mit Problemen der Organisation wurde vor allem von **pragmatischen** Zielsetzungen getragen. Zu nennen sind die Arbeiten von *Fayol* (1916) und *Taylor* (1914) (vgl. Fayol [Administration], Taylor [Betriebsleitung]). Probleme effizienter **Arbeitsteilung und Spezialisierung** und Lösungen zur Koordination dieser gegliederten Prozesse standen im Vordergrund. Man bezeichnet diesen Ansatz auch als **Taylorismus.**

Während sich die anglo-amerikanische Management-Literatur den **Aufbauproblemen** der Organisation zuwandte, widmete sich der größte Teil der deutschsprachigen betriebswirtschaftlichen Organisationslehre der Untersuchung von aufbau- **und** ablauforganisatorischen Problemen (vgl. Nordsieck [Betriebsorganisation], Ulrich [Organisationslehre], Kosiol [Organisation]). Von einer vorgegebenen **Aufgabe** ausgehend (vgl. Abb. 2.1), wurden sowohl die Probleme eines Potentialgefüges der Organisation (Kosiol: Verteilungs-, Leitungs-, Stabs-, Arbeits-, Kollegienzusammenhang) als auch Fragen des raum-zeitlichen Prozeßgefüges (Kosiol: personale, temporale und lokale Gestaltung) untersucht. In einer vororganisatorischen Analyse wird nach bestimmten Prinzipien eine Untergliederung der gegebenen Aufgabe in **Teilaufgaben** und dieser wiederum in **Arbeitselemente** vorgenommen. Im Rahmen einer Organisationssynthese erfolgt eine Zuteilung von Aufgaben auf Organisationseinheiten (**Stellen, Abteilungen** oder **Gruppen**) sowie eine ablaufgerichtete Synthese von Arbeitselementen (z. B. Arbeitsvorgänge in der Auftragsabwicklung). Der Mensch wird dabei als abstrakter, »mechanistischer« Aufgabenträger (»**Funktionär**«) verstanden.

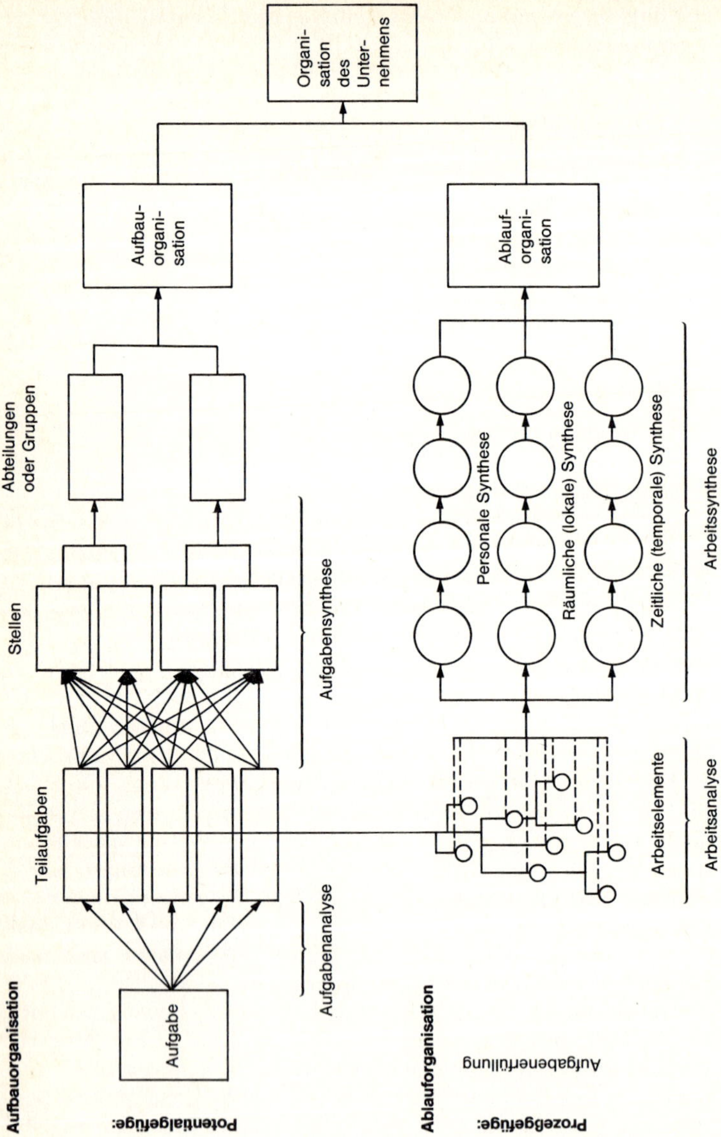

Abb. 2.1: Aufgabenorientiertes Modell organisatorischer Gestaltung (nach Erich Kosiol)

(2) **Personenorientierte Ansätze**

Die aufgabenorientierten Ansätze sind aus dem angelsächsischen Bereich zunehmend durch personen- und personengruppenorientierte Ansätze ergänzt worden, die **menschliches Verhalten** zum Ausgangspunkt organisatorischer Überlegungen wählen.

Hierunter fallen Ansätze, die das menschliche Verhalten (**Individual-** bzw. **Gruppenverhalten**) zum Gegenstand haben. Ausgelöst durch die in den 30er Jahren durchgeführten Untersuchungen in den Hawthorne-Werken des Unternehmens »Western Electric« durch *Elton Mayo* ([Arbeitsbedingungen], Roethlisberger und Dickson [Management]) verlagerte sich das Interesse zunehmend auf sozialwissenschaftliche Untersuchungen des **menschlichen Verhaltens in Organisationen,** insbesondere auf die Gestaltung der sozialen Umwelt des Menschen im Unternehmen (**Human-Relations-Bewegung**). Die Herausstellung der Bedeutung sozialer Beziehungen und individueller Merkmale für die Arbeitsleistung führte zu einer grundlegenden Änderung des Menschenbildes, weg vom reinen sach-rationalen Funktionsträger (wie im **Scientific Management**) und hin zum **sozio-emotionalen Verständnis der Person** (»complex man«) (vgl. March und Simon [Organisationen]).

Bedeutende Anstöße für die organisationstheoretischen Ansätze kommen im Verlauf der Human-Relations-Bewegung aus anderen Disziplinen, wie beispielsweise aus der Psychologie (z. B. Bedürfnishierarchie von Maslow [Motivation]). Individual-psychologische Aspekte fließen durch die Arbeiten von *Herzberg* ein, die primär motivierende Komponenten organisatorischer Regeln im Zusammenhang mit menschlichen Bedürfnissen zum Untersuchungsgegenstand erheben (vgl. Herzberg [Nature of Man]. Mit dem Vordringen der **Kleingruppenforschung** wurden Fragen wie Führerschaft, Status, Kommunikation, soziale Normen und Innovation untersucht. Verfahren zur Messung sozialer Interaktionen wurden entwickelt.

Beiträge zur verhaltenswissenschaftlichen Organisationstheorie kommen neben der **Individualpsychologie** auch von der **Soziologie** und der **Sozialpsychologie.** Geschlossene Systeme stellen eine Verbindung von menschlichem Verhalten und organisatorischer Strukturierung her. Die Hauptvertreter dieser verhaltenswissenschaftlichen Ausrichtung sind *Cyert* und *March* [Behavioral Theory] sowie *Simon* [Behavior].

(3) **Informationsorientierte Ansätze**

Die rapide Entwicklung der automatischen Datenverarbeitung und Informationstechnik verstärkte das Interesse zur Entwicklung **informa-**

tionstechnologischer Ansätze der Organisationstheorie (vgl. Grochla [Automation]). Waren die anfänglichen Untersuchungen auf Strukturierungsprobleme der Anlagen (Hardware) und von Programmen (Software) ausgerichtet, so wenden sich weitere Untersuchungen den **Management-Informationssystemen** zu (vgl. S. 267f.). Neben den **gestaltungsergebnis-orientierten** Ansätzen (Komponenten und Gestaltung von Informationssystemen) finden sich die **gestaltungsprozeßorientierten** Beiträge, die mehr auf Konzepte und Methoden der Informationssysteme ausgerichtet sind.

1.2.2 Gesamtansätze

Im Gegensatz zu den bisher dargestellten, von einer bestimmten elementorientierten Blickrichtung ausgehenden Ansätzen, handelt es sich bei den integrativen Ansätzen um Versuche, Einzelansätze zu verbinden. Dabei können im einzelnen

– entscheidungstheoretische,
– kontingenztheoretische,
– systemtheoretische Ansätze

unterschieden werden (zu diesen verschiedenen Wissenschaftsprogrammen der Betriebswirtschaftslehre vgl. 1. Bd., 2. Kap.).

(1) **Entscheidungstheoretische Organisationsansätze**
Im Gefolge der Entwicklung der Unternehmensforschung (Operations Research) verstärkten sich auch in der Organisationstheorie Bemühungen, **entscheidungstheoretische** Ansätze zur Lösung von Organisationsproblemen heranzuziehen. Diese **entscheidungslogisch-orientierten** Beiträge akzentuieren insbesondere organisatorische Regeln und Aufgabenerfüllungsprozesse der Aktionsträger bei der Verfolgung gesetzter Ziele. Rationales Verhalten wird bei den Entscheidungsträgern vorausgesetzt, was im Einklang steht mit der zumeist formalisierten und mathematisierten Ausrichtung dieser Ansätze. Dabei handelt es sich um eine Erweiterung allgemeiner wirtschaftstheoretischer Modelle: Das Unternehmen wird nicht mehr als eine Entscheidungseinheit ohne eigene innerorganisatorische Probleme angesehen. Entscheidungen vollziehen sich vielmehr in einer vielgliedrigen Einheit, die aus vielen Entscheidungszentren besteht, die miteinander und mit ihrer Umwelt Informationen austauschen. Die Behandlung von Umweltsegmenten und die Eigenschaften der Aktionsträger (Menschen und Ma-

schinen) stehen hingegen in den **entscheidungsverhaltens-orientierten** Ansätzen im Vordergrund.

In ihrer Weiterentwicklung aus vielfachen Teilansätzen heraus stellt sich für die entscheidungstheoretischen Organisationsansätze die Aufgabe, einen Beitrag zur Entscheidung über alternative Gestaltungsformen und -maßnahmen organisatorischer Art zu leisten. Da es sich hierbei jedoch weitgehend um hoch-komplexe Entscheidungssituationen handelt, darf bezweifelt werden, daß eine hinreichende Formalisierung möglich ist. Dagegen erscheint der von *Witte* verfolgte Ansatz, auf den Grundlagen einer **empirischen Entscheidungstheorie** fußend, eine **Realtheorie der wissenschaftlichen Entscheidung** zu entwickeln, tragfähiger. Sie will die Kontingenztheorie, die die Bedingungen erklärt, unter denen Entscheidungsverläufe eine bestimmte Gestalt annehmen, und die Effizienztheorie, die Wirkungen von Entscheidungen erklärt, miteinander verbinden, um die in der Realität stattfindenden Entscheidungsverläufe zu prognostizieren und zu gestalten. Entscheidungsverläufe sind selbst sowohl organisationsabhängig als auch organisationsbestimmend (vgl. Witte [Informationsverhalten]; Witte [Entscheidungsverläufe]).

(2) **Kontingenztheoretische Organisationsansätze**

Die sich oft widersprechenden Empfehlungen allgemein anwendbarer Organisationsprinzipien ebenso wie ein zu hoher Abstraktionsgrad mit nur geringem Bezug zur Wirklichkeit führten dazu, daß die Erscheinungsvielfalt realer Organisationsstrukturen theoretisch nur unzureichend berücksichtigt wird. Die kontingenztheoretische Organisationstheorie ist ein Versuch, auf diese Schwächen zu reagieren. Über vergleichende empirische Erhebungen werden Auswirkungen von Einflußfaktoren aus der Umwelt und aus dem Unternehmen auf einzelne Organisationsparameter beschrieben (Contingency Approach). Vertreter der kontingenztheoretischen Ansätze sind *Burns* und *Stalker* [Management], *Lawrence* und *Lorsch* [Organization] sowie *Blau* und *Schoenherr* [Structure].

Die Begriffe Situation, Kontext und Kontingenz werden von vielen Autoren in gleicher Bedeutung verwendet. Daher wird der kontingenztheoretische Ansatz auch als **situativer** Ansatz bezeichnet. Eine denkbare Unterscheidung zielt in die Richtung, daß unter **Kontext** allgemein jede Relativierung einer organisationstheoretischen Aussage zu einem Satz von Bedingtheiten (»wenn« – »dann« Aussage) verstanden wird, während sich **Kontingenz** spezifisch mit der Ungewißheit von Kontextfaktoren auseinandersetzt. **Situativ** bezieht sich im Besonderen weniger auf die dauerhaften Bedingungen, wie etwa Rechtsform und Eigentumsverhältnisse eines Unternehmens, als vielmehr auf die Abhängigkeit der Strukturierung von einzelfallspezifischen Ereignissen, wie z. B. die Dringlichkeit einer Aufgabenerfüllung.

Der **Kontext** läßt sich in einzelne **Komponenten** zerlegen, wie etwa Art des Leistungsprogramms, Größe des Unternehmens, angewendete Fertigungs- und Informationstechnologie, neben der allgemeinen Umwelt (z. B. deren Komplexität und Veränderungsrate, vgl. Kieser und Kubicek [Organisationstheorien]). Die angesprochenen **Kontextfaktoren** gehen als unabhängige Variablen, die **organisatorische Strukturierung** des Unternehmens als intervenierende Variable in die Betrachtung ein; dabei wird durch Variation der Kontextvariablen nach möglichen Erklärungsursachen für reale Erscheinungsformen der Organisationsstruktur gesucht. Auch die besondere Bedeutung der Umwelt für die zweckgerechte **Gestaltung** der Organisationsstruktur heben erweiterte Ansätze dieser organisationstheoretischen Richtung hervor.

Kontexte wirken über die organisatorische Gestaltung schließlich auf das **Verhalten** der Organisationsmitglieder – als abhängige Variable – ein. Als Ergebnis dieses Gesamtzusammenhangs stellt sich eine in den Kategorien des Ökonomischen (Rentabilität, Produktivität) und des Sozialen (Zufriedenheit, Anspruchserfüllung) meßbare **Effizienz** ein (vgl. Abb. 2.2).

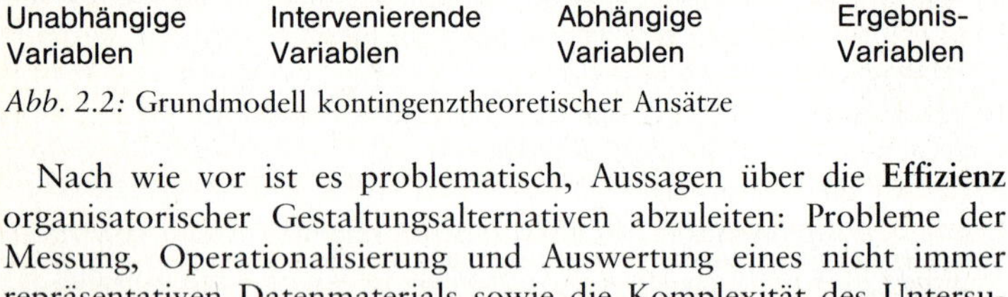

Abb. 2.2: Grundmodell kontingenztheoretischer Ansätze

Nach wie vor ist es problematisch, Aussagen über die **Effizienz** organisatorischer Gestaltungsalternativen abzuleiten: Probleme der Messung, Operationalisierung und Auswertung eines nicht immer repräsentativen Datenmaterials sowie die Komplexität des Untersuchungsgegenstandes schränken die Gestaltungsempfehlungen der kontingenztheoretischen Organisationstheorie ein.

Aus der Tatsache, daß Effizienzwirkungen von Organisationsstrukturen nicht eindeutig bestimmt werden können sowie Einwirkungsmöglichkeiten auf den bestehenden Kontext durch unterschiedliche Strategiewahl existieren, resultieren Spielräume in der Gestaltung der organisatorischen Struktur. Diese sind gleichzeitig Beleg für das Konzept der **strategischen Wahl** (Strategic Choice; vgl. Child [Organizational Structure]). Kontextfaktoren stellen demnach keine deterministischen, starren Anpassungszwänge dar: Selbst von der Situation her sich widersprechende Anforderungen an die Strukturgestaltung schaffen einen Gestaltungsspielraum, der eine Wahl hinsichtlich der anzustrebenden Effizienz möglich macht (vgl. Schreyögg [Umwelt] 234ff.).

Kontingenztheoretische Ansätze problematisieren das Verhältnis von Bedingungsrahmen, organisatorischer Gestaltung und ihrer Wirkung auf das Erreichen von Zielen. Aussagen über diese komplexen Zusammenhänge sind kaum ohne empirische Belege zu treffen. Sie können über eine sich vom methodischen Konzept her eigenständig profilierende **empirische Theorie der Organisation** gewonnen werden (vgl. Witte [Informationsverhalten], Kirsch [Entscheidungsprozesse], Köhler [Forschungskonzeptionen], Kubicek [Organisationsforschung]). Ausgehend von konkreten organisatorischen Problemen und Problemlösungen wird versucht, mittels Abstraktion und Verallgemeinerung (Generalisierung) allgemeingültige und damit auch auf andere organisatorische Zusammenhänge übertragbare Aussagen zu gewinnen.

(3) **Systemtheoretische Organisationsansätze**

Möglichkeiten der Verbindung der erwähnten Einzelansätze werden durch die **Systemtheorie** als interdisziplinären Ansatz eröffnet. Die Systemtheorie (vgl. v. Bertalanffy [Systemlehre]) geht begrifflich von einem begrenzten Komplex von **Elementen** aus, die miteinander in **Beziehung** stehen. Eine derart weite Fassung des Systembegriffes – es werden Umsysteme, das Referenzsystem, Subsysteme unterschieden – gestattet die Untersuchung unterschiedlichster Systeme. Die **Kybernetik** widmet sich insbesondere den Regelungsvorgängen in Systemen. Sie wird dabei durch die **Informationstheorie** unterstützt, die sich mit der Informationsübermittlung in Systemen beschäftigt (vgl. 1. Band, 2. Kapitel).

Während die **system-kybernetische** Variante die Eigenschaften der Selbstregulierung, Anpassung, Lernfähigkeit und Automatisierbarkeit untersucht, steht im Mittelpunkt der **soziologischen** Variante die Institutionalisierung psychologischer, sozialer und kultureller Ordnungen.

Das Unternehmen wird als produktives, soziales System gekennzeichnet (vgl. Ulrich [Unternehmung]). In ihm läßt sich die **Organisation als funktionales Subsystem** betrachten.

2 Umwelt und Unternehmen als Bedingungsrahmen der Organisation

Das Unternehmen ist in Umsysteme verschiedener Art eingebettet. Es wird damit zu einem **offenen System,** das nicht unabhängig von der **Komplexität** und **Dynamik** seiner Umwelt gedacht werden kann.

In diesen **Umsystemen** lassen sich unternehmensrelevante Teile markieren, die die **Umwelt** des Unternehmens bilden. Für die Unternehmung gilt es abzuwägen, welche Kriterien, die sie für ihre Zukunftsentwicklung bedeutsam hält, sie an die Umwelt anlegt. Sie bestimmt damit die Quantität und Qualität der zu prüfenden Umweltinformationen. Eine zu enge Auslegung birgt die Gefahr einer nicht vollständigen Erfassung strategisch bedeutsamer Entwicklungsindikatoren zu Gunsten der beschränkten Problemlösungskapazität unternehmenspolitischer Entscheidungsträger in sich. Eine zu weite Auslegung kann eine Überforderung der Informationskapazitäten bedeuten. Aufgrund der Schwierigkeiten, die sich bei der Abgrenzung der relevanten Umwelt ergeben, läßt sich vereinfachend feststellen, daß die nicht unternehmensrelevante Umwelt keine aktuellen und potentiellen Beziehungen mit dem Unternehmen unterhält, während die Einflüsse der relevanten Umwelt auf Strukturen und Prozesse innerhalb des Unternehmens wirken. Für Unternehmen, die sich einer zunehmend komplexer und dynamischer werdenden Umwelt gegenübersehen, bedeutet dies zugleich, daß immer weitere Teile der Umwelt für das Unternehmen relevant werden.

Mit *Duncan* ([Organizational Environments] 315) wird die **Komplexität der Umwelt** durch die Anzahl und Verschiedenartigkeit ihrer Merkmale ausgedrückt, die bei der Entscheidungsfindung zu berücksichtigen sind.

Die **Dynamik** kennzeichnet die Veränderlichkeit dieser Umweltmerkmale. *Child* ([Organizational Structure] 3) führt drei Merkmale an, mit denen die Veränderlichkeit der Umwelt bestimmt werden kann: die **Häufigkeit, Stärke** und die **Regelmäßigkeit** der Änderungen von Umweltfaktoren.

Werden Komplexität und Dynamik im jeweiligen Kontinuum »einfach-komplex« und »statisch-dynamisch« miteinander verbunden, ergeben sich mit *Duncan* ([Structure] 63) und *Mintzberg* ([Structuring] 286) vier **Typen** der Umwelt, die weiteren organisatorischen Analysen zugrundegelegt werden können:

- **Die einfache-statische Umwelt**
  mit einem vergleichsweise geringen Harmonisationsbedarf; sie führt meist zu bürokratischen Organisationsstrukturen;

- **die einfache-dynamische Umwelt**
  mit einer geringen Anzahl und einer beschränkten Verschiedenartigkeit von externen Einflüssen, die bei der organisatorischen Gestaltung berücksichtigt werden müssen. Die Veränderlichkeit verlangt eine zwar stärker organische, aber wenig dezentralisierte Führung.

- **die komplex-statische Umwelt,**
  deren große Zahl und Verschiedenartigkeit von relevanten Faktoren durch ihre geringe Veränderlichkeit kompensiert wird; sie führt meist zu bürokratischer Strukturierung bei dezentralisierter Führung;

- **die komplex-dynamische Umwelt,**
  die höchste Anforderungen an die organisatorische Gestaltung stellt. Ihr entsprechen zumeist Organisationsformen und -modelle, die unbürokratisch-organisch konzipiert sind und von dezentralen Führungsstrukturen begleitet werden.

Das Verhältnis des Unternehmens zu seiner Umwelt wird durch die Beziehungen bestimmt, die beide miteinander verbinden. Formal kann dabei der **Beziehungsreichtum** zu bestimmten Segmenten der Umsysteme groß oder klein sein. Inhaltlich ist es vor allem die Dominanz von Teilen der Umwelt in Beziehung zur Machtposition des Unternehmens, die zu Lagen der **Überordnung** (das Unternehmen besitzt eine starke Position gegenüber seinen Umsystemen; die betreffende Umwelt muß sich an Maßnahmen des Unternehmens anpassen), **Gleichordnung** oder **Unterordnung** führt. Der Ausgleich zwischen Umweltbedingungen und Gestaltung des Unternehmens in der Zeit führt zur **Unternehmensentwicklung.**

Durch das Vorhandensein von »**Organizational slack**« – einer Unterbeschäftigung der Organisation – kann zu Lasten der kurzfristigen Effizienz ein Anpassungsrahmen bereitgestellt werden, der es erlaubt, ohne die Organisationsstruktur zu verändern, auf Veränderungen in der Umwelt zu reagieren (vgl. zu diesen Problemen: Bleicher [Unternehmungsentwicklung] 35 ff.).

3 Das Organisationssystem des Unternehmens

3.1 Organisation als Führungsinstrument

Die Aktivitäten der Unternehmensführung sind von dem obersten Ziel getragen, die langfristige Überlebens- und Entwicklungsfähigkeit des Systems Unternehmen in einer komplexen und varianten Umwelt zu sichern (vgl. z. B. Ulrich [Unternehmung] 194). Die zweckorientierte, auf die Funktion des Unternehmens in seiner Umwelt abgestimmte **Harmonisation** der Leistungsprozesse ist originärer Inhalt der Führung.

Als Varianten zur Lösung des Harmonisationsproblems stehen **Integration** und **Koordination** zur Verfügung.

Mittels **Integration** werden organisatorische Strukturen (Beziehungen zwischen Systemelementen) geschaffen, die durch ihren präsituativen (planerischen) Charakter gekennzeichnet sind. D. h.: Künftige Ereignisse werden in ihnen antizipiert, bevor akuter Handlungsbedarf eingetreten ist. Diese zeitliche »Entkopplung« macht eine qualifizierte Entscheidungsvorbereitung und -findung möglich.

Auf der anderen Seite entstehen in einer dynamischen Umwelt immer wieder unvorhergesehene Situationen, die sich der Beantwortung mittels generalisierter Verhaltenserwartungen entziehen. In diesen Fällen muß ad hoc durch **Koordination** unter dem Druck des bereits eingetretenen Ereignisses eine einzelfallspezifische Regelung gefunden werden, auch wenn diese nur eine suboptimale Lösung darstellt.

Integration und Koordination sind also teilweise sich ergänzende, teilweise miteinander konkurrierende Strukturierungsalternativen des Harmonisationsproblems.

3.2 Struktur und Verhalten

Die Organisation läßt sich durch die Angabe bestimmter **Elemente,** zwischen denen bestimmte ordnende, strukturbildende **Beziehungen** hergestellt werden, kennzeichnen.

Damit entstehen i. S. *Kosiols* ([Organisation] 28 f.) **integrative Strukturen,** die das Verhalten der Organisationsmitglieder beeinflussen. Die Kurzformel lautet hier »**Verhalten folgt Strukturen**«, was beim Kenntnisstand des Zusammenhanges beider Größen nicht bedeutet, daß dies auch immer in der vom Gestalter der Struktur gewünschten Weise erfolgt. *Schanz* ([Organisationsgestaltung] 10) nimmt denn auch eher eine Wechselwirkung von Struktur und Verhalten unter Einfluß informaler Erscheinungen an. Der Struktur werden von ihm zwei Sichtweisen zugeordnet:

(1) Die **organisatorische Sicht:** Strukturelle Regelungen als **Kanalisationsinstrumente**

»Wie wir alle wissen, pflegen Kanäle Wasser in eine gewünschte Richtung zu lenken. Dasselbe erwarten diejenigen, die strukturelle Regelungen entwerfen, im Hinblick auf individuelles Verhalten« (S. 10). Dabei sind alle menschlichen Eigenheiten zu bedenken. »In Organisationen legt man ... keinen Wert auf sämtliche Verhaltensweisen, zu denen der Mensch fähig ist. Der Zweck struktureller Regelungen besteht vielmehr darin, ganz bestimmte Handlungen zu verstärken. Andere dagegen sollen nach Möglichkeit unterdrückt werden, und zwar insbesondere solche, die den organisatorischen Zielen zuwiderlaufen« (S. 11).

(2) Die **individuelle Sicht:** Strukturelle Regelungen als **Gratifikationsmuster**

Menschen scheinen bemüht zu sein, Belohnungen zu empfangen und Bestrafungen zu vermeiden. Strukturelle Regelungen dienen zugleich als derartige Gratifikationsmuster, indem sie festlegen, »was Individuen in ihrer Eigenschaft als Organisationsmitglieder als belohnend oder bestrafend empfinden können« (S. 11).

3.3 Organisationsanalyse und Organisationssynthese

Am Anfang aller organisatorischer Überlegungen steht die Analyse, die das Organisationssystem gedanklich in einzelne Komponenten zerlegt. Damit wird eine wesentliche Voraussetzung für eine rationale Synthese geschaffen, indem die vorhandenen Aufgaben aus dem ökonomischen **Sachziel** (= Produktion von Gütern für den Markt) abgeleitet, die vorhandenen humanen und technischen Ressourcen quantitativ und qualitativ erfaßt und die historisch gewachsenen Fähigkeiten und Grenzen zur Problemlösung definiert werden.

Die organisatorische **Systemanalyse** umfaßt die Analyse der

1. Umwelt
2. Elemente und
3. Beziehungen.

Die **Umwelt**analyse zeigt die Rahmenbedingungen der unternehmerischen Zielsetzung auf.

Gegenstände der **Element**analyse sind die Elemente des Organisationssystems, nämlich Aufgaben, Personen und Sachmittel.

Die **Beziehungs**analyse beschäftigt sich mit den die Struktur begründenden Arbeits- und Verteilungsbeziehungen, die die Systemelemente miteinander und das System mit seiner Umwelt verbinden.

Auf die Analyse folgt die **Synthese** des Organisationssystems. Durch die Zuordnung von analytisch gewonnenen Teilaufgaben auf Personen und Sachmittel (= Stellenbildung) und ihre weitere synthetische Verknüpfung (= Zwischensysteme) zu einem komplexen Gefüge wird die gewünschte Organisationsstruktur gestaltet. Die Auswahl der dabei zu realisierenden Organisationsalternativen erfolgt unter Beachtung des unternehmenspolitischen Gestaltungswillens, wobei durch die Art der Strukturierung ein Beitrag zur Erreichung der ökonomischen Formalziele (Optimierung von Ressourceneinsatz und Ergebnis) geleistet werden soll.

3.4 Elemente des Organisationssystems

Elemente des Organisationssystems sind Aufgaben, Personen und Sachmittel.

(1) **Aufgaben** leiten sich aus den Zielen des Unternehmens ab. Sie formen die Ziele für den Teil der sich wiederholenden Problemlösungen in operationale, an Personen gerichtete Handlungsanweisungen um. Sie

enthalten eine Aufforderung, eine Zustands- oder Lageveränderung von **Objekten** durch **Verrichtungen** vorzunehmen, z.B. durch das Drehen (= Verrichtung) eines Rohlings (= Objekt) eine Welle herzustellen, oder Container von einer Industriestadt an einen Überseehafen zu transportieren.

In der Aufgabenanalyse ermittelt *Kosiol* ([Aufbauorganisation] 181) die zur Erfüllung der Gesamtaufgabe notwendigen Teilaufgaben nach **sachlichen** und **formalen** Merkmalen.

Sachlich handelt es sich dabei um die Merkmale

- Verrichtung (welche Arbeit soll durchgeführt werden)
- Objekt (an welchem Gegenstand soll die Arbeit vollzogen werden).

Formale Merkmale zur Untergliederung der Teilaufgaben sind

- Rang (Fremdentscheidung und Ausführung)
- Phase (Planung, Implementation, Realisation, Kontrolle)
- Zweck (unmittelbare, primäre Aufgabe der Betriebsleistung, wie Fertigung; mittelbare, sekundäre Aufgabe, wie Verwaltung).

Auf der Basis dieser Analyse erfolgt anschließend die Aufgabensynthese in der Stellenbildung und -besetzung.

(2) **Personen** sind als einzige Systemelemente in der Lage, aufgrund ihrer Fähigkeit zu autonomer Willensbildung i.S. der Aufgabe zu handeln. Indem sie ziel- und aufgabengerecht Aktionen abgeben, erfüllen sie die Aufgaben.

Personen sind als Stelleninhaber Träger von Kompetenz und Verantwortung. Unter **Kompetenz** versteht man den autorisierten Handlungsspielraum eines Stelleninhabers, der dafür als spiegelbildliches Gegengewicht gleichzeitig Verantwortung übernimmt, d.h. der Rechenschaftspflicht für sein Handeln unterliegt. Aus dieser Spiegelbildlichkeit sowie der Logik der Aufgabenerfüllung ergibt sich der Grundsatz der **Kongruenz von Aufgabe, Kompetenz und Verantwortung.** Er besagt, daß die Einheit des Aufgabengebiets durch die sachgerechte Zuordnung von Rechten und Pflichten des Aufgabenträgers gewährleistet werden muß.

(3) Die Aufgabenträger werden durch **Sachmittel** (z.B. Fertigungsmaschinen und Geräte der Informationstechnologie) unterstützt. Diese geben ebenfalls Aktionen ab, auch sie vollziehen Arbeit, sie handeln jedoch nicht aus eigener Initiative und Verantwortung, sie besitzen keinen eigenen Willen, ihr Verhalten ist programmiert und damit von allein handelnden Menschen geprägt.

3.5 Beziehungen des Organisationssystems

> Die Gestaltung der **Beziehungen** zwischen Elementen richtet sich auf Verteilungs- und Arbeitsbeziehungen.

(1) **Verteilungsbeziehungen** entstehen durch die Zuordnung von Aufgaben, Personen und Sachmitteln zueinander. Dabei entstehen **Stellen** als kleinste leistungsbereite Organisationseinheiten. Ausgangspunkt einer derartigen Zuordung sind i. d. R. die Aufgaben oder die Personen, seltener dagegen die Sachmittel. Von den Personen her entstehen damit Zuständigkeiten, Kompetenzen und Verantwortungen für die Erfüllung von bestimmten Aufgaben und den Einsatz von Sachmitteln. Verteilungsbeziehungen führen dazu, daß die organisatorischen Einheiten in einem Gefüge neben-, über- und untereinander angeordnet werden.

Die Verteilungsbeziehungen schlagen sich in der **Aufbauorganisation** des Unternehmens nieder. Wir unterscheiden drei Arten von Leitungsbeziehungen:

- Einliniensystem
- Stabliniensystem
- Mehrliniensystem

> Im **Einliniensystem** gibt jede Leitungsstelle (= Instanz) Weisungen an die ihr – und nur ihr – jeweils unmittelbar unterstellten Stellen.

Damit wird die Einheitlichkeit der Leitung mit klaren, übersichtlichen Weisungs- und Berichtsverhältnissen garantiert. Die Befehlswege werden jedoch dabei eher lang und damit schwerfällig.

Durch Abspaltung einzelner Aufgaben aus dem Kompetenzbereich von Instanzen und deren Übertragung auf **Stabsstellen** ohne Weisungsbefugnis kann dieses Defizit partiell kompensiert werden. Es entsteht ein Stabliniensystem.

Das **Stabliniensystem** behält die Einheitlichkeit der Leitung bei und erweitert über die fachliche Beratung durch Stabsstellen die Kapazität von Instanzen im quantitativen (Arbeitsentlastung, beispielsweise durch Direktionsassistenten) und qualitativen Sinne (Erhöhung der Entscheidungsqualität durch ökonomische, technische, juristische, ökologische Fachspezialisten).

Im **Mehrliniensystem** erfolgt eine aufgabenspezifische Regelung der Weisungsbefugnis, d. h. diese reicht nur soweit wie die jeweils zu erfüllenden Aufgaben, die ihrerseits gleichwertig nebeneinander stehen.

Das Mehrliniensystem trägt die Gefahr von Kompetenzkonflikten im Überschneidungsbereich der betroffenen Aufgaben in sich. Eine Darstellung von Ein-, Stab- und Mehrliniensystem zeigt Abb. 2.3.

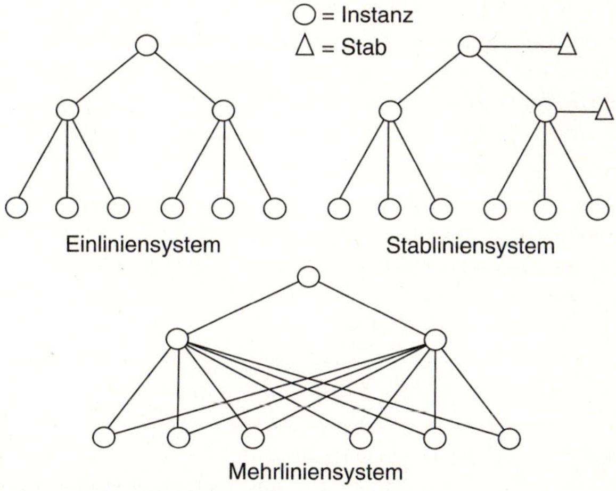

Abb. 2.3: Leitungsbeziehungen

Beispiel:

- **Einliniensystem**
  Einem Geschäftsführer unterstehen in direkter Linie ein Einkaufs- und ein Verkaufsleiter, denen jeweils drei Ein- und Verkäufer berichten.

- **Stabliniensystem**
  Zur Entlastung ist dem Geschäftsführer ein Direktionsassistent und dem Verkaufsleiter ein Verkaufsförderungs-Spezialist als Stab zugeordnet, die keine Weisungsbefugnisse gegenüber den übrigen Mitarbeitern besitzen.
- **Mehrliniensystem**
  Einem Geschäftsführer unterstehen in direkter Linie – wie oben – ein Einkaufs- und ein Verkaufsleiter. Diese betreuen sechs Filialbereiche, deren Leiter von beiden Weisungen empfangen. Während ihnen der Einkaufsleiter in allen Einkaufsfragen Anordnungen erteilt, tut das der Verkaufsleiter in allen Verkaufsfragen.

(2) In das Muster der Aufbauorganisation fügen sich besondere Zuordnungsbeziehungen ein, die die Zusammenarbeit einzelner Teileinheiten regeln. Diese **Arbeitsbeziehungen** verknüpfen die Systemelemente durch Wirkungsbeziehungen, indem sie Input-Output-Verknüpfungen zwischen ihnen festlegen und damit die Arbeitsverbindungen schaffen. Sie führen letztlich zum Arbeitsablauf (z. B. Informations- und Kommunikationsbeziehungen zwischen Teil-Einheiten).

Die Gliederung des **Arbeitsablaufs** kann gemäß nachstehenden Merkmalen erfolgen:

- Arbeitsinhalt (Arbeit an Objekten und Art von Verrichtungen)
- Arbeitszeit (Zeitspannen und Zeitfolgen)
- Arbeitsraum (räumliche Ablaufkoordination)
- Arbeitszuordnung (auf einzelne Arbeitsträger – Menschen und Maschinen oder Arbeitsgruppe)

(3) Die organisatorische Gestaltung hat Verteilungs- und Arbeitsbeziehungen als **geschlossenes Ganzes** zu konzipieren und zu realisieren. Bei der Betrachtung bestehender Organisationsstrukturen läßt sich dagegen unter Berücksichtigung jeweils **eines** Aspektes organisatorischer Gestaltung unterscheiden:

1. die **Aufbauorganisation** als die organisatorische Differenzierung des Unternehmens in Subsysteme und als Ergebnis der Gestaltung der **Verteilungsbeziehungen;**
2. die **Ablauforganisation** als Wirkungssystem zwischen den organisatorischen Einheiten und als Ergebnis der Gestaltung von **Arbeitsbeziehungen.**

3.6 Basis- und Zwischensysteme der Organisation

Ergebnis der Gestaltung von Verteilungs- und Arbeitsbeziehungen sind **organisatorische Einheiten** unterschiedlichen Aufgabeninhalts und unterschiedlicher Größe, die mit anderen Einheiten durch spezifische Arbeitsbeziehungen verbunden sind. **Basissysteme** als **unmittelbare** und **Zwischensysteme** als **mittelbare** Organisationseinheiten, die sich selbst aus einer Zusammenfügung mehrerer Basis- oder Zwischensysteme ergeben, lassen sich als Subsysteme des Systems Unternehmen unterscheiden.

3.6.1 Basissysteme

Basissysteme werden in der Organisationspraxis als **Stellen** bezeichnet.

> **Stellen** entstehen durch die Zuordnung von Aufgaben, Personen und Sachmitteln zu kleinsten leistungsbereiten Organisationseinheiten.

Durch die Zuordnung von Aufgaben auf Personen erhalten letztere den Charakter von **Aufgabenträgern,** die durch Sachmittel bei der Aufgabenerfüllung unterstützt werden. Während eine Verteilung von Aufgaben auf Sachmittel lediglich technische Aktionseinheiten entstehen ließe, wird die Möglichkeit zielstrebiger Leistungsbereitschaft erst durch die Zuordnung einer Person geschaffen. Unter **Basissystemen** sollen deshalb im weiteren nur solche Einheiten verstanden werden, bei denen durch eine Verteilung von **Aufgaben auf Personen leistungsbereite Aktionseinheiten** entstehen, wobei die Möglichkeit offen bleibt, Sachmittel unterstützend einzusetzen.

Die Zuordnung von Aufgaben, Personen und Sachmitteln zu Stellen kann in **Stellenbeschreibungen** dokumentiert werden. Mit ihr erfolgt die explizite Eingliederung der Stelle mit den ihr zugewiesenen Aufgaben, Kompetenzen und Verantwortlichkeiten in die Organisationsstruktur.

Beispiel einer Stellenbeschreibung

A. **Bezeichnung der Stelle**
Leiter Vertrieb Inland

B. **Zielsetzung der Stelle**
Konzipierung und Vollzug aller Vertriebsaktivitäten des Geschäftsbereichs A im Inland

C. **Einzelaufgaben der Stelle**
Erarbeitung eines Marketingkonzeptes und -planes für den Geschäftsbereich A
Zielvereinbarung mit den Leitern der Verkaufsregionen
Gewährung von Verkaufshilfen zur Realisierung des Marketingplanes
»Key account-Management« bei überregionalen inländischen Großkunden
Entscheidung über Sonderkonditionen bei regionalen Großkunden
Überwachung der Vertriebstätigkeit im Inland
Personalentscheidungen über Einstellung, Entlassung, Einsatz, Entwicklung und Vergütung für direkt unterstellte Mitarbeiter

D. **Kompetenzen der Stelle**
Vertretung des Vertriebsbereiches nach außen im Inland, einschließlich rechtlich verbindliche Geschäfte abzuschließen.

E. **Rang des Stelleninhabers**
Abteilungsleiter

F. **Vorgesetzter des Stelleninhabers**
Geschäftsbereichsleiter A als disziplinarischer Vorgesetzter
Leiter Marketing als Fachvorgesetzter

G. **Unmittelbar unterstellte Mitarbeiter**
Leiter der Verkaufsregionen I–V
Leiter Verkaufsunterstützung

H. **Stellvertretung**
durch Leiter Verkaufsunterstützung

I. **Zusammenarbeit mit anderen Stellen**
Koordinierende Tätigkeit mit der Entwicklung und Produktion, um eine kundenorientierte Leistungserstellung sicherzustellen

J. **Mitarbeit in Gremien**
Mitglied im Investitionsausschuß und der Abteilungsleiterkonferenz des Geschäftsbereiches A
Mitglied im Verbandsausschuß AA des inländischen xy-Fachverbandes

K. **Anforderungen an den Stelleninhaber**
Technische und kaufmännische Vorbildung mit Fachhochschul- oder Hochschulabschluß. Mehrjährige Branchenerfahrung im Vertrieb. Kontaktfreudigkeit und Führungskompetenz im Fachlichen und Sozialen.

Die Elemente »Aufgabe« und »Person« deuten auf die Einordnung der Basissysteme in die beiden grundlegenden Zusammenhänge innerhalb des Unternehmens hin: Im **Zweck-Mittel-Zusammenhang** der Sachziele und Aufgaben steht **sach-rational** die Effizienz der Aufgabenerfüllung im Vordergrund der Betrachtung, im **sozio-emotionalen** Zusammenhang der Personen die effektive Einordnung von Personen in das Sozialsystem des Unternehmens.

Eine **simultane Zuordnung** der Elemente »Aufgaben«, »Personen« und »Sachmittel« untereinander dürfte nur in den seltensten Fällen möglich sein. So gehen die **aufgaben-orientierte Organisation** (**Organisation ad rem**) primär von den zu erfüllenden Aufgaben und die **sachmittel-orientierte** von der Charakteristik der verwendeten Sachmittel (**Organisation ad instrumentum**) aus und betonen damit den sach-rationalen Zusammenhang. Die **personen-orientierte Organisation** (**Organisation ad personam**) dagegen knüpft an spezifischen Fähigkeiten und Verhaltensweisen der zur Verfügung stehenden Personen an und hebt damit mehr den sozio-emotionalen Aspekt heraus. Die Bindung einer Organisation an eine oder mehrere gegebene **Personen** hat zur Folge, daß ihre qualitative und quantitative Dimensionierung von normalen, durch die allgemeine und berufsbezogene Ausbildung vermittelten **Leistungsfähigkeiten** und von einem durchschnittlichen **Leistungswillen** abweicht. Eine Veränderung der Eigenschaften dieser Person oder ihrer Positionierung im Unternehmen macht eine organisatorische Anpassung an die neuen Bedingungen genauso notwendig wie die Veränderung von Sachmitteln bei einer Organisation ad instrumentum.

Werden diese Restriktionen beachtet, ergibt sich aus der Gesamtaufgabe des Unternehmens (d. h. dem Sachziel) für jede Stelle eine bestimmte **Art- und Mengenteilung der Aufgaben,** die als Aufgabenkomplex zwar personenbezogen, vom Personenwechsel jedoch unabhängig ist.

Die **Artteilung** setzt an den zur Sachzielerfüllung notwendigen **Verrichtungen** und den zu bearbeitenden **Objekten** an. Als Verrichtung kommen dabei die als Teilphasen von Handlungsprozessen unterscheidbaren spezifischen Aufgaben in Betracht, wie z. B. Ausführen, Informieren, Beraten, Prüfen. Objekte können materielle (z. B. Komponenten und Produkte) oder auch immaterielle **Realobjekte** (z. B. Informationen) sowie **Nominalobjekte** (Finanzen) sein.

Die **Mengenteilung** hängt vom **Wiederholungscharakter** (von höchst repetitiven bis zu einmaligen Aufgaben) und dem **Erfüllungsvolumen** der Aufgaben, d.h. ihrem mengenmäßigen Anfall innerhalb der organisatorischen Planperiode ab. Gleichartige Verwaltungsvorgänge werden beispielsweise je nach Arbeitsanfall nach dem Alphabet auf einzelne Stellen verteilt.

3.6.2 Zwischensysteme

Zwischensysteme werden durch die organisatorische Zusammenfassung von Basissystemen oder von Zwischensystemen niederer Ordnung zu solchen höherer Ordnung gebildet.

Nach der Art der zusammengefaßten Organisationseinheiten und der Qualität der zwischen ihnen bestehenden Arbeitsbeziehungen lassen sich **primäre** und **sekundäre** Zwischensysteme unterscheiden.

(1) **Primäre Zwischensysteme** werden durch die integrative Zusammenfassung von Basissystemen gebildet. Ein Beispiel ist etwa die Bildung einer Abteilung durch Zusammenfassung mehrerer Stellen unter Hinzufügung einer Instanz; zur begrifflichen Abgrenzung von Abteilungen vgl. Abschnitt 4.1.1.

Solche primären Zwischensysteme zeichnen sich durch direkte, **einstufige** Arbeitsbeziehungen der zusammengefaßten Basissysteme aus (vgl. Abb. 2.4).

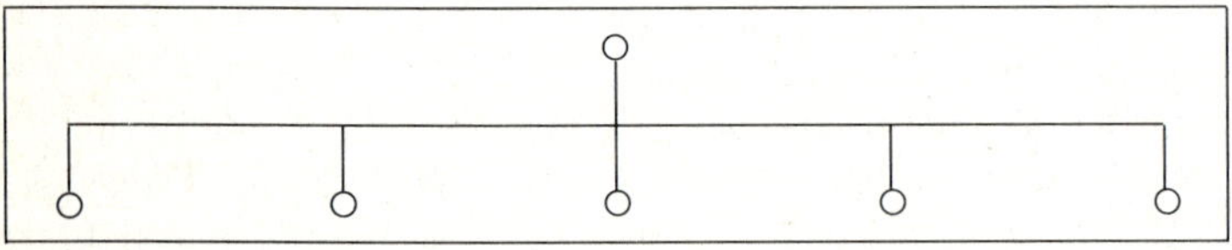

Abb. 2.4: Primäres Zwischensystem am Beispiel einer **Abteilung,** die fünf Stellen (Basissysteme) umfaßt

Die Direktheit der Beziehungen bestimmt ihren Charakter als **unmittelbare Harmonisationseinheiten.** Derartige Einheiten setzen voraus, daß die Zahl ihrer Elemente und Beziehungen überschaubar ist.

Die unmittelbare Kooperation in primären Zwischensystemen ist somit durch eine enge Fühlungnahme der Aufgabenträger untereinander gekennzeichnet, die für Kleingruppen typisch ist. Innerhalb solcher

Einheiten werden Führungsprobleme in wechselseitigen Verhandlungsprozessen gelöst.

Damit wird das Problem der **quantitativen Dimensionierung** aufgegriffen, die die Zahl der in ein Zwischensystem einzugliedernden Basissysteme festlegt. Für **Abteilungen** wird sie in der Literatur traditionell unter der Bezeichnung »Span of Control«, »**Leitungsspanne**« oder »Subordinationsquote« diskutiert.

Bei der **Leitungsspanne** handelt es sich darum, jenen Aufgabenkomplex abzustecken, der von einer Führungskraft optimal zu harmonisieren ist, und diejenige Anzahl von unmittelbaren Untergebenen zu ermitteln, mit der ein Vorgesetzter optimal zusammenarbeiten kann.

Als wichtigste **Einflußfaktoren** der optimalen Leitungsspanne werden im allgemeinen die Fähigkeiten von Vorgesetzten und Untergebenen, die Komplexität und Unterschiedlichkeit der Aufgaben, die Systemebene, die Organisations- und Führungsform und die Unterstützung durch Sachmittel genannt. Die Bestimmung der Leitungsspanne beeinflußt jedoch nicht allein die Größe der einzelnen Organisationseinheiten, sondern erhält insofern eine besondere Bedeutung für die gesamte Organisationsstruktur, da von ihr ebenfalls die Anzahl der Leitungsebenen und damit auch die vertikale Untergliederung des Gesamtsystems abhängt.

Für **Gruppen (Teams und Kollegien)** ist die Frage nach einer für die Kommunikation optimalen **Arbeitsgröße** zu stellen. Die Größe dieser Zwischensysteme hebt sich insofern von der qualitativen Dimensionierung leitungsbezogener Zwischensysteme ab, als die Anzahl und Gewichtung der Einflußfaktoren variieren kann und ein zusätzliches Strukturierungsproblem auftritt: das Problem der **Kommunikationsstruktur,** in der die Aufgabenerfüllung erfolgen soll. Je nachdem, ob sich die Kommunikation der Mitglieder in der Form eines Sternes, Kreises oder vollständigen Netzes vollziehen soll, ergeben sich unterschiedliche optimale Arbeitsgrößen (vgl. Abb. 2.5). Da die Kommunikationsprozesse in vollständigen Netzen überwiegend zeitaufwendiger als in anderen Strukturformen verlaufen, liegt die optimale Arbeitsgröße eines derart strukturierten Zwischensystems jenseits der optimalen Größe stern- und kreisförmig strukturierter Kommunikationssysteme.

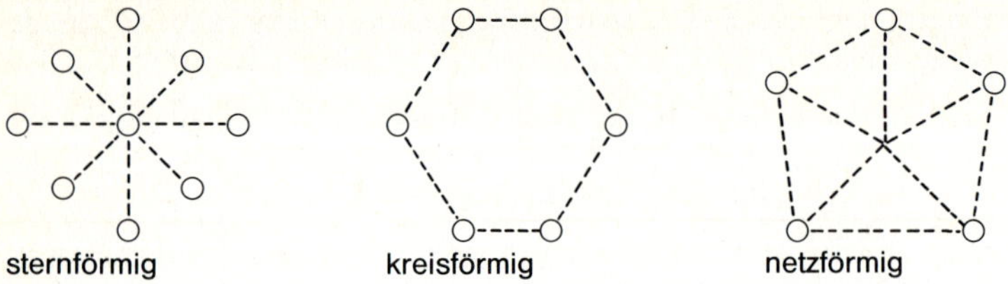

Abb. 2.5: Strukturierungsalternativen von Kommunikationssystemen

(2) **Sekundäre Zwischensysteme** (z. B. Hauptabteilungen) werden durch die Zusammenfassung von (primären) **Zwischensystemen** (z. B. Abteilungen) – zu größeren Organisationseinheiten über mehrere vertikale Ebenen hinweg gebildet. Sie ergeben sich aus dem organisatorischen Zusammenhang primärer und sekundärer Zwischensysteme unterschiedlicher Ordnung. Ihre **Arbeitsbeziehungen** sind insofern immer **vertikal-mehrstufig,** als sie sich über die Grenzen primärer Zwischensysteme hinweg erstrecken. Sie werden deshalb als **mittelbare Harmonisationseinheiten** bezeichnet (vgl. Abb. 2.6).

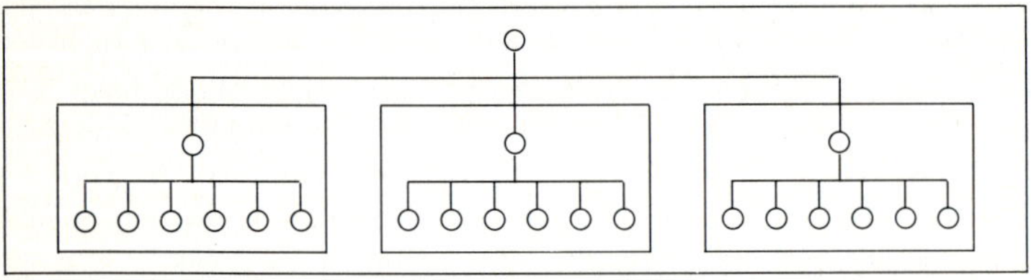

Abb. 2.6: Sekundäres Zwischensystem am Beispiel einer **Hauptabteilung,** die aus drei Abteilungen besteht

Die Art der Synthese der Zwischensysteme zu einem organisatorischen Gesamtsystem ist abhängig vom jeweils zur Anwendung kommenden **Organisationsmodell,** das seinerseits die Integration der Zwischensysteme zum Gesamtsystem »Unternehmen« beschreibt.

3.7 Konfiguration: Die Gestalt des Organisationssystems

Die Gestaltung des Organisationssystems über die Verbindung von Organisationselementen durch Verteilungs- und Arbeitsbeziehungen schafft zugleich eine »**Figur**« der Organisation, die nicht nur von den externen Bedingungen der organisatorischen Gestaltung beeinflußt, sondern auch zugleich durch das Gestaltungskonzept der Organisation selbst geprägt ist. Die traditionelle Organisationsbetrachtung knüpfte dabei an der **Leitungsspanne** an und leitete die Organisationsfigur als Ebenenzahl der Hierarchie aus der Leitungsspanne ab. Da es aber nicht nur darum gehen kann, zu untersuchen, wie steil oder breit die hierarchische Struktur eines Unternehmens ausgestaltet ist, sondern auch organisatorische Mechanismen der Integration einbezogen werden sollten (vgl. Grochla [Einführung] 48 f.), erweitert sich die Betrachtung hin zur Untersuchung der **Konfiguration** von Organisationsstrukturen: »Sie ist als Resultante der Festlegungen bei der Arbeitsteilung und Koordination zu betrachten und beinhaltet **Globalaspekte der Struktur der organisatorischen Einheiten sowie des hierarchischen Aufbaus,** wie sie etwa einem Organisationsplan zu entnehmen sind.«

Abb. 2.7 gibt die wesentlichen **Dimensionen** wieder, mit denen sich die **Konfiguration** einer Organisation darstellen läßt. Sie werden im

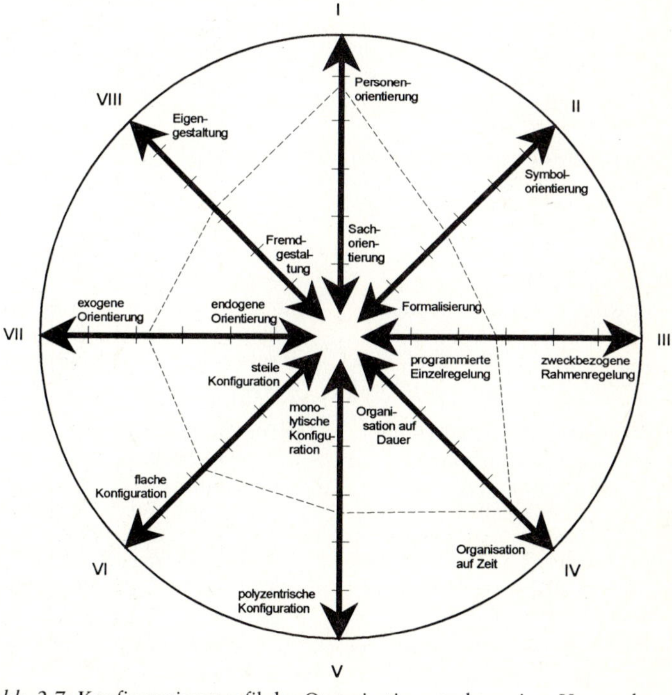

Abb. 2.7: Konfigurationsprofil der Organisationsstruktur einer Unternehmung

I. Sachorientierung	**Personenorientierung**
– Aufgabenorientierung	– Orientierung an gegebenen Personen
– Gemäß der organisatorischen Gliederung werden Stellen ausgewiesen und beschrieben	– Die Organisation erstrebt ein Schaffen vieler Positionen, bei denen eine personenabhängige Aufgabenstellung möglich ist
– Stellen werden gemäß definierten Anforderungen besetzt	– Vor allem bei Experten und Führungskräften besteht Bereitschaft, je nach persönlichem Interesse und Qualifikation Aufgabenzuschnitte zu wählen und diese gemäß der persönlichen Entwicklung zu verändern
– Ein Personalwechsel (-aufstieg) erfolgt zwischen vorgegebenen Stellen	– Personalwechsel führt zur Überprüfung des bisherigen Aufgabenbereiches im Hinblick auf eine Neubesetzung
II. Formalisierung	**Symbolorientierung**
– Alle erdenklichen aktuellen und potentiellen Aufgaben und Verfahren werden geregelt und dokumentiert (Organigramme, Funktionsdiagramme, Stellenbeschreibungen, Handbücher usw.)	– Struktur wird als Mittel zur Sinnentwicklung betrachtet
– Organisatorische Regelungen werden durch die Organisationsabteilung entwickelt	– Aufgabenstellungen werden je nach Bedarf vorgenommen und signalisieren damit Bedeutung und Anerkennung
– Strukturelle »Erlasse« führen zu großer Einheitlichkeit (Standardisierung) von Strukturen und Prozessen	– Situative Offenheit führt zu jeweils unterschiedlichen problemangepaßten Strukturierungsformen
III. Programmierte Einzelregelung	**Zweckbezogene Rahmenregelung**
– Routineprogrammierung	– Zweckprogrammierung
– Detaillierte Einzelregelung	– Globale Rahmenregelung
– Regelung von Teilaufgaben und Aufgabenerfüllungsprozessen	– Regelung von Aufgabenkomplexen mit Offenheit gegenüber der Aufgabenerfüllung
– Effizienz der Aufgabenerfüllung	– Effektivität der Aufgabenerfüllung

IV. **Organisation auf Dauer**	**Organisation auf Zeit**
– Strukturen und Prozesse werden auf absehbare Zeit ähnliche Anforderungen stellen	– Strukturen und Prozesse unterliegen schnellem Wandel und müssen laufend überdacht und angepaßt werden
– Bei der Verabschiedung organisatorischer Regelungen gibt es keine Zeitbeschränkung: Sie gelten »auf ewig«	– Organisatorische Regelungen werden zeitlich befristet: Sie gelten nur bis zu einem definierten Zeitpunkt bzw. zur Erledigung einer Spezialaufgabe
– Zuständigkeiten werden pauschal Organisationseinheiten für ein Raster unterschiedlicher Aufgaben auf Dauer zugewiesen	– Zuständigkeiten werden Mitarbeitern zur Erledigung eines zeitlich begrenzten Auftrages oder Projektes zugewiesen. Nach dessen Erledigung erlischt die Beauftragung und Zuständigkeit
– In der Folge stellen sich nach längeren Fristen größere Reorganisationsvorhaben ein, um den Gesamtzusammenhang an eingetretene Veränderungen anzupassen	– Durch die zeitliche Befristung organisatorischer Regelung ergibt sich eine laufende, durch den Einzelfall bedingte organisatorische Anpassung, da Mitarbeiter wiederum mit neuen Aufgaben betraut werden
V. **Monolytische Konfiguration**	**Polyzentrische Konfiguration**
– Ansicht, daß ein einheitliches Agieren aus zentraler Sicht Synergien und Schlagfertigkeit erzeuge	– Ansicht, daß ein »Macher« den spezifischen Anforderungen von Markt und Technologie an der Basis nicht gerecht werden kann
– Macht, Einfluß und Entscheidungsgewalt konzentrieren sich auf einige wenige Organe an der Spitze	– Macht, Einfluß und Entscheidungsgewalt sind in der Struktur breit verteilt
– Zwischen organisatorischen Einheiten werden Doppelspurigkeiten und Wettbewerb als unrational betrachtet und vermieden	– Doppelspurigkeiten werden in Kauf genommen, wenn sie der Motivation der Mitarbeiter und dem flexibleren Eingehen auf Kundenbedürfnisse dienen
– Die Organisationskonfiguration wird von oben her auf Kurs gesetzt und belebt	– Die Organisationskonfiguration wird von unten her belebt und die entstehende Dynamik mit »Leitplanken« in eine Richtung gelenkt

VI. Steile Konfiguration	**Flache Konfiguration**
– Enge Leitungsspannen	– Breite Leitungsspannen
– Im Hinblick auf die Beschäftigtenzahl große Zahl von Leitungsstufen	– Im Hinblick auf die Beschäftigtenzahl kleine Anzahl von Leitungsstufen
– Eindimensionale Organisationsformen	– »Mehr-Hüte«-Prinzip, Personalunion und mehrdimensionale Organisationsformen
VII. endogene Orientierung	**exogene Orientierung**
– die Unternehmung richtet sich vorrangig an den internen Notwendigkeiten aus	– die Unternehmung richtet sich vorrangig an den externen Notwendigkeiten aus
– inweltgerichtete Strukturierung	– an den relevanten Umweltsegmenten orientierte Strukturierung
– Perfektion der eigenen Aktivitäten	– Konkurrenzorientierung
– Organisationsstrukturen »für die Ewigkeit«	– der »Zeitgeist« zeigt sich im organisatorischen Strukturmuster
VIII. Fremdgestaltung	**Eigengestaltung**
– einzelne organisatorische Subsysteme werden als unselbständige Einheiten strukturiert	– einzelne organisatorische Einheiten erhalten teilautonome Strukturierungsmöglichkeiten
– der Organisationsentwurf erfolgt top-down	– der Organisationsentwurf erfolgt in weiten Teilen bottom-up
– die Mitarbeiter haben den vorgegebenen Entwurf der Organisationsstruktur zu akzeptieren (Strategie des »Bombenwurfs«)	– die Mitarbeiter werden in den Entwicklungsprozeß der Strukturgestaltung partizipativ eingebunden

einzelnen ausführlich beschrieben. In Abb. 2.7 ist durch gestrichelte Linien ein Beispiel für das Konfigurationsprofil der Organisationsstruktur einer Unternehmung eingezeichnet.

Mintzberg hat die Konfiguration eines Unternehmens in verschiedene **Grundbausteine** zerlegt (vgl. Abb. 2.8), aus denen er unterschiedliche Typen der Organisationsgestalt mit ihrer arteigenen Problematik ableitet (vgl. Mintzberg [Structuring] 17 ff.):

- Der **operative Kern,** in dem sich die sachzielorientierten Prozesse der Leistungserstellung konkret vollziehen (Beschaffung, Produktion, Absatz). In ihm werden aus der Umwelt bezogene Ressourcen (Arbeitskräfte, Kapital, Rohstoffe, Energie und Informationen) in absetzbare materielle und immaterielle Güter transformiert.

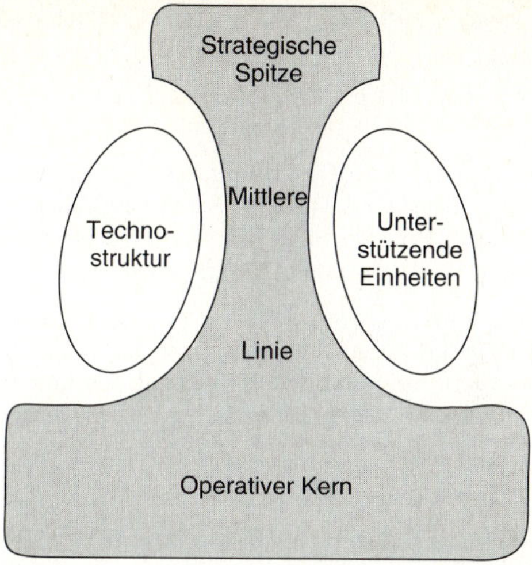

Abb. 2.8: Konfiguration eines Organisationssystems nach Mintzberg

- Die **Führung,** die den operativen Kern über Informationen lenkt, und die selbst wieder in einzelne Grundbausteine zerlegt werden kann:
  - die **strategische Spitze,** die als oberste Führungsebene die Zielbestimmung zur Aufgabe hat, und
  - die **mittlere Linie,** die eine Zielspezifizierung in der Weise vornimmt, daß sie relativ globale Oberziele in operationale Unterziele zerlegt.
- Die **Technostruktur,** die die Aufgabenerfüllung der übrigen Bauteile standardisiert und damit der Integration arbeitsteiliger Prozesse des Gesamtsystems dient. Hier finden sich vor allem Analytiker, die Arbeitsprozesse (z. b. REFA-Fachleute), Arbeitsergebnisse (z. B. Kostenrechner) und Kenntnisse und Fähigkeiten (z. B. Ausbilder) standardisieren.
- **Unterstützende Einheiten,** die (in sich häufig heterogen) den gemeinsamen Zweck erfüllen, allen übrigen Bausteinen bei der Aufgabenerfüllung zu dienen, wie beispielsweise die Rechtsabteilung.

Je nach Kontext, in dem sich eine Unternehmung bewegt, lassen sich mit *Mintzberg* fünf **Basiskonfigurationen** unterscheiden:

1. Einfache Struktur
2. Industrielle Bürokratie
3. Expertokratie
4. Divisionalisierung
5. Adhocratie

4 Formen und Modelle der Organisation

Bei der organisatorischen Gestaltung bestehen grundsätzlich Wahlmöglichkeiten zwischen Gestaltungsalternativen (s. hierzu im einzelnen Bleicher [Formen]). Eine Wahl zwischen diesen erfolgt zielorientiert unter Beachtung der jeweiligen Umweltbedingungen.

Organisationsformen stellen derartige Alternativen für die Gestaltung unmittelbarer Harmonisationseinheiten dar. Sie ordnen sich ein in das Gesamtkonzept mittelbarer Harmonisationseinheiten bzw. des Gesamtsystems, das wiederum alternativ gestaltet werden kann.

Das organisatorische Gesamtkonzept für das Unternehmen wird durch das **Organisationsmodell** gegeben.

Organisationsformen und Organisationsmodelle bilden damit zwei unterschiedliche Aggregationsebenen organisatorischer Systeme. Organisationsmodelle verkörpern das umfassende Muster der Differenzierung und Integration für ein Gesamtsystem (totales Organisationsmodell) oder für ein mehrstufiges Zwischensystem (partiales Organisationsmodell) als mittelbare Harmonisationseinheit. Organisationsformen zeigen dagegen das Grundmuster der Verteilungs- und Arbeitsbeziehungen im Basissystem und in einstufigen Zwischensystemen als unmittelbare Harmonisationseinheiten.

4.1 Organisationsformen

4.1.1 Typen von Organisationsformen

Organisationsformen stellen Gestaltungsalternativen der Organisation für eine direkte, unmittelbare Zusammenarbeit von Mitgliedern eines Systems dar. Die Verteilungs- und Arbeitsbeziehungen werden einstufig geregelt.

Organisationsformen können im Hinblick auf drei verschiedene **Kriterien** gebildet und unterschieden werden:

– nach der **Harmonisationsfunktion** im Gesamtsystem:
Je nachdem, ob die jeweilige Organisationseinheit der Erfüllung sektoralzielbezogener Aufgabenkomplexe oder der Erfüllung sektoralzielübergreifender Harmonisationsaufgaben dient, kann zwischen
  • segmentierenden und
  • übergreifenden Organisationsformen
unterschieden werden (vgl. Bleicher/Meyer [Führung] 101).

– nach dem **Harmonisationsprinzip** im Subsystem:
Das Subsystem selbst kann hierarchisch oder systemorientiert gestaltet, d. h. durch die Einfügung einer Instanz als vorgesetzter Stelle oder teamhaft strukturiert werden. Danach lassen sich
  • Abteilungen als hierarchische und
  • Gruppen als systemorientierte
Organisationsformen unterscheiden.

– nach der **Harmonisationsdauer** im Subsystem:
Subsysteme können
  • auf Dauer oder
  • auf Zeit
eingerichtet werden.

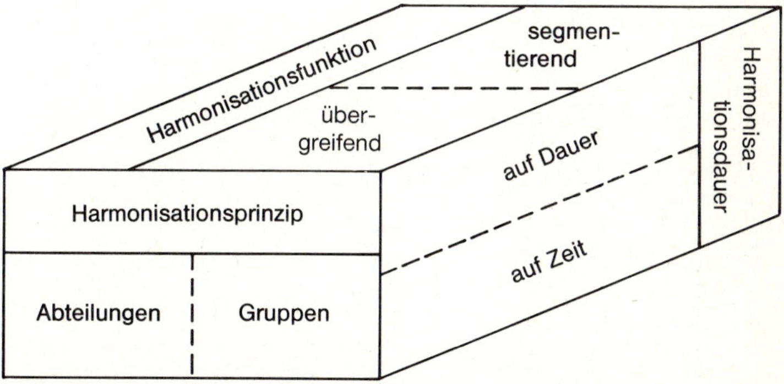

Abb. 2.9: Organisationsformen als Ergebnis unterschiedlicher Harmonisationsfunktion, -prinzipien und -dauer

Aus dem Würfel der Abb. 2.9 lassen sich folgende wesentliche **Organisationsformen** ableiten:

I. Organisationsformen auf Dauer
  1. Segmentierende Organisationsformen
    1.1. Abteilungen als hierarchische Organisationsform
    1.2. Arbeitsgruppen als systemorientierte Organisationsform
  2. Übergreifende Organisationsformen
    2.1. Zentralabteilungen als hierarchische Organisationsform
    2.2. Dauerkollegien als systemorientierte Organisationsform
II. Organisationsformen auf Zeit
  1. Projektgruppen
    1.1. mit segmentierenden Aufgaben
    1.2. mit übergreifenden Aufgaben
  2. Projektkollegien mit übergreifenden Aufgaben

4.1.1.1 Organisationsformen auf Dauer

(I.1) Segmentierende Organisationsformen

Werden mehrere Personen oder mehrere Stellen derart geordnet, daß zwischen ihnen direkte Arbeitsbeziehungen zur Erfüllung von sektoralzielbezogenen Aufgaben entstehen, ergeben sich segmentierende Organisationsformen. Segmentierende Organisationsformen können sachlich nach dem **Verrichtungs-** und dem **Objektprinzip** gebildet werden.

Organisationseinheiten werden nach dem **Verrichtungsprinzip** gebildet, wenn gleichartige Aufgaben zusammengefaßt werden (z. B. eine Dreherei, die gleichartige Verrichtungen an unterschiedlichen Drehobjekten vollzieht). In der Fertigung führt das Verrichtungsprinzip zum sog. **Werkstattprinzip.**

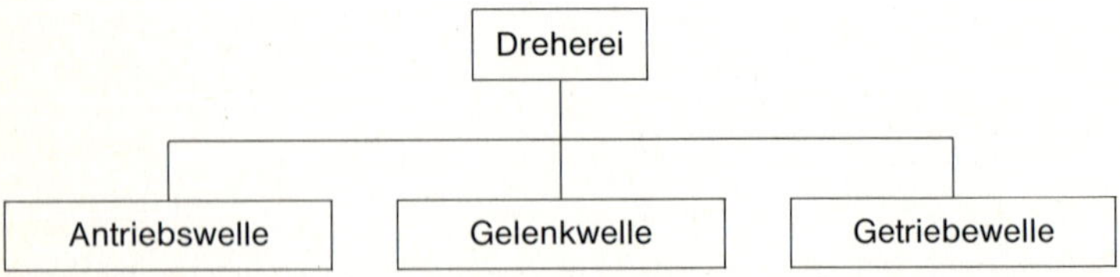

Beispiel für eine reine Verrichtungsorganisation

Nach dem **Objekt** werden Organisationseinheiten gebildet, wenn ungleiche Verrichtungen an einem gleichartigen Objekt in ihnen zusammengefaßt werden (z. B. eine Bandstraße mit unterschiedlichen Verrichtungen zur Montage eines bestimmten PKW-Typs). In der Fertigung führt das Objektprinzip zum sog. **Fließprinzip.**

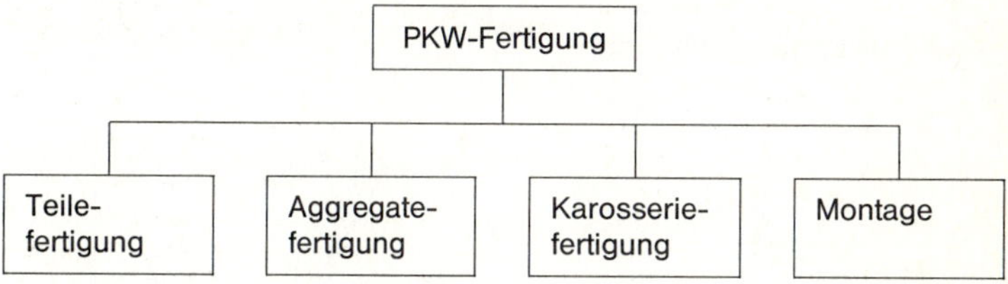

Beispiel für eine reine Objektorganisation

Die Organisationspraxis zeigt eine Fülle von Mischformen, die durch eine sog. Gliederungsverkürzung entstehen.

(I.1.1) Abteilungen als hierarchische Organisationsform

> Werden mehrere Stellen derart miteinander verbunden, daß sie einer Instanz (= leitende Stelle) unterstellt werden, ergibt sich eine **Abteilung** als Organisationsform.

Über eine Eingliederung der **Instanz** entsteht zugleich eine hierarchische Über- und Unterordnung der Stellen (vgl. Abb. 2.10). Abteilungen können den Charakter von **Linienabteilungen** und sie unterstützenden **Stabsabteilungen** annehmen.

> **Stabsabteilungen** übernehmen die Aufgaben der Entscheidungsvorbereitung, Beratung und Dienstleistung.

Die Art ihrer Unterstützung kann quantitativ (Stabs**generalisten,** wie z. B. Direktionsassistenten) oder qualitativ (Stabs**spezialisten,** wie z. B. Juristen, Volkswirte) sein. Grund für die Bildung von Stabsabteilungen ist eine **quantitative** oder **qualitative** Überforderung der Instanz, zu deren Entlastung der Stab fungiert. Die quantitative Überlastung ist gekennzeichnet durch einen generell nicht zu bewältigenden Arbeitsanfall; die qualitative Überforderung zeichnet sich dagegen durch einen speziellen Mangel an spezifischem Wissen aus. Eine Überschreitung der quantitativen Leistungsfähigkeit von Instanzen führt zum Einsatz von Stabsgeneralisten, eine qualitative Überforderung zum Einsatz von Stabsspezialisten.

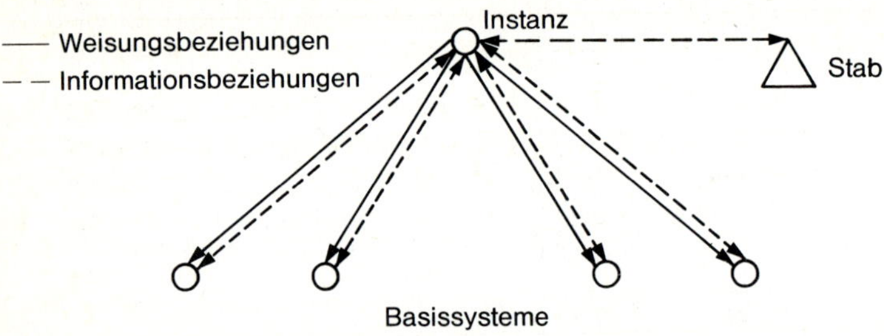

Abb. 2.10: Abteilung als hierarchische Organisationsform

(I.1.2) Arbeitsgruppen als systemorientierte Organisationsform

Werden mehrere Personen oder Stellen ohne Eingliederung einer Instanz direkt miteinander verbunden, so daß eine gemeinsame Aufgabenträgerschaft (Stellenmehrheit) **ohne formale Leitung** entsteht, ergibt sich eine (autonome) **Arbeitsgruppe** als Organisationsform. Der Verzicht auf die Eingliederung einer formalen Leitung führt zu einer **Gleichordnung** der Personen. Es entsteht eine teamförmige Organisationsform (vgl. Abb. 2.11).

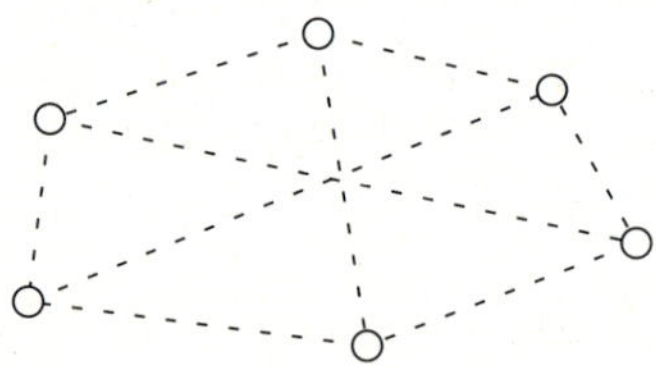

Abb. 2.11: Arbeitsgruppe als systemorientierte Organisationsform

(I.2) Übergreifende Organisationsformen

Werden mehrere Personen oder mehrere Stellen derart zugeordnet, daß zwischen ihnen Arbeitsbeziehungen zur Erfüllung von sektoralzielübergreifenden Aufgaben entstehen, ergeben sich übergreifende Organisationsformen. Die beiden Hauptformen übergreifender Organisationseinheiten unterscheiden sich durch die Positionierung der Personen, die Organisationsaufgaben übernehmen. **Zentralabteilungen** als die eine Form führen zur Bildung von Spezialeinheiten, die ihre Aufgaben mit **hauptamtlich** eingesetzten Personen bewältigen, während sich **Kollegien** der **nebenamtlichen** Mitarbeit von Personen, die anderweitig eingesetzt sind, zur zusätzlichen Erfüllung der sektoralzielübergreifenden Aufgaben bedienen.

Übergreifende Organisationsformen können für folgende **Aufgaben** gebildet werden:

- **Verrichtungen:** Zentralabteilungen oder Kollegien werden zur Harmonisation von Verrichtungen einzelner Subsysteme gebildet (z. B. Koordination von Entwicklungs-, Produktions-, Marketing- und Verwaltungsaufgaben mehrerer Geschäftsbereiche durch entsprechende Zentralabteilungen oder Kollegien);
- **Objekte:** Eine Harmonisation von Objekten einzelner Subsysteme wird durch Zentralabteilungen oder Kollegien vorgenommen (z. B. Investitionsvorhaben einzelner Geschäftsbereiche durch einen Investitionsausschuß);
- **Regionen:** Zentralabteilungen oder Kollegien werden zur Harmonisation von Regionen einzelner Subsysteme gebildet (z. B. regionale Koordinatoren als Zentralstellen oder Ausschüsse zur Abstimmung des Vorgehens in einer Region);
- **Zeit:** Divergierende Zeithorizonte einzelner Subsysteme werden über Zentralstellen oder Kollegien ausgeglichen (z. B. langfristige Unternehmenspolitik der obersten Leitung mit kurzfristigen taktischen Entscheidungen in einer Marketing-Zentralstelle oder in einem Entwicklungsausschuß).

Dabei ist zwischen einer hierarchischen und einer systemorientierten Bildung übergreifender Organisationsformen zu unterscheiden.

(I.2.1) Zentralabteilungen als hierarchische Organisationsform

Werden Abteilungen zur Erfüllung übergreifender Aufgaben eingesetzt, müssen zwischen diesen und den sektoralzielbezogenen Subsystemen, die harmonisiert werden sollen, Verteilungs- und Arbeitsbeziehungen hergestellt werden. Es entstehen Zentralabteilungen, denen Dezentral-Abteilungen gegenüberstehen.

Als Beispiel (vgl. Abb. 2.12) sei eine Zentralabteilung »Entwicklung« erwähnt, der in den einzelnen Unternehmensbereichen a, b, c dezentrale Entwicklungsabteilungen gegenüberstehen, die von der Zentralabteilung im Hinblick auf einige, unternehmensbereichs-übergreifende Aspekte harmonisiert werden.

Einen Sonderfall stellen zentrale Stabsabteilungen (z. B. die Stabsstelle »zentrale Planung«) dar, die dezentrale Stabsabteilungen (z. B. die Stabsstellen »Bereichsplanung«) harmonisieren (vgl. Abb. 2.12).

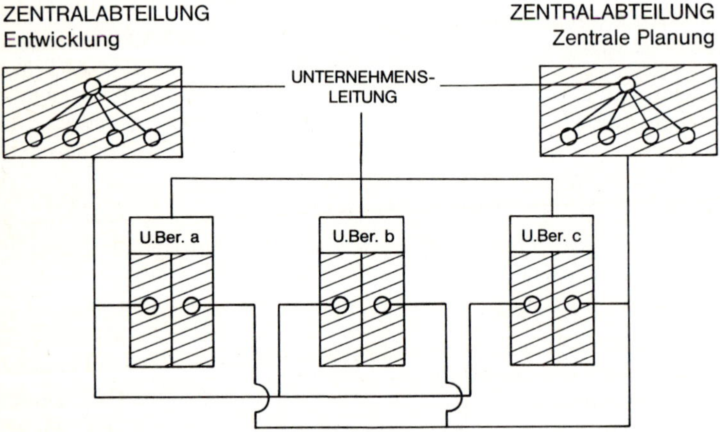

Abb. 2.12: Beispiele für Zentralabteilungen als hierarchisch-übergreifende Organisationsform

(I.2.2) Dauerkollegien als systemorientierte Organisationsform

Sektoralzielübergreifende Aufgaben können auch dadurch erfüllt werden, daß Personen aus verschiedenen Subsystemen ohne Hinzufügung einer Instanz in einer Arbeitsgruppe zusammengefaßt werden. Für die Mitglieder dieser Arbeitsgruppe entsteht damit eine Mitgliedschaft in mehreren Subsystemen. Die Harmonisation vollzieht sich im Gegensatz zur Funktionsweise der Zentralabteilungen über die Repräsentanz von Personen mehrerer Subsysteme in einem Dauerkollegium (vgl. Abb. 2.13).

Kollegien werden auch **Kommissionen, Ausschüsse, Komitees** oder **Gremien** genannt. Bei der Arbeit eines Kollegiums »steht der Gesichtspunkt der Gemeinsamkeit, nicht der Arbeitsteilung im Vordergrund, der auch über das räumliche und zeitliche Miteinander des Kollegiums hinaus die Mitglieder verbindet. Die Arbeitsbeziehung des Kollegiums ist durch die völlige arbeitsmäßige Gemeinsamkeit einer nicht mehr unterteilten Aufgabe gekennzeichnet« (vgl. Kosiol [Kollegien] 818).

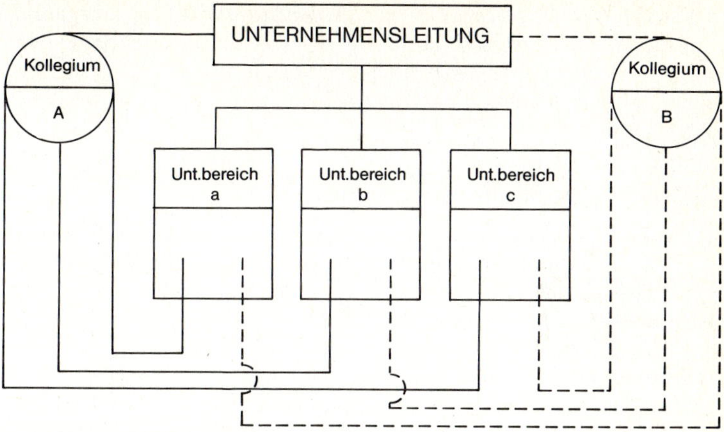

Abb. 2.13: Dauerkollegien

Die **Idee des Kollegiums** besteht darin, Kontakte zwischen Aufgabenträgern unterschiedlicher Arbeitsgebiete zu schaffen. Die verschiedenen Gesichtspunkte, die sich aus der Bearbeitung einer gleichen oder ähnlichen Frage an verschiedenen Stellen des Organisationsaufbaues ergeben, sollen in einer Gruppenarbeit zur Lösung von Problemen zusammengefaßt werden. Der Anlaß zur Bildung von Kollegien ist daher sehr häufig die Koordinierung von Wissen unter Vermeidung schwerfälliger oder gar bürokratischer Dienstwege (z. B. Kollegium zur F + E-Koordination, Kollegium zur Absatzkoordination, Kollegien zur Koordination des Finanz- und Rechnungswesens).

Dauerkollegien werden vorzugsweise nach dem Prinzip der **institutionellen Repräsentation** zusammengesetzt. Zur Steuerung eines übergeordneten Problembereichs kann es z. B. erforderlich sein, Absatz, Produktion, Entwicklung und Finanzen »an einen Tisch« zu bringen. In diesem Fall werden die Leiter der entsprechenden Abteilungen als Repräsentanten der jeweiligen Abteilungsinteressen zu Mitgliedern dieses Kollegiums.

4.1.1.2 Organisationsformen auf Zeit

Werden Organisationseinheiten nicht auf unbegrenzte Dauer, sondern zur Erfüllung von Aufgaben eingesetzt, deren zeitliches Ende sich bei der Organisationsplanung bereits übersehen läßt, entstehen Organisationsformen auf Zeit. Für sie hat sich der Begriff der **Projektorganisation** eingebürgert, da in ihrem Mittelpunkt keine Daueraufgabe steht, sondern die Erfüllung von zeitlich begrenzten Aufgaben, die sich mit einem bestimmten Projekt verbinden.

(II.1) Projektgruppen

(II.1.1) Segmentierende Projektgruppen

Genauso wie Daueraufgaben statt durch eine hierarchische Unterstellung auch durch Arbeitsgruppen gelöst werden können, bietet sich bei eingrenzbaren Projekten zur Lösung sektoralzielbezogener Aufgaben die Auflösung eines Aufgabenbereiches in einzelne Projektgruppen an (z. B. Bearbeitung einzelner Entwicklungsaufgaben durch Projektgruppen). In der Organisationspraxis wird diese Organisationsform als »**reine** oder **autonome Projektorganisation**« bezeichnet. Ein derartiges reines Projektmanagement kann entweder **neben** anderen Formen der Organisation stehen oder aber eine **gesamte** Organisationsstruktur gestaltend durchziehen.

Gegenüber der Abb. 2.11 ergibt sich lediglich der Hinweis auf die zeitliche Begrenzung dieser Organisationsform.

(II.1.2) Übergreifende Projektgruppen

Entstehen sektoralzielübergreifende Aufgaben von beschränkter Zeit, können Projektgruppen gebildet werden, die eine Steuerungsfunktion im Hinblick auf diese zeitlich begrenzten Aufgaben wahrnehmen. (Z. B. Steuerungsgruppen für bestimmte Aufträge, wie die Abstimmung von Entwicklung, Fertigung und Absatz bei der Abwicklung eines einmaligen Großauftrages).

Für eine derartige Organisationsform hat sich in der Praxis die Bezeichnung »**Einfluß-Projektorganisation**« durchgesetzt. Wird dagegen eine eigene Projektorganisation als weitere Dimension neben die Primärorganisation gestellt und damit eine mehrdimensionale Gestaltung entwickelt, entsteht die Form einer »**Matrix-Projektorganisation**«. Die Projektgruppen erhalten dann für die Durchführung ihrer Koordinationsaufgaben fachliche Weisungsbefugnisse.

(II.2) Projektkollegien

Für die Lösung sektoralzielübergreifender Aufgaben von begrenzter Zeit können Kollegien eingesetzt werden, die über ihre Mitglieder den übergreifenden Notwendigkeiten entsprechen.

(Z. B. zur Entwicklung eines neuen Organisationskonzeptes werden Mitarbeiter der Unternehmensleitung, der Organisationsabteilung und der verschiedenen Unternehmensbereiche in einem Organisationsausschuß zusammengefaßt). Nach Erfüllung dieser übergreifenden Aufgaben löst sich das Kollegium auf, und seine Mitglieder werden von dieser Aufgabe zugunsten ihrer Haupt- oder anderer Neben-Aktivitäten entlastet. Gegenüber der Abb. 2.13 ergibt sich lediglich der Hinweis auf die zeitliche Begrenzung dieser Organisationsform.

Projektkollegien werden vorzugsweise nach dem Prinzip der **persönlichen Fähigkeiten** ihrer Mitglieder zur Lösung einer gemeinsamen Aufgabe zusammengesetzt. Bei ihnen kommt es nicht primär auf die Vertretung einzelner Bereichsinteressen als vielmehr darauf an, kooperationsfähige Träger komplementärer Erfahrungen und komplementären Wissens zusammenzubringen.

4.1.2 Verhalten unterschiedlicher Organisationsformen

Organisationsformen, die sich im Hinblick auf ihre Harmonisationsfunktion, das Harmonisationsprinzip und die Harmonisationsdauer unterscheiden, werfen eine Reihe von Verhaltensproblemen auf.

4.1.2.1 Die Problematik der Harmonisationsfunktion

Nach der **Harmonisationsfunktion** wurden segmentierende und übergreifende Organisationsformen unterschieden.

(1) **Segmentierende** Organisationsformen folgen dem grundsätzlichen Strukturierungsmuster des Organisationsmodells, indem sie die hierarchische Gliederung von Unternehmenszielen in Sektoralziele organisatorisch nachvollziehen. Sie fügen Basissysteme zu Zwischensystemen niederer Ordnung, Zwischensysteme niederer Ordnung zu Zwischensystemen höherer Ordnung usw. zusammen. Diese Ausrichtung an den Sektoralzielen des Unternehmens führt zu einer ständigen Zusammenarbeit der in den Zwischensystemen zusammengeschlossenen Basissysteme. Damit ergibt sich ein Übergewicht innerer Bindungen zwischen diesen und eine hohe Dichte ihrer Arbeitsbeziehungen im Innern.

Segmentierende Organisationsformen verbinden sich aufs engste mit einer hierarchischen Eingliederung in ein Leitungssystem – insbesondere dann, wenn vorrangig vom Abteilungsbildungsprinzip Gebrauch gemacht wird. Damit gewinnt der **Rang**, der Macht und Amtsautorität ausdrückt, in den Beziehungen zwischen den Organisationseinheiten eine herausragende Bedeutung. »Die komplizierten arbeitsteiligen Prozesse in modernen Organisationen, die damit einhergehende Notwendigkeit zunehmender horizontaler Zusammenarbeit sowie die veränderten Einstellungen und Erwartungen der Mitarbeiter ... lassen das hierarchische Ordnungsprinzip im Hinblick auf eine optimale Leistungserstellung und Zufriedenheit der Mitarbeiter immer dysfunktionaler werden« (Wunderer [Führungslehre] Bd. I, 327).

Die **Hierarchie** ist zugleich ein wesentliches Element **bürokratischer Strukturen.** Nach anfänglicher idealtypischer Diskussion der funktionalen Vorteile von Bürokratien (Präzision, Stetigkeit, Disziplin, Straffheit, Unerläßlichkeit, Gerechtigkeit, Eindeutigkeit, Aktenkundigkeit, Diskretion, technische Überlegungen, Unabhängigkeit und Rationalität (vgl. Janowsky [Bürokratie] 326), vermehren sich die Anzeichen dafür, daß sich hierarchiegebundene bürokratische Strukturen bei dynamischen Umweltbedingungen zunehmend als dysfunktional erweisen (»Büropathologie«; Thompson [Bureaucracy]): Pedanterie, Tendenz zur Macht, gläubiger Gehorsam, starke Kontrollen, »Rädchen in der Maschine«, Versagen im Einzelfall, Schablone, »von der Wiege bis zur Bahre – Formulare«, Vertuschungsgefahr, Untertanengeist, Perfektionismus, Überheblichkeit und Entpersönlichung (vgl. Janowsky [Bürokratie] 326).

(2) **Übergreifende** Organisationsformen stellen stets Ergänzungen zu dem im Organisationsmodell angegebenen grundsätzlichen Segmentierungsmuster dar. Je komplexer ein zu organisierendes System ist, um so schwieriger wird es, der Vieldimensionalität seiner Beziehungen durch die organisatorische Strukturierung zu entsprechen. Ein Teil der im Segmentierungsmuster offen gebliebenen Mehrdimensionalität muß dann ergänzend durch übergreifende Organisationsgestaltung abgedeckt werden. So entstehen **Querschnittsaufgaben.** In der Tendenz kann davon ausgegangen werden, daß eindimensionale Organisationsmodelle eine an sich gegebene Mehrdimensionalität der Problemlandschaft eines zu organisierenden Systems »vergewaltigen« und deshalb eine größere Zahl sektoralzielübergreifender Aufgaben schaffen. Diese »Querschnittsaufgaben« müssen durch eine übergreifende Organisationsgestaltung geregelt werden. Mehrdimensionale Organisationsmodelle (z. B. Matrixorganisation) entsprechen dagegen der Problemkomplexität des zu organisierenden Systems im Ansatz besser.

Übergreifende Organisationsformen wollen die hierarchischen Zwänge der Segmentierung überspielen, auflockern und damit von ihrem rigiden (z. B. »Dienstwegprinzip«) und häufig starren Verhalten befreien. Dies ist insbesondere dann der Fall, wenn sich die übergreifenden Zwischensysteme selbst systemorientierter Organisationsformen bedienen (z. B. Projektgruppen). Bei der Harmonisation treffen dann zwei recht unterschiedlich geprägte Verhaltensweisen aufeinander, was zu erheblichen Führungsproblemen führen kann: Wie können sich die übergreifenden Zwischensysteme als »Querschnittskoordinatoren« gegenüber der hierarchiegeprägten »Linie«, die über Rang und Macht weit größeren Einfluß und Status besitzt, durchsetzen? Dieser zentrale Konfliktpunkt des Einsatzes von übergreifenden Organisationsformen kann zumeist nur über ein ganzes Bündel von Führungsmaßnahmen (annähernd) gelöst werden: direkte Leitungsunterstützung für die Verantwortlichen der Querschnittsaufgabe, Rotation zwischen beiden Dimensionen, um eine Verfestigung zu verhindern, kollegiale Einbindung der »Linienverantwortlichen« in übergreifenden Projektgruppen, gegenseitige Stellvertretung usw.

4.1.2.2 Die Problematik des Harmonisationsprinzips

Nach dem **Harmonisationsprinzip** wurde zwischen hierarchischen und systemorientierten Organisationsformen unterschieden.

(1) **Hierarchische Organisationsformen** schaffen, wie gezeigt wurde, immer ein Rangsystem der **Über- und Unterordnung** von Stellen (Prinzip der Ungleichheit). Dies erfolgt über die Ausgliederung von Instanzen, die nach dem Prinzip der Fremdentscheidung in einer Autoritäts-, Macht- und Status-Differenz von den Untergebenen abgehoben sind. Mit dieser Differenz entsteht im Organisationsmodell zugleich ein vertikaler Instanzenzug (Befehlskette), der von der ranghöchsten Instanz bis zur rangniedrigsten Stelle verläuft. Damit bildet sich eine monokratische Struktur mit relativ statischen Koordinationswegen, die zu einer Kanalisierung von Informationsströmen neigen.

(2) **Systemorientierte Organisationsformen** wollen in Erkennung dysfunktionaler Wirkungen hierarchischer Organisationsgestaltung einen anderen Gestaltungsweg beschreiten. Dabei steht die Aufhebung der Rangunterschiede der zu einem System höherer Ordnung zusammengefügten Basissysteme, die **Gleichordnung** der Mitarbeiter (Prinzip der Gleichheit), im Mittelpunkt organisatorischer Gestaltung. Nach dem Prinzip der Selbstentscheidung werden Autoritäts-, Macht- (»Machtausgleich«) und Status-Differenzen abgebaut und teamförmige, auf die gegenseitige Abstimmung ausgerichtete Organisationsformen geschaffen. Eine derartige systemorientierte organisatorische Ge-

staltung wirft eine Reihe von Verhaltensproblemen auf, die z. T. bislang nur mangelhaft gelöst worden sind:

(a) **Zeitlich aufwendige Problemlösungen**
Zwar lassen sich bei einer grundsätzlichen Gleichordnung der Personen durchaus anspruchsvolle Lösungen erwarten. Sie sind jedoch häufig zeitaufwendiger, da die Möglichkeit eines autoritativen Stichentscheides fehlt. Abstimmungsprozeduren können die hierarchischen Vorteile unter zeitlichem Aspekt nur teilweise ausgleichen.

(b) **Eingeschränkte Wirkung kollegialer Verantwortlichkeit**
Systemorientierte Organisationsformen werfen ein weiteres Problem auf: das der Verantwortlichkeit bei weitgehend kollegial erarbeiteten Problemlösungen. War es selbst bei hierarchischen Organisationsformen schon schwierig, eine vertikale Trennung und Zuordnung von Verantwortlichkeiten vorzunehmen (vgl. etwa die Unterscheidung von Führungs- und Handlungsverantwortung im **Harzburger Modell**), so kommt dem Problem der horizontalen Trennung und Zuordnung von Verantwortlichkeit bei systemorientierten Organisationsformen wesentliche Bedeutung zu. Da die Problemlösungen bei dieser Organisationsform interaktiv vollzogen werden, ist eine Zuordnung kaum möglich. Eine »organisierte Verantwortungslosigkeit«, ein »Sich-nicht-betroffen-fühlen«, das Hin- und Herschieben der Verantwortlichkeit u. ä. können unerwünschte Folgen sein.

(c) **Leistungshemmende informelle Führerschaft**
Es ist die Frage nach der Stabilität einer gleichgeordneten Organisationseinheit zu stellen: Werden sich im Laufe der Zeit nicht doch – wenn auch nicht formalisiert – wieder Rangordnungen innerhalb der Gruppe ausbilden, die näherungsweise hierarchischen Organisationsformen entsprechen? Sollte dies der Fall sein, ist allerdings zu vermerken, daß sich informale Führerschaft nach anderen Kriterien bildet als die formale Besetzung einer Instanz: Wird u. U. gerade ein Beliebter, wenig Tüchtiger zum informalen Führer einer Organisationseinheit, die aus Gleichgeordneten besteht?

4.1.2.3 Die Problematik der Harmonisationsdauer

Organisationsformen können nach der **Harmonisationsdauer** in solche, die auf Dauer und solche, die auf Zeit tätig werden, unterschieden werden. Beide gehen von unterschiedlichen Lebenszyklen der zu erfüllenden Aufgaben aus. Die Verhaltens-Problematik, die die Harmonisationsdauer für die organisatorische Gestaltung aufwirft, sei anhand der **Projektarbeit** diskutiert.

(1) Klassische, **auf Dauer** und segmentierend angelegte Organisationsformen eignen sich nur bedingt für die Abwicklung von Projekten, die **einmalige** Vorhaben mit einem **innovativen** Gehalt unter größerer **Unsicherheit** darstellen und die zumeist ein **komplementäres Wissen** zu ihrer Bewältigung (Interdisziplinarität) verlangen.

Das überschaubare, schnelle Durchwandern des Lebenszyklus einer Projektaufgabe verlangt eine relativ flexible Strukturierung des Projektmanagements: Neben der quantitativen kann sich auch die qualitative Zusammensetzung einer Projektgruppe oder eines Projektkollegiums im Verlauf des Arbeitsfortgangs verändern: »Im Anfangsstadium wird sich die Projektgruppe überwiegend aus Analytikern und kreativen Kräften zusammensetzen. Wenn das Projekt in die Realisationsphase tritt, werden die Theoretiker verdrängt durch praxisorientierte Mitarbeiter« (Zimmermann [Projektgruppe] 47).

(2) Bei der derzeitigen Anwendung von Organisationsformen **auf Zeit** zeichnen sich folgende **Probleme** ab:

(a) **Flexible Bereitstellung von Ressourcen kann die Dauerorganisation überfordern**

Die notwendige Flexibilität in der Bereitstellung personeller und sachlicher Ressourcen für die Projektarbeit kann die Dauerorganisation, aus der diese abgeordnet werden, überfordern. Projekte werden als etwas Sekundäres, die eigene Dauerorganisation als etwas Primäres, was höhere Priorität genießt, betrachtet. Sowohl qualitativ als auch quantitativ kann die Projektarbeit unter diesem Prioritätsgefälle leiden.

(b) **Organisatorische Heimatlosigkeit der Mitglieder von Projektgruppen oder das »Reentry«-Problem**

Die aus der Dauerorganisation in Projektgruppen entsandten Mitarbeiter scheiden zumeist für die Zeit ihrer Projektarbeit aus ihren Stammeinheiten aus, ohne daß personalplanerische Vorkehrungen für ihr »reentry« getroffen werden. Die mangelnde »Rückfahrkarte« führt leicht zu Benachteiligungen (inzwischen werden z. B. andere Mitarbeiter in der Stammeinheit befördert) und kann zu Demotivierungen der Projektmitarbeiter Anlaß geben.

(c) **Perfektionismus und Zeitverzug**

Eine mögliche Konsequenz des Gefühls der Heimatlosigkeit der außerhalb der Dauerorganisation arbeitenden Projektmitarbeiter kann es sein, sich in der Projektgruppe noch stärker zusammenzuschließen und über ein Streben zum Perfektionismus einen längeren Bestand der Gruppe mit der Wirkung eines Zeitverzuges bei der Projekterledigung zu sichern. Projektkollegien weisen dagegen eher eine entgegengesetzte Tendenz auf: Die geringere Priorität, die der nebenfunktionellen Projektarbeit häufig zugemessen wird, führt eher zu einer Tendenz, die Belastung, die durch die Nebentätigkeit entsteht, durch ein frühes Ende der Projektarbeit abzubauen.

4.2 Organisationsmodelle

Organisationsmodelle geben das Gesamtmuster der Systemdifferenzierung und Systemintegration für das Unternehmen an.

Es kann zwischen **eindimensionalen** und **mehrdimensionalen** Organisationsmodellen unterschieden werden.

Die grundsätzliche Mehrdimensionalität organisatorischer Beziehungen wird bei **eindimensionalen** Organisationsmodellen dadurch vereinfacht, daß bei der Systemdifferenzierung auf jeder Stufe der Aufbauhierarchie nach **einem** wesentlichen Kriterium gegliedert wird. Damit ergibt sich eine Abfolge hierarchischer Gliederungsstufen, die der unterschiedlichen Bedeutung einzelner Aspekte für die Systemintegration gerecht werden will. Es entsteht eine hierarchisch abgestufte, die Verteilungsbeziehungen betonende, relativ **steile Aufbaupyramide** der Organisation.

Mehrdimensionale Organisationsmodelle lassen grundsätzlich die Möglichkeit zu, gleichzeitig nach **mehreren** wesentlichen Kriterien zu gliedern. Dabei wird eine prinzipielle Gleichrangigkeit der Bedeutung mehrerer Aspekte für die Systemintegration unterstellt. Es entsteht eine eher systemorientierte, die Arbeitsbeziehungen betonende, in der Tendenz relativ **flache Aufbaupyramide** der Organisation.

4.2.1 Eindimensionale Organisationsmodelle

Das Gestaltungsproblem der Organisation ergibt sich aus den Dimensionen der **Aufgabe**:

1. Ihrem **Verrichtungs**charakter, der die Art der notwendigen Tätigkeit betont (Forschen, Entwickeln, Einkaufen, Lagern, Produzieren, Transportieren, Verkaufen, Verwalten),
2. ihrem **Objekt**charakter (Stoffe a, b, c ..., Produkte A, B, C ..., Kunden Alpha, Beta, Gamma ...) und
3. ihrem **regionalen** Bezug (Standort 1, 2, 3; Verkaufsgebiet I, II, III ...).

Abb. 2.14 zeigt diesen Zusammenhang in grundsätzlicher Form.

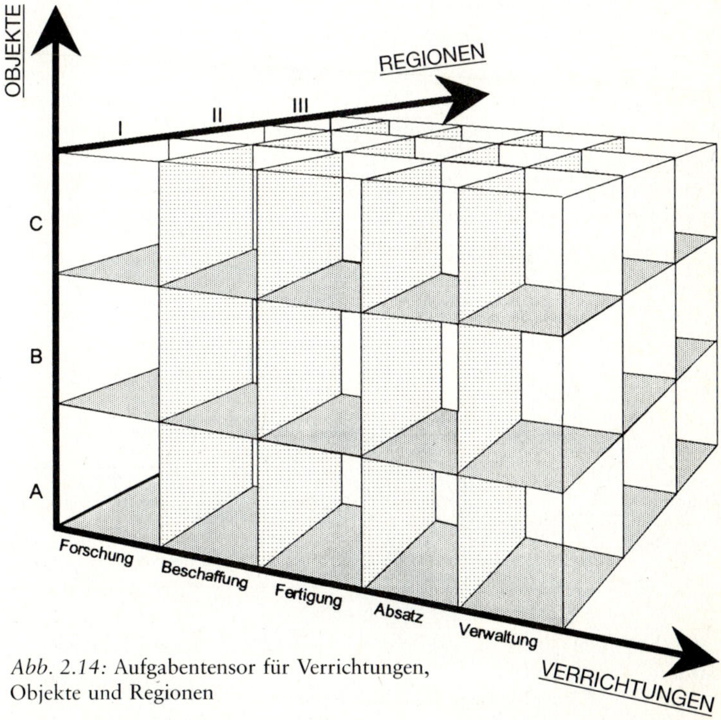

Abb. 2.14: Aufgabentensor für Verrichtungen, Objekte und Regionen

Bei der eindimensionalen Bildung eines Organisationsmodells kann demzufolge von den Prinzipien der **Verrichtungs-** oder der **Objektzentralisation** ausgegangen werden. Verrichtungen und Objekte können bei regional stark gegliederten Aktivitäten an räumliche Bedingungen gebunden sein, die zu einem Modell der **regionalen Zentralisation** führen können.

4.2.1.1 Verrichtungsorganisation

(1) Das Grundmodell der Verrichtungsorganisation

> Die **Verrichtungsorganisation** – von der Organisationspraxis wird sie auch als **funktionale Organisation** bezeichnet – geht von den Kerntätigkeitsfeldern (Verrichtungen) eines Unternehmens aus: Forschung und Entwicklung, Beschaffung, Fertigung, Absatz, Logistik und Verwaltung.

Sie knüpft damit an den Fluß des Realgüterstroms an (vom Einkauf der Rohstoffe bis zum Verkauf der Produkte) bzw. an den Auftragsablauf (von der Auftragsannahme im Absatz über die Auftragsabwicklung in der Fertigung bis zur Bereitstellung der Ressourcen durch die Beschaffung). Abb. 2.15 zeigt die Bildung von Subsystemen aus Verrichtungsaufgaben des Realgüterstroms und des Auftragsablaufes.

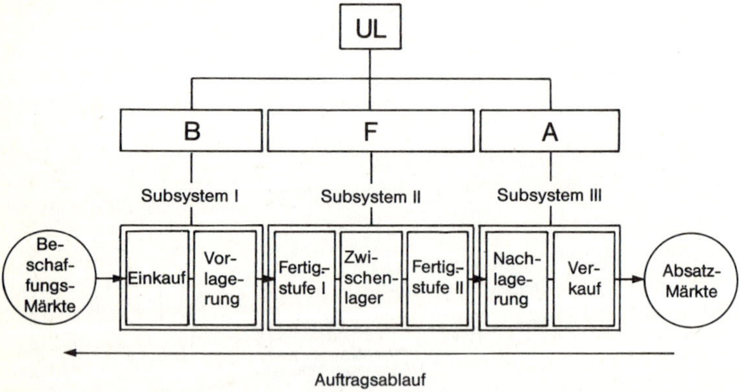

Abb. 2.15: Bildung von Subsystemen aus Verrichtungsaufgaben des Realgüterstroms
(UL = Unternehmensleitung; B = Beschaffung; F = Fertigung; A = Absatz)

Daraus läßt sich unter Hinzufügung der Verrichtungsbereiche **Forschung und Entwicklung** und der **Verwaltung** das Grundmodell einer Verrichtungsorganisation ableiten (vgl. Abb. 2.16). Sind Logistikver-

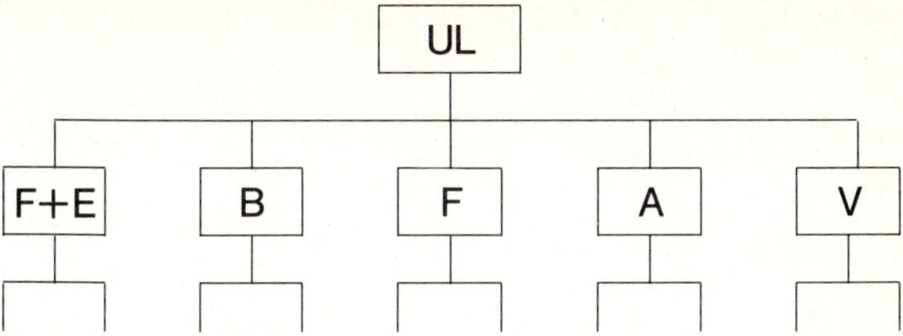

Abb. 2.16: Grundmodell einer Verrichtungsorganisation
(F + E = Forschung und Entwicklung; V = Verwaltung)

richtungen von besonderer Bedeutung, kann das Modell um diese ergänzt werden.

Das Grundmodell der Verrichtungsorganisation kann weiter danach differenziert werden, ob in ihm auf der zweiten und den folgenden Stufen

- Verrichtungs-Subsysteme
- Objekt-Subsysteme (z. B. Erzeugnis- oder Teilegruppen) oder
- Regional-Subsysteme (d. h. nach räumlichen Aktivitätsfeldern gebildete Subsysteme)

gebildet werden (vgl. Abb. 2.17).

Als praktische Beispiele für nach dem Verrichtungsprinzip gestaltete sog. **funktionale** Organisationen können die Strukturen von Einproduktunternehmen dienen.

(2) Das Verhalten der Verrichtungsorganisation

Das Verhalten der Verrichtungsorganisation weist einige charakteristische Merkmale auf, die je nach Voraussetzungen bei der Anwendung beachtet werden müssen.

(a) **Hohe Programmierungsneigung**

Da die Bildung der Subsysteme Beschaffung, Fertigung und Absatz an den Fluß der Realgüter anknüpft, läßt sich der Ablauf zwischen diesen und innerhalb dieser weitgehend programmieren. Routineprogramme werden hier durch ein gegenläufiges System der Auftragsabwicklung, das gleichartig gestaltet werden kann, definiert, in Gang gesetzt und laufen dann nahezu unproblematisch ab. Viele Einzelentscheidungen sind in diesen Routineprogrammen enthalten. Damit lassen sich die Arbeitsbeziehungen zwischen den Subsystemen auf diese programmspezifischen Informationen einengen.

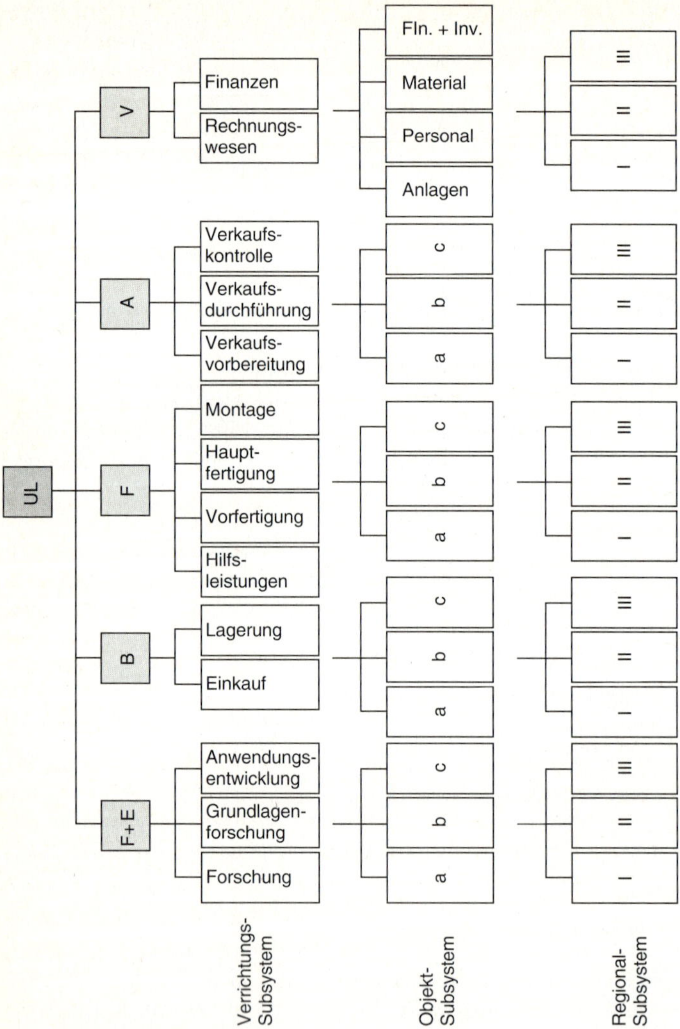

Abb. 2.17: Grundmodell einer Verrichtungsorganisation mit unterschiedlichen Subsystemen

(b) **Ungleichartigkeit der Subsysteme behindert die Innovation**

Die drei wesentlichen Subsysteme, das Innovationssystem mit Schwerpunkt im Forschungs- und Entwicklungsbereich, das Informationssystem mit Schwerpunkt in der Verwaltung und das bereits beschriebene operative System der Beschaffung, Fertigung und des Absatzes bedingen jeweils unterschiedliche Strukturierungskonzepte. Die zumeist gegebene Dominanz des Beschaffungs-, Fertigungs- und Absatzsystems führt tendenziell dazu, daß die für diesen Bereich zweckmäßigen Strukturierungskonzepte (starke Spezialisierung, ausgeprägte Formalisierung, gebundene Informationssysteme, Zentralisation der Entscheidungen, hohe Kontrollintensität) auch auf die anderen Subsysteme übertragen werden. Besonders abträglich ist dies der Forschung und Entwicklung als Innovationssystem. Sie verlangt die Anwendung weitgehend konträrer Strukturierungsverfahren: geringe Spezialisierung, Entformalisierung, ungebundene Informationssysteme, Dezentralisation, geringe Kontrollintensität (vgl. Burns/Stalker [Management] 144).

(c) **Ausgeprägte Segmentierung der Subsysteme**
Aus der Ungleichartigkeit der Subsysteme folgt fast zwangsläufig deren Neigung, sich egoistisch zu verhalten, d. h. sich gegeneinander »abzuschotten« und mit relativ geringen Austauschbeziehungen zu ihrer Umgebung auszukommen. Da die einzelnen Bereiche (Beschaffung, Fertigung usw.) eigene Optimierungskriterien verfolgen, dürfte sich diese Tendenz weiter verstärken.

Die Summe der Suboptima aber garantiert nicht die Optimierung des Gesamtsystems. Steigende Heterogenität des Leistungs- und Absatzprogramms vermehrt diesen zunächst rein quantitativen Effekt noch um eine zusätzliche qualitative Komponente. Das Ausmaß notwendiger übergeordneter Abstimmungsmaßnahmen kann dann relativ leicht die Kapazität der Unternehmensspitze übersteigen.

(d) **Überlastung der Unternehmensspitze durch den »Kamineffekt«**
Ein Verrichtungsmodell ist bezüglich der Verteilung von Entscheidungsaufgaben grundsätzlich **zentral** angelegt. Die Möglichkeiten, Entscheidungen zu dezentralisieren, sind relativ beschränkt. Damit wird bereits durch die grundsätzliche Aufgabenverteilung ein hohes Maß an Entscheidungen der obersten Unternehmensspitze zugeordnet.

Eine mögliche Überlastung der Unternehmensspitze kann weiter auf folgende **Ursachen** zurückgeführt werden:

- die ausgeprägte Segmentierung der Zwischensysteme
- ihre unterschiedlichen strukturellen Ausprägungen
- die weitgehende Erschwernis, teilautonome Einheiten (Profit-Center) zu bilden, die auf eigenen Beschaffungs- und Absatzmärkten operieren
- das Fehlen einer Zwischenebene, die die unterschiedlichen Verrichtungsaspekte der Unternehmensspitze harmonisiert.

Diese Ursachen führen dazu, daß vielfältige und oft unbedeutende Tagesfragen, die der Abstimmung mit anderen Bereichen bedürfen, automatisch erst auf der obersten Unternehmungsebene zum Ausgleich kommen können – also gleichsam von ihr angesogen werden (»Kamineffekt«) – und hier zu einem **Verdrängen von strategischen Überlegungen** führen. Wird die Wirksamkeit des sog. *Gresham*'schen Planungsgesetzes unterstellt (»schlechte ad hoc-Entscheidungen verdrängen gute Plan-Entscheidungen«), ist zu erwarten, daß die Unternehmensleitung die strategische Dimension ihres Handelns unter dem Druck der Erledigung dringender Tagesfragen vernachlässigt: Dringliches aber Unwichtiges verdrängt Nicht-Dringliches, aber Wichtiges, wie das Aufbauen von zukünftigen strategischen Erfolgspotentialen.

(e) **Begrenzte Möglichkeiten zur unternehmerischen Personalentwicklung**

Die hohe Segmentierungs- und Zentralisationsneigung des Verrichtungsmodells führt dazu, daß nur ein relativ kleiner Kreis von Mitarbeitern (die Mitglieder der obersten Unternehmensspitze) in eine generelle unternehmerische Verantwortung gelangt. Unter dieser Spitze sind alle leitenden Mitarbeiter weitgehend spezialisiert und von Entscheidungen der Spitze abhängig. Die Möglichkeiten zur Personalentwicklung für generelle Aufgaben sind in diesem Organisationsmodell äußerst beschränkt. Daraus folgen zwei kritische **personal-politische** Aspekte des Verrichtungsmodells:

- Die in die oberste Leitung aufsteigenden Führungskräfte haben auf einem langen Weg ihrer Karriere als **Fachspezialisten** in einem Bereich gearbeitet und verfügen nur über beschränkte Kenntnisse anderer Bereiche und der Geamtzusammenhänge.
- Je mehr die oberste Unternehmensspitze nicht den Fachspezialisten sucht, sondern – insbesondere bei nichtkollegialen Formen der Unternehmensspitze – den **Generalisten,** stößt sie auf erhebliche Nachwuchs- und Nachfolgeprobleme, da allenfalls aus dem Bereich der Verwaltung (insbesondere Finanzen und Rechnungswesen) Führungskräfte über einen Gesamtüberblick verfügen.

(f) **Vernachlässigung der strategischen Planung**

Während die Anpassungsfähigkeit des Verrichtungsmodells an quantitative Veränderungen der Märkte als relativ hoch eingeschätzt werden kann, besteht die grundsätzliche Gefahr der Vernachlässigung einer qualitativen, strategischen Anpassung. Diese kann auf die sehr starke Bindung an Üblichem und Althergebrachtem (starke Programmierungsneigung im Kern), auf die Schwierigkeiten bei der Behauptung der Eigeninteressen von Forschung und Entwicklung gegenüber diesen programmierten Kerntätigkeiten und die tendenzielle Überlastung der Unternehmensspitze mit Tagesfragen zu Lasten einer strategischen Unternehmensführung zurückgeführt werden. Das Verrichtungsmodell birgt damit die grundsätzliche Gefahr in sich, daß das Unternehmen sich zu stark an die Entwicklung der Lebenszykluskurve eines oder einiger weniger Produkte bindet, zwar mit ihnen wächst, aber auch mit ihnen zugrunde gehen kann.

4.2.1.2 Objektorganisation

(1) Das Grundmodell der Objektorganisation

> Die **Objektorganisation** – von der Organisationspraxis wird sie auch als **divisionale Spartenorganisation** bzw. **Geschäftsbereichs-Organisation** bezeichnet – geht von den Kernprodukten oder Kernproduktgruppen (Objekten) eines Unternehmens aus. Sie knüpft damit bei der Bildung organisatorischer Einheiten am Produktprogramm des Unternehmens an.

Abb. 2.18 zeigt den grundsätzlichen Aufbau eines nach Objekten (= Produktgruppen a, b, c) gegliederten Unternehmens. Zu beachten ist dabei, daß die Objektgliederung zwar dominiert, aber selten ausschließlich zu einer funktionsfähigen Gesamtorganisation führt. Einige Verwaltungsaufgaben (V), die den Gesamtzusammenhang des Unternehmens betreffen (z. B. Finanzen und Rechnungswesen, Personal u. a.), lassen sich kaum allein dezentral den einzelnen Objektbereichen zumessen, so daß sich Ansätze einer **Mischgliederung** bereits prinzipiell zeigen.

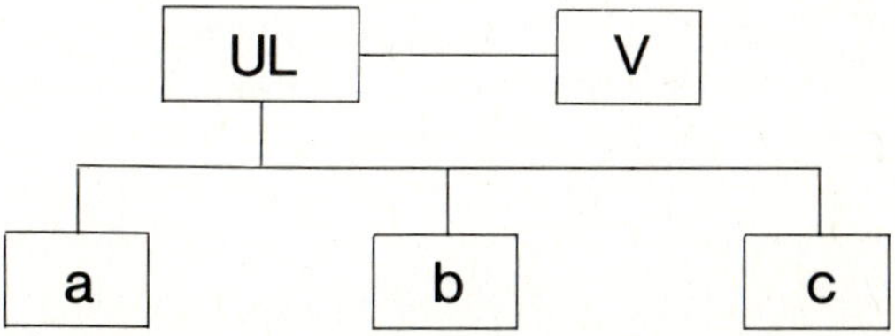

Abb. 2.18: Grundmodell einer Objektorganisation

Werden Abteilungen zur Erfüllung derartiger, übergreifender Aufgaben eingesetzt, müssen diese mit den korrespondierenden Organisationseinheiten der Sparten harmonisiert werden. Es entstehen spartenübergreifende **Zentralabteilungen** (z. B. zentrales Marketing), denen Dezentral-Abteilungen (z. B. Marketing der einzelnen Sparten) gegenüberstehen.

Das Grundmodell der Objektorganisation kann weiterhin danach differenziert werden, ob in ihm auf der zweiten und den folgenden Stufen

- Verrichtungs-Subsysteme,
- Objekt-Subsysteme oder
- Regional-Subsysteme

gebildet werden (vgl. Abb. 2.19).

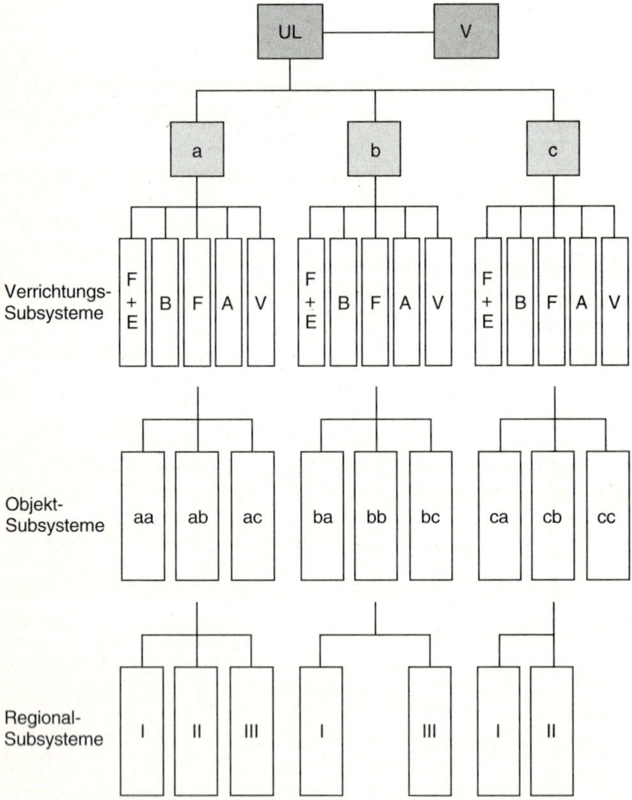

Abb. 2.19: Grundmodell einer Objektorganisation mit unterschiedlichen Subsystemen

(2) Das Verhalten der Objektorganisation

Das Verhalten der Objektorganisation weist einige charakteristische Merkmale auf. Dabei ist davon auszugehen, daß die bei der Darstellung des Verhaltens der Verrichtungsorganisation gemachten Feststellungen auf der Ebene einzelner Geschäftsbereiche erhalten bleiben, da das Objektmodell eine Vervielfachung des Verrichtungsmodells darstellt, das **für jedes Objekt bzw. für Gruppen von Objekten** jeweils **ein eigenes Verrichtungsmodell** schafft.

(a) **Anwendung unterschiedlicher Strukturierungskonzepte und Möglichkeit des Störgrößenausgleichs**

Es besteht die grundsätzliche Möglichkeit, einzelne Unternehmensbereiche nach verschiedenen Strukturierungskonzepten zu gestalten, um differenzierten Kontextbedingungen zu genügen (Beispiel: Unternehmensbereich »Hütte« mit zentralisierter Organisation; Unternehmensbereich »Anlagenbau« mit loser, dezentralisierter Organisation, die mit Projektarbeit durchsetzt ist). Damit dürfte sich die Anpassungsfähigkeit des Gesamtsystems an unterschiedliche Umweltbedingungen erhöhen. Das Objektmodell kann sich in dieser Weise besser an Störungen der Umwelt anpassen als das Verrichtungsmodell. Hier werden nicht nur Außenstörungen zugunsten der Kernfunktionen absorbiert, sondern es erfolgt auch eine Eingrenzung der Störungen auf ganz bestimmte Produktbereiche. Selbst bei gewichtigen Störungen lassen sich Strategien denken, die die Störwirkungen im Gesamtsystem teilweise kompensieren. Bei geschickter Produktwahl und damit verbundener Bildung von Subsystemen können die Störwirkungen entgegengesetzt sein, so daß insgesamt ein **Störgrößenausgleich** stattfindet.

(b) **Relativ hohe Autonomie der Unternehmensbereiche und Spartenegoismus**

Die Objektorganisation kann Unternehmensbereiche, die jeweils eine doppelte Marktbeziehung über die Funktionen »Beschaffung« und »Absatz« aufweisen, mit hoher Autonomie versehen. Damit bieten sich Möglichkeiten der Steuerung über den Erfolg der Subsysteme an, die weitgehend von Verrechnungspreisen unabhängig bleiben, da Marktpreise sowohl auf der Eingangs- als auch auf der Ausgangsseite vorliegen. Statt Kosten oder Leistungen werden Aufwendungen und Erträge und relative Größen wie die Rentabilität zu Maßgrößen für die Beurteilung der Wirtschaftlichkeit der Subsysteme und damit zur Grundlage für die Führung der Subsysteme als **Profit- oder Investment Center.** Diese Aussage ist eingeschränkt gültig für Zentralfunktionen und – bei starker Interdependenz einzelner Unternehmensbereiche – für den Leistungs- und Verrechnungsverkehr zwischen diesen Unternehmensbereichen.

Mit der hohen Autonomie der dezentralen Bereiche wächst in der Objektorganisation aber die Gefahr einer grundsätzlichen suboptimalen Denkweise, des »**Spartenegoismus**«, der die (rechnerischen) Vorteile für den eigenen Bereich zu Lasten des Gesamtergebnisses sucht.

(c) **Vertikale und horizontale Mischgliederungen**

Nur selten läßt sich eine völlige Trennung der einzelnen Unternehmensbereiche nach dem Prinzip des Übergewichts der inneren Bindung erreichen. Im Regelfall bestehen vielfältige Verflechtungen entwicklungs-, beschaffungs-, produktions-, absatz- und verwaltungsmäßiger Art zwischen einzelnen Unternehmensbereichen, unabhängig davon, welches Abgrenzungsprinzip gewählt wird. Je größer der **Interaktionsgrad,** umso schwieriger ist eine hinreichend autonome Abgrenzung der einzelnen Unternehmensbereiche. Damit wird zugleich das angestrebte Ziel, auch rechnerisch verantwortliche Ergebnisbereiche zu schaffen, in der Tendenz unterminiert.

Liegen derartige interaktive Beziehungen vor, so muß bei der organisatorischen Gestaltung nach Lösungen Ausschau gehalten werden, die es ermöglichen, trotz des Interaktionsgrades eine hinreichende Funktionsfähigkeit der einzelnen Unternehmensbereiche auch in ihren Grenzen sicherzustellen. In der Praxis werden hierfür folgende Strategien verwirklicht:

- **Zentralisation:** Es werden z. B. gemeinsam zu nutzende Entwicklungseinrichtungen in einer Zentralabteilung »Entwicklung« zentralisiert (vgl. Abb. 2.12), oder im Fertigungsbereich werden gemeinsam auftretende Fertigungen an einen zentralen technischen Bereich angegliedert.
- **Ausgliederung:** Z. B. das Ausgliedern der Fertigung, die neben die üblichen Unternehmensbereiche auf die gleiche Ebene gestellt wird, aber über keinen eigenen Vertrieb, keine eigene Verwaltung und ähnliches verfügt, oder die Ausgliederung des gesamten Vertriebsapparates (Verkaufsbüros) und ihre Darstellung in einer eigenen Handelsgesellschaft.
- **Dezentralisation:** Das Mandatssystem. Hier werden die gemeinsam zu lösenden Aufgaben (z. B. Vorfertigung) demjenigen Unternehmensbereich zugeordnet, der am meisten Gebrauch von diesen Aktivitäten macht.

(d) **Notwendigkeit der Bildung von Zentralfunktionen**

Das Nebeneinander mehrerer Sparten bringt grundsätzlich eine Vervielfachung der Verrichtungen mit sich (mehrmaliges Auftreten von Forschungs- und Entwicklungs-, Beschaffungs-, Fertigungs-, Absatz- und Verwaltungsaufgaben). Die Objektzentralisation führt hier spiegelbildlich zu einer Dezentralisation der Verrichtungen. Häufig weisen die Objekte eine technologische oder marktliche Verwandtschaft auf. Ein Grenzfall, bei dem dies nicht gilt, wäre der Mischkonzern, z. B. Objekte: Elektrotechnik, Hotellerie, Autovermietung, Versicherung, Bank. Normalerweise aber ergeben sich vielfältige Beziehungen zwischen den einzelnen (vervielfachten) Verrichtungen in den Sparten (z. B. gleiche und ähnliche Stoffe als Ausgangsgrundlage der Fertigung in mehreren Unternehmensbereichen, Kunden treten als Abnehmer von Produkten mehrerer Unternehmensbereiche auf). Diese induzieren Wirtschaftlichkeitsüberlegungen, die nur von zentraler Stelle aus wahrgenommen werden können. So ist z. B. sicherzustellen, daß

- bei dezentraler Forschung und Entwicklung nicht in den einzelnen Unternehmensbereichen Doppelarbeit erfolgt,
- das Unternehmen bei Materialien, die bei mehreren Produktgruppen benötigt werden, als einheitlicher Bestseller nach außen auftritt (mit günstiger Wirkung auf erzielbare Konditionen, z. B. Mengenrabatte),
- eine Flexibilität durch eine Abstimmung des Maschinenparks in den einzelnen Produktgruppen erreicht wird (z. B. Beschäftigungsausgleich zwischen den Maschinen),
- ein einheitliches Vorgehen auf den Absatzmärkten und gegenüber wesentlichen Großkunden möglich wird.

Die Konfiguration verändert sich dabei in Richtung einer »Eieruhr«. Mit der Bildung zentraler Einheiten in Form von Zentralabteilungen (vgl. S. 137 f.) geht eine grundsätzliche Änderung der Konfiguration des organisatorischen Aufbaus einher: War die Verrichtungsorganisation noch weitgehend als Pyramide darstellbar, entsteht nunmehr eine Führung mit zwei Schwerpunkten (vgl. Abb. 2.20).

Die sich abzeichnende Verengung zwischen Ober- und Unterglas der »Eieruhr« bringt die Gefahr eines Auseinanderreißens des Gesamtbildes mit sich (»Soll-Bruchstelle«). Dies gilt insbesondere für die generelle, strategische Orientierung des Oberglases, die sich zunehmend von den Notwendigkeiten des Tagesgeschäftes entfernen kann.

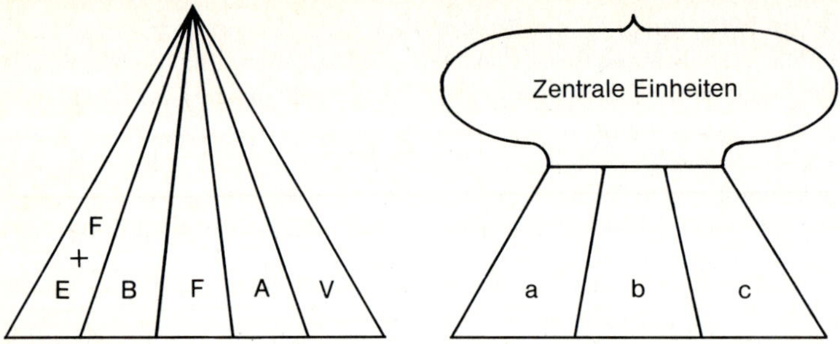

Abb. 2.20: Unterschiedliche Konfiguration von Verrichtungsmodell und Objektmodell

(e) **Schwierige Integration strategischer und taktisch-operativer Aufgaben**

Abb. 2.20 zeigt die Doppelzentrierung der Objektorganisation um zwei Punkte: einem Schwerpunkt strategischer Überlegungen auf zentraler Ebene und einem Schwerpunkt taktisch-operativen Handels auf dezentraler Ebene. Damit stellt sich die Verkoppelung der strategischen und taktisch-operativen Ebenen als ein Grundproblem der Objektorganisation dar. **Zwei Lösungswege** können eingeschlagen werden:

1. Gestaltung der **Verteilungsbeziehungen** zwischen zentralen und dezentralen Bereichen.

Dies ist für die Ausgestaltung und Eingliederung der Unternehmensbereichsleitungen von Bedeutung. Die Unternehmensbereichsleitungen als direktoriale oder kollegiale Organe, bis hin zum »Spartenvorstand« können unterhalb der Unternehmensleitung eingegliedert sein (vgl. Abb. 2.21)

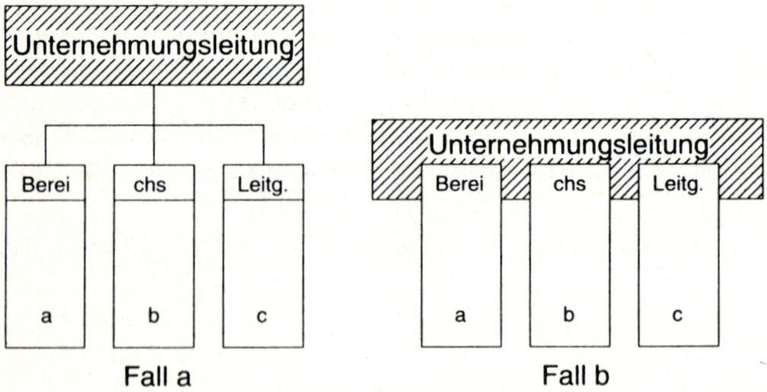

Abb. 2.21: Unter- und Eingliederung der Unternehmensbereichsleitung in die Unternehmensleitung

Je stärker die Abgliederung der Bereichsleitung von der Unternehmensleitung und je deutlicher die Unternehmensleitung selbst nach funktionalen Aspekten ressortiert ist (vgl. Fall a in Abb. 2.21), um so eher stellt sich das Problem des Auseinanderfallens von strategischer und taktisch-operativer Unternehmensführung. Die im Fall b der Abb. 2.21 gezeigte Verschmelzung von Unternehmensbereichs- und Unternehmensleitung stellt eine Möglichkeit zur Vermeidung eines derartigen Fehlverhaltens dar. Hier sind die Vorstände der Bereiche (z. B. der Tochtergesellschaften) Mitglieder der Unternehmensleitung (z. B. der Holding). Diese Konzeption ist beispielsweise bei der Daimler Benz AG verwirklicht.

2. Gestaltung von **Arbeitsbeziehungen** zwischen zentralen und dezentralen Bereichen

Zwischen den zentralen Einheiten und den ihnen entsprechenden dezentralen verrichtungsgebundenen Subsystemen (z. B. zentrale Entwicklungsabteilung zu dezentralen Entwicklungsabteilungen) können direkte fachliche Wechselbeziehungen hergestellt werden. Damit erfolgt eine Ankoppelung der taktisch-operativen Einheiten an die strategische Ebene der Unternehmensführung. Wird gleichzeitig verteilungsmäßig eine Verzahnung der objekt-orientierten Bereichsleitungen mit den übrigen verrichtungsorientierten Aspekten in der Unternehmensleitung vorgenommen, ergibt sich ein gleitender Übergang zu einem mehrdimensionalen (Objekt-/Verrichtungs-)Organisationsmodell.

Werden die Gefahren eines Fehlverhaltens erkannt und organisatorische Gegenkonzepte verwirklicht, bietet das Objektmodell große Möglichkeiten für eine strategische Unternehmensführung. Die Unternehmensleitung steht dann vor einem gefächerten Portfolio zukünftiger Entwicklungen, und sie hat über die Leitung der Finanzströme in die Unternehmensbereiche hinein die Möglichkeit, Erfolgspotentiale für die Zukunft des Unternehmens zu schaffen. Eine solche Denk- und Vorgehensweise ist der Objektorganisation jedoch nicht immanent. Viele praktische Fälle zeigen, daß die Vorschläge der Unternehmensbereiche mehr oder weniger verwaltet werden und daß keine konsequente Umlenkung der Finanzströme zwischen den Unternehmensbereichen erfolgt.

(f) Möglichkeiten der Personalentwicklung

Im Gegensatz zum Modell der Verrichtungsorganisation bietet das Objektmodell vielfältige Möglichkeiten zur unternehmerischen Personalentwicklung. In den einzelnen Unternehmensbereichen sind viele Positionen mit einer generellen unternehmerischen Steuerung anhand marktabhängiger Erfolgsgrößen vorhanden, die eine praxisorientierte Entwicklung unternehmerischer Qualifikationen erlaubt.

4.2.1.3 Regionalorganisation

(1) Das Grundmodell der Regionalorganisation

> Die **Regionalorganisation** geht von den räumlich gebundenen Aktivitätsfeldern – den Regionen – aus. Sie knüpft damit an die regionale Differenzierung der Unternehmenspolitik an.

Auch beim Regionalmodell treten einige Verrichtungen hinzu, die erst die Funktionsfähigkeit des Gesamtsystems herstellen (z. B. Verwaltungsaufgaben wie Finanzen und Rechnungswesen). Damit zeigen sich auch hier – ähnlich wie bei dem Objektmodell – Ansätze einer **Mischgliederung.** Abb. 2.22 zeigt den grundsätzlichen Aufbau eines nach Regionen (I, II, III) gegliederten Unternehmens.

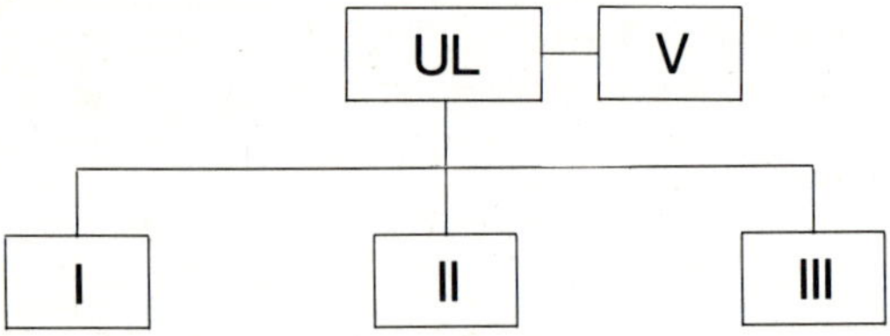

Abb. 2.22: Grundmodell einer Regionalorganisation
(UL = Unternehmensleitung; V = Verwaltung)

Das Grundmodell der Regionalorganisation kann weiter danach differenziert werden, ob es auf der nächst tieferen Stufe

- Verrichtungs-Subsysteme
- Objekt-Subsysteme oder
- Regional-Subsysteme umfaßt (vgl. Abb. 2.23).

(2) Das Verhalten der Regionalorganisation

Das Verhalten der Regionalorganisation weist einige kritische Merkmale auf, die je nach Kontext beachtet werden müssen. Dabei ist davon auszugehen, daß die für das Verrichtungsmodell und für das Objektmodell geltenden kritischen Verhaltensweisen auch im Regionalmodell anzutreffen sind (Ausnahme: Regionalmodell ohne Produktdifferenzie-

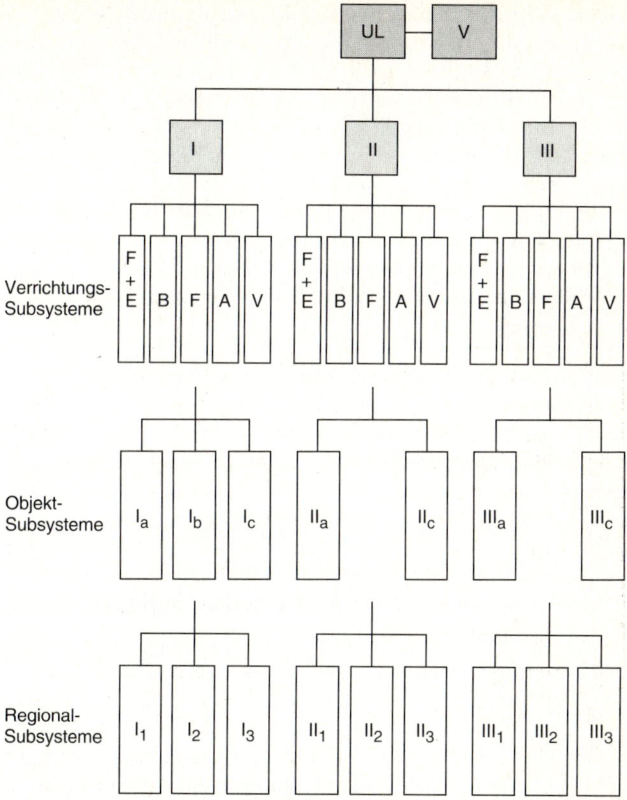

Abb. 2.23: Grundmodell einer Regionalorganisation mit unterschiedlichen Subsystemen

rung) und lediglich durch die spezifischen Belange einer Regionalgliederung überlagert werden. Im folgenden wird daher lediglich auf die spezifische Problematik der Regionalorganisation eingegangen, die sich auf der Ebene der Aggregation von Verrichtungs- und Objektsubsystemen ergibt:

(a) **In den einzelnen Regionen lassen sich unterschiedliche Strukturierungskonzepte verwirklichen**

Die einzelnen Regionen bieten sowohl im nationalen als auch im internationalen Rahmen aufgrund der politischen, ökonomischen, kulturellen und technologischen Besonderheiten im allgemeinen recht unterschiedliche Bedingungen für eine organisatorische Gestaltung. Diesen Bedingungen kann im Rahmen des Gesamtkonzeptes dadurch entsprochen werden, daß in den einzelnen regionalen Subsystemen jeweils andere Strukturierungskonzepte verwirklicht werden. Damit dürfte die Anpassungsfähigkeit des Gesamtsystems an unterschiedlich verlaufende Umweltentwicklungen in den einzelnen Regionen relativ groß sein. Störwirkungen, die in einzelnen regionalen Subsystemen auftreten, lassen sich im Rahmen des Gesamtsystems teilweise kompensieren, häufig aber mindestens in ihren Wirkungen eingrenzen. Bei geschickter Abstimmung der regionalen Systeme können die Störwirkungen derart ausgeglichen werden, daß sich insgesamt ein **Störgrößenausgleich** einstellt.

(b) **Die regionale Autonomie kann Fliehkräfte freisetzen**

Die Einbettung der regionalen Subsysteme in jeweils andere Bedingungen – insbesondere politischer und kultureller Art – bringt eine starke Anpassung an lokale Aspekte fast zwangsläufig mit sich: die Normen der Gastregion werden weitgehend formal und informal verbindlich für das Operieren der Subsysteme. Dies prägt sich rechtlich-organisatorisch z. B. dadurch aus, daß die Subsysteme nicht als Abteilungen, sondern als Tochter- oder Beteiligungsgesellschaften mit Umwegen der Willensbildung und -sicherung über Aufsichtsgremien indirekt geführt werden.

Der im System angelegte Konflikt zwischen zentralen Interessen der Muttergesellschaft und den dezentralen Interessen der regionalen (Landes-)Tochtergesellschaften kann hier noch deutlicher Fliehkräfte in Richtung auf eine Dominanz dezentraler Aspekte freisetzen, als dies bei der ebenfalls auf dem Prinzip der Teilautonomie aufbauenden Objektorganisation bereits der Fall ist. Dieses Problem läßt sich tendenziell dadurch lösen, daß die regionalen Subsysteme als Steuerungseinheiten in einer Zentrale räumlich zusammengefaßt werden (vgl. den 3. Fall des gestaffelten Regionalprinzips in Abb. 2.23). Dadurch verlagert sich die konfliktäre Trennlinie zwischen zentraler und dezentraler Orientierung eine Stufe nach unten (Landesgesellschaften einer Region versus Regionalmanagement in der Zentrale). Die räumliche Dezentralisierung der regionalen Steuerungseinheiten in die Region hinein dürfte dagegen eher eine tendenziell stärkere Identifikation dieser Einheiten mit den dezentralen Aspekten der Region bewirken.

(c) **Notwendigkeit der Bildung von Zentralfunktionen**

Die Tatsache, daß in einem Regionalmodell – je nach Vorhandensein und Gliederung – auf unterer Ebene Verrichtungs- und/oder Objekt-subsysteme auftreten, induziert auf zentraler Ebene **Harmonisations**bedürfnisse. Ihnen muß durch Zentralfunktionen entsprochen werden, z. B. durch die Bildung von Zentralstellen, -abteilungen oder Ausschüssen zur umfassenden Harmonisation unterschiedlicher Verrichtungen mit zusätzlichen Einheiten zur (»weltweiten«) Harmonisation von Objekten (Produktmanagement).

(d) **Probleme der Entwicklung eines überregional qualifizierten, mobilen Stammes an Führungskräften**

Bei international regionalisierten Unternehmen wird die nationale Herkunft der Führungskräfte häufig zum Problem. Im Idealfall müßten Führungskräfte international in allen Regionen einsetzbar sein. Sprachkenntnisse, persönliche Präferenzen und Immobilität markieren faktisch jedoch enge Grenzen für eine derartige Personalpolitik. Hinzu kommt die aus der nationalen Tradition der Muttergesellschaft heraus erklärbare Tendenz, dem Gesamtsystem den Stempel ihrer Organisations- und Führungsstruktur über die Besetzung relevanter Führungspositionen aufzudrücken. In dieser Weise sind viele »Multis« von einer echten Internationalisierung des Systems noch weit entfernt, sie stellen bestenfalls nationale Unternehmen mit internationalen Interessen dar.

4.2.2 Mehrdimensionale Organisationsmodelle

Mehrdimensionale Organisationsmodelle wenden bei der organisatorischen Strukturierung auf der oberen Gliederungsebene mehrere Zentralisationskriterien gleichgewichtig und simultan an. Sie lassen sich in zweidimensionale **Matrixmodelle** und (mindestens) dreidimensionale **Tensormodelle** einteilen.

Zwei unterschiedliche Ausprägungen sind denkbar:

Im ersten Fall werden Aufgaben auf zwei Dimensionen derart verteilt, daß im Schnittpunkt mehrerer Dimensionen keine organisatorischen Einheiten, sondern gemeinsam zu lösende **Probleme** stehen. Während die Verteilungsbeziehungen formalisiert sind, ergibt sich der Arbeitsbezug problemabhängig und zwangsläufig. Abb. 2.24 zeigt ein derartiges Organisationsmodell.

Im zweiten Fall werden in den Schnittpunkt mehrerer Dimensionen organisatorische **Einheiten** gestellt, die über die Gestaltung von Arbeitsbeziehungen mit mehreren Dimensionen verbunden werden. Abb. 2.25 zeigt einen derartigen Fall.

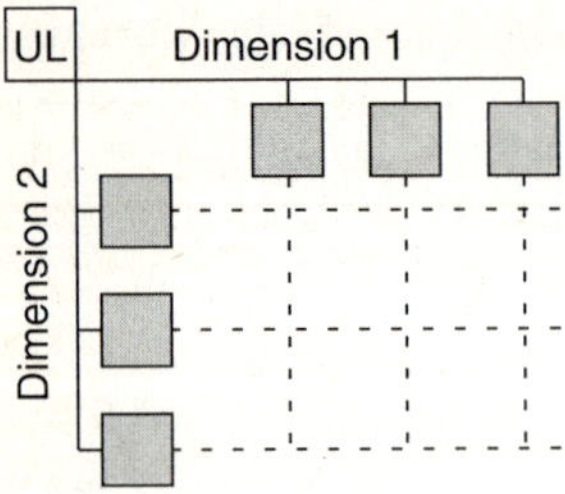

Abb. 2.24: Matrix-Organisation durch Verteilung von Aufgaben

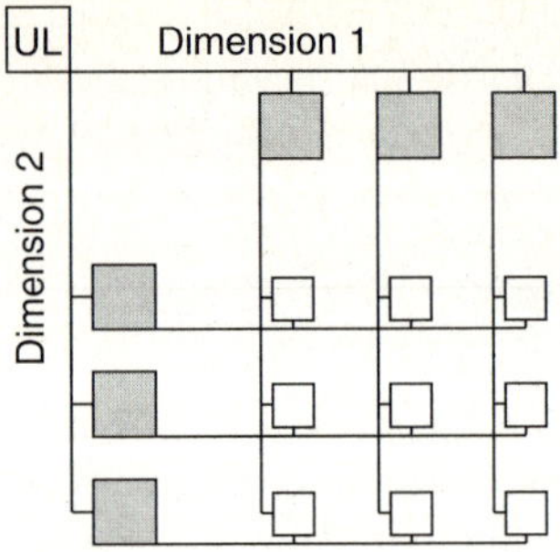

Abb. 2.25: Matrix-Organisation durch Mehrfach-Anbindung organisatorischer Einheiten

4.2.2.1 Grundmodelle der Matrixorganisation

Je nachdem, welche Aufgabendimensionen in einer Matrix berücksichtigt werden, lassen sich folgende Matrixmodelle unterscheiden:

(1) Werden primäre Verrichtungen, die sich unmittelbar auf die Hervorbringung der Leistung des Unternehmens beziehen (Entwicklung, Beschaffung, Fertigung, Absatz), und sekundäre Verrichtungen, die sich durch eine nur mittelbare Leistungsbezogenheit auszeichnen und die Voraussetzung für die fortlaufende Erfüllung der primären Verrichtungen darstellen (Forschung, Logistik, Personal, Controlling, Treasuring), berücksichtigt, entsteht eine **Verrichtungsmatrix in sich** (vgl. Abb. 2.26).

Abb. 2.26: Matrix primärer und sekundärer Verrichtungen
(E = Entwicklung; B = Beschaffung; F = Fertigung; A = Absatz)

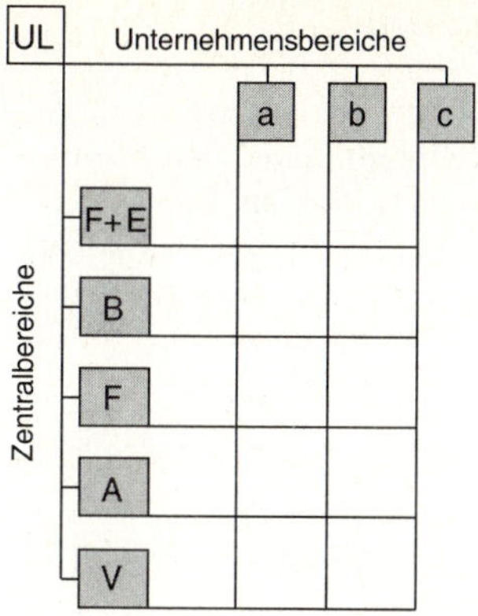

Abb. 2.27: Verrichtungs-Objektmatrix

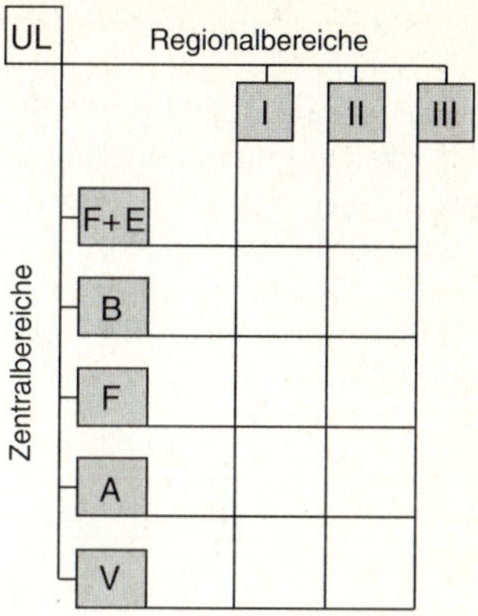

Abb. 2.28: Verrichtungs-Regionalmatrix

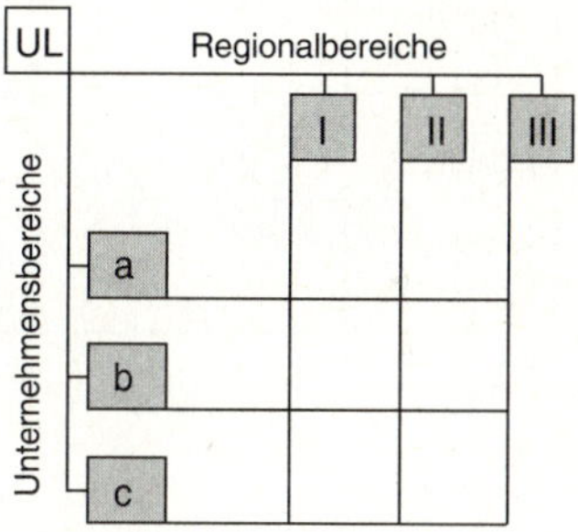

Abb. 2.29: Objekt-Regionalmatrix

(2) Werden Verrichtungen und Objekte berücksichtigt, entsteht eine **Verrichtungs-Objektmatrix** (vgl. Abb. 2.27).

(3) Werden Verrichtungen und Regionen berücksichtigt, entsteht eine **Verrichtungs-Regionalmatrix** (vgl. Abb. 2.28).

(4) Werden Objekte und Regionen berücksichtigt, entsteht eine **Objekt-Regionalmatrix** (vgl. Abb. 2.29). Ein derartiges Modell muß durch die Eingliederung von Verrichtungen über Zentralabteilungen oder Kollegien ergänzt werden, um arbeitsfähig sein zu können.

4.2.2.2 Grundmodell der Tensororganisation

Das Grundmodell der Tensororganisation geht von der simultanen Berücksichtigung aller Dimensionen der Aufgabe eines Unternehmens aus. Dabei ist von mindestens drei Dimensionen an der Ausdruck »Tensor-Modell« angebracht. Dimensionen sind im Regelfall Verrichtungen, Objekte und Regionen (vgl. Abb. 2.30). Denkbar ist als vierte Dimension die Hinzufügung von Organisationsformen auf Zeit (**Projektorganisation**).

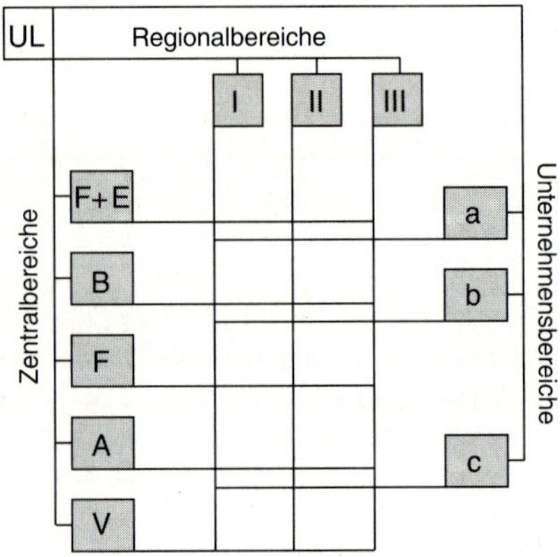

Abb. 2.30: Tensor-Modell

4.2.2.3 Das Verhalten mehrdimensionaler Organisationsmodelle

Der Weg zu mehrdimensionalen Organisationsmodellen verlangt die Aufgabe einer Reihe traditionell geprägter – und offensichtlich in der organisatorischen Erfahrung der Vergangenheit bewährter – Organisationsprinzipien, wie operational auch immer diese formuliert sein mögen. Damit werden aber zugleich neue Fragen gestellt:

(1) **Problematische Kompetenzabgrenzung**
Werden unter einer Kompetenz die Rechte und Pflichten zur Erfüllung von Führungs- und Ausführungsaufgaben verstanden, so stellt sich zusätzlich zum Problem der Kompetenzabgrenzung bei eindimensionalen Organisationsformen im Übergang zur Mehrdimensionalität eine besondere Schwierigkeit. Bei allen Modellen, die Organisationseinhei-

ten in den Schnittpunkt der Matrix stellen, ergibt sich eine **Mehrfachunterstellung** und damit eine mehrfache Weisungsbeziehung, die von einem Gleichgewicht der Einflußnahme ausgeht. Dies läuft den Aufgabenträgern, die über längere Erfahrungen in eindimensional strukturierten Organisationen verfügen, häufig entgegen und führt von daher zu einer Labilität dieser Organisationsmodelle.

(2) **Zunahme der Organisationsprogrammierung**

Die Hinweise, daß mehrdimensionale Organisationsmodelle Konflikte häufig über teamförmige Abstimmungsprozesse lösen, lassen zunächst vermuten, daß derartige Alternativen grundsätzlich von einer geringeren Programmierungstendenz ausgehen, als dies bei eindimensionalen Organisationsmodellen der Fall wäre. Einer solchen Ansicht ist aus der Organisationspraxis entgegenzutreten, wenn ein teamfreudiges Zusammenarbeiten nicht zu den Erfahrungs- und Verhaltenstatbeständen einer entwickelten Organisationskultur gehört. Wenn z. B. *Schemkes* ([Kompetenzabgrenzung] 438) darauf hinweist, daß alle Regelungen zur Aufteilung und Abgrenzung von Anordnungskompetenzen vor Eintritt von Kompetenzschwierigkeiten und Konfliktfällen getroffen werden, dann deutet sich darin bereits die Tendenz an, mögliche Probleme, die sich aus unklaren Kompetenzabgrenzungen ergeben, vorab durch ein hohes Maß an Regelungsintensität zu vermeiden und zusätzlich für das Unprogrammierbare Konfliktlösungsmechanismen bereitzustellen.

Bezüglich der Art der Regelung kommt es besonders darauf an, die ablauforganisatorischen Zusammenhänge transparent zu machen. Zum Beispiel ist festzulegen, wie der komplexe Handlungsprozeß zwischen den betroffenen Dimensionen ablaufen soll. In ablauforganisatorischer Hinsicht ist die Form und das Ausmaß von Doppelunterstellungen zu kennzeichnen.

(3) **Erweiterte Leitungsspannen verlangen flankierende Führungssysteme**

Damit die bei mehrdimensionalen Organisationsmodellen gegebene Erweiterung der Leitungsspanne sowohl für die Führungskräfte als auch für die Mitarbeiter zu bewältigen ist, sind verschiedene organisatorische Maßnahmen erforderlich: Einerseits sind alle regelbaren Vorgänge weitgehend zu delegieren. Andererseits sind »alle Register« neuzeitlicher Führungssysteme zu ziehen, um eine kollegiale Abstimmung herbeizuführen: **Management by objectives,** d. h. die Vereinbarung allgemeinverbindlicher Ziele zur Schaffung akzeptierter Orientierungsgrößen; Verantwortungsgesamtheiten anhand von überlappenden Erfolgsgrößen; Anreiz-, Beurteilungs- und Entwicklungssysteme im Personalbereich.

(4) **Erschwerte Konfliktlösung**

Durch die Gleichberechtigung mehrerer Dimensionen werden **Konflikte** zwischen ihren Repräsentanten an den Schnittpunkten mehrdimensionaler Strukturen **institutionalisiert.** Diese Offenlegung von Differenzen soll eine sachbezogene, qualitativ hochwertige Problemlösung fördern. Durch die Institutionalisierung von »**beabsichtigten**« **Konflikten** sollen weiter Such-, Lern- und Kommunikationsprozesse ausgelöst werden, die zur Verwirklichung neuer Verfahren oder Ideen führen können, so daß dieser Konflikt letzten Endes **produktiv** ist. Ein offenes Problem ist jedoch, in welchem Ausmaß durch die Personalisierung von Konflikten (z. B. unterschiedliche Ausbildung, divergierende Interessen und Wertvorstellungen der Konfliktparteien) die konstruktiven Wirkungen des institutionalisierten Konflikts wieder aufgehoben oder sogar in ihr Gegenteil verkehrt werden.

(5) **Qualifizierte Anforderungen an eine kooperative Führungsform**

Eine mehrdimensionale Organisationsstruktur stellt gleichsam eine Provokation zur Zusammenarbeit dar, die sich in einer kooperativen Führungsform ausdrückt. Bei aller Teamarbeit, die zur Entlastung der Vorgesetzten beitragen mag, verbleibt jedoch für die Leitung einer Matrix die Bereitstellung von Konfliktlösungsmechanismen.

Ohne auf alle Einzelheiten einer Prägung kooperativer Führungsformen eingehen zu können (vgl. dazu Bleicher/Meyer [Führung] 153 ff.), verbleibt die Frage, ob die Führung nicht angesichts der vielschichtigen Führungsproblematik **überfordert** wird.

(6) **Hohe Ansprüche an menschliche Fähigkeiten**

Die Komplexität und Dynamik der Arbeits- und Verteilungsbeziehungen, die sich in der Schaffung detaillierter organisatorischer Regelungen und bei der Gestaltung optimaler Leitungsspannen niederschlägt, sowie die besonderen Probleme, welche sich für die Führungskräfte und ihre Mitarbeiter durch die Institutionalisierung von Konflikten ergeben, stellen hohe Anforderungen an jeden Einzelnen. Wie groß die Konfliktintensität und die Mehrdimensionalität der Beziehungen sein dürfen, ohne die Intelligenz des Menschen, insbesondere seine Fähigkeit zur Informationsaufnahme und Informationsverarbeitung zu überfordern, ist eine noch weitgehend ungeklärte Frage.

4.2.3 Holding-Strukturen

Traditionelle Modelle der Organisation unterstellen weitgehend das Vorliegen einer **Einheitsgesellschaft.** Die Internationalisierung von Aktivitäten, die in Tochtergesellschaften unterschiedlicher nationaler Rechtsformen abgewickelt werden, und Übernahmen anderer rechtlich selbständiger Unternehmungen haben zu einer zunehmenden Ausformung von **Konzernstrukturen** geführt, bei denen einem **Stammhaus** oder einer separierten Leitungsgesellschaft (**Holding**) eine Mehrzahl von Tochter- und Beteiligungsgesellschaften angegliedert sind. Eine derartige Entwicklung akzentuiert die Frage nach der rechtlichen **und** der wirtschaftlichen Selbständigkeit von Subsystemen. Grundsätzlich sind dabei aus wirtschaftlicher Sicht **zwei unterschiedliche Gestaltungsprinzipien** in der Leitung von Konzernen denkbar:

(1) Die **wirtschaftlichen** Aspekte der Leitung setzen sich gegenüber den rechtlichen Bedingungen mehr oder weniger durch. Ein Konzern wird dann unter formeller Beachtung der Rechtsvorschriften fast genauso geführt, wie eine Einheitsgesellschaft. Zwar werden die rechtlich vorgeschriebenen Organe in den Tochtergesellschaften gebildet, diese aber durch Beherrschungs- und Gewinnabführungsverträge, vor allem aber durch die Sanktionskompetenz zur Abberufung von Spitzenführungskräften faktisch an die Entscheidungsmacht der Muttergesellschaft gebunden (**Stammhauskonzern** ohne Holding).

(2) Die **rechtlichen** Aspekte werden bewußt dazu benutzt, die Autonomie der Tochtergesellschaft zu stärken, um auf diesem Weg der Dezentralisation Eigenentwicklungskräfte im Gesamtkonzern freizusetzen. Dies führt zu einer Neustrukturierung der Muttergesellschaft, deren eigentlicher Geschäftsbereich nun als eigene Tochtergesellschaft in die Reihe der anderen Tochtergesellschaften einbezogen wird, während die Konzernleitung als **Holding** von dem Interessenkonflikt der strategischen und operativen Steuerung des Stammhauses und des Gesamtkonzerns befreit wird. Dies geschieht, indem sie nur noch Gesamtführungsaufgaben insbesondere der Steuerung der Finanz- und Investitionsströme und der Besetzung von wesentlichen Führungspositionen im Konzern und der Personalvergütung und -entwicklung eines beschränkten Kreises von Spitzenführungskräften wahrnimmt (vgl. Abb. 2.31).

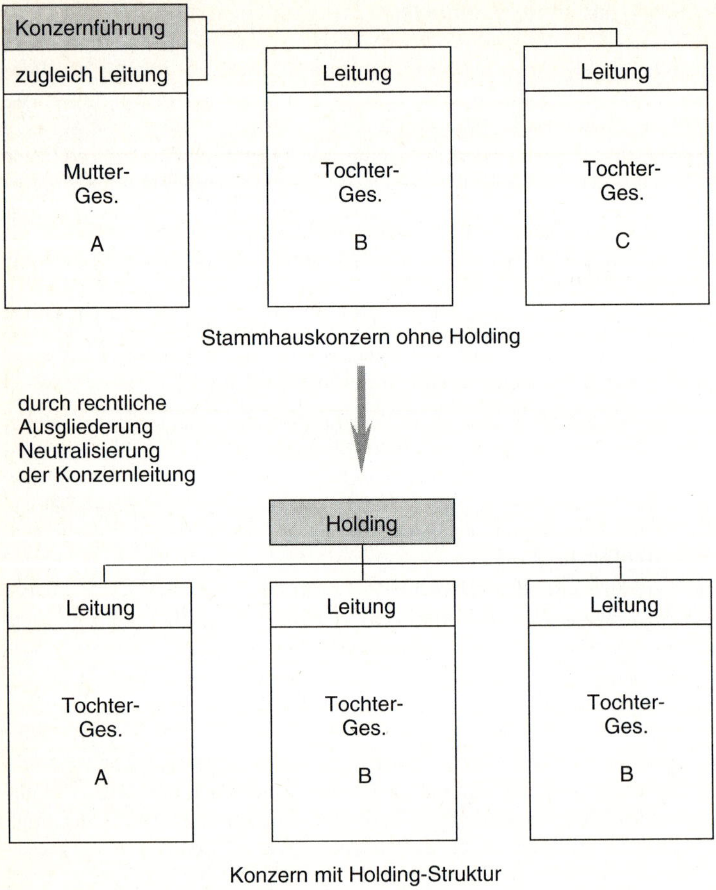

Abb. 2.31: Vom Stammhauskonzern zur Holding-Struktur

5 Die Harmonisation von Strategie, Struktur und Kultur

5.1 Strategie und Struktur

Entwicklungen und Einflußnahmen aus der **Umwelt** fordern die Führung heraus, sich den daraus resultierenden Chancen und Gefahren über die Formulierung einer **Unternehmenspolitik** zu stellen. Die Organisation hat das Finden dieser unternehmenspolitischen Ziele und deren Verfolgung durch eine integrative ganzheitliche Strukturierung zu unterstützen. Die organisatorische Gestaltung vollzieht sich dabei auf drei Ebenen:

- der **Elementarebene,** indem die Systemelemente Aufgabe, Person und Sachmittel zu kleinsten leistungsbereiten Einheiten (= Basissystemen) verknüpft werden, wobei **Subsysteme kleinster Ordnung** (»**Stellen**«) entstehen,
- der **Zwischensystemebene,** indem Basissysteme selbst zu **Subsystemen höherer Ordnung** verknüpft werden (ohne Hinzufügung leitender Basissysteme = »**Arbeitsgruppen**«; mit Hinzufügung leitender Basissysteme = »**Abteilungen**«) und
- der **Gesamtsystemebene,** indem Zwischensysteme auf höchster Unternehmensebene unter Hinzufügung einer Spitzenleitung als oberstem leitenden Basissystem zum Gesamtsystem (»das Unternehmen«) integriert werden.

Die **Konfiguration** eines Organisationssystems folgt den jeweiligen organisatorischen Gestaltungsmöglichkeiten auf den genannten drei Ebenen.

Die unternehmenspolitische Forderung umfaßt eine **Gestaltungskonzeption,** die umweltbezogen auf dem Feld **möglicher** alternativer Formen und Modelle organisatorischer Strukturierung eine Art »Korridor« **wünschenswerter und akzeptabler** Lösungen definiert, die zu entwickeln, bewerten und gestalten sind. Die **Organisationspolitik** als Teil einer gesamthaften Unternehmenskonzeption zur Sicherung der Überlebens- und Entwicklungsfähigkeit des Unternehmens wird damit zum Ausgangspunkt für konkretes organisatorisches Handeln in den Phasen der Planung, Implementation, Realisation und Kontrolle der

Organisation, wie in dem Lehrbuch »Unternehmensentwicklung und organisatorische Gestaltung« dieser UTB-Reihe näher beschrieben.

Die **strategische Unternehmensführung** (Programm-, Potential-, Organisationsplanung) will Richtung, Ausmaß und Struktur der Unternehmensentwicklung bestimmen. Sie ist während des letzten Jahrzehnts deutlich in den Mittelpunkt der Führungsaufgabe gerückt. *Alois Gälweiler* [Führung] siedelt sie im Bereich der Suche, des Aufbaus und der Sicherung von Erfolgspotentialen an. Mit *Igor Ansoff* wird sie zu einem Planungsprozeß. »Jede Unternehmung ist letztlich so gut oder so schlecht wie ihre Führung.« (Hahn [Unternehmungsplanung] 58).

Unternehmensführung ist allerdings nicht nur ein Komplex sachrationaler Entscheidungsbildung, sondern eingebettet in ein Netz sozioemotionaler Strukturen. So wird die Strategiewahl des Managements letztlich von dessen Präferenzen entscheidend mitgesteuert. Aufgrund dieser – auch in vielen Erfolgsbüchern zutage tretenden – Einsichten vollzieht sich allmählich eine Trendwende in der Betriebswirtschaftslehre von einer rein ökonomisch orientierten Disziplin zu einer Ökonomisches und Soziales integrierenden **Wissenschaft vom Management.** Diese kann nicht vor der konzeptionellen Ausrichtung ihres wesentlichen Betrachtungsobjekts – der Unternehmensführung – haltmachen. Strategische Unternehmensführung ist daher in ganzheitlicher Sicht immer zukunftsorientierte Integration ökonomischer und sozialer Elemente und Beziehungen im Rahmen einer Konzeption der Anpassung des Unternehmens.

Die Anpassung eines Unternehmens an seine Umwelt wirft eine Reihe existenzieller **Kongruenzprobleme** auf. *Lawrence/Lorsch* [Organization] kennzeichnen diese mit der Forderung, daß zwischen einzelnen Anpassungsfeldern ein »**organizational fit**« hergestellt werden müsse. Dieser erfordert eine Abstimmung zwischen (vgl. Abb. 2.32):

- **Umwelt und Unternehmen** ①. Sie wird durch die Unternehmenspolitik, hier vor allem durch die unternehmenspolitischen Ziele, vollzogen.
- **Unternehmenspolitik und übrigen Subsystemen des Unternehmens.** Die Unternehmenspolitik umreißt nicht nur – aus dem Abgleichen externer Chancen und Risiken mit den intern gegebenen Problemlösungsfähigkeiten – Ziele, sondern sie definiert auch Maßnahmen, indem sie den Mitgliedern einen »Korridor« strategischer Alternativen bei der Realisierung der Sachziele vorgibt. In diesem Raum erfolgt die strategische Planung der Potentiale, nämlich der **ökonomischen** (»Programmplanung«), **humanen** (»Personalplanung«),

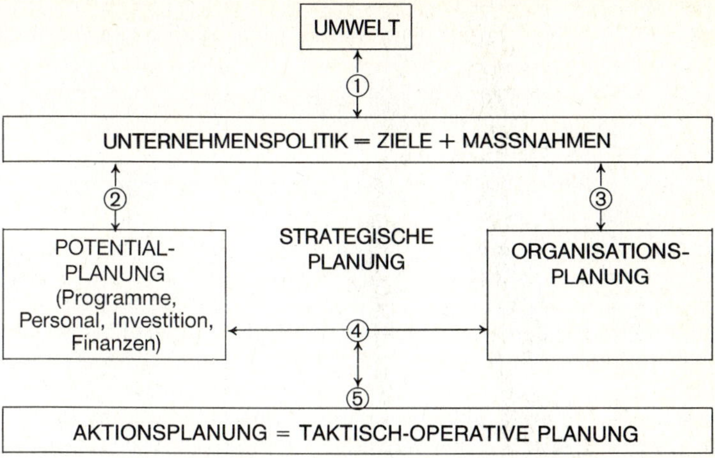

Abb. 2.32: Anpassungsfelder des »Organizational fit«

technischen (»Investitionsplanung«) und **nominalen** (»Finanzplanung«) Potentiale. Sie wird ergänzt durch die Planung **organisatorischer Strukturen.** Potential- und Organisationsplanung als strategische Ausfüllung und Konkretisierung der Unternehmenspolitik folgen den ökonomischen und sozialen Zielen, die gleichfalls Teil des unternehmenspolitischen Konzeptes sind:

- **Potentialplanung** ② und **Organisationsplanung** ③ sind jeweils in einen »fit« mit den unternehmenspolitischen Vorstellungen und weiter
- in eine Kongruenz miteinander zu bringen ④. Aus dieser strategischen Planung heraus erfolgt die
- **taktisch-operative Umsetzung in eine Aktionsplanung,** die selbst in ein »fit«-Verhältnis zur strategischen Planung gebracht werden muß ⑤.

Von den dargestellten Anpassungsfeldern ist organisatorisch vor allem das Feld der **Kongruenz von Potentialplanung und Organisationsplanung** ④ thematisiert worden. Dabei wird häufig von der Vorstellung einer sukzessiven Planabstimmung zur Herstellung eines »fit« ausgegangen.

> *Chandler* ([Strategy] 14) stellte anhand empirisch-historischer Untersuchungen größerer amerikanischer Unternehmen die These auf: »**structure follows strategy**«, d.h. die Anpassung von Organisationsstrukturen folgt erst mit deutlichem zeitlichen Abstand Veränderungen der Strategie.

Dem ließe sich entgegenhalten, daß die Organisation durch die Art der Arbeitsteilung und Harmonisation schließlich Denk- und Verhaltensweisen von Entscheidungsträgern beeinflusse und sogar in bestimmte Bahnen lenke, wodurch überhaupt erst bestimmte Zielsuch- und -definitionsprozesse eingeleitet werden, die zur Wahl unternehmensspezifischer Strategien führen. Dies würde dann *Chandlers* These umkehren: »**strategy follows structure**«. Idealerweise sollte das Verhältnis von Potential- und Organisationsplanung im Rahmen der strategischen Planung in einem Verhältnis sich gegenseitiger Beeinflussung gesehen werden.

5.2 Struktur und Kultur

Stellen die dargestellten Kongruenzprobleme des Erreichens eines »fit« zwischen verschiedenen Größen auf **zukunftsorientierte Veränderungen** von Potentialen und Strukturen ab, so sind dabei wesentliche **Restriktionen der Vergangenheit** zu beachten. Sie können ähnlich wie die »Korridorfunktion« der Unternehmenspolitik die Wahl organisatorischer Gestaltungsalternativen einengen und in extremen Fällen sogar determinieren:

– Im Felde **sach-rationalen** Unternehmensgeschehens ist dies der gegebene **Bestand an ökonomischen, humanen, technischen und finanziellen Potentialen,** die aufgrund vorausgegangener Entscheidungen die aktuellen Ressourcen des Unternehmens bilden.

Neben dem Herstellen einer Balance zwischen den genannten Potentialgruppen ist ihre Aggregation in der Unternehmensgröße von Bedeutung. Sie indiziert die Komplexität eines Systems, die durch Organisation und Planung bewältigt werden muß. In dem Lehrbuch »Unternehmungsentwicklung und organisatorische Gestaltung« dieser UTB-Reihe wird der Zusammenhang von Unternehmensgröße und ihrer Veränderung im Zeitablauf (»Unternehmungsentwicklung«) mit der organisatorischen Anpassung näher dargestellt.

– Im Felde **sozio-emotionalen** Unternehmensgeschehens ist es der **Bestand an Normen und Werten,** der sich im Laufe der Unternehmensgeschichte gebildet hat und das **Verhalten** der Organisationsmitglieder prägt. Jedes Unternehmen scheint hier vor dem Hintergrund der soziokulturellen Umwelt eine eigene **Organisations- und Führungskultur** zu entwickeln, die zu einer kollektiven Programmierung menschlichen Denkens und Handelns führen kann (vgl. Hofstede [Kultur] 1169). Es sind die spezifischen Erfahrungen aus der Vergangenheit, die Historie gelungener und mißlungener Problemlösungen, die sich in ungeschriebenen Gesetzen niederschlagen und durch Erzählungen, sensible persönliche Eigenkorrektur, Mythen, Traditionen und Zeremonien in die Gegenwart übertragen. Diese »informalen Erscheinungen«, die zwar Einfluß auf die formalen Regelungen des Systems nehmen, aber selbst nicht formalisiert sind, **verankern die Gegenwart des Systems in seiner Vergangenheit.** Damit stellt die Vorwelt des Systems als Summe seiner besonderen Historie gleichsam die **Basis für die zukünftige Evolution** dar (vgl. dazu Abb. 2.33).

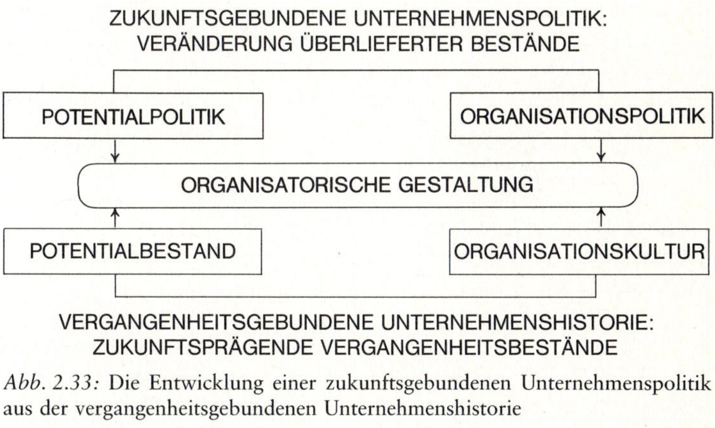

Abb. 2.33: Die Entwicklung einer zukunftsgebundenen Unternehmenspolitik aus der vergangenheitsgebundenen Unternehmenshistorie

Eugen von Keller ([Management] 114 f.) hat versucht, die besonderen **Eigenschaften** einer solchen **Kultur** in wenigen Stichworten zusammenzufassen:

- Kultur ist **menschgeschaffen;** sie ist ein Produkt kollektiven gesellschaftlichen Denkens und Handelns einzelner Menschen;
- Kultur ist **überindividuell,** ein soziales Phänomen, das den einzelnen überdauert;
- Kultur wird **erlernt;**

- Kultur ist **verhaltenssteuernd:** Sie drückt sich in (nicht-formalisierten) Regeln, Normen und Verhaltenskodices aus;
- Kultur strebt nach innerer **Konsistenz und Integration:** »Kultur ist jenes Instrument, mit dem eine Gesellschaft die Anpassung an ihre Umwelt bewerkstelligt. Gleichzeitig stellt sie jedem einzelnen Individuum bewährte Methoden und Instrumente zur Lösung der Probleme des täglichen Überlebens und zur Befriedigung seiner biologischen und sozialen Grundbedürfnisse zur Verfügung.«
- Kulturen sind **anpassungsfähig** und unterliegen Anpassungsprozessen, die im Falle der Kulturrevolution graduell und allmählich ablaufen.

Diese Kennzeichnung verdeutlicht die besondere Rolle einer Organisationskultur, nämlich **Bindeglied** zwischen der **Tradition der Systemvorwelt** und der **Innovation der Systemzukunft** zu sein. Auch für das einzelne Unternehmen ist dies keine neue Feststellung, denn in der Geschichte von Unternehmen findet sich immer wieder der Hinweis auf die besondere innovative und wenig formalisierte Verhaltensweise in der sog. **Gründungsphase,** der Tradition und bürokratische Verhaltensweisen in der **Reifephase** gegenübergestellt werden.

> *Chandlers* These läßt sich um die Feststellung erweitern: »**Strategy and structure follow culture**«.

Schachtelmodell (Grundriß)	Legende
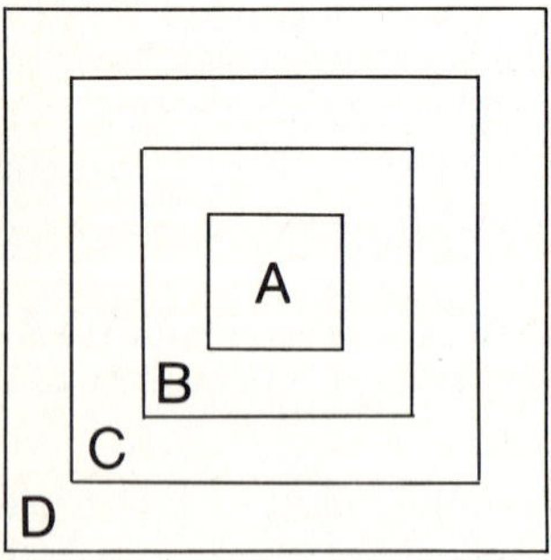	A Privatkultur = kulturelle Standards eines Individuums (sog. Propriozept) B Unternehmungskultur = kulturelle Standards einer Unternehmung C Branchenkultur = kulturelle Standards einer Branchengemeinschaft D Gesellschaftskultur = kulturelle Standards einer ganzen Gesellschaft

Abb. 2.34: Schachtelmodell institutioneller Kultur (nach Scheuss [Strategische Anpassung])

Zunehmend rückt das Verhältnis von strategischer Unternehmensführung und Unternehmenskultur in den Mittelpunkt des Interesses. Zu den traditionellen »harten« ökonomischen Gestaltungsfaktoren treten mehr und mehr »weiche«, die sich in der sozialen Dimension des Unternehmens entwickeln (Peters/Waterman [Excellence]; Ouchi [Theory Z]; Pascale/Athos [Art]) und unter dem Stichwort der »**Unternehmenskultur**« zusammengefaßt werden.

Unternehmenskultur steht in unmittelbarer Interdependenz mit dem kulturellen Code des Individuums auf der einen sowie den Werten und Normen der Unternehmens-, Branchen- und Gesellschaftskultur auf der anderen Seite. Das Ordnungsgefüge dieser sich partiell überschneidenden Kulturbereiche zeigt Abb. 2.34.

Das Profil der Unternehmungskultur im Spannungsfeld zwischen den Extrempolen verdeutlicht Abb. 2.35. Die gegensätzlichen Randpositio-

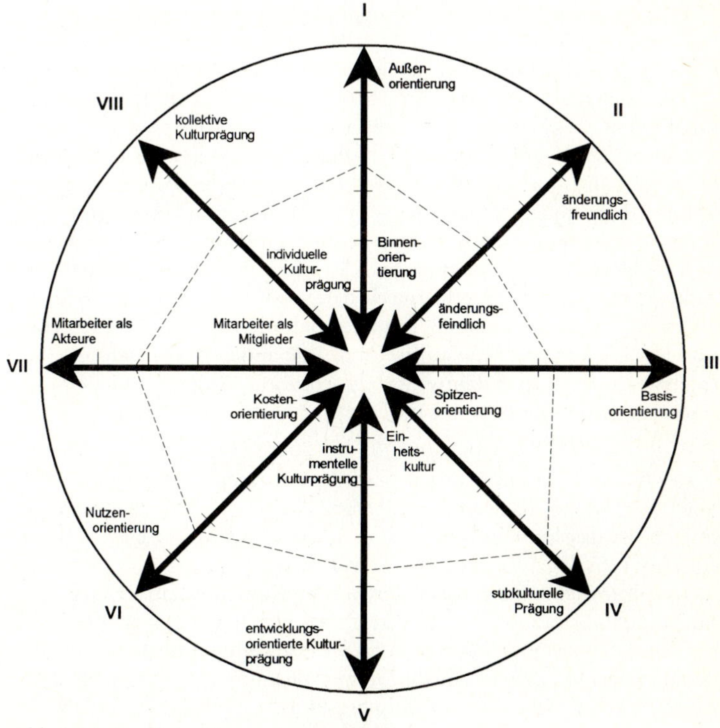

Abb. 2.35: Profil der Unternehmungskultur

nen werden durch Merkmalsausprägungen beschrieben. Die gestrichelten Linien stellen ein Beispiel für das Profil einer Unternehmenskultur dar. (Man beachte die vielfältigen Parallelen zur Konfiguration einer Organisation, Abb. 2.7). Die Merkmalsausprägungen der Unternehmungskultur sind in Abb. 2.36, S. 179–181, dargestellt.

5.3 Strategie und Kultur

Abschließend sei kurz auf die Zusammenhänge zwischen Strategie und Kultur hingewiesen.

Die **strategische Unternehmensplanung** stellt das Schaffen von Zukunftspotentialen über die Herstellung zielbezogener Produkt-Marktkombinationen in den Mittelpunkt ihrer Überlegungen. Werden und Prägung ökonomischer Potentiale im Produkt-Marktprogramm schaffen eine Geschichte der Erfolge und Mißerfolge bei der Suche nach marktlichen und technologischen Möglichkeiten und ihrer Nutzung im kognitiven »Gedächtnis« des Unternehmens. Die so gewonnene Identität eines Unternehmens wirkt sich affektiv in bestimmten Präferenzen bei der Wahl von Strategien aus. Im Rahmen der Potentialplanung kommt nicht zuletzt darum der – bislang oft vernachlässigten – Führungskräfteplanung (Hahn [Unternehmungsplanung] 58) eine besondere Bedeutung zu: sie befindet über Art und Umfang der vorgehaltenen Managementkapazität. Nur durch den Austausch von Kulturträgern lassen sich nicht abbaubare Dysfunktionalitäten in einer Kultur**revolution** kurz- bis mittelfristig aufbrechen. Alle anderen Maßnahmen (beispielsweise der Personalentwicklung, Rotation, Ausgestaltung des Anreiz- und Belohnungssystems für Führungskräfte) sind solche langfristiger Kultur**evolution.**

Der Strukturzusammenhang zwischen Strategie und Kultur wird über die **Organisationsplanung** hergestellt. Da Strukturen Verhalten prägen, ist das Verhältnis von Organisation und Kultur ein besonders enges, wechselbezügliches. Interdependenzen zwischen der Unternehmenskultur und ihren Subkulturen bei der Wahl alternativer Organisationsmodelle sind zu prüfen. Verrichtungs-, Objekt-, Regional-, Matrix- und Tensormodell determinieren die jeweilige Kulturentwicklung bereits über ihre differierenden Integrationsmuster in unterschiedliche Richtungen (Bleicher [Unternehmungskultur] 892 ff.; Staerkle [Wechselwirkungen] 529.).

I. Binnenorientierung	**Außenorientierung**
– Die vorwiegende Beschäftigung der Mitarbeiter ist auf interne Abstimmungsvorgänge gerichtet, bei denen der Kundenwunsch eher als Störfaktor begriffen wird	– Ausgehend vom Kunden werden retrograd Probleme in der Unternehmung definiert
– Die Auseinandersetzung mit Kundenproblemen wird Spezialabteilungen überlassen	– Die gesamte Organisation wird von dem Bedürfnis getrieben, Leistungen für Kunden zu erbringen
– Umweltveränderungen werden eher spät erkannt und durchdringen nur mühsam das organisatorische Gefüge	– Die Sensorik für das Erfassen von Umweltveränderungen ist in allen Bereichen und Stufen der Organisation hoch entwickelt
– Die überwiegende Beschäftigung mit internen Abstimmungsproblemen führt zum Abbau der geistigen Auseinandersetzung mit Zukunftsfragestellungen und zu eher reaktiven Verhaltensweisen	– Denkbare Auswirkungen von Umweltveränderungen werden präsituativ aufgegriffen und in strategische Überlegungen eingebracht
II. Änderungsfeindlich	**Änderungsfreundlich**
– Suche nach regelgebundener Sicherheit	– Suche nach spontaner Herausforderung
– Gleichgewichtsstreben, Vermeiden von Ungleichgewichten	– Nutzen und Initiieren von Ungleichgewichten
– Risikovermeidend	– Suche nach Chancen
– Orientierung an Formalien	– Orientierung an Inhalten
– Bewahrungsstreben	– Unternehmerisches Denken und Handeln
III. Spitzenorientierung	**Basisorientierung**
– Stab-Linienorganisation »top down« dominiert	– Operationsnahe Einheiten »bottom up« stehen im Mittelpunkt der Verhaltensorientierung
– Zentralabteilungen in den Hauptverwaltungen übernehmen wesentliche Koordinationsaufgaben zur Unterstützung einer breit gefächerten Spitzenführung	– Eine schlanke Spitzenführung, unterstützt mit wenigen Stäben, beschränkt sich auf die finanzielle und personelle Steuerung (obere Führungskräfte) und die Vorgabe von Grundsätzen der Unternehmenspolitik und tritt gegenüber den Mitarbeitern nicht im Einzelnen in Erscheinung
– Autoritative Kooperation bei hierarchischer Kommunikationsstruktur (Dienstwegprinzip)	– Laterale Kooperation bei offenen Kommunikationsstrukturen

IV. Einheitliche kulturelle Prägung	**Subkulturelle Prägung**
– Ganzheitliche Ausrichtung auf das Unternehmen als relevante Bezugseinheit	– Subkulturen sind Träger der Unternehmenskultur, die mehr oder weniger nur auf sehr abstrakter Ebene Gemeinsamkeiten aufweist
– Subkultur-Unterschiede sind weitgehend eingeebnet, eine Gleichschaltung des Denkens und Handelns hat sich eingestellt	– Spartendenken und Ressortegoismus. Zwischen den einzelnen Subkulturen bestehen Verständnisschwierigkeiten, Konflikte und Wettbewerb
– Gleichgerichtetes Verhalten eliminiert notwendige Anstrengungen zur Koordination	– Große Anstrengungen müssen unternommen werden, um über die Koordination von Subsystemen generelle Entscheidungen herbeiführen zu können
– Ein starkes »Wir-Gefühl« durchzieht die sozialen Beziehungen im Unternehmen	– Identifikation ist auf die Gruppe und das mittelbare Arbeitsumfeld bezogen
V. Instrumentelle Kulturprägung	**Entwicklungsorientierte Kulturprägung**
– Neigung zu Perfektion: Suchen nach Systemoptimierung	– Improvisationsneigung: flexible Nutzung der Systemstrukturen
– »Macher« einer technokratischen Ordnung	– »Kultivierer« einer evolutorischen Gestaltung
– Bestrafungskultur: Angst vor Fehlern	– Belohnungskultur: Toleranz gegenüber Fehlern
– Instrument- und Verfahrensorientierung	– Sinn- und Zielorientierung
VI. Kostenorientierung	**Nutzenorientierung**
– Rationalisierungsdenken	– »Organizational slack«
– Dominanz von Rechnungswesen und Controlling	– Dominanz des Kundennutzens
– Investition als Kapitaloptimierung	– Investition als Potential- und Werteaufbau
– economies of scale	– economies of scope

VII. Mitarbeiter als Mitglieder	**Mitarbeiter als Akteure**
– Der Bezug zum Unternehmen ist durch ein Zugehörigkeitsgefühl der Mitarbeiter hergestellt, wobei unterstellt wird, daß jeder im Rahmen seiner Möglichkeiten zur Erhaltung des Ganzen beiträgt	– Der Mitarbeiter ist eigentlicher Träger der Handlung
– Ein Geist des gegenseitigen Sich-Aufeinander-Verlassens und der Erwartung von Impulsen durch die Führung durchzieht das Unternehmen. Verantwortung ist vor allem Rechtfertigung gegenüber anderen (Fremdverantwortung für die erwartete, fremdbestimmte Aufgabenerfüllung)	– Der Mitarbeiter ist in das Unternehmen als Stätte, die Leistung fordert und anerkennt, eingeordnet. Verantwortung erwächst aus der zweckgerechten eigenen Auseinandersetzung mit chancen- und risikoreichen Problemen, für die hohe Freiheitsgrade bestehen.
– Regelbeförderung bei erwiesener Firmentreue und Normalleistung	– Die Gratifikation des Mitarbeiters einschließlich seines Aufstiegs ist leistungsabhängig
VIII. Kollektive Kulturprägung	**Individuelle Kulturprägung**
– Gruppenkompetenz und -verantwortung	– Selbstzugeschriebene Kompetenz und Verantwortung
– Indirekte, mittelbare Erfolgszurechnung	– Direkte, unmittelbare, personifizierte Erfolgszurechnung
– Hohe Konformitätsneigung durch kollektive Vorgaben und Zwänge	– An Zwecksetzung orientierte Selbstbestimmung des Einzelnen
– Fremdbestimmt verinnerlicht	– »self-motivated«

Abb. 2.36: Merkmalsausprägungen der Unternehmungskultur

Nicht alle Facetten der in einem evolutionären Prozeß entstandenen Ordnung des Sozialsystems Unternehmen sind gestaltbar. Ansatzpunkte für eine partielle, aber nicht im Detail beherrschbare Änderung des Werte- und Wissensvorrats des Systems bietet die bewußte Schaffung von Rahmenbedingungen für die soziale Evolution. Ziele in diesem Bereich werden sich häufig weniger als positive Vorgaben formulieren lassen denn als Restriktionen/Grenzlinien, deren Überschreitung das Verlassen eines zugestandenen (erwünschten) Entwicklungskorridors signalisiert.

Kulturpolitik wird damit zu einer wesentlichen Ergänzung der strategischen Unternehmensführung. Eine starke (unterstützende) Unternehmenskultur wirkt als unternehmerisches Fundament der erstrebten strategischen Stoßrichtung in der Unternehmensentwicklung. Erst die Integration von Kultur und Strategie macht deren Stärke aus. Die strategische Unternehmensführung muß sich den in der Kultur angelegten Risiken und Chancen bei ihrer Planung bewußt sein. Kulturelle Risiken bei Wahl und Implementierung sind zu erkennen und zu beseitigen. Die Chancen einer starken Unternehmenskultur als »Autopilot« für die implizite Verhaltenssteuerung zu Lasten expliziter, formalistischer Instrumente sind zu nutzen.

Literaturhinweise

Ansoff, Igor: Implanting Strategic Management. Englewood Cliffs 1984.

Bertalanffy, Ludwig von: Zu einer allgemeinen [Systemlehre]. Biologia Generalis 1949, S. 114–129. Nachgedruckt in: Organisation als System, hrsg. v. Knut Bleicher, Wiesbaden 1972, S. 31–45.

Bleicher, Knut: [Unternehmungsentwicklung] und organisatorische Gestaltung. Stuttgart u. New York 1979.

Bleicher, Knut: Organisation – Strategien – Strukturen – Kulturen. Wiesbaden 1991.

Bleicher, Knut: Das [Konzept] Integriertes Management. 2. Aufl., Frankfurt/M. u. New York 1992.

Bleicher, Knut: [Unternehmungskultur] und strategische Unternehmungsführung. In: Strategische Unternehmungsführung – Stand und Entwicklungstendenzen, hrsg. v. Dieter Hahn und Bernard Taylor, 5. Aufl. Heidelberg, 1990, S. 852–902.

Bleicher, Knut: Strukturen und [Kulturen] der Organisation im Umbruch: Herausforderung für den Organisator. In: zfo 55 (1986), S. 97–108.

Bleicher, Knut: Chancen für Europas Zukunft. Führungsphilosophien im internationalen Vergleich. Frankfurt u. Wiesbaden 1989.

Bleicher, Knut und Erik Meyer: [Führung] in der Unternehmung – Formen und Modelle. Reinbek b. Hamburg 1976.

Bleicher, Knut; Diethard Leberl und Herbert Paul: Unternehmensverfassung und Spitzenorganisation. Wiesbaden 1989.

Bosetzky, Horst: Zur Erzeugung von [Eigenkomplexität] in Großorganisationen. In: Zeitschrift für Organisation, 45. Jg. (1976), S. 279–285.

Bühner, Rolf: Betriebswirschaftliche Organisationslehre. 5. Aufl. München–Wien 1991.

Bühner, Rolf: Strategie und Organisation. Wiesbaden 1985.

Burns, Tom und G. M. Stalker: The [Management] of Innovation. 2. Aufl. London 1966.

Chandler, Alfred D. Jr.: [Strategy] and Structure. Chapters in the History of Industrial Enterprise. 3. Aufl., Cambridge (Mass.) u. London 1966.

Child, John: [Organizational Structure], Environment and Performance: The Role of Strategic Choice. In: Sociology, 1972, S. 1–22.

Cyert, Richard M. und James G. March: A [Behavioral Theory] of the Firm. Englewood Cliffs 1963.

Deal, Terrence E. und Allan A. Kennedy: Corporate Cultures. The Rites and Rituals of Corporate Life. Reading (Mass.) 1982.

Duncan, Robert B.: Characteristics of [Organizational Environments] and Perceived Environmental Uncertainty. In: Administrative Science Quarterly, 1972, S. 313–327.

Dyllick, Thomas: Gesellschaftliche Instabilität und Unternehmungsführung. Bern–Stuttgart 1982.

Fayol, Henry: [Administration] industrielle et générale. Paris 1916.

Frese, Erich: Grundlagen der [Organisation]. 3. Aufl., Wiesbaden 1987.

Frese, Erich (Hrsg.): [Handwörterbuch] der Organisation. 3. Aufl., Stuttgart 1990.

Gälweiler, Aloys: [Unternehmensplanung]. Grundlagen und Praxis. Frankfurt u. New York 1974.

Gomez, Peter und Tim Zimmermann: Unternehmensorganisation. Profile, Dynamik, Methotik. 2. Aufl. Frankfurt/New York 1992.

Grochla, Erwin: [Automation] und Organisation. Die technische Entwicklung und ihre betriebswirtschaftlich-organisatorischen Konsequenzen. Wiesbaden 1966.

Grochla, Erwin: [Unternehmungsorganisation] – Neue Ansätze und Konzeptionen. Reinbek b. Hamburg 1972.

Grochla, Erwin (Hrsg.): [Organisationstheorie]. 2 Bände. Stuttgart 1975 und 1976.

Grochla, Erwin: [Einführung] in die Organisationstheorie. Stuttgart 1978.

Grochla, Erwin: Grundlagen der organisatorischen [Gestaltung]. Stuttgart 1982.

Gutenberg, Erich: [Grundlagen] der Betriebswirtschaftslehre, 1. Bd.: Die Produktion. 20. Aufl., Berlin, Heidelberg u. New York 1973.

Hahn, Dietger: Planungs- und Kontrollrechnung [PuK]. 3. Aufl., Wiesbaden 1986.

Hahn, Dietger: Stand und Entwicklungstendenzen der strategischen [Planung] in: Strategische Unternehmungsführung – Stand und Entwicklungstendenzen, hrsg. v. Dieter Hahn und Bernard Taylor, 5. Aufl. Heidelberg 1990, S. 3–30.

Heinen, Edmund: [Einführung] in die Betriebswirtschaftslehre. 8., durchgesehene Aufl., Wiesbaden 1982.

Herzberg, Frederick, H.: Work and the [Nature of Man]. Cleveland 1966.

Hill, Wilhelm, Raymond Fehlbaum und Peter Ulrich: [Organisationslehre] – Ziele, Instrumente und Bedingungen der Organisation sozialer Systeme (2 Bände). 4. verbesserte Aufl., Bern u. Stuttgart 1989.

Hinterhuber, Hans: Strategische Unternehmensführung. 2 Bände. 4. Aufl., Berlin–New York 1989.

Höhn, Reinhard: [Stellenbeschreibung] und Führungsanweisung. 9. Aufl. Bad Harzburg 1976.

Hoffmann, Friedrich: Entwicklung der [Organisationsforschung]. 2. überarbeitete und erweiterte Aufl., Wiesbaden 1976.

Hofstede, Geert: [Kultur] und Organisation. In: Erwin Grochla (Hrsg.): Handwörterbuch der Organisation. 2. Aufl., Stuttgart 1980, Sp. 1168–1182.

Janowsky, Bernd: [Bürokratie]. In: Handwörterbuch der Organisation, hrsg. v. Erwin Grochla, Stuttgart 1969, Sp. 324–328.

Keller, Eugen v.: [Management] in fremden Kulturen. Ziele, Ergebnisse und methodische Probleme der kulturvergleichenden Managementforschung. Bern u. Stuttgart 1982.

Kieser, Alfred (Hrsg.): Organisationstheoretische [Ansätze]. München 1981.

Kieser, Alfred (Hrsg.): Organisationstheorien. Stuttgart 1993.

Kieser, Alfred und Herbert Kubicek: [Organisation]. 3. Aufl., Berlin u. New York 1992.

Kieser, Alfred und Herbert Kubicek: [Organisationstheorien]. 2 Bände. Stuttgart 1978.

Kirsch, Werner: Einführung in die Theorie der [Entscheidungsprozesse]. Wiesbaden 1977.

Klimecki, Rüdiger G.: Laterale Kooperation. Bern u. Stuttgart 1985.

Köhler, Richard: Empirische und handlungstheoretische [Forschungskonzeptionen] in der Betriebswirtschaftslehre. Stuttgart 1977.

Kosiol, Erich: [Organisation] der Unternehmung. 2. durchgesehene Aufl., Wiesbaden 1976.

Krüger, Wilfried: Organisation der Unternehmung. Stuttgart u. a. 1984.

Kubicek, Herbert: Empirische [Organisationsforschung]. Stuttgart 1975.

Lawrence, Paul R. und Jay W. Lorsch: [Organization] and Environment – Managing Differentiation and Integration. 12. Aufl., Homewood u. a. 1975.

Luhmann, Niklas: Soziale [Systeme] – Grundriß einer allgemeinen Theorie. 2. Aufl., Frankfurt 1985.

Malik, Fredmund: [Strategie] des Managements komplexer Systeme. Bern und Stuttgart 1984.

March, James G. und Herbert A. Simon: [Organisationen] und Individuen. Wiesbaden 1976.

Maslow, Abraham H.: [Motivation] and Personality. 2. Aufl., New York u. London 1970.

Mayo, E.: Probleme industrieller [Arbeitsbedingungen]. Frankfurt (M.) 1945.

Mintzberg, Henry: The [Structuring] of Organizations. Englewood Cliffs 1979.

Morgan, Gareth: [Images] of Organization. Beverly Hills (Cal.) u. a. 1986.

Negandhi, Anant R. (Hrsg.): [Interorganization Theory]. New Delhi 1975.

Nordsieck, Fritz: [Betriebsorganisation]. Lehre und Technik. 2 Bände. Stuttgart 1961.

Ouchi, William G.: [Theory Z] – How American Business Can Meet the Japanese Challenge. Reading (Mass.) 1981.

Pascale, R. T. und A. G. Athos: The [Art] of Japanese Management. New York 1981.

Peters, Thomas J. und Richard H. Waterman: In Search of [Excellence]. New York 1982; deutsch: Auf der Suche nach Spitzenleistungen. 10. Aufl. Landsberg/Lech 1984.

Probst, Gilbert J. B.: Selbstorganisation. Berlin und Hamburg 1987.

Pümpin, Cuno: Strategische Erfolgspositionen. Methodik der dynamischen strategischen Führung. Stuttgart/Wien 1992.

Pümpin, Cuno: Das Dynamikprinzip: Zukunftsorientierungen für Unternehmer und Manager. Düsseldorf 1989.

Roethlisberger, F. J. und W. J. Dickson: [Management] and the Worker. Cambridge (Mass.) 1939.

Schanz, Günther: [Organisationsgestaltung] – Struktur und Verhalten. München 1982.

Schein, Edgar: [Organizational Culture] and Leadership. San Francisco u. a. 1985.

Schemkes, Helmut: [Kompetenzabgrenzung] bei der Mehrlinienorganisation. In: Zeitschrift für Organisation, 43. Jg. (1974), S. 433–443.

Scheuss, Ralph: Strategische [Anpassung] der Unternehmung. Diss. St. Gallen 1985.

Schmalenbach, Eugen: [Pretiale Wirtschaftslenkung.] Bremen/Horn.
Band 1: Die optimale Geltungszahl 1947.
Band 2: Pretiale Lenkung des Betriebes 1948.

Schreyögg, Georg: [Umwelt], Technologie und Organisationsstruktur. Eine Analyse des kontexttheoretischen Ansatzes. Bern u. Stuttgart 1978.

Schuster, Leo und Alex W. Widmer: Theorie und Praxis der [Unternehmungskultur], zur Diskussion der kulturellen Dimension als erfolgsentscheidender Faktor in: zfo 1984 S. 489–94.

Schwarz, Günther: Unternehmungskultur als Element des Strategischen Managements. Berlin 1989.

Schweitzer, Marcell: Probleme der Ablauforganisation in Unternehmungen. Berlin 1964.

Seidel, Eberhard und Wolfgang Redel: Führungsorganisation München–Wien 1987.

Sievers, Burkhard: [System]-Organisation-Gesellschaft. Niklas Luhmanns Theorie sozialer Systeme. In: Jahrbuch für Sozialwissenschaft, 1971, S. 24–57.

Simon, Herbert A.: Administrative [Behavior]. 3. Aufl., New York u. London 1976.

Staehle, Wolfgang H.: Management. 4. Aufl., München 1989.

Staerkle, Robert: [Wechselwirkungen] zwischen Organisationskultur und Organisationsstruktur. In: Integriertes Management. Festschrift für Hans Ulrich, hrsg. v. Gilbert J. B. Probst und Hans Siegwart. Bern–Stuttgart 1985.

Taylor, Frederick W.: Die [Betriebsleitung]. (Shop Management). 3. Aufl., Berlin 1914.

Thompson, V. A.: [Bureaucracy] and Innovation. In: Administrative Science Quarterly, Vol. 10 (1965), S. 1–20.

Ulrich, Hans: Betriebswirtschaftliche [Organisationslehre]. Bern 1949.

Ulrich, Hans: Die [Unternehmung] als produktives, soziales System. Grundlagen einer allgemeinen Unternehmungslehre. Bern u. Stuttgart 1968.

Ulrich, Hans: [Unternehmungspolitik.] 2. Aufl. Bern–Stuttgart 1987.

Witte, Eberhard: Die Organisation komplexer [Entscheidungsverläufe] – Materialien zum Forschungsbericht. Mannheim 1968.

Witte, Eberhard: Das [Informationsverhalten] in Entscheidungsprozessen. Tübingen 1972.

Wunderer, Rolf und Wolfgang Grunwald: [Führungslehre] – Grundlagen der Führung. 2 Bände. Berlin u. New York 1980.

3. Kapitel
Information

Führung, so haben wir in der Einleitung zu diesem Band festgestellt, ist zielorientierte Gestaltung. Um die mit diesem Gestaltungsprozeß verbundenen Aktivitäten zu unterstützen und zu verbessern, steht eine Reihe von Führungsinstrumenten zur Verfügung. Wir gehen von folgender Dreiteilung aus:

- Planung und Kontrolle (1. Kapitel)
- Organisation (2. Kapitel)
- Information (3. Kapitel)

In **diesem Kapitel** wird die Information ausführlich erörtert. Dabei gehen wir in **folgenden Schritten** vor:

1. Beschaffung und Aufbereitung von Informationen
2. Informationstechnologie und Informationsmanagement
3. Rechnungswesen
   3.1 Das Rechnungswesen als Informationssystem
   3.2 Bilanzen
   3.3 Kostenrechnung
4. Prognosen

Die **Beschaffung** und **Aufbereitung** von Informationen ist heute ohne Einsatz computertechnischer Hilfsmittel nicht mehr vorstellbar. Es werden daher im Anschluß an die Beschreibung von Informationsquellen und Techniken der Informationsverarbeitung einzelne **computergestützte Informationssysteme** und die wesentlichen Inhalte des **Informationsmanagements** skizziert.

Der wesentliche Bestandteil eines betrieblichen Informationssystems besteht aus dem **Rechnungswesen,** das sich aus der **Bilanzierung** und der **Kostenrechnung** zusammensetzt. Mit diesem Thema werden wir uns ausführlich beschäftigen.

Unternehmensführung ist immer in die Zukunft gerichtet; es werden daher zukünftige Informationen benötigt. Sie werden durch **Prognosen** zur Verfügung gestellt.

1 Beschaffung und Aufbereitung von Informationen

Bernd Erichson und Peter Hammann

1.1 Entscheidung und Information

Beschaffung, Aufbereitung und Interpretation von Informationen spielen eine zentrale Rolle im Rahmen der **Unternehmensführung.** Für jede Entscheidung in allen Funktionalbereichen des Unternehmens (z. B. Beschaffung, Fertigung, Absatz; siehe hierzu die Ausführungen im 3. Band) werden Informationen benötigt. Informationen werden daher häufig auch als eigenständiger Produktionsfaktor, nämlich zur Erstellung von Entscheidungen, angesehen. Die Bereitstellung von Informationen erfolgt im Unternehmen u. a. in speziellen Dienstleistungsbereichen (Rechnungswesen, Betriebliche Statistik, Marktforschung).

Das Informationsproblem stellt sich in zweifacher Weise:

- Bereits zur **Erkennung** bzw. zur **Formulierung** des Entscheidungsproblems werden Informationen benötigt.
- Des weiteren werden Informationen zur **Beurteilung** der mit den Entscheidungsalternativen verbundenen **Konsequenzen** erforderlich.

Mit der **Beschaffung** von Informationen werden Entscheidungsprobleme eigener Art konstituiert. Ihre Behandlung macht zunächst eine Klärung der Begriffe »**Entscheidung**« und »**Information**« notwendig.

1.1.1 Begriffe

Unter **Entscheiden** versteht man die Auswahl einer Handlungsalternative, d. h. die Auswahl einer unter mehreren realisierbaren Handlungsmöglichkeiten.

In **normativem** Sinn läßt der Entscheidungsbegriff sich einengen auf die Auswahl einer Alternative, die möglichst gut in Hinsicht auf vorgegebene Entscheidungskriterien ist.

Entscheidungskriterien sind Ausdruck der Zielsetzungen der Entscheidungsträger. Unter einer **optimalen Lösung** eines Entscheidungsproblems versteht man diejenige Alternative, die in Hinsicht auf die Kriterien »am besten« ist. Oft sind die Kriterien konfliktär, so daß keine optimale Lösung existiert. In solchen Fällen können z. B. **effiziente Lösungen** angestrebt werden, die hinsichtlich **eines** Kriteriums optimal sind, während sie bezüglich der übrigen Kriterien nur ein bestimmtes Anspruchsniveau erfüllen. Häufig ist aber auch bei nur einem Entscheidungskriterium das Auffinden der optimalen Lösung technisch nicht realisierbar oder z. B. aus Zeit- oder Kostengründen nicht möglich oder sinnvoll.

Der Begriff »Information« wird in der wirtschaftswissenschaftlichen Literatur in sehr unterschiedlicher Weise definiert und gebraucht. Hier gehen wir von folgender Definition aus:

Information ist der Zuwachs an entscheidungsrelevantem Wissen.

Auf diese Weise kann die sehr enge Beziehung zwischen Entscheidung und Information unterstrichen werden. Entscheidung und Information bedingen sich gegenseitig, und zwar auf allen **Stufen des Entscheidungsprozesses.** Folgende Stufen lassen sich unterscheiden:

(1) **Formulierung des Entscheidungsproblems**
Hier folgt zunächst eine Befragung der Verantwortlichen und eine Diskussion des Problems (Symptombeschreibung). Daran schließt sich die Diagnose an, d. h. die Herausarbeitung der wesentlichen Elemente der Problemstruktur.

(2) **Wahl der Entscheidungskriterien**
Diese Kriterien müssen i. d. R. aus übergeordneten Zielen abgeleitet werden und operational (d. h. meßbar) sein. Nicht nur ein einziges Kriterium, sondern auch mehrere Kriterien können relevant sein.

(3) **Festlegung der Entscheidungsalternativen**
Hierbei werden mögliche Alternativen zur Lösung der vorliegenden Problemstellung gesucht und solche Alternativen ausgesondert, die technisch und/oder wirtschaftlich nicht realisiert werden können.

(4) **Definition der relevanten Umweltgrößen**
Als Umweltgrößen bezeichnet man diejenigen Variablen eines Ent-

scheidungsproblems, die vom Entscheidungsträger nicht kontrolliert werden können und als Parameter betrachtet werden müssen.

(5) **Ermittlung der Handlungskonsequenzen**
Dies kann durch **subjektive Schätzung** oder unter Zuhilfenahme von Modellen erfolgen.

In sehr allgemeiner Form läßt sich ein **Modell als Abbild der Wirklichkeit** begreifen. In der entscheidungsorientierten Betriebswirtschaftslehre wurde der Modellbegriff dahingehend eingeschränkt, daß als Modell eine durch isolierende Abstraktion gewonnene vereinfachte Abbildung der Wirklichkeit verstanden wird (vgl. Bamberg/Coenenberg [Entscheidungslehre] 12 ff.). Bei der Vereinfachung durch Isolierung wird der zu erklärende Gesamtkomplex eingegrenzt, so daß nur die für die Problemstellung **wesentlichen** Ausschnitte des Ganzen betrachtet werden.

(6) **Auffinden einer Lösung**
Bei Vorliegen eines Modells kann unter bestimmten Voraussetzungen die Lösung mit Hilfe mathematischer Optimierungsverfahren gefunden werden.

Zur Überprüfung der mit Hilfe des Modells gefundenen Lösungen empfiehlt es sich, Modell- und Lösungstests durchzuführen. Zwei **Analysen** sind insbesondere zu erwähnen:

(a) **Sensibilitätsanalyse**
Hier handelt es sich darum, die dem Modell zugrunde liegenden Annahmen hinsichtlich ihrer Stichhaltigkeit zu prüfen. Es findet also eine Gültigkeitskontrolle des Modells bzw. seiner Struktur statt.

(b) **Sensitivitätsanalyse**
Diese Form der Prüfung bezieht sich nicht auf die Modellstruktur, sondern auf die Daten des Modells. Angesichts zahlreicher Unsicherheiten, mit denen die Entscheidungsparameter regelmäßig behaftet sind, ist zu prüfen, ob und inwieweit sich die Lösung verändert, wenn ein bestimmter Entscheidungsparameter variiert wird. Man testet auf diese Weise die mehr oder weniger große Empfindlichkeit des Modells auf Veränderungen im Informationsstand des Entscheidungsträgers.

(7) **Umsetzung der ermittelten Lösung**
Die Umsetzung der Lösung schließt die Planung und Vorgabe von

Sollgrößen, die Kontrolle ihrer Einhaltung sowie ggf. eine Revision der Entscheidung ein.

Nach dem **Informationsstand** des Entscheidungsträgers kann man zwei Klassen von Entscheidungen abgrenzen:

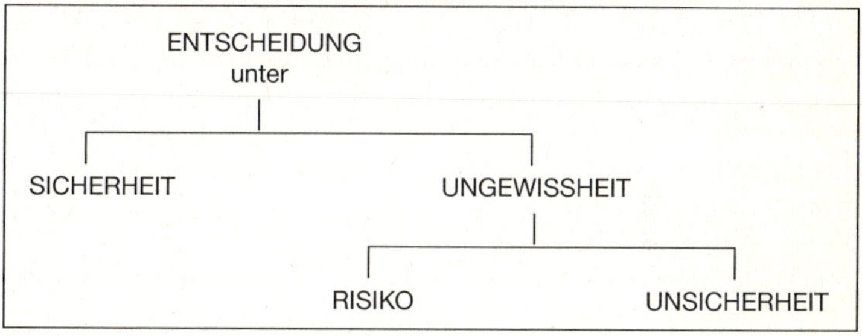

Abb. 3.1.1: Arten von Entscheidungen

1. Entscheidungen unter Sicherheit (**deterministischer Fall**)

Hier hat der Entscheidungsträger die Gewißheit, daß die Entscheidungsparameter, die seine Entscheidung beeinflussen und daher in die Bewertung der Entscheidungsalternativen eingehen sollen, frei von zufälligen Schwankungen sind. Sie können damit eindeutig und zuverlässig angegeben werden. Über Art und Ausmaß der Konsequenzen besteht für die Entscheidungsträger keinerlei Unsicherheit.

2. Entscheidungen unter Ungewißheit

In diesem Falle hat der Entscheidungsträger damit zu rechnen, daß die Entscheidungsparameter, die seine Entscheidung beeinflussen und daher in die Bewertung der Entscheidungsalternativen eingehen sollen, nicht frei von zufälligen Schwankungen sind.

Man kann zwei Fälle von Entscheidungen unter Ungewißheit abgrenzen:

a) **Entscheidungen unter Risiko** (stochastischer Fall)
Hierbei können, trotz der bestehenden zufälligen Schwankungen der Entscheidungsparameter, **objektive Wahrscheinlichkeitsverteilungen** für die Entscheidungsparameter angegeben werden, wenn die Beobachtungswerte der Parameter um einen Mittelwert streuen. Über die die Entscheidung beeinflussenden Variablen (die Ausdruck unterschiedlicher Zustände der Entscheidungsumwelt sind) lassen sich damit Wahrscheinlichkeitsaussagen treffen, die der Entscheidungsträger in die Bewertung seiner Alternativen einbeziehen muß.

Die Konsequenzen der Entscheidung sind, verbunden mit ihren Wahrscheinlichkeiten, ein Ausdruck des Risikos, dem der Entscheidungsträger gegenübersteht.

b) **Entscheidungen unter Unsicherheit** (verteilungsfreier Fall)
Entscheidungssituationen dieser Art sind dadurch gekennzeichnet, daß über die die Entscheidung beeinflussenden Umweltzustände, die zufälligen Schwankungen unterliegen, keine Wahrscheinlichkeitsaussagen getroffen werden können. Informationen über das Eintreten von bestimmten Zuständen der Entscheidungsumwelt liegen nicht vor.

Die Beschaffung von entscheidungsrelevanten Informationen hat, wie wir noch sehen werden, nicht nur unter methodischen oder konzeptionellen Gesichtspunkten, sondern auch unter ökonomischen Aspekten zu erfolgen. Mit der Beschaffung von Informationen sind stets **Kosten** verbunden. Zur Beurteilung der Frage, ob zusätzliche Informationen zu beschaffen sind, werden daher nicht nur sachliche Gründe ausschlaggebend sein können. Vielmehr muß anhand eines **Vergleichs von Wert und Kosten der Information** entschieden werden, ob und ggf. in welchem Umfang entscheidungsrelevante Informationen zu beschaffen sind. Dies kann zu einer Eingrenzung der Menge (möglicherweise aber auch der Qualität) der benötigten Information führen.

1.1.2 Das Grundmodell der Entscheidungstheorie

Unter dem Begriff »Entscheidung« hatten wir soeben die Auswahl unter mehreren Alternativen verstanden. Im Rahmen der Entscheidungstheorie interessieren die bewußten, zielgerichteten Auswahlakte, die **rationalen Entscheidungen,** also nicht solche, die durch Zufall, Intuition, Emotion oder Tradition bedingt sind. Nach dem gegenwärtigen Stand der Entscheidungstheorie werden nur diejenigen Auswahlakte behandelt, die unter der Annahme vollkommener, absoluter Rationalität, d. h. unbegrenzter Informationsaufnahme und -verarbeitungskapazität des Entscheidenden vollzogen werden. Entscheidungen bei beschränkter Rationalität werden nicht betrachtet. Durch diese Beschränkung auf eine idealtypische Klasse von Entscheidungen kann von der Entscheidungstheorie keine Beschreibung oder gar Erklärung konkreter Wahlakte in der Wirtschaftspraxis erwartet werden. Vielmehr kann die Aufgabe der Entscheidungstheorie nur darin gesehen werden, dem Entscheidenden das Auffinden von rationalen Entscheidungen zu erleichtern bzw. zu ermöglichen. Die **Entscheidungstheorie** hilft auch keineswegs dem Entscheidenden in allen Phasen des Entscheidungs- bzw. Problemlösungsprozesses, sondern

- sie beschränkt sich nach dem gegenwärtigen Zustand auf **Vorschläge zur Formulierung des Entscheidungsproblems** durch Vorgabe eines allgemeinen Modellkonzepts (dem sog. Grundmodell der Entscheidungstheorie),
- sie erleichtert die **Ordnung der Entscheidungsfolgen** aufgrund vorgegebener Zielvorstellungen (Problem der Bewertung) und
- sie ermöglicht die **Auswahl der Entscheidungsalternativen mittels Entscheidungsregeln,** die entsprechend der Entscheidungssituation eine Rangordnung der Entscheidungsalternativen gemäß der Ordnung der Entscheidungsfolgen sicherstellen (Entscheidungssituationen und Entscheidungsregeln).

Bei der Darstellung der Entscheidungssituation hilft die Entscheidungstheorie nur insofern, als sie dem Entscheidungssuchenden ein **idealisiertes, abstraktes Beziehungsgefüge** – ein Modell – zunächst als Denkschema zur Verfügung stellt, das aufgrund der durch das tatsächliche Entscheidungsproblem vorgegebenen Fakten spezifiziert und konkretisiert werden muß. Wie man die notwendigen Informationen gewinnt, welche Fakten berücksichtigt werden sollen (Probleme der Vorentscheidung), aber auch zu den Problemen der Spezifikation und des Abstraktionsgrades eines Modells einer Entscheidungssituation gibt die Entscheidungstheorie bislang keine Antwort.

Die Entscheidungstheorie geht vielmehr von der Vorstellung aus, daß alle zur Darstellung des empirischen Entscheidungssachverhaltes notwendigen Fakten und auch deren Verknüpfung, d. h. die Struktur des Entscheidungsproblems, bekannt sind und sich durch ein Modell, das Grundmodell der Entscheidungstheorie, darstellen lassen. Dieses Grundmodell ist in Band 1 beschrieben.

Das Grundmodell der Entscheidungstheorie liefert eine Struktur für die weitere Darstellung der informationswirtschaftlichen Grundlagen. In diesem Sinne wollen wir die verschiedenen im Problemlösungsprozeß benötigten Informationskategorien und die Probleme der Ungewißheit sowie der Unvollständigkeit des Informationsstandes aufgreifen.

1.1.3 Informationen zur Formulierung des Entscheidungsproblems

Um darlegen zu können, welche Informationen zur Formulierung und Lösung eines Entscheidungsproblems benötigt werden, wollen wir auf eine absatzwirtschaftliche Problemstellung zurückgreifen. Wir nehmen an, daß eine **Preisentscheidung** im Zusammenhang mit der Markteinführung eines neuen Produktes zu fällen sei.

Um dieses Entscheidungsproblem formulieren zu können, werden folgende Informationskategorien benötigt:

- **Informationen über die relevanten** (und somit wählbaren) **Entscheidungsalternativen.** Entscheidungsalternativen können z. B. verschiedene Preishöhen (Preislagen) sein.
- **Informationen über die relevanten Zielsetzungen.** Als relevante Zielsetzungen wären u. a. Erlös- und Mengenziele denkbar, die für die jeweilige Entscheidungsinstanz aus den allgemeinen Zielen des Unternehmens abgeleitet werden müssen. Die Ziele sind ihrerseits **Ergebnisse von Wahlakten** und damit auch Ausdruck des **subjektiven** Wollens der Entscheidungsträger. Eine irgendwie geartete **objektive Notwendigkeit** der Berücksichtigung bestimmter Ziele gibt es nicht.
- **Informationen über die möglichen Umweltsituationen.** Als Umweltsituationen können verschiedene Konjunkturzustände, das Marktpotential, die Konkurrenzaktivität oder das persönlich verfügbare Einkommen der Nachfrager eine Rolle spielen. Die Berücksichtigung von alternativen Umweltsituationen ist ebenfalls Ausdruck subjektiven Ermessens der Entscheidungsträger. Hier sind gewisse Objektivierungen dadurch möglich, daß auf wissenschaftlich begründete Analysen bzw. auf **Prognosen** (vgl. S. 560 ff.) der Wirtschaftsumwelt zur Stützung des subjektiven Urteils zurückgegriffen werden kann (nicht muß).
- **Informationen über die Art des Zustandekommens von Wirkungen** der Entscheidungsalternativen. In unserem Beispiel wird u. a. eine Information darüber benötigt, **ob** alternative Preishöhen überhaupt einen Einfluß auf die Nachfrage (und damit auf die Erreichung auch der Erlös- und Deckungsbeitragsziele) haben. Jede relevante Entscheidungsalternative muß (bei alternativen Umweltsituationen alternative) Beiträge zur Erreichung der gesetzten Ziele liefern. Zur Formulierung des Entscheidungsproblems werden somit **gesicherte** (valide) **Hypothesen** über die Art des Zustandekommens der Wirkungen einzelner Alternativen erforderlich. Bei diesen Hypothesen handelt es sich um **Kausalhypothesen** (hier: »Der geforderte Preis p_k, $k = 1, \ldots, r$, ist – ceteris paribus – die **Ursache** für die Realisierung einer bestimmten Nachfrage bzw. Absatzmenge x_k«), deren **Validierung** in wissenschaftlich

- geplanten,
- durchgeführten und
- ausgewerteten

Experimenten erfolgen kann (siehe dazu z. B. Hammann/Erichson [Marktforschung] 151 f.). Hier interessiert vorerst weniger das **Ausmaß** der Wirkung als vielmehr das gesicherte Wissen, **daß** von einer kausalen Wirkungsvermutung zwischen einer bestimmten Entscheidungsalternative und der gegebenen Zielsetzung ausgegangen werden darf. Fehlen experimentell geprüfte Kausalhypothesen, so können an ihre Stelle solche treten, die einen hohen Grad an Plausibilität aufweisen, d. h. intersubjektive Zustimmung erreichen. Die **Prüfung** von Hypothesen muß somit nicht immer am Anfang des Problemstrukturierungs- bzw. -formulierungsprozesses stehen. In vielen Fällen wird jedoch eine Hypothesenfindung notwendig. Dies bedingt dann jedoch auch ein Validierungsverfahren.

– **Informationen** über die **Stabilität** (bzw. Instabilität) der **Entscheidungssituation.** Die Entscheidungssituation unseres Preisbeispiels wäre etwa dann als instabil zu bezeichnen, wenn mit nachhaltigen Veränderungen des Marktpotentials (ausgelöst etwa durch drastische Schwankungen des persönlich verfügbaren Einkommens der Nachfrager) und damit mit Auswirkungen auf den Einführungserfolg des neuen Produktes gerechnet werden müßte. Der im vorigen Abschnitt skizzierte entscheidungsanalytische Ansatz impliziert eine stabile Entscheidungssituation. Die **Stabilitätsprämisse** schlägt sich in folgenden Annahmen nieder (vgl. dazu auch Mag [Entscheidung] 25 ff., insbesondere 121 ff.):

- Die relevanten Ziele und Alternativen sind erschöpfend und unveränderlich im Planungszeitraum.
- Andere als die spezifizierten Umweltsituationen treten nicht ein.
- Die als gültig (bzw. plausibel) zu betrachtenden Wirkungshypothesen verlieren ihre Gültigkeit im Planungszeitraum nicht.
- Die Zielsetzungen und ihre Gewichtung ändern sich im Planungszeitraum nicht.

Diese Annahmen bedürfen gleichfalls einer gewissen **Validierung.**

1.1.4 Informationen zur Lösung des Entscheidungsproblems

Um das oben skizzierte Preisentscheidungsproblem lösen zu können, benötigt man neben den Informationen zur Problemformulierung (die als Voraussetzung zu betrachten sind) folgende spezifischen Informationen:

(1) Informationen über die **Gewichtung der relevanten Ziele**

Durch die (quantitative) Gewichtung wird die relative Bedeutung der Ziele untereinander erkennbar. Fehlt eine Gewichtung der Ziele, so können nur **alternative effiziente Lösungen**, nicht jedoch eindeutige optimale Lösungen angegeben werden. Es liegt gewissermaßen noch ein »Entscheidungsvorbehalt« vor.

Sind für das vorliegende Preisentscheidungsproblem etwa Gewinn- und Marktanteilsziele gemeinsam relevant, so könnte eine Gewichtung vielleicht im Verhältnis 2:1 vorgegeben sein. Die Findung derartiger Gewichte gestaltet sich allerdings in der Praxis äußerst schwierig. Meist wird man nur angeben können, **welches Ziel welchen anderen, weiteren Zielen vorgezogen wird.** Durch die Zielpräferenz entsteht dann eine Zielhierarchie. Sie begründet im allgemeinen auch die Anwendung der Entscheidungsregeln, nach denen die Stufung und Auswahl der relevanten Entscheidungsalternativen zu erfolgen hat.

(2) Informationen über **Unter- bzw. Obergrenzen der Zielerreichung**

Neben einer Zielgewichtung kann eine Festlegung von Höchst- bzw. Mindestgrenzen der Zielerreichung erforderlich werden. Diese Grenzen sind entweder objektiv durch die Entscheidungsumwelt bereits vorgegeben oder das Resultat eines gesonderten Entscheidungsprozesses, in welchem sie als **Anspruchsniveau** formuliert werden. In unserem Preisentscheidungsbeispiel möge das Ziel »Gewinn« dem Ziel »Marktanteil« vorgezogen werden; die Entscheidungsträger verlangen jedoch für eine Einführung des neuen Produkts als Durchdringungserfolg einen Mindestmarktanteil von 5% im Planungszeitraum.

(3) Informationen über das **Ausmaß der Wirkungen der Entscheidungsalternativen**

Für die Wahl einer Preisalternative ist nicht nur das Wissen erforderlich, daß der Preis einen Einfluß auf die Nachfrage bzw. den Absatz ausübt, sondern auch, **wie stark** dieser Einfluß ist. Insbesondere der Einfluß von **Preisänderungen** interessiert in diesem Zusammenhang. Die Bestimmung des Ausmaßes der Wirkungen der einzelnen Handlungsalternativen impliziert die **Prognose der möglichen Konsequenzen,** die aus einer eventuellen Realisierung einer Alternative resultieren. Die Grundlage dieser entweder rein subjektiven oder auch in Grenzen objektivierten Wirkungsprognosen bilden validierte Wirkungshypothesen, deren Gültigkeit im Planungszeitraum (zumindest subjektiv) als gegeben zu betrachten ist. Hinsichtlich der methodischen Fragen zur Wirkungsprognose wird auf S. 560 ff. verwiesen.

Der Zielerreichungsgrad wird jedoch nicht nur durch das Ausmaß der Wirkungen kontrollierbarer Variablen der Entscheidungsträger bestimmt, sondern auch durch das Ausmaß der Wirkungen nicht kontrollierbarer (z. T. auch nicht beeinflußbarer) Variablen der Entscheidungsumwelt. In unserem Preisentscheidungsbeispiel wird der Grad der Erreichung der Ziele »Gewinn« bzw. »Marktanteil« des betrachteten Unternehmens nicht nur durch seine eigene Preispolitik, sondern auch durch diejenige seiner Konkurrenten beeinflußt. Benötigt werden daher **Prognosen, die auch die Wirkung** dieser Umweltvariablen aufzeigen. Die Prognose der Konsequenzen der Realisierung einer Entscheidungsalternative hat stets deren Abhängigkeit von Wirkungen kontrollierbarer **und** nicht-kontrollierbarer Variablen zu berücksichtigen.

(4) Informationen über die **Bewertung des Eintretens alternativer Umweltsituationen**

Für das Problem der Preisentscheidung bei neuen Produkten wird die unterschiedliche Wahrscheinlichkeit, mit der bestimmte Umweltsituationen (Konjunkturzustände, Aktivitäten der Konkurrenz usw.) eintreten können, von besonderem Gewicht im Hinblick auf die Beurteilung der Einführungsrisiken sein. Sofern Aussagen über die Wahrscheinlichkeit des Eintretens alternativer Umweltsituationen möglich sind, sollten sie daher zur Entscheidungsanalyse unbedingt herangezogen werden. Eintrittswahrscheinlichkeiten für alternative Umweltsituationen sind meist nur subjektiv schätzbar. Eine gewisse Objektivierung ergibt sich jedoch durch die Heranziehung der Ergebnisse statistischer Erhebungen (z. B. zur konjunkturellen Lage).

Auffällig ist in allen Prognosefällen – trotz der Bemühung um Objektivität – der große Anteil an subjektivem (Experten-)Urteil.

1.1.5 Das Problem der Ungewißheit

Allen Entscheidungen haftet ein erhebliches Maß an Ungewißheit an. Die Ungewißheit bildet im Grunde ein **konstitutives Element** des Entscheidungsproblems. Sie ist Ausdruck eines unvollkommenen Informationsstandes des Entscheidungsträgers. Die **Unvollkommenheit** resultiert nicht nur aus einer möglichen Unvollständigkeit der Information, sondern in erster Linie aus der **mangelnden Voraussicht** über

- das Eintreten bestimmter Umweltsituationen,
- die Entstehung und das Ausmaß von Wirkungen der Entscheidungs- und Umweltvariablen,
- die Stabilität der Entscheidungssituation.

Alle Maßnahmen der **Informationsgewinnung** zielen auf die **Reduzierung der Ungewißheit** und damit auf eine Verringerung des mit der Entscheidung verbundenen Risikos ab. Ein Maß zur Quantifizierung des Wertes von Informationen bildet daher die Verminderung der Ungewißheit.

Da die Beschaffung von Informationen jedoch mit **Kosten** verbunden und der **Wert** der Information gleichfalls ungewiß ist, schiebt sich vor die Lösung des eigentlichen Entscheidungsproblems regelmäßig eine **Informationsentscheidung,** deren Dimensionen in Abschnitt 1.3 erörtert werden.

Das **Grundmodell der Entscheidungstheorie,** wie es in Bd. 1 dargestellt wurde, grenzt das Ungewißheitsproblem auf den Informationsstand des Entscheidungsträgers bezüglich alternativer Umweltsituationen ein. Auf die eben genannten, weiteren Aspekte einer möglichen mangelnden Voraussicht des Entscheidungsträgers wird dort nicht näher eingegangen. Vielmehr wird **vollkommene Voraussicht** im Hinblick auf die Stabilität der Entscheidungssituation und die Entstehung bzw. das Ausmaß von Zielerreichungsgraden unterstellt. Insofern existiert für den Entscheidungsträger ein Unsicherheitsproblem nicht. Die für die Problemformulierung und Problemlösung benötigten Informationen werden als quantitativ **und** qualitativ hinreichend betrachtet.

1.1.6 Das Problem der Unvollständigkeit

Die Unvollständigkeit der Information zielt auf die Elemente des Entscheidungsproblems ab. Der Entscheidungsträger verfügt – aus welchen Gründen auch immer – nicht über die zur Formulierung bzw. Lösung der Entscheidungsaufgabe benötigten Informationsmengen. In etwas engerer Sicht wäre die Information auch dann nicht vollständig, wenn zwar Formulierung und Lösung des Entscheidungsproblems mit der gegebenen Informationsmenge durchaus möglich sind, aber **nicht alle objektiv denkbaren** (bzw. verfügbaren) **Informationen herangezogen** werden (können). Die Gründe für die nicht volle Ausschöpfung des Informationspotentials liegen u. a. in folgendem:

- zu hohe Beschaffungs- bzw. Auswertungskosten,

- Zeitdruck, der eine intensive Informationsgewinnung unmöglich macht,
- begrenzte Aufnahmefähigkeit der Entscheidungsträger für Informationen,
- geringe subjektive Glaubwürdigkeit von Relevanz und Wert objektiver Informationen.

Die **Entscheidungstheorie** geht folglich davon aus, daß das jeweilige Modell eines Entscheidungsproblems die Arten und Mengen der **subjektiv vom Entscheidungsträger für relevant erachteten Informationen** erschöpfend (d. h. vollständig) ausweist. Insofern gilt das Entscheidungsmodell für den jeweils vorliegenden Fall als »geschlossen«.

In striktem Sinne gibt es kein Entscheidungsproblem, welches bei vollständigem Informationsstand formuliert bzw. gelöst wird. Diese Erkenntnis kann jedoch zu einer **Selektion von Informationen** unter objektiv unangemessenen, lediglich subjektiv bestimmten Relevanzgesichtspunkten führen. So kann der Entscheidungsträger z. B. versuchen, nur ihm genehme Entscheidungsalternativen zuzulassen oder unerwünschte Informationen zu Handlungsfolgen zu unterdrücken. Verantwortung und Rechenschaft über die getroffene Entscheidung hemmen indessen einen allzu rigorosen, ausschließlich subjektiv geprägten Selektionsprozeß. Ist die Verbesserung des **qualitativen** Informationsstandes oftmals an einen Fortschritt in der Entwicklung von Methoden zur Beschaffung und Aufbereitung von Informationen gebunden, so erreicht man andererseits die Verbesserung des **quantitativen** Informationsstandes ohne weiteres schon durch eine wenig restriktive Selektionspolitik. Entscheidungsprozesse in der Praxis sind daher nicht selten durch **mehrere Problemstrukturierungsstufen** gekennzeichnet, die den wechselnden (i. d. R. wachsenden) quantitativen Informationsstand der Entscheidungsträger reflektieren.

1.2 Organisation des betrieblichen Informationswesens

Die Schaffung der organisatorischen Voraussetzungen für die Beschaffung, Verarbeitung und Bereitstellung von Informationen zählt zu den Grundproblemen der **Unternehmensführung.** Diese umfassen sowohl Fragen der Aufbau- wie auch der Ablauforganisation. Die **Aufbauorganisation** hat die Informationspflichten und -rechte im Unternehmen zu regeln, d. h. sie hat zu klären, welche Stellen welche Informationen beschaffen oder bereitstellen und welche Stellen welche Informationen erhalten sollen. Die **Ablauforganisation** dagegen dient der Erzielung eines möglichst effizienten Informationsflusses, d. h. sie hat zu erklären, wie und mit welchen Mitteln die jeweiligen Informationsarten zu beschaffen und zu verarbeiten sind.

Neben den organisierten Informationsbeziehungen in einem Unternehmen, dem sog. **formalen Kommunikationssystem,** besteht auch immer eine **informale Kommunikation** aufgrund persönlicher Kontakte zwischen den Stelleninhabern. Die Bedeutung der informalen Kommunikation ist (neben sozialen Aspekten) darin zu sehen, daß sie zur Verkürzung von Informationswegen oder zur Ergänzung des formalen Kommunikationssystems beitragen kann.

Die Vielfalt der in einem Unternehmen benötigten Informationsarten läßt sich nach der Herkunft der Informationen grob untergliedern in **interne und externe Informationen.** Interne Informationen werden innerhalb des Unternehmens gewonnen, während externe Informationen außerhalb des Unternehmens beschafft werden müssen.

Interne Informationen werden in allen Funktionalbereichen des Unternehmens (Beschaffung, Produktion, Absatz, Personal, Finanzen) gewonnen. Es handelt sich dabei z. B. um Informationen über Bestände und Kapazitäten, Verbrauchsmengen und -relationen, Kosten, Leistungen und Erträge. Die Sammlung, Verarbeitung und Bereitstellung dieser Informationen fällt zum großen Teil in die Bereiche des **betrieblichen Rechnungswesens** (Buchhaltung, Kosten-, Erlös- und Erfolgsrechnung) oder der **Vertriebsstatistik.**

Externe Informationen betreffen insbesondere die Beschaffungs- und Absatzmärkte eines Unternehmens (Anbieter, Konkurrenten, Käufer, Beschaffungs- und Vertriebskanäle), aber auch die ökonomische, politische, rechtliche, technologische und kulturelle Umwelt. Derartige Informationen müssen **aus unternehmungsexternen Quellen** beschafft (erhoben) werden.

> Wird bereits vorhandenes Datenmaterial ausgewertet, so spricht man von **Sekundärerhebung,** während man bei einer Neuerstellung des Datenmaterials von **Primärerhebung** spricht.

Quellen für Sekundärerhebungen sind z. B. Zeitungen und Zeitschriften sowie Publikationen von Behörden, Verbänden, Forschungsinstituten oder Banken. Bei Primärerhebungen werden die Daten mittels **Befragung oder Beobachtung** gewonnen (z. B. Konsumentenbefragungen, Verkaufsexperimente). Die Aufgaben der Datenbeschaffung wie auch der Datenanalyse können sowohl durch das Unternehmen selbst (**Eigenforschung**) wie auch im Auftrage des Unternehmens (**Fremdforschung**), z. B. durch Marktforschungsinstitute, durchgeführt werden. Die Durchführung von Eigenforschung erfordert entsprechende organisatorische Einrichtungen sowie einschlägiges Knowhow.

Im folgenden wollen wir einige **Grundaspekte der Aufbauorganisation** aufgreifen.

An dieser Stelle interessieren hinsichtlich der Aufbauorganisation nur die **Informationspflichten**, also die Informationsbeschaffungs-, Informationsverarbeitungs- und Informationsbereitstellungsaufgaben. Infolge der Vielfalt der Informationsarten ist es nicht möglich, alle diese Aufgaben organisatorisch zu zentralisieren. Die **Erfassung von internen Informationen** erfolgt zwangsläufig in den betreffenden Funktionalbereichen, während eine weitgehende **Zentralisierung der Verarbeitungs- und Bereitstellungsaufgaben** i. d. R. vorteilhaft und bei Nutzung eines Großrechners sogar notwendig wird. Größerer organisatorischer Spielraum besteht hinsichtlich der **Beschaffung von externen Informationen.** Am **Beispiel der Marktforschung** sollen hier einige Aspekte beleuchtet werden.

Die **betriebliche Marktforschung** befaßt sich mit der Beschaffung, Verarbeitung und Bereitstellung von Informationen, die für Marketingentscheidungen benötigt werden (siehe dazu z. B. Hammann/Erichson [Marktforschung], Schäfer/Knoblich [Grundlagen]). Da es sich hierbei primär um externe Informationen handelt, muß im Zusammenhang mit der organisatorischen Gestaltung und Eingliederung der Marktforschung entschieden werden, in welchem **Umfang** die erforderlichen Aufgaben durch Eigen- oder Fremdforschung erledigt werden sollen. Infolge von Rationalisierungseffekten können Marktforschungsinstitute viele Aufgaben, insbesondere im Bereich der **Primärerhebung,** kostengünstiger durchführen, als dies der betrieblichen Marktforschung möglich wäre. Der betrieblichen Marktforschung verbleibt jedoch immer die Aufgabe, derartige Fremdforschungstätigkeiten sachverständig zu beurteilen, sei es zum Zwecke der Auftragsvergabe und -kontrolle oder der Interpretation und Weiterverarbeitung von gelieferten Informationen.

Hinsichtlich der organisatorischen Eingliederung der betrieblichen Marktforschung lassen sich **drei Grundformen** unterscheiden:

1. Einrichtung eines funktionalen Informationsbereichs mit darunter angesiedelter Marktforschung
2. Einrichtung einer selbständigen Abteilung im Funktionalbereich Marketing
3. Einrichtung einer Stabsstelle
   - bei der Unternehmensleitung
   - bei der Marketingleitung

(1) Die **erste Alternative** findet sich in solchen Unternehmen, die aufgrund des Arbeitsanfalls und der Notwendigkeit einer Koordination die Informationsplanungs-, -beschaffungs- und -verarbeitungsfunktionen für alle Unternehmensbereiche zentralisieren. Allerdings ist die Bildung eines solchen funktionalen Informationsbereichs an entsprechende technische Voraussetzungen und Kapazitäten geknüpft, wie sie etwa in einem Rechen- bzw. Datenverarbeitungszentrum gesehen werden können. Die funktionale Abteilung »Informationswesen« verfügt zudem über einen direkten Zugang zu allen im Betrieb vorhandenen Informationen und zu den technischen Einrichtungen.

(2) Die **zweite Alternative** setzt voraus, daß insbesondere die Beschaffungs- und Aufbereitungsarbeiten der Informationen im Marketing einen entsprechenden Umfang und die Entscheidungsprozesse eine gewisse Verselbständigung erreicht haben. Gegebenenfalls können den selbständigen Abteilungen innerhalb des Funktionalbereiches noch Stäbe zugeordnet werden, deren Tätigkeit in der Bearbeitung von Teilaufgaben der Informationsverarbeitung und -verdichtung zu sehen ist.

(3) Die **dritte Alternative** eignet sich vornehmlich in solchen Fällen, wo die Marktforschungstätigkeit nur ein relativ geringes Ausmaß erreicht. Die Charakterisierung des Stabes neben der Geschäftsleitung bzw. der Leitung des Marketingbereichs entspricht ungefähr der eines speziellen Stabes einer Marktforschungsabteilung. Ein zusätzliches Gewicht erhalten derartige Stäbe durch die Aufgabe der Vorbereitung und Analyse von Marketingentscheidungen für die Unternehmensleitung bzw. die Marketingleitung. Sie stellen oft auch ein Verbindungsglied zu außerbetrieblichen Institutionen der Informationsbeschaffung dar, dessen Befugnisse sich allerdings auf Beratung und Kontakthaltung beschränken. Die Bildung einschlägiger Stäbe bei der Geschäftsleitung erfolgt nur dann, wenn diese selbst unmittelbar mit der Informationsbeschaffung und den Entscheidungen darüber befaßt bleiben will. Der Stabsstelle werden allgemeine Beratungsfunktionen zugewiesen, in deren Rahmen auch Informationsplanungs-, Beschaffungs- und Aufbereitungstätigkeiten mit zu erfüllen sind.

Strategische Marketingentscheidungsprobleme werden auch als Sonderprojekte mit spezieller **Matrix- oder Projektorganisation** durchgeführt. Den dazu gebildeten Teams gehören dann regelmäßig Informationssachverständige aus den relevanten Funktionalbereichen der Unternehmung an.

In der Praxis gibt es häufig **Mischformen** zwischen den beiden Alternativen (1) und (2). So wird die Informationsverwahrungs- bzw. -verarbeitungstätigkeit gerne einer zentralen Abteilung »Informationswesen« überlassen, während die Informationsbedarfs- und -beschaffungsplanung in den einzelnen funktionalen Bereichen (bzw. Sparten) des Unternehmens durchgeführt werden. Die Informationsbeschaffung (z. B. im Rahmen der Marktforschungstätigkeit) wird dann Institutionen außerhalb des Unternehmens überlassen.

1.3 Informationsentscheidungen

Wie in allen anderen Arbeitsbereichen von Unternehmen, so stellen sich auch auf dem Gebiet der Informationswirtschaft zahlreiche gewichtige, teilweise strategische Entscheidungsprobleme von großer Tragweite, deren Revision nur selten möglich ist. Hierzu zählen (vgl. Hammann / Erichson [Marktforschung] 43 ff.):

- Entscheidungen über den Informationsbedarf,
- Entscheidungen über die Informationsbeschaffung,
- Entscheidungen über das Informationsbudget.

Zur Analyse dieser Entscheidungsprobleme existieren quantitative Modelle und Methoden, auf die wir jedoch nur teilweise eingehen können.

1.3.1 Bedarfsentscheidung

Zur Formulierung und Lösung von Entscheidungsproblemen bedarf es zunächst der Feststellung der **Informationskategorien,** die in einem vorgegebenen Planungszeitraum den Informationsbedarf konstituieren (z. B. Informationen zu den Wirkungen absatzpolitischer Instrumente). Grundsätzlich leitet sich dieser Informationsbedarf aus den konkreten anstehenden (einmaligen oder wiederholten) Entscheidungsproblemen ab. Da jedoch nicht alle Informationsarten und diese auch nicht alle im erforderlichen Umfang bzw. von gleich hoher Qualität angesichts begrenzter Informationsbudgets beschafft werden können, muß sich die planende Instanz im Unternehmen auf eine bei vorgegebenen Kriterien **optimale Auswahl** unter den Kategorien von Informationen beschränken. Dieser Fall ähnelt analytisch den aus der Investitionstheorie geläufigen Problemen der Kapitalbewirtschaftung, bei welchen der Gesamtnutzen eines Projektpakets bei vorgegebenem Budget und anderen Restriktionen (bezüglich des Nutzens oder der Kosten der Projekte) optimiert werden soll. Diese Ansätze kann man vielfältig differenzieren.

In der Praxis vollzieht sich die Feststellung des Informationsbedarfs oft nach **subjektivem Ermessen** der Entscheidungsträger. Dies wird vor allen Dingen dann nicht zu vermeiden sein, wenn einmalige (nicht wiederkehrende) Entscheidungen zur Lösung anstehen (z. B. eine Standortentscheidung). Art und Umfang der benötigten Informationen sind dort nicht verbindlich festlegbar. In erster Linie gilt dies für Informationen zur Formulierung von Entscheidungsproblemen. Stärker formalisierte Entscheidungsprozesse finden sich bei wiederkehrenden Entscheidungen (z. B. in der Fertigung) und auch bei der Feststellung des Bedarfs an Informationen, die zur Lösung des Entscheidungsproblems unmittelbar benötigt werden.

1.3.2 Beschaffungsentscheidung

Die Beschaffungsentscheidung bezieht sich auf die Grundsatzfrage, ob für ein bestimmtes Problem überhaupt Information beschafft werden soll und, wenn ja, auf welche Weise. Der zweite Aspekt schließt weitere Fragen ein, so etwa diejenige nach dem Träger der Beschaffung oder nach der Beschaffungsmodalität. Zur Analyse der Grundsatzfrage kann man **Entscheidungsbaumverfahren** nutzen, nicht zuletzt, um die Unsicherheitsaspekte angemessen berücksichtigen zu können. Ein weiterer Vorteil dieser Methoden liegt in ihrer Verwendbarkeit für sukzessive und sequentielle Beschaffungsentscheidungsfälle. Von **sukzessiven** Entscheidungen spricht man, wenn sachlich verschiedene Entscheidungen in einer bestimmten, zeitlich festgelegten Reihenfolge zu fällen sind. **Sequentielle** Entscheidungen erfolgen gleichfalls in einer zeitlich festgelegten Reihenfolge; es handelt sich hier jedoch stets um denselben Entscheidungsgegenstand.

Bei jedem Informationsbeschaffungsakt sind **Wert und Kosten der Information** zu vergleichen. Während die Ermittlung von Kosten im allgemeinen geringere Probleme aufwirft, läßt sich der Wert der Information nicht ohne weiteres feststellen. Einen Ansatz hierzu liefert die sog. **Bayes-Analyse** (vgl. Hammann/Erichson [Marktforschung], S. 45 ff.). Insbesondere die Formen der **Prae-Posteriori-Analyse,** bei der der Entscheidungsträger die Wahrscheinlichkeiten des Eintritts einzelner Ergebnisse des Informationsbeschaffungsakts im voraus zu schätzen hat, stellen hohe Anforderungen an dessen Einfühlungsvermögen und setzen Erfahrung mit ähnlichen Fällen voraus. Allerdings wird dadurch eine Abschätzung des Wertes von Informationen noch vor der Informationsbeschaffung möglich.

Es sei angenommen, daß das Unternehmen eine **Teststudie** durchführen will, die darüber Aufschluß geben soll, ob ein neues Produkt eingeführt werden kann oder nicht. Als Entscheidungskriterium bei der Frage, ob eine zusätzliche Information beschafft (d. h. ein Markttest durchgeführt) werden soll oder nicht, möge der **Erwartungswert des Gewinns** (als Differenz von erwartetem Erlös und erwarteten Kosten) zur Anwendung kommen. Man stellt diesen Wert dem Erwartungswert des Gewinns gegenüber, den ein neues Produkt ohne zusätzliche Informationen erzielen würde. Im Falle der Testdurchführung wird der Erwartungswert des Gewinns um die Kosten des Tests gekürzt werden müssen.

Wendet man auf die Frage der Informationsbeschaffung das **Verfahren der Bayes-Analyse** an, so werden dabei a priori vorhandene Informationen über die unsichere Umwelt durch a posteriori (über einen Test) ermittelte Daten revidiert und so die Entscheidungsgrundlage verbessert. Da die Ergebnisse des Tests ihrerseits ungewiß sind, müssen sie durch subjektive Schätzungen prae posteriori vorgenommen werden, um den erwarteten Wert der Information ermitteln zu können (vgl. im einzelnen die ausführliche Darstellung dieses Beispiels bei Hammann/Erichson [Arbeitsbuch] 171 ff.).

Ist die Frage, ob überhaupt Informationen beschafft werden sollen, grundsätzlich geklärt, so bleibt die weitere Frage, ob die Informationsbeschaffungsaufgabe **durch Institutionen innerhalb oder außerhalb** des Unternehmens gelöst werden kann bzw. soll. Grundsätzlich läßt sich sagen, daß personalintensive Informationsbeschaffungs- und -verarbeitungsaktivitäten regelmäßig nach außerhalb vergeben werden, da in den meisten Unternehmen nicht die notwendigen Kapazitäten vorhanden sind. Dies schließt durchaus wichtige Vor- und Nacharbeiten im Unternehmen nicht aus. In diesem Zusammenhang sei nochmals auf die Notwendigkeit der **Informationsplanung** im Unternehmen hingewiesen. Umfangreiche Mitarbeiterstäbe können für Informationsbeschaffungs- und -verarbeitungsaufgaben jedoch nur dann eingesetzt werden, wenn die Bedeutung der durchzuführenden Aufgaben für das Unternehmen außerordentlich groß ist bzw. wenn die Aufgaben laufend anstehen und ihr Umfang dies erfordert. Eine einfache Kostenvergleichsrechnung dürfte in Zweifelsfällen die Entscheidung vorbereiten helfen.

Da die Planung, Beschaffung und Aufbereitung von Informationen ihrerseits Forschungsaktivitäten im Unternehmen darstellen, ergeben sich sowohl zahlreiche Vorteile wie Nachteile der Eigenforschung gegenüber der Fremdforschung. Hierzu sei auf die relevante Literatur verwiesen (vgl. u. a. Hammann/Erichson [Marktforschung] 51f.).

1.3.3 Budgetentscheidung

Zu den am wenigsten befriedigend gelösten bzw. lösbaren Problemen der Betriebswirtschaftslehre zählt die Aufstellung von Budgets. Das gilt nicht zuletzt für den Bereich der **Informationsbudgets,** bei deren Aufstellung erhebliche Ungewißheit über die ökonomischen Konsequenzen der Entscheidung auftritt. Für jedes Projekt der Planung, Beschaffung und Aufbereitung von Informationen ergibt sich **Unsicherheit** über die

- künftigen Erträge der Projekte,
- künftigen Aufwendungen für die Projekte,
- künftige Zusammensetzung der Projektliste,
- künftig verantwortlichen Instanzen,
- künftige Finanzlage der Unternehmung.

Die Budgetierung orientiert sich in der Praxis an den organisatorischen Gegebenheiten. Dies bestimmt letztlich auch die effektiven Kostenkategorien von Informationsbudgets. Typische Kategorien sind etwa: Gehälter, Raumkosten, Materialkosten, Reisekosten, Datenverarbeitungskosten, Abonnements, Mitgliedsbeiträge, Mietkosten, Kosten für Gutachten, Schulungskosten und spezifische Projekteinzelkosten neben allgemeinen Verwaltungskosten. Die Liste ist keineswegs erschöpfend. Bei Planung eines Informationsbudgets sind diese teils im Betrieb, teils außerhalb des Betriebes anfallenden Kostenarten zu berücksichtigen.

Die Planung eines Informationsbudgets, welches der jeweils zuständigen Stelle zur Entscheidung vorgelegt werden muß, vollzieht sich meist in **fünf Schritten:**

1. Überprüfung des Budgets der **Vorperiode** nach
   - Art und
   - Umfang der Positionen

   sowie im Hinblick auf die entstandenen positiven bzw. negativen Planabweichungen.
2. **Übertrag** noch offener bzw. nicht abgeschlossener Posten aus früheren und der laufenden Periode(n).
3. Ermittlung des allgemeinen und speziellen **Finanzbedarfs** für die **nächste Periode** (in Abstimmung mit den davon betroffenen Instanzen). Der Bedarf resultiert allgemein aus den zur Lösung anstehenden Entscheidungsproblemen, wobei hier jedoch im einzelnen Art und Umfang sowie Lieferant der benötigten laufenden oder einmaligen Informationen festzulegen sind. Die in den beiden vorausgegangenen Abschnitten hierzu angestellten Überlegungen fließen an dieser Stelle ein.
4. Überprüfung der **Budgetveränderung** gegenüber der Vorperiode und der laufenden Periode. Auftretende Abweichungen sind eingehend zu begründen.
5. Suche nach **Einsparungsmöglichkeiten,** die unabhängig von Budgetveränderungen im Hinblick auf unsichere Zukunftslagen eine gewisse finanzielle Flexibilität gewährleisten würden. Gerade angesichts der Informationsredundanz und der Veralterung von Modell- und Methodenbank kann dieser Rationalisierungsaspekt im Informationswesen nicht genug betont werden.

Die fünf Stufen verdeutlichen auch die Notwendigkeit einer laufenden internen Kontrolle der Budgetverwendung.

Diese eher synthetisch geartete Budgetermittlung kann indessen auch analytisch abgestützt werden, wenn man sich wieder an die investitionstheoretischen Überlegungen aus Abschnitt 1.3.1 erinnert. Dort hatten wir Ansätze zur optimalen Budgetverwendung auf ein Projektpaket erwähnt, wobei das Investitionsbudget vorgegeben war. Man könnte für alternative Investitionsbudgets jeweils die optimale Budgetverwendung ermitteln und dann unter den errechneten Optima das günstigste auswählen. Dieses Verfahren setzt jedoch eine vorherige Festlegung alternativer Informationsbudgets voraus, wozu wiederum eine synthetisch geartete Budgetierung hilfreich sein kann.

1.4 Informationsbeschaffung

1.4.1 Primär- und Sekundärforschung

Wie wir gesehen haben, werden Informationen zum Zwecke

- der Formulierung von Entscheidungsproblemen sowie
- der Lösung von Entscheidungsproblemen

beschafft.

Hinsichtlich der Art der Informationsbeschaffung läßt sich, wie bereits erwähnt, zwischen **Primärforschung** (Primärerhebung) und **Sekundärforschung** (Sekundärerhebung) unterscheiden.

> Die **Sekundärforschung** betrifft die Sammlung und Analyse von Daten, die für andere Zwecke und zu früherem Zeitpunkt erhoben wurden.
> Im Falle der Erhebung und Analyse von neuen bzw. neuartigen Daten spricht man von **Primärforschung.**
> Unter **Daten** werden i. e. S. große Zahlenmengen verstanden, die durch Messung (Befragung bzw. Beobachtung) gewonnen werden.

Zur Erhöhung ihres Informationsgehaltes bedürfen sie i. d. R. besonderer Verarbeitungsprozesse. Quellen für derartige Informationen finden sich sowohl innerhalb wie außerhalb des Unternehmens. Zu den **internen Quellen** gehören z. B.

- das betriebliche Rechnungswesen
- Absatz- und Lagerstatistiken
- Kunden- und Lieferantenkarteien
- Berichte des Außendienstes
- Datenmaterial aus früheren Primär- oder Sekundärerhebungen

Relevante **externe Quellen** sind z. B.

- Veröffentlichungen des Statistischen Bundesamtes und der statistischen Landesämter
- Veröffentlichungen sonstiger amtlicher Institutionen, wie Ministerien, Bundesbank oder Industrie- und Handelskammern
- Veröffentlichungen internationaler Institutionen, wie EG, OECD, UNO oder Weltbank
- Veröffentlichungen von wirtschaftswissenschaftlichen Instituten

- Veröffentlichungen von Wirtschaftsverbänden sowie Messeberichte
- Geschäftsberichte, Prospekte oder Kataloge einzelner Unternehmen
- Veröffentlichungen in Fachzeitschriften und Tagespresse
- Adreß- und Handbücher

Im Rahmen der Sekundärforschung müssen die verschiedenen Informationsquellen überprüft werden. Da die Sekundärforschung gegenüber der Primärforschung meist erheblich weniger Zeit und Kosten erfordert, sollten ihre Möglichkeiten zunächst ausgeschöpft werden, bevor Primärforschung eingeleitet wird. Überdies lassen sich durch Sekundärforschung nützliche Informationen für Planung und Durchführung der Primärforschung gewinnen.

1.4.2 Planung und Durchführung von Erhebungen

1.4.2.1 Begriff und Formen der Erhebung

> Unter **Erhebung** verstehen wir die systematischen und gezielten Aktivitäten zur Beschaffung von Informationen.

Die Erhebungsformen sind äußerst vielfältig. So unterscheidet man u. a.

(1) nach dem **Umfang** der jeweils untersuchten Menge von Erhebungseinheiten
- Vollerhebung
- Teilerhebung

(2) nach der **Häufigkeit** der **Durchführung** der Erhebungen
- einmalige Erhebungen
- mehrmalige Erhebungen

Im letzteren Fall gibt es noch die Differenzierung in sukzessive Erhebungen (mit wechselnden Themen und/oder wechselnden Erhebungseinheiten) und sequentielle Erhebungen (mit gleichbleibenden Themen und Erhebungsgesamtheiten).

(3) nach der **Zahl der** mit einer Erhebung verfolgten **Zwecke**
- Einzweckerhebung
- Mehrzweckerhebung

(4) nach der **Art des methodischen Vorgehens** bei der Informationsgewinnung
- Befragung
- Beobachtung

Auf diese beiden **methodischen Vorgehensweisen** wollen wir in Abschn. 1.4.2.3 und 1.4.2.4 noch gesondert eingehen.

Zahlreiche Erhebungen werden als Kombination von Befragung und Beobachtung angelegt und abgewickelt.

Erhebungen können den Charakter von Experimenten tragen.

> Unter einem **Experiment** verstehen wir eine Erhebung zwecks **Überprüfung einer Kausalhypothese.** I. d. R. handelt es sich um eine Teilerhebung.

Eine **Kausalhypothese** ist eine Aussage folgender Art: Eine Änderung der Variablen X bewirkt eine Änderung der Variablen Y. Die Änderung von X wird dabei als Ursache und die Änderung von Y als Wirkung bezeichnet. X heißt unabhängige, Y abhängige Variable.

Ein Experiment muß zweierlei leisten:

– Es muß Meßwerte für X und Y liefern (durch Befragung oder durch Beobachtung, aufgrund derer sich zwischen X und Y eine Assoziation (gemeinsames Variieren von Variablen) statistisch nachweisen läßt.
– Es muß dem Untersucher die Gewißheit verschaffen, daß X unbeeinflußt von Y oder anderen Faktoren, die Y möglicherweise beeinflussen, variiert wurde.

Nur wenn letzteres gegeben ist, kann der Untersucher aus einer Assoziation zwischen X und Y auf eine kausale Beziehung zwischen X und Y schließen. Der Untersucher erlangt die erforderliche Gewißheit, indem er im Experiment die unabhängige Variable (den experimentellen Faktor) kontrolliert (variiert). Das Experiment ist also als besondere Erhebungsform dadurch gekennzeichnet, daß der Untersucher aktiv in den Entstehungsprozeß der zu untersuchenden Daten eingreift.

Bei der **Durchführung und Analyse von Experimenten** ergeben sich **Probleme der internen und externen Validität.** Es handelt sich bei Experimenten vorwiegend nur um Teilerhebungen. Die aus dem Experiment gewonnenen Untersuchungsergebnisse müssen hinsichtlich der untersuchten Teilauswahl gültig sein (**interne Validität**). Zu diesem Zweck werden oft **Laborexperimente** unternommen, da im Labor eine bessere Kontrolle möglicher Einflußfaktoren auf die unabhängige Variable durchführbar ist. Die **externe Validität** betrifft die Frage, ob das in der Teilauswahl erzielte Untersuchungsergebnis auch für die Grundgesamtheit Gültigkeit besitzt (Inferenzschluß). Die externe Validität erfordert somit neben der **Repräsentanz der untersuchten Teilauswahl** für die Grundgesamtheit auch die **Repräsentanz der Untersuchungsbedingungen.**

Zur **Planung und Analyse von Experimenten** stehen spezielle Methoden zur Verfügung (vgl. Menges/Skala [Grundriß]). Zur Planung von Experimenten eignen sich die Methoden des Experimentaufbaus (Experimental Design). Zur Auswertung der Experimentergebnisse werden die statistischen Methoden der **Varianz- und Kovarianzanalyse** eingesetzt. Hierauf wird im Rahmen des Abschnitts 1.5.2 (Datenanalyse) noch einmal eingegangen.

1.4.2.2 Planung von Erhebungen

Die **Planung von Erhebungen** umfaßt neben der Ermittlung der Kategorien von Informationen, die zur Formulierung bzw. Lösung eines Entscheidungsproblems zu beschaffen sind, die **Festlegung folgender Erhebungsdetails:**

- Ort der Erhebung
- Art der Erhebungselemente (z. B. Zielgruppe)
- Umfang der Erhebung nach
  - Zahl der Erhebungseinheiten (z. B. Versuchspersonen)
  - Zahl der Erhebungsgegenstände (Themen)
- Leitung der Erhebung
- Durchführung der Erhebung
- Dauer der Erhebung, differenziert nach
  - Länge der gesamten Erhebung
  - Länge der Erhebung pro Gegenstand
  - Länge der Erhebung pro Erhebungseinheit
- Methodische Vorgehensweise (Forschungsansatz) anhand einer detaillierten Beschreibung
- Übernahme von Schulungsaufgaben, die im Zusammenhang mit der Durchführung der Erhebung anfallen
- Maßnahmen zur Überprüfung der Effizienz des Forschungsansatzes (z. B. eine Vorlaufstudie)
- Möglichkeiten der Erhebungskontrolle

Im einzelnen muß hierzu auf die einschlägige Literatur verwiesen werden (siehe z. B. Hammann/Erichson [Marktforschung]).

Bei der Beschaffung von Informationen werden Erhebungen fast ausschließlich in Form von **Teilerhebungen** durchgeführt. Die Beschaffung von Informationen durch **Vollerhebung** ist in den meisten praktischen Fällen aus wirtschaftlichen, organisatorischen, zeitlichen oder technischen Gründen nicht zweckmäßig. Bei einer **Vollerhebung** (Zensus) werden alle Untersuchungseinheiten erfaßt, d. h. bei allen Untersuchungseinheiten wird festgestellt, ob bzw. in welcher Ausprägung sie ein bestimmtes Untersuchungsmerkmal aufweisen.

Bei einer **Teilerhebung** wird nur eine Teilmenge der **Grundgesamtheit** erfaßt, mit dem Ziel, aufgrund einer Aussage über die Teilmenge auch eine Aussage über die Grundgesamtheit zu treffen.

Der Schluß von der Teilmenge (der Erhebungsmenge) auf die Grundgesamtheit wird als **Repräsentationsschluß** bezeichnet.

Ein Schluß kann aber nur dann gerechtfertigt sein, wenn die Teilmenge hinsichtlich des Untersuchungsmerkmals ein getreues Abbild der Grundgesamtheit liefert. Eine Teilmenge, die diesen Anspruch erfüllt, bezeichnet man als **repräsentativ.** Die Gewinnung einer derart geeigneten Teilmenge heißt auch **Teilauswahl.**

Grundsätzlich kann man feststellen, daß jede Aussage, die im Rahmen einer Teilerhebung gewonnen wird, mit einem **Fehler** behaftet ist. Mit Hilfe der zur Verfügung stehenden Kenntnisse und Methoden kann man lediglich erreichen, daß der auftretende Fehler klein gehalten und sein Ausmaß abgeschätzt wird. Jeder Meßfehler kann zumindest in zwei **Komponenten** aufgespalten werden:

– einen Zufallsfehler und
– einen systematischen Fehler.

Der **Zufallsfehler** (Stichprobenfehler) ist bei einer Teilerhebung unvermeidbar. Er kann aber verkleinert werden durch Vergrößerung der Teilerhebung. Seine Größe läßt sich statistisch schätzen. Dies geschieht mit Hilfe der der Statistik zugrunde liegenden **Wahrscheinlichkeitstheorie** unter der Voraussetzung, daß bei der Durchführung der Teilauswahl die Prämissen der Wahrscheinlichkeitstheorie erfüllt werden. D. h.: die Teilauswahl muß in Form einer Zufallsauswahl (Zufallsstichprobe) durchgeführt werden.

Der **systematische Fehler** kann nicht verkleinert und auch nicht im einzelnen abgeschätzt werden. Aber er ist vermeidbar. Ein systematischer Fehler ist eine Verzerrung der Ergebnisse durch nicht zufällige Einflußfaktoren. Sie können entstehen infolge von Erfassungsfehlern bei den einzelnen Untersuchungseinheiten. Eine Beeinträchtigung der

Repräsentanz ergibt sich einmal durch Mängel bei der Teilauswahl (z. B. durch willkürliche Auswahl von Untersuchungseinheiten), durch Mängel der verwendeten Auswahlbasis (Grundgesamtheit bzw. eine geeignete Abbildung), durch Nichtbeantwortung bei Befragungen usw. **Erfassungsfehler** (Meßfehler) treten auf, wenn die Datenerfassung durch Beobachtung erfolgt, durch Zählfehler oder ein fehlerhaftes Meßinstrument oder, wenn die Datenerfassung durch Befragung erfolgt, durch falsche Aussagen der Befragten. Der systematische Fehler kann gleichermaßen bei Teil- und Vollerhebungen auftreten.

Neben diesen beiden Fehlern kann noch ein Fehler bei der Auswertung der Erhebungsergebnisse auftreten: der sog. **Interpretationsfehler.** Interpretationsfehler gehen zu Lasten des Analytikers. Die häufigste Ursache für das Auftreten von Interpretationsfehlern sind Überschätzungen der Ergiebigkeit des Erhebungsmaterials: es werden Aussagen aus dem Material abgeleitet, die durch die Ergebnisse der Erhebung nicht oder nur unzureichend gedeckt sind.

Zur Beurteilung der Güte von Meßinstrumenten bzw, Meßverfahren werden insbesondere die folgenden **Gütekriterien** herangezogen:

Validität (Gültigkeit)
Reliabilität (Zuverlässigkeit)
Praktikabilität (Durchführbarkeit)

Validität und Reliabilität beziehen sich auf die Fehler, mit denen jedes Meßinstrument behaftet ist. Die **Validität** bezieht sich auf systematische (konstante) Fehler, die **Reliabilität** auf unsystematische (variable) Fehler. Die Begriffe lassen sich an einem simplen Meßinstrument, wie dem Metermaß, veranschaulichen. Die Validität betrifft hier die richtige Länge (Eichung). Ist ein Metermaß falsch geeicht, so geht in jede Messung ein gleichbleibender (konstanter) Fehler ein. Ist das Metermaß aus einem Material gefertigt, welches seine Länge in Abhängigkeit von Umwelteinflüssen (Temperatur, Luftfeuchtigkeit) verändert, so entsteht außerdem ein Fehler, der bei verschiedenen Messungen variiert. Je kleiner dieser variable Fehler ist, desto größer ist die Reliabilität des Meßinstrumentes. Ist der variable Fehler zufällig verteilt, so ist er (stochastisch) meßbar und kann durch wiederholte Messungen verringert werden. Das Beispiel zeigt aber auch, daß genaugenommen die Reliabilität eine notwendige Voraussetzung für Validität bildet, denn ein Metermaß, dessen Länge ständig variiert, läßt sich nicht exakt eichen.

Die **Praktikabilität** betrifft die Anwendbarkeit eines Meßverfahrens für den Untersuchungszweck. Mit einem Zollstock läßt sich nicht die Höhe eines Berges oder die Wirksamkeit eines Werbespots messen. Unter wirtschaftlichen Gesichtspunkten wird sie weiterhin bestimmt durch die Kosten der Durchführung und den Zeitbedarf.

1.4.2.3 Befragung

> Als **Befragung** bezeichnet man diejenigen Arten von Erhebungen, bei denen Personen sich zum Erhebungsgegenstand verbal, schriftlich oder durch direkte Eingabe ihrer Antwort in einen Computer äußern.

Man unterscheidet:

(1) **persönliche Befragungen** (Interviews)

Bei ihr werden die Fragestellungen den Mitgliedern der Zielgruppe im Wege persönlicher Kommunikation von den die Erhebung durchführenden Personen (Interviewern) vorgetragen.

(2) **Nichtpersönliche Befragung** (i. d. R. schriftliche Befragungen)

Die Erhebung erfolgt durch nichtpersönliche Kommunikation (z. B. über Fragebögen oder Einsendekupons). Befragungen sind – unabhängig von der Art ihrer Durchführung (in persönlicher oder nichtpersönlicher Form) – grundsätzlich auf zweierlei Weise konzipierbar, wobei sich auch Kombinationen ergeben können: **Direkte** Befragungen sind die Regel, obwohl u. U. mit Nichtbeantwortung gerechnet werden muß, wenn tabuisierte Befragungsgegenstände berührt werden. Derartige psychische Barrieren können bei **persönlicher Befragung** oftmals abgebaut werden. Bei **nichtpersönlichen Befragungen** kann jedoch Verweigerung die Folge sein. Diese Gründe können eine **indirekte Befragung** (d. h. eine Beschreitung von Umwegen bei der Befragung) notwendig machen, wobei die Versuchspersonen lediglich tendenzielle Aussagen abzugeben haben, die jedoch Rückschlüsse auf eine eindeutige Einordnung in einen Katalog denkbarer Aussagen zulassen sollten. Der Spielraum für Tendenzaussagen wird u. a. dadurch gewonnen, daß man in der Frageentwicklung gedankliche Umwege beschreitet. Befragungsmethoden dieser Art bezeichnet man auch als **psychotaktische Befragungen.** Neben diesen Methoden werden auch **psychologische Tests** eingesetzt, die nicht (nur) auf Fragen i. e. S. beruhen, sondern den Versuchspersonen eine Aufgabe (Problem) stellen. Sinn dieser Tests ist es, durch die Reaktion bzw. Problemlösung der Personen Rückschlüsse auf ihr Verhalten, ihre Persönlichkeitsstruktur, ihre Einstellung und Motive zu gewinnen (vgl. Behrens [Handbuch] oder Hüttner [Grundlagen]).

Die Vielfalt der **Arten von Fragen** zu erörtern, würde hier gleichfalls zu weit führen (vgl. Behrens [Handbuch] 94 ff., Hüttner [Grundlagen] 55 ff.). Daher seien nur die wichtigsten herausgestellt. Zunächst wird unterschieden in Fragen, die Versuchspersonen **mit oder ohne Vorlagen** gestellt werden. Vorlagen können begleitende Texte, Bilder oder Originalproben sein. Letztere werden vorgelegt, wenn bestimmte Objekte einer direkten Beurteilung durch die Versuchspersonen unterzogen werden sollen. Der Sinn von Vorlagen ist regelmäßig die Gedächtnisstützung der Probanden.

Eine weitere Einteilung berücksichtigt Fragen **mit und ohne Vorgabe von Antwortkategorien.** Werden keine Antwortkategorien vorgegeben, so spricht man von **offenen Fragen.** Andernfalls liegen **geschlossene Fragen** vor. Im ersten Fall überläßt man dem Beantworter die Formulierung der Antwort ganz oder teilweise, womit der persönlichen Entfaltung mehr Raum gegeben werden kann. Allerdings sind gewisse Nachteile (Beeinflussung durch Dritte, mangelnde Stichhaltigkeit, geringe Vergleichsmöglichkeit, ausufernde Antworten etc.) nicht zu vermeiden. Die Vorgabe von Antwortkategorien bei geschlossenen Fragen vermeidet diese Mängel großenteils.

Schriftliche Befragungen haben in der Praxis nach wie vor die größte Bedeutung. Obwohl die Probleme der niedrigen Rücklaufquote, nicht aufklärbarer Mißverständnisse, ungleicher Erhebungsstichtage und der Beeinflussung durch Dritte nur zu gut bekannt sind, bewährt sich dieses Verfahren aufgrund seiner relativ geringen Kosten und der leichter zu realisierenden Repräsentanz. In neuerer Zeit hat die **telefonische Befragung** eine gewisse Bedeutung erlangt. Dies gilt insbesondere im Bereich von Industrie und Handel, weniger im Bereich der privaten Haushalte.

Die wenigsten **Vorbehalte methodischer Art** wird man gegen **mündliche Befragungen** erheben können. Zwar besteht die Möglichkeit (und zugleich Gefahr), daß der Interviewer die Auskünfte der Befragten bis zu einem gewissen Grade zu steuern bzw. zu beeinflussen vermag (Interviewereffekt), aber diese Nachteile lassen sich durch den Einbau von Kontrollfragen usw. vermeiden. Auf die verschiedenen Formen von Interviews und den **Aufbau von Fragebögen** kann an dieser Stelle nicht im einzelnen eingegangen werden.

1.4.2.4 Beobachtung

Unter **Beobachtung** versteht man die visuelle oder instrumentelle Erhebung von Daten.

Die Beobachtung des Verhaltens von Personen läßt sich entweder offen oder verdeckt vornehmen. Da die aufschlußreichsten Beobachtungen dann erfolgen können, wenn sich die Versuchspersonen unbeobachtet glauben bzw. nicht mit einer Beobachtung rechnen und somit spontan handeln, werden **verdeckte Beobachtungen** bevorzugt. Stimmt eine Versuchsperson einer **offenen Beobachtung** zu, ist regelmäßig mit einer Verhaltensänderung zu rechnen (sog. **Beobachtungseffekt**).

Zu den Beobachtungsvorgängen zählt auch die Beobachtung von Objekten, Prozeßabläufen und technischen Vorgängen anhand von Apparaturen bzw. speziellen Beobachtungseinrichtungen, die abgelesen werden müssen. Gerade viele innerbetriebliche Informationsbeschaffungsvorgänge (Arbeits- und Bewegungsstudien, Fließbandüberwachung, aber auch das gesamte Rechnungswesen) beruhen auf dem Prinzip der Beobachtung.

Verdeckte Beobachtungen von Personen unterliegen der **Kritik** im Hinblick auf mögliche Eingriffe in deren Persönlichkeitsrechte. Solange Beobachtungen anonym bleiben und sich nicht auf die isolierte Observierung von Einzelpersonen beziehen (wie z. B. bei Studien zum Wanderverhalten in Supermärkten), wird man derartige Bedenken nicht unbedingt teilen müssen. Die Grenzen können jedoch leicht überschritten werden, weshalb Zurückhaltung zweckmäßig ist.

Man unterscheidet grundsätzlich **zwei Arten** der Beobachtung:
- teilnehmende Beobachtung,
- nicht-teilnehmende Beobachtung.

Die **teilnehmende Beobachtung** ist relativ selten, da sie die aktive Teilnahme des Beobachters am Geschehen mit dem zu beobachtenden Element voraussetzt. Der Fall der **nicht-teilnehmenden Beobachtung** wird um der Objektivität willen bevorzugt, da der Beobachter nicht aktiv in das Geschehen einbezogen ist und er seine Wahrnehmungen unabhängig bzw. unbeeinflußt machen kann. Bezüglich weiterer Einzelheiten wird auf die Literatur verwiesen (siehe z. B. Schäfer/Knoblich [Grundlagen] 314ff.).

1.5 Informationsverarbeitung

Die zur Formulierung bzw. Lösung von Entscheidungsproblemen benötigten Informationen fallen im allgemeinen nicht in der Weise an, daß sie unmittelbar im Entscheidungsprozeß eingesetzt werden können. Dies macht eine **Aufbereitung** bzw. **Verarbeitung der Daten** erforderlich. Um insbesondere die bei Erhebungen anfallende Datenfülle transparent zu machen, um vorhandene Strukturen der Daten erkennen und interpretieren zu können, sind systematische Methoden der

- Datenreduktion, aber auch der
- Datenanalyse

erforderlich. Die Prinzipien dieser Methoden sollen im folgenden kurz aufgezeigt werden (vgl. die Darstellung bei Hammann/Erichson [Marktforschung] 192 ff. und 219 ff.).

1.5.1 Datenreduktion

Durch eine **Komprimierung** von Daten läßt sich das Datenrohmaterial auf wenige überschaubare Größen reduzieren mit der Konsequenz einer Steigerung des Aussagewertes (Menges/Skala [Grundriß] Kap. 9). Jede Form der Komprimierung von Daten geht zwangsläufig mit einem objektiven **Informationsverlust** einher, jedoch wird der subjektive Informationsgehalt des Datenmaterials erhöht.

Maßnahmen zur Reduzierung von Daten sind in erster Linie in einer geeigneten **Tabellierung** zu sehen. Auf diese Weise werden Daten übersichtlich angeordnet und mit Hinweisen auf den Inhalt der Daten sowie durch **elementare Berechnungen** (wie Summen- oder Mittelwertbildung) ergänzt. Zu den bei der Erstellung von Tabellen zu beachtenden Grundsätzen wird auf die Literatur verwiesen (siehe z. B. Kellerer [Statistik] 31 ff.).

Grundlegende Bedeutung für die Reduktion von Daten besitzen Maßzahlen.

> Eine **Maßzahl** ist eine reellwertige Funktion (Abbildung) einer Datenmenge. Es handelt sich also um eine reellwertige Zahl, durch die eine Vielzahl von Daten zusammengefaßt werden kann.

Zu den wichtigsten Maßzahlen gehören:

- **Verteilungsmaße,** d. h. Maßzahlen, die der Beschreibung von Häufigkeitsverteilungen dienen. Hierzu zählen Lageparameter (z. B. Mittelwert), Streuungsparameter (z. B. Standardabweichung) und Konzentrationsmaße (z. B. Lorenz'sches Konzentrationsmaß).
- **Verhältniszahlen,** d. h. Quotienten von jeweils zwei Maßzahlen. In einer Verhältniszahl werden gleichartige oder verschiedenartige Maßzahlen zueinander in Beziehung gesetzt. Beispiele von Verhältniszahlen sind Quoten (Gliederungszahlen) oder Beziehungszahlen sowie Meß- und Indexzahlen.

Maßzahlen beziehen sich jeweils auf **einzelne Merkmale** von Untersuchungseinheiten. Will man eine Datenmenge reduzieren, die sich auf eine Merkmalsmenge einer Menge von Untersuchungseinheiten bezieht, so hat man **multivariate Methoden** der Datenreduktion anzuwenden.

Eine besonders effiziente Methode der Datenreduktion, die auch weitergehende Bedeutung für die Bildung und Prüfung von Hypothesen besitzt, ist die **Faktorenanalyse.**

Mit Hilfe der **Faktorenanalyse** kann eine Datenmatrix X mit den Meßwerten x_{ij} von m Objekten ($i = 1, \ldots, m$) für jeweils n Merkmalsvariablen ($j = 1, \ldots, n$) bei minimalem Informationsverlust reduziert werden auf eine Datenmatrix für nur $q < n$ Variablen, die sog. Faktoren. Die **Faktoren** sind hypothetische, nicht direkt beobachtbare Größen, die der Vielzahl von beobachtbaren Merkmalsvariablen zugrunde liegen – Beispiel: Zusammenfassung von Ausstattungsmerkmalen an Autos unter dem Begriff »Sportlichkeit«.

Da die Faktoren im Gegensatz zu den Merkmalsvariablen unkorreliert sind, kann durch wenige Faktoren fast vollständig der Informationsgehalt einer Vielzahl von Merkmalsvariablen wiedergegeben werden.

Im Gegensatz zur Faktorenanalyse, deren Ziel die Datenverdichtung durch Verkleinerung des Merkmalsvariablenraums bei Konstanz des Objektraums ist, zielen die vielfältigen Verfahren der **Cluster-Analyse** auf die Klassifikation der Meßobjekte. Durch die Klassifikation wird der Objektraum reduziert. Einordnungskriterium für die Untersuchungseinheiten ist deren »Ähnlichkeit« untereinander bezüglich einiger oder aller relevanten Merkmalsausprägungen. Ein charakteristisches **Beispiel** ist die Herleitung von Konsumententypologien (für die Zwecke der Marktsegmentierung) in der Marktforschung.

Bekanntlich bereitet es nur geringe Probleme, wenn eine Klassifikation von Elementen unter Berücksichtigung lediglich eines Merkmals vorgenommen werden soll. Das Problem kompliziert sich jedoch, wenn mehrere Merkmale gleichzeitig zur Klassifikation herangezogen werden sollen und jedes Untersuchungsobjekt einer und nur einer Klasse bzw. Gruppe von Elementen zuzuordnen ist.

Anwendungen der Faktorenanalyse zur Reduktion von Datenmengen bewirken letztlich eine räumliche Klarlegung von **Ähnlichkeitsbeziehungen** zwischen den Elementen einer Menge von Meßobjekten bezüglich der relevanten Merkmalsausprägungen – Beispiel: Abbildung der Ähnlichkeit von Personen hinsichtlich ihrer Merkmale anhand des Euklidischen Distanzmaßes im zweidimensionalen Merkmalsraum. Das Ergebnis ist eine **multidimensionale Skalierung** der Meßobjekte. Je nach der Art des Dateninput werden verschiedene Klassen von Verfahren unterschieden, wovon die Faktorenanalyse zu den sog. metrischen Methoden zählt.

1.5.2 Analyse von Beziehungen

Der zweite große Bereich der Informationsaufbereitung bzw. -verarbeitung bezieht sich auf die **Analyse der Beziehungen zwischen Variablen** von Untersuchungseinheiten. Die mathematisch-statistischen Verfahren, mit denen simultan eine Mehrzahl von miteinander in Beziehung stehenden Variablen analysiert werden kann, werden als **multivariate Verfahren** bezeichnet. Je nachdem, ob vor Durchführung der Analyse eine Teilung der Variablen in abhängige und unabhängige Variable vorgenommen wird oder nicht, kann man Verfahren der

- **Interdependenzanalyse** (bei ungeteilter Variablenmenge) und
- **Dependenzanalyse** (bei geteilter Variablenmenge)

unterscheiden.

(1) Zu den Verfahren der **Interdependenzanalyse** zählen Faktorenanalyse und Cluster-Analyse.

(2) Zu den Verfahren der **Dependenzanalyse** rechnen

- Varianzanalyse,
- Regressionsanalyse,
- Diskriminanzanalyse,
- Kontingenzanalyse.

Die Verfahren der **Dependenzanalyse** werden üblicherweise dann angewendet, wenn das Vorhandensein bzw. die Stärkung einer **assozia-**

tiven Beziehung zwischen einer abhängigen Variablen auf der einen und mehreren unabhängigen Variablen auf der anderen Seite untersucht werden soll – Beispiel: Abhängigkeit der Nachfrage eines Gutes von Preis, Haushaltseinkommen, Geschlecht und Alter der Nachfrager usw.

Der Begriff Dependenzanalyse bzw. die Bezeichnung der Variablen als abhängige und unabhängige Variablen suggeriert, daß die zu untersuchende Beziehung kausaler Art sei. Eine solche Vermutung beruht jedoch auf einem Mißverständnis. Im Falle des Vorliegens einer assoziativen Beziehung kann (aber muß nicht) auch eine kausale Beziehung bestehen. Liegt unbestreitbar eine kausale Beziehung zwischen Variablen vor, so impliziert dies immer auch eine assoziative Beziehung. Um entscheiden zu können, ob eine mit Hilfe von Verfahren der Dependenzanalyse festgestellte Assoziation kausaler Natur ist und in welcher Richtung die kausale Abhängigkeit besteht, sind außerstatistische Informationen erforderlich. Auf empirischem Weg lassen sich solche Informationen beispielsweise durch Experimente gewinnen.

Allgemein verfolgt man neben der Zielsetzung einer **Feststellung assoziativer Beziehungen** und ihrer Stärke bzw. einer **Überprüfung von Kausalhypothesen** das **Ziel der Prognose** der abhängigen Variablen aufgrund von Informationen über die unabhängigen Variablen.

Allen Verfahren der Dependenzanalyse liegt das **allgemeine lineare Modell** zugrunde:

$$y = b_1x_1 + b_2x_2 + \ldots + b_Jx_J + u$$

mit y: abhängige Variable,
x_j: unabhängige Variablen ($j = 1, \ldots, J$),
b_j: unbekannter Parameter ($j = 1, \ldots, J$) und
u: Störgröße (Zufallsvariable).

Die Modellparameter b_j geben die Stärke der Dependenzbeziehung zwischen den assoziativen Variablen an. Kann man eine **kausale** Beziehung zwischen diesen Variablen unterstellen, so stellt b_j einen **Wirkungskoeffizienten** dar. Er sagt aus, um wieviel sich die abhängige Variable y ändert bei einer Änderung der unabhängigen Variablen x_j um eine Einheit. Aufgrund von empirischen Daten für die Variablen des Modells liefert eine Dependenzanalyse folgende Beziehung:

$$\hat{y} = \hat{b}_1x_1 + \hat{b}_2x_2 + \ldots \hat{b}_Jx_J$$

Die Koeffizienten $\hat{b}_j$ sind die Schätzwerte der unbekannten Wirkungskoeffizienten b_j.

Die Variablen des linearen Modells können **metrisch** (quantitativ) oder **nominal** (qualitativ) sein. Je nachdem, welches Skalenniveau die abhängigen und unabhängigen Variablen aufweisen, lassen sich verschiedene methodische Problemstellungen und entsprechende Analyseverfahren unterscheiden. Danach kann man wie folgt einteilen:

abhängige Variable(n)	unabhängige Variable(n)	
	metrisch	nominal
metrisch	Regressionsanalyse	Varianzanalyse
nominal	Diskriminanzanalyse	Kontingenzanalyse

Abb. 3.1.2: Verfahren der Dependenzanalyse

Bei den Verfahren der Dependenzanalyse spricht man von **multivariaten Verfahren** i. e. S. nur dann, wenn wenigstens zwei unabhängige Variablen in das Modell einbezogen und damit simultan analysiert werden. Die Entscheidung, wie viele und welche unabhängigen Variablen in das Modell aufgenommen werden sollen, muß der Analytiker vor dem Hintergrund von Erfahrung und Problemkenntnis, aber letztlich subjektiv vornehmen.

Zur Untermauerung der Dependenzanalyse durch **stochastische** Annahmen sei auf die einschlägige Literatur verwiesen. Vielmehr wollen wir nur skizzieren, für welche Problemstellungen die einzelnen dependenzanalytischen Verfahren eingesetzt werden können:

(1) Verfahren der **Regressionsanalyse** werden i. d. R. dann eingesetzt, wenn die Abhängigkeit einer **metrischen** Variablen y von einer oder mehreren **metrischen** Variablen x_j $(j = 1, \ldots J)$ untersucht werden soll.

Ein typisches **Beispiel** liefert die Nachfrageanalyse. Hier wird die Nachfrage nach einem Gut in Abhängigkeit von einer Reihe die Nachfrage beeinflussenden Variablen (wie z. B. Einkommen, Alter der Käufer, Preis des Gutes) untersucht. Nachfragemenge, Einkommen, Alter, Preis des Gutes sind sämtlich metrische Variablen.

(2) Mit den Verfahren der **Diskriminanzanalyse** kann die Abhängigkeit einer **nominalen** Variablen y von zwei oder mehreren **metrischen** Variablen x_j $(j = 1, \ldots, J)$ untersucht werden. Man kann die Problemstellung, für welche diskriminanzanalytische Verfahren angewendet werden, jedoch auch etwas anders formulieren. Entsprechend der jeweiligen Ausprägung der nominalen Variablen y lassen sich die Untersuchungsobjekte in Gruppen einteilen. Mit Hilfe der Diskrimi-

nanzanalyse kann man ermitteln, welche **diskriminatorische Bedeutung** die einzelnen Variablen x_j für die Unterscheidung der Gruppen besitzen. Zudem kann man ein Kriterium bestimmen, mit dessen Hilfe die unbekannte Gruppenzugehörigkeit neuer Untersuchungsobjekte geschätzt bzw. prognostiziert werden kann.

Beispiel für die Anwendung der Diskriminanzanalyse: Man kann Käufer entsprechend ihrer Produkt- oder Markenwahl in Gruppen einteilen und dann die Abhängigkeit der Markenwahl bzw. die Gruppenzugehörigkeit der Käufer z. B. von deren Alter und Einkommen untersuchen. Als Ergebnis der Analyse erhält man Aussagen über die unterschiedliche diskriminatorische Bedeutung der Variablen Einkommen und Alter der Käufer für die Marken- bzw. Produktwahl.

(3) Will man die Abhängigkeit einer metrischen Variablen y von einer oder mehreren **nominalen** Variablen x_j ($j = 1, \ldots, J$) untersuchen, so sind Methoden der **Varianzanalyse** anzuwenden. Auch hier kann man die Problemstellung der Varianzanalyse etwas anders formulieren. Entsprechend den Ausprägungen der Merkmalsvariablen x_j lassen sich die Untersuchungsobjekte in Gruppen einteilen. Man kann dann mit Hilfe von Methoden der Varianzanalyse untersuchen, ob zwischen diesen Gruppen **signifikante Unterschiede** hinsichtlich der Variablen y bestehen. Da man metrische Variablen unter Hinnahme eines gewissen Informationsverlustes immer in nominale Variablen transformieren kann, läßt sich ein Verfahren der Varianzanalyse grundsätzlich auch bei allen Problemstellungen der Regressionsanalyse anwenden. Die Aufgabenstellung der Varianzanalyse ist jedoch weniger anspruchsvoll als die der Regressionsanalyse; denn mit Hilfe der Varianzanalyse soll nicht die marginale Wirkung der unabhängigen Variablen auf die abhängige Variable gemessen werden, sondern man will lediglich feststellen, ob überhaupt eine Wirkung von der jeweiligen unabhängigen Variablen auf die abhängige Variable ausgeht. Da die Fragestellung der Varianzanalyse sehr allgemein ist, ergibt sich eine große Anwendungsbreite, vor allem im Zusammenhang mit der Analyse von Experimenten, d. h. bei der Überprüfung von Kausalhypothesen.

Als **Beispiel** wäre etwa ein Verpackungstest anzuführen. Hierbei soll in einem Experiment geprüft werden, welche Nachfragewirkung von diskreten Verpackungsvarianten ausgeht. Unter der Voraussetzung eines geeigneten Versuchsaufbaus wird die Nullhypothese geprüft, daß die Verpackung auf die Nachfrage keinen Einfluß hat. Widerspricht das Testergebnis dieser Hypothese und konnten weitere Einflüsse auf die Nachfrage im Experiment ausgeschaltet werden, so darf vermutet werden, daß tatsächlich von der Verpackung eines Gutes ein Einfluß auf die Nachfrage nach diesem Gut ausgeht. Die Entscheidung sollte dann zugunsten derjenigen Verpackungsvariante fallen, die den stärksten Einfluß auf die Nachfrage im Test ausgeübt hat. Auch hier liegt letztlich eine Gruppierung der Untersuchungsobjekte vor. Insofern besteht wiederum eine gewisse Ähnlichkeit zu den Problemstellungen, die mit Hilfe von Methoden der Diskriminanzanalyse untersucht werden.

(4) Soll eine Dependenzanalyse im Falle von nur **nominalen** Variablen durchgeführt werden, so bietet sich als Instrument ein Verfahren der **Kontingenzanalyse** an. Eine Unterscheidung der Variablen in abhängige und unabhängige Variablen ist hier nur für die Interpretation der Analyseergebnisse, nicht aber für die Analyse selbst von Belang. **Beispiel:** Durch Kontingenzanalyse kann man untersuchen, ob bei einer Gruppe von Käufern eine Abhängigkeit zwischen Produkt- bzw. Markenwahl einerseits und Geschlecht der Käufer andererseits vorliegt. Im Test wird die Nullhypothese geprüft, daß keine derartige Abhängigkeit besteht. Wird diese Nullhypothese durch den Test widerlegt, muß die Alternativhypothese (daß eine Abhängigkeit vorliegt) angenommen werden.

Allgemein kann noch nachgetragen werden, daß alle Verfahren der Informationsverarbeitung den **Einsatz von Computern** erforderlich machen. Vor allen Dingen für die Regressionsanalyse und die Diskriminanzanalyse wird in der Praxis ein erheblicher Rechenaufwand zu erwarten sein. Dieser Rechenaufwand wächst ungefähr quadratisch mit der Anzahl der Variablen. Auf Probleme der **Informationstechnologie** wird im nächsten Abschnitt eingegangen.

1.6 Informationssynthese

Den Abschluß aller Informationsbeschaffungsaktivitäten bildet die Phase der Informationssynthese. In ihr vereinigen sich alle Aktivitäten, die auf die **Abstimmung, Zusammenführung und Präsentation** der aus vielfältigen Quellen beschafften und verarbeiteten Informationen gerichtet sind. Da selten nur eine einzige Informationsart zur Beschaffung ansteht und oftmals aus verschiedenen Quellen gewonnene Informationen widersprüchlich sind, ergibt sich die Notwendigkeit einer verwendungsorientierten Synthese bzw. Abstimmung zwingend. Auf die **psy-**

chologischen Probleme einer überzeugenden Präsentation kann an dieser Stelle nur kursorisch hingewiesen werden. Planung, Beschaffung und Aufbereitung von Informationen für unternehmerische Entscheidungen sind nur dann wirklich entscheidungsrelevant, wenn sie trotz des verbleibenden Risikos glaubwürdig sind. Die **Glaubwürdigkeit der Information** ist nicht nur sachlich, sondern auch psychologisch begründet. Die Verwendung der Information, aber auch die Akzeptanz einer Problemlösung (im Wege der Implementierung bzw. Umsetzung) hängen in entscheidendem Maß von der Güte der Präsentation vor den Entscheidungsträgern ab. Die gewonnenen Informationen sind nutzlos, wenn sie nicht wieder in den Entscheidungsprozeß eingespeist werden können. Der Informationsprozeß wäre ohne eine Informationsverwendung unvollständig.

Kehren die Entscheidungsaufgaben periodisch oder aperiodisch wieder (mit verändertem Informationsbedarf oder nicht), so kann sich die Notwendigkeit ergeben, fallweise oder laufend die erforderlichen Informationen zu erneuern, zu selektieren oder qualitativ zu verbessern. Diesen Vorgang bezeichnet man als **Aufdatierung.** Die Relevanz der Information hängt in besonderem Maße davon ab, daß die Qualität der Information (im Wege der Aufdatierung) erhalten bleibt. Die Funktionsfähigkeit des Informationssystems ist nicht zuletzt an diese Voraussetzung gebunden.

Literaturhinweise

Aaker, David A. und George S. Day: [Marketing Research]. 4. Ed., New York etc. 1990.

Bamberg, Günter und Adolf G. Coenenberg: Betriebswirtschaftliche [Entscheidungslehre], 7. Aufl., München 1992.

Behrens, Karl Christian: Demoskopische [Marktforschung]. 2. Aufl., Wiesbaden 1966.

Behrens, Karl Christian (Hrsg.): [Handbuch] der Marktforschung. Bd. 1., Wiesbaden 1974.

Böhler, Heymo: Marktforschung. 2. Aufl., Stuttgart 1992.

Busse von Colbe, Walther und Gert Laßmann: [Betriebswirtschaftstheorie]. Bd. I, 5. Aufl., Berlin, Heidelberg u. New York 1991.

Busse von Colbe, Walther, Peter Hammann und Gert Laßmann: [Betriebswirtschaftstheorie]. Bd. 2, 4. Aufl., Berlin, Heidelberg u. New York 1992.

Dean, Joel: [Capital Budgeting]. 8. Ed., New York 1969.

Green, Paul E. und Donald S. Tull: Methoden und Techniken der [Marketingforschung], 4. Aufl., Stuttgart 1982.
Hammann, Peter und Bernd Erichson: [Marktforschung]. 2. Aufl., Stuttgart u. New York 1990.
Hammann, Peter und Bernd Erichson: [Arbeitsbuch] zur Marktforschung. Stuttgart u. New York 1981.
Hax, Herbert: [Investitionstheorie]. 5. Aufl., Würzburg u. Wien 1985.
Hüttner, Manfred: [Grundzüge] der Marktforschung. 4. Aufl., Wiesbaden 1989.
Hüttner, Manfred: [Informationen] für Marketingentscheidungen. München 1979.
Kellerer, Hans: [Statistik] im modernen Wirtschafts- und Sozialleben. 18. Aufl., Reinbek b. Hamburg 1979.
Mag, Wolfgang: [Entscheidung] und Information. 1. Aufl., München 1977.
Meffert, Heribert: Marktforschung. 2. Aufl., Wiesbaden 1986.
Schäfer, Erich und Hans Knoblich: [Grundlagen] der Marktforschung. 5. Aufl., Stuttgart 1978.

2 Informationstechnologie und Informationsmanagement

Erich Zahn

2.1 Führung und Information

Die betriebliche Informationswirtschaft hat eine zentrale Bedeutung für die **Unternehmensführung,** wie im vorausgegangenen Abschnitt aufgezeigt wurde. Sie liefert den Informationsinput für die auf den verschiedenen Ebenen des Unternehmens zu treffenden Entscheidungen. Gleichzeitig stellt sie das Bindemittel zur Verfügung für die Integration der Führungstätigkeiten des Planens, Organisierens und Kontrollierens sowie für die Verkettung des Führungssystems mit dem Ausführungssystem.

Das Problem der Unternehmensführung ist sozusagen ein Problem der Informationsbeschaffung und Informationsverarbeitung. Zudem zeichnet sich gute, weil erfolgreiche Unternehmensführung durch das systematische Erkennen und konsequente Ausnutzen von Informationsvorsprüngen aus. Es versteht sich somit von selbst, daß die im vorherigen Abschnitt beschriebenen Prozesse der Informationsbeschaffung und -verarbeitung ebenfalls einer sorgfältigen Planung, Organisation und Kontrolle bedürfen und daß zu ihrer Durchführung die besten Hilfsmittel einzusetzen sind, die zur Verfügung stehen.

2.1.1 Bedeutung der Information

Informationen sind das Rohmaterial für Entscheidungsprozesse. Durch **Entscheidungen** werden **Informationen** in **Aktionen** bzw. in Instruktionen zur Ausführung von Aktionen transformiert. Dieser Vorgang läuft i. d. R. zweckgerichtet ab, sollen doch durch Entscheidungen bestimmte Ergebnisse (**Ziele**) erreicht werden. Bei stark vereinfachter formaler Betrachtung sind Informationen Input für Entscheidungspunkte, an denen Aktionen eingeleitet und kontrolliert werden; die Aktionen führen zu Zustandsänderungen (und damit auch zu Veränderungen von Entscheidungsprämissen), durch deren Wahrnehmung neue Informationen gewonnen werden. Auf diese Weise entsteht ein System mit **Informationsrückkopplung.** Entscheidungen werden hier auf der Grundlage eines Vergleichs von Informationen über gewünschte und beobachtete Zustände getroffen (Abb. 3.2.1). Dabei ist

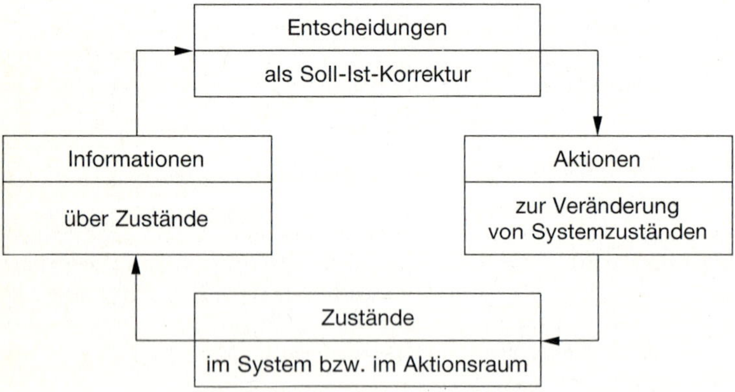

Abb. 3.2.1: Entscheidungen als Prozesse der Informationsrückkopplung (nach Forrester [Dynamics] 94 und 95)

zu berücksichtigen, daß Zustandsinformationen (wie sie etwa das betriebliche Rechnungswesen – z. B. Vermögens- und Kapitalpositionen – liefert) selten über die tatsächlichen Bedingungen unterrichten. Sie liegen gewöhnlich in mehr oder weniger verdichteter Form vor, sind verzerrt oder gestört und werden gefiltert und verzögert an die verschiedenen Entscheidungspunkte weitergegeben. Neben solchen Kontroll- (oder Regelungs-) Informationen werden in Entscheidungsprozessen Planungs- (oder Steuerungs-) Informationen verarbeitet. Die letzteren sind im Gegensatz zu den ersteren nicht vergangenheits-, sondern zukunftsbezogen und mehr extern als intern orientiert; sie werden durch Analysen und Prognosen gewonnen und gehen deshalb als vorgekoppelte Informationen in die Entscheidungsprozesse ein.

2.1.2 Informations-Entscheidungs-Systeme

Die Grundstruktur des Geschehens im Unternehmen läßt sich durch zwei nach Inhalt und Konzeption verschiedene, aber eng miteinander verbundene Prozeßebenen darstellen (vgl. Zahn [Planung] 177 ff. und 214 ff.): **Die Ebene der physischen Prozesse** kennzeichnet das Produktionssystem, in dem die Transformation von Ressourceninput in Leistungsoutput stattfindet. Dieser Ebene ist als Lenkungsmechanismus die **Ebene der Führungsprozesse** übergeordnet. Sie repräsentiert das **Informations-Entscheidungs-System,** dessen Aufgabe in der zielgerichteten Gestaltung sowie in der Regelung und Steuerung des Produktionssystems besteht. Das Führungssystem ist hierarchisch gegliedert, wobei nach Komplexität und Reichweite der Entscheidungsprozesse in eine operative, eine taktische und eine strategische Ebene unterschieden werden kann. Zwischen diesen Ebenen existieren zahlreiche Informationsströme i. S. v. Vor- und Rückkopplungen einerseits und Handlungsanweisungen (einschließlich gewünschter Standards) andererseits. Dabei impliziert der Output der Entscheidungsprozesse auf einer höheren Ebene sozusagen eine Beschränkung für die Entscheidungen auf der jeweils untergeordneten Ebene; gleichzeitig damit verbunden ist eine Arbeitsteilung in der Aufgabenformulierung, die vom Globalen (= strategische Ebene) zum Spezifischen (= operative Ebene) reicht (Abb. 3.2.2).

Das **Führungssystem** besteht aus einer Vielzahl der oben beschriebenen Entscheidungspunkte, die z. T. wechselseitig miteinander verbunden sind. Auf diese Weise entsteht ein kybernetisches System vermaschter Regelkreise und Steuerungsketten. Es bildet quasi das Nervensystem

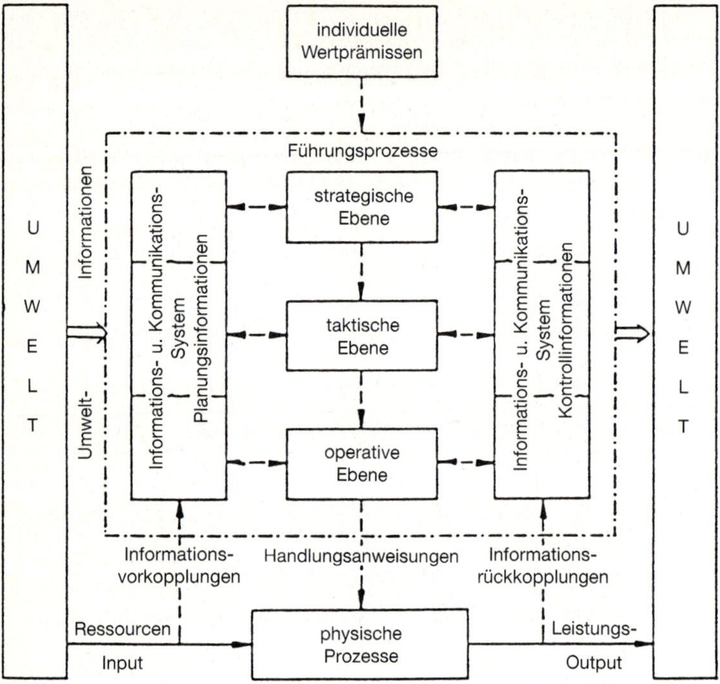

Abb. 3.2.2: Informations-Entscheidungs-System der Unternehmung

des Unternehmens, über das Handlungen ausgelöst werden und das die Gesamtheit der Handlungen koordiniert.

Zur Gestaltung und Lenkung des betrieblichen Geschehens benötigt das Führungssystem **Planungs- und Kontrollinformationen** sowie Informationen über die Nutzung derselben. Das in das **Führungssystem** eingebettete **Informationssystem** hat solche Informationen dem jeweiligen Entscheidungsträger zu liefern. Im Rahmen dieser Servicefunktion fällt dem Informationsmanagement die Aufgabe zu, – neben der Gestaltung der Informationsflüsse auf allen Ebenen und in allen Richtungen sowie der effektiven und effizienten Informationsversorgung der Entscheidungsträger – das entsprechende Wissen über Sachverhalte und Gesetzmäßigkeiten sowie über Modelle und Methoden zu sammeln, gegebenenfalls zu beschaffen und problemadäquat zu verarbeiten. Letzteres betont die Notwendigkeit einer bedarfsgerechten Informationsversorgung. Diese kann in einem hierarchisch strukturierten Führungssystem nur durch ein in gleicher Weise differenziertes Informationssystem sichergestellt werden. Allerdings können und sollten dabei die Möglichkeiten der Abflachung von Hierarchiestrukturen durch die konsequente und unternehmensgerechte Einführung moderner Informations- und Kommunikationstechnik genutzt werden.

Bei der Informationsversorgung können je nach Art des Entscheidungsproblems und je nach Stellung des potentiellen Informationsbenutzers die Prinzipien der **Informations-Rationierung,** des **Informations-Überschusses** und der **Informations-Nachfrage** zur Anwendung kommen. Dementsprechend werden entweder lediglich bestimmte oder alle verfügbaren oder nur nachgefragte Informationen geliefert. Die jeweils richtige Form der Informationsversorgung zu finden, ist ein schwieriges, aber auch ein wichtiges Problem, hat doch seine Lösung großen Einfluß auf die Effektivität und Effizienz von Entscheidungen. Es sollte möglichst beiden Kriterien gleichzeitig entsprochen werden, was wegen ihrer oft konfliktären Beziehung allerdings nicht einfach ist. So kann es durchaus passieren, daß ein Unternehmen sich bei der Verfolgung eines ineffektiven Zieles als sehr effizient erweist. Dies ist etwa der Fall, wenn ein Rechenzentrum bei voller Auslastung seiner Anlagen einen immensen Output produziert, der danach, weil von niemandem als nützlich empfunden, keine Beachtung findet.

2.1.3 Mensch-Maschine-Systeme

Betriebliche Informationssysteme beinhalten alle informationellen und kommunikativen Prozesse, die zur Versorgung von Entscheidungsträgern mit (möglichst nur und allen relevanten) Informationen dienen. Zur Ausübung dieser Funktion ist kein **Computer** erforderlich, wohl aber kann er durch die Automatisierung bestimmter Teilfunktionen die Leistungsfähigkeit betrieblicher Informationssysteme verbessern. Diese Aussage trifft auf jeden Fall für die Quantität der Leistungen zu, hat doch die fortschreitende automatisierte Datenverarbeitung (ADV) im Verlauf der letzten 30 Jahre eine ständige Erhöhung der Produktion von Informationen – sowohl für Realisations- als auch für Entscheidungsprozesse – bewirkt. Schwieriger ist der Beweis bezüglich der Qualität der Leistungen zu führen.

Mit der Einbeziehung des Computers in das Informationswesen entsteht ein **Mensch-Maschine-System.** Dabei kann die Kommunikation zwischen beiden Systemen entweder im Off-Line-Betrieb oder im On-Line-Betrieb geführt werden.

Unter **Off-Line-Betrieb** wird eine Lösung verstanden, bei der zwischen den Erfassungsgeräten und der Zentraleinheit kein Steuerungzusammenhang besteht. Als Beispiel kann die Stapelverarbeitung angeführt werden. Bei dieser muß eine Aufgabe vor ihrer Abarbeitung vollständig definiert sein. Beim **On-Line-Betrieb** ist ein Steuerungszusammenhang zwischen den Erfassungsgeräten und der Zentraleinheit gegeben. Beispiel hierfür ist die Dialogverarbeitung, die eine ständige Kommunikation zwischen Benutzer und EDV-System erfordert.

Der Off-Line-Betrieb eignet sich besonders für die Massenverarbeitung von Daten. Bei Aufgaben – wie sie etwa bei der Lösung von veränderlichen und schlecht-strukturierten Problemen auftreten – ist der On-Line-Dialogverkehr eher angemessen.

Bei sorgfältiger Gestaltung und Handhabung solcher interaktiven Problemlösungen und Entscheidungsfindungen lassen sich u. U. beträchtliche Synergievorteile erzielen. Untersuchungen von *Hedberg* [Interaction] und *Scott-Morton* [Management-Entscheidungen] haben beispielsweise gezeigt, daß sich Entscheidungsträger bei Mensch-Maschine-Kommunikationen experimentierfreudiger verhalten, indem sie in einzelnen Phasen des Entscheidungsprozesses eine intensivere Informationsverarbeitung betreiben. Hinsichtlich der Qualität der gefundenen Lösungen kommen diese Autoren allerdings zu vorsichtigeren Feststellungen. Zu ähnlich zurückhaltenden Aussagen gelangt auch *Brockhoff* bei der Beurteilung von Delphi-Prognosen im Computer-Dialog (vgl. S. 578 ff.).

Möglichkeiten zur Erzielung von Synergieeffekten eröffnen sich durch eine Arbeitsteilung, bei der die beiden Partner jeweils die Aufgaben übernehmen, für die sie am besten geeignet sind. Das würde etwa bei einer computergestützten Modellsimulation (zur Beantwortung von Fragen des Typs »what if« bzw. »how to achieve«) bedeuten, daß im interaktiven Verkehr der **Mensch** die Aufgaben der Problemfindung und -wahrnehmung, der Zielbildung, der Auswahl von strategischen Optionen, der Hypothesenbildung und Informationsergänzung sowie die Setzung von Prioritäten oder Toleranzen übernimmt, der **Computer** die Aufgaben der Speicherung, Verarbeitung und Wiedergabe von nachgefragten Informationen. Auf diese Weise besteht die Chance einer gleichzeitigen Nutzung der Fähigkeiten des Computers (hohe Verarbeitungsgeschwindigkeit, geringe Fehlerwahrscheinlichkeit, Bewältigung großer Datenmengen) und des Menschen (Strukturierung, Assoziation,

Analogiebildung, induktive/deduktive Schlußfolgerungen, Lernen und Kreativität). Bei der Behandlung von **Expertensystemen** im Abschnitt 2.3.4.5 wird auf diese Problematik noch näher eingegangen.

Hormann ([Synergism] 69 ff.), der sich mit Mensch-Maschine-Synergismen bei der Planung beschäftigt hat, kommt zu dem Schluß, daß Mensch-Maschine-Konzepte vor allem in den Anfangsstadien des Planungsprozesses und auf den höheren Ebenen der Problemlösungsaktivitäten, wo neue Einsichten und innovative Ideen gesucht sind, fruchtbar sein können. Bei den hier anstehenden komplexen und schlecht definierten Problemen ist der Einsatz des Computers alleine wertlos.

Unter gewissen Umständen können Mensch-Maschine-Systeme auch zu negativen Synergieeffekten führen. Eine solche Gefahr dürfte immer dann bestehen, wenn keine sachgerechte und problemadäquate Handhabung erfolgt oder wenn die notwendigen technologischen Konfigurationen und organisatorischen Bedingungen unvollständig sind bzw. nicht vorliegen.

2.2 Informationstechnologie

2.2.1 Begriff der Informationstechnologie

Der Terminus **Informationstechnologie** wird in der Literatur unterschiedlich weit gefaßt. Seine inhaltliche Präzisierung reicht vom engen Aspekt des Computereinsatzes bis zu den umfassenden Vorgängen und Hilfsmitteln bezüglich des Umgangs mit Informationen. Die Eignung der jeweiligen Definition hängt dabei von den spezifischen Wissenschaftsinteressen ab. Während etwa bei der Behandlung von reinen computerwissenschaftlichen Fragestellungen ein enger Begriff durchaus hinreichend sein kann, empfiehlt sich im Rahmen der betriebswirtschaftlichen Betrachtung dieses Bandes, nämlich von Aufgaben und Techniken der **Unternehmensführung,** ein umfassenderer Begriff.

> Nach einer extensiven Interpretation lassen sich als **Informationstechnologie** alle Prinzipien, Methoden und Mittel der Bereitstellung, Speicherung, Verarbeitung, Übermittlung und Verwendung von Informationen sowie der Gestaltung und Nutzung von Informationssystemen begreifen.

Dabei stellen **Informationen,** ähnlich wie die Grundkategorien Materie und Energie, zunächst Rohstoffe dar, die hinsichtlich ihrer Verfügbarkeit ebenfalls knapp sein können. Informationen sind an sich unerschöpflich, aber in spezifischen Entscheidungssituationen dennoch gewöhnlich unzureichend. Sie können wie alle begrenzt verfügbaren Ressourcen Gegenstand der Beschaffung und Verarbeitung sowie der Verteilung, Bewertung, Sicherung und Kontrolle sein. Durch ihre Generierung entsteht zweckorientiertes, d. h. entscheidungsrelevantes Wissen (vgl. Zahn und Greschner [Information], 9 ff.).

2.2.2 Bereiche der Informationstechnologie

Einen wesentlichen Bereich der Informationstechnologie machen heute die Systeme der elektronischen Datenverarbeitung (EDV) aus. Hierzu zählen die **Hardware** (mit der Zentraleinheit, den Ein- und Ausgabegeräten sowie den peripheren Speichergeräten) und die **Software** (mit den maschinen- und problemorientierten Programmen). Außer diesen **EDV-Sachmitteln** existiert nach wie vor eine große Vielfalt von allgemeinen Sachmitteln (Geräten) u. a. zur Durchführung von Korrespondenz (z. B. Schreibmaschinen), von Kommunikation (z. B. Telefonapparate) und von Abrechnungen (z. B. Stechuhren).

Diese **allgemeinen Sachmittel** werden heute mit Hilfe der Informations- und Kommunikationstechnik in zunehmenden Maß computerisiert und integriert, etwa zu computerintegrierten Büroarbeitsplatzsystemen (mit Schreibautomat, Kopiergerät, Telefon und Fernschreiber).

Durch sog. **CAT**s (Computer Aided-Technologies) werden vielfältige betriebliche Teilaufgaben im Produktionsbereich unterstützt. Beispiele sind das rechnerunterstützte Entwerfen (**CAD** = Computer Aided Design) und Fertigen (**CAM** = Computer Aided Manufacturing). Auch diese Aufgaben werden mit Hilfe der Informations- und Kommunikationstechnik verstärkt aufeinander abgestimmt und aus ihrer arbeitsteiligen Isolation zu Gesamtsystemen verbunden. Diese Entwicklung manifestiert sich in den Konzepten des Computer Integrated Manufacturing (**CIM**), Computer Integrated Management (CIM), Computer Integrated Business (CIB), Computer Aided Industries (CAI). Bei der Realisierung solcher, sich teilweise noch im Ideenstadium befindlichen Konzepte ist Information die Integrationsmasse (vgl. Zahn [Produktionstechnologien] 480 ff.).

Neben den Sachmitteln umfaßt die Informationstechnologie **Methoden** (auch i. S. v. Operations Research-Verfahren und Simulationsmodellen) zur Lösung von Entscheidungsaufgaben und **Modelle** zur Durchführung informationsverarbeitender Teilvorgänge. Die Gestaltung und der Einsatz der Informationstechnologien erfolgt durch das **Informationsmanagement.** Die Aufgaben des Informationsmanagements betreffen allerdings nicht nur technische Aspekte. In Abschn. 2.4 wird diese zunehmend wichtigere Managementfunktion Gegenstand ausführlicher Erörterungen sein. Die einzelnen Bereiche der Informationstechnologie sind in Abb. 3.2.3 grob skizziert.

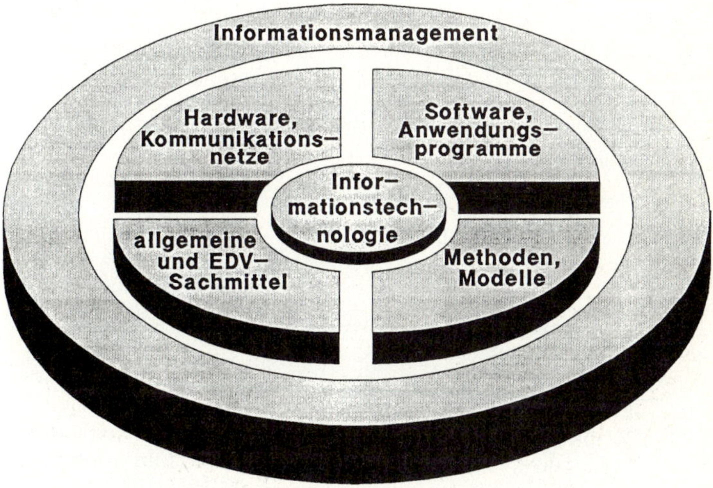

Abb. 3.2.3: Die Bereiche der Informationstechnologie

2.2.3 Entwicklung der Informationstechnologie

Auf dem gesamten Gebiet der Informationstechnologie haben sich im Verlauf der letzten 30 Jahre tiefgreifende Veränderungen vollzogen. Die größten Fortschritte wurden dabei zweifellos auf dem Computersektor gemacht. Entsprechend dem jeweils realisierten Funktionsumfang lassen sich in der Entwicklung der Computertechnik **fünf Generationen** unterscheiden: Die Funktionsstufen reichen vom (1) frei programmierbaren Rechnen, über (2) Datenbasen beherrschbar machen, (3) Kommunikationsfähigkeit organisieren sowie (4) Muster erkennen und Medien integrieren bis zum (5) logischen Schlußfolgern aufgrund wissensbasierter Fähigkeiten (vgl. Abb. 3.2.4).

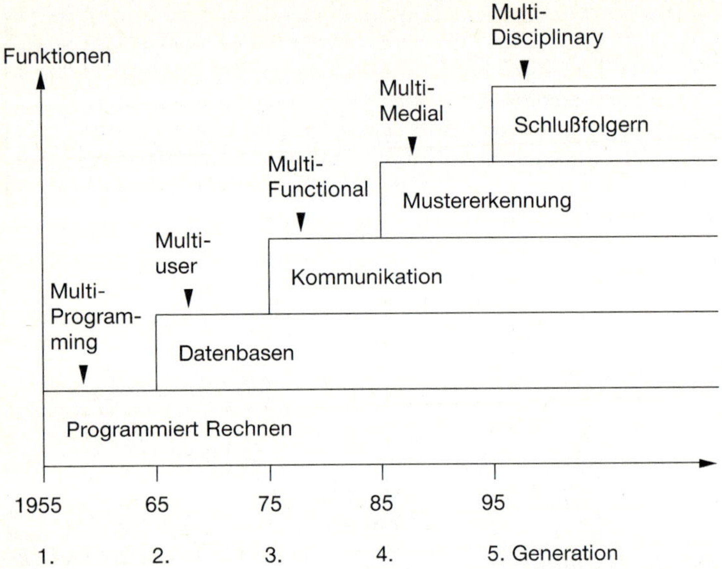

Abb. 3.2.4: Evolution der Computertechnik – Funktionsumfang (nach Szyperski [Information-Resource-Management] 17)

Im gegenwärtigen Stadium steht die Verbesserung der Kommunikationsfähigkeit der Geräte durch die Integration mit Hilfe von Netzentwicklungen im Vordergrund. Besonders beeindruckend sind die aufgrund von Fortschritten bezüglich der Speichertechnik und Rechnertechnologie (z. B. Halbleiter und integrierte Schaltungen) ständig erzielten Verbesserungen im **Preis/Leistungs-Verhältnis** der EDV-Systeme.

Ein hypothetischer Vergleich, der von *Stewart Madnik* zwischen der Computer- und der Automobilindustrie angestellt wurde, streicht dieses Phänomen besonders heraus. Danach dürfte ein Rolls-Royce heute nur 50 Cents kosten und lediglich eine Gallone (= 3.78 Liter) Benzin auf 15 Mill. Meilen verbrauchen vorausgesetzt, daß die Automobilindustrie die gleiche Rate des technischen Fortschritts erlebt hätte wie die Computerindustrie.

Die Entwicklungen in der Computertechnologie sind keineswegs abgeschlossen; weitere Fortschritte – i. S. einer Steigerung der Integrationsdichte (Elemente/qcm), gekoppelt mit einer gleichlautenden Steigerung des Integrationsgrades (Elemente/Chip) – und damit auch weitere Preis-Leistungs-Verbesserungen zeichnen sich bereits ab. Für die überschaubare Zukunft kann mit jährlichen Verbesserungen der Preis-Leistungs-Kennzahlen in der Größenordnung von 10–20% gerechnet werden.

Dem kommerziellen Anwender steht heute eine breite Palette leistungsfähiger Rechner mit verschiedenen Anwendungsmöglichkeiten (von der Stapelverarbeitung über den Dialogverkehr bis zur Echtzeitverarbeitung) zur Verfügung. Im kommerziellen Bereich sind dies im wesentlichen die Micro-, Mini-, Mainframe- und Supercomputer. Um dieses Potential auch richtig ausschöpfen zu können, muß der Anwender sehr sorgfältig überlegen, wo und wie er die jeweiligen Rechner einsetzen will.

Abb. 3.2.5 veranschaulicht die Entwicklung des Preis/Leistungsverhältnisses der drei im betriebswirtschaftlichen Bereich eingesetzten Rechnerklassen. Hervorstechend ist insbesondere der relative **Preisvorteil** des Microcomputers gegenüber den größeren Rechnern. In Abschn. 2.3.1.3 wird diese Thematik nochmals aufgegriffen.

Weit weniger rasant war die Entwicklung auf dem Gebiet der **Softwaretechnologie.** Trotz z. T. bemerkenswerter Innovationen (z. B. auf den Gebieten der Sprachen und der Datenbanken) kann das erreichte

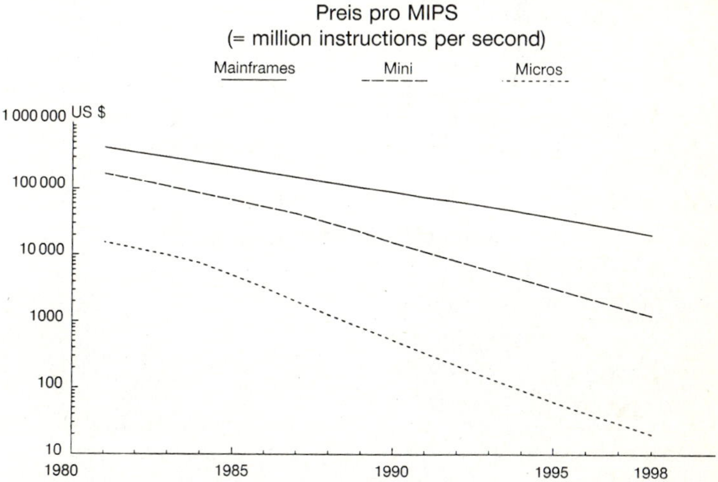

Abb. 3.2.5: Entwicklung des Preis/Leistungsverhältnisses der unterschiedlichen Rechnerklassen (nach Lindamood [Computer Demand] 4)

Niveau noch nicht befriedigen. Die Situation ist hier gekennzeichnet durch nach wie vor unzureichende Programme sowie ungenügendes Wissen einerseits und durch ständig steigende Kosten andererseits, die nicht zuletzt aus dem akuten Mangel an guten Programmierern resultieren. Zum gegenwärtigen Zeitpunkt lassen sich keine verheißungsvollen Softwaretrends voraussagen. Dieses Problembild hat das Schlagwort von der »**Software-Misere** in **der EDV**« entstehen lassen. Brancheninsider befürchten bereits, daß es abzusehen ist, wann die Software das Wachstum der Computerindustrie und damit die weitere Computerisierung behindert. Diese Gefahr, aber vor allem die weiterhin auseinanderlaufenden Entwicklungen zwischen Soft- und Hardwarekosten, machen verstärkte Anstrengungen auf dem Gebiet der Softwaretechnologie erforderlich. Der prozentuale Rückgang des Hardwareanteiles im Markt für Informationstechniken ist ein Indikator für diese Entwick-

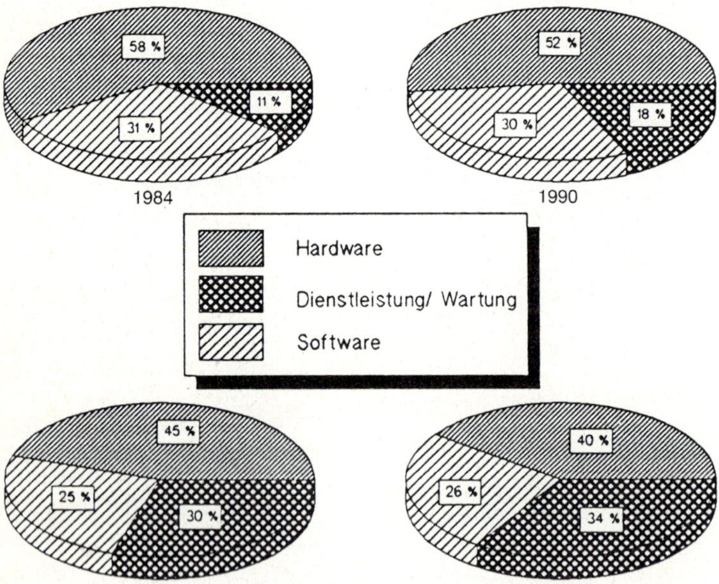

Abb. 3.2.6: Entwicklung des Marktes für Informationstechnik (nach Informationen aus: Hattwig [Trends] 3 und Beuthner und Schäfer [Internationale Technologiestudie] 62)

lung (vgl. Abb. 3.2.6). Die Fortschrittsrichtungen werden heute vor allem in der Verlagerung von Betriebsfunktionen in die Hardware, der Bereitstellung von modularen und anwendungsorientierten Entwicklungsumgebungen, der Automatisierung von Programmiertätigkeiten sowie der Anpassung der Software an die individuellen Bedürfnisse des Anwenders gesehen.

Hinsichtlich der **Modell- und Methodentechnologie** kann der erreichte Stand als weitgehend zufriedenstellend, wenn auch hinter den Erwartungen zurückgeblieben eingeschätzt und können die zukünftigen Perspektiven mit verhaltenem Optimismus betrachtet werden. Auf dem Felde der **modell- und computergestützten Planung** kann eine Reihe von bemerkenswerten Fortschritten, aber auch so manche Enttäuschung beobachtet werden (vgl. Zahn [Planung] 62 ff.).

Aus den bisher gemachten Erfahrungen läßt sich der Schluß ziehen, daß die Einführung modell- und computergestützter Planungssysteme ein sehr schwieriges und vielschichtiges Entscheidungsproblem darstellt und daß die Hindernisse auf dem Wege zu einer Verbesserung der erreichten Situation weniger technischer, sondern vielmehr **personeller** und **organistorischer** Art sind. In diesem Kontext ist auch die Implementierungsproblematik anzugehen. Dabei können, weil es sich hier um einen Lernprozeß handelt, kaum schnelle Erfolge erwartet werden. Nach *Mertens* und *Griese* (Plötzeneder [Wirtschaftsinformatik III] 25) »... wird man warten müssen, bis eine Generation in die höheren Führungsebenen eingerückt sein wird, die den Umgang mit den entsprechenden Entscheidungshilfen im Dialog mit einem Computer schon in der Universität üben konnte.«

2.3 Computergestützte Informationssysteme

Informationssysteme lassen sich unter verschiedenen Gesichtspunkten betrachten. Interessieren die Seins- und Wissenskategorien, so können zunächst eine **reale Sphäre** oder Phänomenenebene sowie eine **geistige Sphäre** oder Aussagenebene unterschieden werden. Die reale Sphäre besteht aus Informationsobjekten, -generatoren und -benutzern; die geistige Sphäre enthält Daten und Hypothesen sowie Modelle, Methoden und Sprachen. Die informationelle Verknüpfung beider Sphären erfolgt auf einer Zeichenebene durch **Programme.** Diese stellen codierte, in verschiedenen Signalfolgen ausgedrückte Befehlsfolgen dar.

Aus einer mehr pragmatischen Sicht mögen **technische** Aspeke (Konfigurationen und Leistungspotentiale von ADV-Anlagen), **methodische** Aspekte (programmtechnische Voraussetzungen und methodische Anforderungen) sowie **organisatorische** Aspekte (Anwendungsvoraussetzungen und Gestaltungsfragen) Betrachtungsgegenstand sein.

2.3.1 Komponenten

Vor dem Hintergrund solcher Perspektiven und unter expliziter Berücksichtigung der EDV lassen sich in der Struktur eines auf Anwendung konzipierten Informationssystems im wesentlichen vier **Komponenten** erkennen. Es handelt sich hier um:

- Daten und Datenbanken,
- Modell- und Methodenbanken
- Maschinen und Programme sowie
- Menschen bzw. Benutzer.

Von diesen Bereichen, die bezüglich ihrer Funktion im Rahmen der betrieblichen Datenverarbeitung nachstehend diskutiert werden, gehören die ersten drei dem Gebiet der **Informationstechnologie** an. Der Mensch, der zugleich als Generator und Benutzer von Informationen auftritt und der selbst ein informationsverarbeitendes System darstellt, ist integraler Bestandteil des **Informationssystems.** Sein Hinzutreten ist nach *Steiner* ([Planung] 605) der wichtigste Unterschied zwischen der Informationstechnologie und einem Informationssystem.

In Abb. 3.2.7 ist die Struktur eines computergestützten Informationssystems dargestellt. Sie zeigt einen den Umwelteinflüssen ausgesetzten und Entscheidungen treffenden Benutzer, der mit einem informationstechnologischen System interagiert, indem er an dieses gezielte Anfragen richtet und dann vorbestimmte Antworten erhält. Solche Interaktionen können z. B. in der Eingabe von Annahmen und der Ausgabe von (Wirkungs-)Projektionen bestehen.

Die dazu erforderlichen Informationsverarbeitungen erfolgen durch die Informationstechnologie mittels des Maschinensystems, das durch das Betriebssystem gesteuert und über das Anwendungsprogrammsystem gespeist wird.

Die Informationsverarbeitung selbst beinhaltet die entscheidungsrelevante Analyse der in der Datenbank abgelegten Daten mit Hilfe entweder von Methoden aus der Methodenbank oder von Modellen aus der Modellbank. Zwischen Methoden- und Modellbanken können

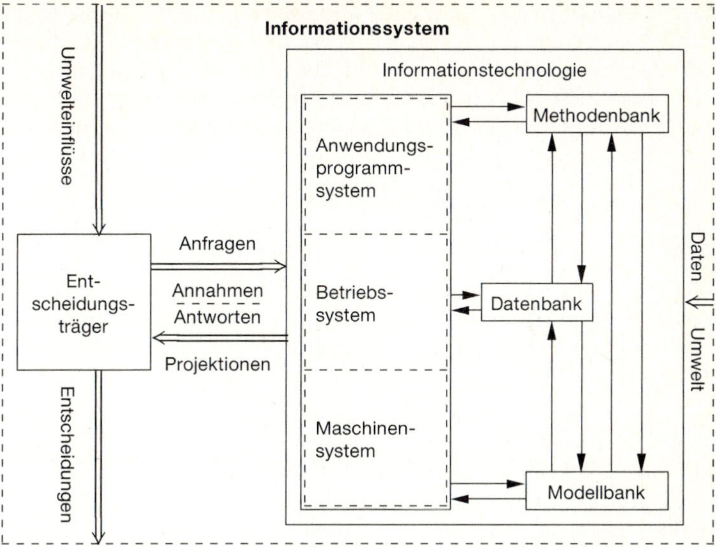

Abb. 3.2.7: Struktur eines computergestützten Informationssystems

ebenfalls Wechselbeziehungen bestehen, etwa i. d. S., daß beim Ausfertigen von Modellbausteinen auf Methoden zurückgegriffen wird oder daß Modelle mit Hilfe statistischer Methoden getestet werden.

Die durch die vier Komponenten beschriebenen Informationssysteme bearbeiten eine bestimmte Aufgabe isoliert oder stehen mit anderen Informationssystemen in einem Systemverbund, innerhalb dessen die beteiligten Instanzen Informationen austauschen. Im zweiten Fall bilden die einzelnen Informationssysteme Subsysteme eines neu entstandenen Informations- und Kommunikationssystems.

2.3.1.1 *Daten und Datenbanken*

Daten und Information sind verwandte Begriffe und werden oftmals synonym verwendet. Zerlegt man den Informationsverarbeitungsprozeß im Rahmen einer wissenschaftlichen Betrachtung in Teilprozesse, sind beide Begriffe voneinander zu unterscheiden. So verstanden beginnt die Informationsverarbeitung auf der untersten Stufe mit der syntaktischen Transformation einer Ordnung von Zeichen in einen

Datenbestand. Die **Zweckorientierung von Daten** für den Benutzer ist die Voraussetzung für das Entstehen von **Information** aus der Menge der Daten. Betrachtet bspw. ein Europäer eine Seite chinesischer Zeichen, so entfällt i. d. R. bereits die erste Stufe der Informationsverarbeitung. Erst für einen der chinesischen Schrift kundigen Leser entstehen Daten daraus. Hat der Inhalt für den Leser zudem eine Bedeutung, stellen die Zeichen der Seite tatsächlich Informationen für ihn dar.

Diese klare Begriffstrennung wird im allgemeinen nicht durchgeführt. Im folgenden werden beide Begriffe ebenfalls weitgehend synonym verwendet.

Daten lassen sich nach unterschiedlichen Kriterien einteilen in (vgl. Hansen [Wirtschaftsinformatik I] 108 ff.):

- Nutz- und Steuerdaten,
- Bestands- und Bewegungsdaten sowie Stamm- und Änderungsdaten,
- externe und interne Daten,
- Eingabe- und Ausgabedaten sowie Referenzdaten,
- alphabetische und numerische Daten sowie Sonderzeichen,
- bildliche, sprachliche und schriftliche Daten.

Für die Organisation und Verwaltung von Daten, d. h. für das Ablegen von Daten auf einem Speichermedium (z. B. Magnetplatte) und ihr Wiederauffinden zur Befriedigung bestimmter Informationsbedürfnisse, finden **Datenbanken** Verwendung.

> Eine **Datenbank** besteht aus einer großen Anzahl bereichsspezifischer **Daten,** die sich maschinell speichern lassen, und dem **Datenbankverwaltungssystem** (DBMS = Data Base Management System), das als eigenständiges Programm für die Verwaltung der Daten zuständig ist.

Die maschinelle Verwaltung der gesamten Kundendaten eines Unternehmens, also z. B. die Namen, Adressen, Kundennummern, die Bedeutung der Kunden für das Unternehmen (Kundenrangstufen) usw., kann von einer Datenbank übernommen werden.

Aus Gründen der Übersichtlichkeit werden die in den Datenbanken gespeicherten Daten einer organisatorischen Einheit gewöhnlich noch zu Untereinheiten zusammengefaßt. Dabei bildet das **Feld** die kleinste direkt ansprechbare Einheit. Mehrere Felder bilden den **Satz** und die Menge aller Sätze gleichen Typs ergeben die **Datei.** Auf diese Weise ergibt sich eine **hierarchische** Folge in der Form Feld – Satz – Datei – Datenbank. Im Gegensatz zur konventionellen Datenorganisation legt der Benutzer (Anwendungsprogrammierer) einer Datenbank den Aufbau einer **Datei** nicht mehr selbst fest; er greift auch nicht mehr direkt auf die gespeicherten Daten zu. Mit dem DBMS befindet sich eine spezielle Software zwischen Benutzer und gespeicherten Daten. Diese Programme übernehmen die Verwaltung der Daten und stellen sie auf Anfrage zur Verfügung. Um den Benutzer nicht mit Problemen der internen Speicherarchitektur zu belasten, ist die Struktur solcher DBMS hierarchisch aufgebaut und die Sicht auf die Daten unterteilt.

Im Rahmen der **internen Sicht** erfolgt die physische Strukturierung der Daten mit Hilfe einer Data Storage Description Language (DSDL). Auf dieser Ebene wird die Verteilung der Daten auf die peripheren Datenspeicher (vgl. Abschn. 2.3.2.2) und der maschinelle Zugriff auf die Daten (Zugriffspfade) festgelegt.

In der **konzeptionellen Sicht** sind die Daten und ihre logischen Beziehungen unabhängig von der jeweilig verwendeten Hard- und Software beschrieben. Mit Data Description Languages (DDL) wird die Beschreibung dieser logischen Datenstrukturen in einem **Data Dictionary** festgehalten. Ein Data Dictionary enthält Informationen über die in einer Datenbank gespeicherten Daten (Metadatenbank). Die maschinelle Speicherung, Verarbeitung und Wiedergabe dieser Daten ist die Aufgabe eines Data Dictionary System (DDS).

Der Benutzer und seine Anwendungsprogramme erhalten durch Data Manipulation Languages (DML) oder auch Query Languages (QL) in einer **externen Sicht** Zugriff auf die gespeicherten Daten (vgl. Hansen [Wirtschaftsinformatik I] 97 ff. und 848 ff. und Stahlknecht [Wirtschaftsinformatik] 214 ff.).

Abb. 3.2.8 illustriert gemäß den Empfehlungen des amerikanischen ANSI-Sparc-Normenausschusses den hierarchischen Aufbau und die Elemente eines DBMS.

Für die Strukturierung der Beziehungen zwischen den als Daten definierten Objekten stehen hier grundsätzlich verschiedene Gruppen von **Datenmodellen** zur Verfügung:
- hierarchische Datenmodelle (Baumstruktur),
- netzförmige Datenmodelle (Netzwerkstruktur) und
- relationale Datenmodelle (Tabellenstruktur).

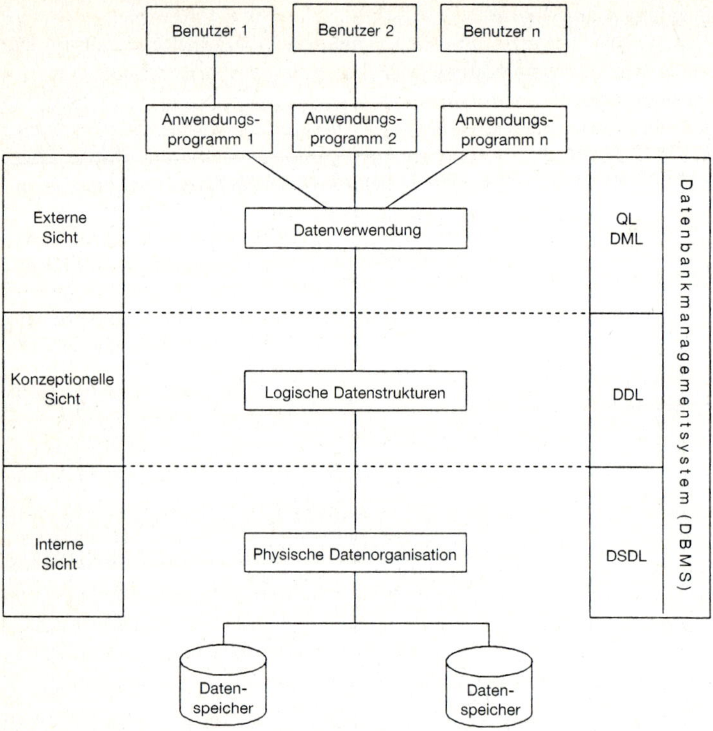

Abb. 3.2.8: Grundstruktur eines Datenbanksystems (nach Stahlknecht [Wirtschaftsinformatik] 211)

In Abb. 3.2.9 sind diese Datenmodelle skizziert. Das **hierarchische Modell** hat die Struktur eines hierarchischen Graphen, bei dem Verbindungen (Pfeile) von einem Wurzelobjekttyp nur in Richtung untergeordneter Objekttypen ausgehen können. Beim **Netzwerkmodell** gibt es keine Wurzelobjekte. Zwischen den einzelnen Objekttypen können wechselseitige Beziehungen entstehen; diese müssen dann durch entsprechende Ein- und Ausgangspfeile gekennzeichnet sein. Das **Relationenmodell** hat eine Tabellenstruktur und basiert auf einer mengentheoretischen Betrachtung. Die miteinander in Beziehung stehenden Objekte sind durch die Kombination der sie charakterisierenden Eigenschaften beschrieben.

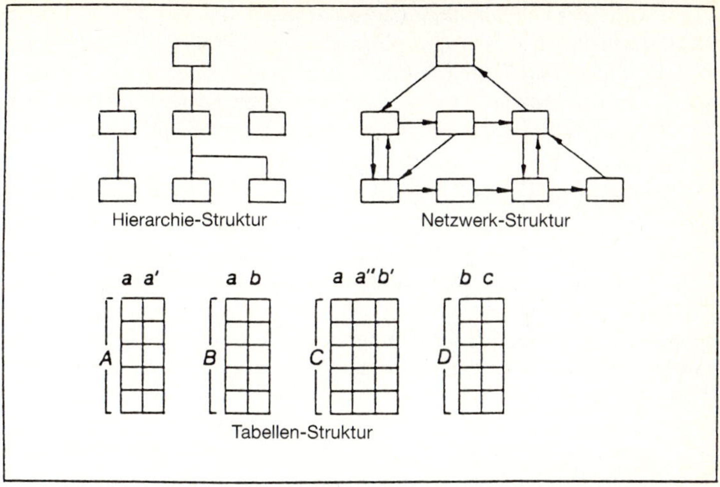

Abb. 3.2.9: Grundtypen von Datenmodellen (nach Walsh [Data Bases] 13)

Die derzeit noch angewandten Datenbanksysteme der sog. dritten Generation basieren entweder auf einem hierarchischen Modell (z. B. das IMS) oder auf einem Netzwerkmodell (z. B. das IDMS).

Datenbanksysteme der vierten Generation bauen auf dem von *Codd* im IBM Research Center (San José) 1970 entwickelten Relationenmodell auf. Mit Hilfe der zugrundeliegenden Tabellenstruktur erlaubt dieses Konzept eine flexible und anwendungsfreundliche Darstellung der Objektstrukturen, so daß sich die bei der Einführung von Datenbanksystemen verfolgten Ziele eher und besser realisieren lassen.

Diese Ziele betreffen die Aspekte der **Redundanzfreiheit,** der **Datenunabhängigkeit** bezüglich physischer Speicherung und logischer Verwendung, der **Flexibilität** hinsichtlich Strukturveränderungen und Auswertungsmöglichkeiten, der jederzeitigen **Datenverfügbarkeit** und Verwendbarkeit durch möglichst viele Benutzer sowie der **Datensicherheit.**

Die Vorteile des Relationenmodells waren zumindest in der Vergangenheit mit einer langsameren Verarbeitungsgeschwindigkeit verbunden. Die heutigen, auf diesem Konzept aufbauenden Datenbanken lassen jedoch auch komplexe Datenbankabfragen in Echtzeitanwendungen zu. Es ist davon auszugehen, daß die relationalen Datenbanksysteme den Standard für die 90er Jahre darstellen werden. Darüber hinaus bilden sie die Voraussetzung für **verteilte Datenbanksysteme.**

Ein **verteiltes Datenbankmanagementsystem** (auch distribute DBMS = DDBMS) integriert einzelne physische Datenbanken zu einer übergeordneten logischen Einheit. Ein solches System versetzt den Benutzer in die Lage, mit auf entfernten Rechnern gespeicherten Daten so zu arbeiten, als wären diese lokal auf seinem Rechner vorhanden.

Zusammen mit anderen Entwicklungen (z. B. auf den Gebieten der Dialogverarbeitung, der direkten Datenerfassung und der benutzerfreundlichen Abfragesprachen) bilden Datenbanksysteme einen sehr wesentlichen Baustein für den Aufbau von zukunftsorientierten computergestützten Informationssystemen. Diese Aufgabe stellt – wegen der damit verbundenen hohen Kosten und den daraus resultierenden langfristigen Bindungen für eine betriebliche Datenverarbeitung – ein strategisches Problem dar, das eine entsprechende systematische Planung auf der Basis sorgfältiger Kosten-Nutzen-Analysen erfordert.

2.3.1.2 *Modell- und Methodenbanken*

2.3.1.2.1 Modellbanken

Daten an sich besitzen kaum eine Aussagekraft, es sei denn, sie werden aus der Sicht einer bestimmten Problemsituation und aus einer entsprechenden Zielperspektive heraus interpretiert. Eine solche Interpretation setzt gewisse Einsichten in eine gegebene Problemlage voraus. Der Betrachter oder Entscheidungsträger muß sich ein Bild von der Realität machen können. Dies ist um so schwieriger, je komplexer der jeweilige Realitätsausschnitt ist. Er braucht dann ein Mittel zur Reduktion der Komplexität. Er benötigt mit anderen Worten ein **Modell,** das ihm die relevanten Aspekte und Zusammenhänge der interessierenden Wirklichkeit besser verstehen hilft. Modelle sind dabei zu interpretieren als materielle oder immaterielle (geistige, formale) Systeme mit der Funktion der vereinfachenden und zielgerichteten Abbildung von Originalen (i. d. R. von Realitätsausschnitten). Die Aussagen, die mit ihrer Hilfe gewonnen werden, sind raum-zeitlich relativ eng begrenzt. Solche Modelle können u. a. als mentale Vorstellungen, als physikalische Replikate oder als mathematische Kalküle existieren. Lediglich die letztgenannte Art, deren formale Struktur durch empirische Informationen in ein konkretes Abbild transformiert wird, soll hier weiter interessieren. Derartige Modelle haben sich (sowohl als Optimierungsmodelle als auch als Simulationsmodelle) beim Studium komplexer betriebswirtschaftlicher Probleme vielfach bewährt (vgl. dazu auch Bd. 1).

Modelle sind darüber hinaus ein geeignetes, oder besser gesagt ein notwendiges Vehikel zur Definition von relevanten Informationen in Entscheidungsprozessen. Ohne irgendwelche (Erklärungs-)Modelle, d. h. ohne irgendwelche Vorstellungen über einen spezifizierten Bedarf an Informationen, laufen computergestützte Informationssysteme Gefahr, nur Datenfriedhöfe zu produzieren. Andererseits ist das Vorhandensein von konkreten Modellen (vgl. Zahn [Planung] 138 ff.) noch keine Garantie dafür, daß Probleme richtig gesehen, daß die für Lösungen erforderlichen Informationen hinreichend genau definiert und daß letztlich bessere Entscheidungen getroffen werden. Eher das Gegenteil ist anscheinend der Fall, wie die nicht geringe Anzahl von Entscheidungsträgern, die durch gescheiterte Modellanwendungen enttäuscht wurden, vermuten läßt. Dies liegt nun wiederum nicht an der »Modellphilosophie« schlechthin, sondern vielmehr an ihrer praktischen Verwirklichung, d. h. u. a. an der schlechten Qualität der Modelle, an ihrer falschen Handhabung und den fehlenden Voraussetzungen für eine erfolgreiche Implementierung.

Die Modellkonstrukteure haben inzwischen aus den in der Vergangenheit gemachten Fehlern und Erfahrungen gelernt, wie die Evolution von Unternehmensmodellen vom »bottom-up« über den »top-down« hin zum »inside-out«-Ansatz einerseits oder vom erfahrungsbasierten über das optimierungsbezogene und das interaktive hin zum erfahrungsgeneralisierten Modellkonzept andererseits zeigt. In vielen Unternehmen ist nach erlebten Phasen der Euphorie und Ernüchterung heute ein Stadium der Konsolidierung erreicht, in dem Modelle nicht länger ohne Berücksichtigung der jeweiligen Kontextfaktoren entwickelt und angewendet werden. Es dominieren weniger modelltechnische Überlegungen; vielmehr stehen die Bedürfnisse des Entscheidungsträgers nach wirkungsvollen Entscheidungsunterstützungen stärker im Vordergrund.

Mit der zunehmenden Verbreitung der **modell- und computergestützten Unternehmensplanung** vollzieht sich ein gewisser Wandel in den Entscheidungstechniken, der durch die wachsende Komplexität der Planungsprobleme einerseits und die Fortschritte in der Informationstechnologie andererseits bewirkt und getragen wird. Er ist verbunden mit einem gestiegenen Bedürfnis nach einer adäquaten Organisation der verfügbaren bzw. problemspezifisch wieder zu entwickelnden Modelle und Methoden. Es liegt nahe, bei der Lösung dieser Aufgabe auf eine den Datenbanken ähnliche Organisation zurückzugreifen und **Modellbanken** zu entwerfen.

Modellbanken sind die Orte, an denen die für den Planungsprozeß benötigten Modelle und Hypothesen zur Verfügung gehalten und gewartet werden.

Dabei darf die Menge der in ihr enthaltenen Modelle bzw. Modellteile trotz ihrer gewöhnlich großen Vielfalt keine amorphe Masse bilden; vielmehr muß sie eine gewisse Ordnung aufweisen, die es beispielsweise aufgrund vorhandener Kopplungseinrichtungen erlaubt, aus mehreren Modulen ein problemadäquates Modell zu schneidern.

Modellbanken erfüllen nicht nur einen Dokumentationszweck; sie sollen insbesondere der Integration, Handhabung und Auswertung sowie der Entwicklung und Anpassung von Modellen dienen. Dementsprechend ist ihr Aufbau zu gestalten. Er hat vor allem geeignete Speicherformen für die verschiedenen Modellelemente (Variablen, Beziehungen, Parameter) festzulegen, Programmroutinen und Heuristiken für die Kopplung und Anpassung von Modellen sowie für die Beschaffung von Daten und Methoden aus Daten- bzw. Methodenbanken vorzusehen und Hinweise für Effizienzfunktionen, Toleranzen und Gütemaße zur Beurteilung von Lösungen zu geben (Noltemeier [Verknüpfungsprobleme]).

2.3.1.2.2 Methodenbanken

Methodenbanken bestehen aus einer Menge von Methoden (etwa i. S. v. statistischen Verfahren), die zur Lösung betriebswirtschaftlicher Planungsprobleme eingesetzt werden können.

Bei großen Modellbanken mit heterogenen Inhalten werden zur Handhabung (Verwendung, Anpassung und Integration) der Modelle sowie zur Aufbereitung der in ihnen verwendeten Daten gewöhnlich auch verschiedenartige **Methoden** (z. B. Algorithmen und statistische Verfahren) benötigt. In solchen Fällen empfiehlt sich eine Trennung von Modell- und Methodenbank. In der Praxis werden neben reinen mathematischen und statistischen Sammlungen (z. B. die Produkte SPSS und MPSX von IBM) z. T. recht leistungsfähige Methodenbanken (z. B. die Systeme METHAPLAN von Siemens und IGUS von IBM) angewandt. Nähere Ausführungen und Beispiele für ausgewählte Methoden- und Modellbanken finden sich in *Mertens* und *Griese* ([Informationsverarbeitung] 32 ff.).

Eine anspruchsvolle Methodenbank sollte dem Benutzer vor allem helfen, für sein Problem die beste und den vorhandenen Daten angemessene Methode zu finden, die Integration einzelner Modellbausteine in Modelle vorzunehmen, die für die Modellrechnungen erforderlichen Datenselektionen und Parameterdimensionierungen durchzuführen und die erhaltenen Ergebnisse zu interpretieren. Um diesen Anforderungen entsprechen zu können, müssen **Modell-, Methoden- und Datenbanken** miteinander verknüpft werden. Dabei erweisen sich in der Praxis vor allem die Kopplungen zur Datenbank, die häufig zu ändern ist, als ein recht schwieriges Problem. Seine Lösung setzt eine sorgfältige und flexible Schnittstellenarchitektur voraus. Überhaupt werden an den Aufbau und an die Steuerungseinrichtungen von solchen Modell-Methoden-Verbundsystemen hohe Anforderungen gestellt. Nicht alle existierenden Systeme werden ihren selbstgestellten Ansprüchen gerecht.

Das Vorhandensein einer entsprechenden technischen Konfiguration ist Voraussetzung dafür, daß das System überhaupt funktioniert. Damit es aber in Planungsprozessen auch angewandt wird, muß es **benutzerfreundlich** gestaltet sein. Einer solchen Anforderung entspricht z. B. ein Dialogverkehr mit graphischen Unterstützungen. Darüber hinaus sollte durch begleitende Maßnahmen (z. B. Benutzerschulung) die Motivation zur Anwendung stimuliert werden.

Alle diese Anstrengungen sind jedoch nur dann gerechtfertigt, wenn die Systeme wirklich zu einer Verbesserung der Qualität der Planungsarbeit beitragen können. Ihre potentiellen **Vorteile** sind u. a. darin zu sehen,

- daß sie den Benutzer zur Selbstkonstruktion und damit zur systematischen Verfeinerung seiner (mentalen) Modelle animieren,
- daß sie ihn in den Stand versetzen, seine Entscheidungsprobleme quasi maßgeschneidert zu modellieren und intensiver zu durchdringen,
- daß die so entwickelten Modelle den am Planungsprozeß Beteiligten als ein qualifiziertes Kommunikationsinstrument dienen und damit u. U. zu Standardisierungs- und Stabilisierungseffekten im individuellen und kollektiven Entscheidungsverhalten führen und
- daß diese Modelle schließlich zu einer wirksameren und zugleich wirtschaftlicheren Problemlösung beitragen (vgl. Winand [Gestaltung] 505).

2.3.1.3 Software und Hardware

2.3.1.3.1 Software

Daten-, Modell- und Methodenbanken beinhalten bereits Bestandteile jener Komponente von computergestützten Informationssystemen, die mit **Software** umschrieben sind (vgl. Abb. 3.2.10).

Software				
Anwendungssoftware		Systemsoftware		
individuelle Programme entwickelt von – Software-häusern – Benutzern	*standardisierte Programme entwickelt von – Herstellern – Software-häusern*	*Betriebs-system: – Job- – Task- – Steuer-programme*	*Über-setzungs-programme: – Assembler – Compiler*	*Dienst-programme: – Hilfs-programme – Data-management*

Abb. 3.2.10: Bestandteile der Software

> Die **Software** umfaßt die Gesamtheit aller Programme, das Programmsystem, welches zum Betrieb des EDV-Systems bei der Erfüllung von Aufgaben der betrieblichen Datenverarbeitung erforderlich ist. Sie gliedert sich in **Systemsoftware** und **Anwendungssoftware.**

(1) Anwendungssoftware

> Die **Anwendungssoftware** oder das **Anwendungsprogrammsystem** ist benutzerorientiert. Es enthält Programme, die jeweils für bestimmte Probleme konzipiert sind.

Dabei lassen sich **Standardprogramme** und **individuelle Programme** unterscheiden. Die **Standardprogramme** beziehen sich auf Probleme, die mehr oder weniger gleichartig oder regelmäßig in vielen Betrieben (etwa im Rahmen der Lohnbuchhaltung, des Beschaffungs- und Lagerwesens oder der Produktionsplanung) anfallen; sie werden als Softwarepakete von EDV-Herstellern oder von Softwarehäusern angeboten. Die **individuellen Programme** werden vom Benutzer und/oder von Softwarehäusern unternehmens- und problemspezifisch (z. B. für bestimmte Projekte oder Planungsaufgaben) entwickelt.

Sie lassen sich mit der Standardsoftware zu einem umfassenden Anwendungsprogrammsystem integrieren. Dieses ist i. d. R. modular aufgebaut, damit die einzelnen Programme jeweils separat angewendet und die jeweiligen Betriebsbedingungen besser angepaßt werden können.

Da EDV-Anlagen die natürlichen Sprachen nicht (oder noch nicht) verstehen können, muß der Lösungsweg (Algorithmus) in eine von der Maschine lesbare Form übersetzt werden. Für diesen Zweck wurden eigens Programmiersprachen entwickelt, die gemäß Abb. 3.2.11 verschiedenen Generationen zugeordnet werden können.

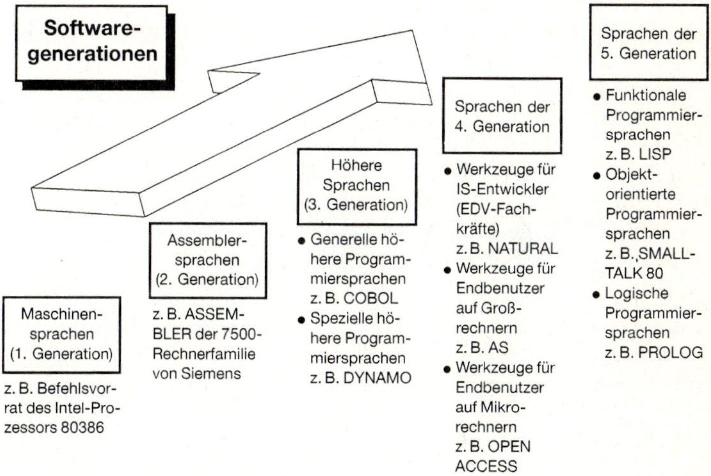

Abb. 3.2.11: Softwaregenerationen

Auf der untersten Ebene erfolgt die interne Darstellung einzelner Befehle in binärer Form (als Folge von 0 und 1) mit Hilfe von **Maschinensprachen.** Diese unübersichtliche Darstellung ist sehr unkomfortabel und mit einer hohen Fehlerhäufigkeit bei der Programmierung verbunden. Diesem Umstand tragen **Assemblersprachen** dadurch Rechnung, daß sie die binäre Codierung in Programmbefehle zusammenfassen, die durch anschauliche Abkürzungen die Handhabung wesentlich erleichtern. Ein sog. **Assembler** muß diese Programme vor ihrer Ausführung in die Maschinensprache übersetzen.

Diese beiden ersten Generationen von Programmiersprachen zeichnen sich wegen ihrer Maschinennähe durch eine hohe Verarbeitungsgeschwindigkeit aus. Programme, die in Maschinen- oder Assemblersprache geschrieben sind, können jedoch in aller Regel nicht auf verschiedenen DV-Anlagen ablaufen. Vielmehr sind sie an die Hardware gebunden, für die sie konzipiert wurden.

Die **Höheren Programmiersprachen** erlauben eine maschinenunabhängige Programmerstellung. Mit Hilfe von Übersetzungsprogrammen (**Compiler** oder **Interpreter**) müssen in diesen Sprachen geschriebene Programme in eine maschinenverständliche Sprache übersetzt werden.

Sprachen und Systeme der 4. Generation zeichnen sich insbesondere durch ihre hohe Benutzerfreundlichkeit, leichte Handhabung und eine dadurch begründete höhere Effizienz in der Anwendungsentwicklung aus. Unter dem Blickwinkel einer **individuellen Datenverarbeitung** sollen sie den Benutzer von DV-Anlagen in die Lage versetzen, seine Programme für kleinere, unkomplizierte Anwendungen selbst zu erstellen. Diese dezentrale Form der betrieblichen Datenverarbeitung findet durch die Einrichtung sog. **Information Center** (oder auch Benutzerservicezentren, die Bezeichnungen sind vielfältig) eine organisatorische Unterstützung. Die EDV-Spezialisten dieser Abteilung stehen dem Anwender (z. B. Kostenplaner) bei auftretenden Problemen im Zusammenhang mit der individuellen Programmierung zur Verfügung.

Die **Sprachen der 5. Generation** sind aus dem Forschungsgebiet der **Künstlichen Intelligenz** (KI) heraus entstanden. In der angewandten Betriebswirtschaft spielen sie insbesondere im Bereich der später besprochenen Expertensystemtechnologie (S. 273 ff.) eine wesentliche Rolle (vgl. Hansen [Wirtschaftsinformatik I] 452 ff. und Heinrich u. a. [Kommunikationstechnik] 23 ff.).

(2) Systemsoftware

> Die **Systemsoftware** beinhaltet eine Menge von Programmen (z. B. zur Datenbankverwaltung, Datenfernverarbeitung und Programmentwicklung) und vor allem das sog. **Betriebssystem.** Das Betriebssystem, das im allgemeinen vom Computer-Hersteller mitgeliefert wird, umfaßt die gesamten, aufeinander abgestimmten Systemprogramme. Es hat für einen möglichst reibungslosen Betriebsablauf zu sorgen.

Dabei muß es eine Reihe wichtiger **Funktionen** (wie das Initiieren von Jobs, das Zuteilen von Arbeitsspeichern, das Laden von Programmen usw.) erfüllen. Die **Systemsoftware** besteht aus drei **Funktionskomplexen:**

- dem Betriebssystem zur Steuerung des Ablaufs aller übrigen Programme und des Maschinensystems,
- den Übersetzungsprogrammen, die die Übersetzung der einzelnen Programme in eine Maschinensprache übernehmen und
- den Dienstleistungsprogrammen, die für Hilfsdienste (wie Sortier-, Misch- und Kopieraufgaben), für das Testen von Programmen und für die Verwaltung von Daten- und Programmbibliotheken bestimmt sind.

Die Systemsoftware ist damit eine unerläßliche Voraussetzung für den wirksamen Betrieb eines Computers; ohne die Anweisungen durch die Programme der Software kann die Hardware nicht funktionieren. Die Qualität der Software ist entscheidend für die Aktivierung der Leistungspotentiale der Hardware.

2.3.1.3.2 Hardware

> Die **Hardware** umfaßt die Zentraleinheit und die peripheren Einheiten.

Die **Zentraleinheit** besteht aus Prozessor und Arbeitsspeicher. Der Prozessor (CPU) führt mit Hilfe der Steuerprogramme die von den Anwendungsprogrammen vorgeschriebenen Elementarfunktionen aus. Das Leitwerk, auch Steuerwerk genannt, veranlaßt das Ausführen von Operationen durch das Rechenwerk. Der Arbeitsspeicher ist der Ort, an dem die aktuellen Daten und Programme gehalten werden. Die **peripheren Einheiten** bestehen aus Ein- und Ausgabegeräten sowie den externen Speichern. Dazu kommen noch Einheiten zur Datenübertragung (vor allem Kanäle und Steuereinheiten) und ggf. auch Einrichtungen zur Datenfernübertragung. Diese Rechnerarchitektur kommt im wesentlichen in den meisten Computern der unterschiedlichen Leistungsklassen zum Tragen.

Die Unterscheidung der Rechner anhand ihrer Leistung führte prinzipiell zur **Einteilung** in:
- Micro- oder Personal Computer
- Minicomputer

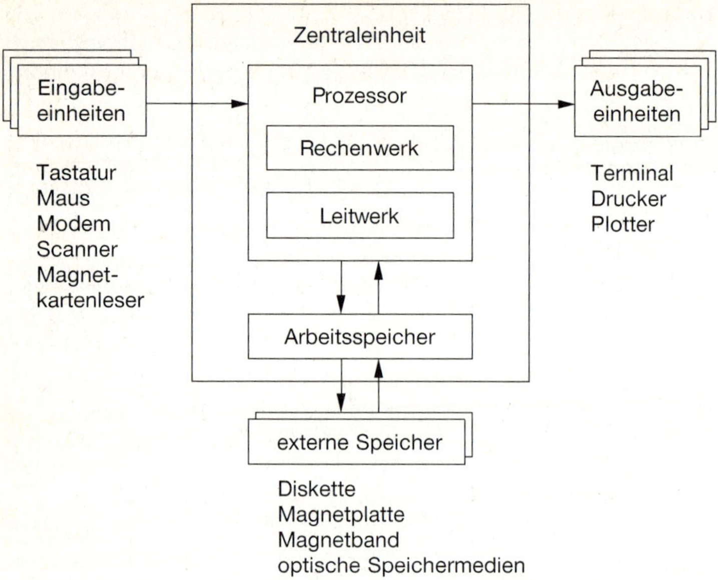

Abb. 3.2.12: Bestandteile der Hardware

- Mainframecomputer
- Supercomputer

Hochleistungsfähige Supercomputer spielen in den betriebswirtschaftlichen Anwendungsbereichen keine Rolle. Die drei anderen Rechnerklassen finden entsprechend ihrer Verarbeitungsfähigkeit Verwendung.

Zunehmende Bedeutung besitzt der Microcomputer, dessen Entwicklung eng an die Fortschritte in der Microprozessor-Technik geknüpft ist.

Unter einem **Microprozessor** versteht man einen auf einem einzigen Chip (Halbleiterbauelement) integrierten Prozessor. Der **Microcomputer** oder **Personal Computer** (PC) ist ein auf einem Microprozessor basierendes Rechensystem mit der Fähigkeit, selbständig Programme abzuarbeiten.

Der Begriff Personal Computer ist nicht gleichzusetzen mit dem **Personal Computing,** das mit individueller Datenverarbeitung übersetzt werden kann. Diese arbeitsplatzspezifische Unterstützung des Anwenders ist prinzipiell auch mit einem Großrechner möglich.

Befindet sich der gesamte Datenverarbeitungsprozeß unter der Kontrolle des Benutzers, ist der höchste Grad an individueller Datenverarbeitung erreicht. Diese vollständige »Datenselbstversorgung« läßt sich aber letztlich nur mit einem Personal Computer bewerkstelligen.

Die Einteilung der Rechner anhand ihrer Rechenleistung, die (trotz einiger Schwächen dieser Maßzahl) normalerweise in **MIPS** (million instructions per second) angegeben ist, erweist sich angesichts der rasanten Entwicklung im Hardwarebereich in zunehmendem Maße als problematisch und bedarf einer ständigen Anpassung an die realen Gegebenheiten. Es wird davon ausgegangen, daß ein Microcomputer Mitte der 90er Jahre das Leistungsvermögen eines Mainframes, der Mitte der 80er Jahre verkauft wurde, haben wird. Der Microcomputer ist heute schon in der Lage, Aufgaben zu übernehmen, die früher den Mainframecomputern vorbehalten waren. Durch die ständige Leistungsverbesserung verdrängt der Microcomputer zunehmend seine »großen Brüder« Mini und Mainframe. Dieser auch als **Downsizing** bezeichnete Trend verstärkt sich darüber hinaus durch einen Anwendungsstau (application deadlog) in den Unternehmen. Mit der dezentralen Anwendung der DV soll der Diskrepanz zwischen wünschenswerter und tatsächlich einsatzfähiger Software begegnet werden. Der Einsatz des Microcomputers erlaubt eine flexible Reaktion auf z. B. marktbedingte Veränderungen.

Die Software, die für den Microcomputer zur Verfügung steht, zeichnet sich durch eine hohe Benutzerfreundlichkeit aus und ist zudem preiswerter als Großrechnersoftware. Das ebenfalls bessere Hardware-Preis-/Leistungsverhältnis (DM/MIPS) könnte ein weiteres Argument in einer Entscheidung für den Einsatz des Microcomputers sein (vgl. Abb. 3.2.5). Für besonders rechenintensive Programme (komplexe Simulation) oder als zentrale Komponente in einem Rechnerverbund (Server) werden die Großrechner allerdings weiterhin Verwendung finden.

Grundsätzlich lassen sich drei **Einsatzarten** der Microcomputer unterscheiden:
- »stand-alone«-System
- »intelligentes« Terminal eines Großrechners
- mit anderen Rechnern verbundener Microcomputer

Die beiden letzteren Einsatzmöglichkeiten erfordern eine bestimmte Informationsinfrastruktur, die im Abschn. 2.3.3 behandelt wird.

Handelt es sich um einen besonders leistungsfähigen Micro (hinsichtlich Prozessor und Arbeitsspeicher), der in ein Netz von Rechnern eingebunden ist und u. U. über sehr gute graphische Darstellungsmöglichkeiten verfügt, spricht man heute von einer **Workstation.**

Immer weitere Verbreitung finden tragbare PCs, sog. **Laptops** (Gegensatz zu Desktop = Tisch-PC), die dank ihrer wachsenden Verarbeitungsfähigkeit ein zunehmend breiteres Einsatzspektrum abdecken können (vgl. Stahlknecht [Wirtschaftsinformatik] 34 ff.).

2.3.1.4 Benutzer

EDV-Systeme erfüllen keinen Selbstzweck, sondern eine Unterstützungsfunktion im Rahmen der betrieblichen Datenverarbeitung, die sie verbessern sollen. Der Mensch füttert die Maschine mit Informationen; die Maschine verarbeitet diese nach vorgegebenen Ordnungen und stellt sie dem Menschen bei Bedarf in der nachgefragten Form wieder für dessen Informationsverarbeitungsprozesse zur Verfügung. Der Mensch oder Benutzer als Teil eines computergestützten Informationssystems ist also zugleich Generator und Benutzer von Informationen.

Unter dem Begriff **Benutzer** verbergen sich Menschen mit speziellen Kenntnissen und Verantwortungen im Prozeß der betrieblichen Informationsverarbeitung. Der einzelne Entscheidungsträger als der eigentliche Benutzer der von EDV-Systemen generierten Informationen tritt mit der ADV-Anlage gewöhnlich nicht direkt in Kontakt. Vielmehr macht er sich dazu das Wissen verschiedener Spezialisten zu Nutze. Hierzu gehören vor allem der Anwendungs- und Systemprogrammierer, aber auch der Maschinenbediener und der Datentypist. Außerdem ist er auf den Hardwarefachmann angewiesen, der die Installation und Wartung von Anlagen besorgt. Schließlich kommen bei konzeptionellen Aufgaben, mit deren Lösung Rahmenbedingungen geschaffen werden, weitere Experten zum Zuge, wie der Systemorganisator (z. B. für die langfristige Planung von Informationssystemen) und der Systemanalytiker (z. B. für kurzfristige Systemanpassungen).

Für die Leistungsfähigkeit eines computergestützten Informationssystems ist die enge Zusammenarbeit all dieser das **Benutzersystem** bildenden Aktionsträger von entscheidender Bedeutung. Diese Forderung bezieht sich nicht nur auf den laufenden Betrieb, sondern auch oder besser erst recht auf die Gestaltung und Einführung solcher Systeme: Ihr zu entsprechen, ist eine Grundbedingung für das Erreichen einer möglichst hohen **Benutzerakzeptanz.**

2.3.2 Funktionen

Informationssysteme haben die Aufgabe, den Informationsbedarf ihrer Benutzer zu decken. Dazu sind verschiedene Aktivitäten auszuführen. Diese betreffen die Erfassung, Speicherung, Transformation und Übertragung von Daten; sie lassen sich vereinfachend als **Phasen** des Datenverarbeitungsprozesses darstellen (Abb. 3.2.13). Eine nähere Beschreibung der einzelnen Funktionen ist nachzulesen bei *Hansen* [Wirtschaftsinformatik I].

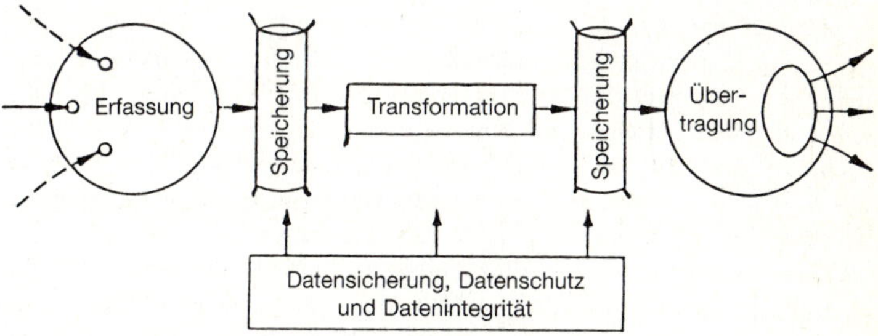

Abb. 3.2.13: Phasen des Datenverarbeitungsprozesses

2.3.2.1 Datenerfassung

Daten erfassen heißt Quelleninformationen über Vorgänge und Zustände sammeln und für die weitere Verarbeitung bereitstellen. Dazu müssen sie am Ort ihrer Entstehung ermittelt und auf einen Datenträger gebracht werden. Bei EDV-Systemen muß dies in einer maschinenlesbaren Form geschehen. Die erste Aktivität ist unabhängig vom verwendeten Datenverarbeitungsverfahren; sie liegt in der Verantwortung des jeweiligen Fachpersonals und richtet sich nach dem vorhandenen Informationsbedarf. Das Umsetzen der Daten zum Zwecke der Eingabe in ein EDV-System umfaßt eine Reihe von technisch bedingten Arbeitsschritten, für deren Durchführung z. T. die EDV-Abteilung verantwortlich ist. Als Datenerfassungsmedien stehen z. B. **Magnetbänder, Magnetbandkassetten** und **Floppy-Disks** zur Verfügung. Neben diesen Medien zur **indirekten** Datenerfassung gibt es noch solche zur **halbdirekten,** wie Plastikkarten und Magnetschriftbelege, und **direkten** Datenerfassung, wie Lichtstift und Maus.

Die **Datenerfassung** ist nach wie vor ein **zeitaufwendiger** und mit **hohen Kosten** verbundener Vorgang. Oft bildet sie deshalb einen

Engpaß in der Datenverarbeitung. Zur Beseitigung desselben sind Rationalisierungen erforderlich. Die Industrie bietet in verstärktem Maße Geräte dazu an, die z. T. schon einen hohen Leistungsstandard erreicht haben. Es handelt sich dabei um sog. intelligente Geräte, die neben der Datenumsetzung auch noch mathematische Operationen ausführen können.

2.3.2.2 Datenspeicherung

Da der Anfall und die Verwendung von Daten im allgemeinen zeitlich auseinanderfallen und Daten häufig wiederholt benutzt werden, ist ihre Speicherung zum Zwecke der jederzeitigen Verfügbarkeit unumgänglich. Die Organisation der Speicherung erfolgt mit Hilfe der oben beschriebenen **Dateien und Datenbanken.** Als Speichermedien kommen in erster Linie **periphere Einheiten (externe Speicher)** in Betracht, auf welche die Zentraleinheit zurückgreifen kann. Dabei eignen sich für den direkten und schnellen Zugriff **Magnetplatten, Magnetstreifen** und **Magnettrommeln.** Als weitere Speichermedien dienen **Magnetbänder** sowie weiterhin **Lochstreifen** und **Lochkarten.** Die beiden letztgenannten Medien erlauben allerdings nur eine sequentielle Verarbeitung der gespeicherten Daten.

Die **optische Datenspeicherung** stellt die neueste Entwicklung auf diesem Gebiet dar. Der physische Zugriff funktioniert bei optischen Speichermedien mittels eines Laserstrahls, der auf entsprechende Datenträger (z. B. CD-Platte) zugreift.

2.3.2.3 Datentransformation

Die Datentransformation ist der Vorgang der Überführung von Inputdaten in Outputdaten. Sie erfolgt in der ADV-Anlage, und zwar nach vorgegebenen Arbeitsanweisungen, die in codierter Form (als Anwendungsprogramme bzw. als programmierte Verarbeitungsverfahren) in der Anwendungsprogrammbibliothek gespeichert werden können. Die an den Daten vorgenommenen **Verarbeitungsakte** umfassen Rechenoperationen, Verdichtungen, Umformungen, Klassifizierungen, Sortierungen usw.

2.3.2.4 Datenübertragung

Die verarbeiteten Daten müssen zum Zwecke ihrer Verwendung den Benutzern übermittelt werden. Diese Aufgabe wird als Datenübertragung bezeichnet. Sie umfaßt auch den Transport von Daten zwischen den Orten der Erfassung, Speicherung und Transformation, wenn diese räumlich voneinander getrennt sind. So werden Datenübertragungen z. B. schon zwischen der Zentraleinheit und den peripheren Einheiten erforderlich.

Werden Daten zwischen selbständigen Informationssystemen übertragen, handelt es sich um einen **Systemverbund** (vgl. Abschnitt 2.3.3).

2.3.2.5 Datensicherung, Datenschutz und Datenintegrität

Mit der zunehmenden Informationsflut in den Unternehmen und der zumeist zentralen (von den einzelnen Entscheidungspunkten mehr oder weniger unbeeinflußbaren) Ablage der Informationen hat das Bedürfnis nach Sicherung von Daten zugenommen. Die **Datensicherung** ist heute mehr denn je eine notwendige und auch ernstgenommene Funktion von computergestützten Informationssystemen. Sie hat die Aufgabe, die verfügbaren Daten in ihrer Existenz zu erhalten, d. h. sie vor Zerstörung, Verlust und Fälschung zu schützen. Dies kann sie allerdings nur, wenn sich ihre Maßnahmen auf das gesamte Datenverarbeitungssystem erstrecken, d. h. auf die Hardware, die Software und die Orgware (organisatorische Gestaltung).

Der Aufgabenbereich der Datensicherung geht damit über den Gedanken des Datenschutzes im **Bundesdatenschutzgesetz** (BDSG) vom 27. 1. 1977 hinaus. Der **Datenschutz** versteht sich als Schutz personenbezogener Daten vor Mißbrauch bei ihrer Speicherung, Übermittlung, Veränderung und Löschung. Mit dem BDSG will der Gesetzgeber primär die Privatsphäre des Einzelnen vor dem Datenmißbrauch durch Dritte schützen.

Eine dritte Gruppe von Vorkehrmaßnahmen betrifft die **Datenintegrität,** die sich auf die Richtigkeit der Daten bezieht.

Die Gesamtheit der Vorkehrmaßnahmen muß umfassend sein, soll damit allen möglichen unerwünschten (menschlichen, technischen und natürlichen) Einwirkungen auf das Datenverarbeitungssystem begegnet werden. Ihre absolute Notwendigkeit ergibt sich nicht aus irgendwelchen gesetzlichen Vorschriften, sondern sie resultiert einfach aus der Tatsache, daß Datenverluste, -verfälschungen usw. sehr ernsthafte Folgewirkungen auf Betriebsabläufe und Entscheidungsprozesse haben und somit die Realisierung der Unternehmensziele gefährden können.

2.3.3 Systemverbund

Eines der Hauptthemen in der Welt der Informationsverarbeitung ist derzeit die Verbindung einzelner Informationssysteme miteinander. Mit dem Schlagwort **Konnektivismus** lassen sich alle Bestrebungen zusammenfassen, deren Ziel eine Produktivitätserhöhung einzelner Informationssysteme durch ihre informationelle Kopplung mit anderen ist.

> Unter einem **Systemverbund** wird die über Datenübertragungseinrichtungen realisierte Verbindung von weitgehend selbständigen Informationssystemen verstanden.

Betrachtet man allein die Verbindung von Hardwarekomponenten, trifft auch die Bezeichnung **Rechnerverbund** oder **Rechnernetz** zu.

Gründe für einen Systemverbund können sein (vgl. Hansen [Wirtschaftsinformatik I] 640 ff.):

- **Lastverbund:**
  Bei der Überlastung der Komponente eines Informationssystems, bspw. des Druckers, besteht die Möglichkeit auf die entsprechende Komponente anderer Systeme auszuweichen.
- **Sicherheitsverbund:**
  Der Ausfall von Komponenten läßt sich über einen Verbund kompensieren.
- **Funktionsverbund:**
  Verschiedene Hardwarefunktionen (bspw. teure Laserdrucker) und/oder Softwarefunktionen (Anwendungs- oder Hilfsprogramme) können über einen Verbund von mehreren Informationssystemen gemeinsam genutzt werden.
- **Datenverbund:**
  Die Teilnehmer des Verbundes haben Zugriff auf die Daten anderer Teilnehmer. In diesem Zusammenhang kommt das bereits erwähnte Konzept der verteilten Datenbanken zum Tragen.
- **Kommunikationsverbund:**
  Benutzer der am Verbund beteiligten Rechner können Informationen austauschen (electronic mail).

Gemäß der räumlichen Verteilung der beteiligten Systeme wird zwischen zwei **Rechnernetzen** unterschieden:

- **interne Netze** oder **LAN** (= Local Area Network):

Diese privaten lokalen Netze verbinden mehrere unabhängige Systeme innerhalb einer organisatorischen Einheit (bspw. innerhalb eines Unternehmens).

- **externe Netze** oder **WAN** (= Wide Area Network):
  Bei den öffentlichen Rechnerfernnetzen können zwischen den teilnehmenden Stationen große räumliche Distanzen liegen (bspw. eine interkontinentale Verbindung via Satellit).

Wie in Abb. 3.2.14 illustriert, ist eine Verbindung beider Netztypen über sog. Gateways realisierbar. Dies ermöglicht einem Unternehmen, eine informationelle Kopplung mit seinen Kunden und Lieferanten aufzubauen. Das Aufstellen von Terminals in Apotheken durch den Pharmagroßhandel zur ON-LINE-Abwicklung der Bestellungen oder die informationelle Anbindung von Zulieferern in der Automobilindu-

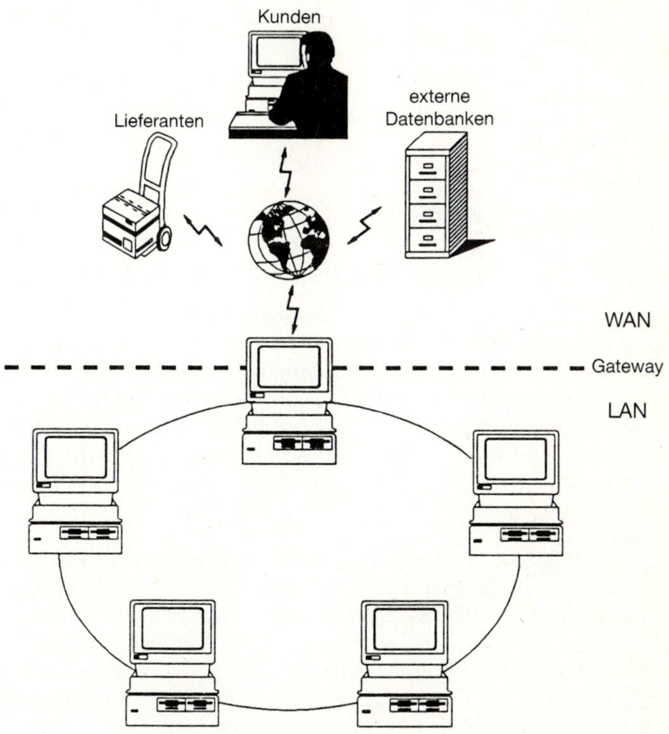

Abb. 3.2.14: Interne und externe Netze

strie im Rahmen eines Just-in-time-Konzeptes sind zwei bekannte Beispiele. Über ein WAN erhält ein Unternehmen auch Zugriff auf zahlreiche externe Datenbanken, die zu den unterschiedlichsten Bereichen Informationen zur Verfügung stellen. Einen Überblick über die »Welt der On-Line-Datenbanken« geben die Beiträge in HMD [On-Line-Datenbanken].

Für die Datenfernübermittlung bietet die Post verschiedene Übertragungswege an. Zu den wichtigsten öffentlichen Netzen zählen das Telefon-, das Datex-P-, das Datex-L- und das Telexnetz. Das Ziel ist es, diese verschiedenen Übertragungswege zu einem integrierten Fernmeldenetz – dem **ISDN** (Integrated Service Digital Network) – zusammenzufassen.

Der Benutzer dieser Netze kann zudem einige Postdienste in Anspruch nehmen, die über die reine Datenübertragung hinausgehen. Diese **Mehrwertdienste** heißen Teletex (Fernschreiben), Telefax (Fernkopieren), Temex (Fernwirken), Telebox (electronic mail) und Bildschirmtext (Btx) (vgl. Stahlknecht [Wirtschaftsinformatik] 132 ff.).

Sowohl lokale Netze als auch Fernnetze unterscheiden sich insbesondere hinsichtlich:

- Übertragungsgeschwindigkeit
- Netzwerktopologie (oder Netzwerkstruktur)
- Zugriffstechnik der beteiligten Instanzen
- physikalische Übertragungsmedien (Kupferkabel, Glasfaser, ...)

Damit verschiedene Informationssysteme miteinander kommunizieren können, muß die Kommunikation nach bestimmten Regeln ablaufen. Diese Regeln werden in sog. **Kommunikationsprotokollen** festgehalten. Für die Verbindung offener Systeme hat die **ISO** (International Standard Organisation) das Referenzmodell **OSI** (Open System Interconnection) entwickelt, das den Kommunikationsprozeß in hierarchische Schichten untergliedert und den idealen Aufbau der Kommunikationsprotokolle beschreibt.

Auf dem ISO/OSI-Modell baut das sehr weitgehende Standardisierungskonzept im Bereich der Fabrikautomation **MAP** (Manufacturing Automation Protocol) auf. Eine Gruppe zusammengeschlossener Unternehmen mit General Motors an der Spitze entwickelte dieses Konzept eines offenen Kommunikationssystems. Das hierbei verfolgte Ziel ist, die Hardware verschiedener Hersteller untereinander kommunikationsfähig zu machen und Verbindungsmöglichkeiten für unterschiedliche Netze zu schaffen.

MAP bildet eine wesentliche Grundlage für die **CIM**-Philosophie (Computer Integrated Manufacturing), deren Intention eine Verbindung der betriebswirtschaftlichen und technischen Funktionen eines Industriebetriebes mit Hilfe der Informationstechnik ist. Für eine solche **integrierte Informationsverarbeitung** ist die ungehinderte Kommunikation aller Informationssysteme eines Unternehmens die entscheidende Voraussetzung (vgl. Scheer [CIM] 99 ff.).

Der einheitliche Zugriff unterschiedlicher betrieblicher Bereiche auf eine gemeinsame Datenbasis, die auch über eine informationelle Verbindung zur Unternehmensumwelt verfügt, ist in Abb. 3.2.15 dargestellt.

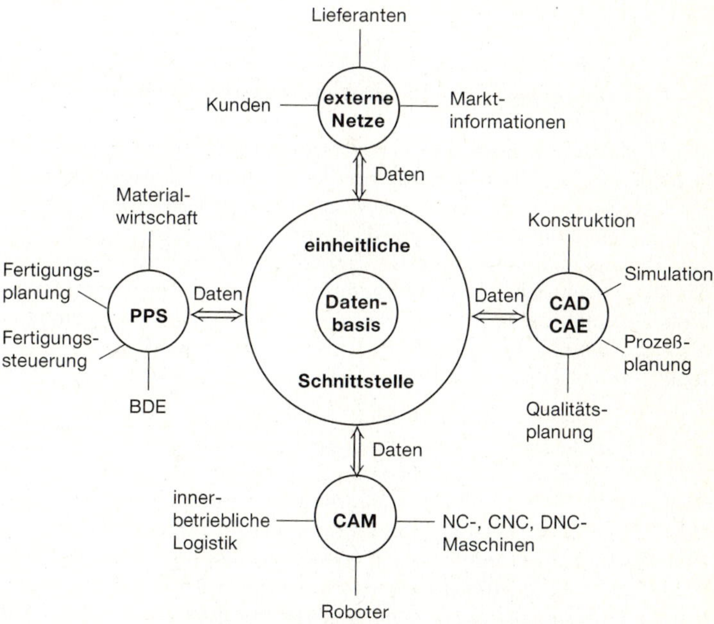

PPS	Produktionsplanung und -steuerung
CAD	Computer Aided Design
CAE	Computer Aided Engineering
CAM	Computer Aided Manufacturing
BDE	Betriebsdatenerfassung

Abb. 3.2.15: Zentrale Datenbasis im CIM-Konzept (nach Scheer [CIM] 13)

Die in bezug auf einen Systemverbund zu treffenden Entscheidungen sind sehr komplexer Natur und führen zu einem kapitalintensiven Equipment. Darüber hinaus ist der laufende Betrieb vernetzter Informationssysteme mit diversen technischen und organisatorischen Aufgaben verbunden. In den Betrieben entstehen aus diesem Grund neue Unterabteilungen oder spezialisierte Mitarbeitergruppen, die alle Aufgaben im Rahmen eines **Netzwerkmanagements** übernehmen (vgl. Stahlknecht [Wirtschaftsinformatik] 159 ff.).

2.3.4 Anwendungen

2.3.4.1 Anwendungsbereiche

Die moderne Informationstechnologie mit ihren immer leistungsfähigeren EDV-Anlagen hat der betrieblichen **Informationswirtschaft** – zumindest einigen ihrer Bereiche – zweifellos ein neues Gepräge gegeben. Viele Unternehmen aus den verschiedensten Branchen kommen heute bei der Bewältigung bestimmter Aufgaben der Datenverarbeitung ohne Computer nicht mehr aus. Das trifft beispielsweise zu für die Passagierbuchungen der Fluggesellschaften, für den Kassenverkehr und die Filialen-Kommunikation der Banken, für die Auftragsabwicklung der pharmazeutischen Großhandlungen, für das Zusammenstellen von Ladungen und für das Festlegen von Lieferterminen in Transportunternehmen sowie für die Personalverwaltung, Lagerbewirtschaftung, Kostenrechnung und Produktionssteuerung in Industriebetrieben.

Die Informationswirtschaft hat hier durch die Informationstechnologie nicht nur wertvolle Unterstützung erfahren; sie ist durch diese auch verändert worden. Weitere tiefgreifende Veränderungen, die weit über die Grenzen der traditionellen Informationswirtschaft hinauswirken, stehen bevor. Dieser Wandel resultiert aus der Integration von Computertechnik und Kommunikationstechnik (zur compunication); er manifestiert sich im Zusammenwachsen von Datenverarbeitung, Textverarbeitung und Nachrichtenübermittlung, und er öffnet den Weg zu neuen Leistungspotentialen in der Produktion (durch CIM), in der Administration (durch Büroautomatisierung) und in der Führung (durch Entscheidungsunterstützungs- und Expertensysteme).

Der Schwerpunkt des Einsatzes von Informations- und Kommunikationstechnik im Unternehmen verlagert sich, und zwar sowohl nach dem Objekt als auch in der Zwecksetzung der Unterstützung. Lag er gestern bei der Unterstützung isolierter Funktionen mit dem Ziel einer

Erhöhung der Rationalisierung und Effizienz, so liegt er heute bei der Verknüpfung isolierter Subsysteme mit dem Ziel einer Verbesserung der Flexibilität und Effektivität. Damit stößt die Anwendung von Informations- und Kommunikationstechnik aus operativen in strategische Bereiche vor, was naturgemäß nicht nur mit neuen Erfolgspotentialen, sondern auch mit neuen Herausforderungen verbunden ist.

Die DV-Durchdringung der betrieblichen Funktionen nimmt, wie in Abb. 3.2.16 illustriert, mit jedem Eintritt der Informationstechnik in eine neue Entwicklungsphase zu. Der Einsatz moderner Informations- und Kommunikationstechnik hat Organisations- und Kommunikationsstrukturen verändert und Einfluß genommen auf das Führungsverhalten, auf die Gestaltung von Kunden- und Lieferantenbeziehungen sowie insgesamt auf die Wettbewerbsposition der Unternehmen und die Märkte, in denen sie operieren. Die zielgerichtete, produktive Anwendung dieser Technologien wird daher in zunehmendem Maße zu einer entscheidenden Determinante des Unternehmenserfolges.

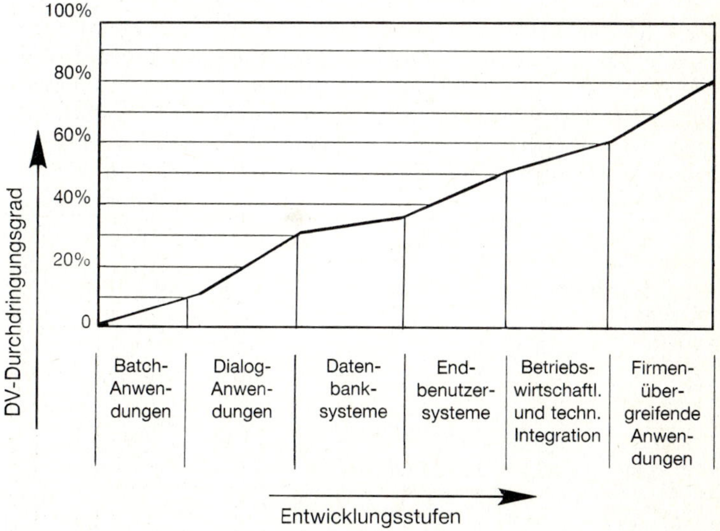

Abb. 3.2.16: Zunehmende DV-Durchdringung

2.3.4.2 *Entwicklungstendenzen*

Information und Kommunikation haben schon immer die Strukturen von Organisationen geprägt, auch zu Zeiten als es noch keine elektronischen Hilfsmittel gab.

Mit dem Einsatz und der ständigen Weiterentwicklung der auf Elektronik basierenden Informations- und Kommunikationstechniken hat sich die Aufgabenwelt des betrieblichen Informationswesens nach Inhalt und Bedeutung laufend verändert. Dabei lassen sich drei wesentliche Entwicklungsschübe erkennen:

Die **Datenverarbeitung,**
die **Informationsverarbeitung** und
die **Wissensverarbeitung.**

Abb. 3.2.17 illustriert diese Entwicklungsschübe idealtypisch; in Wirklichkeit überlappen sie sich. Gegenwärtig bewegen wir uns in der zweiten Entwicklungsphase; die dritte hat allerdings bereits begonnen, und die erste kann keineswegs als vollständig abgeschlossen gelten.

(1) Alle Entwicklungsstufen hatten und haben ihre eigenen Managementaufgaben. In den 60er Jahren stand das **Management der automatisierten Datenverarbeitung** im Vordergrund. Große Teile des Informationswesens wurden standardisiert und einer automatisierten Behandlung zugänglich gemacht. Automatisiertes und manuelles Informationswesen wurden als fundamental unterschiedlich betrachtet.

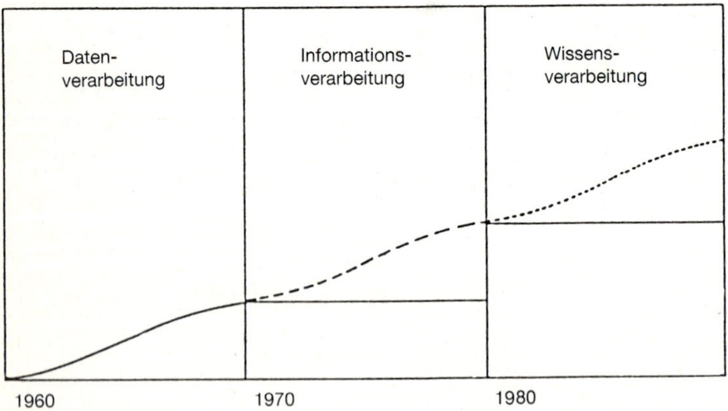

Abb. 3.2.17: Entwicklungsschübe und Aufgaben des computergestützten Informationswesens

(2) Seit Anfang der 70er Jahre begann sich ein **Informations-Ressourcen-Management** (IRM) zu entwickeln. Ein Wesensmerkmal des IRM-Ansatzes ist das Bemühen um Integration automatisierter und manueller Methoden von Datenverarbeitung und Management. Die Ressource »Information« ist heute zum fundamentalen Faktor bei jeglicher wirtschaftlicher Tätigkeit geworden. Die Gestaltung von Informationssystemen erlangt aus diesem Grund strategische Dimension. Dementsprechend müssen Ansatzpunkte für (strategische) Informationssysteme (SIS) aus strategischen Erfordernissen abgeleitet werden.

(3) Die 80er Jahre sind durch eine intensive Durchdringung der Unternehmen mit Informationstechnologien und das zunehmende Bemühen um Integration isolierter Lösungen gekennzeichnet. Die Evolution informationsorientierter Konzepte für das Management hat heute über das **Daten-** und **Informationsmanagement** das **Wissensmanagement** erreicht. Wissen gliedert sich dabei nach *Kleinhans* ([Wissensverarbeitung] 9ff.) in die zwei Komponenten **Kennen** und **Können** oder wie *Dreyfus* und *Dreyfus* ([Künstliche Intelligenz] 37ff.) formulieren in ein »Know-that« und ein »Know-how«. Wissensmanagement zielt somit nicht nur auf die bloße Kenntnis von Information ab, sondern richtet sich darüberhinaus auf die Fähigkeit, diese Information zweckorientiert zu verwenden. Erst die wissensorientierte Betrachtung des Unternehmens führt zu einem ganzheitlichen Ansatz informationsorientierter Unternehmensführung. Ziel des Wissensmanagements ist der produktive Einsatz des Gesamtwissens eines Unternehmens, wobei hier nicht nur die maschinell verfügbare Information, sondern in entscheidendem Maße das Wissen zählt, das in Personen vorhanden ist. In diesem Zusammenhang formulierte *Hertz* ([Expert] 114): »Good Management is Knowledge Management.«

Vor diesem Hintergrund erlangen neue technische Entwicklungen im Bereich der **Künstlichen Intelligenz** (KI) eine immer größere Bedeutung. In Abschnitt 2.3.4.5 ist diese Thematik Gegenstand weiterer Erörterungen.

2.3.4.3 Leistungsstand

Die Frage nach dem Leistungsniveau computergestützter Informationssysteme läßt sich nur differenziert beantworten.

Gemäß der in Abb. 3.2.18 illustrierten Einteilung lassen sich die angebotenen Leistungen betrieblicher Informationssysteme unterteilen in **entscheidungsunterstützende** Systeme und **konventionelle** Datenver-

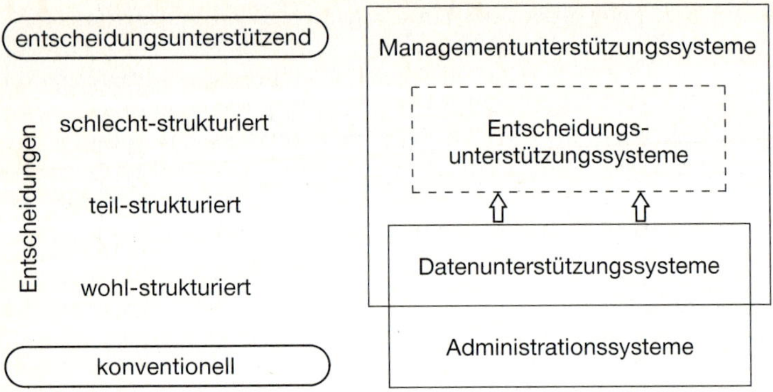

Abb. 3.2.18: Betriebliche Informationssysteme

arbeitungssysteme. Zu letzteren zählen die Administrationssysteme, die für die Verarbeitung von Datenmassen, wie sie auf den unteren Ebenen der Unternehmensverwaltung anfallen, konzipiert sind. Heute existiert eine Vielzahl ausgereifter Systeme für die klassischen betrieblichen Aufgaben der Massendatenverarbeitung, wie bspw. der Finanzbuchhaltung und der Lagerverwaltung. Ihre diesbezüglichen Ziele sind hier vor allem auf die Beschleunigung und/oder auf die Automatisierung des Datenverarbeitungsprozesses gerichtet, um auf diese Weise die Kosten zu senken, die Genauigkeit zu verbessern und den Datenzugriff zu beschleunigen. In Verfolgung dieser Ziele hat die EDV große Fortschritte erzielt. Sie hat die Datenverwaltung erheblich verbessert, die Möglichkeiten der Nutzung interner wie externer Informationen erweitert und damit auch die Planungsarbeit erleichtert. Die Planung ist auf Daten angewiesen.

Auf der taktisch-operativen Ebene gehen gewöhnlich sehr viele Daten in die Planung ein. Die EDV hat hier die sehr wichtige und keinesfalls triviale Aufgabe, den am Planungsprozeß Beteiligten schnellen Zugriff zu den richtigen Datenbeständen zu verschaffen, die benötigten Daten aufzubereiten und zu verdichten. Die **Datenunterstützungssysteme** bilden somit die (Informations-)Grundlage für weiterverarbeitende, entscheidungsunterstützende Systeme. Sie können allerdings auch direkt durch einen Anwender genutzt werden (vgl. Krallmann [Entscheidungsunterstützungssysteme] 111).

Nicht so gut wie die administrativen lassen sich die entscheidungsunterstützenden Leistungen der EDV beurteilen. Hervorgegangen sind die sog. **Entscheidungsunterstützungssysteme** (EUS) aus den **Managementinformationssystemen** (MIS). Die Euphorie in den 60ern in bezug auf ein unternehmensumfassendes Informationssystem sollte nicht lange währen. Der **MIS-Gedanke scheiterte** sowohl an der damals noch nicht ausreichenden Hard- und Softwareleistungsfähigkeit als auch an fehlenden grundsätzlichen Konzepten. Bereits 1967 bezeichnete *Ackoff* diese Neuheit als »Mißinformationssystem« und begründete dies wie folgt (vgl. Ackoff [Misinformation] 147ff.):

1. Es herrscht kein Mangel an Informationen, sondern Überfluß.
2. Ein Informationsbedarf läßt sich a priori gar nicht bestimmen.
3. Ein bloßes Bereitstellen von Informationen genügt nicht.
4. Auch die sozialen Aspekte des Computereinsatzes gilt es zu beachten.

Man erkannte rasch, daß es neben dem reinen Informieren vor allem auf die Unterstützung von Entscheidungen ankam. *Scott Morton* [Decision] führte dazu 1971 den Begriff der Decision Support Systems (DSS) ein. Sie gelten heute als Teil der umfassenderen Klasse der **Managementunterstützungssysteme.**

Nach dem Charakter der zu lösenden Aufgabe bzw. der zu treffenden Entscheidung müsen die EUS weiter unterteilt werden:

(1) Bei den **wohl-strukturierten** Aufgaben ist das Leistungsniveau der EDV-Unterstützung laufend verbessert worden. Es handelt sich hier um Aufgabenstellungen, wie sie sich überwiegend im Rahmen der operativen, z. T. auch der taktischen, aber weniger der strategischen Planung ergeben. Beispiele für computergestützte Problemlösungen finden sich bei allen funktionalen Planungen, so etwa im Produktionsbereich (zur Lösung von Aufgaben der Bedarfs-, Kapazitäts- und Ablaufplanung), im Beschaffungsbereich (zur Bestelldisposition und Lagermengenplanung) sowie im Absatzbereich (zur Auftragsabwicklung und zur Gestaltung von Teilproblemen des Marketing-Mix). Ein Überblick über wichtige Anwendungen der EDV in den verschiedenen Funktionsbereichen findet sich bei *Scheer* [Wirtschaftsinformatik]. Hardwarehersteller und Softwarehäuser bieten für die Lösung derartiger Aufgaben inzwischen sehr leistungsfähige Programmpakete an.

(2) Im Bereich der **teil-strukturierten** Aufgaben sind in den letzten Jahren ebenfalls große Fortschritte erzielt worden. Teilstrukturierte Probleme gliedern sich in eine wohl-strukturierte und eine schlecht-strukturierte Komponente, deren Lösung i. d. R. menschlicher Fähigkeiten bedarf. In teilstrukturierten Problemsituationen sind Computersysteme nicht in der Lage, das menschliche Urteilsvermögen vollständig

zu substituieren. Die Grundidee von Entscheidungsunterstützungssystemen, die zur Bearbeitung solchermaßen gearteter Problemklassen konzipiert sind, ist der Versuch, in konsequenter Weise die Leistungsfähigkeit des Computers bei der Lösung wohl-strukturierter Probleme mit der Urteilsfähigkeit des Menschen bei der Behandlung schlecht-strukturierter Probleme in einer Art Symbiose zu verbinden. Diese Art von »Arbeitsteilung« eignet sich für die Hilfestellung in solchen Situationen, in denen die menschlichen Fähigkeiten an ihre Grenzen stoßen und die formale Strukturierung – bspw. durch ein computerbasiertes Modell – einen Vorteil bedeutet.

So wird im Bereich der strategischen Planung zur Lösung teilstrukturierter Probleme die computergestützte **Szenariotechnik** angewandt. Bewährt hat sich hier bspw. die Unterstützung durch Simulationsmodelle (vgl. Abschnitt 2.3.1.2), mit deren Hilfe reale komplexe Systeme in Form von Algorithmen in einem Computer abgebildet werden können. Mit Hilfe eines Simulationsmodells gelingt es, die Komplexität auf die wesentlichen Sachverhalte zu reduzieren, das Verständnis für reale Sachverhalte zu fördern und Problemursachen aufzudecken. In Experimenten mit dem Modell lassen sich verschiedene Abläufe durchspielen und alternative Strategien beurteilen.

Einen erheblichen Beitrag zur verstärkten Anwendung computergestützter Verfahren für teilstrukturierte Aufgaben hat die zunehmende Verbreitung von Personalcomputern und ihrer benutzerfreundlichen Software geleistet. Personalcomputer begünstigen die **Dezentralisierung** von Entscheidungsprozessen. Die Entwicklung entscheidungsspezifischer »ad hoc«-Anwendungen wirkt sich produktivitäts- und qualitätssteigernd auf die Entscheidungsprozesse aus. Durch das Angebot verschiedener Anwendungssoftware und die Integration in einen Systemverbund läßt sich der Personalcomputer zu einem vielseitigen Instrument der Entscheidungsunterstützung ausbauen. Heute existieren bspw. leistungsfähige Softwarepakete, die den Anwender bei der Auswahl und Durchführung unterschiedlicher Prognosemethoden (vgl. S. 575 ff.) unterstützen. Über einem Anschluß an externe Datenbanken können im Rahmen einer Stärken-Schwächen-Analyse branchenspezifische Informationen mit Daten des eigenen Unternehmens verglichen werden.

(3) Bei den **schlecht-strukturierten** Aufgaben besteht nach wie vor eine große Lücke zwischen theoretischen Vorstellungen und praktischen Realisierungen. Viele der einst hohen Erwartungen und optimistischen Vorhersagen sind hier unerfüllt geblieben. Dafür lassen sich –

soweit es realistische Erwartungen betrifft – mehrere Gründe anführen. Hierzu zählen u. a. die Tatsache, daß Entscheidungsunterstützungen mehr oder weniger als Nebenprodukte der auf Automatisierung der laufenden Datenverarbeitung gerichteten Management-Informations-Systeme angesehen wurden, das Fehlen klar artikulierter Konzepte seitens der Unternehmensführung, was die Systementwickler häufig zu einer opportunistischen Haltung anleitet, die Vernachlässigung einer aufgabengerechten Integration in das Führungssystem, also dort wo solche entscheidungsunterstützenden Einheiten bereits existieren, sowie nicht zuletzt der Mangel an qualifiziertem Personal.

Zudem handelt es sich beim Lösen schlecht-strukturierter Aufgaben um ein noch wenig verstandenes Problemfeld (wie den schlecht-strukturierten Aufgaben der strategischen Planung). Diese Aufgabenklassen sind vor allem im oberen Management anzutreffen und können formal nicht oder nur schwer beschrieben werden. Die Situationen, denen ein Manager sich zumeist gegenübersieht, heben sich durch ihre »Geworfenheit« von den wohl-strukturierten Entscheidungssituationen ab und können mit den Begriffen der Einmaligkeit, Mehrdeutigkeit und Nichtvorhersehbarkeit charakterisiert werden.

Innerhalb dieser Problemfelder spielen insbesondere qualitative Größen eine Rolle, die sich nur schwer in herkömmlichen Informationssystemen abbilden lassen. Von Interesse sind in diesem Zusammenhang neue Techniken der Künstlichen Intelligenz (vgl. Abschnitt 2.3.4.5), die auch die Abbildung qualitativer Aspekte erlauben.

2.3.4.4 Klassifikation von Managementunterstützungssystemen

Ungenutzte Leistungspotentiale bzw. Möglichkeiten zu weiteren Leistungsverbesserungen sind in allen Bereichen computergestützter Informationssysteme sichtbar. Weitere erfolgversprechende, weil z. T. schon realisierte Anwendungen, ergeben sich einerseits im Realisationssystem eines Industriebetriebes. Hier ist vor allem an eine weitere Verbesserung der CA-Techniken und an leistungsfähigere PPS-Software zu denken. Andererseits lassen sich trotz vergangener Pannen im Bereich der Managementunterstützungssysteme Fortschritte erkennen (vgl. Kleinhans u. a. [Computergestütztes Management]).

Die Unterstützung der Managementaktivitäten mit Hilfe moderner Informationstechnologie ist auch heute noch ein schwieriges Unterfangen, da Führungsaktivitäten in qualitativer und quantitativer Hinsicht nur schwer bestimmbar sind. Doch gerade ein tiefes Verständnis der

Managementaufgabe bildet die Grundvoraussetzung für die effektive und effiziente Gestaltung von Managementunterstützungssystemen (MUS). Begleitet wird dieser Mißstand durch das **Fehlen einer einheitlichen Definition** von MUS in der entsprechenden Fachliteratur. Auch die Unternehmenspraxis liefert kein ausgeprägtes inhaltliches Verständnis des MUS-Begriffes. Die unterschiedlichen Definitionen reichen von der Klassifikation als Programmiersprache der vierten Generation bis zur Einordnung als System zur Unterstützung der Unternehmensführung. Probleme bereitet ebenfalls die Abgrenzung von MUS zu anderen betrieblichen EDV-Systemen, wie bspw. einem Datenbanksystem.

Vergleicht man die verschiedenen Abgrenzungsversuche von MUS, so werden Hard- und Software, zugriffs- und kommunikationsorientierte Komplexitäten, organisationale, wie zeitliche und räumliche Aspekte, benutzer- und aufgabenorientierte, soziale und gruppendynamische Merkmale unterschiedlich gewichtet und konglomerathaft angesprochen. Es erscheint somit sinnvoll, die einzelnen **Dimensionen eines MUS** herauszukristallisieren und sie getrennt darzustellen, aber auf eine abstrakte Gewichtung zu verzichten. Die Zusammenstellung und Betonung der einzelnen Merkmale kann danach situativ und problembezogen erfolgen (vgl. Kleinhans [Wissensverarbeitung] 106ff.).

Als MUS-Dimensionen können sechs grundlegende Gruppen unterschieden werden: funktionsbereichbezogene, anwender- und problemlösungsorientierte sowie computer-, daten- und organisationstechnische Dimensionen (vgl. Abb. 3.2.19).

Die **funktionsbezogene Dimension** beschreibt die Unterstützung hinsichtlich der einzelnen Funktionsbereiche (Produktion, Vertrieb, Logistik, Marketing, Verwaltung, usw.). Die **anwenderorientierte Dimension** bezieht sich auf die verschiedenen Anwendergruppen eines MUS, wobei sich entweder generelle (Individuum, Gruppe, Abteilung, Bereich, Gesamtunternehmen, usw.) oder aufgabenbezogene Gruppen (beispielsweise Sekretariat, Sachbearbeiter, Assistent, Entscheidungsträger) unterscheiden lassen. Die **problemlösungsorientierte Dimension** richtet sich nach der Unterstützung der verschiedenen Problemlösungsphasen (Planung, Entscheidung, Durchsetzung und Kontrolle).

Die **computertechnische** Dimension umfaßt nicht nur die Hardware-, sondern auch die Softwaretechnik. Neben anderen Merkmalen ist zum Beispiel besonders die Prozessorentechnik von Bedeutung. Unterschiede in der Hardwaretechnik sprechen die sequentiellen oder paral-

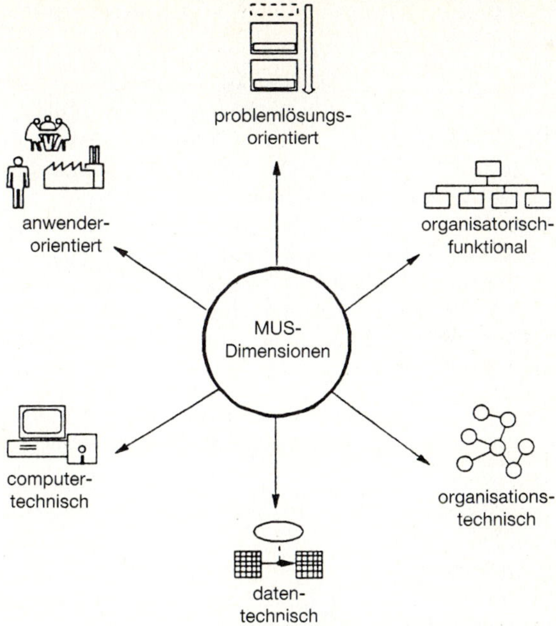

Abb. 3.2.19: Die Dimensionen von Managementunterstützungssystemen (MUS)

lelen Berechnungen, die Anzahl der gleichzeitig ablauffähigen Prozesse und der anschließbaren Benutzer an. In der Softwaretechnik bestehen vor allem Unterschiede in der Programmiertechnik, wobei auch hier die Trennung zwischen konventioneller und wissensbasierter Softwaretechnik anzusiedeln ist. Dieser Unterschied diente beispielsweise *Scott Morton* ([Decision]) für die Definition seiner Intelligence Support Systems und *Krallmann* und *Rieger* ([Decision Support]) für ihre DSS-Differenzierung als Klassifikationsmerkmal.

Die **datentechnische Dimension** umfaßt die Datenhandhabung und -manipulation, d. h. Datenerfassung und -umsetzung, -speicherung und -transport sowie Datensortierung und -selektion.

Die **organisationstechnische Dimension** schließlich beinhaltet den innerbetrieblichen, organisatorischen Aufbau eines MUS. Die wichtigsten Merkmale beschreiben den Grad der Vernetzung (Insel, open-end oder vernetzt) und die Organisation der Datenbasen (getrennt oder gemeinsam).

Basierend auf den beschriebenen MUS-Dimensionen können die verschiedenen MUS-Hierarchien aufgebaut werden. Dabei existieren so viele Klassifizierungen wie es Kombinationsmöglichkeiten gibt. Als **Beispiel** mag die Unterstützung der Marketing-Planung dienen. Die Aufgabe ist zwar auf einen einzelnen Funktionsbereich (Marketing) und u. U. auf nur eine Problemlösungsphase (Planung) beschränkt, es bedarf i. d. R. jedoch (organisationstechnisch) einer gemeinsamen Datenbasis (Kundendaten) zusammen mit einer anderen Abteilung (z. B. Verkauf), wobei diese Datenbasis (datentechnisch) auf einer relationalen Datenbank beruht, physikalisch (computertechnisch) jedoch aus Redundanzgründen an verschiedenen Orten im Netz verteilt ist.

Die erforderlichen **Leistungsmerkmale** und Funktionen eines effektiv arbeitenden MUS lassen sich in folgender Weise zusammenfassen:

- Informationsversorgung und Entscheidungsunterstützung sowohl bei regelmäßig wiederkehrenden als auch bei unvorhergesehen auftretenden Fragestellungen,
- breites Anwendungs- und Unterstützungsspektrum (mathematisch-statistische Funktionen, Prognose und Simulation, Analyse- und Grafikfähigkeit, Kommunikation und Datenaustausch),
- Fähigkeit zur Berücksichtigung betriebsindividueller Strukturen und Abläufe,
- Rückgriffsmöglichkeit auf eine zentrale und unternehmensweit gültige Datenbasis,
- Nutzung in verschiedenen Phasen des Managementprozesses (Planung, Entscheidung, Durchsetzung, Kontrolle),
- schnelle, flexible, unabhängige und einfache Handhabung.

Diese generellen Praxisanforderungen erlauben auf die interne Struktur und den Aufbau eines MUS zurückzuschließen; um sie zu realisieren, sind folgende **Systemmodule** erforderlich:

- Datenbankfunktion,
- Modellbildungsfunktion,
- Datentransformationsfunktion (Simulation, Prognose, mathematische statistische Funktionen, usw.),
- Grafik- und Präsentationsfunktion,
- grafikorientierte Benutzerschnittstelle.

In einer empirischen Untersuchung konnte ein, im praktischen Einsatz befindliches, umfassendes MUS nicht identifiziert werden (vgl.

Kleinhans u. a. [Computergestütztes Management]). Alle artikulierten Praxisforderungen werden von der Mehrzahl der bereits eingesetzten MUS nicht erfüllt. Ein umfassendes Funktionsprogramm, das allen Wünschen gerecht würde, ist momentan noch nicht in Sicht.

2.3.4.5 Expertensysteme

Neue informationstechnische Entwicklungen auf dem Gebiet der **Künstlichen Intelligenz** bieten heute Möglichkeiten, bekannte Schwächen herkömmlicher Informationssysteme zu beseitigen. Für die im wesentlichen noch im Forschungsstadium befindlichen **Neuronalen Netze** läßt sich ein Unterstützungspotential für die Betriebswirtschaft allenfalls erahnen. Diese Technik basiert auf einer konzeptionellen Nachbildung des menschlichen Gehirns und arbeitet, wie dieses, auf dem Prinzip des Erkennens von Ähnlichkeiten. Von praktischer Relevanz sind die **Expertensysteme,** die bereits in den verschiedensten Bereichen der Betriebswirtschaft Einzug gehalten haben.

> Ein **Expertensystem** (XPS) ist ein wissensbasiertes Informationssystem, das bereichsspezifisches Wissen eines Experten beinhaltet und einem Anwender in einer benutzernahen und erklärenden Form zur Verfügung stellt.

Expertensysteme zeichnen sich dadurch aus, daß Problemstellungen und Lösungsalgorithmen nicht explizit in Form eines Programms (prozedural) eingegeben werden, sondern daß es ausreicht, eine Problemstellung deklarativ zu beschreiben, wobei die systeminterne **Problemlösungskomponente** (Inferenzmaschine; inference engl. = Schlußfolgerung) selbständig Lösungen sucht und dem Benutzer anbietet. Dies wird dadurch ermöglicht, daß bereichsspezifisches Wissen von Experten in einer sog. **Wissensbasis** abgespeichert wird und so dem einzelnen Benutzer zur Verfügung steht. Die Akquisition von Wissen erfolgt mit Hilfe der **Wissenserwerbskomponente** des Systems, wobei die Hauptproblematik in der adäquaten Formalisierung des Expertenwissens in die systemeigene Darstellung liegt. »Wissen« wird dabei im allgemeinen aufgespalten in Fakten- und Regelwissen. Regeln haben meist die Form von »Wenn-Dann-Aussagen« und bilden die Grundlage für mögliche Ableitungen und Schlußfolgerungen. Eine andere Form der Wissensrepräsentation sind »Frames«, die den Aufbau komplexer Objekte ermöglichen, und »semantische Netze«, die assoziative Zusammenhänge zwischen Objekten abzubilden erlauben. Die verschiedenen Formen der Wissensrepräsentation ermöglichen die Modellierung qualitativer Aspekte und die Behandlung unsicheren Wissens (zur Wissensrepräsentation vgl. Harmon und King [Expertensysteme] 40 ff.).

Auf der Basis der jeweiligen Wissensrepräsentation ist das System nun in der Lage, dem Benutzer die Problemzusammenhänge hinreichend genau darzustellen, insbesondere mit Hilfe der **Erklärungskomponente** seine gefundenen Lösungswege aufzuzeigen und zu erläutern. Für alle Komponenten wichtiger Bestandteil ist eine benutzerfreundliche und problemadäquate **Dialogkomponente**, die in einer zumeist grafikorientierten und im Idealfall natürlichsprachlichen Anwenderschnittstelle realisiert ist.

Diese fünf Komponenten bilden das Grundgerüst eines Expertensystems und werden in Form sog. **XPS-Shells** zur Verfügung gestellt. Shells (Schalen, Muscheln) lassen sich mit einem Datenbanksystem vergleichen, in dem keine Daten gespeichert sind. Sie halten »lediglich« die Voraussetzung bereit, eine Wissensbasis aufzubauen. Shells sollen »zweckmäßige, allgemein einsetzbare Formen der Wissensrepräsentation und -verarbeitung« sein (Schnupp und Leibrandt [Expertensysteme] 37). Allerdings sind die Einsatzgebiete der Expertensysteme

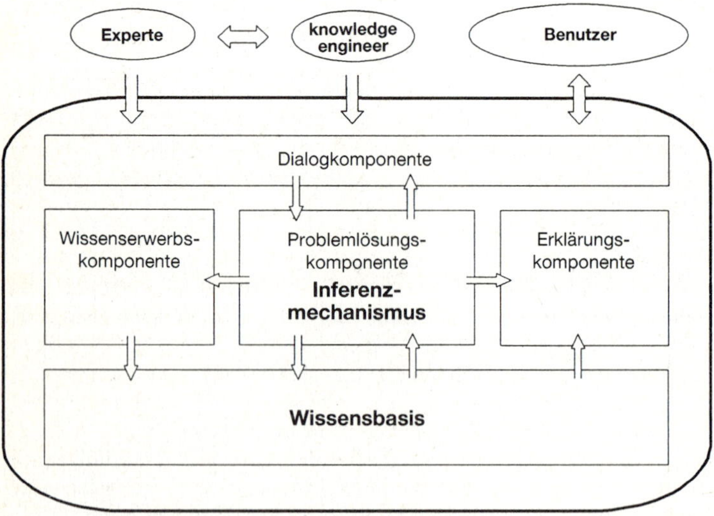

Abb. 3.2.20: Expertensystemarchitektur

inzwischen so vielfältig, daß nicht alle Shells für die verschiedenen Problemfelder gleich gut geeignet sind. Die Auswahl der richtigen XPS-Shells muß daher der erste Schritt bei der Entwicklung eines Expertensystems sein. Die Akquisition des Wissens ist die Aufgabe des **Wissensingenieurs** (knowledge engineer). Er »füllt« die Shell mit seinem, bzw. mit dem von einem Experten erfragten, Wissen. Abb. 3.2.20 zeigt zusammenfassend die wichtigsten Elemente eines Expertensystems.

2.4 Informationsmanagement

2.4.1 Grundlagen

Informationsmanagement ist zu einem Schlagwort der modernen Managementliteratur geworden und z. Zt. in aller Munde. Als neue Forschungsrichtung befindet es sich aber noch in einem relativ frühen Stadium seiner Entwicklung. Typisch für diese Phase ist, daß sich bisher im Informationsmanagement noch keine einheitliche Abgrenzung und Terminologie oder gar ein allgemein anerkanntes Konzept entwickeln konnte. Es existieren mehrere Ansätze, die sich hinsichtlich Zielsetzung, Fragestellung, theoretischer Fundierung und in der Wahl des Bezugsrahmens erheblich voneinander unterscheiden (vgl. z. B. Zahn und Rüttler [Informationsmanagement]). Nach dem traditionellen Entwicklungsschema der Wissenschaft kann das derzeitige Stadium des Informationsmanagements als »multi-paradigmatisch« bezeichnet werden. Es liegt demnach zwischen einem »vor-paradigmatischen« Stadium, wo noch keine Ansätze und Konzepte vorhanden sind, und einem »paradigmatischen« oder »reifen« Stadium, wo sich ein bestimmter Forschungsansatz eindeutig durchgesetzt hat.

Informationsmanagement kann nur dann mehr sein als eine kurzlebige Modeerscheinung, wenn es dieses Zwischenstadium überwinden und als anerkannte Forschungsrichtung etabliert werden kann. Folgende **Voraussetzungen** sind dafür zu schaffen:

- Abgrenzung eines einheitlichen und umfassenden Bezugsrahmens,
- Aufgabe der einseitigen vorherrschend DV-technischen Orientierung,
- Erarbeitung und Definition anerkannter Begriffe und Terminologien,
- Konkretisierung der zu bearbeitenden Fragestellungen und zu gestaltenden Objektbereiche,

- Formulierung empirisch überprüfbarer Hypothesen,
- Abstimmung der eingesetzten Methoden und Instrumente,
- Ableitung umsetzbarer Handlungsempfehlungen für die Praxis,
- Analyse der betrieblichen Nutzenbeiträge eines Informationsmanagements zur Unterstützung der Unternehmensziele,
- Definition der Schnittstellen zu anderen Wissenschaftsdisziplinen,
- Identifikation und Aufarbeitung der Kompetenzrivalitäten zwischen den verschiedenen Wissenschaftsdisziplinen.

2.4.2 Wesen und Inhalt

Die turbulenten Umbrüche im Umfeld der Unternehmen sowie die sich verschärfenden betriebsinternen Umwälzungen und Herausforderungen erzeugen zusammen mit dem sich abzeichnenden Übergang von einem »mechanistischen« zu einem »ganzheitlich-systemorientierten« Managementstil gleichermaßen Chancen und Gefahren für ein Unternehmen. Chancen für diejenigen, die die Veränderungen rechtzeitig erkennen und adäquat darauf antworten, aber auch Gefahren für diejenigen, die diese Veränderungen und Signale übersehen oder fehlinterpretieren.

Es ist eigentlich erstaunlich, daß erst in jüngster Zeit der über Jahre hinweg angewachsene Handlungs- und Anpassungsbedarf innerhalb der Unternehmen identifiziert und erste vorsichtige Schritte zur Lösung dieser vielfältigen Problemstellungen angedacht wurden. Bereits vor über 20 Jahren wurden die heutigen turbulenten Rahmenbedingungen vorhergesehen, ohne daß daraus aber frühzeitig Impulse für Veränderungen ausgegangen oder gar konkrete Handlungsalternativen für das Management abgeleitet worden wären. Schon damals wurde die wettbewerbskritische Bedeutung eines effektiven Entscheidungsfindungsprozesses, eines optimierten Einsatzes von Informations- und Kommunikationstechnologien, eines unbehinderten betrieblichen Informationsflusses, eines ständig sich im Unternehmen fortsetzenden Innovationsprozesses sowie eines auf Kommunikation und Motivation gegründeten Führungsstils erkannt und formuliert (vgl. Ansoff [Firm] 176ff.).

Heute bedeutet die zielgerichtete Gestaltung dieser Größen eine Herausforderung an jede Unternehmensführung (vgl. Zahn [Strategiegerechter Einsatz] 61ff.), und sie fordert von ihr eine adäquate Antwort. Diese Antwort könnte durch ein ganzheitlich orientiertes Informationsmanagement gegeben werden (vgl. Abb. 3.2.21).

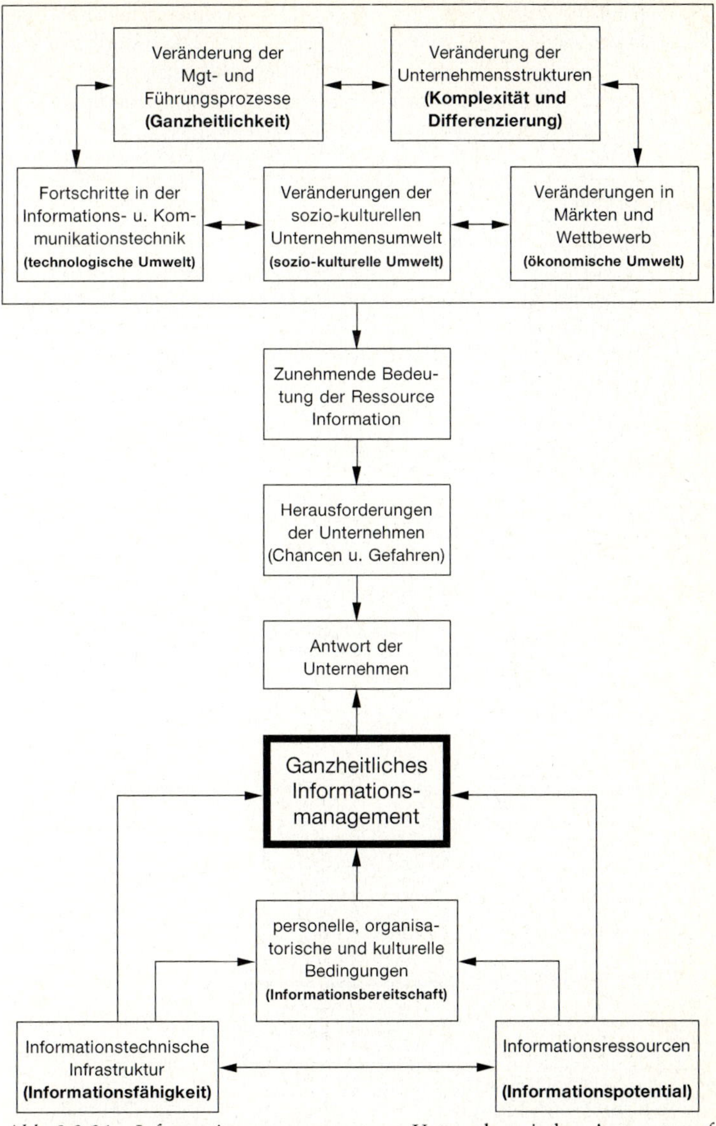

Abb. 3.2.21: Informationsmanagement – Unternehmerische Antwort auf interne und externe Herausforderungen (nach Zahn und Rüttler [Informationsmanagement] 35)

Unternehmen als offene und dynamische Systeme stehen mit ihrer Umwelt in einem komplexen Interaktionsgefüge. Die daraus resultierenden vielfältigen Interdependenzen und Anpassungsprozesse erfordern einen erweiterten Bezugsrahmen für ein Informationsmanagement und die Anpassung der bisher linear und partial geprägten Konzepte (vgl. Abb. 3.2.22). Die verschiedenen Strukturkomponenten und Kräfte eines Unternehmens müssen im Interesse einer lebens- und fortschrittsfähigen Ganzheit harmonisch aufeinander abgestimmt sein; d.h. daß bei auftretenden internen und externen Störungen durch Anpassungsprozesse immer wieder (Fließ-) Gleichgewichte herzustellen sind. Finden Anpassungsprozesse aber aufgrund mangelnder Information und Sensibilität der Unternehmensleitung und Führungskräfte nicht statt, so entstehen Ungleichgewichte, die schwerwiegende betriebliche Krisen implizieren.

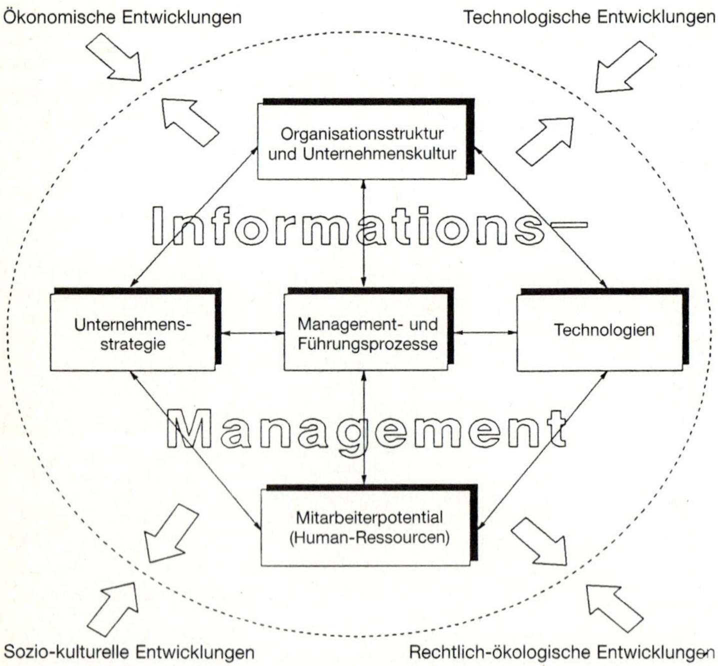

Abb. 3.2.22: Bezugsrahmen des ganzheitlichen Informationsmanagements

Ein ganzheitliches **Informationsmanagement** umfaßt daher nicht nur die technische Dimension der Informationsverarbeitung, sondern schließt qualitative Aspekte, wie den Führungsprozeß, die Organisationskultur, die betrieblichen Humanressourcen und die Unternehmensstrategie bewußt in ihren Gestaltungsrahmen mit ein.

Der Umgang mit Informationen ist zwar seit jeher eine wesentliche Aufgabe des Managements, er besitzt aber heute eine neue, viel kritischere Bedeutung für ein Unternehmen, und diese erzwingt eine neu zu schaffende Qualität des betrieblichen Informationsprozesses. Hergebrachte Denk-, Verhaltensweisen und Gestaltungskonzepte sind zu überdenken sowie neue Instrumente und Methoden zu entwickeln, die flexiblere Organisationsformen zulassen und informationsflußorientierte Führungsprinzipien ermöglichen.

Das Wesen des Informationsmanagements ist daher die system- und informationsflußorientierte Betrachtung und Gestaltung des Unternehmens. Es ist Ausdruck eines modernen Managementpragmatismus, der die Verantwortung der Unternehmensleitung und Führungskräfte für die Ressource Information wieder in den Mittelpunkt rückt und verdeutlicht, daß der Umgang mit Informationen und Informationstechnologien keine Angelegenheit ist, die sich auf DV-Experten delegieren läßt. **Informationsmanagement ist Management schlechthin.** Es kann sowohl als Unternehmensprozeß, im Sinne einer systematischen Erarbeitung von Zielen, Strategien und Aktivitäten sowie als Instrument des Managements, im Sinne einer Verbesserung der Entscheidungs- und Informationsprozesse, angesehen werden. Integriertes Informationsmanagement ist abgestimmt auf die bestehende Unternehmenskultur und ausgerichtet auf die verfolgte Unternehmensstrategie. Es erleichtert die Optimierung der Unternehmensprozesse, und es trägt zur Steigerung der Wettbewerbsfähigkeit bei (vgl. Zahn [Strategiegerechter Einsatz] 61 ff.).

In dieser Interpretation umfaßt ein Informationsmanagement die systematische Planung, Gestaltung, Koordination und Kontrolle aller Informationsaktivitäten eines Unternehmens mit dem letztendlichen Ziel, den Unternehmenserfolg nachhaltig zu steigern. Informationsmanagement impliziert damit allerdings noch nicht eine zentrale Funktion oder neue Instanz, die wie eine Spinne im Netz über alle betrieblichen Informationen herrscht und je nach Wohlverhalten Informationen zuteilt oder zurückhält; vielmehr bedeutet es den zielbewußten Umgang mit der Ressource Information. Dieser reduziert sich nicht auf die effiziente EDV-technische Verarbeitung von Daten. Er umfaßt organisatorische und personelle Maßnahmen ebenso wie die Ermittlung und Befriedigung entscheidungsrelevanter Informationsbedarfe und den Einsatz moderner Informations- und Kommunikationstechnik.

2.4.3 Dimensionen und Aufgaben

Informations- und Kommunikationstechniken werden vor allem in jüngster Zeit verstärkt als Waffe im Wettbewerb gepriesen, mit deren Hilfe der Unternehmenserfolg positiv beeinflußt werden kann. Eine kürzlich veröffentlichte Studie konnte dagegen keine signifikante Korrelation zwischen Investitionen in Informationstechnologien und der Leistungsfähigkeit eines Unternehmens feststellen. Es wurde vielmehr deutlich, daß gut geführte Unternehmen durch den gezielten Einsatz von Informationstechnologien ihren Unternehmenserfolg weiter verbessern konnten, wohingegen weniger gut geführte Unternehmen umso schlechtere Ergebnisse erzielten, je mehr sie in Informationstechnologien investierten (vgl. Strassmann [Justification] 403 ff.). Reine Technologiegläubigkeit führt demnach nicht zum Erfolg. Es ist vielmehr eine breitere Gestaltungsbasis für das Informationsmanagement erforderlich. Neben rein informationstechnischen müssen auch wettbewerbsstrategische, organisatorische, kulturelle, führungsspezifische und motivationale sowie humanressourcen-orientierte Aspekte in die Überlegungen eines Informationsmanagements einfließen.

Diese **ganzheitliche Orientierung** wird durch den kombinierten Einsatz verschiedener Instrumente und Methoden innerhalb der drei Dimensionen des Informationsmanagements sowie deren interdependente Gestaltung erreicht. Wir unterscheiden daher die Dimensionen (vgl. Zahn und Rüttler [Informationsmanagement] 36 und Abb. 3.2.23):

- **Informationsbereitschaft**
  Sie umfaßt zum einen die Fähigkeit und Motivation der Mitarbeiter zur
  - aktiven Informationsaufnahme,
  - Informationsverarbeitung und
  - Informationsweitergabe sowie zum anderen
  - die unternehmensindividuellen Gegebenheiten der Informationskultur.

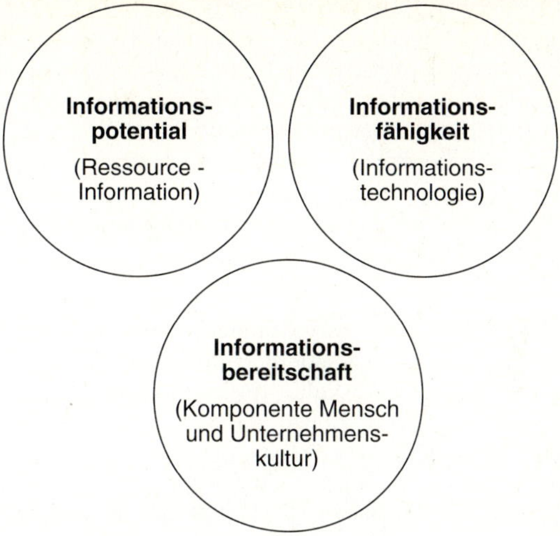

Abb. 3.2.23: Dimensionen des Informationsmanagements

- **Informationspotential**
  Es betrifft die Menge und Qualität aller
  - aktuell und potentiell verfügbaren internen sowie externen Informationen und
  - Informationsquellen eines Unternehmens,

  sozusagen das Reservoir des entscheidungsrelevanten Wissens für die Unternehmensführung.
- **Informationsfähigkeit**
  Sie bezieht sich auf die Hardware und Software-Struktur des Unternehmens sowie die eingesetzten Methoden, Instrumente und Systeme der Informationsverarbeitung.

Die bislang praktizierten Konzepte eines Informationsmanagements beschäftigen sich dagegen vor allem mit der informationstechnischen Dimension, also der Informationsfähigkeit eines Unternehmens, und sie vernachlässigen die eher **qualitativen** Dimensionen, d. h. die Informationsbereitschaft und das Informationspotential. Paradoxerweise wird aber in der Zukunft gerade die Gestaltung und Optimierung dieser Dimensionen über das erfolgreiche Agieren der Unternehmen am Markt entscheiden.

> Informationsmanagement als **Führungsaufgabe** verstanden, bedeutet nicht notwendigerweise die Etablierung eines zusätzlichen Ressorts. Vor allem mittelständische Unternehmen sind in der Lage, die Aufgaben des Informationsmanagements im Rahmen ihrer bestehenden Führungskonzeption zu integrieren, da ihre organisatorischen Abläufe und Strukturen einen geringen Komplexitätsgrad aufweisen und ihre Informations- und Kommunikationsbeziehungen oft unkonventionell gestaltet sind.

Hauptanliegen eines Informationsmanagements sollte daher weniger die Bildung von Stellen sein, sondern vielmehr der Aufbau einer unternehmensweiten Informationskultur bzw. Informationspartnerschaft, die den betrieblichen Informationsfluß unbehindert läßt. **Informationsmanagement kann deshalb nicht Aufgabe einzelner Personen oder Abteilungen sein.** Es ist vielmehr die Überzeugung und Mitarbeit aller hierarchischen Führungsebenen, ja aller Mitarbeiter erforderlich, um dieses Konzept erfolgreich einzuführen und zu handhaben. Die teilweise vorschnell propagierten Organisationslösungen für ein Informationsmanagement, wie die Einstellung eines Informationsmanagers oder die Bildung eines eigenständigen Funktionsbereichs, täuschen oft über die wahren Gestaltungserfordernisse hinweg und sollten mit Vorsicht betrachtet werden. Sie erzeugen sonst lediglich Frustrationen und Widerstände, ohne daß sich in der Zusammenarbeit und den Informationsbeziehungen etwas ändern würde. Auch bei der Etablierung eines Informationsmanagements ist daher die frühzeitige Aufklärung der Führungskräfte und Mitarbeiter über Sinn und Zweck der geplanten Projektmaßnahmen oberstes Gebot, damit nicht die Vorstellung eines »Zentralbereichs Informatik« um sich greift, der dirigistisch von oben in gewohnte Strukturen willkürlich eingreift. Es sollte vielmehr vor allem der ganzheitliche Charakter des Informationsmanagements herausgestellt werden, wodurch zwar einerseits Unternehmensabläufe optimiert, aber andererseits durch möglich werdende Aufgaben- und Funktionsintegrationen und umfassendere Informationen der Mitarbeiter auch motivierende und sinnvermittelnde Wirkungen erzielt werden.

Die **Aufgaben eines ganzheitlichen Informationsmanagements** lassen sich nach strategischen und operativen Gesichtspunkten gliedern. Die **strategischen Aufgaben** umfassen vier Schwerpunkte:

(1) Die Erarbeitung und Kommunikation einer **Informationsstrategie,** die mit den betriebsindividuellen Gegebenheiten und der bestehen-

den Unternehmensstrategie, -struktur und -kultur konsistent sein muß und als Orientierungsrahmen für die operative Ausgestaltung des Informationsmanagements dient. Bei der Entwicklung einer solchen Strategie sollten zunächst die strategische Rolle von Informationen und Informationstechnologien im Unternehmen und in der Branche bestimmt sowie – davon abgeleitet – die strategischen Ziele definiert und Planungsrichtlinien festgelegt werden.

(2) Das **Management der unternehmensorganisatorischen und -kulturellen Entwicklung,** die vor allem den Aufbau und die Verdeutlichung einer informationsorientierten Unternehmenskultur, verbunden mit dem Abbau evtl. existierender institutioneller und persönlicher Informationsbarrieren beinhaltet. Darunter sind Maßnahmen zur Beeinflussung von Attitüden und Werthaltungen der Mitarbeiter und Führungskräfte sowie zur Veränderung von Führungsgrundsätzen und organisatorischen Regelungen zu verstehen. Nur wenn es gelingt, eine unternehmensweit akzeptierte positive Grundhaltung gegenüber den informationstechnischen Neuerungen und den dadurch induzierten Veränderungen zu etablieren, kann eine effektive Nutzung der Einsatzpotentiale ohne Akzeptanzprobleme und Kompetenzstreitigkeiten möglich werden.

(3) Das **strategische Management der betrieblichen Humanressourcen** stellt eine frühzeitige Einbindung der Mitarbeiter schon in der Planungs- und nicht erst in der Realisierungsphase sowie gezielte Schulungs- und Qualifizierungsmaßnahmen als Voraussetzungen für den frühzeitigen Aufbau von Wissens- und Flexibilitätspotentialen sicher. Durch dieses Vorgehen können Lernkurveneffekte schneller realisiert und eher erfolgswirksame Beiträge des Informationsmanagements erzielt werden.

(4) Das **Technologiemanagement,** das marktverfügbare Informationstechnologien im Hinblick auf ihren wettbewerbsrelevanten Einsatz im Unternehmen analysiert und auswählt sowie Technologiekompetenz für das Unternehmen erwirbt und verfestigt. Grundsätzlich sollte abgeleitet von der Informationsstrategie der Technologiebedarf der Organisation bestimmt und dadurch ein Orientierungsrahmen für Einzelinvestitionen vorgegeben werden.

Dem **operativen Informationsmanagement** obliegen dagegen die Aufgaben der wirtschaftlichen Nutzung der informationstechnischen Infrastruktur. Es beinhaltet zwei Aufgabenschwerpunkte:

(1) Das **Informationssystemmanagement,** das alle bisherigen Aufgaben der Datenverarbeitungsabteilung bzw. alle zentral und unterneh-

mensweit wahrzunehmenden systemtechnischen Aspekte des Informationsmanagements umfaßt.

(2) Das **Endbenutzermanagement,** das von den einzelnen Fachabteilungen wahrgenommen werden kann. Es beinhaltet das Management der individuellen Datenverarbeitung, die Entwicklung und Implementierung von Anwenderprogrammen sowie die Durchführung von Benutzerschulungen.

Die dargestellten Aufgaben können von den DV-Abteilungen traditioneller Prägung kaum mehr bewältigt werden, da die Evolution der Informationstechnologie sowie die wachsenden Ansprüche und Bedürfnisse der Endanwender schon längst die starre organisatorische Gliederung dieser Bereiche überholt haben. Die zumeist reine informationstechnische Kompetenz der DV-Bereiche ist daher durch eine Beratungs- und Problemlösungskompetenz, die den Endanwender bei der Bewältigung seiner täglichen Arbeitsinhalte unterstützt, zu ergänzen. Leitlinie und Beurteilungsmaßstab der »neuen DV-Abteilung« muß zukünftig ihr Beitrag zur Umsetzung der verabschiedeten Unternehmensstrategie sowie das Zufriedenheitsniveau der Endanwender sein.

2.4.4 Ziele und Leistungspotentiale

Das Informationswesen eines Unternehmens ist vergleichbar mit dem zentralen Nervensystem eines Menschen. Hier wie dort führen die verzögerte oder verfälschte Weitergabe von Informationen sowie Defizite im System selbst, i. S. von durchtrennten Nervenbahnen bzw. isolierten Bereichen, zu Leistungsminderungen des Gesamtsystems. Leider ist aber die eifersüchtige Zurückhaltung und Bewahrung von Informationen durch Geschäftsleitungen, Bereiche, Abteilungen oder Mitarbeiter ein oft zu beobachtender pathologischer Zustand in Unternehmensorganisationen. Diese **Informationspathologien** verhindern einen freien Informationsfluß und resultieren letztlich in schlechten Ergebnissen der Gesamtunternehmensleistung.

Die wettbewerbsstrategische **Zielsetzung** eines ganzheitlich orientierten Informationsmanagements muß daher wie folgt lauten:

»Mit welchen Informationen können bei Nutzung welcher Informationsquellen (Informationspotential) mit welcher Hard- und Softwareausstattung und bei Nutzung welcher Methoden und Systeme der Informationsverarbeitung (Informationsfähigkeit) unter welchen infrastrukturellen, organisatorischen, kulturellen und personellen Vor-

aussetzungen (Informationsbereitschaft) die Effizienz und die Effektivität des Unternehmens gestärkt werden?«

Informationspathologien können in allen drei Dimensionen des Informationsmanagements vorkommen. Sie lassen sich im einzelnen mit Hilfe spezieller Instrumente und Methoden identifizieren und ggf. beseitigen.

Die **Informationsbereitschaft** eines Unternehmens bzw. seiner Mitarbeiter ist nur relativ unscharf zu fassen. Da aber Managementkonzeptionen oder Wettbewerbsstrategien allzu oft an mangelhaft geschulten und motivierten Personalressourcen scheitern, ist dieser bisher vielfach vernachlässigten Dimension des Informationsmanagements besondere Aufmerksamkeit zu widmen. Die Fähigkeit und Motivation der Führungskräfte und Mitarbeiter eines Unternehmens zu einem aktiven und offenen Informationsverhalten manifestieren sich in einer betriebsindividuellen Informationskultur. Sie schlägt sich nieder in Erfahrungen der Organisationsmitglieder, in etablierten Erfolgsmustern der Vergangenheit, in geteilten Werten und Zielen sowie in explizit und implizit formulierten Verhaltensrichtlinien zum Umgang mit Informationen. Unterstellen wir die Gestaltungsmöglichkeit unternehmenskultureller Phänomene, so ermöglicht eine Kulturanalyse einerseits die Identifikation der Istsituation und andererseits die daraus abgeleitete Erarbeitung einer gewünschten Informations-Soll-Kultur (vgl. Scholz [Informationskultur] 3 ff.).

Im Bereich des **Informationspotentials** kann durch die **Methode der kritischen Erfolgsfaktoren** eine schnelle und wirtschaftliche Ermittlung individueller Informationsbedarfe erreicht werden (vgl. Rockart [Top-Manager] 45 ff.). Dieses höchst effiziente Verfahren, das in der Praxis vielfach erprobt wurde, erlaubt Führungskräften und Mitarbeitern die Identifikation ihres wesentlichen Informationsbedarfs. In einer einfachen Abweichungsanalyse kann danach ein so ermitteltes Sollprofil den tatsächlich gelieferten Informationen zum Zwecke der Identifikation von Schwachpunkten der Informationsversorgung gegenüber gestellt werden.

Zur Planung der informationstechnologischen Infrastruktur des Unternehmens mit dem Ziel der Optimierung der **Informationsfähigkeit** lassen sich analytische Methoden, wie die Portfolio-Analyse und heuristische Verfahren, wie das Konzept der Wettbewerbskräfte und der Wertschöpfungskette einsetzen. Gemeinsames Ziel dieser Verfahren ist die Identifikation und Auswahl geeigneter, d. h. strategieunterstützender Informationstechnologien. Technische Detailbetrachtungen werden dabei nicht durchgeführt. Anliegen der Verfahren ist es, strukturierte Vorgehensweisen aufzuzeigen und Denkprozesse bei der Unternehmensleitung und den beteiligten DV-Verantwortlichen anzuregen, um den wettbewerbsbezogenen Einsatz von Informationen und Informationstechnologien zu optimieren. Im Vordergrund stehen somit weniger Rationalisierungsaspekte, sondern Wettbewerbsgesichtspunkte. Durch die Verknüpfung von Managementkompetenz und Technologiekompetenz lassen sich individuelle Lösungen finden, die zwar nicht notwendigerweise den neuesten Stand der Technik repräsentieren müssen, die aber effektiv an den Stellen der betrieblichen Wertschöpfungskette ansetzen, wo die größten erfolgswirksamen Hebelwirkungen zu erwarten sind.

2.4.5 Mögliche Auswirkungen

Die zu beantwortende Frage ist heute nicht, ob ein Unternehmen ein Informationsmanagement benötigt, sondern vielmehr, wie und vor allem wie schnell es dazu befähigt werden kann. Durch die gegenwärtigen Bemühungen zur Verknüpfung bisher getrennter informationstechnischer Komponenten zu Systemen sowie durch die zunehmende Integration von Aufgaben und Funktionen im Unternehmen erhalten der Einsatz von Informationstechnologien und überhaupt die Ressource Information eine qualitativ höhere Bedeutung, die zu unterschiedlichen **Auswirkungen** führen werden:

2.4.5.1 Organisatorische Auswirkungen

Am Ende der skizzierten Entwicklung steht eine **informationsflußorientierte Unternehmensorganisation,** die wohl wenig Ähnlichkeit mit den heutigen Unternehmen besitzen wird. Der Informationsfluß wird zur Achse aller Unternehmensaktivitäten. Es werden insbesondere flachere Hierarchien, teamorientierte Führungsprinzipien und mehr Bereiche mit integrierter Gesamtverantwortung möglich. Die Organisationsmitglieder werden ihre Leistung eigenverantwortlich durch ein ausgeklügeltes Informationssystem zwischen Kollegen, Kunden, Lieferanten und anderen Unternehmenseinheiten steuern (vgl. Drucker [Zeitalter] 102 ff.). Heute noch getrennt voneinander agierende Abteilungen können nun ihre Aktivitäten optimal koordinieren und aufgrund eines einheitlich hohen Informationsstandes effektiver arbeiten. Vorher nicht erkannte Synergismen können aufgegriffen und wirtschaftlich genutzt werden. Flexible und kurze Entscheidungswege ermöglichen schnelle Reaktions- und Anpassungszeiten selbst für Großunternehmen. Führungskräfte und Mitarbeiter erhalten durch eine ganzheitlich orientierte Informationsorientierung größere Freiräume für unternehmerisches Handeln; dadurch sind sie hoch motiviert und flexibel und können die permanenten internen und externen Wandlungsprozesse besser meistern.

Neben den positiv zu beurteilenden, motivierenden und sinnvermittelnden Wirkungen ergeben sich aber auch **kritische Punkte.** Die Rollen von Führungskräften und Mitarbeitern sind neu zu definieren, da Führungskompetenz nicht mehr allein durch Informationsvorsprünge geltend gemacht werden kann. Somit wird zukünftig der traditionellen Form betrieblicher Autorität die Grundlage entzogen. Durch Schulung allein wird die neue Orientierung sicher nicht zu bewältigen sein. Es werden auch für manche Führungskräfte schmerzliche persönliche Umbrüche und Wandlungsprozesse vollzogen werden müssen.

2.4.5.2 *Auswirkungen auf Branche und Wettbewerb*

Durch bessere Information und Kommunikation, verbunden mit dem zunehmenden Einsatz von Informations- und Kommunikationstechnik, werden sich auch die **traditionellen Spielregeln des Wettbewerbs verändern.** Starre und unflexible Branchen können bedroht, Marktgrenzen verschoben oder aufgehoben, neue Produkte, Dienstleistungen und Märkte geschaffen werden. Historisch gewachsene Wettbewerbsvorteile, wie Erfahrungsvorsprünge, Mengenvorteile, Kostenvorteile und Differenzierungsvorteile verlieren ihre langfristige Bedeutung, da sie schneller eingeholt bzw. nachgeahmt werden können. Ein Informationsmanagement ermöglicht hier zum einen die zielgerichtete und ertragswirksame Umsetzung sich ergebender neuer Chancen, z. B. durch die Nutzung interorganisationaler Informationssysteme zur Gestaltung von Wertschöpfungspartnerschaften sowie zum anderen die frühzeitige Bewältigung von auftretenden Gefahren, z. B. durch die Nutzung organisationaler Informationssysteme zur Verbesserung der betrieblichen Flexibilität und zur Realisierung von »economies of speed«.

2.4.5.3 *Unternehmensstrategische Auswirkungen*

Eine gezielte Gestaltung der Dimensionen des Informationsmanagements ermöglicht darüber hinaus die optimale Ausrichtung des Unternehmens auf die jeweils gewählte **Wettbewerbsstrategie.** Dadurch wird sichergestellt, daß alle betrieblichen Ressourcen zur Unterstützung dieser Strategie eingesetzt und keine kontraproduktiven Ergebnisse erzeugt werden. Das Informationsmanagement muß daher integraler Bestandteil und Gestaltungsobjekt des Strategieentwicklungsprozesses im Unternehmen sein.

Literaturhinweise

Ackoff, Russel L.: Management [Misinformation] Systems. In: Management Science, Bd. 14, 4, 1967, S. 147–156.

Ansoff, H. Igor: The [Firm] of the Future. In: Harvard Business Review 43., 1965, 5, S. 162–178.

Beuthner, Andreas und Schäfer, Günter: [Internationale Technologiestudie]. In: Hightech, 5, 1990, S. 56–80.

Brockhoff, Klaus: [Delphi-Prognosen] im Computer-Dialog. Tübingen 1979.

Dreyfus, Hubert L. und Dreyfus, Stuart E.: [Künstliche Intelligenz]. Reinbek 1987.

Drucker, Peter F.: Das [Zeitalter] der Dirigenten. In: Manager Magazin, 1988, 7, S. 102–113.

Forrester, Jay W.: Industrial [Dynamcis]. 6. Aufl., Cambridge (Mass.) 1969.

Hansen, Hans R.: [Wirtschaftsinformatik I]. 6. Aufl., Stuttgart 1992.

Harmon, Paul und King, David: [Expertensysteme] in der Praxis. München 1986.

Harmon, Paul/Maus, Rex/Morrissey, William: [Expertensysteme]: Werkzeuge und Anwendungen. München 1989.

Hattwig, Jörg: [Trends]. In: Online Info, 21, 1989, S. 3.

Hedberg, Bo: On-Man-Computer [Interaction] in Organisational Decision Making: A Behavioral Approach. Göteborg 1970.

Heinrich, Lutz J.: [Informationsmanagement] – Planung, Überwachung und Steuerung der Informationsinfrastruktur, 4. Aufl., München 1992.

Heinrich, Lutz J./Lehner, Franz/ Roithmayr, Friedrich: Informations- und [Kommunikationstechnik]. 3. Aufl., München 1993.

Hertz, David B.: The [Expert] Executive. New York u. a. 1988.

HMD – Handbuch der modernen Datenverarbeitung: [On-Line Datenbanken]. HMD, 25, 1988, 141.

Hormann, A. H.: Planning by Man-Machine [Synergism]. In: Sackmann, Harold und Citrenbaum, R. L. (Hrsg.): Online-Planning – Toward Creative Problem-Solving. Englewood Cliffs, N. J. 1972, S. 69–134.

Keen, Peter G. und Scott Morton, Michael S.: [Decision] Support-Systems – An Organizational Perspective. London u. a. 1978.

Kleinhans, Andreas/Rüttler, Martin/Zahn, Erich: [Computergestütztes Management] marschiert. In: Harvard Manager, 1989, 4, S. 104–110.

Kleinhans, Andreas: [Wissensverarbeitung] im Management. Frankfurt u. a. 1989.

Krallmann, Hermann und Rieger, Bodo: Vom [Decision Support] (DSS) zum Executive Support (ESS). In: Handbuch der modernen Datenverarbeitung (HMD), 1987, 138, S. 28–38.

Krallmann, Hermann: Betriebliche [Entscheidungsunterstützungssysteme]. In: ZfO, 1987, 2, S. 109–117.

Lindamood, G.: [Computer Demand] in The Coming Decade. In: Industry Service, 7, 1989, Eine Publikation der Gartner Group.

Mertens, Peter und Griese, Joachim: Integrierte [Informationsverarbeitung] 2, Planungs- und Kontrollsysteme in der Industrie, 6. Aufl., Wiesbaden 1991.

Parsons, Gregory L.: [Information Technology]: A New Competitive Weapon. In: Sloan Management Review, 25, 1983, 1, S. 3–14.

Plötzeneder, Hans-Dieter (Hrsg.): [Wirtschaftsinformatik III]. Stuttgart 1980.

Rockart, John S.: [Top-Manager] sollten ihren Datenbedarf selbst definieren. In: Harvard Manager, 1980, 2, S. 45–58.

Scheer, August-Wilhelm: [CIM]. 4. Aufl., Berlin u. a. 1990.

Scheer, August-Wilhelm: [EDV]-orientierte Betriebswirtschaftslehre. 4. Aufl., Berlin 1990.

Scheer, August-Wilhelm: [Wirtschaftsinformatik]. 3. Aufl., Berlin u. a. 1990.

Scheer, August-Wilhelm: Wirtschafts- und [Betriebsinformatik]. München 1978.

Schnupp, Peter und Leibrandt, Ute: [Expertensysteme]. Berlin u. a. 1986.

Scholz, Christian: [Informationskultur]: Erklärung und Gestaltung mit Hilfe der dualen Regelung. Arbeitspapier Nr. 4 des Lehrstuhls für Betriebswirtschaftslehre der Universität des Saarlandes, 1987.

Scott Morton, Michael S.: Management [Decision] Systems. Computer Based Support for Decision Systems. Harvard University Press 1971.

Scott Morton, Michael S.: [Management-Entscheidungen] im Bildschirm-Dialog. Essen 1972.

Stahlknecht, Peter: Einführung in die [Wirtschaftsinformatik]. 5. Aufl., Berlin u. a. 1991.

Steiner, George A.: Top Management [Planung]. München 1971.

Strassmann, Paul A.: [Justification] of Investments in Informations Technology. In: DIEBOLD Deutschland GmbH (Hrsg.), Frankfurt am Main 1988, Seite 403–448.

Szyperski, Norbert und Eschenröder, Gerhard: [Information-Resource-Management]. Eine Notwendigkeit für die Unternehmensführung. In: Kay, Ronald (Hrsg.): Management betrieblicher Informationsverarbeitung. München und Wien 1983, S. 11–37.

Walsh, Marilyn E.: Relational [Data Bases]. In: Journal of Systems Management, 1980, 6, S. 11–15.

Weizenbaum, Joseph: [Computer] Power and Human Reason. San Francisco 1976.

Winand, Udo: Zur [Gestaltung] von Modell-Methoden-Verbund-Programmen im Rahmen von quantitativen modellgestützten Problemlösungen. In: Angewandte Informatik, 1975, 12, S. 503–514.

Zahn, Erich und Greschner, Jürgen: Strategischer Erfolgsfaktor [Information]. In: Krallmann, Hermann/Papke, Jörg/Rieger, Bodo (Hrsg.): Rechnergestützte Werkzeuge für das Management. Berlin 1992.

Zahn, Erich: [Mikroelektronik] in der Informationsgesellschaft. In: Harvard Manager, 1983, 2, S. 7–13.

Zahn, Erich: [Strategiegerechter Einsatz] von Informations- und Kommunikationssystemen im Unternehmen, 1989.

Zahn, Erich und Rüttler, Martin: [Informationsmanagement]. In: Controlling, 1, 1989, 1, S. 34–43.

Zahn, Erich: [Produktionstechnologien] als Element internationaler Wettbewerbsstrategien. In: Dichtl, Erwin/Gerke, Wolfgang/Kieser, Alfred (Hrsg.): Innovation und Wettbewerbsfähigkeit. Wiesbaden 1987, S. 475–496.

Zahn, Erich: Strategische [Planung] zur Steuerung der langfristigen Unternehmensentwicklung. Berlin 1979.

3 Rechnungswesen

3.1 Das Rechnungswesen als Informationssystem

Wolfgang Eisele

3.1.1 Die Abbildung des Unternehmensprozesses im betrieblichen Rechnungswesen

Das betriebliche Rechnungswesen ist zentraler Bestandteil des **Informationssystems** eines Unternehmens. Es ist daher institutionell in Form eines Subsystems in die Gesamtorganisation des Unternehmens eingebunden. Durch einen Komplex zahlreicher Abbildungsprozesse sollen die innerbetrieblichen ökonomischen Vorgänge und die wirtschaftlich relevanten Beziehungen des Unternehmens zu seiner Umwelt **erfaßt, dokumentiert, aufbereitet** und **ausgewertet** werden. Die Qualität der daraus resultierenden Informationen ist von der Ausgestaltung des Rechnungswesens, insbesondere von der zweckmäßigen quantitativen Wiedergabe der Wirtschaftsabläufe und Wirtschaftstatbestände, abhängig.

> Das **Rechnungswesen** ist ein System, das in zweckdienlicher Form Informationen für Entscheidungsträger liefert.

Das Unternehmensgeschehen vollzieht sich in einer arbeitsteiligen Wirtschaft in Form eines verflochtenen, interdependenten **Umsatzprozesses:** Den güterwirtschaftlichen Beschaffungs-, Erzeugungs- und Absatzvorgängen stehen die Zahlungsströme aus dem Erwerb bzw. dem Verkauf der Güter gegenüber, so daß der Unternehmensprozeß statt durch reale Güterströme auch durch dessen komplementäre monetäre Ströme abgebildet werden kann. Das Rechnungswesen ist jedoch nur dann in der Lage, das Unternehmensgeschehen realitätsgetreu zu erfassen, wenn es der zeitlichen und funktionalen **Struktur des Unternehmensprozesses,** also der Wertbewegung innerhalb jeder einzelnen Prozeßphase, zu folgen vermag. Die grundsätzlichen Beziehungen zwischen den einzelnen **Prozeßphasen** stellen sich wie folgt dar (vgl. auch Abb. 3.3.1 auf S. 295):

- Phase 1: **Zahlungsmittelbeschaffung**

Ausstattung des Unternehmens mit Zahlungsmitteln über den Kapital- bzw. Geldmarkt: Die liquiden Mittel schlagen sich im Vermögen als konkreter Geldbetrag, im Kapital – entsprechend der zweifachen (doppischen) Erfassung der im Unternehmen eingesetzten Werte – als abstrakte Kontrollziffer nieder.

> **Finanzeinnahmen** stellen einen erfolgsunwirksamen, außenfinanzierten Zugang von Zahlungsmitteln dar, der im Rechnungswesen als Vermögens- und Kapitalmehrung erfaßt wird.

- Phase 2: **Zahlungsmittelverwendung** (Investition)

Erwerb der zur Produktion erforderlichen Einsatzfaktoren über den Beschaffungsmarkt: Die durch Außenfinanzierung aufgebrachten Zahlungsmittel werden für Anlagen, Verbrauchsgüter und Dienstleistungen verwendet. Es handelt sich hierbei um eine Vermögensumschichtung: Dem Nominalgutabfluß steht der Zugang an Realgütern gegenüber.

Erfolgsausgaben entstehen durch die Verwendung finanzieller Mittel zur Beschaffung von Produktionsfaktoren und finden als Vermögensumschichtung ihren rechnungstechnischen Niederschlag.

- Phase 3: **Transformationsprozeß** (Wertschöpfung)

Einsatz der beschafften Produktionsfaktoren im betrieblichen Transformationsprozeß zum Zwecke der Erstellung von überwiegend für den Absatz bestimmten Fertigerzeugnissen (Ertragsgüter). Die in dieser Prozeßphase durch Realgüterbewegungen gekennzeichneten Transformationsvorgänge vollziehen sich weitgehend losgelöst von marktmäßigen Verflechtungen; die Prozeßabbildung könnte demnach prinzipiell auch über rein technisch-physikalische Größen erfolgen. Dem steht jedoch die Notwendigkeit einer verursachungsgerechten Zurechnung der Einsatzfaktorverbräuche auf die Ertragsgüter entgegen: Diese erfordert eine einheitliche Recheneinheit, die über eine grundsätzlich marktorientierte Bewertung erreicht wird. Die Geldstromanalyse findet damit auch Eingang in den Innenbereich der Unternehmung.

Aufwand bzw. **Kosten** kennzeichnen den monetär bewerteten Verbrauch von Gütern und Dienstleistungen.
Ertrag bzw. **Leistung** kennzeichnen die monetär bewertete Erzeugung von Gütern und Dienstleistungen.
Der im Rahmen des Transformationsprozesses erzielte Wertzuwachs (= Erlös ./. Vorleistungen) wird als **Wertschöpfung** bezeichnet.

Die jeweils korrespondierenden Rechnungsgrößen: Aufwand/Kosten und Ertrag/Leistung können übereinstimmen oder auch Unterschiede aufweisen; sie bedürfen dann der eindeutigen, zweckorientierten gegenseitigen Abgrenzung (vgl. Abschn. 3.3.1.2).

- Phase 4: **Zahlungsmittelfreisetzung** (Desinvestition)

Verwertung der Ertragsgüter auf dem Absatzmarkt. Durch den realen Leistungsabgang, die **Desinvestition,** fließen dem Unternehmen liquide Mittel zu, die als **Erfolgseinnahmen** rechentechnisch zu erfassen sind. Diese Einnahmen werden zunächst zur Deckung des (Kosten-) Gütereinsatzes (**Investitionsrückfluß**) herangezogen; der übersteigende Teil entspricht dem **Desinvestitionserfolg** (Investitionsüberschuß), der dem Kapitalbereich als innenfinanzierter Verpflichtungszugang gegenüber den Eignern zuwächst. Zugleich wird über den Einnahmenzuteilungsvorgang die enge rückkoppelnde Verbindung zwischen der vierten und der zweiten Prozeßphase hergestellt.

Erfolgseinnahmen sind innenfinanzierte, aus dem Umsatzprozeß resultierende finanzielle Zuflüsse, die in einen zur Deckung des Produktionsfaktoreinsatzes dienenden Investitionsrückfluß und einen darüber hinausgehenden Desinvestitionserfolg differenziert werden können.

- Phase 5: **Ablösung der finanziellen Verpflichtungen**

Erschöpft sich die Unternehmenstätigkeit in einem einmaligen Ablauf des Unternehmensprozesses, so erfolgt die geldliche Abführung der über den Umsatzprozeß erlangten Zuflüsse einschließlich der Erstfinanzierung an den Geld- bzw. Kapitalmarkt.

Finanzausgaben sind erfolgsunwirksame Abflüsse finanzieller Mittel an Fremdkapitalgeber (Rückzahlung) und Eigenkapitalgeber (Ausschüttung), die rechentechnisch als Vermögens- und Kapitalminderung erfaßt werden.

Der Ablauf des Unternehmensprozesses ist also vornehmlich durch **zwei Nominal-Realgüter-Tauschakte** (Investition und Desinvestition) sowie **einen Transformationsprozeß** gekennzeichnet. Darüber hinaus sind jedoch auch zwei isolierte, erfolgsunwirksame Nominalgüterbewegungen zu erfassen. Das gesamte Wirtschaftsgeschehen der Unternehmung kann daher mit Hilfe des Phasenschemas vollständig beschrieben und abrechnungstechnisch durch **fünf Verrechnungsbereiche** (Kontenreihen) abgebildet werden; das sind Verrechnungsstellen für:

1. das **Kapital** zur Abwicklung der Verpflichtungstatbestände;
2. die **Zahlungsmittel,** die erfolgswirksame Ausgaben und Einnahmen aus dem Umsatzprozeß und erfolgsunwirksame Finanzausgaben und -einnahmen aus der Verbindung mit dem Kapitalbereich aufzeichnen;

3. die bestandsmäßige Registrierung der **Beschaffungs- bzw. Investitionstätigkeit,** differenziert nach Realvermögen und Forderungsvermögen;
4. den **Transformationsprozeß** zur Erfassung des (Kosten-)Gütereinsatzes (Aufwand bzw. Kosten) und der (Ertrags-)Gütererstellung (wertmäßige Leistung bzw. Betriebsertrag);
5. die **Absatz- bzw. Desinvestitionstätigkeit** mit der Aufgabe der Erfolgsermittlung aus der Gegenüberstellung der Erfolgsquellen, insbesondere von Erlösen und Selbstkosten.

Da Unternehmen regelmäßig auf unbestimmte Zeit errichtet werden (**going-concern-Grundsatz**), ist die Realität durch eine kontinuierliche Wiederholung des Unternehmensprozesses gekennzeichnet, die die betriebliche Abrechnungstechnik erheblich kompliziert. Bei einer einmaligen Schlußrechnung am Ende der Unternehmenstätigkeit (Totalperiode) würde das Rechnungswesen seiner Funktion als **aktuelles** Informationsinstrument nicht gerecht werden können. Es sind daher Teilperiodenrechnungen durchzuführen, die dann zwangsläufig zu Überschneidungen und Überlappungen in der zeitlichen Struktur des betrieblichen Phasenschemas führen und damit erhebliche **Abrechnungs-** und **Zuordnungsprobleme** aufwerfen.

3.1.2 Aufbau und Ziele des Rechnungswesens

3.1.2.1 Systematik des Rechnungswesens

Eine Vielzahl **interner** und **externer** Anlässe erzwingt die rechnerische Erfassung des Unternehmensprozesses. Der grundsätzliche Aufbau des Rechnungswesens mit den aufgezeigten fünf Verrechnungsbereichen des Unternehmensprozesses bleibt unabhängig davon erhalten, ob damit den Anforderungen an die gesetzlichen Rechnungslegungspflichten – und damit den Ansprüchen bestimmter **Rechnungslegungsadressaten** – oder aber dem **Eigeninteresse** der Unternehmensführung zur Erfüllung von Planungs-, Kontroll- und Steuerungsaufgaben entsprochen werden soll. Mit Abb. 3.3.1 werden die abrechnungstechnischen Zusammenhänge nochmals verdeutlicht, zugleich aber auch der Einfluß des betrieblichen Umsystems auf den Abrechnungsverlauf aufgezeigt. Lediglich der übersichtlichen Darstellung wegen sind die Verrechnungsstellen der Zahlungsmittel und des Kapitals doppelt aufgeführt (Eisele [Technik] 7).

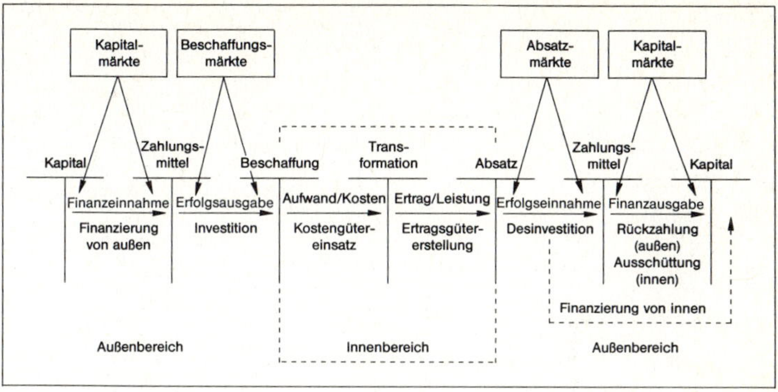

Abb. 3.3.1: Abrechnungs- und Umsystem des Unternehmens

Die Abbildung zeigt, daß offenbar nur ein Teil der betrieblichen Verrechnungsstellen in unmittelbarem Kontakt mit den Märkten (Umsystem) steht, auf denen das Unternehmen agiert. Diese Verrechnungsstellen gehören zum **Außenbereich** des Abrechnungssystems, das damit die Aufgaben der **externen Rechnungslegung** übernimmt. Diejenigen Verrechnungsstellen bzw. Seiten der Verrechnungsstellen, die demgegenüber keine oder keine direkte Marktverbindung aufweisen, bilden ausschließlich **betriebsinterne** Abläufe ab und sind daher dem **Innenbereich** des Abrechnungssystems zuzurechnen; sie haben demgemäß die der **internen Rechnungslegung** zugewiesenen Aufgaben zu erfüllen.

Aus der Sicht dieser Aufgabenverteilung bietet sich eine an der **Zielsetzung** der Rechnungszweige orientierte Gliederung des betrieblichen Rechnungswesens an. Ein entsprechender, Rechnungszweck und Abrechnungsstruktur verbindender Systematisierungsansatz ist Abb. 3.3.2 S. 296 zu entnehmen.

3.1.2.2 Finanzbuchführung

Die **Außenbeziehungen** des Unternehmens werden auf den Kapital-, Vermögens-, Aufwands- und Ertragskonten der **Finanzbuchführung** erfaßt und über einen regelmäßigen jährlichen Abschluß zur Bilanz und Gewinn- und Verlustrechnung verdichtet. Diese extern orientierten Rechenwerke bilden zusammen mit einem eventuell zu erstellenden Anhang den **Jahresabschluß**.

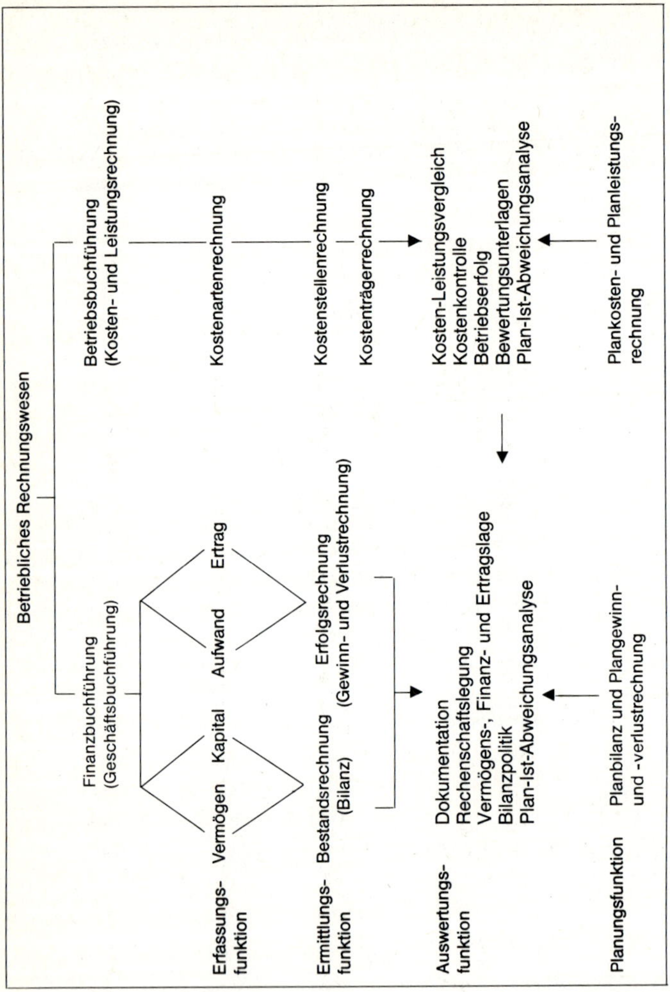

Abb. 3.3.2: Systematik des betrieblichen Rechnungswesens

Der Jahresabschluß einschließlich Nebenrechnungen und Erläuterungen (Geschäftsbericht) dient als Instrument externer, finanzieller **Rechnungslegung** zur Erfüllung der mit der Übernahme von Vermögensverwaltungsaufgaben durch die Unternehmensleitung begründeten **Rechenschaftspflicht** gegenüber außenstehenden Adressaten und als Grundlage für deren Entscheidungen. An den Jahresabschluß ist deshalb auch grundsätzlich die Forderung nach einer vom Ermessen des zur Rechnungslegung Verpflichteten weitestgehend **unabhängigen** Rechnung zu stellen. Obwohl die den Außenbereich betreffenden Geschäftsvorfälle im wesentlichen auf marktmäßig objektivierten Zahlungsvorgängen beruhen, verbleiben jedoch **bilanzpolitische Aktionsräume** zwangsläufig immer dann, wenn Transformationsprozeß und Abrechnungszeitraum auseinanderfallen: Noch nicht verkauften Halb- und Fertigfabrikaten fehlt bislang die marktseitige Objektivierung; das verbliebene Nutzungspotential langfristiger Gebrauchsgüter bedarf der Schätzung. Der Vermögens- und Ertragsausweis kann daher häufig erst nach Rückgriff auf die Bewertungsunterlagen des Innenbereichs konkretisiert werden. Es sind die Normen des **Handels- und Steuerrechts,** die dafür den Rahmen der zulässigen Bilanzierungs- und Bewertungsspielräume vorgeben.

3.1.2.3 Betriebsbuchführung

> Der **Innenbereich** des Transformationsprozesses wird durch die intern orientierte **Betriebsbuchführung** (Kosten- und Leistungsrechnung) rechnungsmäßig abgebildet.

Im Gegensatz zum extern orientierten Jahresabschluß kann die **Kosten- und Leistungsrechnung** weitgehend ohne gesetzliche Reglementierung nach betriebsindividuellen, zweckorientierten Erwägungen ausgestaltet werden. Die Aufzeichnung der Realgüterströme erfolgt dabei losgelöst von Zahlungsvorgängen. Gütereinsatz und Gütererstellung werden **wert-** und teilweise auch **mengenmäßig** erfaßt. Es entsteht eine kalkulatorische Rechnung, deren Ergebniskomponenten die Kosten und Leistungen darstellen und deren Ergebnisrechnung den **Betriebserfolg** ermittelt. Die numerische Abbildung des Leistungserstellungsprozesses knüpft daher an den wertmäßig registrierten Verbrauch der Produktionsfaktoren (Kostenartenrechnung) an, der dann den Entstehungsorten (Kostenstellen) weiterbelastet und schließlich den produzierten Gütern oder Leistungen (Kostenträger) verursachungsgerecht zugeordnet wird. Unter Einbeziehung der Leistungsseite stellt die Betriebsbuchführung das **Ergebnis des Produktionsprozesses** der Höhe nach fest und differenziert es nach Erfolgsquellen.

3.1.2.4 Planungsrechnungen

Während im Rahmen der Ermittlungsfunktion des Rechnungswesens lediglich **retrospektive** Daten über vergangene Zustände und Ereignisse dokumentiert werden, benötigt die Unternehmensleitung zur effizienten Ausfüllung ihrer Steuerungs- und Kontrollfunktion auch **prospektive** Informationen über zukünftig erwartete Situationen und Entwicklungen. Diese zukunftsorientierten Daten werden mit Hilfe von Planungsrechnungen ermittelt und verarbeitet.

> **Planungsrechnungen** werden sowohl für die Entscheidungsfindung als auch für den Entscheidungsvollzug eingesetzt, indem sie die voraussichtlichen Zielwirkungen möglicher Alternativen prognostizieren, über eine Alternativenbewertung analysieren und den Zielerreichungsgrad anhand von Zielvorgaben überwachen.

Die geplanten Außenbeziehungen des Unternehmens finden ihre Entsprechung in **Planbilanzen** und **Plangewinn- und -verlustrechnungen**; die geplanten internen Vorgänge werden in **Plankosten-** und **Planleistungsrechnungen** berücksichtigt. Es ist der Zukunftsbezug, der die zentrale Bedeutung dieser Instrumente für das **entscheidungsorientierte** Rechnungswesen begründet. Die der Planungsrechnung zu entnehmenden Informationen stehen dabei ganz überwiegend nur den unternehmensinternen Adressaten zur Verfügung.

3.1.3 Organisation des Rechnungswesens

Zur ordnungsmäßigen Erfassung und Verarbeitung der vielfältigen Daten bedürfen Außen- und Innenbereich des Rechnungswesens einer systematischen Ordnung, deren Grundlage der Kontenrahmen bildet.

> Ein **Kontenrahmen** vermittelt eine vollständige Übersicht der im betrieblichen Rechnungswesen möglicherweise auftretenden Konten; er stellt damit einen überbetrieblichen Organisationsplan des Rechnungswesens mit Empfehlungscharakter dar, der den unternehmensspezifischen Bedürfnissen anzupassen ist (**Kontenplan**).

Die Grundstruktur **industrieller** Kontenrahmen folgt entweder den einzelnen Phasen des Unternehmensprozesses (**Prozeßgliederungsprin-**

zip) oder dem rechentechnischen Ablauf bei der Erstellung des Jahresabschlusses (**Abschlußgliederungsprinzip**).

(1) Gemeinschaftskontenrahmen der Industrie (GKR)

Das Prozeßgliederungsprinzip ist im **Gemeinschaftskontenrahmen der Industrie** (GKR) von 1951 verwirklicht, der eine von Kontenklasse zu Kontenklasse fortschreitende Abrechnungssystematik vorsieht, so daß Finanz- und Betriebsbuchführung fließend ineinander übergehen, also eine organisatorische Einheit (**Einkreissystem**) bilden. Im einzelnen verfügt der Gemeinschaftskontenrahmen der Industrie über folgende zehn Kontenklassen:

Kontenklassen	Inhaltliche Ausgestaltung der Kontenklassen
0	Anlagevermögen und langfristiges Kapital
1	Finanz-Umlaufvermögen und kurzfristige Verbindlichkeiten
2	Abgrenzungskonten
3	Vorratsvermögen
4	Kostenarten
5/6	Kostenstellen
7	Kostenträger
8	Betriebserträge
9	Eröffnung und Abschluß

Abb. 3.3.3: Gemeinschaftskontenrahmen der Industrie (GKR)

Deutlich tritt die Orientierung am Ablauf des Unternehmensprozesses hervor: Die Kontenklassen 0, 1 und 3 sind auf die Erfassung der Außenbeziehungen des Unternehmens mit den Beschaffungs- und Kapitalmärkten ausgerichtet; die Kontenklassen 4, 5, 6 und 7 dienen der Abbildung des betriebsinternen Leistungserstellungsprozesses, Kontenklasse 8 sorgt für die ertragsmäßige Verrechnung der dem Absatzmarkt zugeflossenen oder wieder in den Produktionsprozeß einfließenden Leistungen (Halbfabrikate, Eigenleistungen). Über Kontenklasse 9 werden die Konten der laufenden Abrechnung einerseits eröffnet und andererseits ihrem Abschluß durch Bilanz und Gewinn- und Verlustrechnung zugeführt. Die Kontenklasse 2 steht demgegenüber außerhalb des eigentlichen Unternehmensprozesses und nimmt eine Sonderstellung ein. Die ihr zukommende materielle Aufgabe ist in der Abrechnungstechnik des **Einkreissystems** begründet: Sie sondert durch sachliche, zeitliche und kalkulatorische Abgrenzung diejenigen erfolgswirksamen Vorgänge aus, die in keinem unmittelbaren Zusammenhang mit der betrieblichen Leistungserstellung stehen und damit das Betriebsergebnis verfälschen würden.

Der Gemeinschaftskontenrahmen der Industrie bietet als Einkreissystem zwar den Vorteil, daß die Zahlen der Finanzbuchführung und der Betriebsbuchführung keiner besonderen Abstimmung bedürfen; demgegenüber ist das System wegen seiner Komplexität mit einer gewissen Schwerfälligkeit und Starrheit behaftet, da beide Rechnungszweige nur gemeinsam abgeschlossen werden können. So sind kurzfristige Abschlüsse zur Kontrolle und Steuerung des Innenbereichs stets zwangsläufig mit Abschlußbuchungen auch im Bereich der externen Rechnungslegung verbunden.

(2) Industriekontenrahmen (IKR)

Diese Mängel versucht der nach dem Abschlußgliederungsprinzip aufgebaute, 1971 veröffentlichte und 1986 entsprechend den Vorschriften des Bilanzrichtlinien-Gesetzes modifizierte **Industriekontenrahmen (IKR)** zu vermeiden, indem sowohl die Finanzbuchführung als auch die Kosten- und Leistungsrechnung über getrennte Kontenpläne und Abrechnungskreise (**Zweikreissystem**) verfügen. Die Rechnungskreise werden jedoch unterschiedlich stark durch den Kontenrahmeninhalt ausgefüllt (vgl. Abb. 3.3.4).

Kontenklassen	Inhaltliche Ausgestaltung der Kontenklassen
0	Immaterielle Vermögensgegenstände und Sachanlagen
1	Finanzanlagen
2	Umlaufvermögen und aktive Rechnungsabgrenzungsposten
3	Eigenkapital und Rückstellungen
4	Verbindlichkeiten und passive Rechnungsabgrenzungsposten
5	Erträge
6	Betriebliche Aufwendungen
7	Weitere Aufwendungen
8	Ergebnisrechnung
9	Frei für Kosten- und Leistungsrechnung

Abb. 3.3.4: Industriekontenrahmen (IKR)

Im Industriekontenrahmen sind die Kontenklassen 0 bis 8 ausschließlich für die Durchführung der Finanzbuchführung belegt. Die Anordnung der Kontenklassen orientiert sich dabei an den nach dem Handelsgesetzbuch auszuweisenden Positionen der Bilanz und der Gewinn- und Verlustrechnung (§§ 266, 275 HGB; vgl. Gliederungsschemata S. 366 f. und S. 404 f.).

Der Kosten- und Leistungsrechnung bleibt die Kontenklasse 9 vorbehalten: Ihre Untergliederung in zehn Kontengruppen ermöglicht die detaillierte Abwicklung einer auch kurzfristig isoliert abschlußfähigen Betriebsbuchführung. Der Kontenklasse 9 vorgeschaltete Übergangskonten übernehmen die Verbindung und die gegenseitige Abstimmung der beiden Abrechnungskreise (Eisele [Technik] 503 ff.). Um gegenüber betriebsindividuellen Bedürfnissen bei der organisatorischen Abwicklung der Betriebsbuchführung offen zu sein, verzichtet der Industriekontenrahmen auf eine inhaltliche Vorgabe dieser Kontenklasse.

(3) DATEV-Kontenrahmen

Die wahlweise dem Prozeßgliederungsprinzip bzw. dem Abschlußgliederungsprinzip folgende Grundstruktur industrieller Kontenrahmen findet sich auch in den von der DATEV (Datenverarbeitungsorganisation des steuerberatenden Berufes in der Bundesrepublik Deutschland) herausgegebenen Spezialkontenrahmen **SKR 03** (Prozeßgliederungsprinzip) und **SKR 04** (Abschlußgliederungsprinzip).

Die in der Praxis weitverbreiteten DATEV-Kontenrahmen zeichnen sich gegenüber dem GKR bzw. dem IKR insbesondere dadurch aus, daß sie auf die spezifischen Bedürfnisse einer **EDV-orientierten Buchhaltung** zugeschnitten sind. So finden der SKR 03 sowie der im wesentlichen dem IKR folgende SKR 04 bei jenen Kaufleuten Anwendung, die ihre Buchhaltung bei ihrem Steuerberater auf Basis eines DATEV-Finanzbuchführungssystems mittels einer elektronischen Datenverarbeitungsanlage abwickeln lassen. Dabei können Standardlösungen für die betriebswirtschaftliche Auswertung und den Abschluß in Anspruch genommen werden (Eisele [Technik] 500 f.).

Über seine rein organisatorisch-systematisierende Aufgabe hinausgehend, verweist der funktionale Aufbau der Kontenrahmen auf die zentrale Bedeutung der Jahresabschlußrechnungen Bilanz und Erfolgsrechnung einerseits sowie der Kostenstellen- und Kostenträgerrechnung andererseits im Informationssystem des Unternehmens. Beide Rechnungszweige, **Jahresabschluß** und **Kostenrechnung,** werden im folgenden vertieft behandelt.

3.2 Bilanzen*

Wolfgang Eisele

3.2.1 Bilanzbegriff

Bilanzen sind wesentlicher Bestandteil des externen Rechnungswesens mit der Aufgabe, **nachprüfbares Wissen** über Stand und Entwicklung einer Wirtschaftseinheit an finanziell oder auf andere Weise mit ihr verbundene Adressaten zu liefern. Die Bilanz läßt sich sowohl formell als auch materiell interpretieren:

> Aus **formeller** Sicht ist die **Bilanz** eine zweiseitige, betragsmäßig ausgeglichene und nach bestimmten Kriterien gegliederte Gegenüberstellung nomineller und realer Vermögenswerte (Aktiva) und abstrakter Wertansprüche (Passiva).

Dieser Bilanzbegriff ist kompatibel mit der Ableitung des Wortes »Bilanz« von dem lateinischen Ausdruck »bi-lanx«, was soviel bedeutet wie: zwei Schüsseln, zwei Waagschalen. Die Vorstellung der gleichgewichtigen Waage lebt in der sog. **Bilanzgleichung** fort, deren Gültigkeit durch die gegenseitige Aufrechnung (Saldierung) der Bilanzseiten stets gewährleistet ist: Summe der Vermögenswerte (Aktiva) = Summe der Kapitalwerte (Passiva).

> Aus **materieller** Sicht ist die **Bilanz** ein Instrument zur wertmäßigen Abbildung und Abrechnung des betrieblichen Umsatzprozesses mit Informations- und Gestaltungsfunktion.

Dieser Bilanzbegriff ist durch den instrumentalen Charakter dieses Rechenwerkes bestimmt und damit in Abhängigkeit vom konkreten Bilanzierungsanlaß (Bilanzierungszweck) zu sehen. Der am jeweiligen Bilanzierungszweck orientierte Bilanzinhalt führt zur Unterscheidung verschiedener **Bilanzarten**, die hinsichtlich Gliederung und Bewertung differieren. Dieser materiellen Definition der Bilanz kommen die um-

* Zu den Abkürzungen vgl. S. 463

gangssprachlichen Ausdrücke »Bilanz machen« und »Bilanz ziehen« inhaltlich nahe: Erfolg oder Mißerfolg einer Handlungsweise werden durch Gegenüberstellung ihrer positiven und negativen Konsequenzen bestimmt.

Der in der **Rechnungslegungspraxis** gebräuchliche, formell-orientierte Bilanzbegriff betrachtet die Bilanz als eine Gegenüberstellung der Aktiva und Passiva eines Unternehmens. Die **Aktiva** bringen die Vermögenswerte der Wirtschaftseinheit nach art- und wertmäßiger Zusammensetzung zum Ausdruck, die **Passiva** das zur Finanzierung der Vermögenswerte notwendige Kapital, unterteilt nach der Herkunft der Mittel in Eigenkapital und Fremdkapital.

Die Gesamtheit aller in einer Wirtschaftseinheit eingesetzten Werte schlägt sich somit in der Bilanz in zweifacher Weise nieder: Auf der **Kapitalseite,** wo die Summe der einer Wirtschaftseinheit von ihren Eigentümern und von Dritten zur Verfügung gestellten Mittel als abstrakte Kontrollziffer erscheint, und auf der **Vermögensseite,** die die Verwendung der zur Verfügung gestellten Mittel zeigt (vgl. Abb. 3.3.5).

Aktiva = Vermögen	Bilanz	Passiva = Kapital
Realvermögen - Grund und Boden - Geschäftsausstattung - Vorräte Nominalvermögen - Forderungen - Bankguthaben - Kasse		Inhaberkapital (= Eigenkapital) Gläubigerkapital (= Fremdkapital)

Abb. 3.3.5: Grundstruktur der Bilanz

Das **Kapital** ist demnach nur der rechnerische Ausdruck dafür, wieviel Vermögen in das Unternehmen eingebracht worden ist; es stellt den abstrakten Ausdruck des konkreten Vermögens dar (Eisele [Kapital] 1063 ff.). Das Bilanzvermögen ist andererseits nicht mit dem Gesamtwert der Wirtschaftseinheit identisch: Dieses ist lediglich Ausdruck der Wertsumme aller bilanzierten Vermögensteile, während der **Gesamtwert eines Unternehmens** gewöhnlich als **Ertragswert** durch Diskontierung der zukünftig erwarteten Reinerträge (Einnahmenüberschüsse) bestimmt wird (vgl. dazu S. 324).

Im Normalfall deckt das Bilanzvermögen in seiner Gesamtheit die Summe der Ansprüche von Eigentümern und Gläubigern an das Unternehmen. Eine direkte Beziehung zwischen einzelnen Vermögens- und Kapitalteilen läßt sich grundsätzlich nicht herstellen; sie ist nur in wenigen Ausnahmefällen, wie z. B. bei dinglich gesicherten Gläubigeransprüchen und bei Wertberichtigungen zu einzelnen Vermögenspositionen, möglich.

Der bisher erläuterte Bilanzbegriff entspricht weitgehend der oben gegebenen formellen Definition der Bilanz: Sie ermittelt ausgeglichene Wertbestände (Bilanzvermögen und Bilanzkapital) für einen bestimmten Zeitpunkt, den Bilanzstichtag. Bilanzen dieser Art, die ausschließlich Bestände ausweisen, werden im folgenden als **Bilanzen im engeren Sinne** bezeichnet. Die Bestandsmessung erfolgt in Geldeinheiten; das Meßergebnis repräsentiert ein stichtagsbezogenes Prozeßvolumen.

Bilanzen im engeren Sinne weisen stichtagsbezogene Bestände an Vermögen und Kapital, nicht jedoch die den Beständen zugrundeliegenden Bewegungsvorgänge aus (**Stichtags- oder Beständebilanzen**).

Wird die Bilanz jedoch i. S. des materiellen Bilanzbegriffs als Instrument zur zahlenmäßigen Abbildung und Abrechnung des betrieblichen Umsatzprozesses verstanden, so ist ein umfassenderer Bilanzbegriff zu wählen, unter den sich auch sämtliche auf Zeitraumgrößen aufbauende Jahresabschlußrechnungen subsumieren lassen. **Bewegungsrechnungen,** wie Erfolgsrechnungen und Bewegungsbilanzen, dienen mehr noch als Bilanzen im engeren Sinne der Darstellung und Abrechnung der betrieblichen Vollzugsprozesse; ihre Dimension ist die der Zahlungsreihe bzw. des Zahlungsstromes (Geldeinheiten pro Zeiteinheit), ihr Meßergebnis das der Prozeßgeschwindigkeit.

Bilanzen im weiteren Sinne umfassen neben Beständebilanzen auch Rechnungen, welche die Bewegungsvorgänge eines Abrechnungszeitraumes ausweisen (**Zeitraum- oder Bewegungsbilanzen**).

Bestandsrechnungen und Bewegungsrechnungen finden darüber hinaus ihre logische Ergänzung in Rechnungen der Bewegungsänderungen, die als **Intensitätsrechnungen** zu bezeichnen sind. Intensitätsrechnungen erlauben die Erfassung und Abrechnung von Beschleunigungs-

und Verzögerungsprozessen (Wachstums- und Schrumpfungsvorgänge), die in der Abrechnungsperiode stattgefunden haben. Die Messung in Geldeinheiten pro Zeiteinheit zum Quadrat zeigt an, daß mit Intensitätsrechnungen inhaltlich Geschwindigkeitsänderungen zum Ausdruck gebracht werden.

> **Bilanzen im weitesten Sinne** umfassen neben Bestands- und Bewegungsbilanzen auch Rechnungen, die Wachstums- und Schrumpfungsvorgänge eines Abrechnungszeitraumes abbilden (**Intensitätsrechnungen**).

Abb. 3.3.6 macht diesen Zusammenhang im Überblick deutlich (im einzelnen vgl. dazu Abschn. 3.2.3.4).

Art der Rechnung / Form und Inhalt der Rechnung	Bestands-rechnungen	Bewegungs-rechnungen	Intensitäts-rechnungen
Erscheinungsform	Beständebilanzen	Bewegungs-bilanzen	Erfolgsveränderungsrechnungen, Bewegungsdifferenzenrechnungen
Dimension	Prozeßvolumen [DM]	Prozeßgeschwindigkeit [DM/t]	Prozeßbeschleunigung/-verzögerung [DM/t^2]
	Bilanzen im engeren Sinne		
	Bilanzen im weiteren Sinne	Bilanzen im weiteren Sinne	
	Bilanzen im weitesten Sinne	Bilanzen im weitesten Sinne	Bilanzen im weitesten Sinne

Abb. 3.3.6: Abgrenzung unterschiedlich weiter Bilanzbegriffe

Findet im folgenden der Ausdruck »Bilanz« ohne weitere Zusätze Verwendung, so sind darunter stets Bilanzen im weiteren Sinne als Oberbegriff gebräuchlicher Jahresabschlußrechnungen zu verstehen.

3.2.2 Bilanzzwecke

3.2.2.1 Rechenschaft und Rechnungslegung

Die Erstellung von Bilanzen ist nicht Selbstzweck, sondern hat ausschließlich instrumentalen Charakter zur Erfüllung bestimmter Aufgaben, die sich aus den Anforderungen der Bilanzempfänger an die Bilanz herleiten. Inhalt und Form der Bilanz lassen sich daher nur in Einklang mit den verfolgten Bilanzzwecken (**Bilanzfunktionen**) bestimmen.

Zunächst werden Bilanzen aufgestellt, um über durchgeführte Aktionen Rechenschaft abzulegen. **Rechenschaft ablegen** beinhaltet generell die Verpflichtung eines im Interesse Dritter Handelnden, alle bei der Auftragsausführung anfallenden und dem Beauftragten zur Kenntnis gelangenden Informationen auch an den Auftraggeber zu vermitteln. Die **Rechenschaftslegung** stellt damit überhaupt erst die Voraussetzung für den zur Rechenschaft Berechtigten dar, eventuelle Ansprüche, aber auch Erwartungen gegenüber dem Beauftragten durchzusetzen bzw. durch Verhaltensänderungen zur Geltung zu bringen. Die Beurteilung des Handlungserfolgs liefert demgemäß zugleich die Dispositionsgrundlage für zukünftiges Handeln. Dies gilt gleichermaßen für die interne und die externe Verwertung von Informationen.

Die Rechenschaftslegung hat deshalb auch weitestgehend von der Einflußnahme durch den Rechenschaftsverpflichteten **unabhängige** Informationen zu liefern; sie zielt auf eine möglichst objektive Gesamtunterrichtung zum Zwecke der Gesamtbeurteilung der wirtschaftlichen Lage und der Tätigkeit des zur Rechenschaft Verpflichteten ab und verlangt deshalb mehr als eine geordnete, zahlenmäßige Zusammenstellung von Sachverhalten durch Instrumente der Rechnungslegung, wie sie vor allem durch Bilanzen repräsentiert sind.

Rechnungslegung als kalkülisierbare Verantwortung ist somit enger und als Teil der Rechenschaft zu interpretieren, wenn auch als deren bedeutendster; ihr obliegt der Nachweis und die Nachprüfbarkeit des **zahlenmäßigen** Niederschlags des Betriebsgeschehens.

Rechenschaftslegung durch Rechnungslegung bedeutet demgemäß **Informationsvermittlung durch geordnete und nachprüfbare Rechenwerke.** Als Geldrechnungen informieren Bilanzen über finanzwirtschaftliche Tatbestände; sie sind folglich Instrumente der **finanziellen** Rechnungslegung und haben als solche grundsätzlich **zwei** (**materiel-**

len) Anforderungsmerkmalen zu genügen (Schneider [Gewinn] 6ff., Moxter [Bilanzlehre I] 81ff., Egner [Bilanzen] 11ff.):

1. Erfüllung von **Informationsansprüchen** durch Unterrichtung aller Personen (Institutionen), die durch finanzielle Interessen mit einer Unternehmung verbunden sind, über deren **finanzielle Lage und Entwicklung.** Hierzu sind vor allem geeignete Maßstäbe zur **Liquiditäts- und Ertragsbeurteilung** erwünscht. Indem derartige Anforderungsmerkmale zugleich die Aktivierung des Kommunikationsprozesses zwischen Unternehmung und Bilanzempfänger zur Voraussetzung haben, kann der Informationszweck der Bilanz auch mit diesem Anspruch begründet werden (Kommunikationsaufgabe der Rechnungslegung).

2. Bereitstellung von **Zahlungsbemessungskriterien** zur Wahrung der Interessen derjenigen Personen, die Anspruch auf Zahlungen durch eine Wirtschaftseinheit haben, wobei sich die Interessen weniger auf die Zahlungen überhaupt, als vielmehr auf die Beeinflussung der Höhe dieser Zahlungen richtet. Teilfunktionen sind die **Ausschüttungssperre** und die Sicherung einer **Mindestausschüttung** (zum Umfang der gesetzlichen Realisierung von Ausschüttungssperre und Mindestausschüttung vgl. Abschn. 3.2.4).

Die Vielzahl unterschiedlicher Informations- und Zahlungsbemessungsinteressen der verschiedenen Bilanzadressaten macht eine Beschränkung der mit der Bilanz verfolgten Zwecke auf die wichtigsten bzw. die allen Unternehmensbeteiligten gemeinsamen Zielsetzungen notwendig. Die **Verdichtung** der Bilanzzwecke auf lediglich zwei **Zielgrößen der finanziellen Rechnungslegung,** nämlich die Darstellung der gegenwärtigen und zukünftigen Liquiditäts- und Ertragslage sowie der Nachweis ergebnisabhängiger Einkommenszahlungen, ist demgemäß als Zusammenfassung der grundsätzlich vielschichtigen Adressateninteressen zu verstehen. Bei der Fixierung des Bilanzinhalts durch Rechnungslegungs- und Publizitätsvorschriften kann es sich deshalb auch nur um die Festlegung auf ein gemeinsames, den primären Zielvorstellungen der Bilanzadressaten entlehntes **Mindestinformationsprogramm** – aus Adressatensicht auch **Konfliktlösungsprogramm** – handeln. Dabei müssen die Bilanzempfänger auf die Einhaltung der durch den Gesetzgeber vorgegebenen Rechnungslegungsvorschriften und die Beachtung der jeweils vorgeschriebenen Publizitätsanforderungen vertrauen können (formeller Bilanzzweck i. S. der **Dokumentation**).

3.2.2.2 Der Informationszweck der Bilanz

Wird der Bilanz die Aufgabe übertragen, zu einem bestimmten Zeitpunkt bestimmte Personen über bestimmte Geschehnisse in einem Unternehmen zu unterrichten, dann sind Bilanzen Informationsinstrumente, die als Grundlage für Kontrollen und Dispositionen interner und externer Bilanzadressaten dienen können. Da es keinen Unternehmenszweck an sich gibt, sondern Unternehmen gegründet und betrieben werden, um die vorwiegend finanziellen Ziele der mit unterschiedlichen Interessenlagen ausgestatteten »Beteiligten« zu realisieren, stellen die Bilanzinformationen **Entscheidungshilfen** zur Verwirklichung dieser Ziele dar. Die Frage nach dem »**Wozu**« der Bilanzierung schließt die Frage nach dem »**Für wen**« der Bilanzierung ein. Folgende »**Beteiligte**« **mit Informationsinteressen** können unterschieden werden:

- Unternehmensführung,
- Anteilseigner,
- Gläubiger,
- Öffentlichkeit,
- Fiskus,
- Arbeitnehmer.

Aus den meist nicht übereinstimmenden Interessenlagen der Bilanzadressaten resultieren deren spezifische Informationswünsche, wobei sowohl innerhalb einzelner Gruppierungen als auch zwischen diesen Konflikte auftreten können. Bei möglichen Konflikten bezüglich der Informationsanforderungen **innerhalb** von Interessengruppen sind insbesondere die Gruppen der Gläubiger und der Anteilseigner zu nennen, die oft aufgrund eines beteiligungsbedingt unterschiedlichen Gewichts einzelner Gruppenmitglieder einen hohen Grad der Inhomogenität aufweisen. Inhomogenität kennzeichnet aber auch die nicht mit konkreten Informationsansprüchen ausgestattete (nicht organisierte) Öffentlichkeit, da es keinen konfliktfreien Gemeinwohlmaßstab, sondern nur situationsbedingt konfliktarme Kriterien für das geben kann, was im Interesse des Gemeinwohls ist.

Im einzelnen lassen sich die Informationsinteressen der **Bilanzadressaten** wie folgt kurz kennzeichnen:

(1) Unternehmensführung

Das auf die (externe) Bilanz gerichtete Informationsinteresse der **Unternehmensführung** erweist sich infolge ihres unbegrenzten Zugriffs auf interne und deshalb i. d. R. aktuellere und weniger aggregierte Rechenwerke von untergeordneter Bedeutung. Lediglich als Basis globaler Gestaltungsentscheidungen für die Folgeperiode(n) kann ihr eine dispositive Funktion beigemessen werden. Das gilt für **personenbezogene**, durch Personalunion von Gesellschafter- und Geschäftsführerfunktion gekennzeichnete Unternehmen ebenso wie für **firmenbezogene**, durch personelle Trennung zwischen Leitungsaufgabe und Eigentümerstellung ausgewiesene Unternehmen. Bei firmenbezogenen Unternehmen (Publikumsgesellschaften mit einem Management durch Organe wie Vorstände, Geschäftsführer) wachsen der Bilanz allerdings zwei wesentliche Informationsbedürfnisse in Gestalt von Regelungen zur **Selbstinformation im Drittinteresse** und in Form von **erfolgsausweisabhängigen Einkommensinteressen** des Managements zu (Egner [Bilanzen] 26f.). Erstere ist für Kapitalgesellschaften vor allem in Verbindung mit bestimmten Sorgfalts- und Handlungspflichten der Geschäftsführung zu sehen (§§ 92 Abs. 1, 2 und 93 Abs. 1 AktG; §§ 43 Abs. 1 und 64 GmbHG; §§ 34 Abs. 1 und 98 Abs. 1 GenG); letztere betreffen die vom gegenwärtigen und zukünftigen Gewinnausweis abhängigen persönlichen Managerbezüge.

(2) Anteilseigner

Die Begründung für den Anspruch der **Anteilseigner** auf Rechenschaft durch Rechnungslegung läßt sich direkt aus ihrer Beteiligung am Unternehmen ableiten. Diese verkörpert Mitgliedschafts- und Mitverwaltungsrechte an einer Organisation mit privatwirtschaftlicher Zielsetzung und charakterisiert den Anteilseigner als Organ der Gesellschaft. Als Voraussetzung der von ihm in dieser Stellung erwarteten Entscheidungen muß er über Lage und Entwicklung der Gesellschaft in Kenntnis gesetzt werden. Im Mittelpunkt des Eigentümerinteresses steht demzufolge die Informationsvermittlung als Grundlage der Eignerentscheidungen. Diese können grundsätzlich unterteilt werden in:

- **Anlage-**(Kauf-/Verkaufs-)**Entscheidungen,**
- **Einkommens-**(Gewinnverwendungs-)**Entscheidungen** und
- **Mitverwaltungs-**(Kontroll-)**Entscheidungen.**

Bezüglich der Informationsinteressen ist dann vor allem die Größe des gehaltenen Anteils Kriterium für die Anforderungen an Umfang und Inhalt der von der Unternehmensleitung zur Verfügung gestellten Informationen: **Großaktionäre** haben einerseits kein Interesse an zu umfassender Unterrichtung der übrigen Aktionäre, da ihnen selbst meist über Jahresabschlüsse hinausgehende Informationsquellen zur Verfügung stehen. Andererseits findet bei Großaktionären eine unzutreffende Unterrichtung über die Vermögens- und Ertragslage infolge einer Politik der stillen Selbstfinanzierung weit mehr Verständnis als bei den (im Normalfall) an der Maximierung des Einkommensstroms aus ihrer Beteiligung interessierten **Kleinaktionären.**

(3) Gläubiger

Spezifische Adressaten der Rechenschaftslegung sind auch die **Gläubiger,** zu denen neben den Darlehensgebern auch die Lieferanten zählen. Ihr Anspruch leitet sich aus dem überwiegend gesetzlich begründeten **Gläubigerschutzgedanken** her, der seine inhaltliche Präzisierung durch die beiden Komponenten des Gläubigerschutzes **Haftung** und **Publizität** erfährt. Das Haftungsprinzip sieht bestimmte Rechtsinstitute bzw. Rechtsfolgen zum Schutz des Gläubigers für den Fall des Eintretens gläubigergefährdender Sachverhalte vor (z. B. Mindesthaftung, Ausschüttungsregelung). Demgegenüber erweist sich die Information durch Publizität als die häufig einzige Möglichkeit, die Interessenlage des Gläubigers (Beurteilung der Kreditwürdigkeit des Schuldners nach Risikograd der Gläubigerforderung, Kreditsicherungsmöglichkeiten sowie Berichterstattung über Haftungsverhältnisse) mit der Situation der Gesellschaft zu vergleichen. Da ähnlich den Eigentümerinteressen auch das Gläubigerinteresse auf Einkommens- und Vermögenserhaltung, insbesondere auf die Vermeidung von Vermögensverlusten, gerichtet ist, orientiert sich das Informationsinteresse der Gläubiger vor allem an einer nicht zu optimistischen Darstellung der Vermögens-, Ertrags- und Liquiditätslage sowie an Informationen über bevorrechtigte Zugriffsmöglichkeiten anderer Gläubiger im Konkurs- oder Vergleichsfall. Konflikte entstehen, wenn Qualität und Quantität des Informationszugangs mit der Höhe des jeweiligen Engagements und der daraus resultierenden Machtposition gegenüber einem Unternehmen variieren. Kleinere Gläubiger sind vorwiegend auf veröffentlichte Jahresabschlüsse angewiesen, während Großgläubigern auch andere, vor allem interne Informationsquellen zur Verfügung stehen.

(4) Öffentlichkeit

Neben den Anteilseignern und den Gläubigern kann die **Öffentlichkeit** i. S. der nicht organisierten Gesamtheit der Staatsbürger (Öffentlichkeit als Ganzes) zu den Adressaten der Rechenschaft gezählt werden. Auch wenn keine unmittelbaren rechtlichen oder geschäftlichen Beziehungen zu Unternehmen bestehen, muß die Frage, ob seitens der Öffentlichkeit ein eigenständiger Anspruch auf Rechenschaft besteht, zumindest dort bejaht werden, wo die Rechenschaftslegung in öffentlicher Form (**Publizität**) zu erfolgen hat. Da Publizität einen Wert nur in bezug auf bestimmte Empfänger erfährt, erscheint auch die Öffentlichkeit selbst als anspruchsberechtigter Adressat mit eigener Interessenlage. Die Legalisierung des Publizitätsanspruchs der Öffentlichkeit durch besonders im HGB und AktG niedergelegte und im öffentlichen Interesse zu erfüllende

- Offenlegungspflichten (§ 325 HGB),
- Mitteilungspflichten (z. B. §§ 20, 21 AktG),
- Berichterstattungspflichten (zwingende Natur der §§ 284, 285 HGB und des § 160 AktG) sowie
- Prüfungspflichten (öffentliche Funktion des Abschlußprüfers nach § 316 Abs. 1 HGB)

dient letztlich dem generellen Schutzbedürfnis der Allgemeinheit nach Einkommens-, Vermögens-, Arbeitsplatz- und Konsumsicherung. Obwohl infolge der heterogenen Zusammensetzung der Öffentlichkeit sowie deren fehlender finanziellen Beteiligung am Unternehmen keine konkreten Informationsansprüche hergeleitet werden können, haftet der Rechnungslegungspublizität doch eine wichtige **Kontrollfunktion** an mit nicht zu unterschätzender regulativer Wirkung auf Bildung und Einfluß einer öffentlichen Meinung.

(5) Fiskus

Die Informationsbedürfnisse des **Fiskus** sind von anderen Überlegungen als die der sonstigen Bilanzempfänger geprägt. Da die Besteuerung der tatsächlichen Leistungsfähigkeit eines Unternehmens angestrebt wird, richtet sich das Interesse auf einen weder nach oben noch nach unten manipulierten, möglichst zutreffenden Ausweis von Erfolg und Vermögen. Die zu diesem Zweck erforderliche Rechnungslegung erfolgt durch spezielle, nach Steuergesetzen erstellte Steuerbilanzen, die im Falle der Einkommens- bzw. Ertragsbesteuerung über das Maßgeblichkeitsprinzip mit den handelsrechtlichen Vorschriften zur Bilanzierung verbunden sind. Der Rechnungslegung durch **Steuerbilanzen** wird dabei ausschließlich Kontrollfunktion beigemessen: Es geht ihr um die Einhaltung der steuerlichen Rechtsvorschriften und um die ordnungsmäßige Ermittlung der Steuerbemessungsgrundlagen. Im Vordergrund steht demzufolge auch ein unmittelbar auf Zahlungsbemessung gerichtetes finanzielles (fiskalisches) Informationsinteresse (zum Steuersystem vgl. Bd. 1: Grundfragen, 6. Aufl., S. 160–215).

(6) Arbeitnehmer

Nicht durch Bilanzrecht anerkannte Informationsinteressen besitzen die **Arbeitnehmer** (Belegschaft). Ihre finanziellen Informations- und Kontrollansprüche leiten sich weitgehend aus anderen gesetzlichen Regelungen ab, wie z. B. den §§ 43 Abs. 2, 80 Abs. 2, 106 Abs. 2 und 3,

108 Abs. 3–5, 110 Abs. 1 Betriebsverfassungsgesetz sowie §§ 90, 111 AktG i. V. m. § 7 Mitbestimmungsgesetz. Die vor allem aus dem **Betriebsverfassungsgesetz** den Arbeitnehmern (Betriebsrat) zustehenden eigenen Informationsansprüche gehen teilweise weit über den Informationsgehalt der externen Rechnungslegung hinaus (im einzelnen hierzu vgl. Bd. 1: Grundfragen, 6. Aufl., S. 247–287). Eine Begründung dafür ist darin zu sehen, daß neben einem finanziellen Informationsinteresse zur Geltendmachung von Einkommensansprüchen der Informationsbedarf der Arbeitnehmer vornehmlich durch ausgeprägt nichtfinanzielle Interessen bestimmt ist. Das ergibt sich aus dem direkten Einfluß bestimmter betrieblicher Entscheidungen, insbesondere solcher im Bereich von Programm-, Verfahrens- und Beschäftigungsänderungen, und den damit häufig verbundenen Konsequenzen bezüglich Umschulung, Arbeitsplatzwechsel oder vorzeitiger Pensionierung auf die Arbeits- und Existenzbedingungen der Belegschaft. Arbeitnehmerentscheidungen infolge solcher Anlässe benötigen nichtfinanzielle Informationen, die ein auf Zahlungsvorgängen begründetes Zahlenwerk, wie es die Bilanz darstellt, prinzipiell nicht liefern kann. Demzufolge besitzen auch die auf dieser Basis fakultativ erstellten **Sozialbilanzen** (vgl. hierzu Abschn. 3.2.3.6) nur begrenzten zusätzlichen Informationsgehalt. Auch dem **Sozialbericht** als Teil der gesetzlichen Lageberichterstattung im Rahmen des Geschäftsberichts kommt nur geringe Bedeutung als Instrument zur Informationsvermittlung gegenüber Arbeitnehmern zu.

Hinsichtlich des **zwischen** den verschiedenen Interessengruppen bestehenden **Konfliktpotentials** sei insbesondere auf die Interessengegensätze zwischen den Informationsgebern (Unternehmensleitungen, die gleichzeitig selbst Interessenten darstellen) und allen anderen Informationsempfängern bezüglich der bilanzpolitischen Möglichkeiten der Informationsbeeinflussung durch die Unternehmensleitung einerseits sowie auf die zwischen dem Fiskus und den übrigen Interessentengruppen bestehenden Interessenkollisionen andererseits hingewiesen. So geraten die Informationsinteressen von **Unternehmensleitungen** in zwei Richtungen mit den Interessen anderer Gruppen in Konflikt: War im Abrechnungszeitraum eine negative Geschäftsentwicklung zu verzeichnen, besteht der Anreiz, durch die Abgabe nicht sachgerechter Informationen über die Vermögens- und Ertragslage die Ausübung von Eingriffsrechten durch die **Eigentümer** bzw. die Einleitung von Notmaßnahmen seitens der **Gläubiger** zu verhindern. Ebenso kann auf der anderen Seite eine außergewöhnlich positive Geschäftsentwicklung Unternehmensleitungen dazu veranlassen, die Vermögens- und Ertragslage schlechter als den Tatsachen entsprechend darzustellen, um z. B. anstehenden Lohnforderungen der **Arbeitnehmer** besser begegnen zu können bzw. eine Minderung der **Steuerlast** zu erreichen. Möglichkeiten und Maßnahmen der **Bilanzpolitik** erweisen sich demgemäß als unternehmenspolitisch einsetzbares Konfliktausgleichspotential in der Hand der Informationsgeber.

Als **Konfliktlösungsstrategie** kommt den Rechnungslegungsvorschriften die Aufgabe zu, für jede Interessengruppe ein notwendiges Mindestmaß an Übereinstimmung mit der Realität zu garantieren (Egner [Bilanzen] 39). Instrument zur Sicherstellung der Ansprüche der einzelnen Interessengruppen ist eine entsprechende Normierung im Bilanzrecht. Dabei ist bezüglich des Informationsumfangs sowohl eine Abgrenzung nach unten (Mindestinformation) als auch nach oben (Mindestgeheimhaltung) zu berücksichtigen. Es ist darüber hinaus die Aufgabe der **Bilanzanalyse**, das vorhandene Informationsmaterial nach spezifischen Adressatenwünschen und entsprechend der konkreten Entscheidungssituation aufzubereiten und auszuwerten.

3.2.2.3 Der Zahlungsbemessungszweck der Bilanz

Die Bilanz ist Ausgangspunkt der Berechnung verschiedener, von einer Unternehmung zu leistender Zahlungen. Von Interesse sind dabei nur solche Zahlungsansprüche, die nicht bereits vertraglich fixiert, sondern **ergebnisabhängig** sind. Neben der Feststellung, ob und in welcher Höhe ein verteilungsfähiger Betrag entstanden ist (Gewinnermittlung, Gewinnausweis), muß deshalb über die **Verteilung** dieses Betrages an die verschiedenen Anspruchsberechtigten entschieden werden. Dabei sind stets die Nebenbedingungen der Fortführung des Unternehmens und der fristgemäßen Befriedigung der Gläubigeransprüche einzuhalten.

Probleme bei der Bemessung der den einzelnen Anspruchsberechtigten zustehenden Zahlungen ergeben sich, weil

- der verteilungsfähige Betrag kein objektiv bestimmbarer Wert, sondern von subjektiven Zielsetzungen und Prämissen abhängig ist, und
- die verschiedenen Anspruchsberechtigten unterschiedliche, z. T. auch konfliktäre Interessen hinsichtlich der Verteilung dieses Betrages haben.

Sowohl die **Ermittlung** (= Bilanzierung dem Grunde und der Höhe nach) als auch die Kompetenz zur **Verwendung** (= Ausschüttung,

Kapitalrückzahlung) des verteilungsfähigen Betrages bedürfen daher einer Regelung.

Die **Bilanzierung dem Grunde nach** (was wird bilanziert) ist ebenso wie die **Bilanzierung der Höhe nach** (wie wird bilanziert) stets interessen- und situationsabhängig, d. h. die »richtige« Ermittlung des einem Gut zuzuordnenden Betrages (Bewertung) ist nur im Hinblick auf eine bestimmte Zielsetzung und Entscheidungssituation möglich. Eine solcherart verstandene, **entscheidungsorientierte** Bilanzierung kann jedoch im HGB und AktG nicht gesetzlich fixiert werden, da sie individuell verschiedene Wertansätze, mithin unterschiedliche zu verteilende Beträge zur Folge hätte und somit den Grundsätzen der Nachprüfbarkeit widersprechen würde. Die Ansatz- und Bewertungsvorschriften gemäß HGB und AktG sind daher **Konventionsregeln,** die sich vor allem an vergangenheitsorientierten, am Markt realisierten und daher objektivierten Preisen orientieren (Anschaffungswertprinzip, Realisationsprinzip; vgl. dazu S. 354, 359 f.). Nur in Ausnahmefällen werden diese retrospektiven Wertansätze zum Zweck des Gläubigerschutzes durch prospektive Schätzwerte ersetzt (Niederstwertprinzip, Imparitätsprinzip; vgl. dazu S. 354).

Nicht nur die Ermittlung, sondern insbesondere auch die Verwendung des verteilungsfähigen Betrages ist abhängig von der Interessenlage des zur Verteilung Berechtigten und bedarf daher einer spezifizierten **Kompetenzregelung.** Für den Fall einer Aktiengesellschaft sind dabei vor allem drei **Konflikttypen** hinsichtlich der Zahlungsbemessungsinteressen von Bedeutung (vgl. Abb. 3.3.7; Wagner [Gewinnverwendung] 490):

(1) Der Konflikt zwischen **Aktionären und Gläubigern** (Konfliktbereich K_1) resultiert aus den sich konträr gegenüberstehenden Interessenlagen der Gläubiger nach Sicherung eines Haftungsvermögens und der Aktionäre nach möglichst hoher Ausschüttung. Dieser Konflikt kann nur dadurch geregelt werden, daß maximal der Teil des Vermögens als ausschüttungs- und verteilungsfähig gilt, der mindestens das Fremdkapital und zusätzlich ein gesetzlich fixiertes Haftungskapital übersteigt. Folglich muß, unabhängig von der Kompetenz zur Verwendung, ein Teil des Vermögens (gemäß § 58 Abs. 5 AktG in Höhe des gezeichneten Kapitals, der Kapitalrücklage, der gesetzlichen Rücklage sowie der Rücklage für eigene Anteile und des Fremdkapitals) von der Verteilung ausgeschlossen sein (**Ausschüttungssperre**; in Abb. 3.3.7 durch die obere umrahmte Fläche gekennzeichnet).

<table>
<tr><th colspan="2">Bilanzposten</th><th colspan="3">Konfliktbereiche</th><th>Kompetenzbereich</th></tr>
<tr><td colspan="2">Gezeichnetes Kapital</td><td rowspan="10">K1</td><td rowspan="5"></td><td rowspan="8"></td><td rowspan="5">Kompetenzabgrenzung aufgrund
§ 58 Abs. 5 AktG
§ 150 AktG
§ 272 Abs. 4 HGB</td></tr>
<tr><td colspan="2">Kapitalrücklage</td></tr>
<tr><td colspan="2">Fremdkapital</td></tr>
<tr><td rowspan="4">Bestand der Gewinnrücklagen</td><td>gesetzliche Rücklage</td></tr>
<tr><td>Rücklage für eigene Anteile</td></tr>
<tr><td>satzungsmäßige Rücklagen</td><td rowspan="5">K2</td><td rowspan="3">Kompetenz der Verwaltung
§ 172 AktG
§ 58 Abs. 2 AktG
§ 58 Abs. 2a AktG</td></tr>
<tr><td>andere Gewinnrücklagen</td></tr>
<tr><td rowspan="3">Jahresüberschuß</td><td>Bildung von Gewinnrücklagen durch Verwaltung</td></tr>
<tr><td rowspan="2">Bilanzgewinn (ohne Auflösung von Gewinnrücklagen)</td><td rowspan="2">K3</td><td>Kompetenz der Hauptversammlungsmehrheit
§ 58 Abs. 3 AktG
§ 174 Abs. 1 AktG</td></tr>
<tr><td>Kompetenzabgrenzung aufgrund
§ 254 AktG</td></tr>
</table>

Abb. 3.3.7: Kompetenzregelung nach Handels- und Aktienrecht

(2) Die Regelung zur Ausschüttungssperre läßt für den Konflikt zwischen **Aktionären und Verwaltung** (Konfliktbereich K_2) einen begrenzten Lösungsraum offen, der sich auf die satzungsmäßigen Rücklagen, die anderen Gewinnrücklagen und den Jahresüberschuß erstreckt. Da der Bestand der ausschüttungsfähigen Teile der Gewinnrücklagen i. d. R. der Kompetenz der Verwaltung untersteht (§ 172 AktG), kann der eigentliche Konfliktbereich indes auf die Verwendung des Jahresüberschusses eingegrenzt werden. Die Aufteilung dieses Konfliktpotentials könnte grundsätzlich entweder vollständig den **Aktionären** (so

tendenziell der Regierungsentwurf zu § 58 AktG 1965) oder vollständig der **Unternehmensleitung** (so im alten AktG von 1937 geregelt) überlassen werden. Der Gesetzgeber des AktG 1965 hat jedoch als dritte Lösungsmöglichkeit einen **Kompromiß** zwischen diesen beiden Alternativen realisiert, indem er die Gewinnverwendungskompetenz nach § 58 Abs. 2 Satz 1 AktG je zur Hälfte auf Aktionäre und Verwaltung übertragen hat (**50%-Regel**). Damit sollte sowohl den Interessen der Aktionäre nach Ausschüttung als auch den Interessen der Unternehmensleitung nach Bildung von Haftungsvermögen Rechnung getragen werden. Durch Satzungsermächtigung (§ 58 Abs. 2 Satz 2 AktG) kann die Verwaltung im Rahmen der dann zu beachtenden Gewinnthesaurierungsbeschränkung des Satzes 3 dieser Vorschrift allerdings auch über den vollen Jahresüberschuß verfügen und diesen in die anderen Gewinnrücklagen einstellen (BGH-Urteil v. 1. 3. 1971, II ZR 53/69).

(3) Für einen Konflikt zwischen **Groß- und Kleinaktionären,** dessen Ursachen in unterschiedlichen Konsumpräferenzen, Alternativanlagen, Planungszeiträumen oder Steuersätzen liegen können, verbleibt nur noch der Lösungsraum K_3, der durch den der Hauptversammlung zur Beschlußfassung vorgelegten Bilanzgewinn (§ 174 AktG) begrenzt wird. Dieser Konflikt, der im Interesse nach Einbehaltung des zu verteilenden Bilanzgewinns einerseits und dem Interesse nach Ausschüttung dieses Betrages andererseits zum Ausdruck kommt, wird durch das Anfechtungsrecht des § 254 Abs. 1 AktG geregelt, das den Minderheitsaktionären die Möglichkeit einer **Mindestausschüttung** in Höhe von 4% des Grundkapitals einräumt (in Abb. 3.3.7 durch die untere umrahmte Fläche gekennzeichnet).

Durch die gesetzliche Schlichtung der drei genannten Konflikte wird das Überleben der Institution »Unternehmen« nach allen Richtungen abgesichert: den Gläubiger- und Arbeitnehmerinteressen wird durch **Höchstgrenzen** der Ausschüttung, den Interessen der Minderheitsgesellschafter durch **Mindestausschüttungen** Rechnung getragen; die Verteilung des Jahresüberschusses wird durch eine **Kompromißlösung** zu gleichen Teilen von Aktionärs- und Verwaltungsinteressen bestimmt.

Darüber hinaus sind die Zahlungsbemessungsinteressen des **Fiskus** zu berücksichtigen, deren Bemessungsgrundlage durch gesonderte Rechnungen (**Steuerbilanzen**) ermittelt wird. Da einziger Zweck dieser Steuerbilanzen die Bestimmung der für fiskalische Zahlungen maßgebenden Grundlage ist, bedarf diese Rechnung keiner Kompetenzregelung; vielmehr liegt der Schwerpunkt in der Bestimmung des als Besteuerungsgrundlage dienenden Betrages, d. h. in der Bilanzierung, die ihren Ausgangspunkt in der Handelsbilanz nimmt (**Maßgeblichkeitsprinzip**; vgl. S. 350f. und S. 363).

3.2.3 Systematik der Bilanzen (Bilanzarten)

Kaufmännische Praxis und betriebswirtschaftliche Theorie haben in Abhängigkeit von den jeweils mit der Bilanz verfolgten Zielsetzungen (Zweckpluralismus der Bilanzierung) mannigfaltige Erscheinungsformen der Bilanz (**Bilanzarten**) entwickelt. Aus der materiellen Kennzeichnung der Bilanz (vgl. Abschn. 3.2.1) können im Prinzip ebenso viele Bilanzarten wie Bilanzierungszwecke abgeleitet werden. Abb. 3.3.8 S. 318 vermittelt einen Überblick über die nach verschiedenen Unterscheidungsmerkmalen differenzierten Bilanzarten.

Die in der dargestellten Typologie genannten Bilanzarten lassen sich im Rahmen dieser Einführung nicht alle umfassend beschreiben. Dennoch erlaubt die gewählte Systematik eine komprimierte Darstellung der wesentlichen Grundzüge auch jener Teilgebiete der Bilanzlehre, die wie die Bilanztheorie, die Sonderbilanzierung oder Probleme inflationsbereinigter und gesellschaftsbezogener Rechnungslegung traditionell jeweils eigene Kapitel beanspruchen. Der besonderen Bedeutung **gesetzlich vorgeschriebener** Bilanzen wegen werden allerdings die Handelsbilanz und die Steuerbilanz sowie die Konzernbilanz im folgenden ausführlich behandelt (vgl. Abschn. 3.2.4 und 3.2.5).

3.2.3.1 Bilanzkonzeptionen

Unter einer **Bilanzkonzeption** (**Bilanztheorie, Bilanzauffassung**) sind alle Versuche zu verstehen, die darauf gerichtet sind, Bilanzinhalt und Wertansätze von Bilanzpositionen nach einem einheitlichen Prinzip zu deuten.

Jede Bilanzkonzeption ist dabei sowohl unter Berücksichtigung der jeweils geltenden gesetzlichen Vorschriften als auch im Spiegel des jeweils vorhandenen Erkenntnisstandes der betriebswirtschaftlichen Forschung, also ihres historischen Umfeldes, zu betrachten.

Der Versuch, bestimmte **Entwicklungsstufen** einer betriebswirtschaftlichen Bilanztheorie näher zu kennzeichnen (Schneider [Entwicklungsstufen] 158 ff.), erlaubt eine Unterscheidung nach drei Phasen:

<table>
<tr><th>Unterscheidungs-merkmal</th><th colspan="8">Bilanzarten (i. w. S.)</th></tr>
<tr><td>Bilanz-konzeption</td><td>Vermögensaus-weisbilanzen</td><td>Erfolgsaus-weisbilanzen</td><td>Tageswert-bilanzen</td><td>Kapitaltheore-tische Bilanzen</td><td>Informationsbe-zogene Konzepte</td></tr>
<tr><td rowspan="2">Bilanzierungs-anlaß</td><td rowspan="2">ordentliche Bilanzen</td><td colspan="7">Sonderbilanzen</td></tr>
<tr><td>Gründungs-bilanz</td><td>Umwand-lungsbilanz</td><td>Fusions-bilanz</td><td>Sanierungs-bilanz</td><td>Vergleichs-bilanz</td><td>Liquidations-bilanz</td><td>Konkurs-bilanz</td></tr>
<tr><td rowspan="2">Bilanzierungs-zeitraum</td><td colspan="6">Periodenbilanzen</td><td rowspan="2">Total-bilanz</td></tr>
<tr><td>Tages-bilanz</td><td>Wochen-bilanz</td><td>Monats-bilanz</td><td>Quartals-bilanz</td><td>Halbjahres-bilanz</td><td>Jahres-bilanz</td></tr>
<tr><td>Zeitbezug der Bilanz</td><td colspan="3">Retrospektive Bilanzen</td><td colspan="3">Prospektive Bilanzen</td></tr>
<tr><td rowspan="2">Bilanz-inhalt</td><td rowspan="2">Bestände-bilanzen</td><td colspan="2">Bewegungsrechnungen</td><td colspan="2">Intensitätsrechnungen</td></tr>
<tr><td>Erfolgs-rechnung</td><td>Kapitalfluß-rechnung</td><td>Erfolgsverän-derungsrechnung</td><td>Bewegungs-differenzenrechnung</td></tr>
<tr><td rowspan="2">Abrechnungs-kreis</td><td colspan="2">zusammengefaßte Bilanzen</td><td rowspan="2">Einzelbilanzen</td></tr>
<tr><td>Gemeinschaftsbilanz</td><td>Konzernbilanz</td></tr>
<tr><td>Bilanzempfänger</td><td colspan="3">interne Bilanzen</td><td colspan="3">externe Bilanzen</td></tr>
<tr><td rowspan="3">Rechtsnorm</td><td colspan="3">gesetzlich vorgeschrieben</td><td>vertraglich vereinbart</td><td colspan="2">freiwillig erstellt</td></tr>
<tr><td rowspan="2">Handelsbilanz</td><td colspan="2">Steuerbilanz</td><td rowspan="2">z. B. für Kreditgeber, Anteilseigner etc.</td><td rowspan="2">Sozialbilanz</td><td rowspan="2">interne Bilanzen</td></tr>
<tr><td>Ertragsteuer-bilanz</td><td>Vermögens-aufstellung</td></tr>
</table>

Abb. 2.3.8: Bilanzarten

1. **Grundsatzdiskussion** (Ziel, Wesen, Inhalt der Bilanz) durch die sog. **klassischen Bilanzauffassungen** (1884–1930);
2. **Einzelproblemauseinandersetzung** (Bilanzierungsgrundsätze, Teilwertdiskussion, Scheingewinn) mit Fragen der **Bilanzierungspraxis** (30er Jahre);
3. **Weiterentwicklung** zur sog. **neueren Bilanzdiskussion** durch kapitaltheoretische und informationsbezogene Ansätze (ab Mitte der 60er Jahre).

Zu den klassischen Bilanzauffassungen werden insbesondere die als **statisch,** als **dynamisch** und als **organisch** bezeichneten Interpretationen des Bilanzinhalts gerechnet (vgl. dazu auch Bd. 1: Grundfragen, 6. Aufl., S. 71–82). Die Rechnungslegungspraxis ist ausschließlich dem Gedankengut von statischer und dynamischer Bilanztheorie verpflichtet.

3.2.3.1.1 Vermögensausweisbilanzen (statische Bilanztheorie)

> **Statische Bilanzkonzeptionen** stellen den Gesichtspunkt des Vermögensausweises bei der Bilanzaufstellung in den Vordergrund (Theorien der Vermögensausweisbilanzierung).

Kennzeichnend für statische Bilanzauffassungen (Vertreter u. a.: H. V. *Simon,* H. *Nicklisch,* W. *Le Coutre*) ist, daß Bestände an Vermögen und Schulden und das daraus resultierende Reinvermögen für einen Stichtag zu ermitteln und detailliert (insbesondere für bilanzanalytische Zwecke) auszuweisen sind. Die statische Bilanzlehre stellt daher in erster Linie eine **Gliederungslehre** dar. Dabei wird der Fähigkeit des Vermögens, die Schulden zu decken (Vermögen als »**Schuldendekkungspotential**«), Priorität zuerkannt. Für die Bewertung des Vermögens ist entscheidend, ob Zerschlagung oder Fortführung des Unternehmens unterstellt wird und somit Einzelveräußerungspreise oder Anschaffungspreise, evtl. vermindert um Abschreibungen, anzusetzen sind. Die von der statischen Bilanzauffassung überwiegend vertretene Erhaltungskonzeption ist die der **nominalen** (nominellen) **Kapitalerhaltung.**

> **Nominale Kapitalerhaltung** heißt Erhaltung eines geldziffernmäßig bestimmten Ursprungskapitals unter Berücksichtigung des Prinzips: Mark = Mark.

Die **Erfolgsrechnung** (Gewinn- und Verlustrechnung) in die statische Konzeption einzubeziehen, bereitet Schwierigkeiten: Ihr ist keine inhaltliche, sondern lediglich eine buchtechnische Beziehung zur Bilanz eigen. Die Erfolgsermittlung in der Gewinn- und Verlustrechnung erfolgt deshalb auch im Rahmen der statischen Bilanzkonzeption allein im Dienste der Reinvermögensermittlung. Gewinne stellen Reinvermögensmehrungen, Verluste Reinvermögensminderungen dar.

Der vermögensrechnerische Aspekt der statischen Bilanzauffassungen ist Grundlage zentraler handelsrechtlicher Vorschriften zur Aufstellung von Inventar und Bilanz (vgl. bes. §§ 240, 242, 264 HGB). Über diese Generalnormen nimmt das Gedankengut der statischen Bilanzkonzeptionen aber auch überall dort auf den Einzelfall der Rechnungslegung Einfluß, wo es um die Beurteilung des »richtigeren« (einsichtigeren) Vermögensausweises geht. Darüber hinaus basieren Handels- und Steuerrecht auf dem Nominalwertprinzip.

3.2.3.1.2 Erfolgsausweisbilanzen (dynamische Bilanztheorie)

3.2.3.1.2.1 Dynamische Bilanz i. e. S.

Die dynamische Bilanztheorie ist von **E. Schmalenbach** (1873–1955) im Jahr 1919 durch seine Schrift: »Grundlagen dynamischer Bilanzlehre« begründet worden.

> Hauptanliegen der **dynamischen Bilanzkonzeption** ist die Ermittlung eines »vergleichbaren Periodenerfolges«, der als Indikator von Auf- und Abwärtsentwicklungen eines Unternehmens der Betriebssteuerung dient (Theorie der Erfolgsausweisbilanzierung).

Entsprechend kommt der Gewinn- und Verlustrechnung bei der Bilanzaufstellung und dem Bewertungsaspekt die zentrale Bedeutung zu. In der Gewinn- und Verlustrechnung werden alle zahlungswirksamen Geschäftsvorfälle abgerechnet, die in der Abrechnungsperiode erfolgswirksam sind. Fallen Zahlungs- und Erfolgswirkung auseinander, entstehen »**schwebende Posten**«, die solange in der dynamisch, durch die Komponenten der Wertbewegung (Ausgaben, Einnahmen, Aufwand, Ertrag bzw. Leistung) interpretierten Bilanz (»**Kräftespeicher der Unternehmung**«) ausgewiesen werden, bis sie durch die korrespondierenden Erfolgsvorgänge abgelöst werden. Die Bilanz stellt sich demgemäß als umfassendes Konto der Rechnungsabgrenzung dar.

Die Bewertung hat stets so zu erfolgen, daß die »absolute« Richtigkeit der Bilanzansätze gegenüber der »relativen« Richtigkeit i. S. einer interperiodischen Vergleichbarkeit zurücktritt. Im Gegensatz zur statischen steht bei der dynamischen Bilanzlehre daher die **Bewertungslehre** im Vordergrund. Die Rechnung hat dabei den folgenden Prinzipien zu entsprechen:

- Kongruenz (Summe der Periodenerfolge = Totalerfolg),
- Methodenstetigkeit (prinzipielle Beibehaltung einmal vorgenommener Bilanzansätze bzw. Bewertungsverfahren),
- Sicherheit der Rechnung (Bevorzugung sicherer, aber weniger exakter Verfahren) und – obwohl aus »dynamischer« Sicht nicht systemgerecht, so doch pragmatisch notwendig –
- Vorsicht (Höhergewichtung der Verlustgefahr gegenüber der Gewinnchance).

Das von *Schmalenbach* vertretene Erhaltungskonzept ist das der **realen,** durch Kaufkraftindex korrigierten **Kapitalerhaltung.**

Reale Kapitalerhaltung bedeutet Erhaltung eines geldziffernmäßig bestimmten Ursprungskapitals in Einheiten gleicher Kaufkraft.

Entscheidend weiterentwickelt wurde das *Schmalenbach*'sche Bilanzkonzept durch E. *Walb* (**finanzwirtschaftliche** Bilanz) und E. *Kosiol* (**pagatorische** Bilanzlehre).

3.2.3.1.2.2 Finanzwirtschaftliche Bilanz

Walb (1880–1946) geht von der grundsätzlichen Erkenntnis aus, daß sich der Unternehmensprozeß auf der Grundlage eines **Leistungsstroms** und eines diesem gegenläufigen **Zahlungsstroms** abwickelt, wobei jeder Leistung eine gleichzeitige oder zukünftige Zahlung entspricht. Jeder Geschäftsvorfall löst damit zwei Buchungen aus und zwar entweder innerhalb einer Kontenreihe oder auf einem Leistungskonto und einem Zahlungskonto. Die Konten der Leistungsreihe werden auf das Gewinn- und Verlustkonto abgeschlossen, die Konten der Zahlungsreihe auf das Bilanzkonto, das im einfachsten Fall dem Kassenkonto entspricht. Bilanzposten entstehen durch Rück- bzw. Nachverrechnung (System von Stornierungen), die notwendig werden, wenn Zahlungs- und Erfolgswirksamkeit von Vorfällen in verschiedenen Perioden liegen. Auch *Walb* ist Vertreter einer **realen,** kaufkraftmäßigen **Kapitalerhaltung.**

3.2.3.1.2.3 Pagatorische Bilanz

Kosiol (1899–1990) erweitert dieses Konzept durch Interpretation auch des Inhalts der *Walb*'schen Leistungsreihe mittels Zahlungsvorgängen. Damit lassen sich sämtliche betrieblichen Vorgänge der Systemidee des **pagatorischen Erfolgs** unterordnen. Der pagatorische Erfolg, definiert als Differenz zwischen Ertragseinnahmen und Aufwandsausgaben, bedarf allerdings einer Ausweitung des Zahlungsbegriffs über die **Barzahlungen** hinaus auch auf **Verrechnungszahlungen** (Vorverrechnung, Tilgungsverrechnung, Rückverrechnung, Nachverrechnung). Durch Ansatz des pagatorischen Wertes, der neben dem Anschaffungswert auch aus dem Markt abgeleitete (derivative) »Zahlungs«-Werte umfassen kann, kommt *Kosiol* zum Grundsatz der **nominalen Kapitalerhaltung.**

Insbesondere die dynamische Bilanzauffassung *Schmalenbachs* hat die geltenden Bilanzierungsvorschriften entscheidend mitgeprägt. Überall dort, wo es um Fragen der Periodisierung von Vermögensänderungen und damit um die Zurechnung von Erfolgsbestandteilen (Aufwand, Ertrag) auf bestimmte Rechnungsperioden geht, bildet dynamisches Gedankengut die Grundlage der praktischen Rechnungslegung. Die Posten der Rechnungsabgrenzung in der Bilanz (§ 250 HGB) vermitteln hierzu nur einen rudimentären Eindruck; es ist vor allem der gesamte Komplex der Bemessung und Verteilung der Abschreibungen von Anlage- und Umlaufvermögen (§ 253 Abs. 2, 3 HGB), durch den die Konzeption der Erfolgsausweisbilanzierung in den gesetzlichen Vorschriften zur Rechnungslegung repräsentiert ist.

3.2.3.1.3 Tageswertbilanzen (organische Bilanztheorie)

Vermögensausweis- und Erfolgsausweisbilanzierung sind grundsätzlich durch ihren Monismus in der Aufgabenverfolgung gekennzeichnet. Eine den klassischen Bilanztheorien ebenfalls zuzurechnende, jedoch strukturell von den bisherigen Konzeptionen stark abweichende Bilanzauffassung ist die **organische Bilanztheorie.**

> Die **organische Bilanztheorie** stellt eine dem Zweckdualismus von richtiger Erfolgsermittlung und richtiger Vermögensfeststellung verpflichtete Theorie dar (Theorie der Tageswertbilanzierung).

Insbesondere die von F. *Schmidt* (1882–1950) in seinem Werk »Die organische Tageswertbilanz« vor dem Hintergrund der Geldwertschwankungen der zwanziger Jahre entwickelte »**organische Tageswertbilanz**« macht den Versuch, über eine substanzmäßige Betrachtung dieses doppelte Ziel zu realisieren. Voraussetzung dafür ist die Eliminierung aller Geldwertänderungen in der Bilanz mit Hilfe einer richtigen Bewertung. Als richtiger Wert i. S. dieser Theorie gilt der **Wiederbeschaffungswert** bzw. der **Tageswert am Umsatztag.** Die Tageswertrechnung hat die Aufgabe, den Umsatzerfolg aus der Geschäftstätigkeit vom preisänderungsbedingten **Scheinerfolg** zu trennen und erfolgsrechnerisch zu neutralisieren. Letzteres geschieht über ein bilanzielles **Wertänderungskonto.** Damit wird die Bilanz zum Spiegel der Marktpreise am Bilanzstichtag, und zwar der Tagespreise am Beschaffungsmarkt. Im Gegensatz zur realen Kapitalerhaltung finden hier betriebsindividuelle Preisindizes Verwendung, um das Ziel einer **relativen,** an der gesamtwirtschaftlichen Produktionsentwicklung orientierten **Substanzerhaltung** zu verwirklichen.

Die organische Bilanztheorie kann als Ausgangspunkt aller Bemühungen angesehen werden, die Rechnungslegung von Kaufkraftschwankungen mit dem Ziel einer güterwirtschaftlichen Vermögenserhaltung freizuhalten. Die unter das Stichwort **inflationsbereinigte Rechnungslegung** heute zu subsumierenden Konzeptionen der Rechnungslegungstheorie und -praxis stellen Bemühungen i. S. dieser Tageswertorientierung der Bilanzierung dar.

Die momentan **geltenden Rechnungslegungsvorschriften** sind jedoch am **Nominalwertprinzip** orientiert, wonach der Bilanzierungspflichtige den Gewinn nicht nach den Grundsätzen der Tageswertbilanzierung berechnen darf, sondern diesen nach den Prinzipien der Anschaffungswertbilanzierung zu ermitteln hat. Lediglich einzelne **steuerliche Bewertungszugeständnisse** (z. B. Preissteigerungsrücklage nach § 74 EStDV, für Wirtschaftsjahre, die vor dem 1. 1. 1990 endeten; Reinvestitionsrücklage gemäß § 6 b EStG; Rücklage für Ersatzbeschaffung nach Abschn. 35 EStR) sind am Gedanken der Tageswertbilanzierung orientiert. Die 4. EG-Richtlinie eröffnete zwar in Art. 33 den Mitgliedstaaten grundsätzlich ein Bewertungswahlrecht für Wiederbeschaffungswerte, das jedoch nicht in das Bilanzrichtlinien-Gesetz übernommen wurde.

3.2.3.1.4 Kapitaltheoretische Bilanzen

Kapitaltheoretische Bilanzen sind der **neueren** Bilanzdiskussion zuzurechnen (D. *Schneider* 1963, 1968; H. *Münstermann* 1966; G. *Seicht* 1970). Charakteristisch für kapitaltheoretische Bilanzen ist deren **Zukunftsbezogenheit** und damit ihre investitionstheoretische, auf Zahlungs- bzw. Einkommensgrößen beruhende Grundlage.

> **Kapitaltheoretische Bilanzen** sind ihrer investitionstheoretischen Grundlage gemäß am Zahlungsbemessungszweck der Bilanz orientiert und untersuchen insbesondere die Frage, welcher Gewinn einem Unternehmen unter ökonomischen Gesichtspunkten in jeder Periode maximal entzogen werden kann (**ökonomischer Gewinn**).

Bezugsgröße der Unternehmenserhaltung ist bei dieser Bilanzauffassung weder die vergangenheitsorientierte (Einlagen-)Kapitalerhaltung noch die reinvestitionsorientierte Substanzerhaltung, sondern vielmehr der auf die Erhaltung des Unternehmensgesamtwerts gerichtete **Ertragswert** (Zukunftserfolgswert).

> **Ertragswert** ist der Barwert aller erwarteten zukünftigen Einnahmeüberschüsse der Unternehmung; das Ergebnis seiner Verzinsung entspricht dem ökonomischen Gewinn.

Der **ökonomische Gewinn** ist demgemäß der entnahmefähige Betrag bei **Ertragswerterhaltung** (Erfolgskapitalerhaltung); er entspricht der Änderung des Ertragswerts (Erfolgskapitals) während einer Abrechnungsperiode bzw. der Verzinsung des Ertragswerts zum Periodenbeginn mit dem Kalkulationszinsfuß.

Kapitaltheoretische Bilanzen lösen die Zahlungsbemessungsaufgabe des Jahresabschlusses in theoretisch plausibler Form. Demgegenüber werden die von der Informationsfunktion des Jahresabschlusses geforderten Aufgaben nur unzureichend erfüllt. Die stark subjektiven Elemente der Kalkulationszinsfußermittlung und die Zukunftsbezogenheit der ökonomischen Erfolgskonzeption lassen zudem den Schluß zu, daß kapitaltheoretische Bilanzen wenig geeignet sind, den nach GoB-Anforderungen (Realisationsprinzip, Objektivierungszwang, Nachprüfbarkeit) erstellten Jahresabschluß zu ersetzen.

3.2.3.1.5 Informationsbezogene Bilanzierungskonzepte

Neben den kapitaltheoretischen Ansätzen sind es die informationsbezogenen Bilanzierungskonzepte, welche die **neuere** Bilanzdiskussion begründen (A. *Moxter* 1966; W. *Busse von Colbe* 1966, 1968; U. *Leffson* 1968; D. *Schneider* 1968).

Ausgangspunkt aller Überlegungen dazu ist die Frage nach dem **Informationsgehalt** sowohl des jeweils geltenden, als auch eines um zusätzliche Rechnungslegungsinstrumente erweiterten Jahresabschlusses.

> **Informationsbezogene Bilanzierungskonzepte** analysieren den Informationsgehalt von Jahresabschlußdaten auf deren Entscheidungsrelevanz hin; sie stellen Untersuchungen zur Beurteilung und Verbesserung von Jahresabschlußinformationen dar.

Informationsbezogene Bilanzierungskonzepte verfolgen bei Erfüllung dieser Aufgabe eine **empirische** und eine **normative** Absicht:

– Die **empirischen** Ansätze fragen nach dem **tatsächlichen** Informationsgehalt publizierter Jahresabschlüsse. Gemessen werden soll der **Nutzen**, den dieser für die ökonomischen Entscheidungen der Bilanzadressaten zu leisten vermag. Dabei wird insbesondere die **Prognoseeignung** von Jahresabschlußinformationen als ein wesentliches Kriterium seiner Entscheidungstauglichkeit angesehen. Da die Messung der vom Jahresabschluß ausgehenden externen Wirkungen vor allem über die Transaktionsentscheidungen der Eigner börsennotierter Titel und folglich über die Aktienrendite plausibel erscheint, hat in den letzten Jahren der **kapitalmarktorientierte Ansatz** der empirischen Bilanzforschung eine herausragende Bedeutung erlangt.
– Die **normativen** Ansätze versuchen demgegenüber, zur **Verbesserung** des Informationsgehalts der externen Rechnungslegung beizutragen. Die dazu gemachten Vorschläge reichen von der Offenlegung der bei der Bilanzbewertung in Anspruch genommenen Manipulationsspielräume (D. *Schneider*) über betont auf Zahlungsströmen aufbauende Rechenwerke (A. *Moxter*) bis hin zu Forderungen, die eine Publizität von Investitions- und Finanzplaninformationen, z. B. im Rahmen prospektiver Kapitalflußrechnungen (W. *Busse von Colbe*) vorsehen. Grundlage dieser den Jahresabschluß wenn nicht ersetzenden (**Antibilanzkonzeptionen**), so doch ergänzenden Konzepte ist die Überlegung, daß der mit Hilfe der traditionellen Bilanz ermittelte Periodengewinn als Indikator der wirtschaftlichen Lage einer Unternehmung untauglich ist, die Bilanzadressaten sich vielmehr anhand der zu publizierenden Zahlungsströme selbst ein Bild von der Unternehmenssituation machen sollen.

Da den Jahresabschlußinformationen neben einem privaten auch ein **gesellschaftlicher** Nutzen beizumessen ist, werden die vielfältigen Ansätze zur informationsbezogenen Bilanzforschung auch als **Theorien der öffentlichen Rechnungslegung** bezeichnet (Coenenberg [Jahresabschluß] 787 ff.).

3.2.3.2 Bilanzierungsanlässe

Die Erstellung von Bilanzen wird überwiegend durch die Notwendigkeit veranlaßt, in regelmäßigen Zeitabständen Erfolg und/oder Vermögen einer Wirtschaftseinheit zu ermitteln. Daneben können jedoch auch Anlässe mit außerordentlichem Charakter die Ermittlung von Erfolg und/oder Vermögen und damit die Erstellung einer Sonderbilanz bedingen, wenn die hierzu benötigten Informationen nicht oder nicht rechtzeitig zur Verfügung stehen.

Ordentliche (reguläre, laufende) **Bilanzen** werden aufgrund gesetzlicher Verpflichtungen (Jahresabschlüsse), vertraglicher Vereinbarungen (regelmäßige Vorlage von Zwischenbilanzen bei einem Kreditgeber) oder auf freiwilliger Basis (als Selbstinformation und Dispositionsgrundlage) in regelmäßigen Abständen aufgestellt.

Bei den aufgrund gesetzlicher Verpflichtungen aufzustellenden Bilanzen sind insbesondere zu unterscheiden die nach §§ 238–289 HGB aufzustellenden **Handelsbilanzen** und die **Steuerbilanzen**, die von allen nach §§ 140, 141 AO zur Buchführung verpflichteten Unternehmen erstellt werden müssen (vgl. Abschn. 3.2.4); letztere umfassen dabei neben den unter Beachtung der handelsbilanziellen Maßgeblichkeit nach einkommen- oder körperschaftsteuerlichen Vorschriften zu erstellenden **Ertragsteuerbilanzen** auch die am Bewertungsgesetz orientierten Vermögensteuer- und Gewerbekapitalsteuerbilanzen mit Statuscharakter.

Außerordentliche Bilanzen (**Sonderbilanzen**) werden durch einmalig oder unregelmäßig auftretende Ereignisse veranlaßt.

Hierzu gehören Anlässe wie die **Gründung** von Unternehmen, die Veränderung der Rechtsform (**Umwandlung** und **Umgründung**), die Neugestaltung ihrer Finanzierungsgrundlagen (**Sanierung**), die Verschmelzung (**Fusion**) von Unternehmen im Fall der Unternehmensfortführung sowie die Auflösung von Unternehmen (**Liquidation, Konkurs,**

Liquidationsvergleich) im Fall der Beendigung der Geschäftstätigkeit, wobei der Tatbestand der Fortführung oder Auflösung für die Höhe der Bilanzansätze von entscheidender Bedeutung ist (im einzelnen vgl. Eisele/Kühn [Sonderbilanzen] 269 ff.). Neben diesen einzelwirtschaftlich verursachten Ereignissen können auch gesamtwirtschaftliche, insbesondere außergewöhnliche währungspolitische Ereignisse Sonderbilanzen erforderlich machen (Goldmark-Eröffnungsbilanz 1924, DM-Eröffnungsbilanz 1948, D-Markeröffnungsbilanz 1990; vgl. Abschn. 3.2.7).

3.2.3.3 Bilanzierungszeiträume

Unter dem Bilanzierungszeitraum ist diejenige Periode zu verstehen, deren Geschäftsvorfälle als Grundlage für die Abbildung und Abrechnung in der betrachteten Bilanz dienen. Der Bilanzierungszeitraum wird nach oben durch die Lebensdauer der bilanzierenden Wirtschaftseinheit bzw. den Planungshorizont begrenzt, nach unten durch den verfolgten Bilanzzweck und die Forderung nach ökonomischer Abrechnung.

> **Totalbilanzen** legen die Gesamtlebensdauer eines Unternehmens zugrunde; sie geben das Ergebnis der wirtschaftlichen Betätigung für diese Totalperiode wieder.

Abgrenzungsprobleme hinsichtlich des Auseinanderfallens von Erfolgs- und Zahlungswirksamkeit von Geschäftsvorfällen treten nicht auf. Der Totalerfolg wird als Geldüberschuß oder Geldfehlbetrag ermittelt. Totalbilanzen dienen häufig der geschlossenen Abrechnung und zusammenfassenden Rechnungslegung über abgrenzbare Einzelobjekte oder über in Konsortialausführung übernommene Großaufträge.

> **Periodenbilanzen** rechnen über einen zeitlich begrenzten Abschnitt der Gesamtlebensdauer eines Unternehmens ab.

Fallen Zahlungs- und Erfolgswirksamkeit von Geschäftsvorfällen in verschiedene Teilperioden, so sind zur Herstellung der Vergleichbarkeit der Bilanzen, insbesondere jedoch zur Ermittlung eines vergleichbaren Periodenerfolges, Rechnungsabgrenzungen erforderlich. In der Praxis werden Jahres- und Zwischenbilanzen unterschieden, wobei letztere täglich (z. B. bei Kreditinstituten) bis halbjährlich aufgestellt werden.

Periodenbilanzen können vergangenheitsorientierten (retrospektiven) und zukunftsorientierten (prospektiven) Inhalt besitzen.

Retrospektive Bilanzen rechnen im nachhinein (ex post) über die Unternehmensentwicklung in der vergangenen Periode ab.

Retrospektive Bilanzen sind daher quantitative Beschreibungs- bzw. Ermittlungsmodelle. Da jedoch nicht ausschließlich über abgewickelte Geschäftsvorfälle abgerechnet wird (wie etwa bei einer Liquidationsbilanz), muß auch bei der retrospektiven Bilanzierung die künftige Entwicklung in geeigneter Weise Berücksichtigung finden. Die dynamische Interpretation des Bilanzinhalts als Kräftereservoir des Unternehmens verdeutlicht dies: Bei der Bilanzierung einer Maschine entscheiden erst die in Zukunft verrechneten (und verdienten) Abschreibungen bzw. ein zukünftig erzielter Veräußerungserlös über die Angemessenheit des ursprünglichen Bilanzansatzes. Werden Forderungen bilanziert, bestätigt erst die in der Zukunft tatsächlich erfolgende Begleichung der Forderungen den Bilanzansatz. Damit kann auch die retrospektive Bilanz als Zukunftsrechnung interpretiert werden.

Prospektive (Plan-, Zukunfts-, ex ante-)**Bilanzen** legen entweder die Entwicklung eines Unternehmens normativ fest oder zeigen die bilanziellen Auswirkungen fortgeschriebener unternehmerischer Teilplanungen auf.

In beiden Fällen werden zukünftige und folglich mit Unsicherheit behaftete Größen zugrunde gelegt. Soweit prospektive Bilanzen lediglich die Auswirkungen fortgeschriebener unternehmerischer Teilplanungen aufzeigen und damit keine Dispositionswirkung auf die Gestaltung der in sie eingehenden Größen besitzen, haben sie Erklärungsmodellcharakter; sie werden auch als Bilanzprognosen oder **Prognosebilanzen** bezeichnet. Legen prospektive Bilanzen das zukünftige Bilanzbild einer Unternehmung normativ fest, so nehmen sie den Charakter von Entscheidungsmodellen an.

3.2.3.4 *Bilanzinhalte*

Bilanzen sind Geldrechnungen; sie können deshalb unmittelbar auch nur **finanzielle Maßgrößen** zum Ausdruck bringen. Die nach dem Unterscheidungsmerkmal »Bilanzinhalt« vorzunehmende Systematisierung erfolgt dementsprechend nach der der Bilanz zugrundeliegenden, an Zahlungsvorgängen orientierten **finanzwirtschaftlichen** Dimension.

3.2.3.4.1 Beständebilanzen

Beständebilanzen (Bilanzen im engeren Sinne) weisen das am Bilanzstichtag vorhandene Bilanzvermögen und Bilanzkapital in der Dimension Geldeinheiten aus.

Die Beständebilanz kann deshalb auch nur die Höhe des Bilanzvermögens und Bilanzkapitals am Stichtag, nicht jedoch deren Zustandekommen und die ihnen zugrundeliegenden Vorgänge zeigen. Gegenläufige Bewegungen sind in den Bestandsgrößen saldiert, so daß das Ausmaß und die zeitliche Struktur der vollzogenen Bewegungen verborgen bleiben.

Bei finanzwirtschaftlicher Erklärung des Bilanzinhalts lassen sich die Bestände jedoch auch als **Bewegungsresiduen**, als Ergebnis fortwährenden Umschlags, interpretieren. Hierzu wird die Vermögensseite der Bilanz in einen **Zahlungsbereich** und einen **Investitionsbereich** unterteilt. Die Kontengruppe des Zahlungsbereichs umfaßt das Geldvermögen und die Kontengruppe des Investitionsbereichs das Realvermögen, denen der Kapitalbereich als rechnerische Kontrollgröße gegenübersteht. Während die Aktivseite der Bilanz in der Geld-Gut-Beziehung den betrieblichen Umsatzprozeß repräsentiert, wird der **Kapitalbereich** vom betrieblichen Umsatzprozeß nur dann berührt, wenn von außen neue Mittel zufließen (**Außenfinanzierung**) oder Kapital zurückbezahlt wird und wenn aus der betrieblichen Leistungserstellung ein Erfolg resultiert, der als Verlust zu einer Minderung, als Gewinn zu einer Mehrung des Eigenkapitals führt (**Innenfinanzierung** in Form der Selbstfinanzierung). Zahlungsbereich, Investitionsbereich und Kapitalbereich sind durch finanzwirtschaftliche Vorgänge verbunden: **Erfolgsunwirksame** Finanzeinnahmen und Finanzausgaben (Rückzahlungen bzw. Ausschüttungen) schaffen als Bindeglied zwischen Zahlungsbereich und Kapitalbereich die kapitalmäßige Verbindung nach außen;

erfolgswirksame (Erfolgs-)Ausgaben (Investitionen) und (Erfolgs-)Einnahmen (Desinvestitionen) stellen die internen Wertbewegungen in Form von Tauschvorgängen zwischen Zahlungsbereich und Investitionsbereich dar. Aus dieser Sicht wird jeder Bestand in der Bilanz aus der zeitlichen Diskrepanz der bereichsspezifischen Zahlungsvorgänge erklärbar.

3.2.3.4.2 Bewegungsrechnungen

> **Bewegungsrechnungen** geben die wirtschaftlichen Wertbewegungen eines Abrechnungszeitraums in der Dimension Geldeinheiten je Zeiteinheit [DM/t] wieder.

(1) Erfolgsrechnung

Eine Ausprägung derartiger Bewegungsrechnungen ist die **Erfolgsrechnung**, die über die Stromgrößen Aufwand und Ertrag während eines Abrechnungszeitraums Rechenschaft ablegt.

Der Inhalt der aus finanzwirtschaftlicher Sicht zu entwickelnden Erfolgsrechnung ist im Sinne einer **Desinvestitionsrechnung** zu interpretieren. Für die Totalperiode ergibt sich demnach der Erfolg aus der Differenz zwischen Desinvestition (= Einnahmen im Zahlungsbereich) und Investition (= Ausgaben im Zahlungsbereich). Bei den für die Teilperiode typischen zeitlichen Diskrepanzen zwischen Investition und Desinvestition (Einnahmen und Ausgaben) unterbrechen die Erfolgskonten des Kapitalbereichs die unmittelbare Verbindung zwischen Investitions- und Zahlungsbereich und zeichnen die konkreten erfolgswirksamen Vorgänge des Vermögensbereichs noch einmal abstrakt auf. Die Erfolgsrechnung als Desinvestitionsrechnung zeigt damit an, welche Investitionen in der Abrechnungsperiode zu Einnahmen geführt haben (vgl. Abb. 3.3.9).

Ertragsverteilung [DM/t]	Erfolgsrechnung als Desinvestitionsrechnung Ertrag [DM/t]
Ausgaben früherer Perioden Ausgaben der laufenden Periode Desinvestitionserfolg	Einnahmen der laufenden Periode

Abb. 3.3.9: Finanzwirtschaftliche Erfolgsrechnung

(2) Cash-Flow-Rechnung

Die Erfolgsrechnung ist auch Ausgangsinstrument der Cash-Flow-Ermittlung. Grundsätzlich handelt es sich bei der **Cash-Flow-Rechnung** um eine aus (Erfolgs-)Einnahmen und (Erfolgs-)Ausgaben abgeleitete Bewegungsrechnung.

> Der Cash Flow stellt grundsätzlich den Teil des **Nettozahlungsmittelzuflusses aus dem Umsatzprozeß** dar, der aus erfolgswirksamen Geschäftsvorfällen resultiert.

Die **Berechnung** des Cash Flow kann dabei prinzipiell auf direktem oder indirektem Wege erfolgen. Bei der **direkten** Methode wird der Cash Flow als Differenz aus den einnahmewirksamen Erträgen und den ausgabewirksamen Aufwendungen ermittelt:

	einnahmewirksame Erträge (Ertragseinnahmen)
–	ausgabewirksame Aufwendungen (Aufwandsausgaben)
=	Cash Flow

Der Cash Flow wird auf **indirekte** Weise bestimmt, wenn der Jahresüberschuß bzw. -fehlbetrag um nicht ausgabewirksame Aufwendungen und nicht einnahmewirksame Erträge korrigiert wird:

	Jahresüberschuß bzw. -fehlbetrag
+	nicht ausgabewirksame Aufwendungen (z. B. Abschreibungen, Aufwendungen für Rückstellungen)
–	nicht einnahmewirksame Erträge (z. B. Zuschreibungen)
=	Cash Flow

Da bei externer Jahresabschlußanalyse eine Trennung von zahlungswirksamen und zahlungsunwirksamen Aufwendungen und Erträgen grundsätzlich nicht möglich ist, wird häufig auf folgende **vereinfachte indirekte** Berechnungsweise des Cash Flow zurückgegriffen:

	Jahresüberschuß bzw. -fehlbetrag
+	Abschreibungen (-Zuschreibungen)
+	Erhöhung der Rückstellungen (-Verminderung der Rückstellungen)
=	Cash Flow

Insbesondere das letzte Ermittlungsschema macht deutlich, daß der Jahresüberschuß bzw. -fehlbetrag nur bedingt für die Beurteilung des »tatsächlichen« Periodenerfolgs geeignet ist. Während der Jahresüberschuß bzw. -fehlbetrag beispielsweise durch eine bloße Veränderung der Abschreibungspolitik variiert werden kann, bleibt der Cash Flow unverändert. Als bilanzpolitisch nur in geringem Umfang manipulierbare Größe bietet sich daher der Cash Flow als zusätzlicher **Erfolgs- bzw. Ertragsindikator** an.

Wird der aus (Erfolgs-)Einnahmen und (Erfolgs-)Ausgaben abgeleitete Cash Flow um nicht erfolgswirksame Finanzeinnahmen (z. B. erhaltene Anzahlungen auf Bestellungen) bzw. Finanzausgaben (z. B. geleistete Anzahlungen auf Bestellungen) erweitert, so erhält man den **monetären Überschuß**; ein solcher finanzwirtschaftlicher Überschuß (oft auch als »finanzwirtschaftlicher« Cash Flow bezeichnet) dient als Indikator für die **Finanzierungskraft** eines Unternehmens und ist elementarer Bestandteil der Mittelherkunftseite der im folgenden Abschnitt behandelten Kapitalflußrechnung zur Analyse der betrieblichen Finanzpolitik (vgl. S. 335).

(3) Kapitalflußrechnungen

Zu den Bewegungsrechnungen gehören auch die verschiedenen Arten der **Kapitalflußrechnung.**

Kapitalflußrechnungen verfolgen den Zweck, auf der Grundlage von Bilanzbestandsänderungen (Nettorechnungen) bzw. den diesen zugrundeliegenden Umsatzakten (Bruttorechnung) Zu- und Abfluß, Herkunft und Verwendung der Unternehmensmittel während des betrachteten Zeitraums abzubilden.

Hierzu gehört zunächst die **Veränderungsbilanz** (vgl. Abb. 3.3.10) als einfache Beständedifferenzenbilanz; sie stellt Vermögens- und Kapitalbestandsdifferenzen einander gegenüber, wobei die ausgewiesenen Differenzen sowohl Mehrungen (positive Differenzen) als auch Minderungen (negative Differenzen) der entsprechenden Bestände zum Ausdruck bringen können. Damit werden Ausmaß und Richtung von Bestandsänderungen offengelegt, ohne jedoch über die technische Aufbereitung des Bilanzmaterials hinaus gänzlich neue Erkenntnisse zu vermitteln.

Soll [DM/t]	Veränderungsbilanz Haben [DM/t]
Vermögensmehrungen Vermögensminderungen	Kapitalmehrungen Kapitalminderungen

Abb. 3.3.10: Veränderungsbilanz

Werden durch einen einfachen formalen Schritt die Beständeminderungen jeweils auf der Gegenseite hinzuaddiert, entsteht aus der Veränderungsbilanz die **Nettobewegungsbilanz** (vgl. Abb. 3.3.11), deren Seiten als Mittelverwendung und Mittelherkunft interpretiert werden können.

Mittelverwendung [DM/t]	Nettobewegungsbilanz	Mittelherkunft [DM/t]
Vermögensmehrungen Kapitalminderungen		Kapitalmehrungen Vermögensminderungen

Abb. 3.3.11: Bewegungsbilanz

Die durch Saldierung der Bestände zweier aufeinanderfolgender Stichtagsbilanzen gewonnene Nettobewegungsbilanz bildet die Grundlage für die Beurteilung der **Finanzlage** eines Unternehmens im Rahmen der **externen Bilanzanalyse.** Durch eine zweckentsprechende Gliederung der Nettobewegungsbilanz läßt sich der Informationsgehalt sowohl auf die Analyse der gesamten **betrieblichen Finanzpolitik** als auch spezifisch auf die **Liquiditätsbeurteilung** ausrichten. Während Aussagen zur Liquiditätssituation regelmäßig eine Gliederung nach der Fristigkeit der zugeflossenen und der Bindungsdauer der verwendeten Mittel erfordern, geht die Analyse der betrieblichen Finanzpolitik auf der Seite der Mittelherkunft überwiegend von den Finanzierungsformen, auf der Seite der Mittelverwendung von den unterschiedlichen Verwendungsarten aus.

Das aus zwei Stichtagsbilanzen abgeleitete **Beispiel** einer Nettobewegungsbilanz macht die beiden dominierenden Zielsetzungen deutlich. Es ist auf der nächsten Seite dargestellt.

Die bei externer Analyse nur sehr begrenzt verfügbaren Zuordnungskriterien bezüglich **Bindungsdauer** bzw. **Fälligkeit** der Mittel lassen nur Pauschalurteile zur Liquiditätslage zu. Eine näherungsweise Zuordnung könnte an den Zeitspannen: kurzfristig ≤ 3 Monate, mittelfristig ≤ 12 Monate, langfristig > 12 Monate orientiert sein; diesbezüglich brauchbare Hinweise sind zumeist aus ergänzenden Jahresabschlußinformationen, insbesondere aus dem Anhang, zu gewinnen. Präzise Angaben zur Liquiditätsentwicklung sind allerdings nur bei Kenntnis detaillierter Fristangaben und demnach nur bei interner Sicht möglich.

Die reinen Beständedifferenzen sind jedoch nicht geeignet, das Finanzgebaren des Unternehmens vollständig offenzulegen. Dies wird besonders deutlich, wenn die Entwicklung des Maschinenbestandes im

Aktiva	Bilanz der Y & Co. zum 31. 12. 01		Passiva
I. Anlagevermögen		I. Eigenkapital	370
1. Grundstücke	200	II. Rückstellungen	50
2. Maschinen	140	III. Verbindlichkeiten	
3. Finanzanlagen	90	1. Anleihen (Restlaufzeit über 5 Jahre)	130
II. Umlaufvermögen		2. Verbindlichkeiten a.L.L.	125
1. Roh-, Hilfs- u. Betriebsstoffe	70	3. Verbindlichkeiten gegenüber Kreditinstituten	80
2. Erzeugnisse	60		
3. Forderungen a.L.L.	140		
4. Kasse/Bank	55		
	755		755

Aktiva	Bilanz der Y & Co zum 31. 12. 02		Passiva
I. Anlagevermögen		I. Eigenkapital	450
1. Grundstücke	230	II. Rückstellungen	80
2. Maschinen	200	III. Verbindlichkeiten	
3. Finanzanlagen	70	1. Anleihen (Restlaufzeit über 5 Jahre)	120
II. Umlaufvermögen		2. Verbindlichkeiten a.L.L.	110
1. Roh-, Hilfs- u. Betriebsstoffe	100	3. Verbindlichkeiten gegenüber Kreditinstituten	100
2. Erzeugnisse	70		
3. Forderungen a.L.L.	110		
4. Kasse/Bank	80		
	860		860

Fristigkeit der Mittelverwendung	Nettobewegungsbilanz zur	Analyse der Liquiditätslage			Fristigkeit der Mittelherkunft
I. *Verwendung kurzfristiger Mittel*			I. *Herkunft kurzfristiger Mittel*		
Kasse/Bank	25		Forderungen a.L.L.		30
Verbindlichkeiten a.L.L.	15	40	II. *Herkunft mittelfristiger Mittel*		
II. *Verwendung mittelfristiger Mittel*			(Andere) Rückstellungen	20	
Erzeugnisse	10		Verbindlichkeiten gegenüber Kreditinstituten	20	40
Roh-, Hilfs- u. Betriebsstoffe	30	40	III. *Herkunft langfristiger Mittel*		
III. *Verwendung langfristiger Mittel*			(Pensions-)Rückstellungen	10	
Anleihen (Restlaufzeit über 5 Jahre)	10		Finanzanlagen	20	
Maschinen	60		Eigenkapital	80	110
Grundstücke	30	100			
		180			180

Mittelverwendung	Nettobewegungsbilanz zur Analyse der betrieblichen Finanzpolitik		Mittelherkunft		
I. *Investitionen*			I. *Außenfinanzierung*		
Anlagevermögen			*Eigenfinanzierung*		
Grundstücke	30		Eigenkapital	80	
Maschinen	60		*Fremdfinanzierung*		
Umlaufvermögen			Verbindlichkeiten geg. Kreditinstituten	20	100
Erzeugnisse	10		II. *Innenfinanzierung*		
Roh-, Hilfs- u. Betriebsstoffe	30		*Ertragsverteilung*		
II. *Schuldentilgung*			Rückstellungen	30	
Anleihen (Restlaufzeit über 5 Jahre)	10		*Vermögensumschichtung*		
Verbindlichkeiten a.L.L.	15		Finanzanlagen	20	
III. *Erhöhung liquider Mittel*			Forderungen a.L.L.	30	80
Bank/Kasse	25				
	180				180

vorhergehenden Beispiel näher untersucht wird. Dazu müssen die **Kontenumsätze** – wie aus folgendem Konto ersichtlich – bekannt sein.

S	Maschinen		H
Anfangsbestand	140	Abgänge	800
Zugänge	1200	Abschreibungen	340
		Endbestand	200
	1340		1340

Beständedifferenz = Endbestand – Anfangsbestand
60 = 200 – 140

Umsatzdifferenz = Zugänge – Abgänge – Abschreibungen
60 = 1200 – 800 – 340

Es wird deutlich, daß die Veränderung des Bestandes auch durch die zugrundeliegenden **Umsatzakte** beschrieben werden kann, die das wirkliche finanzielle Transaktionsvolumen zum Ausdruck bringen. Eine analoge Verbesserung des Informationsgehalts ist durch die Kenntnis der periodischen Zu- und Abnahmen bei Forderungen und Verbindlichkeiten zu erreichen.

Die Substitution von Beständedifferenzen durch Umsatzdifferenzen führt zur **Bruttobewegungsbilanz**. Dazu werden die Soll-Umsätze auf den Bestandskonten als Mittelverwendung, die Haben-Umsätze dagegen als Mittelherkunft interpretiert. Die Einbeziehung der Erfolgskonten (Aufwendungen = Mittelverwendung; Erträge = Mittelherkunft) eröffnet den vollständigen Einblick in die den Beständedifferenzen zugrundeliegenden Zahlungsvorgänge.

Die **stromgrößenorientierte** Bruttobewegungsbilanz stellt somit ein umfangreiches finanzielles Informationspotential zur Verfügung; sie bleibt dennoch überwiegend der **internen** Rechnungslegung vorbehalten, da dem externen Bilanzanalytiker die notwendigen Kontenumsätze nur in Ausnahmefällen (Entwicklung des Anlagevermögens im Anlagespiegel bzw. Anlagengitter, § 268 Abs. 2 HGB) zugänglich sind.

Eine in der Praxis der Rechnungslegung verbreitete Form der Bewegungsrechnung ist die Brutto- oder Nettorechnung **mit Fondsausgliederung.** Unter einem **Fonds** wird eine buchhalterische, zweckorientierte Gesamtheit von Aktivkonten (z. B. Fonds der flüssigen Mittel) oder auch Aktiv- und Passivkonten (Fonds des Reinumlaufvermögens) verstanden, wobei nur noch Ausmaß und Richtung der Änderung dieser Gesamtheit von Interesse sind. Die Fondsänderung ergibt sich im Rahmen des sog. **Fondsnachweises** aus den Beständeänderungen der Fondsgrößen. Die Ursachen der Fondsänderung werden in der sog. **Gegenbeständerechnung** und damit der eigentlichen Bewegungsbilanz aufgezeigt, wobei Änderungen von Gegenbeständen auch durch die sie verursachenden Umsatzakte ersetzt werden können. Diese auch als

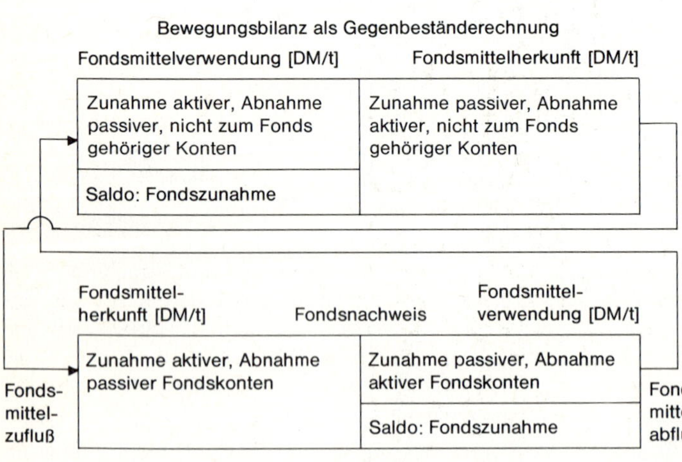

Abb. 3.3.12: Bewegungsbilanz mit Fondsausgliederung

Kapitalflußrechnung ausgewiesene Ursachenrechnung gibt Auskunft darüber, welche Quellen zu einer Erhöhung des Fonds geführt haben und welcher Verwendung Fondsmittel zugeflossen sind (vgl. Abb. 3.3.12).

Als Grundlage der unten abgebildeten Bewegungsbilanz mit Fondsausgliederung dienen die **Bilanzen** des vorstehenden Beispiels zur Nettobewegungsbilanz. Berechnet werden soll der Fonds der »netto verfügbaren flüssigen Mittel«. In diesen Fonds gehen damit als aktive Fondskonten die flüssigen Mittel, als passive Fondskonten die Verbindlichkeiten gegenüber Kreditinstituten ein.

Gegenbestände-rechnung

Fondsmittelverwendung [DM/t]		Fondsmittelherkunft [DM/t]	
Grundstücke	30	Eigenkapital	80
Maschinen	60	Rückstellungen	30
Roh-, Hilfs- und Betriebsstoffe	30	Finanzanlagen	20
Erzeugnisse	10	Forderungen a.L.L.	30
Anleihen (Restlaufzeit über 5 Jahre)	10		
Verbindlichkeiten a.L.L	15		
Fondsmittelzunahme	5		
	160		160

Fondsnachweis-rechnung

Fondsmittelherkunft [DM/t]		Fondsmittelverwendung [DM/t]	
Bank/Kasse	25	Verbindlichkeiten gegenüber Kreditinstituten	20
		Fondsmittelzunahme	5
	25		25

Aus finanzwirtschaftlicher Sicht hält die Bewegungsbilanz gleichsam die Mitte zwischen der letztlich als Investitionsrechnung zu verstehenden Bilanz und der als Desinvestitionsrechnung zu interpretierenden Erfolgsrechnung. Als Bruttorechnung aufgemacht bringt die Bewegungsbilanz Investitionen und Desinvestitionen in vollständiger und geschlossener Form zur Darstellung.

3.2.3.4.3 Intensitätsrechnungen

Die Erfassung der Prozeßgeschwindigkeit durch Bewegungsrechnungen reicht nicht aus, um Wachstums- und Schrumpfungsphänomene darzustellen.

Intensitätsrechnungen geben als Rechnungen der Bewegungsänderung Wachstums- und Schrumpfungsprozesse in der Dimension Geldeinheit je Zeiteinheit zum Quadrat [DM/t^2] wieder.

Intensitätsrechnungen bringen sowohl Erfolgsveränderungen als Ergebnis von Investitionsbeschleunigungen bzw. -verzögerungen sowie Desinvestitionsbeschleunigungen bzw. -verzögerungen zum Ausdruck (Erfolgsveränderungsrechnung) als auch Bewegungsdifferenzen als Intensitäten von Bestandsänderungen (Bewegungsdifferenzenrechnung).

Die **Erfolgsveränderungsrechnung** wird aus der Gegenüberstellung zweier Erfolgsrechnungen gewonnen. Damit soll ein Einblick in periodenbezogene Beschleunigungs- und Verzögerungseffekte (Intensitätswirkungen) bei den einzelnen Komponenten der Erfolgsrechnung erreicht werden; sie ist nach dem folgenden Grundmuster zu erstellen:

[DM/t^2] Erfolgsveränderungsrechnung	[DM/t^2]
Aufwandsbeschleunigung Ertragsverzögerung Gewinnbeschleunigung bzw. Verlustverzögerung	Ertragsbeschleunigung Aufwandsverzögerung Verlustbeschleunigung bzw. Gewinnverzögerung

Abb. 3.3.13: Erfolgsveränderungsrechnung

Analog dazu sind auch **Bewegungsdifferenzenrechnungen** aufgebaut; sie werden auf Basis zweier Kapitalflußrechnungen (Bewegungsbilanzen) entwickelt. Die Bewegungsdifferenzenrechnung stellt eine Vergleichsrechnung dar, welche die unterschiedlichen Wachstums- und Schrumpfungsraten widerspiegelt und auf diese Weise die Intensität der Bestandsänderungen bei den verschiedenen Positionen der Kapitalflußrechnung zum Ausdruck bringt. Die Bewegungsdifferenzenrechnung zeigt somit das **Ausmaß** der betrieblichen Expansions- und Kontraktionsprozesse und damit die Intensität der betrieblichen Umsatzprozesse selbst. Das folgende vereinfachende Beispiel baut auf zwei, ausschließlich Positionen des Zahlungsbereichs der Unternehmung betreffende Netto-Kapitalflußrechnungen auf:

Mittelverwendung [DM/t]		Kapitalflußrechnung in 01 Mittelherkunft [DM/t]	
Kasse	10	Besitzwechsel	15
Forderungen	40	Bankguthaben	35
	50		50

Mittelverwendung [DM/t]		Kapitalflußrechnung in 02 Mittelherkunft [DM/t]	
Kasse	20	Besitzwechsel	29
Forderungen	35	Bankguthaben	26
	55		55

[DM/t^2]		Bewegungsdifferenzenrechnung [DM/t^2]	
Wachstumsprozeß		**Wachstumsprozeß**	
Beschleunigung:		Verzögerung:	
Kasse	10	Forderungen	5
Schrumpfungsprozeß		**Schrumpfungsprozeß**	
Verzögerung:		Beschleunigung:	
Bankguthaben	9	Besitzwechsel	14
	19		19

Abb. 3.3.14: Bewegungsdifferenzenrechnung

Der Prozeß der Liquidisierung hat sich im zugrundeliegenden Untersuchungszeitraum beschleunigt: Die Wachstumsrate der Kasse beträgt 10. Auch hat sich der Abbau des Bankguthabens verlangsamt (Verzögerungsrate 9). Zu diesem Zweck sind insbesondere die Besitzwechsel beschleunigt abgebaut worden (Änderungsrate 14). Zudem hat der Finanzierungsbedarf der Forderungen nur verzögert zugenommen, die Verzögerungsrate ist 5.

3.2.3.5 Abrechnungskreise

Nach dem Kriterium des Abrechnungsumfangs sind zu unterscheiden:

- **Einzelbilanzen,** die über rechtlich selbständige Wirtschaftseinheiten abrechnen, und
- **zusammengefaßte Bilanzen** (Gesamtbilanzen), die über mehrere rechtlich selbständige Wirtschaftseinheiten abrechnen und sich wiederum in bloße Sammelbilanzen (Gemeinschaftsbilanzen) und konsolidierte Bilanzen (Konzernbilanzen) unterteilen lassen.

Die **Einzelbilanzen** rechtlich selbständiger Unternehmen büßen einen erheblichen Teil ihrer Aussagekraft über die wirtschaftliche Lage des Unternehmens ein, wenn dieses durch die Unterordnung unter die einheitliche Leitung einer Obergesellschaft zu einem Konzernunternehmen wird, das seine wirtschaftliche Selbständigkeit verliert. Der Einblick in die Vermögens-, Finanz- und Ertragslage der Wirtschaftseinheit Konzern wird jedoch auch nicht dadurch gewährleistet, daß mehrere Einzelbilanzen postenweise zu einer **Sammelbilanz** zusammengefaßt werden, weil Verflechtungen der Unternehmen im Bereich des Kapitals, der Schulden und der Erlöse unweigerlich zu Doppelzählungen führen würden.

> Ein zutreffendes Bild der wirtschaftlichen Lage des Konzerns vermag nur eine **konsolidierte Bilanz** (**Konzernbilanz**) zu vermitteln, die unter der Fiktion auch der rechtlichen Einheit der vorhandenen Unternehmen (Einheitstheorie) die verflechtungsbedingten Verzerrungen eliminiert.

Dem **Einblick in die Vermögenslage** wird durch die Aufrechnung der Beteiligungen mit dem anteiligen Eigenkapital (**Kapitalkonsolidierung**) und durch die Verrechnung der konzerninternen Verbindlichkeiten und Forderungen (**Schuldenkonsolidierung**) Rechnung getragen.

Der **Einblick in die Ertragslage** wird dadurch erreicht, daß nur jener Gewinn zum Ausweis gelangt, der auch von einem einheitlichen Unternehmen, bei dem die Einzelunternehmen nur unselbständige Betriebsteile wären, erzielt worden wäre (**Zwischenerfolgseliminierung**). Dazu gehört auch, daß konzerninterne Umsätze und damit in Zusammenhang stehende Aufwendungen eliminiert werden (**Innenumsatzkonsolidierung**).

Der **Einblick in die Finanzlage** erfolgt im wesentlichen durch die **Schuldenkonsolidierung,** mit der Liquiditätsverlagerungen zwischen den Konzerngesellschaften rückgängig gemacht werden sollen.

Der von der Obergesellschaft zu erstellende Konzernabschluß kann allerdings die Einzelabschlüsse der Konzerngesellschaften nur ergänzen, nicht jedoch ersetzen: Da die einzelnen Konzernunternehmen nach § 18 AktG rechtlich selbständige Unternehmen sind, bleibt auch der Einzelabschluß gegenüber den Zahlungsbemessungsansprüchen von Anteilseignern, Gläubigern und Fiskus maßgebend (zum Konzernabschluß vgl. ausführlich Abschn. 3.2.5).

3.2.3.6 Bilanzempfänger

Nach dem Standort der Bilanzempfänger werden externe und interne Bilanzen unterschieden:

Externe Bilanzen sind an außerhalb der abrechnenden Unternehmung stehende Personen gerichtet, die ein gesetzliches oder vertragliches Recht auf Rechenschaftslegung haben (Eigentümer, Gläubiger, Fiskus) oder beanspruchen (Mitarbeiter, Öffentlichkeit).

Zu den externen Bilanzen sind neben den Handels- und Steuerbilanzen (vgl. Abschn. 3.2.4) auch die Ansätze einer gesellschaftsbezogenen Rechnungslegung (**Sozialbilanzen**) zu zählen, die auf eine Dokumentation der gesamtgesellschaftlichen Auswirkungen (sozialer Nutzen und soziale Kosten) der Unternehmenstätigkeit abzielen. Gleichzeitig wird eine Rückkoppelung derart angestrebt, daß Unternehmen über die reine Berichtstätigkeit im Rahmen der gesellschaftsbezogenen Rechnungslegung hinaus ihrer gesellschaftlichen Verantwortung gerecht werden, indem sie bei ihren Entscheidungen neben rein erwerbswirtschaftlichen Motiven auch gesamtgesellschaftliche Zielsetzungen wie geringere Umweltbelastung, Sicherung von Arbeitsplätzen oder Bestrebungen zur Humanisierung der Arbeitswelt berücksichtigen.

Die in der Bundesrepublik Deutschland gegenwärtig geübte Praxis der gesellschaftsbezogenen Rechnungslegung wird nachhaltig durch die Empfehlungen des Arbeitskreises »Sozialbilanz-Praxis« beeinflußt (v. Wysocki [Sozialbilanzen] 153 ff.). Die 1977 vorgelegten Empfehlungen, die als ein »operationales Konzept« verstanden sein wollen, verzichten bewußt auf eine in der Praxis nicht exakt durchführbare Quantifizierung von sozialem Nutzen und sozialen Kosten. Die »Sozial-Bilanz« des Arbeitskreises besteht aus den drei Elementen:

- Sozialbericht,
- Wertschöpfungsrechnung und
- Sozialrechnung.

Der **Sozialbericht** ist die mit statistischem Material angereicherte verbale Darstellung der Ziele, Maßnahmen, Leistungen und – soweit darstellbar – der durch die Leistungen erzielten Wirkungen (Output) gesellschaftsbezogener Aktivitäten der Unternehmen. Bestandteile eines solchen Sozialberichts sind beispielweise Erläuterungen und Statistiken zur Personalstruktur und -entwicklung, zur Arbeitszeit, zur Altersversorgung, zur Aus- und Weiterbildung oder auch zur Informationspolitik des Unternehmens. Die **Wertschöpfungsrechnung** stellt den vom Unternehmen in einer bestimmten Periode geschaffenen Wertzuwachs (Beitrag des Unternehmens zum Sozialprodukt) in Entstehung und Verwendung dar. Die **Sozialrechnung** schließlich weist – gegliedert nach Bezugsgruppen – zahlenmäßig alle quantifizierbaren gesellschaftsbezogenen Aufwendungen (z. B. Investitionen und Ausgaben für den Umweltschutz) eines Unternehmens im Berichtszeitraum sowie die betriebsindividuellen, direkt erfaßbaren gesellschaftsbezogenen Erträge (z. B. Subventionen) aus.

Probleme bei der Aufstellung und Analyse von Instrumenten der gesellschaftsbezogenen Rechnungslegung bestehen vor allem in den Bereichen (1) Umfang der einzubeziehenden Vorgänge, (2) Messung und Bewertung der einzelnen Vorgänge, (3) Kontroll- und Prüfungsinstanzen sowie (4) Schaffung von Maßstäben zur vergleichenden Beurteilung.

Externe Bilanzen (Handels- und Steuerbilanz) sind im Rahmen gesetzlich belassener Ermessensspielräume gestaltbar. Dabei ist es Aufgabe der **Bilanzpolitik**, das Konfliktpotential zwischen Bilanzersteller und Bilanzempfänger zu minimieren. Das gilt prinzipiell auch für eine der handelsrechtlichen Rechnungslegung nachempfundene Sozialbilanz.

Interne Bilanzen dienen der innerbetrieblichen Information, Planung und Disposition und sind Außenstehenden i. d. R. nicht zugänglich.

Sie können aus Zahlen sowohl der Finanz- als auch der Betriebsbuchhaltung entwickelt werden und sind im allgemeinen kurzfristiger Natur. Ihre Erstellung ist nicht notwendig an gesetzliche Vorschriften gebunden und deshalb uneingeschränkt in den Dienst einer unverschleierten Unterrichtung der Leitungsinstanzen über Stand und Entwicklung der Geschäftstätigkeit zu stellen. Interne Bilanzen sind deshalb auch regelmäßig aussagefähiger als externe Bilanzen.

3.2.4 Jahresabschluß und Bilanzierung*

3.2.4.1 Inventur und Inventar

Ausgangspunkt für die Eröffnungsbilanz zu Beginn eines Handelsgewerbes und damit Grundlage für die doppelte Buchführung ist das Inventar (§ 240 Abs. 1 HGB).

(1) Inventar

> Das **Inventar** ist ein unabhängig von der Buchführung zu erstellendes vollständiges, detailliertes art-, mengen- und wertmäßiges Verzeichnis aller Vermögensgegenstände und Schulden zu einem Stichtag.

Nicht nur zur Eröffnung der Buchführung, auch zur Ableitung von Jahresabschlußbilanzen ist ein Inventar notwendig (§ 240 Abs. 2 HGB). Die Dauer des Geschäftsjahres, für dessen Schluß ein solches Inventar regelmäßig zu erstellen ist, darf 12 Monate nicht überschreiten, wobei Geschäftsjahr und Kalenderjahr nicht notwendigerweise übereinstimmen müssen.

Durch die eigenständige Erfassung sämtlicher Vermögensgegenstände und Schulden werden eine wirksame Kontrolle der Buchführung und ein Abgleichen der Sollbestände der Buchführung mit den Istbeständen des Inventars ermöglicht. Der Zweck des Inventars ist deshalb primär in einer Sicherungs- und Überwachungsfunktion zu sehen.

(2) Inventur

> Die **Inventur** ist die zur Erstellung des Inventars erforderliche Tätigkeit.

Bei der Planung, Vorbereitung, Durchführung und Auswertung der Inventur sowie bei Aufstellung des Inventars sind – in Anlehnung an die Grundsätze ordnungsmäßiger Buchführung (vgl. Abschn. 3.2.4.2.3) – die **Grundsätze ordnungsmäßiger Inventur** (**GoI**) zu beachten.

---

* Zu den Abkürzungen vgl. S. 463.

(a) Grundsätze ordnungsmäßiger Inventur

Als GoI sind zu kennzeichnen (vgl. Eisele [Technik] 36 f.):

- Der **Grundsatz der Vollständigkeit:** Dieser erfordert die Inventarisierung sämtlicher Vermögensgegenstände und Schulden.
- Der **Grundsatz der Richtigkeit:** Alle durch die Inventur ermittelten Angaben müssen sachlich zutreffen und mit den Tatsachen übereinstimmen.
- Der **Grundsatz der Klarheit:** Die einzelnen Inventarposten sind eindeutig zu bezeichnen und gegenüber anderen Posten abzugrenzen.
- Der **Grundsatz der Nachprüfbarkeit:** Sämtliche Vermögensgegenstände und Schulden sind dergestalt zu verzeichnen, daß ein sachverständiger Dritter das Inventar sowie das Vorgehen bei der Inventur in angemessener Art und Weise überprüfen kann.
- Der **Grundsatz der Einzelerfassung und Einzelbewertung:** Demnach sind alle Vermögensgegenstände und Schulden nach Art, Menge und Beschaffenheit gesondert zu erfassen und einzeln zu bewerten.

(b) Inventurformen

Die Erstellung des Inventars kann auf der Grundlage unterschiedlicher Vorgehensweisen (**Inventurformen**) erfolgen.

(aa) Art der Aufnahme

Bezüglich der **Art der Aufnahme** hat die Inventur grundsätzlich den Charakter einer körperlichen Bestandsaufnahme. Die Feststellung der Mengenkomponente erfolgt daher regelmäßig durch Zählen, Messen und/oder Wiegen. Nur bei unkörperlichen Wirtschaftsgütern (immaterielle Vermögensgegenstände, Forderungen, Schulden) und – als Ausnahme – bei Anlagegegenständen, die in speziellen Anlagekarteien erfaßt sind, ist eine Buchinventur, d. h. eine Übernahme der Bestände aus Konten und Karteien, zulässig. Allerdings kann der abschließende Nachweis über das Vorhandensein von Beständen, die mittels Buchinventur Aufnahme finden, auch nur über Belege (z. B. in Form von Saldenbestätigungen bei Forderungen) oder die Inaugenscheinnahme der körperlichen Vermögensgegenstände selbst erbracht werden.

(bb) Zeitliche Anordnung der Aufnahme, des Inventar- und des Bilanzstichtags

Gemäß § 240 Abs. 1 und 2 HGB ist das Inventar zu Beginn des Handelsgewerbes und zum Ende eines jeden Geschäftsjahres aufzustellen. Das Ende des Geschäftsjahres bezieht sich dabei auf den Bilanzstichtag, weshalb Inventar- und Bilanzstichtag grundsätzlich übereinstimmen müssen (Ausnahme: zeitlich verlegte Inventur). Erfolgt die

Inventur ebenfalls an diesem Tag, so spricht man von einer **klassischen Stichtagsinventur.** Bei der **ausgeweiteten Stichtagsinventur** wird nur eine zeitnahe Durchführung innerhalb einer Zehntagesfrist vor oder nach dem Bilanzstichtag verlangt (Abschn. 30 Abs. 1 EStR). Eine völlige Loslösung des Inventurstichtags vom Bilanzstichtag erfolgt bei der zeitlich verlegten Inventur (§ 241 Abs. 3 HGB) und der permanenten Inventur (§ 241 Abs. 2 HGB). Die **zeitlich verlegte Inventur** kann in einem Zeitraum von 3 Monaten vor oder 2 Monaten nach dem Bilanzstichtag erfolgen. Die erfaßten Bestände sind nach Art, Menge und Wert in ein besonderes Inventar aufzunehmen, das lediglich wertmäßig auf den Bilanzstichtag fortzuschreiben bzw. rückzurechnen ist. Im Falle der **permanenten Inventur** verteilt sich die körperliche Bestandsaufnahme auf das ganze Jahr, so daß sich die Zeitpunkte mit den geringsten Beständen zur Erfassung anbieten. Die nach der Aufnahme erfolgten Zu- bzw. Abgänge sind in Lagerkarteien festzuhalten, mit Hilfe derer das Inventar mengen- und wertmäßig auf den Bilanzstichtag fortgeschrieben wird.

(cc) Umfang der Aufnahme

Hinsichtlich des **Umfangs der Aufnahme** hat die Inventur grundsätzlich den Charakter einer jährlichen, vollständigen Bestandsaufnahme aller einzelnen Vermögensgegenstände und Schulden jeweils nach Art, Menge und Wert. Eine **Stichprobeninventur** ist nach § 241 Abs. 1 HGB zulässig, sofern der Aussagewert des auf diese Weise aufgestellten Inventars dem eines durch körperliche Bestandsaufnahme ermittelten Inventars gleichkommt. Darüber hinaus gestattet das Handelsgesetz zur Inventurvereinfachung eine Abweichung vom Einzelbewertungsgrundsatz in den abschließend geregelten Fällen der **Gruppenbewertung** (§ 240 Abs. 4 HGB) und der **Festbewertung** (§ 240 Abs. 3 HGB).

3.2.4.2 Rechtliche Grundlagen der Bilanzierung

3.2.4.2.1 Handelsrechtliche Vorschriften

Allgemeine Vorschriften der Bilanzierung, die auf alle Kaufleute anzuwenden sind, enthält das HGB in den §§ 238–263. Danach sind alle Kaufleute i. S. des HGB u. a. verpflichtet:

- Geschäftsbücher nach den Grundsätzen ordnungsmäßiger Buchführung (GoB, vgl. S. 351 ff.) zu führen, die die Lage ihres Vermögens und die Lage des Unternehmens ersichtlich machen (§ 238 HGB), und
- für den Schluß jedes Geschäftsjahres ein Inventar und einen Jahresabschluß (Bilanz und Gewinn- und Verlustrechnung) zu erstellen

(§§ 240 Abs. 2, 242 HGB), in denen sämtliche Vermögensgegenstände und Schulden sowie Rechnungsabgrenzungsposten anzusetzen sind (§ 246 Abs. 1 HGB).

Die Vorschriften für alle Kaufleute im Ersten Abschnitt des Dritten Buches des HGB (§§ 238–263) gelten als **lex generalis** für Unternehmen jeder Rechtsform, haben jedoch in bezug auf Vorschriften für **bestimmte Rechtsformen** lediglich **subsidiären Charakter**, d. h. sie werden im Einzelfall durch abweichende Vorschriften einer lex specialis, insbesondere der §§ 264–289 HGB, ersetzt.

Die Unterteilung im Dritten Buch des HGB in einen Abschnitt mit Vorschriften für alle Kaufleute und einen Abschnitt mit Regelungen, die ausschließlich Kapitalgesellschaften betreffen, verfolgt den Zweck, den bei den einzelnen **Rechtsformen** unterschiedlich ausgeprägten Schutzbedürfnissen der Gläubiger und Anteilseigner sowie Besonderheiten, insbesondere bezüglich der Haftung sowie des Gesellschafter-Gesellschaftsverhältnisses, gerecht zu werden. So tritt für Unternehmen in den Rechtsformen AG, KGaA, GmbH und eingetragene Genossenschaft (eG) neben die Pflicht zur Aufstellung einer **Bilanz** und **Gewinn- und Verlustrechnung** die Verpflichtung zur Erstellung eines **Anhangs.** Weitere Beispiele für rechtsformabhängige Spezialregelungen sind das Gesetz betreffend die Gesellschaften mit beschränkter Haftung (GmbHG), das Gesetz betreffend die Erwerbs- und Wirtschaftsgenossenschaften (GenG) sowie das Aktiengesetz (AktG).

Neben der rechtsformspezifischen Differenzierung erfolgt für Kapitalgesellschaften auch eine **größenabhängige** Unterscheidung hinsichtlich des Umfanges der Rechnungslegungspflicht (vgl. Abb. 3.3.15). Das HGB unterscheidet zwischen großen, mittelgroßen und kleinen Kapitalgesellschaften (§ 267 HGB):

- **Kleine** Kapitalgesellschaften liegen vor, wenn an **zwei** aufeinanderfolgenden Bilanzstichtagen **mindestens zwei der drei** folgenden Merkmale nicht überschritten werden: Bilanzsumme 3,9 Mio. DM, Umsatzerlöse 8,0 Mio. DM, 50 Arbeitnehmer;
- als **mittelgroß** gelten Kapitalgesellschaften, wenn sie an zwei aufeinanderfolgenden Abschlußstichtagen die Merkmale für die kleine Kapitalgesellschaft überschreiten, jedoch mit mindestens zwei Merkmalen innerhalb folgender Grenzen verbleiben: Bilanzsumme 15,5 Mio. DM, Umsatzerlöse 32 Mio. DM, 250 Arbeitnehmer;
- **große** Kapitalgesellschaften sind solche, die die Größenkriterien für mittelgroße Gesellschaften übersteigen, sowie alle börsennotierten Kapitalgesellschaften.

Unternehmenskategorien	kleine Kapitalgesellschaft	mittelgroße Kapitalgesellschaft	große Kapitalgesellschaft
Abgrenzungsmerkmale			
– Bilanzsumme	$\leqq$ 3,9 Mio. DM	$\leqq$ 15,5 Mio. DM	$>$ 15,5 Mio. DM
– Umsatzerlöse	$\leqq$ 8,0 Mio. DM	$\leqq$ 32,0 Mio. DM	$>$ 32,0 Mio. DM
– Arbeitnehmer	$\leqq$ 50	$\leqq$ 250	$>$ 250
Rechnungslegungs-erfordernisse			
– Jahresabschluß			
• Bilanz	verkürzte Form	ungekürzte Form	ungekürzte Form
• Gewinn- und Verlustrechnung	verkürzte Form	verkürzte Form	ungekürzte Form
• Anhang	verkürzte Form	ungekürzte Form	ungekürzte Form
– Lagebericht	ungekürzte Form	ungekürzte Form	ungekürzte Form
– Aufstellungsfristen	6 Monate	3 Monate	3 Monate
– Prüfungspflicht	keine	uneingeschränkt	uneingeschränkt
– Offenlegungspflichten			
• Bestandteile	Bilanz, Anhang	Jahresabschluß (Bilanz und Anhang in verkürzter Form), Lagebericht	Jahresabschluß, Lagebericht
• Publizitätsorgan	Registergericht	Registergericht	Bundesanzeiger
• Fristen	12 Monate	9 Monate	9 Monate

Abb. 3.3.15: Unternehmensgrößenabhängige Rechnungslegungspflichten der Kapitalgesellschaften

Mit dieser Differenzierung nach der Größe wird der Zweck verfolgt, kleinen und mittelgroßen Kapitalgesellschaften aus wirtschaftlichen Gründen Erleichterungen bezüglich des Rechnungslegungsumfanges zu verschaffen.

Über die allgemeinen und die rechtsform- und größenabhängigen Vorschriften hinaus begründen weitere unternehmensgrößenbezogene Vorschriften nach dem Publizitätsgesetz (Gesetz über die Rechnungslegung von bestimmten Unternehmen und Konzernen vom 15. 8. 1969) die Pflicht zur Erstellung einer Handelsbilanz für solche Unternehmen, die an **drei** aufeinanderfolgenden Abschlußstichtagen jeweils **mindestens zwei der drei** nachstehenden Größenmerkmale erfüllen (§ 1 Abs. 1 PublG):

- Bilanzsumme > 125 Mio. DM,
- Umsatzerlöse > 250 Mio. DM,
- Arbeitnehmer > 5000.

Die Rechnungslegungspflichten, die Unternehmen nach dem PublG auferlegt werden, entsprechen dabei materiell im wesentlichen denen für große Kapitalgesellschaften i. S. d. § 267 Abs. 3 HGB (vgl. Abb. 3.3.15), wobei jedoch Einzelkaufleuten und Personenhandelsgesellschaften gewisse Erleichterungen eingeräumt werden (§§ 5 Abs. 2 und 5, 9 Abs. 2 und 3 PublG).

Oberstes Ziel des handelsrechtlichen Jahresabschlusses von Kapitalgesellschaften ist es, unter Beachtung der Grundsätze ordnungsmäßiger Buchführung ein den **tatsächlichen Verhältnissen entsprechendes Bild (true and fair view) der Vermögens-, Finanz- und Ertragslage** der Gesellschaft zu vermitteln (§ 264 Abs. 2 HGB). Damit dienen die Vorschriften des Handelsrechts in erster Linie Informationszwecken mit dem Ziel, die Informationsinteressen der Unternehmensbeteiligten zu regeln (vgl. S. 308 ff.). Die Befriedigung spezifischer Informationsanforderungen erfüllt der handelsrechtliche Jahresabschluß durch

- Einzelfallregelungen zur Bilanzierung und Bewertung (vgl. S. 355 ff.),
- Mindestgliederungsvorschriften für Bilanz (vgl. S. 364 ff.) und Gewinn- und Verlustrechnung (vgl. S. 402 ff.) sowie durch
- detaillierte Anforderungen an den Inhalt des Anhangs (vgl. S. 409 ff.).

Als weitere Aufgabe des Jahresabschlusses tritt die Regelung von **Zahlungsbemessungsinteressen** hinzu, die auf die Ermittlung eines Gewinns als Grundlage der an die Anteilseigner vorzunehmenden Ausschüttung abzielt (vgl. S. 313 ff.). Dabei kommt es bei den durch Haftungsbeschränkungen gekennzeichneten Rechtsformen darauf an, zu verhindern, daß durch die Ausschüttung das Vermögen der Gesellschaft in einem Umfang vermindert wird, daß die Gläubigeransprüche nicht mehr gedeckt sind. Aus der Beschränkung der Haftung bei der AG auf das Gesellschaftsvermögen und aus dem Gläubigerschutzgedanken folgt daher die Forderung nach einer **Ausschüttungssperre,** der u. a. durch eine Beschränkung der Ausschüttung auf den Bilanzgewinn (§ 58 Abs. 5 AktG) sowie durch Höchstwertvorschriften für Aktiva und Mindestwertvorschriften für Passiva (vgl. S. 358 ff. und S. 368 ff.) entsprochen wird.

Vor allem im Interesse des Minderheitenschutzes (Kleinaktionäre) enthält das AktG jedoch auch Vorschriften, die bestimmte **Mindestausschüttungen** sicherstellen sollen. So haben die Aktionäre Anspruch auf den Bilanzgewinn (§ 58 Abs. 4 AktG) und als Minderheit im Falle willkürlicher oder grob unbilliger Vorenthaltung einer angemessenen Ausschüttung ein Recht zur Anfechtung des Gewinnverwendungsbeschlusses der Hauptversammlung (§ 254 AktG). Das zur Anfechtung erforderliche Quorum beträgt 5% der Anteile oder 1 Mio. DM Nennbetragssumme; der Ausschüttungsanspruch richtet sich auf mindestens 4% des Grundkapitals abzüglich noch nicht eingeforderter Einlagen. Darüber hinaus können Rücklagen nur in bestimmten Grenzen gebildet werden (§ 58 Abs. 1 und 2 AktG), und es bestehen Mindestwertvorschriften für Aktiva und Höchstwertvorschriften für Passiva (vgl. S. 358 ff. und S. 368 ff.). Damit wird aber auch erkennbar, daß zwischen Informations- und Zahlungsbemessungsregelung Widersprüche auftreten können, deren Lösung im Einzelfall der Einigung auf eine bestimmte Zielhierarchie bedarf (Moxter [Bilanzlehre I] 156 ff.).

3.2.4.2.2 Steuerrechtliche Vorschriften

Die handelsrechtliche Pflicht zur Buchführung bzw. Bilanzaufstellung wird im Steuerrecht um den Kreis derjenigen Unternehmen erweitert, die **eines** der folgenden **Größenmerkmale** erfüllen (§ 141 Abs. 1 AO):

- Gesamtumsatz im Kalenderjahr von mehr als 500 000 DM;
- Betriebsvermögen von mehr als 125 000 DM;
- Selbstbewirtschaftete land- und forstwirtschaftliche Flächen mit einem Wirtschaftswert von mehr als 40 000 DM;
- Gewinn aus Gewerbebetrieb von mehr als 36 000 DM im Wirtschaftsjahr;
- Gewinn aus Land- und Forstwirtschaft von mehr als 36 000 DM im Kalenderjahr.

Darüber hinaus sind alle Aufzeichnungen, die aufgrund anderer Gesetze vorzunehmen sind, auch für steuerliche Zwecke relevant (§ 140 AO).

Entsprechend der Zielsetzung einer gleichmäßigen Besteuerung wird in der **Steuerbilanz** die Ermittlung eines periodengerechten Gewinns angestrebt. Der Gewinn wird nach § 4 Abs. 1 Satz 1 EStG durch Vergleich des Betriebsvermögens (Reinvermögen) zu Beginn (»Schluß des vorangegangenen Wirtschaftsjahres«) mit demjenigen am Ende des laufenden Wirtschaftsjahres errechnet.

Bei der Gewinnermittlung ist von dem nach **handelsrechtlichen** Grundsätzen ordnungsmäßiger Buchführung auszuweisenden Betriebsvermögen auszugehen (§ 5 Abs. 1 EStG); insofern ist **die Handelsbilanz maßgeblich für die Steuerbilanz** (**Maßgeblichkeitsprinzip**).

Die abweichenden Zielsetzungen von Handelsbilanz und Steuerbilanz bedingen allerdings Unterschiede bezüglich Bilanzierung und Bewertung (vgl. hierzu S. 368 ff.). Eine Pflicht zur Erstellung einer gesonderten Steuerbilanz läßt sich jedoch generell nicht ableiten (§ 60 Abs. 2 EStDV); vielmehr reichen grundsätzlich Zusätze und Anmerkungen zur Handelsbilanz aus, um bei Vorliegen abweichender steuerlicher Bestimmungen bzw. in Fällen zwangsläufigen Divergierens von Handels- und Steuerbilanz (z. B. steuerliche Nichtabzugsfähigkeit der Körperschaftsteuer) die Anpassung an letztere zu bewirken. In der Regel werden allerdings umfangreiche Anpassungsmaßnahmen die Erstellung einer gesonderten Steuerbilanz erzwingen; das trifft uneingeschränkt für die zur öffentlichen Rechnungslegung mittels Handelsbilanz verpflichteten (Groß-)Unternehmen zu. Demgegenüber wird **bei kleineren** (nichtpublizitätspflichtigen) **Unternehmen** häufig überhaupt **nur eine Steuerbilanz** erstellt.

Von einer **Umkehrung des Maßgeblichkeitsprinzips** wird gesprochen, wenn unter steuerlichen Gesichtspunkten Bewertungen in der Handelsbilanz vorgenommen werden, nur um diese über das Maßgeblichkeitsprinzip auch für die Steuerbilanz zulässig zu machen (z. B. Vornahme außerplanmäßiger Abschreibungen in der Handelsbilanz als Voraussetzung steuerlicher Sonderabschreibungen).

Im Zuge der **Steuerreform 1990** wurde diese **umgekehrte Maßgeblichkeit** nun auch explizit in § 5 Abs. 1 Satz 2 EStG kodifiziert und klargestellt, daß sowohl die steuerrechtlichen Ansatzwahlrechte als auch die steuerrechtlichen Bewertungswahlrechte jeweils in der Handelsbilanz auszuüben sind, um steuerlich anerkannt zu werden.

Der nach den Vorschriften des EStG ermittelte Gewinn ist auch Bemessungsgrundlage für die Besteuerung der Einkommen von Körperschaften (§ 8 Abs. 1 KStG), wobei eine Reihe von Modifikationen zu berücksichtigen sind (§§ 9, 10 KStG). Ebenso knüpft die Gewerbeertragsteuer unter Vornahme von Hinzurechnungen (§ 8 GewStG) und Kürzungen (§ 9 GewStG) an den einkommensteuerlichen bzw. körperschaftsteuerlichen Gewinn an (§ 7 GewStG).

Die einzelnen Steuerarten sind in Bd. 1: Grundfragen, 6. Aufl., S. 178–202 näher beschrieben.

3.2.4.2.3 Grundsätze ordnungsmäßiger Buchführung und Bilanzierung (GoB)

(1) Zweck der GoB

Die GoB ergänzen die gesetzlich fixierten Rechtsvorschriften mit der Funktion eines Orientierungs- und Wertmaßstabes und werden in den Fällen rechtsverbindlich, wo sie in Gesetzen oder Verordnungen niedergelegt sind (z. B. §§ 238, 243 Abs. 1, 264 Abs. 2 HGB; 146 und 147 AO).

> Die **GoB** werden als unbestimmte Rechtsbegriffe zur Schließung von Gesetzeslücken und zur Auslegung von Zweifelsfragen herangezogen; sie können induktiv und deduktiv ermittelt werden.

Bei **induktiver** Ableitung orientieren sich die GoB am geltenden Handelsbrauch und der Verkehrsauffassung, bei **deduktiver** Bestimmung knüpfen diese am verfolgten Rechnungslegungszweck an. Da Handelsbrauch und Verkehrsauffassung durch spezifische Interessenvertreter geprägt werden und im Zeitablauf einem ständigen Wandel unterliegen, wird im wesentlichen auf die deduktive Ableitungsmethode zurückgegriffen.

(2) Bilanzierungsgrundsätze

Die der Rechenschaftslegung verpflichteten **Bilanzierungsgrundsätze** unterscheiden sich durch ihren teils formellen, teils materiellen Gehalt. Durch die Novellierung des HGB sind die wichtigsten Grundsätze nunmehr in § 252 HGB kodifiziert. Darüber hinaus besitzen Detailregelungen in speziellen Gesetzen für bestimmte Rechtsformen ergänzenden Charakter; hierzu zählen insbesondere die §§ 150, 152, 158 AktG und § 42 GmbHG. Im wesentlichen und zusammengefaßt geht es um

- **Klarheit,**
- **Wahrheit,**
- **Kontinuität** und
- **Vorsicht**

bei der **Bilanzierung dem Grunde** (Bilanzansatz) bzw. **der Höhe** (Bilanzbewertung) nach.

Nach dem **Grundsatz der Bilanzklarheit** (§ 243 Abs. 2 HGB; Bilanztransparenz) hat der Jahresabschluß bestimmten formalen (äußerlichen) Gliederungs- und Gestaltungsvorschriften sowohl bezüglich des Gesamtbildes (Postulat der Übersichtlichkeit) als auch bezüglich der Details zu entsprechen.

Die mit diesem Grundsatz geforderte objektive Eindeutigkeit der Bilanzaussage erstreckt sich sowohl auf die für Bilanz und GuV geforderte Mindestgliederung als auch auf Postulate wie die des Bruttoausweises, des Saldierungsverbots, des Interpretationsgebots und des merkmalsgleichen (überschneidungsfreien) Bilanzausweises. Der klaren und übersichtlichen Jahresabschlußaufstellung dient auch der **Grundsatz der Einzelbewertung** bei Vermögensgegenständen und Schulden zum Abschlußstichtag (§ 252 Abs. 1 Nr. 3 HGB). Die Mißachtung des Klarheitsgrundsatzes führt zur Bilanzverschleierung und kann in schwerwiegenden Fällen Nichtigkeit des Jahresabschlusses (§ 256 Abs. 4 AktG) bzw. Bestrafung zur Folge haben (§§ 331 HGB, 400 AktG).

Der **Grundsatz der Bilanzwahrheit** zielt auf die materielle Ordnungsmäßigkeit eines Jahresabschlusses ab und bezieht sich sowohl auf den Inhalt (Bilanzansatz) als auch auf den Wert (Willkürfreiheit) von einzelnen Bilanzpositionen.

Auch die Forderung nach **Vollständigkeit** (§ 246 Abs. 1 HGB) ist Bestandteil des Wahrheitsgrundsatzes. Ausfluß des Postulats der vollständigen Bilanzierung ist u. a., daß nicht das rechtliche Eigentum, sondern die **wirtschaftliche** Zugehörigkeit eines Wirtschaftsgutes über das »Wo« seiner Bilanzierung entscheidet. Danach regeln sich die Zuständigkeiten des Bilanzausweises z. B. bei schwebenden Geschäften, bei Miet-, Pacht- und Leasingverträgen, bei der Sicherungsübereignung und beim Eigentumsvorbehalt. Hinsichtlich der Bewertung von Bilanzpositionen läßt sich allerdings **keine objektive Wahrheit** erreichen, da eindeutige Bewertungsmaßstäbe fehlen; erreichbar ist vielmehr nur eine subjektive Wahrheit im Rahmen zulässiger Bewertungsspielräume. Bei bewußter Mißachtung des Wahrheitsgrundsatzes liegt Bilanzfälschung vor; sie ist strafbar und führt ebenfalls zur Nichtigkeit des Jahresabschlusses (§ 256 Abs. 1 und 5 AktG).

Der **Grundsatz der Bilanzkontinuität** (Bilanzzusammenhang) regelt das Verhältnis aufeinanderfolgender Jahresabschlüsse zueinander in formeller und materieller Hinsicht mit dem Ziel, die Vergleichbarkeit zu gewährleisten.

Die **formelle** Bilanzkontinuität (Bilanzverknüpfung) hat die Forderungen nach

- **Bilanzidentität** (Bilanzkongruenz: Übereinstimmung der Eröffnungsbilanz mit der Schlußbilanz der vorangehenden Periode),
- **Beibehaltung der Gliederung** der Bilanz (Darstellungsstetigkeit) sowie
- **Beibehaltung des Abschlußstichtages**

zum Gegenstand; sie kommt in der allgemein gültigen Vorschrift des § 252 Abs. 1 Nr. 1 HGB und den nur für Kapitalgesellschaften geltenden Spezialvorschriften der §§ 264 Abs. 1 und 265 Abs. 1 HGB zum Ausdruck.

Die **materielle** Bilanzkontinuität fordert die Beibehaltung einmal gewählter Bewertungsgrundsätze (**Bewertungsstetigkeit**, nunmehr in § 252 Abs. 1 Nr. 6 HGB ausdrücklich kodifiziert) sowie die Wahrung des Wertzusammenhangs für jedes Wirtschaftsgut bei im übrigen unveränderten Wertverhältnissen (**Wertstetigkeit**), vor allem in Hinsicht auf die Sicherung der Vergleichbarkeit des Erfolgsausweises. Bewertungskontinuität verlangt auch der **Grundsatz der Unternehmensfortführung** (Going-Concern-Prinzip, § 252 Abs. 1 Nr. 2 HGB). Mit diesem kommt grundsätzlich der Anschaffungswert bei der Bilanzierung zur Anwendung, während der Ansatz von Liquidationswerten in der regulären Jahresabschlußbilanz ausgeschlossen wird.

Als ein übergeordneter Grundsatz ordnungsmäßiger Buchführung und Bilanzierung gebietet der **Grundsatz der Vorsicht** eine zurückhaltende Abschätzung der mit der Geschäftstätigkeit verbundenen Chancen, um im Hinblick auf den Ausweis und die Ausschüttung des Gewinns sowohl den Gläubigerschutz als auch das Eigeninteresse des Unternehmens zu wahren.

Inhaltlich ist das Vorsichtsprinzip (§ 252 Abs. 1 Nr. 4 HGB) in bezug auf das »Was« der Bilanzierung (Bilanzierung dem Grunde nach) an den Kriterien der marktmäßigen Objektivierung und Konkretisierung eines Vermögensgegenstands orientiert; in bezug auf das »Wie« der Bilanzierung (Bilanzierung der Höhe nach) wird es durch das Realisations- und das Imparitätsprinzip verwirklicht.

Das **Realisationsprinzip** besagt, daß Gewinne und Verluste erst dann ausgewiesen werden dürfen, wenn sie durch den Umsatzprozeß in Erscheinung getreten (**realisiert**) sind.

Das **Imparitätsprinzip** (Prinzip der Verlustantizipation) schränkt das Realisationsprinzip dahingehend ein, daß **absehbare,** jedoch noch **nicht realisierte** Verluste bereits als Aufwand im Jahresabschluß zu berücksichtigen sind.

Damit verhindert das Imparitätsprinzip einen zu hohen Gewinnausweis mit der Gefahr ungerechtfertigter Ausschüttung und Besteuerung. Es dient primär dem Gläubigerschutz und ist gesetzlich im **Niederstwertprinzip** verankert.

Das **Niederstwertprinzip** besagt, daß von zwei möglichen Wertansätzen (z. B. Anschaffungskosten oder Marktpreis) jeweils der niedrigere angesetzt werden muß (**strenges** Niederstwertprinzip) bzw. angesetzt werden darf (**gemildertes** Niederstwertprinzip).

Um eine periodengerechte Erfolgsermittlung zu gewährleisten, verlangt der **Grundsatz der Aufwands- und Ertragsabgrenzung**, daß Aufwendungen und Erträge unabhängig von dem Zeitpunkt der korrespondierenden Ausgabe bzw. Einnahme im Jahresabschluß zu erfassen sind.

3.2.4.3 Bilanzansatz

Die **Logik jeder Bilanzierungsentscheidung** vollzieht sich in drei Schritten: Bilanzansatz, Bilanzbewertung und Bilanzausweis. Demzufolge ist zunächst zu klären, welche Objekte oder Vorgänge überhaupt in der Bilanz angesetzt werden können bzw. müssen. Der Bilanzansatz stellt damit die Frage nach dem **Grunde** der Bilanzierung.

3.2.4.3.1 Bilanzierungsfähigkeit

> Unter **Bilanzierungsfähigkeit** ist die Eignung eines Objekts oder eines Vorgangs zu verstehen, als Aktivposten (Aktivierungsfähigkeit) bzw. Passivposten (Passivierungsfähigkeit) in die Bilanz aufgenommen zu werden.

Die Prüfung der Bilanzierungsfähigkeit vollzieht sich dabei im wesentlichen in zwei Schrittten (vgl. Federmann [Bilanzierung] 176ff.):

(1) Abstrakte Bilanzierungsfähigkeit

Zunächst ist zu prüfen, ob eine **abstrakte Bilanzierungsfähigkeit** gegeben ist. Legt man eine abstrakte, d.h. eine von den konkreten Umständen des Einzelfalls losgelöste Betrachtungsweise zugrunde, so dürfen in die Handelsbilanz grundsätzlich nur Vermögensgegenstände, Schulden und Eigenkapital sowie Rechnungsabgrenzungsposten, Bilanzierungshilfen und Sonderposten aufgenommen werden.

Abgesehen von den aktiven Rechnungsabgrenzungsposten (§ 250 Abs. 1 und 3 HGB) und den Bilanzierungshilfen (§§ 250 Abs. 3, 255 Abs. 4, 269, 274 Abs. 2 HGB) ist ein Gut demnach handelsbilanziell nur dann als Aktivposten bilanzierungsfähig (= **aktivierungsfähig**), wenn es sich um einen Vermögensgegenstand handelt. Eine im Gesetz verankerte Definition des Begriffs »Vermögensgegenstand« existiert nicht; vielmehr ist eine solche aus den Grundsätzen ordnungsmäßiger Buchführung abzuleiten. Dananch liegt ein **Vermögensgegenstand** vor, wenn eine Sache oder ein Recht **selbständig bewertbar** und zugleich **selbständig veräußerbar** bzw. **verwertbar** ist.

Als »Schulden« **passivierungsfähig** sind einerseits sicher feststehende Verpflichtungen (= Verbindlichkeiten), andererseits auch zwar dem Grunde nach feststehende, hinsichtlich Höhe und Fälligkeit aber ungewisse Verpflichtungen (= Rückstellungen). Neben den Schulden und dem Eigenkapital, das sich als Differenz aus den Aktiva und den übrigen Passiva ergibt, gelten zudem passivische Rechnungsabgrenzungsposten (§ 250 Abs. 2 HGB) und Sonderposten mit Rücklageanteil (§§ 247 Abs. 3, 273 HGB) als passivierungsfähig.

(2) Konkrete Bilanzierungsfähigkeit

Wird die abstrakte Bilanzierungsfähigkeit bejaht, liegt also ein Vermögensgegenstand, eine Schuld, Eigenkapital, ein Rechnungsabgrenzungsposten, eine Bilanzierungshilfe oder ein Sonderposten vor, so ist in einem zweiten Schritt die **konkrete Bilanzierungsfähigkeit** zu untersuchen.

Von konkreter Bilanzierungsfähigkeit spricht man, wenn ein Bilanzierungsobjekt dem (Betriebs-)Vermögen des Bilanzierenden zuzurechnen ist und der Bilanzierungsfähigkeit kein ausdrückliches **Bilanzierungsverbot** entgegensteht. Maßgeblich für die Zuordnung eines Objektes zum Bilanzvermögen ist nicht das rechtliche Eigentum, sondern die **wirtschaftliche Zugehörigkeit.** Ist die Person des juristischen Eigentümers nicht mit der des wirtschaftlichen Eigentümers identisch, betrifft die Frage der konkreten Bilanzierungsfähigkeit also stets den wirtschaftlichen Eigentümer, der den juristischen Eigentümer auf Dauer von der tatsächlichen Herrschaft über ein Gut ausschließen kann. So sind beispielsweise unter Eigentumsvorbehalt gelieferte Waren i. d. R. beim Käufer und nicht beim Verkäufer (=juristische Eigentümer), sicherungsübereignete Anlagegüter beim nutzungsberechtigten Sicherungsgeber und nicht beim Sicherungsnehmer (= juristischer Eigentümer) zu bilanzieren. Sofern der Bilanzierung ein explizites Bilanzierungsverbot entgegensteht, kann ein Recht oder eine Sache zwar als abstrakt, nicht jedoch als konkret bilanzierungsfähig gelten. Ein solches Bilanzierungsverbot besteht etwa für Aufwendungen für die Unternehmensgründung und die Eigenkapitalbeschaffung oder auch für nicht entgeltlich erworbene immaterielle Vermögensgegenstände des Anlagevermögens (§ 248 HGB).

Bilanzierungsfähigkeit liegt also nur dann vor, wenn sowohl die abstrakte als auch die konkrete Bilanzierungsfähigkeit gegeben ist. Folglich muß es sich bei einem Bilanzierungsobjekt entweder um einen Vermögensgegenstand, eine Bilanzierungshilfe, einen Rechnungsabgrenzungsposten, eine Schuld, einen Sonderposten oder Eigenkapital handeln (= abstrakte Bilanzierungsfähigkeit); zudem muß dieses Bilanzierungsobjekt im konkreten Fall dem Vermögen des Bilanzierenden wirtschaftlich zuzurechnen sowie durch kein Bilanzierungsverbot betroffen sein (= konkrete Bilanzierungsfähigkeit).

3.2.4.3.2 Bilanzierungswahlrecht und Bilanzierungspflicht

Aus dem Grundsatz der Vollständigkeit (§ 246 Abs. 1 HGB), der den Ansatz **sämtlicher** Vermögensgegenstände, Schulden und Rechnungsabgrenzungsposten in der Bilanz fordert, läßt sich eine **grundsätzliche** handelsbilanzielle **Bilanzierungspflicht** für bilanzierungsfähige Posten herleiten: Aktivierungsfähige Posten sind grundsätzlich zu aktivieren, passivierungsfähige Posten grundsätzlich zu passivieren.

Von dieser grundsätzlichen Bilanzierungspflicht hat der Gesetzgeber im Handelsrecht bestimmte bilanzierungsfähige Posten, insbesondere Bilanzierungshilfen, ausgenommen, indem er dem Bilanzierenden bewußt ein **Bilanzierungswahlrecht** (Aktivierungs- oder Passivierungswahlrecht) einräumt. So bestehen Aktivierungswahlrechte etwa für das Disagio (§ 250 Abs. 3 HGB), den derivativen (= entgeltlich erworbenen) Firmenwert (§ 255 Abs. 4 HGB) oder – bei Kapitalgesellschaften – bezüglich der Aufwendungen für die Ingangsetzung und die Erweiterung des Geschäftsbetriebs (§ 269 HGB) und der aktiven Steuerabgrenzung (§ 274 Abs. 2 HGB). Passivierungswahlrechte hat der Gesetzgeber beispielsweise für bestimmte Aufwandsrückstellungen (§ 249 Abs. 1 Satz 3 und Abs. 2 HGB) vorgesehen.

Einen zusammenfassenden Überblick über die sich aus Bilanzierungsfähigkeit, Bilanzierungswahlrecht und Bilanzierungspflicht ergebende Bilanzansatz-Entscheidung in der Handelsbilanz gibt Abb. 3.3.16 S. 358.

An die Stelle der Begriffe »Vermögensgegenstand«, »Schulden« und »Eigenkapital« treten in der **Steuerbilanz** die weitgehend deckungsgleichen Bezeichnungen »positives (aktives) Wirtschaftsgut«, »negatives (passives) Wirtschaftsgut« sowie »Betriebsvermögen« (§ 4 Abs. 1 EStG). Über das Maßgeblichkeitsprinzip (§ 5 Abs. 1 EStG) ist die Steuerbilanz grundsätzlich hinsichtlich Bilanzierungsfähigkeit, Bilanzierungsverbote und Bilanzierungspflichten an die Handelsbilanz gebunden. Einzig die Maßgeblichkeit von handelsrechtlichen Bilanzierungswahlrechten für die Steuerbilanz wird durch die Rechtsprechung

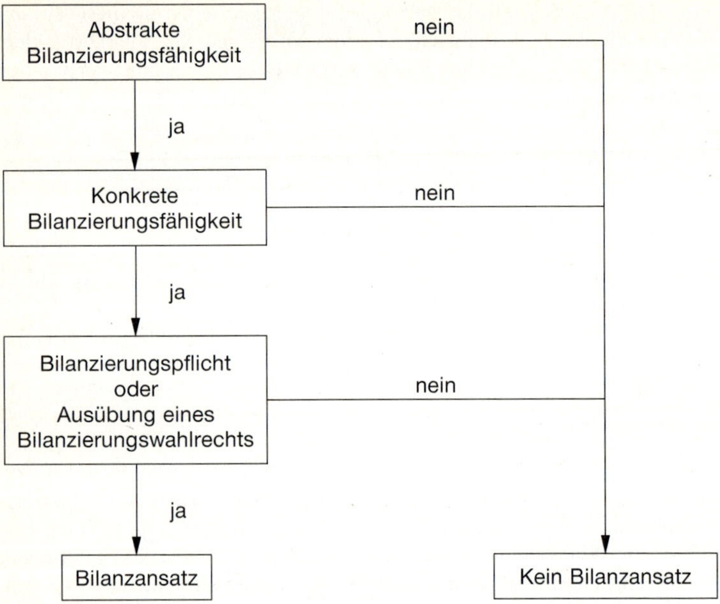

Abb. 3.3.16: Entscheidung über den Bilanzansatz in der Handelsbilanz

des BFH verneint: Abgesehen von einigen Ausnahmen besteht für handelsrechtliche Aktivierungswahlrechte steuerrechtlich eine Aktivierungspflicht, für handelsrechtliche Passivierungswahlrechte hingegen ein steuerrechtliches Passivierungsverbot.

3.2.4.4 Bilanzbewertung und Bilanzausweis

3.2.4.4.1 Grundlegende Wertmaßstäbe der Bilanzierung

Die **Bewertung** (Bilanzierung der **Höhe** nach) stellt im Hinblick auf den Aussagegehalt des Jahresabschlusses einen besonders wichtigen, da informationspolitischen Entscheidungsparameter der Bilanzierung dar. Wertansätze für Bilanzpositionen können grundsätzlich nicht aufgrund von objektiven, sondern nur nach **subjektiven** Maßstäben ermittelt werden. Die Grundlagen des Bewertungsgerüsts sind daher sowohl durch spezielle gesetzliche Regelungen als auch durch die in § 252 HGB für alle Kaufleute kodifizierten GoB bestimmt. Dazu gehören die folgenden tragenden **Grundsätze:**

- Prinzip der Fortführung der Unternehmenstätigkeit (going-concern-principle; § 252 Abs. 1 Nr. 2 HGB);
- Prinzip der Vorsicht (§ 252 Abs. 1 Nr. 4 HGB);
- Prinzip der periodengerechten Abgrenzung der Aufwendungen und Erträge (§ 252 Abs. 1 Nr. 5 HGB);
- Prinzip der Einzelbewertung (§ 252 Abs. 1 Nr. 3 HGB);
- Prinzipien der Stetigkeit und Kontinuität (§ 252 Abs. 1 Nr. 1 und 6 HGB).

Diese allgemeinen Grundsätze treten jedoch stets hinter vorhandene spezielle gesetzliche Regelungen zurück.

Für die Bewertung der einzelnen Bilanzpositionen stehen folgende grundlegende Wertmaßstäbe zur Verfügung:

- Anschaffungskosten,
- Herstellungskosten,
- Tageswerte,
- Zukunftswerte,
- Steuerliche Wertansätze.

3.2.4.4.1.1 Anschaffungskosten

Der Begriff der **Anschaffungskosten** wird in § 255 Abs. 1 HGB erläutert.

Anschaffungskosten sind sämtliche Aufwendungen, die geleistet werden, um einen Vermögensgegenstand zu erwerben und ihn in einem betriebsbereiten Zustand zu versetzen, soweit sie dem Vermögensgegenstand einzeln zugeordnet werden können.

Die **Anschaffungskosten** setzen sich zusammen aus dem Anschaffungspreis (mit dem Lieferanten vereinbartes Entgelt), den nachträglichen Anschaffungskosten (z. B. auf Grund von Um- oder Ausbauarbeiten) und den Anschaffungsnebenkosten (z. B. Transport-, Montagekosten), die zusätzlich aufgewendet werden müssen, um das Gut seiner betrieblichen Verwendung zuzuführen, abzüglich aller Anschaffungskostenminderungen (z. B. Rabatte, Skonti, Boni); es gilt demnach folgende Beziehung:

  Anschaffungspreis
+ nachträgliche Anschaffungskosten
+ Anschaffungsnebenkosten
− Anschaffungskostenminderungen
= handels- und steuerrechtliche Anschaffungskosten

Voraussetzung für die Aktivierung von Anschaffungsnebenkosten ist, daß die Aufwendungen dem Vermögensgegenstand **einzeln** und nicht nur anteilig oder pauschal zugerechnet werden können. Grundsätzlich nicht zu den Anschaffungsnebenkosten und damit auch nicht zu den Anschaffungskosten gehören jedoch im Rechnungsbetrag enthaltene Vorsteuerbeträge oder Aufwendungen für den Einkauf und die Kapitalbeschaffung. **Fortgeführte Anschaffungskosten** sind die um planmäßige oder auch außerplanmäßige Abschreibungen korrigierten Anschaffungskosten.

3.2.4.4.1.2 Herstellungskosten

Im eigenen Unternehmen erstellte oder bearbeitete Gegenstände sind mit ihren **Herstellungskosten** anzusetzen. Eine Legaldefinition der Herstellungskosten findet sich in § 255 Abs. 2 HGB für das Handelsrecht und in Abschn. 33 EStR für das Steuerrecht.

> **Herstellungskosten** sind alle Aufwendungen, die durch den Verbrauch von Gütern und die Inanspruchnahme von Diensten für die Herstellung eines Vermögensgegenstandes, seine Erweiterung oder für eine über seinen ursprünglichen Zustand hinausgehende wesentliche Verbesserung entstehen.

Die **Ermittlung der Herstellungskosten** erweist sich im Vergleich zu den Anschaffungskosten insofern als problematisch, als überwiegend keine externen Belegunterlagen (Rechnungen) vorliegen. Ausgangsgröße für die Ermittlung der Herstellungskosten sind die **Einzelkosten der Kostenrechnung,** wobei die darin enthaltenen Kostenarten (Material- und Fertigungskosten) bilanziell nur angesetzt werden können, soweit ihnen handelsrechtlich anerkannte Aufwendungen (aufwandsgleiche Kosten) entsprechen. Für die Herstellungskosten gilt demnach wie für die Anschaffungskosten, daß nur solche Beträge dazugehören, welche das Unternehmen tatsächlich aufgewendet hat. Demgemäß weichen die **bilanziellen Herstellungskosten** von den **Herstellkosten der Kostenrechnung** immer dann ab, wenn den kalkulatorischen Kosten keine entsprechenden Aufwendungen gegenüberstehen (z. B. bilanzielle

Anschaffungswert-, kalkulatorische Wiederbeschaffungswertabschreibungen). Die handelsrechtlichen Herstellungskosten ihrerseits bestimmen nur in dem Umfang die **steuerlichen Herstellungskosten**, als sie steuerlich abzugsfähige Betriebsausgaben sind. Infolge der im Bereich der (Material-, Fertigungs-, Verwaltungs-)Gemeinkosten bestehenden Ansatzwahlrechte (§ 255 Abs. 2 und 3 HGB, Abschn. 33 EStR) ist für

Kostenarten	Aktivierbare und aktivierungspflichtige Kostenbestandteile	
	Handelsbilanz	Steuerbilanz
Fertigungsmaterial + Fertigungslöhne + Sondereinzelkosten der Fertigung	muß	muß
= Herstellungskosten I	Ansatz möglich (Untergrenze)	Ansatz nicht möglich
+ variable Materialgemeinkosten + variable Fertigungsgemeinkosten	kann	muß
= Herstellungskosten II	Ansatz möglich	Ansatz nicht möglich
+ Sondergemeinkosten der Fertigung + fixe Materialgemeinkosten + fixe Fertigungsgemeinkosten*	kann	muß
= Herstellungskosten III	Ansatz möglich	Ansatz möglich (Untergrenze)
+ fixe Fertigungsgemeinkosten** + Verwaltungsgemeinkosten	kann	kann
= Herstellungskosten IV	Ansatz möglich (Obergrenze)	Ansatz möglich (Obergrenze)

* Werteverbrauch des fertigungsbedingten Anlagevermögens

** z. B. Zinsen für fertigungsbedingtes Fremdkapital, Aufwendungen für freiwillige soziale Leistungen und für betriebliche Altersversorgung

Abb. 3.3.17: Ermittlung der Herstellungskosten in Handels- und Steuerbilanz

die bilanziellen Herstellungskosten eine **Wertobergrenze** (Vollkosten) und eine **Wertuntergrenze** (Einzelkosten) festzustellen; der dadurch gegebene Bewertungsspielraum kann bilanzpolitisch genutzt werden. Abb. 3.3.17 stellt die als Herstellungskosten aktivierbaren bzw. aktivierungspflichtigen Kostenarten zusammenfassend dar.

3.2.4.4.1.3 Tageswerte

Neben den oben genannten, auf Ausgaben beruhenden primären Bewertungsmaßstäben kommen auch nicht auf Ausgaben des Unternehmens beruhende sekundäre Wertmaßstäbe in Form von Tageswerten (Zeitwerte) in Betracht.

Tageswerte werden von Preisen abgeleitet, die auf einem Markt (im weitesten Sinne) am Bilanzstichtag zu erzielen bzw. zu bezahlen sind.

Zu unterscheiden sind Marktpreis, Börsenpreis und beizulegender Wert am Abschlußstichtag:

- Als **Marktpreis** gilt der Preis, der auf einem Markt für Waren bestimmter Gattung von durchschnittlicher Qualität am Bilanzstichtag durchschnittlich bezahlt wird.
- Der **Börsenpreis** ist der an einer amtlichen Börse für Gegenstände oder Wertpapiere gezahlte Preis.
- Für Güter (insbesondere des Anlagevermögens), die weder markt- noch börsengängig sind, kann es erforderlich werden, **beizulegende Werte** am Abschlußstichtag zu ermitteln, wobei der Wiederbeschaffungswert (Reproduktionskostenwert) die Obergrenze und der Einzelveräußerungspreis die Untergrenze darstellt. Kapitalgesellschaften dürfen gemäß § 279 Abs. 1 Satz 2 HGB eine außerplanmäßige Abschreibung auf den beizulegenden Wert im Anlagevermögen nur vornehmen, wenn es sich um eine voraussichtlich dauernde Wertminderung oder um eine Wertminderung bei Finanzanlagen handelt.

Ist bei nicht feststellbarem Börsen- oder Marktpreis der beizulegende Wert unter die Anschaffungs- oder Herstellungskosten gesunken, so hat zur Realisierung des Niederstwertprinzips bei Gegenständen des Anlage- und des Umlaufvermögens (insbes. Halb- und Fertigfabrikate) die Wertermittlung nach dem **Prinzip der verlustfreien Bewertung** zu erfolgen (vgl. S. 378 f.).

3.2.4.4.1.4 Zukunftswerte

Zukunftswerte sind Wertansätze, die am Bewertungsstichtag weder realisiert sind (primäre Wertansätze), noch realisiert werden können (sekundäre Wertansätze), die aber in nächster Zukunft nach vernünftiger kaufmännischer Beurteilung zu erwarten sind.

Derartige Zukunftswerte dürfen bei der Bewertung des Umlaufvermögens (insbes. Vorräte, Wertpapiere, Forderungen) dann angesetzt werden, wenn in naher Zukunft Wertminderungen bzw. Preisrückgänge erwartet werden. Mit der Anwendung dieses Abwertungswahlrechts erfährt das Niederstwertprinzip eine Erweiterung in zeitlicher Hinsicht, da über die Stichtagsbezogenheit der Bewertung hinaus bereits Wertminderungen der nächsten Zukunft, konkretisiert durch einen Zeitraum von zwei Jahren, vorweggenommen werden dürfen. Die »vernünftige kaufmännische Beurteilung« muß sich dabei an objektiven, durch tatsächliche Verhältnisse begründeten Anhaltspunkten messen lassen.

3.2.4.4.1.5 Steuerliche Wertansätze

(1) Niedrigerer steuerrechtlich zulässiger Wert i. S. v. § 254 HGB

Der für Zwecke der Steuern vom Einkommen und vom Ertrag **für zulässig gehaltene Wert** ist ein durch den Grundsatz der Maßgeblichkeit bedingter Wert, um einen nach steuerlichen Vorschriften zulässigen Wertansatz (z. B. aufgrund von steuerrechtlichen Sonderabschreibungen) auch in der Handelsbilanz ansetzen zu können.

Das hier zum Ausdruck gelangende Abwertungswahlrecht begründet eine **Umkehrung des Maßgeblichkeitsprinzips** (§ 5 Abs. 1 Satz 2 EStG) mit der Folge, daß die Inanspruchnahme steuerlicher Vergünstigungen (z. B. Sonderabschreibungen) auch tatsächlich realisierbar ist. Dieser Wert kann sowohl für das Anlage- als auch für das Umlaufvermögen angesetzt werden.

(2) Steuerlicher Teilwert

Der **steuerliche Teilwert** hat, ausgehend von den Zielen der Ertrags- und Substanzbesteuerung, die Aufgabe, eine objektivierte Wertuntergrenze (niedrigerer Teilwert) für alle Gegenstände anzugeben, deren Wert unter die Anschaffungs- bzw. Herstellungskosten gesunken ist.

> Der **Teilwert** ist der Betrag, den ein Erwerber des ganzen Betriebs im Rahmen des Gesamtkaufpreises für das einzelne Wirtschaftsgut ansetzen würde; dabei ist davon auszugehen, daß der Erwerber den Betrieb fortführt (§ 6 Abs. 1 Nr. 1 Satz 3 EStG).

Diese gesetzliche **Definition** erwies sich in der Praxis als **nicht operational**; eine Präzisierung erfolgte deshalb über die sog. **Teilwertvermutungen** des Reichsfinanzhofes (RFH 1928), die solange gelten, als sie vom Steuerpflichtigen nicht widerlegt worden sind. Im einzelnen bedeutet dies für die Wertfindung und den Wertansatz (Bea [Bewertung] 829):

- Im Zeitpunkt der Anschaffung oder Herstellung ist der Teilwert gleich den Anschaffungs- oder Herstellungskosten.
- Im nichtabnutzbaren Anlagevermögen ist der Teilwert auch für spätere Stichtage gleich den Anschaffungs- bzw. Herstellungskosten, während er im abnutzbaren Anlagevermögen den um planmäßige Abschreibungen verminderten Anschaffungs- bzw. Herstellungskosten entspricht.
- Im Umlaufvermögen stimmt der Teilwert i. d. R. mit den Wiederbeschaffungskosten bzw. dem Börsen- oder Marktpreis überein.
- Die Wiederbeschaffungs- bzw. Wiederherstellungskosten bilden stets die Obergrenze, der Einzelveräußerungspreis stets die Untergrenze des Teilwerts.

3.2.4.4.2 Formalaufbau der Bilanz (Bilanzausweis)

Für Einzelkaufleute und Personenhandelsgesellschaften verlangt das HGB in § 247 Abs. 1 lediglich einen **gesonderten Ausweis** und eine **hinreichende Aufgliederung** für das Anlage- und Umlaufvermögen, das Eigenkapital, die Schulden sowie die Rechnungsabgrenzungsposten. Der im Rahmen der GoB verankerte Grundsatz der Bilanzklarheit (§ 243 Abs. 2 HGB; vgl. S. 352) ist als Maßstab für eine Auslegung des unbestimmten Rechtsbegriffes »hinreichende Aufgliederung« heranzuziehen. Welche Mindestgliederung jedoch letztlich für einen Einzelkaufmann oder eine Personenhandelsgesellschaft als »hinreichend« anzusehen ist, hängt vom konkreten Einzelfall ab. Eine Anlehnung an die Gliederung der Bilanz für Kapitalgesellschaften, wie sie in § 266 HGB vorgeschrieben ist, bietet im Normalfall eine sichere Grundlage für die Bestimmung der notwendigen Gliederungstiefe.

Sofern die Zugehörigkeit zu einem bestimmten Geschäftszweig nicht eine von § 266 HGB abweichende Gliederung erforderlich macht (z. B. bei Kreditinstituten, Bausparkassen, Versicherungen; § 330 HGB), ist für mittelgroße und große Kapitalgesellschaften die in § 266 Abs. 2 und 3 HGB vorgeschriebene Gliederung verbindlich. Kleine Kapitalgesellschaften brauchen nur eine verkürzte Bilanz aufzustellen, in die allein die mit Buchstaben und römischen Zahlen bezeichneten Posten gesondert aufgenommen werden (§ 266 Abs. 1 HGB).

Der nachfolgenden Diskussion der Bilanzierung und Bewertung ausgewählter Bilanzpositionen soll die auf den Seiten 366 f. abgebildete Bilanzgliederung für mittelgroße und große Kapitalgesellschaften als Orientierung dienen.

3.2.4.4.3 Bilanzierung und Bewertung ausgewählter Bilanzpositionen

Die in den vorhergehenden Abschnitten zu Bilanzansatz (Abschn. 3.2.4.3), Bilanzbewertung (Abschn. 3.2.4.4.1) und Bilanzausweis (Abschn. 3.2.4.4.2) gelegten Grundlagen werden im folgenden anhand ausgewählter Einzelpositionen der Bilanz näher erläutert.

3.2.4.4.3.1 Aufwendungen für die Ingangsetzung und Erweiterung des Geschäftsbetriebs

Kosten, die beim Aufbau der Innen- und Außenorganisation des Unternehmens im Zusammenhang mit der Gründung entstehen, sowie die Kosten von Betriebserweiterungen und -umstellungen können nach § 269 HGB als sog. **Bilanzierungshilfe** aktiviert werden.

> **Bilanzierungshilfen** stellen bilanzielle Hilfsgrößen dar, deren Inanspruchnahme eine **periodengerechte Aufwandsverrechnung** (Erfolgsermittlung) ermöglichen soll.

Bilanzierungshilfen können somit als Periodisierungsinstrument interpretiert werden, mit dem einmalige Ausgaben für nicht selbständig verkehrsfähige Vermögensgegenstände über mehrere Jahre verteilt werden. Daneben können sie aber auch der Vermeidung einer in

Gliederung

Aktiva

A. Anlagevermögen:
   I. Immaterielle Vermögensgegenstände:
      1. Konzessionen, gewerbliche Schutzrechte und ähnliche Rechte und Werte sowie Lizenzen an solchen Rechten und Werten;
      2. Geschäfts- oder Firmenwert;
      3. geleistete Anzahlungen;
   II. Sachanlagen:
      1. Grundstücke, grundstücksgleiche Rechte und Bauten einschließlich der Bauten auf fremden Grundstücken;
      2. technische Anlagen und Maschinen;
      3. andere Anlagen, Betriebs- und Geschäftsausstattung;
      4. geleistete Anzahlungen und Anlagen im Bau;
   III. Finanzanlagen:
      1. Anteile an verbundenen Unternehmen;
      2. Ausleihungen an verbundene Unternehmen;
      3. Beteiligungen;
      4. Ausleihungen an Unternehmen, mit denen ein Beteiligungsverhältnis besteht;
      5. Wertpapiere des Anlagevermögens;
      6. sonstige Ausleihungen.
B. Umlaufvermögen:
   I. Vorräte:
      1. Roh-, Hilfs- und Betriebsstoffe;
      2. unfertige Erzeugnisse, unfertige Leistungen;
      3. fertige Erzeugnisse und Waren;
      4. geleistete Anzahlungen;
   II. Forderungen und sonstige Vermögensgegenstände:
      1. Forderungen aus Lieferungen und Leistungen;
      2. Forderungen gegen verbundene Unternehmen;
      3. Forderungen gegen Unternehmen, mit denen ein Beteiligungsverhältnis besteht;
      4. sonstige Vermögensgegenstände;
   III. Wertpapiere:
      1. Anteile an verbundenen Unternehmen;
      2. eigene Anteile;
      3. sonstige Wertpapiere;
   IV. Schecks, Kassenbestand, Bundesbank- und Postgiroguthaben, Guthaben bei Kreditinstituten.
C. Rechnungsabgrenzungsposten.

der Bilanz

Passiva

A. Eigenkapital:
  I. Gezeichnetes Kapital;
  II. Kapitalrücklage;
  III. Gewinnrücklagen:
    1. gesetzliche Rücklage;
    2. Rücklage für eigene Anteile;
    3. satzungsmäßige Rücklagen;
    4. andere Gewinnrücklagen;
  IV. Gewinnvortrag/Verlustvortrag;
  V. Jahresüberschuß/Jahresfehlbetrag.
B. Rückstellungen:
  1. Rückstellungen für Pensionen und ähnliche Verpflichtungen;
  2. Steuerrückstellungen;
  3. sonstige Rückstellungen.
C. Verbindlichkeiten:
  1. Anleihen, davon konvertibel;
  2. Verbindlichkeiten gegenüber Kreditinstituten;
  3. erhaltene Anzahlungen auf Bestellungen;
  4. Verbindlichkeiten aus Lieferungen und Leistungen;
  5. Verbindlichkeiten aus der Annahme gezogener Wechsel und der Ausstellung eigener Wechsel;
  6. Verbindlichkeiten gegenüber verbundenen Unternehmen;
  7. Verbindlichkeiten gegenüber Unternehmen, mit denen ein Beteiligungsverhältnis besteht;
  8. sonstige Verbindlichkeiten,
     davon aus Steuern,
     davon im Rahmen der sozialen Sicherheit.
D. Rechnungsabgrenzungsposten.

aufwandsmäßig stark belasteten Perioden eventuell eintretenden Überschuldung dienen (Überschuldungsverhinderungsinstrument).

Das HGB nennt als Bilanzierungshilfen explizit nur die Aufwendungen für die Ingangsetzung und Erweiterung des Geschäftsbetriebs (§ 269 HGB) sowie die aktiven latenten Steuern (§ 274 Abs. 2 HGB; vgl. S. 399 ff.). Daneben lassen sich ihrem Charakter nach auch die Bilanzierungswahlrechte für den derivativen Firmenwert (§ 255 Abs. 4 HGB; vgl. S. 369) und das Disagio (§ 250 Abs. 3 HGB; vgl. S. 395) als Bilanzierungshilfen qualifizieren.

Da es sich bei den Aufwendungen für die Ingangsetzung und Erweiterung des Geschäftsbetriebs nicht um Vermögensgegenstände handelt, stellt das Aktivierungswahlrecht lediglich eine Billigkeitsmaßnahme des Gesetzgebers dar. Damit soll vermieden werden, daß die oftmals sehr hohen Ingangsetzungs- und Erweiterungskosten zum Ausweis einer Position »Nicht durch Eigenkapital gedeckter Fehlbetrag« (§ 268 Abs. 3 HGB) führt. Um zu verhindern, daß infolge der Bilanzierungshilfe ein Betrag in Höhe der aktivierten Kosten ausgeschüttet werden kann, dürfen bei Inanspruchnahme der Bilanzierungshilfe Gewinne nur ausgeschüttet werden, wenn die verbleibenden Gewinnrücklagen zuzüglich eines Gewinnvortrages bzw. abzüglich eines Verlustvortrages mindestens dem aktivierten Betrag entsprechen.

Der Ausweis der Position »**Aufwendungen für die Ingangsetzung und Erweiterung des Geschäftsbetriebs**« hat vor dem Anlagevermögen zu erfolgen und muß im Anhang erläutert werden. Die aktivierten Aufwendungen müssen in den folgenden Jahren jährlich zu mindestens 25% **abgeschrieben** werden (§ 282 HGB). Damit wird erreicht, daß die Ingangsetzungs- und Erweiterungskosten über einen Zeitraum von maximal fünf Jahren verteilt werden und nicht das Jahresergebnis einer einzigen Periode durch die Aufwendungen in voller Höhe belastet wird.

3.2.4.4.3.2 Anlagevermögen

(1) Begriff

> Nach § 247 Abs. 2 HGB sind dem **Anlagevermögen** alle die Gegenstände zuzuordnen, die am Abschlußstichtag bestimmt sind, **dauernd** dem Geschäftsbetrieb der Gesellschaft zu dienen; dazu gehören sowohl Sachanlagen und immaterielle Anlagewerte als auch Finanzanlagen.

Für den Bilanzausweis gilt grundsätzlich die Vorschrift des § 252 Abs. 1 Nr. 3 HGB, nach der der Unternehmer den Wert der **einzelnen** Vermögensgegenstände anzugeben hat (**Prinzip der Einzelbewertung**). Eine Ausnahme stellen Kollektive beweglicher Anlagegegenstände dar, die die Voraussetzungen des § 240 Abs. 3 HGB erfüllen und mit einem **Festwert** angesetzt werden können (vgl. hierzu S. 380f.). Nicht bilanziert werden müssen **geringwertige Wirtschaftsgüter**, die selbständig nutzungsfähig sind und deren Anschaffungs- bzw. Herstellungskosten 800 DM (ohne Mehrwertsteuer) nicht übersteigen; sie können im Jahr der Anschaffung oder Herstellung voll als Aufwand verrechnet werden (§ 6 Abs. 2 EStG).

Nach § 266 Abs. 2 HGB ist das Anlagevermögen in drei Hauptpositionen untergliedert: Immaterielle Vermögensgegenstände, Sachanlagen und Finanzanlagen. Bei den **immateriellen Vermögensgegenständen** handelt es sich um nicht in Sachen verkörperte, jedoch selbständig bewertbare betriebliche Vorteile. Das Gesetz schreibt eine Aktivierung von Konzessionen, gewerblichen Schutzrechten und ähnlichen Rechten sowie Lizenzen an solchen Rechten und Werten vor, sofern diese immateriellen Vermögensgegenstände entgeltlich erworben wurden (§ 266 Abs. 2 i. V. m. § 248 Abs. 2 und § 246 Abs. 1 HGB). Demzufolge muß beispielsweise das von einem Dritten erworbene Patent aktiviert werden, während ein selbsterstelltes Patent nicht aktiviert werden darf.

Beim **Firmenwert** besteht hingegen ein Aktivierungswahlrecht, sofern dieser gegen Entgelt (derivativer Firmenwert) erworben wurde.

> **(Derivativer) Firmenwert** (auch als Geschäftswert oder Goodwill bezeichnet) ist der Unterschiedsbetrag zwischen der für die Übernahme eines Unternehmens entrichteten Gegenleistung und dem Reinvermögen des Unternehmens im Übernahmezeitpunkt (§ 255 Abs. 4 HGB).

Obwohl es sich beim **derivativen** Firmenwert nach allgemeiner Ansicht nicht um einen Vermögensgegenstand, sondern um eine Bilanzierungshilfe handelt, ist der Firmenwert bei Aktivierung unter den immateriellen Vermögensgegenständen auszuweisen. Für einen selbstgeschaffenen (**originären**) Firmenwert besteht dagegen aus Objektivierungsgründen ein Aktivierungsverbot (§ 248 Abs. 2 HGB). Ein aktivierter Firmenwert ist grundsätzlich in den folgenden Jahren zu jeweils mindestens 25% abzuschreiben, er kann aber auch planmäßig über die voraussichtliche Nutzungsdauer verteilt werden; die steuerliche betriebsgewöhnliche Nutzungsdauer beträgt gemäß § 7 Abs. 1 EStG 15 Jahre.

(2) Bewertung

Für die Bewertung des Anlagevermögens von Bedeutung ist die Unterteilung in

- **nicht abnutzbares** Anlagevermögen (z. B. Grundstücke, soweit nicht substanzgenutzt, Anlagen im Bau, Beteiligungen), das mit den Anschaffungs- bzw. Herstellungskosten anzusetzen ist (§ 253 Abs. 1 Satz 1 HGB), und in

- **abnutzbares** Anlagevermögen (z. B. Gebäude, Maschinen, immaterielle Anlagewerte), dessen Nutzung zeitlich begrenzt ist.

Abnutzbare Anlagegüter stehen über einen längeren Zeitraum (Nutzungsdauer) hinweg zur Durchführung der Leistungserstellung zur Verfügung, wobei sie das in ihnen vorrätige Nutzungspotential allmählich abgeben.

Über **Abschreibungen** wird die periodische, technisch (z. B. durch Verschleiß), wirtschaftlich (z. B. durch Nachfrageverschiebungen) oder zeitlich (z. B. infolge Konzessionsablauf) bedingte Wertminderung von Anlagegütern als Aufwand erfaßt.

Es werden planmäßige und außerplanmäßige Abschreibungen unterschieden:

(a) Planmäßige Abschreibungen

Planmäßige Abschreibungen sind nach § 253 Abs. 2 HGB bei den Gegenständen des abnutzbaren Anlagevermögens vorzunehmen; sie finden im Steuerrecht ihr Äquivalent in den Absetzungen für Abnutzung (AfA) nach § 7 Abs. 1 Satz 1 EStG.

Der Begriff **planmäßige Abschreibung** stellt auf die Verwendung eines Abschreibungsplans ab, der die Anschaffungs- oder Herstellungskosten nach einer den GoB entsprechenden Abschreibungsmethode auf die Geschäftsjahre verteilt, in denen der Gegenstand voraussichtlich genutzt werden kann.

Der **Abschreibungsplan** muß Angaben enthalten über

- die zu verteilenden Anschaffungs- oder Herstellungskosten,
- einen nach Außerbetriebsetzung evtl. noch erzielbaren Restverkaufserlös,
- die voraussichtliche Nutzungsdauer des Gegenstandes und
- die gewählte Abschreibungsmethode.

Die Bedeutung des Abschreibungsplanes und der daraus resultierenden Abschreibungsbeträge liegt darin, daß die periodischen Abschreibungen einen wesentlichen Teil des Gesamtaufwandes einer Periode ausmachen und daher durch zu hohe oder zu niedrige Abschreibungsverrechnungen die **Höhe des Periodenerfolgs** entscheidend beeinflußt werden kann. Um derartige Manipulationen weitgehend auszuschalten, wurden vor allem für steuerliche Zwecke Vorschriften erlassen, die die voraussichtliche Nutzungsdauer eines Anlagegegenstandes festlegen und über die Zulässigkeit verschiedener Abschreibungsverfahren befinden. Für die in der Steuerbilanz zulässige Nutzungsdauer hat die Finanzverwaltung Tabellenwerke (sog. **AfA-Tabellen**) entwickelt, in denen die »betriebsgewöhnliche Nutzungsdauer von Anlagegütern« aufgrund von Erfahrungswerten und Schätzungen festgelegt ist. Eine Abweichung von der in den AfA-Tabellen vorgesehenen Nutzungsdauer ist nur in begründeten Ausnahmefällen möglich. Über das umgekehrte Maßgeblichkeitsprinzip der Steuerbilanz für die Handelsbilanz werden die AfA-Tabellen auch handelsrechtlich relevant.

Folgende **Verfahren der planmäßigen Abschreibung** sind zu unterscheiden (vgl. Abb. 3.3.18 S. 372f.):

- Lineare Abschreibung,
- Degressive Abschreibung,
- Progressive Abschreibung,
- Leistungsabschreibung.

(aa) **Lineare** Abschreibung (Abschreibung in gleichbleibenden Jahresbeträgen): Die Anschaffungs- bzw. Herstellungskosten werden gleichmäßig über die Nutzungsdauer als Aufwand verrechnet; Abschreibungssatz und Abschreibungsbetrag bleiben jährlich konstant.

Das Verfahren ist handels- und steuerrechtlich für alle abnutzbaren Wirtschaftsgüter des Anlagevermögens zulässig und als Normalfall der Abschreibung zu betrachten.

(bb) **Degressive** Abschreibung (Abschreibung in fallenden Jahresbeträgen): In den ersten Nutzungsjahren eines Anlagegegenstandes werden höhere Aufwandsbeträge verrechnet als in späteren Jahren.

Obwohl bestimmte Formen degressiver Abschreibung nicht vorgeschrieben sind, wird zwischen der geometrisch-degressiven und der arithmetisch-degressiven Vorgehensweise unterschieden.

Abschreibungsverfahren	Zeitabhängige			
		degressiv		
	linear	geometrisch-degressiv	arithmetisch-degressiv	
Abschreibungsbetrag	gleichbleibend	in geometrischer Reihe fallend	in arithmetischer Reihe fallend	
Abschreibungsbasis	Anschaffungs- bzw. Herstellungskosten	Restbuchwert	Anschaffungs- bzw. Herstellungskosten	
Formeln zur Ermittlung des:			arithm.-degr.	digital
Abschreibungsbetrags	$a_t = \frac{R_o - R_n}{n}$	$a_t = q \cdot R_{t-1}$	$a_1 = \frac{R_o - R_n}{n} + \frac{(n-1)}{2} \cdot D$ $a_t = a_{t-1} - D$, $t = 2, \ldots, n$.	$a_1 = n \cdot D$ $a_t = a_{t-1} - D$, $t = 2, \ldots, n$. **oder:** $a_t = (R_o - R_n)\, q_t$, $t = 1, \ldots, n$.
Abschreibungssatzes in %	$q = \frac{1}{n} \cdot 100$	$q = 100 \left(1 - \sqrt[n]{\frac{R_n}{R_o}}\right)$		$q_t = \frac{b_t}{\frac{n(n+1)}{2}} \cdot 100$ $t = 1, \ldots, n$.
Degressionsbetrags			$D = \frac{R_n - R_o + a_1 \cdot n}{\frac{n(n+1)}{2} - n}$	$D = \frac{R_o - R_n}{\frac{n(n+1)}{2}}$ $D = a_n = R_{n-1}$
Zulässigkeit: 1. Steuerrecht	§ 7 Abs. 1 EStG Zulässig für alle abnutzbaren Wirtschaftsgüter des Anlagevermögens.	§ 7 Abs. 2 EStG Zulässig nur für bewegliche abnutzbare Wirtschaftsgüter des Anlagevermögens. **Bedingungen:** 1.) $q^{degr} \leq 3 \cdot q^{lin}$ 2.) $q \leq 30\,\%$	nicht zulässig	
2. Handelsrecht	Abschreibungsverfahren sind zulässig, sofern sie			
Graphische Darstellung des Abschreibungsverlaufs	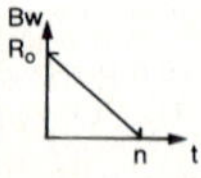	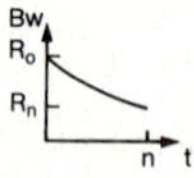	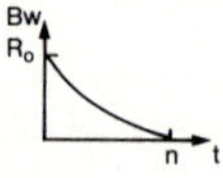	

Abkürzungen:

a_t = Abschreibungsbetrag im Jahr t
b_t = Verbleibende Nutzungsdauer vom Jahresanfang gerechnet
Bw = Buchwert
D = Degressionsbetrag
i = Staffelindex

Abb. 3.3.18: Übersicht der Abschreibungsverfahren

Zeitabhängige			Nach Leistung und Inanspruchnahme
degressiv	progressiv		
in fallenden Staffelsätzen	geometrisch-progressiv	arithmetisch-progressiv	
in Staffeln (zeitlichen Abschnitten) fallend	in geometrischer Reihe steigend	in arithmetischer Reihe steigend	variabel
Anschaffungs- bzw. Herstellungskosten	Restbuchwert	Anschaffungs- bzw. Herstellungskosten	Anschaffungs- bzw. Herstellungskosten
$a_t = (R_o - R_n)\, q_{it}$, $i = 1, \ldots, z$; $t = 1, \ldots, n$.	Ermittlung analog der geometrisch-degressiven Methode. Der Abschreibungsverlauf wird nur umgedreht.	Ermittlung analog der arithmetisch-degressiven Methode. Der Abschreibungsverlauf wird nur umgedreht.	$a_t = (R_o - R_n) \frac{L_t}{\sum_{t=1}^{n} L_t}$ $t = 1, \ldots, n$.
Der Abschreibungssatz q_{it} wird bei der Gebäude-AfA in § 7 Abs. 5 EStG vorgegeben.			
§ 7 Abs. 5 EStG Sonderregelung für Absetzungen bei Gebäuden. **Bedingung:** Bauherr oder Erwerb im Jahr der Fertigstellung.	Im Einkommensteuergesetz wird die progressive Abschreibung nicht erwähnt. Sie ist nur möglich, wenn der Verlauf der Leistung entspricht.		§ 7 Abs. 1 Satz 4 EStG Zulässig nur für bewegliche abnutzbare Wirtschaftsgüter des Anlagevermögens. **Bedingungen:** 1. Das Verfahren muß wirtschaftlich begründet sein. 2. Der Umfang der Leistung muß nachgewiesen werden.
den Grundsätzen ordnungsmäßiger Buchführung entsprechen.			
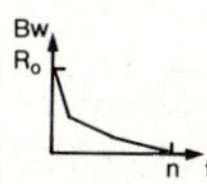	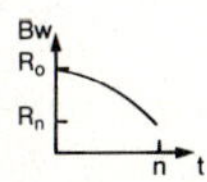	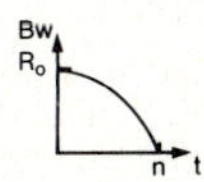	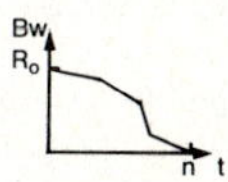

L_t = Leistung bzw. Inanspruchnahme im Jahr t
n = Nutzungsdauer in Jahren
q = Abschreibungssatz
R_o = Anschaffungs- bzw. Herstellungskosten
R_{t-1} = Restbuchwert vom letzten Periodenende
R_n = Restbuchwert am Ende der Nutzungsdauer bzw. Schrottwert
t = Periodenindex
z = Anzahl der Staffeln

Beim **geometrisch-degressiven** Verfahren wird der jährliche Abschreibungsbetrag durch Anwendung eines festen Prozentsatzes (Abschreibungssatz) auf den letzten Restbuchwert errechnet (Restwert-, Buchwertabschreibung). Das Verfahren ist handelsrechtlich zulässig, soweit nicht gegen GoB verstoßen wird; steuerrechtlich ist es anwendbar nur für **bewegliche** abnutzbare Wirtschaftsgüter des Anlagevermögens unter folgenden, gegenwärtig geltenden **Bedingungen** (§ 7 Abs. 2 EStG):

- Der Abschreibungssatz darf das 3fache des bei linearer Abschreibung in Betracht kommenden Satzes (laut AfA-Tabelle) nicht übersteigen.
- Unabhängig davon darf der Abschreibungssatz nicht mehr als 30% betragen.

Beim **arithmetisch-degressiven** Verfahren vermindern sich die jährlichen Abschreibungsbeträge jeweils um den gleichen Betrag. Wird dabei auf einen Restbuchwert von Null am Ende der Nutzungsdauer abgeschrieben, spricht man von **digitaler** Abschreibung. Das arithmetisch-degressive Verfahren kann handelsrechtlich angewandt werden, sofern kein Verstoß gegen die GoB vorliegt; steuerrechtlich ist dieses Abschreibungsverfahren dagegen seit dem Veranlagungszeitraum 1985 nicht mehr zulässig.

Neben der geometrisch- und der arithmetisch-degressiven Abschreibung gehört auch die **Abschreibung in fallenden Staffelsätzen** zu den degressiven Abschreibungsverfahren. Bei ihr werden – ähnlich der arithmetisch-degressiven Methode – feste Abschreibungssätze vorgegeben, die mit steigender Nutzungsdauer in bestimmten Intervallen degressiv fallen. So beträgt z. B. der Abschreibungssatz gem. § 7 Abs. 5 Satz 1 Nr. 2 EStG 5 v. H. in den ersten acht, 2,5 v. H. in den darauffolgenden sechs und 1,25 v. H. in den restlichen 36 Jahren der Nutzungsdauer. Sofern das Gebäude zum Betriebsvermögen gehört und nicht Wohnzwecken dient, gelten die doppelten Abschreibungssätze bei halbem Abschreibungszeitraum.

Ein Wechsel zwischen den zulässigen degressiven Absetzungsmethoden ist steuerlich nicht statthaft. Zulässig ist jedoch der **Übergang** von einer degressiven auf die lineare Absetzungsmethode. Die Abschreibungsbeträge bemessen sich dann nach dem noch vorhandenen Restwert und der Restnutzungsdauer des Wirtschaftsguts (§ 7 Abs. 3 EStG).

An steuerliche Höchstsätze ist die degressive Abschreibung in der Handelsbilanz nicht gebunden: Methodenwahl, Methodenwechsel und

Methodenkombination unterliegen weitgehender handelsrechtlicher Ermessensfreiheit; den Zulässigkeitsrahmen dafür geben allerdings die GoB vor.

(cc) **Progressive** Abschreibung (Abschreibung mit zunehmenden Jahresbeträgen): Zu Beginn der Nutzung einer Anlage wird weniger Aufwand verrechnet als am Ende der Nutzungsdauer.

Analog der degressiven Methode kann auch sie als **geometrisch-** oder **arithmetisch-progressives** Verfahren konzipiert sein; es gelten deshalb dieselben Berechnungsansätze, jedoch mit steigendem Verlauf der periodischen Abschreibungsbeträge. Soweit nicht gegen GoB verstoßen wird, ist die progressive Abschreibung handelsrechtlich zulässig; sie ist im Steuerrecht nicht explizit vorgesehen und nur bei nutzungskonformem Verlauf anwendbar.

(dd) **Leistungsabschreibung** (Abschreibung nach Leistung und Inanspruchnahme): Im Gegensatz zu den bisher behandelten zeitabhängigen Abschreibungsmethoden berechnet dieses Verfahren leistungsabhängige Abschreibungsquoten vom Ausgangswert und kommt dadurch dem tatsächlichen technischen Wertminderungsverlauf am nächsten.

Die Abschreibung nach der Leistung ist in der Handelsbilanz zulässig, soweit nicht gegen GoB verstoßen wird. In der Steuerbilanz trifft dies unter zwei Bedingungen (§ 7 Abs. 1 EStG i. V. m. Abschn. 43 Abs. 6 EStR) und nur für **bewegliche** abnutzbare Wirtschaftsgüter des Anlagevermögens zu:

- Die Leistungsabschreibung ist wirtschaftlich begründet (z. B. bei erheblichen Schwankungen in der Leistungsabgabe).
- Der jährliche Umfang der Leistungsabgabe muß nachweisbar sein (z. B. durch Kilometerzähler, Fahrtenschreiber oder Zählwerk).

Über die Leistungsabschreibung kann es damit auch zur Verrechnung progressiver Abschreibungsbeträge in der Steuerbilanz kommen, wenn die tatsächliche Inanspruchnahme im Zeitablauf zunimmt und in ihrer Höhe nachweisbar ist.

(b) Außerplanmäßige Abschreibungen

Treten Wertminderungen auf, die bei Aufstellung des Abschreibungsplans nicht vorhersehbar waren, besteht die Möglichkeit, **außerplanmäßige Abschreibungen** vorzunehmen.

> **Außerplanmäßige Abschreibungen** erfassen außergewöhnliche, über die planmäßige Abschreibung hinausgehende Wertminderungen infolge technischer (z. B. durch Unfall), wirtschaftlicher (z. B. infolge Nachfragerückgang) oder marktmäßiger (z. B. Sinken der Wiederbeschaffungskosten) Ursachen.

Erscheint die Wertminderung von Dauer, so ist die Vornahme von außerplanmäßigen Abschreibungen zwingend (**strenges Niederstwertprinzip** nach § 253 Abs. 2 HGB); ist sie lediglich vorübergehend, so besteht grundsätzlich ein Wahlrecht bezüglich der Abschreibungsvornahme (**gemildertes Niederstwertprinzip** nach § 253 Abs. 2 HGB). Für Kapitalgesellschaften wird dieses Wahlrecht allerdings auf Finanzanlagen beschränkt (§ 279 Abs. 1 Satz 2 HGB). Nach Durchführung einer außerplanmäßigen Abschreibung ist ein neuer Abschreibungsplan aufzustellen, der den verbleibenden Buchwert auf die restliche Nutzungsdauer verteilt. Das nach § 253 Abs. 5 HGB gewährte **Beibehaltungswahlrecht** bei späterem Wegfall der Abwertungsgründe schließt prinzipiell ein **Wertaufholungsrecht** bis zur Obergrenze der (planmäßig fortgeschriebenen) Anschaffungs- bzw. Herstellungskosten durch Vornahme von **Zuschreibungen** ein. Zuschreibungen sind **Wertaufholungen,** die der Korrektur von in früheren Perioden vorgenommenen außerplanmäßigen Abschreibungen dienen.

Entsprechend dem Abschreibungsverbot bei vorübergehenden Wertminderungen gilt für Kapitalgesellschaften ein **Wertaufholungsgebot,** wenn die Gründe für eine außerplanmäßige Abschreibung nachträglich wegfallen (§ 280 Abs. 1 HGB). Dieses Zuschreibungsgebot wird allerdings durch § 280 Abs. 2 HGB relativiert, wonach die Wertaufholung unterbleiben kann, wenn der niedrigere Wertansatz steuerlich beibehalten werden darf und Voraussetzung für die Beibehaltung ist, daß der niedrigere Wertansatz auch in der Handelsbilanz angesetzt wird. Somit besteht für alle Wirtschaftsgüter, für die das Steuerrecht einen **eingeschränkten Wertzusammenhang** postuliert, ein Wertaufholungswahlrecht, wogegen eine handelsrechtliche Zuschreibung geboten ist, wenn steuerlich ein Zuschreibungsverbot (**Prinzip des uneingeschränkten Wertzusammenhangs**) besteht.

Während bis zum 31. 12. 1989 bei Wirtschaftsgütern des abnutzbaren Anlagevermögens der uneingeschränkte Wertzusammenhang gültig war (§ 6 Abs. 1 Nr. 1 Satz 4 EStG a. F.) und somit bei diesen Wirtschaftsgütern grundsätzlich ein handelsrechtliches Wertaufholungsgebot bestand, gilt seit dem 1. 1. 1990 für **alle** Wirtschaftsgüter der eingeschränkte Wertzusammenhang (§ 6 Abs. 1 Nr. 1 Satz 4, Nr. 2 Satz 3 EStG), so daß steuerlich ein Überschreiten des letzten Bilanzansatzes möglich ist. Handelsrechtlich hat dies zur Folge, daß beim Wegfall der Gründe für eine außerplanmäßige Abschreibung sowohl im nicht abnutzbaren als auch im abnutzbaren Anlagevermögen die Ausnahmevorschrift des § 280 Abs. 2 HGB zum Tragen kommt und somit ein **generelles Wertaufholungswahlrecht** besteht.

Die Anwendung des **Wertaufholungsgebots** beschränkt sich nunmehr vor allem auf diejenigen Sachverhalte, bei denen in der Handelsbilanz rein steuerlich begründete Abschreibungen vorgenommen wurden (§ 254 i. V. m. § 279 Abs. 2 HGB), deren Voraussetzungen aber zwischenzeitlich weggefallen sind oder von Anfang an nicht bestanden haben. In diesen Fällen sind die Bewertungsvergünstigungen rückwirkend zu versagen, mit der Konsequenz eines steuerlichen Zwangs zur Wertkorrektur. Damit kann jedoch auch handelsrechtlich nicht auf die Relativierung des Wertaufholungsgebots verwiesen werden, so daß auch in der Handelsbilanz zugeschrieben werden muß.

Außerdem kann von dem aus § 280 Abs. 2 HGB abgeleiteten Wertaufholungswahlrecht nur dann Gebrauch gemacht werden, wenn der handelsbilanzielle Wertansatz dem steuerlichen Mindestwert gleicht bzw. diesen überschreitet. Liegt der Handelsbilanzansatz dagegen unter dem steuerlich niedrigst möglichen Wertansatz, so gilt bis zum Erreichen des steuerlichen Wertes ebenfalls ein Wertaufholungsgebot.

Außerplanmäßige Abschreibungen finden im Steuerrecht Berücksichtigung in den Absetzungen für außergewöhnliche technische und wirtschaftliche Abnutzung (AfaA; § 7 Abs. 1 Satz 4 EStG), deren Inanspruchnahme allerdings nur bei linearer und leistungsorientierter Absetzung zulässig ist, und in den sog. Teilwertabschreibungen (§ 6 Abs. 1 EStG), die dann vorzunehmen sind, wenn der Teilwert niedriger ist als der Buchwert nach Vornahme der AfA. Hinzu kommen steuerliche Sonderabschreibungen, die über das umgekehrte Maßgeblichkeitsprinzip auch für die Handelsbilanz Relevanz erhalten.

3.2.4.4.3.3 Umlaufvermögen

(1) Begriff

> Dem **Umlaufvermögen** sind alle Vermögensteile zuzurechnen, die eine relativ kurzfristige Bindungsdauer aufweisen und die – negativ abgegrenzt – weder dem Anlagevermögen noch den Rechnungsabgrenzungsposten zugehörig sind.

Das **Umlaufvermögen** wird im Gesetz durch die Bilanzgliederung des § 266 Abs. 2 HGB **enumerativ,** d. h. durch Aufzählung bestimmt: Dazu gehören insbesondere die **Vorräte** (Roh-, Hilfs- und Betriebsstoffe, fertige und unfertige Erzeugnisse sowie Waren) und das **monetäre** Umlaufvermögen (Forderungen, Zahlungsmittel und Wertpapiere). Während das monetäre Umlaufvermögen weitgehend auf marktmäßig objektivierten Zahlungsvorgängen beruht und daher zur Ermittlung der Wertansätze lediglich eine nominalwertorientierte Zählung erforderlich ist, verbleiben bei der Bewertung von Vorräten zahlreiche bilanzpolitische Aktionsräume, wenn die marktseitige Objektivierung fehlt (z. B. bei fertigen und unfertigen Erzeugnissen).

(2) Bewertung

Ausgangspunkt der **Bilanzierung und Bewertung im Vorratsvermögen** sind die Anschaffungs- bzw. Herstellungskosten (§ 253 Abs. 1 Satz 1 HGB). Werden diese vom Börsen- oder Marktpreis oder vom beizulegenden Wert am Abschlußstichtag unterschritten, so ist der niedrigste dieser drei Wertansätze für die Bilanzierung heranzuziehen (**strenges Niederstwertprinzip** nach § 253 Abs. 3 HGB).

Beispiel: Niederstwertprinzip und verlustfreie Bewertung

Das Vorratsvermögen der Y-AG setzt sich am Jahresende zusammen aus;

- 100 Einheiten Rohstoffe zum Anschaffungspreis von 1000 DM/Einheit,
- 50 Einheiten Halbfabrikate zu bisherigen Herstellungskosten von 6000 DM/Einheit.

Auf dem Beschaffungsmarkt werden die Rohstoffe mit 900 DM/Einheit gehandelt. Die Halbfabrikate sind nicht absetzbar.

Während die Rohstoffe entsprechend dem Niederstwertprinzip mit 90 000 DM bilanziert werden, muß bei den Halbfabrikaten, da für sie kein Marktpreis existiert, der beizulegende Wert nach dem **Prinzip der verlustfreien Bewertung** durch Abschläge vom Marktpreis der Fertigerzeugnisse retrograd ermittelt werden:

Verkaufserlös der Fertigfabrikate	8000 DM/E
./. Materialkosten bis zur Fertigstellung	1000 DM/E
./. Lohnkosten bis zur Fertigstellung	700 DM/E
./. Verpackungs-, Vertriebskosten	500 DM/E
./. Verwaltungskosten bis zur Fertigstellung	100 DM/E
Wertansatz bei verlustfreier Bewertung	5700 DM/E

Die Halbfabrikate sind daher nur mit einem Wert von 285 000 DM (= 50 E · 5700 DM/E) anzusetzen.

Darüber hinaus besteht ein **Abwertungswahlrecht** bezüglich des Ansatzes eines im Hinblick auf zukünftige Wertschwankungen ermäßigten Wertes oder des für steuerliche Zwecke zulässigen Wertes (niedrigerer Teilwert) nach §§ 253 Abs. 3 Satz 3, 254 HGB. Ein unter den Anschaffungs- oder Herstellungskosten liegender Wert darf von Nicht-Kapitalgesellschaften beibehalten werden, auch wenn seine Gründe nicht mehr bestehen (§ 253 Abs. 5 HGB); dieses **Beibehaltungswahlrecht** schließt ein **Aufwertungswahlrecht** bis zur Obergrenze der (fortgeschriebenen) Anschaffungs- bzw. Herstellungskosten ein. Da im Steuerrecht bei der Bewertung des Umlaufvermögens der Grundsatz des **eingeschränkten Wertzusammenhangs** gilt, ist die dadurch bewirkte Durchbrechung der Bilanzkontinuität auch steuerlich sanktioniert (§ 6 Abs. 1 Nr. 2 EStG). Für Kapitalgesellschaften besteht dagegen prinzipiell ein **Wertaufholungsgebot** (§ 280 Abs. 1 HGB), sofern die Gründe für die Abschreibung nicht mehr bestehen. Dieses **Zuschreibungsgebot** wird jedoch durch § 280 Abs. 2 HGB relativiert, wonach der niedrigere Wertansatz beibehalten werden darf, wenn dies eine Voraussetzung für die steuerliche Beibehaltung ist.

Grundsätzlich gilt auch für Gegenstände des Vorratsvermögens das **Prinzip der Einzelbewertung** des § 252 Abs. 1 Nr. 3 HGB. Einzelne Mengen eines bestimmten Bestandes des Vorratsvermögens, denen verschiedene Anschaffungs- bzw. Herstellungskosten oder sonstige Werte zugemessen werden, sind getrennt auszuweisen. Aus Gründen der Vereinfachung und Wirtschaftlichkeit bei der Bestandsaufnahme (Inventur) und der Verbrauchsermittlung (Aufwand) gestatten § 240 Abs. 3 und 4 HGB und § 256 HGB jedoch vom Prinzip der Einzelbewertung abweichende **Vereinfachungen**. Diese bestehen darin, daß Gütergruppen gebildet werden können, die summarisch statt einzeln bewertet werden. Die Gütermengen werden geschätzt oder es werden Verbrauchsfolgeunterstellungen statt einer genauen Aufzeichnung über den Abgang von Vorratsgütern vorgenommen. Voraussetzung ist, daß die betreffenden Güter **gleichartig** sind und in etwa die **gleiche Preislage** haben. In allen Fällen ist allerdings ein nach diesen Verfahren bestimmter Wertansatz nur zulässig, soweit er nicht gegen das **strenge Niederstwertprinzip** verstößt. Zu unterscheiden sind:

- Gruppenbewertung,
- Festbewertung und
- Sammelbewertung.

(a) **Gruppenbewertung:** Soweit es den Grundsätzen ordnungsmäßiger Buchführung entspricht, können nach § 240 Abs. 4 HGB bewegliche Vermögensgegenstände zum Zwecke der Bewertung zu einer Gruppe zusammengefaßt und mit dem gewogenen Durchschnittswert angesetzt werden, wenn sie
- annähernd gleichwertig oder
- gleichartig sind.

Für das Vorratsvermögen ist ausschließlich die Gleichartigkeit maßgebliches Kriterium.

Annähernd **gleichwertig** sind Vermögensgegenstände, wenn ihre Preise nicht wesentlich voneinander abweichen. Bei geringem Einzelwert kann eine Abweichung von maximal 20% des höchsten vom niedrigsten Wert als nicht wesentlich angesehen werden; mit steigendem Einzelwert vermindert sich diese Spanne. Dabei ist als ergänzendes Kriterium eine Artverwandtschaft, z. B. Zugehörigkeit zu einem bestimmten Sortiment, heranzuziehen. Sind bei **gleichartigen** Gegenständen unterschiedliche Werte vorhanden, so ist ein gewogener Durchschnittswert zu bilden. Die steuerliche Zulässigkeit der Gruppenbewertung ergibt sich aus Abschn. 36 Abs. 4 EStR.

(b) **Festbewertung:** Nach § 240 Abs. 3 HGB können Roh-, Hilfs- und Betriebsstoffe des Vorratsvermögens mit einer gleichbleibenden Menge und mit einem gleichbleibenden Wert angesetzt werden, wenn ihr Bestand in seiner Größe, seinem Wert und seiner Zusammensetzung nur geringen Veränderungen unterliegt, soweit damit keine Grundsätze ordnungsmäßiger Buchführung verletzt werden.

Dieser gleichbleibende Wert, auch Festwert genannt, ist i. d. R. **alle drei Jahre** durch Inventur zu überprüfen. Für die dem Festwert zugrundeliegende Gütermenge wird unterstellt, daß sich Verbrauch und Neuzugänge mengen- und wertmäßig in etwa entsprechen. Aus letzterem folgt, daß der Ansatz eines Festwertes nicht dem Ausgleich von Preisschwankungen dienen darf, sondern lediglich der Vereinfachung und Wirtschaftlichkeit der Vorratsbewertung. Die Zugänge zum Festwert werden sofort als Aufwand verbucht. Ändert sich der Wert des Bestandes wesentlich, d. h. ist der tatsächliche Wert des zum Festwert zusammengefaßten Bestandes um mehr als 10% gestiegen, so ist eine Fortschreibung des Festwertes vorzunehmen. Die Zulässigkeit der Festbewertung für die Steuerbilanz ergibt sich aus Abschn. 36 Abs. 5 EStR.

(c) **Sammelbewertung:** Für die Bewertung des Materialverbrauchs und Materialbestands können Durchschnittswerte ermittelt oder bestimmte Annahmen über Verbrauchsfolgen unterstellt werden.

Gemäß § 256 HGB kommen dabei folgende **Verfahren der Sammelbewertung** in Frage:

- **(Gewogene oder gleitende) Durchschnittsmethode**
- **Fifo-Methode**, **Lifo-Methode**: Verbrauchsfolgeunterstellungen bezüglich der zeitlichen Reihenfolge der Anschaffung
- **Hifo-Methode**, **Lofo-Methode**: Verbrauchsfolgeunterstellungen bezüglich der Höhe der Anschaffungskosten

(aa) Bei der **gewogenen Durchschnittsmethode** werden durchschnittliche Anschaffungskosten als gewogenes arithmetisches Mittel aus allen Zugängen und dem Anfangsbestand einer Materialart errechnet.

Dabei müssen die zugrundeliegenden Vorräte im wesentlichen gleichartig sein und ungefähr die gleiche Preislage haben. Sowohl zur Bewertung des Verbrauchs als auch des Endbestands für den Bilanzausweis werden dann die so ermittelten durchschnittlichen Anschaffungskosten herangezogen. Das Verfahren ist sowohl steuerlich (Abschn. 36 Abs. 3 EStR) als auch handelsrechtlich zulässig und in der Praxis am weitesten verbreitet.

Beispiel: Gewogene Durchschnittsmethode

Ermittlung des Durchschnittspreises:

Anfangsbestand	100 Einheiten à DM 10.— = DM 1000.—
Zugang	40 Einheiten à DM 9.— = DM 360.—
Zugang	90 Einheiten à DM 11.— = DM 990.—
Durchschnittswert	230 Einheiten à DM 10.22 = DM 2350.—

Bewertung des Verbrauchs und des Endbestandes:

Verbrauch	130 Einheiten à DM 10.22 = DM 1328.—
Endbestand	100 Einheiten à DM 10.22 = DM 1022.—

Diese Bewertungsmethode läßt sich verfeinern, indem statt des **gewogenen** ein **gleitender** Durchschnittspreis errechnet und demgemäß der Wertansatz der einzelnen Verbräuche nach dem jeweils zuletzt errechneten Durchschnittspreis ermittelt wird.

Bei den **Verbrauchsfolgeunterstellungen** kann davon ausgegangen werden, daß sie handelsrechtlich zulässig sind, soweit sie den GoB entsprechen, d.h. soweit die unterstellte Verbrauchsfolge nicht in krassem Widerspruch zur Realität steht oder aus technischen Gründen von vornherein nicht in Frage kommt (z.B. Bewertung von leicht verderblichen Waren nach der Lifo-Methode). Die steuerliche Zulässigkeit wurde im Zuge der Steuerreform 1990 explizit für die **Lifo-Methode** kodifiziert (§ 6 Abs. 1 Nr. 2a EStG), die erstmals für Wirtschaftsjahre angewendet werden kann, die nach dem 31. 12. 1989 enden. Nach überwiegender Auffassung des Schrifttums sind jedoch beide Verbrauchsfolgeunterstellungen bezüglich der zeitlichen Reihenfolge der Anschaffung oder Herstellung steuerlich zulässig, wenn die fiktive Verbrauchsfolge dem tatsächlichen Verbrauch entspricht.

(bb) Die **Fifo-Methode** (first in – first out) unterstellt, daß die zeitlich zuerst beschafften Waren oder Bestände als erste verbraucht oder verkauft werden.

Somit wird der Verbrauch mit den Anschaffungskosten des Anfangsbestands und der ersten Lieferungen, der Endbestand mit dem Preis der letzten Lieferungen bewertet.

(cc) Die **Lifo-Methode** (last in – first out) unterstellt, daß die zeitlich zuletzt beschafften Waren oder Bestände als erste verbraucht oder verkauft werden.

Abrechnungstechnisch ist zwischen zwei Formen der Lifo-Methode zu differenzieren, dem permanenten Lifo und dem Perioden-Lifo. Während beim **permanenten Lifo-Verfahren** jeder Verbrauch unmittelbar erfaßt und mit dem Anschaffungspreis der letzten Lieferungen angesetzt wird, erfolgt die Verbrauchsfeststellung beim gebräuchlicheren **Perioden-Lifo** erst mit der Bewertung des verbliebenen Restbestandes am Ende des Geschäftsjahres.

(dd) Die **Hifo-Methode** (highest in – first out) unterstellt, daß die Güter mit den höchsten Anschaffungskosten zuerst verbraucht werden.

Daraus folgt, daß der Verbrauch mit den Anschaffungskosten der teuersten Lieferungen bewertet wird, der Endbestand mit denen der billigsten Lieferungen.

(ee) Die **Lofo-Methode** (lowest in – first out) unterstellt, daß die Güter mit den niedrigsten Anschaffungskosten zuerst verbraucht werden.

Den beiden zuletzt genannten Verfahren ist gemeinsam, daß sie ihrer spezifisch wertorientierten Verbrauchsfolgeunterstellung wegen ausschließlich bilanzpolitische bzw. gewinnmanipulatorische Bewertungsspielräume eröffnen; sie sind folglich steuerlich nicht anerkannt. Die Lofo-Methode widerspricht darüber hinaus dem Vorsichtsprinzip.

Beispiel: Verbrauchsfolgeunterstellungen bei unterschiedlicher Preisentwicklung

Ausgangsdaten:	Anfangsbestand	(AB)	3.000 kg Silberbarren
	Zugänge	(ZG)	55.000 kg Silberbarren
	Endbestand	(EB)	10.000 kg Silberbarren

Die Zugangszeitpunkte und die Anschaffungswerte sind der folgenden Tabelle zu entnehmen. Dabei wird bei Variante a eine **monoton steigende**, bei Variante b eine **monoton fallende** und bei Variante c eine **schwankende** Preistendenz unterstellt.

Datum	Bestands- und Zugangsmengen in kg	Anschaffungswerte in DM/kg Silberbarren			Anschaffungswerte in Mio. DM		
		a	b	c	a	b	c
1. 1.	(AB) 3.000	230	230	230	0,69	0,69	0,69
5. 1.	(ZG) 17.000	240	220	250	4,08	3,74	4,25
3. 3.	(ZG) 10.000	250	210	240	2,50	2,10	2,40
5. 6.	(ZG) 8.000	260	200	200	2,08	1,60	1,60
4. 9.	(ZG) 20.000	270	190	210	5,40	3,80	4,20
31. 12.	(EB) 10.000						
		Summe der Anschaffungswerte			14,75	11,93	13,14

Die Wertansätze für die Bilanz und GuV sollen exemplarisch an der Perioden-Lifo-Methode unter Berücksichtigung der Variante a demonstriert werden. Der Wertansatz des Silberbarrenbestands ergibt sich, indem der Endbestand mit dem Preis der zuerst erworbenen Silberbarren (3.000 kg Silberbarren des Anfangsbestands à 230 DM/kg zuzüglich 7.000 kg Silberbarren des ersten Zugangs à 240 DM/kg) multipliziert wird. Der Verbrauch bestimmt sich dann aus der Differenz zwischen der Summe der Anschaffungswerte und dem Endbestandswert. Die Wertansätze für die Silberbarrenverbräuche und -bestände sind in der folgenden Tabelle zusammengestellt:

Bewertungsmethode		Bewertung des Silberbarren-*bestandes* in Mio. DM			Bewertung des Silberbarren-*verbrauchs* in Mio. DM		
		a	b	c	a	b	c
beschaffungs-zeitbestimmt	Lifo	2,37	2,23	2,44	12,38	9,70	10,70
	Fifo	2,70	1,90	2,10	12,05	10,03	11,04
beschaffungs-preisbestimmt	Hifo	2,37	1,90	2,02	12,38	10,03	11,12
	Lofo	2,70	2,23	2,50	12,05	9,70	10,64

Die Tabelle verdeutlicht, daß die Hifo-Verbrauchsfolgeunterstellung immer zum niedrigsten Endwertansatz und zur höchsten Verbrauchsbewertung, die Lofo-Fiktion stets zum höchsten Endwertansatz und zur niedrigsten Verbrauchsbewertung führt. Diese Ergebnisse sind bei monoton steigenden oder fallenden Preisen aber auch durch die Anwendung der Lifo- bzw. Fifo-Methode zu erzielen. Nur für den Fall schwankender Preise stellen Hifo- und Lofo-Fiktion eigenständige Bewertungsmethoden dar. Die folgende Tabelle macht diese Zusammenhänge deutlich:

Wertansatz / Preis-entwicklung	höchster Bestands-(Bilanz-)wert niedrigster Aufwand	niedrigster Bestands-(Bilanz-)wert höchster Aufwand
monoton steigend	Lofo = Fifo	Hifo = Lifo
monoton fallend	Lofo = Lifo	Hifo = Fifo
schwankend	Lofo	Hifo

Die weitgehend in das Ermessen des Bilanzierenden gestellte Möglichkeit, die Anschaffungskosten eines Vorratsbestands nach einem der vorstehenden, vom Grundsatz der Einzelbewertung abweichenden Verfahren zu bestimmen, wird begrenzt durch die Geltung des **strengen Niederstwertprinzips** beim Umlaufvermögen: In allen Fällen eines niedrigeren Markt- oder Börsenpreises oder beizulegenden Wertes am Bilanzstichtag ist dieser niedrigere Wert anzusetzen.

3.2.4.4.3.4 Eigenkapital

> Die der Unternehmung von ihren Eigentümern bzw. Anteilseignern ohne zeitliche Begrenzung zur Verfügung gestellten finanziellen Mittel werden bilanziell als **Eigenkapital** ausgewiesen.

Das Eigenkapital (im Steuerrecht **Reinvermögen** genannt) ergibt sich dabei rechnerisch als Differenz von Gesamtvermögen (positive Wirtschaftsgüter) und Gesamtschulden (negative Wirtschaftsgüter).

Während Einzelfirmen und Personengesellschaften ein **variables** Eigenkapitalkonto führen (Gewinn und Verlust werden direkt dem Eigenkapitalkonto zugewiesen), besitzen Kapitalgesellschaften ein nominell fest vorgegebenes (**konstantes**) Kapitalkonto, das bei der GmbH als Stammkapital, bei der AG als Grundkapital bezeichnet wird.

> Das **Grundkapital** einer AG entspricht der Summe der Nennbeträge aller ausgegebenen Aktien; das **Stammkapital** einer GmbH ergibt sich als Summe aller vertraglich vereinbarten Gesellschaftereinlagen.

Das Grundkapital bzw. das Stammkapital wird in der Bilanz als »**Gezeichnetes Kapital**« ausgewiesen; es kennzeichnet das Kapital, auf das die Haftung der Gesellschafter für die Verbindlichkeiten der Kapitalgesellschaft gegenüber den Gläubigern beschränkt ist (§ 272 Abs. 1 HGB).

Soweit das Grund- bzw. Stammkapital noch nicht voll eingezahlt ist, sind die entsprechenden fehlenden Beträge als »**ausstehende Einlagen**« auf der Aktivseite der Bilanz gesondert auszuweisen, wobei die davon eingeforderten Einlagen auf das gezeichnete Kapital zu vermerken sind (§ 272 Abs. 1 Satz 2 HGB). Fakultativ dürfen die nicht eingeforderten Einlagen aber auch vom Posten »Gezeichnetes Kapital« offen abgesetzt werden. Der verbleibende Betrag ist dabei als Posten »Eingefordertes Kapital« in der Hauptspalte der Passivseite auszuweisen. Außerdem ist der eingeforderte, aber noch nicht eingezahlte Betrag unter den Forderungen gesondert auszuweisen und entsprechend zu bezeichnen (§ 272 Abs. 1 Satz 3 HGB). Einbehaltene Gewinne (Gewinnthesaurierungen) werden im Fall konstanter Kapitalkonten nicht dem Grund- bzw. Stammkapital, sondern den **Gewinnrücklagen** oder dem **Gewinnvortrag** zugewiesen (im einzelnen vgl. S. 387 ff.). Unter Berücksichtigung der Sonderposten mit Rücklageanteil (vgl. S. 391 ff.) ergibt sich das **bilanziell ausgewiesene Eigenkapital** einer Kapitalgesellschaft daher als:

Gezeichnetes Kapital
\+ Kapitalrücklage
\+ Gewinnrücklagen
\+ Teilbetrag der Sonderposten mit Rücklageanteil
\+ Jahresüberschuß des Geschäftsjahres
(./. Jahresfehlbetrag des Geschäftsjahres)
\+ Gewinnvortrag
(./. Verlustvortrag)

= bilanziell ausgewiesenes Eigenkapital

Addiert man zum bilanziell ausgewiesenen Eigenkapital die stillen Reserven (vgl. S. 389 ff.), so erhält man das **effektive Eigenkapital**.

3.2.4.4.3.5 Rücklagen

(1) Offene Rücklagen

> Der Ausweis von Eigenkapital, das über das nominelle Haftungskapital hinausgeht, erfolgt bei Kapitalgesellschaften als **Kapitalrücklage** oder als **Gewinnrücklagen**.

Einbehaltene Gewinne (Gewinnthesaurierungen) und über die Nominalbeträge hinausgehende Kapitalzuführungen der Anteilseigner (z. B. Agio-Beträge bei Aktienemissionen) sind daher auf Rücklagekonten zu erfassen. **Agio** (Aufgeld) ist die Differenz zwischen Ausgabekurs und Nennwert. Eine Ausgabe von Aktien mit Disagio (Ausgabekurs ist kleiner als Nennwert) ist verboten (§ 9 Abs. 1 AktG).

Im Rahmen des Eigenkapitalausweises bei Kapitalgesellschaften sind prinzipiell zwei Rücklagearten zu unterscheiden:

- Kapitalrücklage und
- Gewinnrücklagen.

(a) Kapitalrücklage

Als **Kapitalrücklage** sind gemäß § 272 Abs. 2 HGB auszuweisen: Agio-Beträge, die bei der Ausgabe von Anteilen eingehen; der Betrag, der bei der Ausgabe von Wandel- und Optionsschuldverschreibungen für Wandlungsrechte und Optionsrechte zum Erwerb von Anteilen erzielt wird sowie Zuzahlungsbeträge durch die Gesellschafter. Damit umfaßt die Kapitalrücklage alle Mittel, die der Gesellschaft über das gezeichnete Kapital hinaus **von außen** als Eigenkapital zugeführt wurden.

Die Kapitalrücklage darf nur zum Ausgleich eines Jahresfehlbetrages oder eines Verlustvortrages verwendet werden (§ 150 Abs. 3 AktG). Sofern die Kapitalrücklage zusammen mit der gesetzlichen Rücklage 10% des Grundkapitals übersteigt, kann sie auch zur Umwandlung in Grundkapital gegen Gewährung von **Berichtigungsaktien** (Kapitalerhöhung aus Gesellschaftsmitteln) Verwendung finden (§ 150 Abs. 4 Nr. 3 AktG). Dividendenausschüttungen aus der Kapitalrücklage sind aber grundsätzlich nicht zulässig, so daß diese Rücklage zum gesetzlich fixierten Haftungskapital gehört (Ausschüttungssperre, vgl. Abschn. 3.2.2.3).

(b) Gewinnrücklagen

Die **Gewinnrücklagen** bestehen aus der gesetzlichen Rücklage, der Rücklage für eigene Anteile, den satzungsmäßigen Rücklagen und den anderen Gewinnrücklagen. Die Gewinnrücklagen werden alle aus dem versteuerten Jahresüberschuß gebildet, so daß sie das durch **Innenfinanzierung** erwirtschaftete Kapital darstellen.

(aa) In die **gesetzliche Rücklage** sind 5% des um einen Verlustvortrag geminderten Jahresüberschusses einzustellen, bis die gesetzliche Rücklage und die Kapitalrücklage zusammen 10% des Grundkapitals erreicht haben (§ 150 Abs. 2 AktG).

Wie die Kapitalrücklage darf die gesetzliche Rücklage nur zum Ausgleich eines Jahresfehlbetrages oder eines Verlustvortrages verwendet werden und für den Fall, daß sie mit der Kapitalrücklage zusammen 10% des Grundkapitals übersteigt, zu einer Kapitalerhöhung aus Gesellschaftsmitteln herangezogen werden (§ 150 Abs. 3 und 4 AktG). Die gesetzliche Rücklage bildet damit ebenfalls einen Bestandteil des gesetzlich fixierten Haftungskapitals (vgl. Abschn. 3.2.2.3).

(bb) Die **Rücklage für eigene Anteile** ist in Höhe des Betrages zu bilden, der den auf der Aktivseite der Bilanz gesondert ausgewiesenen eigenen Anteilen (§ 266 Abs. 2 B.III.2. HGB) entspricht (§ 272 Abs. 4 Satz 1 HGB). Diese Rücklage darf nur vermindert bzw. aufgelöst werden, wenn die eigenen Anteile entweder ausgegeben, veräußert oder eingezogen werden oder wenn Abschreibungen auf diese Anteile vorgenommen werden. Mit dieser Ausschüttungssperre trägt der Gesetzgeber der Tatsache Rechnung, daß die eigenen Anteile kein gläubigerschützendes Vermögen darstellen und damit Beträge in dieser Höhe nicht ausgeschüttet werden können, ohne den Gläubigerschutz zu gefährden.

(cc) Die Bildung und Verwendung **satzungsmäßiger Rücklagen** muß zwingend durch die jeweilige Satzung der Gesellschaft vorgeschrieben sein (z. B. Verwendung bestimmter Teile des Gewinnes für soziale Zwecke).

Die Satzung kann allerdings auch vorsehen, daß über die Bestimmungen des Gesetzes hinaus Beträge in die gesetzliche Rücklage einzustellen sind (§ 150 Abs. 2 AktG); deren Auflösung richtet sich dementsprechend nach den Vorschriften für die gesetzliche Rücklage.

(dd) Die **anderen Gewinnrücklagen** werden in erster Linie durch Vorstand und Aufsichtsrat gebildet, der maximal 50% des Jahresüberschusses (eventuell vermindert um einen Verlustvortrag und die Zuführung zur gesetzlichen Rücklage) in diese Rücklagenart einstellen kann (§ 58 Abs. 2 AktG). Ferner können Vorstand und Aufsichtsrat den Eigenkapitalanteil von Wertaufholungen bei Vermögensgegenständen und von bei der steuerrechtlichen Gewinnermittlung gebildeten Passivposten, die nicht im Sonderposten mit Rücklageanteil ausgewiesen werden, den anderen Gewinnrücklagen zuweisen (§ 58 Abs. 2a AktG; § 29 Abs. 4 GmbHG). Die Anteilseigner können darüber hinaus beim Beschluß über die Gewinnverwendung (Ausschüttungsentscheidung) weitere Beträge den anderen Gewinnrücklagen zuführen oder als Gewinn vortragen (§ 58 Abs. 3 AktG, § 29 Abs. 2 GmbHG; vgl. zu dieser Kompetenzregelung Abschn. 3.2.2.3).

Die anderen Gewinnrücklagen sind noch vor der gesetzlichen Rücklage und der Kapitalrücklage zum Ausgleich eines Jahresfehlbetrages bzw. Verlustvortrages heranzuziehen (§ 150

Abs. 3 AktG). Sie können des weiteren – im Gegensatz zur Kapitalrücklage und zur gesetzlichen Rücklage – auch für Ausschüttungszwecke verwendet werden.

Gewinnrücklagen sind grundsätzlich aus dem nach Abzug von Einkommen-, Körperschaft- und Gewerbeertragsteuer verbleibenden Gewinn zu bilden, d. h. Gewinne, die zur Bildung von Gewinnrücklagen verwendet werden, sind **steuerpflichtig.** Eine Ausnahme davon bilden die sog. **steuerfreien Rücklagen**, die aufgrund steuerrechtlicher Vorschriften aus unversteuertem Gewinn gebildet werden können (vgl. S. 391 ff.).

(2) Stille Rücklagen

Von den in der Bilanz ausgewiesenen Rücklagen sind die, ebenfalls zum Eigenkapital der Unternehmung gehörenden, in der Bilanz jedoch nicht ausgewiesenen stillen Rücklagen zu unterscheiden:

Stille Rücklagen werden durch Unterbewertung von Aktiva bzw. durch Überbewertung von Passiva gebildet und sind daher aus der Bilanz nicht ersichtlich.

(a) Bildung stiller Rücklagen

Im einzelnen können stille Rücklagen unabhängig von der jeweiligen Rechtsform durch folgende bilanzielle Maßnahmen gebildet werden:

(1.) **Unterbewertung von Vermögensgegenständen;** z. B. Verrechnung zu hoher Abschreibungsbeträge, Anwendung spezifischer Bewertungsverfahren wie Lifo-, Fifo- oder Hifo-Methode, Ansatz zu geringer Herstellungskosten von Halb- oder Fertigfabrikaten durch Nichtaktivierung von Gemeinkosten.

(2.) **Unterlassen von Zuschreibungen;** z. B. Beibehaltung eines niedrigeren Wertansatzes, auch wenn seine Gründe nicht mehr bestehen.

(3.) **Nichtaktivierung von Vermögensgegenständen;** z. B. Sofortabschreibung geringwertiger Wirtschaftsgüter gemäß § 6 Abs. 2 EStG.

(4.) **Überbewertung von Verbindlichkeiten;** z. B. überhöhter Ansatz von Rückstellungen.

Im Gegensatz zu den Kapital- und Gewinnrücklagen, die nur durch eine bewußte Entscheidung der Unternehmensleitung aufgelöst werden können, **lösen sich stille Rücklagen** durch den Unternehmensprozeß

i. d. R. **automatisch auf. Beispiele:** Unterbewertete Vermögensgegenstände werden verkauft, abnutzbare Wirtschaftsgüter abgeschrieben oder überbewertete Rückstellungen werden mit tatsächlich eingetretenem Aufwand verrechnet. Stille Rücklagen sind daher effektive Eigenkapitalteile mit lediglich temporärem Charakter.

Infolge der Tatsache, daß die Bewertung in vielen Fällen ein subjektgebundener Prozeß der Wertzumessung bzw. Schätzung ist (z. B. Ermittlung der Wertminderung, Berechnung von Rückstellungen), kann auch die Höhe der stillen Rücklage nur durch Schätzung festgestellt werden. Die »richtige« Höhe stiller Rücklagen könnte nur dann exakt festgestellt werden, wenn es einen »richtigen«, ermessensfreien Bewertungsmaßstab gäbe.

(b) Arten stiller Rücklagen

Entsprechend dem Verhältnis zu den bei der Bewertung zugrundeliegenden gesetzlichen Vorschriften lassen sich vier verschiedene **Arten stiller Rücklagen** unterscheiden:

(1.) **Zwangsrücklagen** sind die automatische Folge einer zwingenden Beachtung gesetzlicher Bewertungsvorschriften, z. B. Ansatz von Anschaffungs- oder Herstellungskosten auch bei gestiegenen Wiederbeschaffungskosten.

(2.) **Schätzungsrücklagen** entstehen i. d. R. zwangsläufig, wenn der Wert eines Vermögens- oder Schuldpostens nur im Wege der Schätzung festgestellt werden kann; z. B. Bemessung von Abschreibungen oder Rückstellungen.

(3.) **Ermessensrücklagen** liegen dann vor, wenn der Bilanzierende von zwei oder mehreren zulässigen Wertansätzen den niedrigeren wählt; z. B. Ermittlung der Herstellungskosten oder Vorratsbewertung.

(4.) **Willkürrücklagen** entstehen durch bewußte, bilanzpolitisch motivierte Entscheidungen bzw. absichtliche Fehlschätzungen; z. B. willkürliche Unterschreitung des bekannten bzw. durch Schätzung ermittelten Wertes eines Wirtschaftsgutes.

Grundsätzlich verhindert die Bildung stiller Rücklagen durch Unterbewertung von Aktiva und/oder Überbewertung von Passiva bzw. Erhöhung des Periodenaufwands und/oder Verminderung des Periodenertrags den möglichst sicheren Einblick in die Vermögens-, Finanz- und Ertragslage gemäß § 264 Abs. 2 HGB und verstößt damit gegen die GoB. Im Sinne des Gläubigerschutzes sind aber zum Zwecke der **Objektivierung** der Rechnungslegung bestimmte Zwangsrücklagen notwendig (Realisationsprinzip) bzw. spezifische Schätzungsrücklagen zwangsläufig mit jeder Bewertung verbunden. Darüber hinaus sind stille Ermessensrücklagen ein wichtiges Instrument der **Steuerpolitik,** die es ermöglichen, bestimmte unternehmerische Entscheidungen im Hinblick auf spezifische wirtschafts-, konjunktur- und sozialpolitische Zielsetzungen zu beeinflussen (z. B. Sonderabschreibungen oder erhöhte Absetzungen gemäß §§ 7b–e und 7g–k EStG). Die Bildung stiller Rücklagen ist daher, sofern sie nicht zum Zweck bewußter Gewinnmanipulation und gezielter Fehlinformation erfolgt, sowohl in der Handels- als auch in der Steuerbilanz durchaus zulässig.

3.2.4.4.3.6 Sonderposten mit Rücklageanteil

Rücklagen sind grundsätzlich der rechtsformabhängigen Eigenkapitalbilanzierung zuzurechnen. Gewinnrücklagen werden aus versteuerten Gewinnen gebildet (vgl. S. 386 ff.). Eine Ausnahme dazu bilden die **steuerfreien Rücklagen** (Sonderposten mit Rücklageanteil, § 247 Abs. 3 HGB), die eine ertragsteuerlich abzugsfähige Rücklagenzuführung mit gewinnmindernder Wirkung ermöglichen, um steuerliche Härten oder wirtschaftspolitisch unerwünschte Ergebnisse zu vermeiden.

Aufgrund der nun explizit geregelten umgekehrten Maßgeblichkeit (§ 5 Abs. 1 Satz 2 EStG) setzt die steuerliche Anerkennung der steuerfreien Rücklagen ihre Berücksichtigung auch in der Handelsbilanz voraus. Eine Ausnahme von dieser Regelung ergibt sich allerdings für die **Preissteigerungsrücklage** (§ 51 Abs. 2b EStG, Abschn. 228 Abs. 5 EStR), die für Wirtschaftsjahre, die vor dem 1. 1. 1990 endeten, gebildet werden konnte, sowie für die **Steinkohlestillegungsrücklage** (§ 3 Abs. 5 Gesetz über steuerliche Maßnahmen bei der Stillegung von Steinkohlebergwerken), für deren Bildung es bei der Durchbrechung des Maßgeblichkeitsprinzips bleibt. Da Kapitalgesellschaften einen Sonderposten mit Rücklageanteil nur bilden dürfen, wenn die steuerliche Anerkennung des Wertansatzes von einem Ausweis in der Handelsbilanz abhängig ist (§ 273 HGB), dürfen sie diese beiden steuerfreien Rücklagen daher nicht in der Handelsbilanz ansetzen.

Die steuersparende Wirkung dieser Form der Rücklagenbildung ist lediglich temporär, da entweder durch Fristablauf oder durch reduzierte Aufwandsverrechnung in den Folgeperioden die Rücklagenauflösung gewinnerhöhend und damit steuerwirksam erfolgen wird. Sonderposten mit Rücklageanteil stellen insofern einen Mischposten aus Eigen- und Fremdkapital mit Steuerstundungseffekt dar.

Art der steuerfreien Rücklage	Begünstigte Wirtschaftsgüter	Besondere Voraussetzungen für die Bildung	Höhe der Einstellung in die steuerfreie Rücklage	Dauer der Begünstigung und Höhe ihrer Auflösung
Rücklage für Preissteigerungen (§ 74 EStDV)*	Roh-, Hilfs- und Betriebsstoffe, halbfertige und fertige Erzeugnisse sowie Waren, sofern die Wirtschaftsgüter vertretbar, d. h. nach Zahl, Maß oder Gewicht bestimmbar sind (§ 74 Abs. 1 EStDV)	Börsen- oder Marktpreis der betreffenden Güter muß innerhalb eines Wirtschaftsjahres um mehr als 10 v. H. gestiegen sein; die steuerliche Gewinnermittlung muß nach § 5 EStG erfolgen (§ 74 Abs. 1 EStDV)	$R = B \cdot \frac{WP_2 - 1{,}1 \cdot WP_1}{WP_2}$ (§ 74 Abs. 2 EStDV)	Gesamte Rücklage muß spätestens am Ende des sechsten Jahres nach der Bildung aufgelöst werden; die Finanzverwaltung kann u. U. auch eine frühere Auflösung verlangen (§ 74 Abs. 5 EStDV)
Rücklage für Ersatzbeschaffung (Abschn. 35 EStR)	Wirtschaftsgüter des Anlage- und Umlaufvermögens	Zwangsweises Ausscheiden des Wirtschaftsgutes infolge höherer Gewalt oder behördlicher Eingriffe gegen Entschädigung sowie Ersatzbeschaffung eines funktionsgleichen Wirtschaftsgutes innerhalb eines Jahres (zwei Jahre bei Immobilien); die steuerliche Gewinnermittlung kann nach § 4 Abs. 1 oder § 5 EStG erfolgen (Abschn. 35 Abs. 2–4 EStR)	R = Entgelt/Entschädigung – Buchwert (Abschn. 35 Abs. 5 EStR)	Gesamte Rücklage muß bei beweglichen Wirtschaftsgütern in einem Jahr, bei Grundstücken oder Gebäuden in zwei Jahren aufgelöst werden (Abschn. 35 Abs. 6 EStR)
Rücklage für Veräußerungsgewinne (§ 6b EStG)	Nur bestimmte Anlagegüter: Grund und Boden, Aufwuchs, abnutzbare bewegl. Wirtschaftsgüter mit einer betriebsgewöhnl. Nutzungsdauer (Restnutzungsdauer bei gebraucht erworbenen Wirtschaftsgütern) von mindestens 25 Jahren, Schiffe, Anteile an Kapitalgesellschaften, lebendes Inventar land-und forstwirtschaftlicher Betriebe (§ 6b Abs. 1 EStG; Abschn. 41a, Abs. 1–7 EStR)	Wirtschaftsgüter müssen mindestens sechs Jahre zum Anlagevermögen einer inländischen Betriebsstätte gehört haben; Ausnahme: lebendes Inventar land- und forstwirtschaftlicher Betriebe; steuerliche Gewinnermittlung kann sowohl nach § 4 Abs. 1 als auch nach § 5 EStG erfolgen (§ 6b Abs. 4 EStG; Abschn. 41c EStR)	Für Grund und Boden, Aufwuchs, Kapitalanteile, die von Unternehmensbeteiligungsgesellschaften veräußert wurden, sowie Gebäude: R = G Für abnutzbare Wirtschaftsgüter, Schiffe sowie Kapitalanteile: R = 0,5 · G	Gesamte Rücklage muß nach vier Jahren, bei neu hergestellten Gebäuden in sechs Jahren aufgelöst werden (§ 6b Abs. 3 EStG)

Abb. 3.3.19: Unterscheidungsmerkmale steuerfreier Rücklagen

Da für die steuerliche Anerkennung der Sonderposten mit Rücklageanteil nicht immer ein entsprechender Ansatz in der Handelsbilanz gefordert wird (z. B. Preissteigerungsrücklage), ist in dieser mit einer Rückstellung in Höhe der voraussichtlichen zukünftigen Ertragsteuerbelastung (latente Steuer, vgl. S. 399 ff.) Rechnung zu tragen.

Rücklage bei Überführung bestimmter Wirtschaftsgüter in ausländische Betriebe (§ 1 AuslinvG)*	Nur abnutzbare Güter des Anlagevermögens (§ 1 Abs. 1 AuslinvG)	Wirtschaftsgüter müssen einem inländischen Betrieb gehören; steuerliche Gewinnermittlung kann nach § 4 Abs. 1 oder § 5 EStG erfolgen (§ 1 Abs. 1 Satz 1 AuslinvG)	R = Höhe des durch die Überführung entstandenen Gewinns (§ 1 Abs. 1 Satz 1 AuslinvG)	Rücklage ist ab dem fünften Jahr jährlich mit mindestens einem Fünftel aufzulösen (§ 1 Abs. 1 Satz 2 AuslinvG)
Rücklage für Verluste ausländischer Tochtergesellschaften (§ 3 AuslinvG)*	Beteiligung an einer ausländischen Kapitalgesellschaft mit Sitz und Geschäftsleitung im Ausland (§ 3 Abs. 1 AuslinvG)	Beteiligung muß mindestens 50 v. H. betragen; bei Gesellschaften mit Sitz in einem Entwicklungsland genügt eine Beteiligungshöhe von 25 v. H.; der steuerliche Gewinn muß nach § 4 Abs. 1 oder § 5 EStG ermittelt werden (§ 3 Abs. 1 AuslinvG)	R = Höhe des auf die neuen Anteile entfallenden Verlustes der ausländischen Tochtergesellschaft abzüglich des Betrages, in dessen Höhe die Gesellschaft im Wirtschaftsjahr der Rücklagenbildung eine Teilwertabschreibung vornimmt, höchstens der Wert der neu erworbenen Anteile in der Steuerbilanz (§ 3 Abs. 1 AuslinvG)	Gesamte Rücklage ist spätestens am Ende des fünften Jahres nach der Bildung, in den in § 3 Abs. 3 Nr. 1–4 AuslinvG aufgeführten Fällen schon vorher oder teilweise aufzulösen (§ 3 Abs. 3 AuslinvG)
Rücklage für Zuschüsse aus öffentlichen Mitteln (Abschn. 34 Abs. 3 EStR)	Nur Wirtschaftsgüter des Anlagevermögens (Abschn. 34 Abs. 3 EStR)	Für das Anlagegut muß ein Zuschuß gewährt werden, der erfolgsneutral behandelt wird; das Wirtschaftsgut muß ganz oder teilweise im folgenden Wirtschaftsjahr angeschafft oder hergestellt werden; der steuerliche Gewinn ist nach § 4 Abs. 1 oder § 5 EStG zu ermitteln (Abschn. 34 Abs. 3 EStR)	R = Höhe der noch nicht verwendeten Zuschußbeträge (Abschn. 34 Abs. 3 EStR)	Gesamte Rücklage ist im Jahr der Anschaffung oder Herstellung auf das Anlagegut zu übertragen (Abschn. 34 Abs. 3 EStR)

B = Schlußbilanzansatz der betreffenden Güter
G = Gewinn i. S. v. § 6b Abs. 2 EStG
R = Höhe der steuerfreien Rücklage
WP_2 = Wiederbeschaffungspreis am Schluß der laufenden Periode
$1{,}1 \cdot WP_1$ = Wiederbeschaffungspreis am Schluß der vorangegangenen Periode einschließlich eines Selbstbehalts von 10 v. H.
* Die Bildung neuer Rücklagen war letztmalig für das Wirtschaftsjahr möglich, das vor dem 1. 1. 1990 endete.

Abb. 3.3.19 stellt die wichtigsten Arten steuerfreier Rücklagen zusammenfassend dar.

Darüber hinaus haben die Sonderposten mit Rücklageanteil durch das Bilanzrichtlinien-Gesetz eine Erweiterung erfahren: Beruhen Abschreibungen lediglich auf steuerlichen Sondervorschriften, so brauchen diese nicht direkt vom Vermögensgegenstand abgesetzt, sondern können als **Wertberichtigung** den Sonderposten mit Rücklageanteil zugeführt werden (§ 281 HGB).

3.2.4.4.3.7 Verbindlichkeiten

(1) Begriff

Verbindlichkeiten sind die am Bilanzstichtag hinsichtlich Höhe und Fälligkeit feststehenden Verpflichtungen.

Verbindlichkeiten werden auf der Passivseite der Bilanz nach den Rückstellungen ausgewiesen. Große und mittelgroße Kapitalgesellschaften haben dabei eine dem nachstehenden Gliederungsschema des § 266 Abs. 3 C HGB folgende Aufteilung nach **Arten** von Verbindlichkeiten vorzunehmen:

1. Anleihen;
2. Verbindlichkeiten gegenüber Kreditinstituten;
3. erhaltene Anzahlungen auf Bestellungen;
4. Verbindlichkeiten aus Lieferungen und Leistungen;
5. Verbindlichkeiten aus der Annahme gezogener Wechsel und der Ausstellung eigener Wechsel;
6. Verbindlichkeiten gegenüber verbundenen Unternehmen;
7. Verbindlichkeiten gegenüber Unternehmen, mit denen ein Beteiligungsverhältnis besteht;
8. sonstige Verbindlichkeiten.

Kapitalgesellschaften sind zudem verpflichtet, in Bilanz (§ 268 Abs. 5 HGB) und Anhang (§ 285 Nr. 1 HGB) zusätzliche Angaben bezüglich der **Fristigkeit** (Restlaufzeiten) der Verbindlichkeiten zu machen.

(2) Bewertung

Nach § 253 Abs. 1 Satz 2 HGB sind **Verbindlichkeiten** mit ihrem **Rückzahlungsbetrag, Rentenverpflichtungen** mit ihrem **Barwert** anzusetzen.

Der Rückzahlungsbetrag ist im allgemeinen der Betrag, auf den die Verbindlichkeit lautet (= Nennwert). Dies gilt sowohl für die Handelsbilanz als auch für die Steuerbilanz (§ 6 Abs. 1 Nr. 3 EStG, Abschn. 37 Abs. 1 EStR). Insbesondere bei Verbindlichkeiten gegenüber Kreditinstituten und bei sonstigen Darlehen können jedoch Differenzen zwischen dem Ausgabebetrag (= tatsächlich zufließender Betrag, Verfügungsbetrag) und dem Rückzahlungsbetrag auftreten. Übersteigt der Rückzahlungsbetrag den Ausgabebetrag, so kann diese Differenz, die als **Disagio** oder **Damnum** bezeichnet wird, gemäß § 250 Abs. 3 HGB entweder als aktiver Rechnungsabgrenzungsposten (vgl. Abschn. 3.2.4.4.3.9) in der Handelsbilanz ausgewiesen oder sofort als Aufwand verbucht werden. Im Falle der Aktivierung ist der Betrag gesondert auszuweisen und durch planmäßige Abschreibungen bis zum Ende der Laufzeit zu tilgen (§ 250 Abs. 3 Satz 2 HGB). Steuerlich besteht für das Disagio eine Aktivierungspflicht (Abschn. 37 Abs. 3 EStR). Ist umgekehrt der Rückzahlungsbetrag niedriger als der Ausgabebetrag, so ist der dann als **Agio** zu bezeichnende Differenzbetrag in der Handels- und Steuerbilanz als passiver Rechnungsabgrenzungsposten zu verbuchen und während der Laufzeit der Verbindlichkeit ertragswirksam zu tilgen.

Bei Verbindlichkeiten in ausländischer Währung (**Valutaverbindlichkeiten**) entspricht der in der Bilanz anzusetzende Rückzahlungsbetrag der Summe, die in eigener Währung aufzubringen ist, um den geschuldeten Betrag in ausländischer Währung bezahlen zu können. Ist der Kurs zum Rückzahlungszeitpunkt durch ein Devisentermingeschäft abgesichert, wird die Fremdwährungsverbindlichkeit zum Terminkurs passiviert. Anderenfalls ist für die Umrechnung der bei der Entstehung der Verbindlichkeit gültige **Briefkurs** zugrundezulegen. Der so bei Begründung der Verbindlichkeit ermittelte Rückzahlungsbetrag stellt grundsätzlich die Bewertungsuntergrenze in Handels- und Steuerbilanz dar (Abschn. 37 Abs. 2 EStR). Liegt der Briefkurs und damit der Rückzahlungsbetrag an einem darauffolgenden Bilanzstichtag unter dem bei Aufnahme der Verbindlichkeit maßgeblichen Wert, so darf der niedrigere Tageswert nicht ausgewiesen werden. Ein solcher Ausweis stünde im Widerspruch zum Realisationsprinzip, nach dem nur realisierte Gewinne ausgewiesen werden dürfen. Erhöhen sich hingegen Briefkurs und Rückzahlungsbetrag an einem darauffolgenden Bilanzstichtag, muß der höhere Tageswert in der Handels- bzw. Steuerbilanz (bei Gewinnermittlung nach § 5 EStG) angesetzt werden.

Zu den sonstigen Verbindlichkeiten zählen die **Rentenverpflichtungen.** Rentenschulden sind, sofern keine Gegenleistung mehr zu erwarten ist, mit ihrem **Barwert** anzusetzen. Der nach versicherungsmathematischen Grundsätzen zu errechnende Barwert ist der Gegenwartswert aller zukünftigen Zahlungen, die aufgrund der Rentenverpflichtung zu leisten sind.

3.2.4.4.3.8 Rückstellungen

Rückstellungen dienen der Erfassung eines am Bilanzstichtag nicht exakt bestimmbaren Aufwands, der dem Grunde nach bekannt und verursachungsgerecht der abgelaufenen Periode zuzurechnen ist, dessen Fälligkeit und/oder betragsmäßige Höhe jedoch noch nicht abschließend festliegt, also der Schätzung bedarf.

Rückstellungen setzen somit eine **bestehende** rechtliche Verpflichtung gegenüber einem Dritten voraus und unterscheiden sich insofern von Eventualverbindlichkeiten. Da die Bildung von Rückstellungen **erfolgswirksam** geschieht, wird der Gewinnausweis unmittelbar beeinflußt. Der Ansatz von Rückstellungen ist deshalb auf wenige, rechtlich geregelte Fälle beschränkt; die Höhe des Betrages ist **nach vernünftiger kaufmännischer Beurteilung** (§ 253 Abs. 1 Satz 2 HGB) zu bestimmen.

Das HGB unterscheidet zwischen passivierungspflichtigen Rückstellungen und Rückstellungen, für die ein Passivierungswahlrecht besteht (§ 249 Abs. 1 und 2 HGB). **Passivierungspflichtig** sind Rückstellungen für **ungewisse Verbindlichkeiten** (Prozeßrisiko, Tantiemezusagen, Provisionen, abzugsfähige Steuern, Pensionszusagen). Die Passivierungspflicht leitet sich aus dem Grundsatz der Vollständigkeit ab, da bei diesen Rückstellungen der Verbindlichkeitscharakter überwiegt. Daneben erfordert das Imparitätsprinzip, daß **drohenden Verlusten aus schwebenden Geschäften** durch Bildung einer Rückstellung Rechnung getragen wird. Die Passivierungspflicht für Rückstellungen mit Schuldcharakter gilt gleichermaßen im Bilanzsteuerrecht.

Die Eigenschaft der **Pensionsrückstellungen** als ungewisse Verbindlichkeit hat mit Inkrafttreten des Bilanzrichtlinien-Gesetzes dazu geführt, daß Verpflichtungen aus Pensionsverträgen nach § 249 Abs. 1 HGB künftig für alle Kaufleute **rückstellungspflichtig** sind. Das gilt gemäß den Übergangsvorschriften zum Bilanzrichtlinien-Gesetz für alle nach dem 31. 12. 1986 erteilten Pensionszusagen. Für Verpflichtungen aus davor geschlossenen Versorgungsverträgen sowie für mittelbare Zusagen besteht auch weiterhin das bisher praktizierte Passivierungswahlrecht (Art. 28 Abs. 1 EGHGB). Die Wahlmöglichkeit erstreckt sich auch auf nachträgliche Erhöhungs- bzw. Anpassungsbeträge dieser Altverträge (z. B. aufgrund des Gesetzes zur Verbesserung der betrieblichen Altersversorgung gemäß § 16 BetrAVG); sie bezieht sich ausschließlich auf die Zuführung, nicht jedoch auf die Auflösung von Pensionsrückstellungen. Die steuerbilanzielle Behandlung der Pensionsrückstellungen ist weiterhin durch das Passivierungswahlrecht bestimmt (§ 6a EStG).

Bei Rückstellungen für Aufwendungen für unterlassene Instandhaltung und Abraumbeseitigung fehlt der Verpflichtungstatbestand gegenüber Dritten; es besteht nur eine Verpflichtung gegenüber sich selbst. Der Ansatz dieser sog. **Aufwandsrückstellungen** beruht auf der dynamischen Bilanzauffassung (vgl. Abschn. 3.2.3.1.2), nach der auch Rückstellungen angesetzt werden, die der periodengerechten Aufwandsabgrenzung dienen. Der Gesetzgeber sieht in § 249 Abs. 1 Satz 2 Nr. 1 HGB für unterlassene Instandhaltungen eine Passivierungspflicht vor, wenn die Nachholung innerhalb der ersten drei Monate des neuen Geschäftsjahres vorgenommen wird; für Abraumbeseitigungen besteht eine Passivierungspflicht, sofern sie im folgenden Geschäftsjahr nachgeholt werden. Für unterlassene Instandhaltungen, deren Nachholung zwar im neuen Geschäftsjahr, jedoch erst nach Ablauf von drei Monaten erfolgt, ergibt sich nach § 249 Abs. 1 Satz 3 HGB ein Passivierungswahlrecht.

Andere Aufwandsrückstellungen läßt das Gesetz in § 249 Abs. 2 HGB nur zu, wenn es sich um ihrer Eigenart nach genau umschriebene, dem Geschäftsjahr oder einem früheren Geschäftsjahr zuzuordnende Aufwendungen handelt, die am Abschlußstichtag wahrscheinlich oder sicher, aber hinsichtlich ihrer Höhe oder des Zeitpunktes ihres Eintritts unbestimmt sind. In der Steuerbilanz dürfen die Aufwandsrückstellungen des § 249 Abs. 2 HGB nicht angesetzt werden.

Eine Passivierungspflicht enthält § 249 Abs. 1 Satz 2 Nr. 2 HGB für Gewährleistungen, die nicht auf einer rechtlichen Verpflichtung beruhen. Es handelt sich um **Kulanzleistungen**, für die nach bisherigem Recht zwar ein Passivierungswahlrecht bestand (§ 152 Abs. 7 Nr. 2 AktG a. F.), eine Bilanzierungspflicht aber angenommen wurde, sofern sich der Bilanzierende den Leistungen wirtschaftlich nicht entziehen konnte.

Werden Rückstellungen in Anspruch genommen, erfolgt ihre Ausbuchung erfolgsneutral; entfällt dagegen die Ursache, die zur Rückstellungsbildung geführt hat, so sind die entsprechenden Beträge erfolgswirksam über die Gewinn- und Verlustrechnung aufzulösen.

3.2.4.4.3.9 Rechnungsabgrenzungsposten

Rechnungsabgrenzungsposten sind ein rechentechnisches Instrument zur periodengerechten Erfolgsermittlung. Sie sind regelmäßig dann zu bilden, wenn am Abschlußstichtag **zeitliche Diskrepanzen** zwischen Ausgaben und Aufwendungen bzw. Einnahmen und Erträgen vorliegen.

Rechnungsabgrenzungsposten lassen sich danach unterscheiden, ob die Erfolgswirksamkeit von Ausgaben bzw. Einnahmen in spätere Perioden hineinreicht oder ob in späteren Perioden anfallende Ausgaben bzw. Einnahmen erfolgsmäßig der Abrechnungsperiode zuzurechnen sind. Dementsprechend handelt es sich um **transitorische** (Zahlungsvorgang vor Erfolgswirkung) oder um **antizipative** (Zahlungsvorgang nach Erfolgswirkung) Rechnungsabgrenzungsposten (vgl. Abb. 3.3.20).

	Aktive Abgrenzung (Gewinnerhöhung in der abzurechnenden Periode)	**Passive Abgrenzung** (Gewinnminderung in der abzurechnenden Periode)
transitorisch, d. h. der Zahlungsvorgang liegt **vor** dem Abschlußzeitpunkt (Beleg alte Periode)	Ausgabe vor dem Abschlußzeitpunkt, Aufwand nach dem Abschlußzeitpunkt. Beispiel: **im voraus bezahlte** Versicherungsprämien Bilanzposten: Aktiver Rechungsabgrenzungsposten (Transitorisches Aktivum)	Einnahme vor dem Abschlußzeitpunkt, Ertrag nach dem Abschlußzeitpunkt. Beispiel: **vorschüssig erhaltene** Lizenzgebühren Bilanzposten: Passiver Rechnungsabgrenzungsposten (Transitorisches Passivum)
antizipativ, d. h. der Zahlungsvorgang liegt **nach** dem Abschlußzeitpunkt (Beleg neue Periode)	Einnahme nach dem Abschlußzeitpunkt, Ertrag vor dem Abschlußzeitpunkt. Beispiel: **noch zu erhaltende** Miete Bilanzposten: Sonstige Vermögensgegenstände (Antizipatives Aktivum)	Ausgabe nach dem Abschlußzeitpunkt, Aufwand vor dem Abschlußzeitpunkt. Beispiel: **nachschüssig zu zahlende** Zinsen Bilanzposten: Sonstige Verbindlichkeiten (Antizipatives Passivum)

Abb. 3.3.20: Unterscheidungsmerkmale der Rechnungsabgrenzungsposten

Gemäß § 250 HGB dürfen allerdings unter der Bilanzposition »Rechnungsabgrenzungsposten« grundsätzlich nur transitorische Rechnungsabgrenzungsposten ausgewiesen werden. Antizipative Vorgänge sind dagegen als »Sonstige Vermögensgegenstände« bzw. »Sonstige Verbindlichkeiten« zu bilanzieren, da sie den Charakter noch nicht fälliger Forderungen bzw. Verbindlichkeiten besitzen. Eine Ausnahme vom Verbot der Bilanzierung antizipativer Positionen unter den Rechnungsabgrenzungsposten stellt § 250 Abs. 1 Nr. 1 und 2 HGB dar. Er läßt die Bildung von Rechnungsabgrenzungsposten zu für als Aufwand berücksichtigte Zölle und Verbrauchsteuern, soweit sie auf am Abschlußstichtag auszuweisende Vermögensgegenstände des Vorratsvermögens entfallen, und für als Aufwand berücksichtigte Umsatzsteuer auf am Abschlußstichtag auszuweisende oder von den Vorräten offen abgesetzte Anzahlungen.

Für Rechnungsabgrenzungsposten besteht nach dem Grundsatz der Vollständigkeit **Bilanzierungspflicht** (**Ausnahme:** Disagio gemäß § 250 Abs. 3 HGB). Rechnungsabgrenzungsposten dürfen jedoch nur gebildet werden, wenn es sich um Ausgaben bzw. Einnahmen handelt, deren Erfolgswirksamkeit sich auf eine bestimmte Zeit nach dem Abschlußstichtag erstreckt. Typische **Beispiele** transitorischer Rechnungsabgrenzungsposten sind deshalb Vorauszahlungen von Miete, Pacht, Versicherungsprämien, Zinsen, Honoraren, Löhnen und Gehältern sowie Provisionen.

Ebenfalls unter die (aktiven) Rechnungsabgrenzungsposten können Disagiobeträge aufgenommen werden, für die gemäß § 250 Abs. 3 HGB ein Aktivierungswahlrecht besteht. Das **Disagio,** d. h. der Unterschiedsbetrag zwischen Rückzahlungsbetrag und Ausgabebetrag einer Verbindlichkeit, muß im Falle einer Aktivierung planmäßig abgeschrieben werden und kann über die gesamte Laufzeit der Verbindlichkeit verteilt werden.

3.2.4.4.3.10 Latente Steuern

> Die Steuerabgrenzung durch **latente Steuern** nach § 274 HGB hat die Funktion, Differenzen zwischen dem Steueraufwand gemäß der Steuerbilanz und dem sich aufgrund des handelsbilanziellen Jahresergebnisses fiktiv ergebenden Steueraufwand auszugleichen. Damit soll eine Kongruenz zwischen dem handelsrechtlichen Jahresergebnis und dem in der Handelsbilanz ausgewiesenen Steueraufwand erreicht werden.

Ist der zu versteuernde (Steuerbilanz-)Gewinn niedriger als der handelsrechtliche Gewinn, d. h. der Steueraufwand gemäß Steuerbilanz geringer als der nach der Handelsbilanz fiktiv zu zahlende Steueraufwand, so ist eine **Rückstellung für ungewisse Verbindlichkeiten** in Höhe des unterschiedlichen Steueraufwandes zu bilden. Liegt dagegen der zu versteuernde Gewinn nach der Steuerbilanz über dem handelsrechtlichen Gewinn, d. h. der zu zahlende Steueraufwand ist höher als der sich aufgrund des handelsbilanziellen Ergebnisses ergebende Steueraufwand, so darf die Differenz des Steueraufwandes als **Bilanzierungshilfe** aktiviert werden.

Die Bildung von aktiven und passiven latenten Steuern kommt allerdings nur in Frage, wenn sich der zu niedrige bzw. zu hohe Steueraufwand in den folgenden Geschäftsjahren voraussichtlich ausgleicht (sog. **timing differences**). Ein höherer Gewinn in der Handelsbilanz als in der Steuerbilanz muß in den Folgejahren einen geringeren Handelsbilanz- als Steuerbilanzgewinn nach sich ziehen und umgekehrt. Aufgrund des Maßgeblichkeitsprinzips der Handelsbilanz für die Steuerbilanz wird eine Steuerabgrenzung nur notwendig, wenn infolge spezieller steuerlicher Vorschriften der Maßgeblichkeitsgrundsatz durchbrochen wird oder die Maßgeblichkeit vom Steuerrecht ausdrücklich nicht verlangt wird. **Beispiele,** bei denen eine Steuerabgrenzung notwendig bzw. möglich wird, sind die Bildung einer Preissteigerungsrücklage in Wirtschaftsjahren, die vor dem 1. 1. 1990 endeten (Bildung in der Steuerbilanz unabhängig von der Handelsbilanz), die Aktivierung von Ingangsetzungs- und Erweiterungsaufwendungen (sofortige Betriebsausgaben in der Steuerbilanz) und steuerlich nicht zulässige Aufwandsrückstellungen.

Passive latente Steuern sind in der Bilanz oder im Anhang gesondert anzugeben. Aktive latente Steuern erfordern einen gesonderten Ausweis in der Bilanz und sind im Anhang zu erläutern. Fallen beide Steuerabgrenzungen gleichzeitig an, so verlangt das Gesetz – entgegen dem Bruttoprinzip – eine Saldierung. Darüber hinaus besteht für aktive latente Steuern insoweit eine Ausschüttungssperre, als Ausschüttungen nur vorgenommen werden dürfen, wenn die verbleibenden Gewinnrücklagen einschließlich des Gewinn- bzw. Verlustvortrags noch mindestens einen Betrag in Höhe der aktiven Steuerabgrenzung aufweisen (§ 274 Abs. 2 Satz 3 HGB); Grund für diese Regelung ist der Charakter der aktiven latenten Steuern als Bilanzierungshilfe.

Die Auflösung sowohl der Rückstellung bei passiven latenten Steuern als auch des Abgrenzungspostens bei aktiven latenten Steuern hat zu erfolgen, wenn in den Folgejahren die Steuerbelastung bzw. Steuerentlastung eintritt oder wenn mit ihr voraussichtlich nicht mehr zu rechnen ist.

Beispiel: Latente Steuern im Einzelabschluß

Kosten der Ingangsetzung und Erweiterung des Geschäftsbetriebs in Höhe von 4.000 DM werden in der Handelsbilanz aktiviert und in den Folgejahren zu jeweils 25% abgeschrieben, während sie in der Steuerbilanz im Jahr der Entstehung als aufwandswirksam anzusetzen sind.

	t_1	t_2	t_3	t_4	t_5
Steuerbilanz					
Gewinn vor Steuern	10.000	10.000	10.000	10.000	10.000
– Erweiterungskosten	4.000	–	–	–	–
– Steuern (60%)	3.600	6.000	6.000	6.000	6.000
= Gewinn nach Steuern	2.400	4.000	4.000	4.000	4.000
Handelsbilanz					
vorläufiger Gewinn	10.000	10.000	10.000	10.000	10.000
– Abschreibung (Erweiterungskosten)	–	1.000	1.000	1.000	1.000
– Steuern (lt. Steuerbilanz)	3.600	6.000	6.000	6.000	6.000
= Gewinn vor latenten Steuern	6.400	3.000	3.000	3.000	3.000
– latenter Steueraufwand	2.400	–	–	–	–
+ Ertrag aus der Auflösung latenter Steuern	–	600	600	600	600
= Gewinn nach (latenten) Steuern	4.000	3.600	3.600	3.600	3.600

3.2.4.5 Die Gewinn- und Verlustrechnung (Erfolgsrechnung)

Die Gewinn- und Verlustrechnung (GuV) ermittelt wie die Bilanz durch Abschluß der Buchführung den Periodenerfolg des Unternehmens, wobei beide Rechnungszweige durch das doppische Prinzip der Buchhaltung miteinander verknüpft sind. Während sich der Erfolg in der Bilanz durch Gegenüberstellung der Reinvermögensbestände zweier aufeinanderfolgender Bilanzstichtage ergibt, ermittelt die GuV diesen durch Saldierung von Aufwendungen und Erträgen einer Abrechnungsperiode. Die Erfolgsrechnung ergänzt daher die Bilanz, indem sie über den Einblick in die Vermögenslage und die rechnerische Ermittlung des Erfolgssaldos hinaus detaillierte Einblicke in die Zusammensetzung und die Quellen des Erfolgs erlaubt.

3.2.4.5.1 Formalaufbau der Erfolgsrechnung

Analog zur Bilanz gelten die GoB auch für die GuV (vgl. S. 351 ff.): Diese hat daher vor allem den Grundsätzen der Wahrheit und Übersichtlichkeit zu entsprechen, was durch eine ausführliche formale Gliederung der Aufwands- und Ertragspositionen erreicht werden kann. § 275 Abs. 1 HGB schreibt die Staffelform der Gewinn- und Verlustrechnung vor und ermöglicht deren Aufstellung nach dem **Gesamtkostenverfahren** (§ 275 Abs. 2 HGB) oder nach dem **Umsatzkostenverfahren** (§ 275 Abs. 3 HGB). Für große Kapitalgesellschaften stellen die auf S. 404 f. dargestellten Schemata die verbindliche **Mindestgliederung der Erfolgsrechnung** dar.

Aus dem Grundsatz der Klarheit und Übersichtlichkeit folgt für die Erfolgsrechnung zwingend, daß sämtliche Aufwendungen und Erträge unsaldiert einander gegenüberzustellen sind (**Bruttoprinzip**). Nur durch den unsaldierten Ausweis aller GuV-Positionen kann gewährleistet werden, daß ein detaillierter Einblick in die Zusammensetzung des Erfolges möglich ist. Ebenfalls der Übersichtlichkeit und Aussagefähigkeit der GuV-Rechnung dient deren formaler Aufbau als **Staffelrechnung,** die gemäß § 275 Abs. 1 Satz 1 HGB für Kapitalgesellschaften verbindlich vorgeschrieben ist. Gegenüber der Kontoform besitzt diese Gliederung den Vorzug, daß die Bildung von Zwischensummen ermöglicht wird und damit eine aggregierte Interpretation der als Kennzahlen (z. B. Ergebnis der gewöhnlichen Geschäftstätigkeit, außerordentliches Ergebnis, Jahresüberschuß) fungierenden Positionen gewährleistet wird.

Da Produktion und Absatz einer Periode i. d. R. nicht synchron verlaufen, so daß Lagerbestände an Halb- und Fertigfabrikaten auf- bzw. abgebaut werden, kann die Ermittlung des Betriebserfolges in der GuV grundsätzlich auf **zweifache Weise** erfolgen:

(1) Sämtliche Aufwendungen der Periode werden sämtlichen Erträgen der Periode (einschließlich der noch nicht abgesetzten Leistungen) gegenübergestellt (**Produktionsrechnung, Gesamtkostenverfahren**).

(2) Nur die zur Produktion der abgesetzten Leistungen notwendigen Aufwendungen werden den in der Periode erzielten Umsatzerlösen gegenübergestellt (**Umsatzrechnung, Umsatzkostenverfahren**).

Im Ergebnis (Jahresüberschuß/Jahresfehlbetrag) stimmen Gesamtkostenverfahren und Umsatzkostenverfahren stets dann überein, wenn Erzeugnisbestände und aktivierte Eigenleistungen keine unterschiedliche Bewertung erfahren.

3.2.4.5.2 Erläuterungen zu ausgewählten Positionen der Gewinn- und Verlustrechnung

3.2.4.5.2.1 Ergebnis der gewöhnlichen Geschäftstätigkeit und außerordentliches Ergebnis

Die auf der bisherigen Konzeption der Gewinn- und Verlustrechnung aufbauende, externe Jahresabschlußanalyse geht bei der Unterteilung der Aufwands- und Ertragsgrößen von den Kriterien der Nachhaltigkeit und der Betriebsbezogenheit aus. Demgemäß erfolgt die Differenzierung nach ordentlichen und außerordentlichen, sowie nach betrieblichen und betriebs(unternehmens-)fremden Ergebnisbestandteilen. Die nachstehende Übersicht zeigt diese Art der **Erfolgsspaltung:**

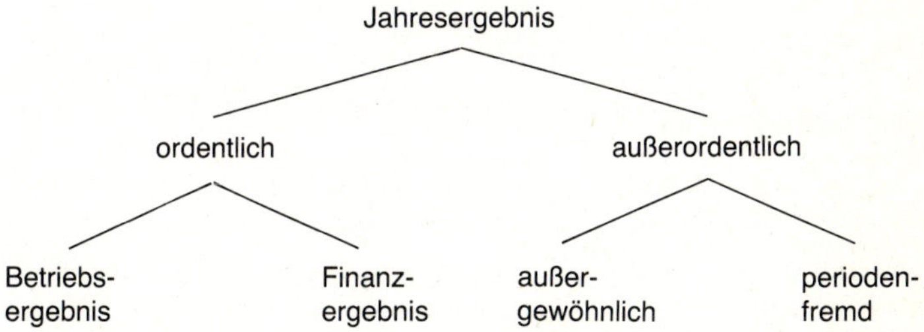

Die nach § 275 Abs. 2 oder Abs. 3 HGB aufzustellende Gewinn- und Verlustrechnung modifiziert diese Form der Erfolgsspaltung insofern, als das »Ergebnis der gewöhnlichen Geschäftstätigkeit« (Positionen 14 bzw. 13) getrennt von dem »außerordentlichen Ergebnis« (Positionen 17 bzw. 16) auszuweisen ist, ohne allerdings die obigen Abgrenzungskriterien beizubehalten.

Das **Ergebnis der gewöhnlichen Geschäftstätigkeit** faßt das für den Geschäftsbereich der Unternehmung typische Betriebs- und Finanzergebnis zusammen und stellt eine Art ordentliches Ergebnis dar.

Unter das **Betriebsergebnis** fallen alle Erfolgsbestandteile, die den Leistungserstellungs- und Leistungsverwertungsprozeß betreffen. Dem **Finanzergebnis** zuzurechnen sind dagegen sämtliche erfolgswirksamen finanziellen Transaktionen, wie sie aus unternehmenstypischen Finanzanlage- und Finanzaufbringungsgeschäften sowie aus Konzernbeziehungen resultieren. Das Betriebsergebnis nach neuem Recht ist inhalt-

Gliederung der Gewinn- und Verlust-

Gesamtkostenverfahrens

Betriebsertrag (durch Investitionen im Unternehmen erzielt)	1. Umsatzerlöse 2. Erhöhung oder Verminderung des Bestands an fertigen und unfertigen Erzeugnissen 3. andere aktivierte Eigenleistungen 4. sonstige betriebliche Erträge
./. Betriebsaufwand (durch Investitionen im Unternehmen verursacht)	5. Materialaufwand: a) Aufwendungen für Roh-, Hilfs- und Betriebsstoffe und für bezogene Waren b) Aufwendungen für bezogene Leistungen 6. Personalaufwand: a) Löhne und Gehälter b) soziale Abgaben und Aufwendungen für Altersversorgung und für Unterstützung, davon für Altersversorgung 7. Abschreibungen: a) auf immaterielle Vermögensgegenstände des Anlagevermögens und Sachanlagen sowie auf aktivierte Aufwendungen für die Ingangsetzung und Erweiterung des Geschäftsbetriebs b) auf Vermögensgegenstände des Umlaufvermögens, soweit diese die in der Kapitalgesellschaft üblichen Abschreibungen überschreiten 8. sonstige betriebliche Aufwendungen
+ Finanzertrag (durch Investitionen außerhalb des Unternehmens erzielt)	9. Erträge aus Beteiligungen, davon aus verbundenen Unternehmen 10. Erträge aus anderen Wertpapieren und Ausleihungen des Finanzanlagevermögens, davon aus verbundenen Unternehmen 11. sonstige Zinsen und ähnliche Erträge, davon aus verbundenen Unternehmen
./. Finanzaufwand (durch Investitionen außerhalb des Unternehmens und Investitionen Unternehmensfremder im Unternehmen verursacht)	12. Abschreibungen auf Finanzanlagen und auf Wertpapiere des Umlaufvermögens 13. Zinsen und ähnliche Aufwendungen, davon an verbundene Unternehmen
= Betriebs- + Finanzergebnis	14. Ergebnis der gewöhnlichen Geschäftstätigkeit
+ / ./. außerhalb der üblichen Geschäftstätigkeit erzieltes Ergebnis	15. außerordentliche Erträge 16. außerordentliche Aufwendungen 17. außerordentliches Ergebnis
./. Steueraufwand	18. Steuern vom Einkommen und vom Ertrag 19. sonstige Steuern
= Periodenergebnis	20. Jahresüberschuß/Jahresfehlbetrag

rechnung bei Anwendung des

Umsatzkostenverfahrens

1. Umsatzerlöse 2. Herstellungskosten der zur Erzielung der Umsatzerlöse erbrachten Leistungen	Rohertrag ./. Rohaufwand (primäre Kosten)
3. Bruttoergebnis vom Umsatz	= Rohgewinn(-verlust)
4. Vertriebskosten 5. Allgemeine Verwaltungskosten 6. sonstige betriebliche Erträge 7. sonstige betriebliche Aufwendungen	+ sekundäre Erträge ./. sekundäre Kosten
8. Erträge aus Beteiligungen, davon aus verbundenen Unternehmen 9. Erträge aus anderen Wertpapieren und Ausleihungen des Finanzanlagevermögens, davon aus verbundenen Unternehmen 10. sonstige Zinsen und ähnliche Erträge, davon aus verbundenen Unternehmen	+ Finanzertrag (durch Investitionen außerhalb des Unternehmens erzielt)
11. Abschreibungen auf Finanzanlagen und auf Wertpapiere des Umlaufvermögens 12. Zinsen und ähnliche Aufwendungen, davon an verbundene Unternehmen	./. Finanzaufwand (durch Investitionen außerhalb des Unternehmens und Investitionen Unternehmensfremder im Unternehmen verursacht)
13. Ergebnis der gewöhnlichen Geschäftstätigkeit	= Betriebs- + Finanzergebnis
14. außerordentliche Erträge 15. außerordentliche Aufwendungen 16. außerordentliches Ergebnis	+ / ./. außerhalb der üblichen Geschäftstätigkeit erzieltes Ergebnis
17. Steuern vom Einkommen und vom Ertrag 18. sonstige Steuern	./. Steueraufwand
19. Jahresüberschuß/Jahresfehlbetrag	= Periodenergebnis

(zu S. 404/405)

Veränderungen der Kapital- und Gewinnrücklagen dürfen in der Gewinn- und Verlustrechnung erst nach dem Posten Jahresüberschuß bzw. Jahresfehlbetrag ausgewiesen werden (§ 275 Abs. 4 HGB). Dementsprechend haben Aktiengesellschaften gemäß § 158 Abs. 1 AktG die Gewinn- und Verlustrechnung anschließend an den Jahresüberschuß/Jahresfehlbetrag um eine **Gewinnverwendungsrechnung** mit folgendem Aussehen zu erweitern:

+ / ./. 1. Gewinnvortrag/Verlustvortrag aus dem Vorjahr
+ 2. Entnahmen aus der Kapitalrücklage
+ 3. Entnahmen aus Gewinnrücklagen
a) aus der gesetzlichen Rücklage
b) aus der Rücklage für eigene Aktien
c) aus satzungsmäßigen Rücklagen
d) aus anderen Gewinnrücklagen
./. 4. Einstellungen in Gewinnrücklagen
a) in die gesetzliche Rücklage
b) in die Rücklage für eigene Aktien
c) in satzungsmäßige Rücklagen
d) in andere Gewinnrücklagen
= 5. Bilanzgewinn/Bilanzverlust.

---

lich weiter gefaßt: Es bezieht auch sonstige, nicht betriebszwecktypische Aufwendungen und Erträge mit ein, soweit diese der gewöhnlichen Geschäftstätigkeit zuzuordnen sind und nicht in den Bereich der finanziellen Unternehmenssphäre gehören. So sind bislang als außerordentlich eingestufte Liquidationserfolge (z. B. aus dem Abgang von Vermögensgegenständen) und Bewertungsergebnisse (z. B. Zuschreibungserträge) grundsätzlich dem Ergebnis der gewöhnlichen Geschäftstätigkeit zuzurechnen. Dieser Ergebnisausweis büßt demnach insoweit an Aussagekraft ein, als nicht mehr auf die Nachhaltigkeit (Regelmäßigkeit) seiner Erzielung geschlossen werden kann.

Zweck der Zusammenfassung von Betriebs- und Finanzergebnis nach neuem Recht zum Ergebnis der gewöhnlichen Geschäftstätigkeit ist es, alle diejenigen Erfolgskomponenten in einer Position zusammenzufassen, die – ohne Rücksicht darauf, ob es sich dabei um nachhaltige oder unregelmäßige bzw. um betriebliche oder betriebsfremde Bestandteile handelt – in der »normalen« (unternehmenstypischen) Geschäftstätigkeit ihre Ursache haben. Der Ausweis dieser Position soll zu einer Verbesserung der Erfolgsaussage, insbesondere bei Zeit- und zwischenbetrieblichen Vergleichen, beitragen. Darüber hinaus kann das Ergebnis der gewöhnlichen Geschäftstätigkeit in Verbindung mit den Informationen des Anhangs eine erhöhte Transparenz der zukünftigen Ertragsentwicklung liefern.

Das **außerordentliche Ergebnis** faßt die erfolgswirksamen Vorgänge zusammen, die hinsichtlich ihrer Art selten und hinsichtlich ihrer Höhe ungewöhnlich sind; ihnen liegt stets eine wesentliche Abweichung gegenüber der gewöhnlichen Geschäftstätigkeit zugrunde.

Im Unterschied zur bisherigen aktienrechtlichen Regelung erfährt der Begriff »außerordentlich« nach neuem Recht eine erhebliche Einschränkung: Er umfaßt nicht mehr sämtliche außergewöhnlichen und periodenfremden Aufwendungen und Erträge, sondern nurmehr jene Erfolgskomponenten, die **betriebs(unternehmens-)fremd** sind, also nicht im Rahmen der gewöhnlichen Geschäftstätigkeit anfallen, und die als solche entweder außergewöhnlicher oder periodenfremder Natur sind. Die Frage also, ob auftretende Liquidations- bzw. Bewertungserfolge unter die Position »Sonstige betriebliche Erträge« (§ 275 Abs. 2 Nr. 4 bzw. Abs. 3 Nr. 6 HGB) bzw. »Sonstige betriebliche Aufwendungen« (§ 275 Abs. 2 Nr. 8 bzw. Abs. 3 Nr. 7 HGB) fallen und damit in das Ergebnis der gewöhnlichen Geschäftstätigkeit eingehen oder ob solche Erfolge das außerordentliche Ergebnis beeinflussen, muß jeweils nach **unternehmensindividueller Beurteilung** entschieden werden. Aperiodische Geschäftsvorfälle ziehen in keinem Fall mehr einen gesonderten Ausweis in der Gewinn- und Verlustrechnung nach sich.

Alle außerordentlichen Aufwendungen und Erträge sind nach § 277 Abs. 4 HGB hinsichtlich ihres Betrages und ihrer Art im Anhang zu erläutern, sofern sie für die Beurteilung der Ertragslage nicht nur untergeordnete Bedeutung haben.

Die **Erfolgsspaltung** nach HGB kann zusammenfassend wie auf Seite 408 oben dargestellt werden:

3.2.4.5.2.2 Jahresüberschuß/Jahresfehlbetrag

Wird dem Ergebnis der gewöhnlichen Geschäftstätigkeit das außerordentliche Ergebnis hinzugefügt und wird davon der Steueraufwand abgesetzt, so verbleibt der Jahresüberschuß bzw. der Jahresfehlbetrag (Position 20 bzw. 19 GuV-Rechnung).

Der **Jahresüberschuß/Jahresfehlbetrag** spiegelt als Ergebnis der Erfolgsermittlung den für ein Geschäftsjahr ausgewiesenen Gewinn bzw. Verlust der Unternehmung wider.

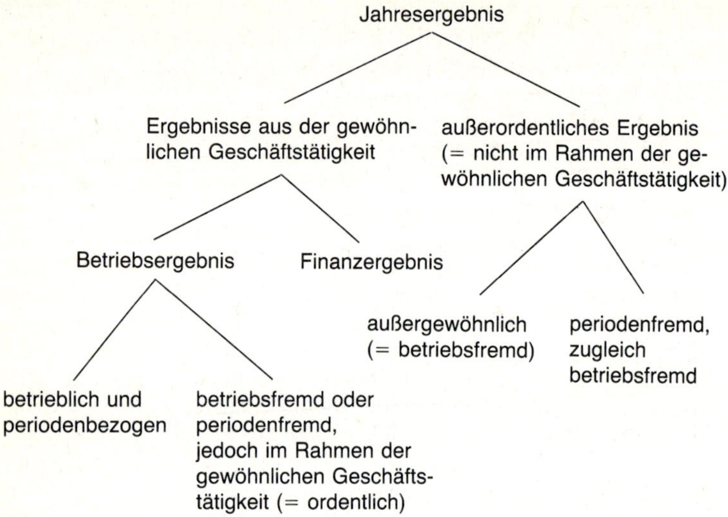

Der Jahresüberschuß ist nicht identisch mit dem in einer Abrechnungsperiode **erwirtschafteten** Reingewinn einer Unternehmung, da dieser einerseits bereits um Teile, die Gewinnverwendung darstellen (z. B. Steuern vom Einkommen und Ertrag, Gewinnabführung), gekürzt und andererseits um Gewinnteile früherer Perioden (z. B. Steuererstattung) oder anderer Unternehmungen (z. B. Gewinngemeinschaft) erweitert ist. Darüber hinaus verhindern stille Rücklagen (vgl. Abschn. 3.2.4.4.3.5) den Einblick in die Ertragslage der Unternehmung, so daß der effektive Periodengewinn einer Unternehmung nur mit Hilfe zusätzlicher Nebenrechnungen näherungsweise ermittelt werden kann.

3.2.4.5.2.3 Bilanzgewinn/Bilanzverlust

Wird ein Jahresüberschuß (Jahresfehlbetrag) in der Gewinnverwendungsrechnung um einen Gewinnvortrag aus dem Vorjahr und um Entnahmen aus der Kapitalrücklage und den Gewinnrücklagen erhöht (vermindert) bzw. um einen Verlustvortrag aus dem Vorjahr und um Einstellungen in Gewinnrücklagen vermindert (erhöht), so erhält man bei positivem Saldo den **Bilanzgewinn** und bei negativem Saldo den **Bilanzverlust** (vgl. S. 406 oben).

> Der **Bilanzgewinn / Bilanzverlust** ist der um einen aus dem Vorjahr stammenden Gewinn- oder Verlustvortrag sowie um Veränderungen der Rücklagen modifizierte Jahresüberschuß/Jahresfehlbetrag.

Der **Bilanzgewinn** stellt den verteilungsfähigen Restbetrag dar, der für die Anteilseigner als Ausschüttungspotential zur Disposition steht. Er kann daher von der Hauptversammlung zur Einstellung in die anderen Gewinnrücklagen, zur Dividendenausschüttung oder zur Dotierung eines Gewinnvortrages verwendet werden (vgl. S. 313 ff.). Dem **Bilanzverlust** entspricht demgegenüber eine Reduzierung des Eigenkapitals. Er wird als Korrekturposten auf der Passivseite mit negativem Vorzeichen ausgewiesen und als Verlustvortrag der nachfolgenden Periode behandelt.

Bilanzgewinn bzw. Bilanzverlust sind laut HGB unter die Eigenkapitalpositionen der Bilanz aufzunehmen. Sie ersetzen dort die Positionen Jahresüberschuß/Jahresfehlbetrag, Gewinnvortrag/Verlustvortrag für den Fall, daß die Bilanz bereits unter Berücksichtigung der **teilweisen Ergebnisverwendung** aufgestellt ist (§ 268 Abs. 1 HGB).

3.2.4.6 Anhang und Lagebericht

Unternehmen, die bestimmten Rechtsformen oder spezifischen Wirtschaftszweigen zuzurechnen sind (z. B. Kapitalgesellschaften [§ 264 Abs. 1 HGB], Genossenschaften [§ 336 Abs. 1 HGB], Versicherungsunternehmen und Bausparkassen [§§ 55 Abs. 1, 112 Abs. 1 VAG], Unternehmen im Sinne des § 1 Abs. 1 PublG [§ 5 Abs. 2 PublG]), haben den Jahresabschluß um einen Anhang zu erweitern und einen Lagebericht zu erstellen.

> Der **Anhang** bildet den dritten Bestandteil des Jahresabschlusses und hat die Aufgabe, die Bilanz und Gewinn- und Verlustrechnung zu ergänzen und zu erläutern.

Der Anhang **ergänzt** die Bilanz und Gewinn- und Verlustrechnung durch Angaben, für die ein Ausweiswahlrecht zwischen Bilanz bzw. Gewinn- und Verlustrechnung und Anhang besteht und die nicht in die Bilanz bzw. Gewinn- und Verlustrechnung aufgenommen wurden. **Beispiele** hierfür sind der gesonderte Ausweis eines aktivierten Disagios

(§ 268 Abs. 6 HGB) oder der **Anlagespiegel** (§ 268 Abs. 2 HGB), die entweder direkt in der Bilanz oder im Anhang ausgewiesen werden können.

Gemäß § 284 Abs. 2 HGB müssen im Anhang die angewandten Bilanzierungs- und Bewertungsmethoden, die Grundlagen der Währungsumrechnung, die Abweichungen von Bilanzierungs- und Bewertungsmethoden gegenüber dem Vorjahr sowie deren Einfluß auf die Vermögens-, Finanz- und Ertragslage und der Umfang der Einbeziehung von Fremdkapitalzinsen in die Herstellungskosten erläutert werden. Zu einzelnen Positionen der Bilanz und der Gewinn- und Verlustrechnung sind gemäß § 285 HGB im Anhang u. a. folgende **Erläuterungen** zu geben:

- Gesamtbetrag der Verbindlichkeiten mit einer Restlaufzeit von mehr als fünf Jahren,
- aus der Bilanz nicht ersichtliche Haftungsverhältnisse,
- Aufgliederung der Umsatzerlöse nach Tätigkeitsbereichen und geographisch bestimmten Märkten,
- Umfang der Einkommen- und Ertragsteuern, die auf das Ergebnis der gewöhnlichen Geschäftstätigkeit und das außerordentliche Ergebnis entfallen,
- Gesamtbezüge der Vorstands- und Aufsichtsratsmitglieder,
- Erläuterungen von Rückstellungen, die unter den »sonstigen Rückstellungen« ausgewiesen werden und einen nicht unerheblichen Umfang besitzen.

Die Angaben im Anhang haben zu unterbleiben, sofern es für das Wohl der Bundesrepublik Deutschland oder eines ihrer Länder erforderlich ist (z. B. Angaben zum Umfang von Lieferungen an das Militär oder an die Polizei; § 286 Abs. 1 HGB). Des weiteren können bestimmte Angaben unterlassen werden, wenn die Berichterstattung geeignet ist, der Kapitalgesellschaft oder einem Unternehmen, an dem diese mindestens 20% der Anteile besitzt, einen erheblichen Nachteil zuzufügen. Für kleine und mittelgroße Kapitalgesellschaften sieht § 288 HGB Erleichterungen vor, die in der Unterlassung bestimmter Angaben bestehen.

> Im **Lagebericht** ist gemäß § 289 Abs. 1 HGB der Geschäftsverlauf und die Lage der Gesellschaft darzustellen.

Darüber hinaus soll der Lagebericht nach § 289 Abs. 2 HGB auch **berichten** über

1. Vorgänge von besonderer Bedeutung, die nach dem Schluß des Geschäftsjahres eingetreten sind (Wertaufhellung; Nachtragsbericht);
2. die voraussichtliche Entwicklung der Kapitalgesellschaft (Prognosebericht);
3. den Bereich Forschung und Entwicklung.

Damit soll der **Lagebericht** ein umfassendes Bild über die wirtschaftliche Situation und Entwicklung der Gesellschaft vermitteln, was aus den ausschließlich quantitativ orientierten Rechenwerken Bilanz und Erfolgsrechnung nicht ersichtlich ist. Dies wird insbesondere erreicht durch Informationen, welche die Lage und künftige Entwicklung des Unternehmens innerhalb der Branche, der Wirtschaftsregion oder der konjunkturellen Entwicklung wiedergeben (z. B. durch Auskünfte über Änderungen des Produktionsprogramms, der Produktionsverfahren oder der Organisation, Gründung von Zweigbetrieben, Erwerb von Beteiligungen etc.). Darüber hinaus können in einem fakultativ zu erstellenden Sozialbericht die sozialen Verhältnisse und Leistungen der Gesellschaft (z. B. durch Angaben über Zahl und Zusammensetzung der Belegschaft, Entlohnungs-, Arbeitszeit- und Freizeitregelungen, Fürsorgemaßnahmen etc.) beschrieben werden.

3.2.5 Konzernrechnungslegung

3.2.5.1 Rechtliche Grundlagen

Schließen sich zwei oder mehrere rechtlich selbständige Unternehmen zu einem Konzern zusammen, so können die Einzelabschlüsse der Konzerngesellschaften die wirtschaftliche Lage des Konzerns nicht mehr den Verhältnissen entsprechend wiedergeben. Durch die Einflußnahme der Obergesellschaft auf die Unternehmenspolitik der Untergesellschaften verlieren diese ihre wirtschaftliche Selbständigkeit. Der Einzelabschluß der jeweiligen Untergesellschaft kann die Auswirkungen der Konzernierung nicht zum Ausdruck bringen.

> Um ein zutreffendes Bild der Vermögens-, Finanz- und Ertragslage des Konzerns zu vermitteln, bedarf es eines **Jahresabschlusses der Einheit Konzern** (**Konzernabschluß**).

Der Konzernabschluß besteht gemäß § 297 Abs. 1 HGB aus der Konzernbilanz, der Konzern-Gewinn- und Verlustrechnung und dem

Konzernanhang. Er hat unter Beachtung der Grundsätze ordnungsmäßiger Buchführung ein den tatsächlichen Verhältnissen entsprechendes Bild der Vermögens-, Finanz- und Ertragslage zu vermitteln (§ 297 Abs. 2 HGB), wobei gemäß § 297 Abs. 3 HGB die Vermögens-, Finanz- und Ertragslage so darzustellen ist, als ob die Gesamtheit der einbezogenen Unternehmen ein einziges Unternehmen wäre (Fiktion der rechtlichen Einheit).

Die Erstellung des Konzernabschlusses kann sich allerdings nicht auf eine bloße Zusammenfassung der Einzelabschlüsse zu einem Summenabschluß beschränken, sondern muß zusätzlich Aufrechnungen und Eliminierungen vornehmen, um Doppelzählungen zu vermeiden. Im Rahmen der **Kapitalkonsolidierung** erfolgt eine Aufrechnung der Beteiligungen mit dem anteiligen Eigenkapital, da sonst Vermögensgegenstände doppelt in die Konzernbilanz eingehen würden. Die **Zwischenerfolgseliminierung** sorgt dafür, daß Gewinne bzw. Verluste aus konzerninternen Lieferungen und Leistungen nicht die Ertragslage des Konzerns verzerren. Die Rückgängigmachung von Liquiditätsverlagerungen zwischen den Konzerngesellschaften sowie die Aufrechnung konzerninterner Forderungen und Verbindlichkeiten wird durch eine **Schuldenkonsolidierung** erreicht. Schließlich erfordert die Darstellung der Ertragslage des Konzerns die **Konsolidierung von Aufwendungen und Erträgen,** die aus konzerninternen Geschäftsvorfällen resultieren. Kapital- und Schuldenkonsolidierung sowie die Zwischenerfolgseliminierung sind die im Rahmen der Konzernbilanzerstellung notwendigen Konsolidierungsschritte, während die Aufwands- und Ertragskonsolidierung ausschließlich die Konzern-Gewinn- und Verlustrechnung betrifft.

Erste Vorschriften, wie ein Konzernabschluß erstellt werden soll und wie die einzelnen Konsolidierungsvorgänge durchzuführen sind, fanden sich in den §§ 329–338 AktG 1965. Die zunehmende Unternehmenskonzentration, vor allem durch Konzernbildung, hatte den Gesetzgeber bei der Reform des Aktiengesetzes im Jahr 1965 veranlaßt, in das dritte Buch des Aktiengesetzes Vorschriften über Unternehmensverbindungen aufzunehmen (§§ 291–338 AktG), die als Grundzüge einer **Konzernverfassung** angesehen werden können. Ziel dieser Regelungen war allerdings nicht die Unterbindung von Konzentrationsvorgängen – dazu dienen eigenständige Kartell- bzw. Fusionskontrollgesetze –, sondern die rechtliche Erfassung der **Unternehmensverbindungen,** deren Offenlegung durch Publizitätsvorschriften und der Schutz außenstehender (Klein-)Aktionäre und Gläubiger. Die Rechnungslegungsvorschriften für den Konzernabschluß im **Aktiengesetz** konnten allerdings nur noch für Konzernabschlüsse angewendet werden, die **vor dem 1. 1. 1990** erstellt wurden.

Im Rahmen der Bestrebungen zur Harmonisierung des Gesellschaftsrechts in den Mitgliedstaaten der EG wurde am 13. 6. 1983 die endgültige Fassung einer 7. EG-Richtlinie (Konzernabschlußrichtlinie) veröffentlicht. Die Transformation der Bestimmungen der 7. EG-Richtlinie in nationales Recht erfolgte am 19. 12. 1985 mit der Verabschiedung des **Bilanzrichtlinien-Gesetzes.** Danach sind Konzernabschlüsse, die **nach dem 1. 1. 1990** erstellt werden, zwingend nach Maßgabe der transformierten Bestimmungen aufzustellen; für Konzernabschlüsse vor dem 1. 1. 1990 bestand gemäß Art. 23 Abs. 2 des Einführungsgesetzes zum HGB ein Wahlrecht bezüglich der Anwendung der neuen Vorschriften.

Das Bilanzrichtlinien-Gesetz fügt die Bestimmungen über die Aufstellung, Prüfung und Offenlegung von Konzernabschlüssen in das Handelsgesetzbuch (§§ 290–315 HGB) ein. Diese Vorschriften enthalten im Gegensatz zum Aktiengesetz keine Definition des Konzerns, die Abgrenzung, wer Konzernrechnungslegung zu betreiben hat, erfolgt nach den Kriterien des § 290 HGB. Bis zu einer späteren Koordinierung ist darüber hinaus allerdings auch das Konzernkriterium des Aktiengesetzes ergänzend in diese Bestimmung aufgenommen worden (§ 290 Abs. 1 HGB).

Ein **Konzern** liegt dann vor, wenn rechtlich selbständige Unternehmen unter **einheitlicher Leitung** zusammengefaßt sind (§ 18 AktG).

Wird die einheitliche Leitung aufgrund faktischer, d. h. mittels Kapital- oder Stimmrechtsmehrheit, oder durch vertragliche Beherrschungsmacht (§ 291 AktG) ausgeübt, handelt es sich um einen **Subordinations- bzw. Unterordnungskonzern** (§ 18 Abs. 1 AktG). Kommt die einheitliche Leitung dagegen dadurch zustande, daß sich unabhängige Unternehmen zur Durchsetzung gemeinsamer Interessen einem Koordinationsorgan unterwerfen, so liegt ein **Gleichordnungskonzern** vor (§ 18 Abs. 2 AktG).

3.2.5.2 Konsolidierungsgrundsätze

Zur Aufstellung des Konzernabschlusses genügt es nicht, die Positionen der Jahresabschlüsse der rechtlich selbständigen Unternehmen zu einem Summenabschluß zusammenzufassen; vielmehr sind **gegensei-**

tige Aufrechnungen vorzunehmen, um verflechtungsbedingte Doppelzählungen rückgängig zu machen. Die notwendigen Konsolidierungsvorgänge werden allerdings teilweise nur unvollständig geregelt, so daß für Zweifelsfragen die folgenden **Grundsätze ordnungsmäßiger Konsolidierung** heranzuziehen sind (Busse von Colbe/Ordelheide [Konzernabschlüsse] 25 ff.):

(1) **Einheitsgrundsatz** (§ 297 Abs. 3 HGB)
Dieser Grundsatz trägt der wirtschaftlichen Einheit des Konzerns Rechnung, indem der Konzernabschluß unter der **Fiktion der rechtlichen Einheit** des Konzerns zu entwickeln ist. Damit nehmen die selbständigen Konzernunternehmen den Charakter von unselbständigen Betriebsteilen an. Dementsprechend sind konzerneinheitliche Bilanzansatz- und Bewertungsrichtlinien anzuwenden und konzerninterne Geschäftsvorgänge durch **Aufrechnung, Umbewertung** und **Umgliederung** zu berichtigen.

(2) **Grundsatz der einheitlichen Bewertung** (§ 308 HGB)
Der aktienrechtliche Maßgeblichkeitsgrundsatz wird im Bilanzrichtlinien-Gesetz zugunsten des Grundsatzes der einheitlichen Bewertung aufgegeben. Entsprechend der **Fiktion der rechtlichen Einheit** des Konzerns müssen die in den Konzernabschluß einbezogenen Aktiva und Passiva auf gleicher oder zumindest vergleichbarer Basis bewertet werden, damit der Konzernabschluß den erforderlichen getreuen Einblick vermitteln kann. Die Bewertung der in die Konsolidierung einbezogenen Vermögensgegenstände und Schulden hat deshalb nach den auf den Jahresabschluß des Mutterunternehmens anwendbaren Bewertungsmethoden **einheitlich** zu erfolgen. Die nach dem Recht des Mutterunternehmens zulässigen Bewertungswahlrechte können dabei im Konzernabschluß unabhängig von ihrer Ausübung in den Einzelabschlüssen der in den Konzernabschluß einbezogenen Unternehmen ausgeübt werden.

(3) **Vollständigkeitsgrundsatz** (§ 294 Abs. 1 HGB)
Die wirtschaftlichen Verhältnisse des Konzerns lassen sich nur dann zutreffend erfassen, wenn alle Konzernunternehmen in den Abschluß einbezogen werden, um auf diese Weise sämtliche konzerninternen Beziehungen der Konsolidierung zu unterwerfen. Da das Aktiengesetz jedoch nur die Einbeziehung inländischer Konzernunternehmen forderte, bei ausländischen Unternehmen dagegen lediglich ein Einbeziehungswahlrecht vorsah, wurde dem Grundsatz der Vollständigkeit nur unzureichend entsprochen. Demgegenüber sind nun im Konzernab-

schluß nach HGB grundsätzlich **alle** Konzernunternehmen zu erfassen (**Weltabschluß**).

(4) **Konsolidierungsstetigkeitsgrundsatz** (§ 297 Abs. 3 HGB)
Um die Vergleichbarkeit von aufeinanderfolgenden Konzernabschlüssen zu wahren, ist sowohl bei der Abgrenzung des Konsolidierungskreises, insbesondere bei der freiwilligen Einbeziehung von Konzernunternehmen, als auch bei der Auswahl der Konsolidierungsmethoden nach dem Stetigkeitsgrundsatz zu verfahren. Nur sachliche, keinesfalls bilanzpolitische Kriterien dürfen zu einer Durchbrechung des Kontinuitätsprinzips führen. Die Vergleichbarkeit ist dann mit Hilfe von Erläuterungen im Konzernanhang wiederherzustellen.

(5) **Äquivalenzgrundsatz**
Bei Konsolidierungsproblemen, die nach dem Einheitsgrundsatz nicht eindeutig gelöst werden können, ist eine möglichst weitreichende Äquivalenz zwischen Einzel- und Konzernabschluß anzustreben. So findet die übliche Verrechnung erfolgswirksamer Konsolidierungsdifferenzen aus Vorjahren mit dem Konzerngewinnvortrag z. B. deshalb keine Zustimmung, weil damit die Position Gewinnvortrag im Konzernabschluß eine unterschiedliche Aussagefähigkeit gegenüber dem Einzelabschluß erfährt.

(6) **Wirtschaftlichkeitsgrundsatz**
Obwohl grundsätzlich eine vollständige Ausschaltung konzerninterner Beziehungen zu befürworten ist, müssen die damit verbundenen Kosten in einem angemessenen Verhältnis zu dem daraus erzielten Informationszuwachs stehen. Dieser Prämisse wird mit diversen Vereinfachungsregeln gefolgt. So brauchen z. B. Konzernunternehmen von nur geringer Bedeutung für den Konzernabschluß nicht konsolidiert zu werden (§ 296 Abs. 1 Nr. 2 HGB).

3.2.5.3 Konsolidierungspflicht und Konsolidierungskreis

Im Gegensatz zum AktG alte Fassung, also vor Inkrafttreten des Bilanzrichtlinien-Gesetzes, knüpft die Pflicht zur Aufstellung und Veröffentlichung von Konzernabschlüssen nach HGB nicht nur an das Vorliegen einer **einheitlichen Leitung** (§ 290 Abs. 1 HGB), sondern zusätzlich an die angelsächsischen Kriterien der **Kontrolle der Stimmrechte** an. Dementsprechend sind gemäß § 290 Abs. 2 HGB Mutterunternehmen mit Sitz im Inland zur Konzernrechnungslegung verpflichtet, wenn sie

- die Mehrheit der Stimmrechte eines Tochterunternehmens besitzen,
- das Recht haben, die Mehrheit der Mitglieder des Verwaltungs-, Leitungs- oder Aufsichtsorgans des Tochterunternehmens zu bestellen oder abzuberufen,
- das Recht haben, aufgrund eines Beherrschungsvertrages oder einer Satzungsbestimmung einen beherrschenden Einfluß auf das Tochterunternehmen auszuüben.

Darüber hinaus haben Mutterunternehmen mit Sitz im Inland, die die einheitliche Leitung tatsächlich ausüben, einen Konzernabschluß und einen Konzernlagebericht zu erstellen (§ 290 Abs. 1 HGB).

Die im HGB kodifizierte Konzernrechnungslegungspflicht erstreckt sich grundsätzlich auf alle Mutterunternehmen in der Rechtsform der AG, KGaA oder GmbH. Entsprechend dem Bilanzierungsgrundsatz der Wesentlichkeit kann ein Mutterunternehmen allerdings von der Pflicht zur Erstellung eines Konzernabschlusses befreit werden, wenn entweder die Einzelabschlüsse der einzubeziehenden Konzernunternehmen in ihrer bloßen Addition oder ein vorab erstellter Konzernabschluß bestimmte Größenkriterien erfüllt.

Die **Kriterien**, von denen jeweils zwei von drei an zwei aufeinanderfolgenden Stichtagen vorliegen müssen, lauten für den Konzernabschluß wie folgt (§ 293 Abs. 1 Nr. 2 HGB):

- Konzernbilanzsumme ≦ 39 Millionen DM
- Konzernaußenumsatzerlöse ≦ 80 Millionen DM
- Zahl der Arbeitnehmer ≦ 500.

Für die Summe der Einzelabschlüsse liegen die Größenkriterien bei Bilanzsumme und Umsatzerlösen jeweils 20% über den Grenzwerten des Konzernabschlusses (§ 293 Abs. 1 Nr. 1 HGB).

Für Mutterunternehmen eines Konzerns, die nicht in der Rechtsform einer Kapitalgesellschaft organisiert sind, resultiert die Pflicht zur Erstellung eines Konzernabschlusses aus § 11 PublG, sofern mindestens zwei der drei dort aufgeführten Größenkriterien (Konzernbilanzsumme 125 Mio. DM, Umsatzerlöse der Konzern-GuV 250 Mio. DM, Konzernarbeitnehmerzahl 5000) an drei aufeinanderfolgenden Konzernabschlußstichtagen überschritten werden.

Grundsätzlich müssen nach neuem Recht nicht nur Konzernleitungen auf der obersten Stufe, sondern auch Tochterunternehmen, die ihrerseits wiederum als Mutterunternehmen fungieren, Konzernabschlüsse erstellen. Somit ist auf jeder Stufe des Konzerns ein **Teilkonzernabschluß** zu erstellen (sog. **Tannenbaumprinzip**). Ein solcher Teilkonzernabschluß braucht gemäß § 291 HGB jedoch dann nicht aufgestellt zu werden, wenn das Tochterunternehmen in einen nach EG-Vorschriften erstellten Konzernabschluß einbezogen wird, dieser Konzernabschluß in deutscher Sprache offengelegt wird und die Minderheitsgesellschafter keinen Teilkonzernabschluß beantragt bzw. der Befreiung zugestimmt haben (sog. befreiender Konzernabschluß).

Gemäß § 294 Abs. 1 HGB sind in den Konzernabschluß nicht nur die inländischen, sondern auch die ausländischen Konzernunternehmen einzubeziehen, d. h. es ist ein Weltabschluß zu erstellen.

Der **Weltabschluß** umfaßt grundsätzlich alle Konzernunternehmen unabhängig von ihrem Sitz.

Die Einbeziehung von Konzernunternehmen in den Konzernabschluß ist jedoch verboten, wenn durch stark abweichende Geschäftstätigkeiten ein zutreffendes Bild der Vermögens-, Finanz- und Ertragslage nicht vermittelt werden kann (§ 295 HGB; **Einbeziehungsverbot**). Darüber hinaus erfährt der Vollständigkeitsgrundsatz durch die Grundsätze der Wesentlichkeit und der Wirtschaftlichkeit Einschränkungen: Sofern das Recht des Mutterunternehmens in bezug auf das Vermögen oder die Geschäftsführung eines Tochterunternehmens nachhaltig beschränkt ist, die Aufnahme eines Unternehmens in den Konzernabschluß mit unverhältnismäßig hohen Kosten verbunden wäre, die Anteile an dem Tochterunternehmen ausschließlich zum Zwecke der Weiterveräußerung gehalten werden oder ein Unternehmen für den Konzern nur von untergeordneter Bedeutung ist, besteht ein **Einbeziehungswahlrecht** (§ 296 HGB).

Eine modifizierte Einbeziehung ist in § 311 HGB für sog. **assoziierte Unternehmen** durch die Anwendung der **Equity-Methode** vorgesehen, womit der aus dem Besitz bestimmter Beteiligungen (mindestens 20%) resultierenden **maßgeblichen** Einflußnahme auf die Geschäfts- und Finanzpolitik des Unternehmens Rechnung getragen werden soll (im einzelnen vgl. S. 426 ff.).

3.2.5.4 *Die Konzernbilanz*

> Die **Konzernbilanz** ist eine Bilanz der wirtschaftlichen Einheit Konzern, die durch additive Zusammenfassung der Einzelbilanzen der zum Konzern gehörenden Unternehmen zu einer Summenbilanz und anschließende Bereinigung um innerkonzernliche Beziehungen (Konsolidierung) erstellt wird.

Um dem Sachverhalt der wirtschaftlichen Einheit im Rahmen der Konzernbilanzerstellung in adäquater Weise Rechnung tragen zu können, ist es erforderlich, daß die Bilanzierung und Bewertung in den Einzelbilanzen nach **einheitlichen** Regeln erfolgt. Dies zu gewährleisten ist der Zweck der §§ 300 und 308 HGB. So sind die Vermögensgegenstände, Schulden, Rechnungsabgrenzungskosten, Bilanzierungshilfen und Sonderposten der in den Konzernabschluß einbezogenen Unternehmen nach den für das Mutterunternehmen gültigen Bilanzierungsregeln in die Konzernbilanz zu übernehmen (§ 300 HGB). Die Bewertung von Vermögensgegenständen und Schulden hat gem. § 308 HGB nach den für das Mutterunternehmen gültigen Bewertungsnormen einheitlich zu erfolgen. Es kann daher die Erstellung einer sogenannten **Handelsbilanz II** erforderlich sein, um gegebenenfalls die Einzelbilanz eines Konzernunternehmens aufgrund zwingender Bestimmungen oder zum Zwecke der Neuausübung von Bilanzansatz- und Bewertungswahlrechten (§§ 300 Abs. 2 und 308 Abs. 2 HGB) anzupassen.

3.2.5.5 *Kapitalkonsolidierung*

> Im Rahmen der **Kapitalkonsolidierung** wird der Buchwert der Beteiligung des Mutterunternehmens mit dem anteiligen Betrag des Eigenkapitals des Tochterunternehmens verrechnet.

Während das Aktiengesetz a. F. nur eine Methode zur Aufrechnung des Beteiligungsbuchwertes mit dem anteiligen Eigenkapital vorschrieb, sieht das HGB in Abhängigkeit von Art und Umfang der Einflußnahme auf die Geschäftspolitik des Tochterunternehmens verschiedene Methoden vor. Den Regelfall bei Mehrheitsbeteiligungen stellt die **Vollkonsolidierung mit Minderheitenausweis** dar, die unter bestimmten Voraussetzungen durch die **Pooling-of-Interests-Methode** ersetzt werden kann. Die **Quotenkonsolidierung** findet Anwendung, wenn Gemeinschaftsunternehmen in den Konzernabschluß einbezogen werden. Die **Equity-Methode** ist schließlich für den Einbezug von Unternehmen vorgeschrieben, auf die das Mutterunternehmen einen maßgeblichen Einfluß ausüben kann.

3.2.5.5.1 Vollkonsolidierung mit Minderheitenausweis

Bei der erfolgswirksamen Kapitalkonsolidierung (purchase-method) nach § 301 HGB wird der Beteiligungsbuchwert gegen das anteilige konsolidierungspflichtige Eigenkapital aufgerechnet. Zur Bestimmung des Eigenkapitals bietet der Gesetzgeber allerdings die Wahl zwischen zwei Möglichkeiten an: Bei der sog. **Buchwertmethode** entspricht das Eigenkapital dem Buchwert der Vermögensgegenstände, Schulden, Rechnungsabgrenzungsposten, Bilanzierungshilfen und Sonderposten des einzubeziehenden Unternehmens (§ 301 Abs. 1 Satz 2 Nr. 1 HGB). Bei Anwendung der sog. (begrenzten) **Neubewertungsmethode** sind die in den Konzernabschluß aufzunehmenden Vermögensgegenstände, Schulden etc. mit dem Zeitwert zum Erwerbs- oder Erstkonsolidierungszeitpunkt anzusetzen, wobei das anteilige neubewertete Eigenkapital den Beteiligungsbuchwert allerdings nicht überschreiten darf (§ 301 Abs. 1 Satz 2 Nr. 2 und Satz 4 HGB).

Übersteigt der Beteiligungsbuchwert das konsolidierungspflichtige Eigenkapital, so ergibt sich aus der Aufrechnung ein **aktivischer Unterschiedsbetrag.** Dieser wird im Fall der Anwendung der Buchwertmethode auf seine Ursachen hin untersucht und sodann den in der Bilanz der Untergesellschaft vorhandenen anteiligen stillen Reserven zugeordnet, d. h. direkt bei den entsprechenden Vermögensgegenständen und Schuldpositionen verbucht. Ein nach der Auflösung der stillen Reserven verbleibender Restbetrag wird ebenso wie eine Aufrechnungsdifferenz bei der Neubewertungsmethode als Geschäfts- oder Firmenwert in der Konzernbilanz ausgewiesen (§ 301 Abs. 3 HGB). Ergibt sich bei der Aufrechnung des Beteiligungsbuchwertes mit dem anteiligen konsolidierungspflichtigen Eigenkapital dagegen eine **passivische Differenz** (Beteiligungsbuchwert < Eigenkapital), so ist der entsprechende Betrag als Unterschiedsbetrag aus der Kapitalkonsolidierung in der Konzernbilanz auszuweisen.

In den Folgeperioden werden die aufgelösten stillen Reserven entsprechend der Restnutzungsdauer des jeweiligen Vermögensgegenstandes abgeschrieben. Ein ausgewiesener Geschäfts- oder Firmenwert ist in den folgenden Geschäftsjahren zu jeweils mindestens 25% abzuschreiben oder aber auf die voraussichtliche Nutzungsdauer planmäßig zu verteilen; auch eine offene (erfolgsneutrale) Verrechnung mit den Rücklagen läßt der Gesetzgeber zu (§ 309 Abs. 1 HGB). Ein Unterschiedsbetrag aus der Kapitalkonsolidierung auf der Passivseite kann nur erfolgswirksam aufgelöst werden, wenn entweder im Erwerbszeitpunkt erwartete künftige Verluste eintreten oder am Abschlußstichtag feststeht, daß es sich um einen Gelegenheitskauf (sog. lucky buy) handelt (§ 309 Abs. 2 HGB).

Sind an der Untergesellschaft **Minderheitsgesellschafter** beteiligt, so wird deren Anteil am konsolidierungspflichtigen Eigenkapital gesondert in einem Ausgleichsposten ausgewiesen. Der Ausgleichsposten beinhaltet bei der Anwendung der Neubewertungsmethode auch die auf die Minderheitsgesellschafter entfallenden und aufgelösten stillen Reserven.

Beispiel: Kapitalkonsolidierung nach § 301 HGB

Die O-AG erwirbt am 31. 12. 01 eine 70%ige Beteiligung an der U-AG zu einem Preis von 1.000, Anschaffungsnebenkosten fallen nicht an. Die verkürzten Einzelbilanzen weisen am 31. 12. 01 folgende Positionen aus:

O-AG

Beteiligung U-AG	1.000	Gezeichnetes Kapital	1.500
div. Aktiva	3.000	Rücklagen	800
		Jahresüberschuß	500
		Fremdkapital	1.200
	4.000		4.000

U-AG

Maschinen	1.500	Gezeichnetes Kapital	900
div. Aktiva	500	Rücklagen	200
		Jahresüberschuß	100
		Fremdkapital	800
	2.000		2.000

Der Zeitwert der in der Bilanz der U-AG enthaltenen Maschinen betrage 1.600, so daß sich stille Reserven in Höhe von 100 ergeben. Die (Rest-) Nutzungsdauer betrage 5 Jahre; der Geschäftswert werde zu einem Drittel, beginnend mit dem Folgejahr, abgeschrieben.

(a) Konsolidierung nach der Buchwertmethode

(aa) Konsolidierung zum 31. 12. 01

Bilanz-positionen	O	U	Konsolidierung S	Konsolidierung H	Konzern-bilanz zum 31. 12. 01
Geschäftswert/ Aufrechn.-diff.			1) 160	2) 70	90
Maschinen		1.500	2) 70		1.570
Beteiligung U-AG	1.000			1) 1.000	
div. Aktiva	3.000	500			3.500
	4.000	2.000			5.160
Gezeichnetes Kapital	1.500	900	1) 630 3) 270		1.500
Rücklagen	800	200	1) 140 3) 60		800
Jahresüberschuß	500	100	1) 70 3) 30		500
Anteile in Fremd-besitz				3) 360	360
Fremdkapital	1.200	800			2.000
Bilanzsumme	4.000	2.000	1.430	1.430	5.160

1) Aufrechnung der Beteiligung an der U-AG mit dem anteiligen konsolidierungspflichtigen Kapital

Eigenkapital U-AG			
Gezeichnetes Kapital	900	Buchwert der Beteiligung	1.000
Rücklagen	200	./. anteiliges Eigenkapital (70% von 1.200)	840
Jahresüberschuß	100		
	1.200	Aufrechnungsdifferenz	160

2) Anteilige Auflösung der stillen Reserven in der Bilanz der Untergesellschaft

Aufrechnungsdifferenz	160
./. anteilige stille Reserven (70% von 100)	70
Konzern-Geschäftswert	90

3) Ausweis der Anteile in Fremdbesitz in Höhe von 30% des Eigenkapitals der U-AG (0,3 × 1.200 = 360)

(ab) Konsolidierung zum 31. 12. 02

Die Einzelbilanzen der Folgeperiode verändern sich gegenüber dem Vorjahr folgendermaßen: Die O-AG erzielt im Folgejahr erneut einen Jahresüberschuß von 500, der Jahresüberschuß der Periode 01 wurde vollständig ausgeschüttet.

Bei der U-AG werden die Maschinen um 300 (1/5 von 1.500) abgeschrieben. Die div. Aktiva erhöhen sich um 300. Die U-AG erwirtschaftet keinen Jahresüberschuß, während der Jahresüberschuß der Vorperiode in die Rücklagen eingestellt wurde.

Bilanz-positionen	O	U	Konsolidierung S	Konsolidierung H	Konzern-bilanz zum 31. 12. 01
Geschäftswert/ Aufrechn.-diff.			1) 160	2) 70 6) 30	60
Maschinen		1.200	2) 70	5) 14	1.256
Beteiligung U-AG	1.000			1) 1.000	
div. Aktiva	3.000	800			3.800
	4.000	2.000			5.116
Gezeichnetes Kapital	1.500	900	1) 630 3) 270		1.500
Rücklagen	800	300	1) 140 3) 90 4) 70		800
Jahresüberschuß	500		1) 70 5) 14 6) 30	4) 70	456
Anteile in Fremd-besitz				3) 360	360
Fremdkapital	1.200	800			2.000
Bilanzsumme	4.000	2.000	1.544	1.544	5.116

Die Konsolidierungsschritte 1) und 2) entsprechen der Erstkonsolidierung. In Konsolidierungsschritt 3), dem Ausweis der Minderheitsanteile, führt lediglich die Erhöhung der Rücklagen bei der U-AG zu einer anderen Verrechnung. Konsolidierungsschritt 4) verhindert, daß der Jahresüberschuß durch die Aufrechnung von Beteiligungsbuchwert und anteiligem Eigenkapital zweimal beeinflußt wird. Die Abschreibungen auf die anteilig aufgelösten stillen Reserven (20% von 70) und auf den Geschäftswert (1/3 von 90) erfolgen durch die Konsolidierungsschritte 5) und 6).

(b) Konsolidierung nach der Neubewertungsmethode

(ba) Konsolidierung zum 31. 12. 01

Bilanzpositionen	O	U	Konsolidierung S	Konsolidierung H	Konzernbilanz zum 31. 12. 01
Geschäftswert/			1) 90		90
Maschinen		1.600			1.600
Beteiligung U-AG	1.000			1) 1.000	
div. Aktiva	3.000	500			3.500
	4.000	2.100			5.190
Gezeichnetes Kapital	1.500	900	1) 630 2) 270		1.500
Rücklagen	800	200	1) 140 2) 60		800
Jahresüberschuß	500	100	1) 70 2) 30		500
Neubewertung		100	1) 70 2) 30		
Anteile in Fremdbesitz				2) 390	390
Fremdkapital	1.200	800			2.000
Bilanzsumme	4.000	2.100	1.390	1.390	5.190

1) Aufrechnung der Beteiligung an der U-AG mit dem anteiligen konsolidierungspflichtigen Eigenkapital, zu dem auch die durch die Neubewertung aufgedeckten stillen Reserven der Untergesellschaft zu rechnen sind:

(neubewertetes) Eigenkapital U-AG	
Gezeichnetes Kapital	900
Rücklagen	200
Jahresüberschuß	100
Neubewertung	100
	1.300

Buchwert der Beteiligung	1.000
./. anteiliges Eigenkapital (70% von 1.300)	910
Geschäftswert	90

2) Ausweis der Anteile in Fremdbesitz in Höhe von 30% des (neubewerteten) Eigenkapitals (0,3 × 1.300 = 390)

(bb) Konsolidierung zum 31. 12. 02

Bilanzpositionen	O	U	Konsolidierung S	Konsolidierung H	Konzernbilanz zum 31. 12. 02
Geschäftswert/			1) 90	5) 30	60
Maschinen		1.300		4) 20	1.280
Beteiligung U-AG	1.000			1) 1.000	
div. Aktiva	3.000	800			3.800
	4.000	2.100			5.140
Gezeichnetes Kapital	1.500	900	1) 630 2) 270		1.500
Rücklagen	800	300	1) 140 2) 90 3) 70		800
Jahresüberschuß	500		1) 70 4) 14 5) 30	3) 70	456
Neubewertung		100	1) 70 2) 30		
Anteile in Fremdbesitz			4) 6	2) 390	384
Fremdkapital	1.200	800			2.000
Bilanzsumme	4.000	2.100	1.510	1.510	5.140

Konsolidierungsschritt 1) entspricht der Erstkonsolidierung. Der Ausweis der Fremdanteile (Konsolidierungsschritt 2) ändert sich nur durch die Gewinnthesaurierung der U-AG. Mit Konsolidierungsschritt 3) wird eine doppelte Korrektur des Jahresüberschusses durch die Erstkonsolidierung vermieden. Die Abschreibungen auf die aufgelösten stillen Reserven (20% von 100) und den Geschäftswert (1/3 von 90) werden mit den Konsolidierungsschritten 4) und 5) vorgenommen.

Materiell unterscheiden sich Buchwert- und Neubewertungsmethode hinsichtlich des Ausweises der auf die Minderheitsgesellschafter entfallenden stillen Reserven. Während die Buchwertmethode diesen Teil der stillen Reserven in der Konzernbilanz nicht auflöst, erhöht die Neubewertungsmethode den Ausgleichsposten für Anteile in Fremdbesitz um den entsprechenden Betrag und behandelt insofern Konzernanteilseigner und Minderheitsgesellschafter als Eigenkapitalgeber des Konzerns gleich.

3.2.5.5.2 Pooling-of-Interests-Methode

Neben der Kapitalkonsolidierung nach § 301 HGB läßt das Bilanzrichtlinien-Gesetz unter bestimmten Bedingungen auch die Pooling-of-Interests-Methode zu (§ 302 HGB). Mit dieser Methode der Kapitalkonsolidierung wird dem angelsächsischen »merger« Rechnung getragen, d.h. einem Erwerb der Anteile an einem anderen Unternehmen durch Hingabe eigener Anteile im Wege der Kapitalerhöhung. Der Pooling-of-Interests-Methode liegt die Annahme zugrunde, daß es sich bei den zu konsolidierenden Unternehmen nicht um eine Ober- und eine Untergesellschaft im herkömmlichen Sinne handelt, sondern daß beide Unternehmen ihre Ressourcen »poolen«. Dementsprechend kann die Pooling-of-Interests-Methode nur angewendet werden, wenn

- die erworbenen Anteile mindestens 90% des Nennwertes betragen,
- der Vertrag die Ausgabe von Anteilen eines in den Konzernabschluß einbezogenen Unternehmens vorsieht, und
- eine vereinbarte Barzahlung nicht mehr als 10% des Nennwertes ausmacht.

Bei der Kapitalkonsolidierung gemäß der Pooling-of-Interests-Methode wird der Beteiligungsbuchwert gegen das gezeichnete Kapital der Untergesellschaft aufgerechnet. Die Rücklagen werden also nicht in die Aufrechnung einbezogen. Dies ist damit zu begründen, daß die Methode einen verschmelzungsähnlichen Vorgang darstellt und Rücklagen somit grundsätzlich ausschüttungsfähiges Potential darstellen. Ein verbleibender Differenzbetrag wird mit den Rücklagen verrechnet, d.h. ein Unterschiedsbetrag auf der Aktivseite vermindert die Rücklagen, während ein Unterschiedsbetrag auf der Passivseite zu einer Rücklagenerhöhung führt. Die übrigen Bilanzpositionen werden zu Buchwerten mit den entsprechenden Positionen der Obergesellschaft addiert.

3.2.5.5.3 Quotenkonsolidierung

Für Gemeinschaftsunternehmen (joint ventures, sog. 50 : 50 Beteiligungen) kann gemäß § 310 HGB auch die Quotenkonsolidierung als Methode der Kapitalkonsolidierung angewendet werden. Voraussetzung dafür ist, daß das in den Konzernabschluß einzubeziehende Unternehmen gemeinsam von einer Konzerngesellschaft und mindestens einem nicht in den Konzernabschluß einzubeziehenden Unternehmen geführt wird.

Bei der Quotenkonsolidierung werden die jeweiligen Positionen der Bilanz der Untergesellschaft nur **anteilmäßig** in die Summenbilanz übernommen. Die anteiligen Eigenkapitalpositionen werden dann wie bei der Kapitalkonsolidierung nach § 301 HGB gegen den Beteiligungsbuchwert aufgerechnet. Die Auflösung der stillen Reserven erfolgt allerdings nur quotal, so daß die Quotenkonsolidierung hinsichtlich der Behandlung der Eigenkapitalpositionen der Vorgehensweise der Buchwertmethode entspricht. Die nur anteilmäßige Übernahme der Abschlußpositionen macht deutlich, daß die Quotenkonsolidierung im Widerspruch zur Einheitstheorie steht. Dennoch bewirkt die Quotenkonsolidierung aufgrund der Tatsache, daß der globale Beteiligungsbuchwert durch Einzelpositionen ersetzt wird, eine Erhöhung des Informationsgehalts von Konzernabschlüssen (Eisele/Rentschler [Gemeinschaftsunternehmen] 318 ff.)

3.2.5.5.4 Equity-Methode

In § 311 HGB sieht der Gesetzgeber die Equity-Methode als Verfahren zur Konsolidierung von Unternehmen vor, auf die eine in den Konzernabschluß einbezogene Gesellschaft **maßgeblichen** Einfluß ausübt. Dieser maßgebliche Einfluß, der ein **assoziiertes Unternehmen** kennzeichnet, wird bei einer Beteiligung von mindestens 20% vermutet (§ 311 Abs. 1 Satz 2 HGB). Deshalb kann die Equity-Methode auch auf Gemeinschaftsunternehmen sowie auf nicht in den Konzernabschluß einbezogene Konzernunternehmen angewendet werden.

Das Charakteristikum der Equity-Methode besteht darin, daß der Beteiligungsbuchwert im Zeitablauf fortgeschrieben wird, d. h. Eigenkapitalerhöhungen (-minderungen) führen zu einer Erhöhung (Herabsetzung) des Wertansatzes. Es gilt somit folgende rechnerische Vorgehensweise zur Ermittlung des Beteiligungsbuchwertes:

Anschaffungskosten der Beteiligung
+ anteilige Gewinne der Untergesellschaft
– anteilige Verluste der Untergesellschaft
– vereinnahmte Gewinnausschüttungen der Untergesellschaft
– außerplanmäßige Abschreibungen auf die Beteiligung
= Wertansatz der Beteiligung

Damit gewährleistet die Equity-Methode eine zeitkongruente Vereinnahmung von Beteiligungserträgen und verhindert die Bildung stiller Reserven im Beteiligungsbuchwert durch die Thesaurierung von Gewinnen bei der Untergesellschaft. Im Idealfall wird der Beteiligungsbuchwert zum Spiegelbild des anteiligen Eigenkapitals.

In § 312 HGB stellt der Gesetzgeber zwei Ausweismethoden für den Beteiligungswert zur Wahl, die grundsätzlich auf der gleichen Vorgehensweise beruhen wie die purchase-method. Da aber nicht die einzelnen Vermögensgegenstände und Verbindlichkeiten in die Konzernbilanz übernommen werden, wirken die erfolgswirksamen Aufrechnungen unmittelbar auf den Beteiligungsbuchwert (one-line-consolidation). Bei Anwendung der **Buchwertmethode** (§ 312 Abs. 1 Satz 1 Nr. 1 HGB) wird die Beteiligung im Konzernabschluß grundsätzlich mit den Anschaffungskosten bewertet. Ein nach der Auflösung der anteiligen stillen Reserven verbleibender Unterschiedsbetrag aus einer Aufrechnung von Beteiligungsbuchwert und anteiligem Eigenkapital ist entweder in einer Vorspalte der Konzernbilanz oder im Anhang zu vermerken. Bei Anwendung der **Kapitalanteilsmethode** (§ 312 Abs. 1 Satz 1 Nr. 2 HGB) wird der Anteil am neubewerteten Eigenkapital des assoziierten Unternehmens und ein nach der Auflösung stiller Reserven verbleibender Unterschiedsbetrag zwischen Beteiligungsbuchwert und anteiligem Eigenkapital gesondert ausgewiesen. Es besteht allerdings auch die Möglichkeit, Angaben über die Höhe des Unterschiedsbetrages im Anhang vorzunehmen.

In den Folgeperioden nach der erstmaligen Konsolidierung der Beteiligung erfolgt eine getrennte Fortschreibung des Eigenkapitals am assoziierten Unternehmen und des als Geschäfts- oder Firmenwert zu interpretierenden Unterschiedsbetrages. Während der Geschäftswert gemäß § 309 HGB, d. h. entsprechend der Kapitalkonsolidierung nach § 301 HGB, behandelt wird, erfährt der Eigenkapitalanteil eine Fortschreibung entsprechend der erzielten Gewinne/Verluste und den Ausschüttungen des assoziierten Unternehmens.

Beispiel: Equity-Methode

Ein Mutterunternehmen erwirbt eine 20%ige Beteiligung zu einem Preis von 2.000. Das Eigenkapital des assoziierten Unternehmens beträgt 8.000; im abnutzbaren Anlagevermögen mit einer Restnutzungsdauer von 10 Jahren sind stille Reserven in Höhe von 500 enthalten.

	Buchwert-methode	Kapitalanteils-methode
Beteiligungsansatz	2.000	1.700
Unterschiedsbetrag (Ausweis in der Bilanz oder im Anhang)	400	300

Der ausgewiesene Unterschiedsbetrag bei der Buchwertmethode besteht in Höhe von 0,2 × 500 = 100 aus anteiligen stillen Reserven und in Höhe von 2.000–0,2 × (8.000 + 500) = 300 aus einem Geschäfts- bzw. Firmenwert, der bei der Kapitalanteilsmethode direkt in der Konzernbilanz bzw. im Anhang ausgewiesen wird, während bei der Buchwertmethode ein »Davon-Vermerk« notwendig wird. In der Summe werden von beiden Methoden jedoch 2.000 ausgewiesen (vgl. vorstehende Tabelle).

Erwirtschaftet das assoziierte Unternehmen in der Folgeperiode einen Jahresüberschuß von 100 und wird der die stillen Reserven übersteigende Teil des Unterschiedsbetrages zu 25% abgeschrieben, so ergibt sich folgender Ausweis:

	Buchwertmethode	Kapitalanteilsmethode
Beteiligungs-ansatz	2.000 + 20 (anteiliges Ergebnis) – 10 (anteilige Abschreibung auf stille Reserven) – 75 (Abschreibung auf Geschäftswert) ——— = 1.935	1.700 + 20 (anteiliges Ergebnis) – 10 (anteilige Abschreibung auf stille Reserven) ——— = 1.710
Unter-schieds-betrag	400 – 10 (anteilige Abschreibung auf stille Reserven) – 75 (Abschreibung auf Geschäftswert) ——— = 315	300 – 75 (Abschreibung auf Geschäftswert) ——— = 225

3.2.5.6 Schuldenkonsolidierung

> Gemäß § 303 Abs. 1 HGB sind bei Erstellung des Konzernabschlusses Ausleihungen und andere Forderungen, Rückstellungen und Verbindlichkeiten zwischen Unternehmen, die in den Konzernabschluß einbezogen sind, wegzulassen (**Schuldenkonsolidierung**).

Die Pflicht zur Durchführung der Schuldenkonsolidierung ist notwendige Konsequenz des Einheitsgrundsatzes. Gemäß der Fiktion der rechtlichen Einheit (§ 297 Abs. 3 HGB) können zwischen den einzelnen Konzerngliedern keine Forderungen und Verbindlichkeiten existieren. Die im § 303 Abs. 1 HGB aufgeführten Begriffe: Ausleihungen und andere Forderungen, Rückstellungen und Verbindlichkeiten, bedürfen einer weiten Auslegung. Es sind alle Bilanzpositionen in die Konsolidierung einzubeziehen, die ihrem Charakter nach Forderungen oder Verbindlichkeiten darstellen. Allerdings brauchen dem Grundsatz der Wesentlichkeit gemäß Forderungen und Verbindlichkeiten zwischen Konzernunternehmen nicht aufgerechnet zu werden, wenn die wegzulassenden Beträge nur von untergeordneter Bedeutung sind (§ 303 Abs. 2 HGB).

Stehen sich Forderung und Verbindlichkeit wegen zwingender Einzelbilanzvorschriften (z. B. aufgrund der Verpflichtung zur Abzinsung eines unverzinslichen Darlehens) oder aufgrund der Ausnutzung eines bilanzpolitischen Spielraums (z. B. das Wahlrecht zur Aktivierung eines Disagios), nicht in gleicher Höhe gegenüber, so muß in Höhe der Veränderung der Aufrechnungsdifferenz zum Vorjahr eine Korrektur der Summe der Einzel-Jahresergebnisse vorgenommen werden (erfolgswirksame Schuldenkonsolidierung). Der Betrag der Aufrechnungsdifferenz im Vorjahr wird erfolgsneutral verrechnet. Er wird entweder als Gewinn- bzw. Verlustvortrag in die Bilanz eingestellt, als gesonderte Position in der Konzernbilanz ausgewiesen oder, da das Bilanzrichtlinien-Gesetz auch einen Ausweis des Eigenkapitals vor Gewinnverwendung gestattet, mit den anderen Gewinnrücklagen verrechnet.

Beispiel: Schuldenkonsolidierung

Die O-AG hat an das Konzernunternehmen U-AG ein Darlehen von 90 gewährt, das über drei Jahre zu tilgen ist. Die Auszahlung erfolgt zu einem Kurs von 90%. Die U-AG macht von ihrem Wahlrecht gemäß § 250 Abs. 3 HGB Gebrauch und aktiviert das Disagio, um es über drei Jahre abzuschreiben. Aus Vorsichtsgründen aktiviert die O-AG die Forderung mit 81.

Bilanzpositionen	31. 12. 01				31. 12. 02				31. 12. 03			
	O		U		O		U		O		U	
	A	P	A	P	A	P	A	P	A	P	A	P
Darlehensforderung	81				81							
Aktive Rechnungsabgrenzung (Disagio)			6				3					
Darlehensverbindlichkeit				90				90				
Erfolgswirksame Veränderung des Ergebnisses			3				3			9	3	
Aufrechnungsdifferenz		90 ./. 6 ./. 81 3				90 ./. 3 ./. 81 6					0	
Änderung der Aufrechnungsdifferenz		+ 3				+ 3					./. 6	

Das Beispiel verdeutlicht, daß der Konzernerfolg aus der Sicht des Einheitsgrundsatzes durch die konzerninternen Beziehungen nicht richtig dargestellt wird. Der Erfolg der Jahre 01 und 02 ist um die Änderung der Aufrechnungsdifferenz von jeweils 3 zu niedrig und im Jahr 03 um 6 zu hoch ausgewiesen. Ein zutreffender Einblick in die Ertragslage des Konzerns kann daher in diesem Fall nur durch eine **erfolgswirksame** Schuldenkonsolidierung erzielt werden. Bei der Konsolidierung ist jedoch zu beachten, daß nur die Veränderung der Aufrechnungsdifferenz erfolgswirksam aufzurechnen ist, der restliche Teil der Aufrechnungsdifferenz muß erfolgsneutral behandelt werden. Da in 01 die Aufrechnungsdifferenz in vollem Umfang erfolgswirksam ist, wird der Konzernerfolg um 3 gekürzt. In der Folgeperiode darf der Konzernerfolg jedoch nur um 3 erfolgswirksam gemindert werden, der Rest der Aufrechnungsdifferenz wird erfolgsneutral entweder als Konsolidierungsausgleichsposten oder als Verlustvortrag in die Bilanz eingestellt. Im Jahr 03 ist der Erfolg um 6 zu erhöhen. Da aber keine Aufrechnungsdifferenz mehr besteht, muß zur Neutralisierung der Verlustvortrag um 6 verringert werden. Zur Verdeutlichung dient die folgende Tabelle:

Jahr	Erfolg der Einzelbilanzen	Verlustvortrag	Aufrechnungsdifferenz	Konzernerfolg
01	⁒ 3	0	3	0
02	⁒ 3	3	6	0
03	+ 6	6	0	0

3.2.5.7 Zwischenerfolgskonsolidierung

Erfolge aus Lieferungen und Leistungen zwischen den in den Konzernabschluß einbezogenen Unternehmen sind aus der Sicht des Konzerns als einer Einheit erst dann realisiert, wenn sie an Unternehmen außerhalb des Konsolidierungskreises transferiert wurden. Da sich diese innerkonzernlichen Erfolge jedoch in den Einzelabschlüssen der Konzernunternehmen niederschlagen, würde eine bloße Summation der Einzelabschlüsse zu einem falschen Konzernabschluß führen. Deshalb schreibt § 304 Abs. 1 HGB vor, daß Vermögensgegenstände im Konzernabschluß, die aus konzerninternen Lieferungen und Leistungen stammen, nur mit dem Wert anzusetzen sind, zu dem sie auch der Konzern als ein einziges Unternehmen ansetzen könnte. Bei der Differenz zwischen diesem Wertansatz und demjenigen im Einzelabschluß handelt es sich um einen eliminierungspflichtigen Zwischenerfolg. Im

Gegensatz zu § 331 Abs. 2 AktG a. F. schreibt § 304 Abs. 1 HGB nicht nur die Eliminierung von Zwischengewinnen, sondern nunmehr auch die von Zwischenverlusten vor.

> **Zwischengewinn** ist die Differenz zwischen höherem Wertansatz in der Einzelbilanz und den Konzernanschaffungs- oder -herstellungskosten; **Zwischenverlust** ist die Differenz zwischen Konzernanschaffungs- oder -herstellungskosten und niedrigerem Wertansatz in der Einzelbilanz.

Beispiel: Ermittlung der Konzernherstellungskosten

Die O-AG liefert an die U-AG Handelswaren zum Preis von 500, die am Abschlußstichtag bei der U-AG lagern.

Aktivierungspflichtige Herstellungskosten der O-AG (Einzelkosten)	200
Aktivierungsfähige Herstellungskosten (Gemeinkosten)	150
Herstellungskosten der O-AG	350
Aus der Sicht des Konzerns nicht aktivierungsfähige Herstellungskostenanteile (z. B. Miete an Tochterunternehmen für Räume zur Lagerung der Handelswaren)	10
Aus der Sicht des Konzerns zusätzlich aktivierungsfähige Herstellungskostenanteile (z. B. Verpackungsmaterial für konzerninterne Lieferung)	30

Ermittlung der Obergrenze der Konzernherstellungskosten	
Herstellungskosten der O-AG	350
– aus der Sicht des Konzerns nicht aktivierungsfähige Herstellungskostenanteile	– 10
+ aus der Sicht des Konzerns zusätzlich aktivierungsfähige Herstellungskostenanteile	+ 30
= Obergrenze der Konzernherstellungskosten	370

Ermittlung der Untergrenze der Konzernherstellungskosten	
Aktivierungspflichtige Herstellungskosten der O-AG	200
– aus der Sicht des Konzerns nicht aktivierungsfähige Herstellungskostenanteile	– 10
= Untergrenze der Konzernherstellungskosten	190

Bei der Differenz zwischen dem Wertansatz in der Einzelbilanz von 500 und der Obergrenze der Konzernherstellungskosten handelt es sich um einen **eliminierungspflichtigen** Zwischengewinn, während der Differenzbetrag zwischen Ober- und Untergrenze der Konzernherstellungskosten einen **eliminierungsfähigen** Zwischengewinn darstellt. Der eliminierungsfähige Zwischenerfolg ergibt sich aufgrund des Bewertungswahlrechtes, das der Konzern hätte, wenn er auch rechtlich ein einziges Unternehmen bilden würde. Analog treffen diese Ausführungen auch für die Eliminierung von Zwischenverlusten zu; dabei bildet der Konzernmindestwert die Bewertungsuntergrenze, deren Unterschreiten zu einem eliminierungspflichtigen Zwischenverlust führt.

Entsprechend dem Grundsatz der Wirtschaftlichkeit kann die Eliminierung von Zwischenerfolgen unterbleiben, wenn die Lieferungen oder Leistungen zu üblichen Marktbedingungen erfolgten und die Ermittlung der Konzernanschaffungs- bzw. -herstellungskosten unverhältnismäßig hohe Kosten verursachen würde (§ 304 Abs. 2 HGB). Darüber hinaus braucht keine Zwischenerfolgseliminierung vorgenommen zu werden, wenn ihre Wirkung auf den Konzernabschluß nur von untergeordneter Bedeutung ist.

Die Vorgehensweise bei der Zwischenerfolgseliminierung entspricht derjenigen der erfolgswirksamen Schuldenkonsolidierung. Die Veränderung der Bewertungsdifferenzen gegenüber dem Vorjahr wird erfolgswirksam behandelt, während der Bestand der Zwischenerfolge am Ende des Vorjahres erfolgsneutral in den Gewinn- bzw. Verlustvortrag eingestellt oder als gesonderte Position in der Konzernbilanz ausgewiesen wird.

3.2.5.8 Latente Steuern im Konzernabschluß

> **Latente Steuern** im Konzernabschluß haben die Funktion, Kongruenz zwischen dem Konzern-Jahresergebnis und dem im Konzernabschluß ausgewiesenen Steueraufwand herzustellen.

Bezüglich der Bilanzierung latenter Steuern im Konzernabschluß ist zu unterscheiden zwischen latenten Steuern, die sich aus der Anwendung des § 274 HGB (vgl. dazu Abschn. 3.2.4.4.3.10) ergeben und solchen, die gemäß der konzernspezifischen Vorschrift des § 306 HGB zu bilden sind. Im Rahmen der Konzernabschlußerstellung sind die Bestimmungen des § 274 HGB gemäß § 298 Abs. 1 HGB grundsätzlich ebenfalls anzuwenden. Die Möglichkeit bzw. Notwendigkeit zum Ansatz latenter Steuern gemäß § 274 HGB im Konzernabschluß ergibt sich dann, wenn zeitlich begrenzte Differenzen aus Bilanzierungs- und

Bewertungsunterschieden zwischen dem Jahresabschluß eines Konzernunternehmens und dessen Handelsbilanz II (vgl. dazu Abschn. 3.2.5.4) entstehen.

Weicht dagegen das Konzern-Jahresergebnis aufgrund von Maßnahmen der Kapital-, Zwischenerfolgs- oder Schuldenkonsolidierung von der Summe der Einzelergebnisse ab, so hat im Konzernabschluß eine Steuerabgrenzung aufgrund der Vorschrift des § 306 HGB zu erfolgen, wenn der sich aufgrund des Konzern-Jahresergebnisses ergebende Steueraufwand im Vergleich zur Summe der Steueraufwendungen der Einzelabschlüsse zu hoch oder zu niedrig ist und die Differenz sich in den Folgejahren voraussichtlich ausgleicht. Ist der aufgrund der Einzelabschlüsse tatsächlich zu zahlende Steueraufwand im Verhältnis zum Konzern-Jahresergebnis zu niedrig, so wird die Steuerabgrenzung durch Bildung einer **Rückstellung für passive latente Steuern** vorgenommen. Übersteigt dagegen der tatsächlich zu zahlende Steueraufwand den sich aufgrund des Konzern-Jahresergebnisses ergebenden Steueraufwand, wird die Kongruenz zwischen dem Konzern-Jahresergebnis und dem im Konzernabschluß ausgewiesenen Steueraufwand durch die Bildung eines **Abgrenzungspostens** auf der Aktivseite erreicht. Für diesen Abgrenzungsposten besteht – im Gegensatz zum Einzelabschluß – eine Bilanzierungspflicht; sowohl die Rückstellung für latente Steuern als auch der Abgrenzungsposten auf der Aktivseite sind in der Konzernbilanz oder im Konzernanhang gesondert anzugeben, dürfen aber auch mit den latenten Steuern des Einzelabschlusses zusammengefaßt werden.

Beispiel: Abgrenzung latenter Steuern im Konzern

Die O-AG liefert ihrer Tochtergesellschaft, der U-AG, im Jahr 01 Fertigprodukte, die bei der U-AG in das Vorratsvermögen eingehen. Hierbei entsteht ein Zwischengewinn von 400. Die U-AG veräußert die Vorräte im Jahr 02 an ein konzernfremdes Unternehmen (Realisierung des Zwischengewinns). Sowohl die O-AG als auch die U-AG erwirtschaften ohne Berücksichtigung des Zwischengewinns jeweils in beiden Jahren einen Jahresüberschuß in Höhe von 2.000. Der Ertragsteuersatz beträgt 60%.

Im Jahr 01 ist der Konzernjahresüberschuß aufgrund der Zwischenerfolgseliminierung kleiner als der Summenjahresüberschuß. Hieraus ergibt sich, da wegen der Umkehrung in der Folgeperiode eine zeitlich begrenzte Differenz vorliegt, daß gemessen am Konzernjahresüberschuß der Steueraufwand zu hoch ist. Dies wird durch Bildung einer aktiven latenten Steuer beseitigt, die sich durch Vergleich der fiktiven Steuerbelastung des Konzerns mit dem tatsächlich zu zahlenden Steuerbetrag (2.400–2.640) bzw. durch Anwendung des Steuersatzes auf den

Periode	01	02
Summe der Jahresüberschüsse	4.400	4.000
zu zahlende Ertragsteuer der Konzernunternehmen	2.640 (0,6 * 4.400)	2.400 (0,6 * 4.000)
Konzernjahresüberschuß nach Zwischenerfolgseliminierung von Ertragsteuern	4.000 (4.400–400)	4.400 (4.000+400)
fiktive, dem Konzernjahresüberschuß entsprechende Ertragsteuerbelastung	2.400 (0,6 * 4.000)	2.640 (0,6 * 4.400)
Bildung bzw. Auflösung einer aktiven latenten Steuer	–240 (2.400–2.640) bzw. (0,6 * (–400))	240 (2.640–2.400) bzw. (0,6 * 400)

zu eliminierenden Zwischengewinn (0,6 * 400) ergibt. Im Jahr 02 kehrt sich der Effekt entsprechend um, da der Konzernjahresüberschuß um den nun realisierten Zwischengewinn größer ist als der Summenjahresüberschuß. Die im Jahr 01 gebildete aktive latente Steuer ist erfolgswirksam aufzulösen.

3.2.5.9 Die Konzern-Gewinn- und Verlustrechnung

> Die **Konzern-Gewinn- und Verlustrechnung** ergibt sich durch die additive Zusammenfassung der Gewinn- und Verlustrechnungen der einbezogenen Einzelabschlüsse, wobei bestimmte Aufrechnungen und Umgliederungen vorzunehmen sind.

Im Gegensatz zum AktG a. F., das drei alternative Formen der Konzern-Gewinn- und Verlustrechnung vorsah, ist die Konzern-Gewinn- und Verlustrechnung gem. § 305 HGB nur in der sog. **vollkonsolidierten** Form zulässig. Entsprechend sind bei Erstellung der Konzern-Gewinn- und Verlustrechnung alle konzerninternen Aufwendungen und Erträge gegeneinander aufzurechnen oder auf Positionen umzugliedern, die auch ein rechtlich selbständiges Unternehmen ausweisen würde. Innenumsatzerlöse aus Lieferungen und Leistungen werden mit den auf sie entfallenden Aufwendungen verrechnet, soweit sie nicht zum Ausweis einer Bestandsänderung oder anderer aktivierter Eigenleistungen führen (§ 305 Abs. 1 Nr. 1 HGB). Ebenso sind nach § 305

Abs. 1 Nr. 2 HGB andere Erträge aus konzerninternen Lieferungen und Leistungen mit den entsprechenden Aufwendungen zu verrechnen, sofern nicht ein Ausweis als andere aktivierte Eigenleistung vorzunehmen ist.

Beispiel: Vollkonsolidierte Konzern-Gewinn- und Verlustrechnung

Die O-AG liefert an die U1-AG Handelswaren zum Preis von 120, für die die O-AG ursprünglich Anschaffungsausgaben in Höhe von 80 verauslagte. Die U1-AG veräußert die Handelswaren noch in der gleichen Periode an Konzernfremde zum Preis von 140.

Die U1-AG verkauft in der gleichen Periode erstellte Produkte, die Konzernherstellungskosten von 250 verursachten, zum Preis von 280 an die U2-AG. Die U2-AG verkauft ein Viertel der Produkte zum Preis von 200 an Konzernfremde. Ein Viertel der Produkte wird in das Anlagevermögen der U2-AG eingebracht. Wiederum ein Viertel der Produkte wird weiterverarbeitet und auf Lager genommen. Dabei fallen Personalaufwendungen in Höhe von 50 an. Der Rest befindet sich unbearbeitet auf Lager. Zudem muß die U2-AG für die Inanspruchnahme einer Lagerhalle der U1-AG Miete in Höhe von 80 entrichten.

Alle anderen Geschäfte werden mit Konzernfremden abgewickelt.

Positionen der GuV	O-AG	U1-AG	U2-AG	Konsolidierung	Konzern-GuV
Umsatzerlöse	2.500	1.200	1.500	⁒ 120 (1) ⁒ 280 (2)	4.800
Bestandsänderungen	+ 30	⁒ 120	+ 120	+ 70 (2) ⁒ 15 (3)	+ 85
Andere aktivierte Gegenleistungen	40	20		+ 70 (2) ⁒7,50 (3)	122,50
Gesamtleistung	2.570	1.100	1.620		5.007,50
Materialaufwand	500	350	570	⁒ 120 (1) ⁒ 140 (2)	1.160
Lohnaufwand	200	170	300		670
Mietaufwand			80	⁒ 80 (4)	
Mietertrag		80		⁒ 80 (4)	
diverse Aufwendungen	470	85	45		600
Jahresüberschuß	1.400	575	625	⁒22,50 (3)	2.577,50

Konsolidierung der Innenumsatzerlöse (1) **und** (2)
Die Lieferung der O-AG an die U1-AG und der Weiterverkauf an Konzernfremde löst in der GuV der O-AG Umsatzerlösbuchungen und in der GuV der U1-AG Materialaufwandbuchungen in Höhe von 120 aus, die aufzurechnen sind. Die Zwischengewinne wurden realisiert. Der Innenumsatz durch die Lieferung der U1-AG an die U2-AG in Höhe von 280 ist zu eliminieren. Er ist aufzurechnen gegen den Materialaufwand (70 Umsatz an Konzernfremde, 70 Verbrauch von Material zur Weiterverarbeitung), die anderen aktivierten Eigenleistungen (70 Zugang im Anlagevermögen) und die Bestandsänderungen (70 Lagerbestandserhöhung, keine Berührung der GuV der U2-AG).

Zwischengewinneliminierung (3)
In den Bestandsänderungen sind jedoch Zwischengewinne enthalten, die eliminiert werden müssen. Dazu werden 7,50 gegen den Jahresüberschuß verrechnet. Aber auch in den weiterverarbeiteten Produkten, die in der GuV der U2-AG mit 120 (70 Materialaufwand, 50 Lohnaufwand) bei den Bestandsänderungen angesetzt wurden, sind Zwischengewinne in Höhe von 7,50 enthalten, die gegen den Jahresüberschuß aufgerechnet werden müssen. Schließlich enthalten auch die anderen aktivierten Eigenleistungen einen Zwischengewinn in Höhe von 7,50, der zu eliminieren ist.

Konsolidierung der anderen Aufwendungen und Erträge (4)
Der Mietertrag und der Mietaufwand sind gegeneinander aufzurechnen.

Auf die Verrechnung bzw. Umgliederung der Innenumsatzerlöse und anderen Erträge kann verzichtet werden, wenn die Beträge für ein den tatsächlichen Verhältnissen entsprechendes Bild der Vermögens-, Finanz- und Ertragslage nur von untergeordneter Bedeutung sind (§ 305 Abs. 2 HGB).

3.2.5.10 Währungsumrechnung

Aufgrund des im § 294 Abs. 1 HGB kodifizierten **Weltabschlußprinzips** und der Bestimmung, daß der Konzernabschluß in **DM** aufzustellen ist (§ 298 Abs. 1 i. V. m. § 244 HGB), ergibt sich die Notwendigkeit, die Jahresabschlüsse von in den Konzernabschluß einbezogenen **ausländischen** Unternehmen in DM umzurechnen.

Währungsumrechnung ist die Transformation der Jahresabschlußpositionen ausländischer Tochterunternehmen in die Währung der Konzernmuttergesellschaft.

Im HGB finden sich keine spezifischen Vorschriften zur Währungsumrechnung, es ist allerdings die Generalnorm des § 297 Abs. 2 HGB zu beachten. Darüber hinaus fordert § 313 Abs. 1 Nr. 2 HGB, die Grundlagen der gewählten Umrechnungsmethode im Konzernanhang anzugeben.

Bevor die Umrechnung eines in ausländischer Währung aufgestellten Jahresabschlusses in DM erfolgen kann, ist die Festlegung der zur Anwendung kommenden **Umrechnungskurse** erforderlich. Hierbei ist zunächst zu klären, welche Art von Kurs für die Umrechnung herangezogen werden soll, da zu einem Zeitpunkt verschiedene Kurse nebeneinander gelten. In Frage kommen insbesondere der Geldkurs, der Briefkurs oder der Mittelkurs der betreffenden Währung. Für die Währungsumrechnung ist es als zulässig anzusehen, auf eine differenzierte Umrechnung zu verzichten und pauschal den Mittelkurs zu verwenden.

Weiterhin ist festzulegen, auf welchen Zeitpunkt bzw. Zeitraum sich der zu verwendende Kurs beziehen soll. Hierbei kann es sich um den Kurs am Bilanzstichtag (**Stichtagskurs**), um den Kurs an demjenigen Tag, an dem eine Transaktion durchgeführt wurde (z. B. Tätigung eines Umsatzes oder Erwerb eines Vermögensgegenstandes; **historischer Kurs**) oder aber um den Durchschnittswert der Kurse eines Zeitraumes, beispielsweise eines Geschäftsjahres oder eines Monats (**Durchschnittskurs**), handeln.

Je nachdem, welche Kurse im Rahmen der Umrechnung ausländischer Jahresabschlüsse zur Anwendung kommen, werden unterschiedliche **Methoden** der Währungsumrechnung unterschieden, wobei von wesentlicher Bedeutung insbesondere die sog. Stichtagskursmethode und die Zeitbezugsmethode sind. Die **Stichtagsmethode** rechnet sämtliche Positionen der Bilanz und der GuV einheitlich mit dem jeweiligen Stichtagskurs in die Währung der Konzernmuttergesellschaft um. Bei der **Zeitbezugsmethode** werden dagegen die einzelnen Jahresabschlußpositionen mit denjenigen Kursen umgerechnet, die dem gesetzlich vorgeschriebenen Bewertungsmaßstab in DM entsprechen: So sind beispielsweise Vermögensgegenstände, die mit ihren Anschaffungs- oder Herstellungskosten zu bewerten sind, mit dem auf den Zeitpunkt der Anschaffung bzw. Herstellung bezogenen historischen Kurs umzurechnen, während andererseits Vorräte, die aufgrund des Niederstwertprinzips mit dem am Bilanzstichtag gültigen Börsen- oder Marktpreis bewertet werden, mit dem Stichtagskurs umzurechnen sind. Durch diese Vorgehensweise soll erreicht werden, daß die Beträge der umgerechneten Jahresabschlußpositionen so interpretiert werden können, als wären die einzelnen Geschäftsvorfälle unmittelbar in DM verbucht worden.

3.2.5.11 Konzernanhang und Konzernlagebericht

Der **Konzernanhang** besteht aus zwei Teilen:
- dem Bericht über den Umfang des Konzerns und die Abgrenzung des Konsolidierungskreises,
- dem Konzernerläuterungsbericht.

Der **Bericht über den Umfang des Konzerns** und die Abgrenzung des Konsolidierungskreises enthält Angaben zu den in den Konzernabschluß einbezogenen Unternehmen und zu den nicht einbezogenen Unternehmen, insbesondere den Grund der Nichteinbeziehung. Ferner müssen Angaben zu assoziierten Unternehmen, zu quotenkonsolidierten Unternehmen und zu anderen Unternehmen, an denen eine Beteiligung von mindestens 20% besteht, gemacht werden (§ 313 Abs. 2 HGB).

Der **Konzernerläuterungsbericht** umfaßt Einzelangaben, beispielsweise zur Kapitalkonsolidierung, zu den Bewertungsmethoden, zum Konsolidierungsstichtag und zu Abweichungen vom Stetigkeitsgrundsatz, und alle zusätzlichen Angaben, die notwendig sind, um ein den tatsächlichen Verhältnissen entsprechendes Bild der Vermögens-, Finanz- und Ertragslage zu vermitteln.

Der **Konzernlagebericht** besteht aus zwei Teilen:
- der Darstellung des Geschäftsverlaufs und der Lage des Konzerns (§ 315 Abs. 1 HGB),
- den Einzelangaben (§ 315 Abs. 2 HGB).

Die **Einzelangaben** haben sich dabei insbesondere zu beziehen auf: Vorgänge von besonderer Bedeutung, die nach dem Abschlußstichtag eingetreten sind, die voraussichtliche Entwicklung des Konzerns und den Bereich Forschung und Entwicklung des Konzerns.

3.2.6 Prüfung und Offenlegung des Jahresabschlusses

3.2.6.1 Prüfung der Rechnungslegung

Die Aufgabe, Rechenschaft über Stand und Entwicklung einer Wirtschaftseinheit an direkt oder indirekt beteiligte Adressaten zu liefern (vgl. Abschn. 3.2.2 S. 306ff.), kann der Jahresabschluß nur dann erfüllen, wenn die dadurch vermittelten Informationen durch gesetzliche Vorschriften weitestgehend normiert und damit nachprüfbar sind. Die Bilanzempfänger können dabei auf die Einhaltung der durch den Gesetzgeber vorgegebenen Rechnungslegungsvorschriften insbesondere dann vertrauen, wenn dies durch unabhängige Dritte überprüft und bestätigt wird. Demzufolge ist der Jahresabschluß und der Lagebericht großer und mittelgroßer Kapitalgesellschaften sowie der Konzernabschluß und der Konzernlagebericht von Kapitalgesellschaften gemäß § 316 Abs. 1, 2 HGB von einem Abschlußprüfer zu prüfen. Nicht-Kapitalgesellschaften unterliegen dann der Prüfungspflicht, wenn sie unter die Regelung des Publizitätsgesetzes fallen (§ 6 Abs. 1 PublG i. V. m. § 1 Abs. 1, § 3 Abs. 1 PublG). Der Jahresabschluß dieser Unternehmen kann daher nur dann festgestellt werden, wenn er von einem Abschlußprüfer geprüft wurde.

3.2.6.1.1 Gegenstand und Umfang der Prüfung

Die Prüfung des Jahresabschlusses setzt zunächst eine Kontrolle der ihm zugrundeliegenden Buchführung voraus (§ 317 Abs. 1 HGB). Die **Finanzbuchhaltung** wird daher daraufhin geprüft, ob ihre Organisation die chronologische und systematische Erfassung aller Geschäftsvorfälle innerhalb einer Abrechnungsperiode sicherstellt. Dabei ist beispielsweise zu prüfen, ob die Kontenführung sachlich richtig erfolgte und das Belegwesen ordnungsmäßig abgewickelt wurde.

Der **Jahresabschluß,** der aus der Bilanz, der Gewinn- und Verlustrechnung sowie bei bestimmten Unternehmen aus dem Anhang besteht, muß darüber hinaus auf seine Vereinbarkeit mit den gesetzlichen Vorschriften und den sie ergänzenden Bestimmungen des Gesellschaftsvertrages oder der Satzung kontrolliert werden. Der Prüfung von Bilanz und Gewinn- und Verlustrechnung kommt die Aufgabe zu, festzustellen, ob das Vermögen und die Schulden, die Aufwendungen und die

Erträge sowie das Ergebnis der Abrechnungsperiode im Rahmen der gesetzlichen und satzungsmäßigen Vorschriften vollständig, mit den zutreffenden Werten und unter den vorgeschriebenen Bezeichnungen ausgewiesen wurden. Sofern ein Anhang Bestandteil des Jahresabschlusses ist, muß vom Abschlußprüfer geprüft werden, ob der Anhang die vom Gesetz geforderten Angaben enthält und keine falschen Vorstellungen von der Lage der Unternehmung bzw. des Konzerns vermittelt.

Die Prüfung des **Konzernabschlusses** erstreckt sich gemäß § 317 Abs. 2 HGB auf die ihm zugrundeliegenden Einzelabschlüsse, sofern diese nicht bereits Gegenstand einer Prüfung nach den §§ 316 ff. HGB waren. Die zur Konzernbilanz zusammengefaßten Einzelabschlüsse sind daraufhin zu prüfen, ob sie den Grundsätzen ordnungsmäßiger Buchführung entsprechen und ob die Regelungen für die Übernahme in den Konzernabschluß beachtet wurden.

Beim **Lagebericht** bzw. Konzernlagebericht hat der Abschlußprüfer zu beurteilen, ob der Lagebericht mit dem Jahresabschluß in Einklang steht und ob die sonstigen Angaben nicht einen falschen Eindruck von der Lage des Unternehmens bzw. des Konzerns vermitteln. Im Rahmen seiner Prüfung kann der Abschlußprüfer jederzeit die Bücher und Schriften des Unternehmens einsehen. Darüber hinaus hat er nicht nur das Recht, die Vermögensgegenstände und Schulden, insbesondere die Kasse sowie die Wertpapier- und Warenbestände, nachzuprüfen, sondern kann auch von den gesetzlichen Vertretern der zu prüfenden Gesellschaft alle für eine sorgfältige Prüfung notwendigen Aufklärungen und Nachweise verlangen (§ 320 HGB).

3.2.6.1.2 Prüfungsbericht

Die Ergebnisse der Abschlußprüfung sind vom Prüfer in einem Prüfungsbericht festzuhalten, der den gesetzlichen Vertretern des Unternehmens vorzulegen ist.

> Der **Prüfungsbericht** enthält Angaben darüber, ob die Buchführung, der Jahresabschluß, der Konzernabschluß und der (Konzern-)Lagebericht mit den gesetzlichen Vorschriften vereinbar sind.

Zu den einzelnen Positionen des Jahresabschlusses sind darüber hinaus ausreichende Erläuterungen durch den Abschlußprüfer vorzunehmen. Veränderungen gegenüber dem Vorjahr, die sich nachteilig auf die Vermögens-, Finanz- und Ertragslage des Unternehmens ausgewirkt haben, sowie Verluste, die einen nicht unwesentlichen Einfluß auf das Jahresergebnis haben, müssen dargestellt und ausführlich kommentiert werden (§ 321 Abs. 1 HGB). Eine sog. **Redepflicht** gegenüber den gesetzlichen Vertretern der Gesellschaft (bei der AG sind dies der Vorstand und der Aufsichtsrat, bei der GmbH die Geschäftsführer und der Aufsichtsrat) hat der Abschlußprüfer dann, wenn ihm im Rahmen seiner Prüfungstätigkeit Tatsachen bekannt werden, die

- eine Bestandsgefährdung des Unternehmens erkennen lassen,
- zu einer wesentlichen Beeinträchtigung der Unternehmensentwicklung führen können,
- schwerwiegende Verstöße der gesetzlichen Vertreter gegen die Vorschriften des Gesetzes, des Gesellschaftsvertrages oder der Satzung offenbaren (§ 321 Abs. 2 HGB).

Die Ermittlung dieser Tatsachen gehört allerdings nicht zum originären Prüfungsauftrag des Abschlußprüfers, d. h. er hat nur dann im Prüfungsbericht darüber zu berichten, wenn er sie »bei Wahrnehmung seiner Aufgaben« feststellt.

Während der Prüfungsbericht des Abschlußprüfers nur den gesetzlichen Vertretern des Unternehmens zugänglich ist, kommt das Ergebnis der Abschlußprüfung für externe Bilanzleser lediglich im Bestätigungsvermerk zum Ausdruck.

Der Wortlaut des **Bestätigungsvermerks** ergibt sich aus § 322 Abs. 1 HGB: »Die Buchführung und der Jahresabschluß entsprechen/Der Konzernabschluß entspricht nach meiner/unserer pflichtgemäßen Prüfung den gesetzlichen Vorschriften. Der Jahresabschluß/Konzernabschluß vermittelt unter Beachtung der Grundsätze ordnungsmäßiger Buchführung ein den tatsächlichen Verhältnissen entsprechendes Bild der Vermögens-, Finanz- und Ertragslage der Kapitalgesellschaft/des Konzerns. Der Lagebericht/Konzernlagebericht steht im Einklang mit dem Jahresabschluß/Konzernabschluß.«

Ergänzende Bemerkungen zum Bestätigungsvermerk sind zulässig, damit ein falscher Eindruck vom Inhalt der Prüfung und von der Tragweite des Bestätigungsvermerks vermieden wird. Der Abschlußprüfer hat den Bestätigungsvermerk einzuschränken oder zu versagen, wenn er hinsichtlich des Prüfungsgegenstandes Einwendungen vorzubringen hat. Eine Einschränkung oder Versagung des Bestätigungsvermerks ist zu begründen; die Versagung muß zusätzlich durch einen Vermerk zum Jahresabschluß erklärt werden.

3.2.6.2 *Offenlegung des Jahresabschlusses*

Rechenschaftslegung kommt generell nur dann Sinn zu, wenn die entsprechenden Informationen den jeweiligen Adressaten ohne große Mühe zugänglich sind. Rechenschaft durch Rechnungslegung bedingt daher regelmäßig, daß Bilanzen so offenzulegen sind, daß jeder Interessierte davon Kenntnis nehmen kann. Da der Kreis der Bilanzadressaten je nach Wirtschaftseinheit recht unterschiedlich ist, hängt die gesetzliche Regelung von Weg und Ausmaß der Offenlegung der Rechnungslegungsunterlagen zum einen von der Rechtsform und zum anderen von der Größe des jeweiligen Unternehmens ab (vgl. auch die Abb. auf S. 347).

Große und mittelgroße Kapitalgesellschaften sowie **Konzerne** haben den Jahresabschluß (Bilanz, Gewinn- und Verlustrechnung, Anhang), den Lagebericht, den Bestätigungsvermerk, den Bericht des Aufsichtsrates und – sofern nicht aus dem Jahresabschluß ersichtlich – den Vorschlag und den Beschluß über die Verwendung des Jahresergebnisses zum **Handelsregister** einzureichen und im **Bundesanzeiger** bekanntzugeben (§ 325 HGB). Für mittelgroße Kapitalgesellschaften genügt dabei ein Hinweis auf die Hinterlegungsstelle im Bundesanzeiger.

Kleine Kapitalgesellschaften haben lediglich eine nach § 266 Abs. 1 Satz 3 HGB verkürzte Bilanz, einen nach § 326 HGB verkürzten Anhang sowie den Vorschlag und Beschluß über die Verwendung des Jahresergebnisses zum Handelsregister einzureichen und einen Hinweis auf die Hinterlegungsstelle im Bundesanzeiger zu veröffentlichen.

Nach § 9 PublG müssen **Einzelkaufleute und Personengesellschaften,** die unter das Publizitätsgesetz fallen, den Jahresabschluß (Bilanz und Gewinn- und Verlustrechnung), den Bestätigungsvermerk sowie den Vorschlag und Beschluß über die Ergebnisverwendung sowohl zum Handelsregister einreichen als auch im Bundesanzeiger bekanntgeben.

Für **Genossenschaften** besteht gemäß § 329 HGB die Pflicht, den Jahresabschluß, bestehend aus Bilanz, Gewinn- und Verlustrechnung und Anhang, sowie den Lagebericht, den Bestätigungsvermerk und den Aufsichtsratsbericht zum Genossenschaftsregister einzureichen.

3.2.7 Die D-Markeröffnungsbilanz 1990

3.2.7.1 Ausgangslage

Aufgrund der Bestimmungen des Gesetzes »zur Privatisierung und Reorganisation des volkseigenen Vermögens« (**Treuhandgesetz**) vom 17. 6. 1990 wurden die ca. 150 Kombinate und rund 8000 volkseigenen Betriebe der ehemaligen Deutschen Demokratischen Republik (DDR) zum 1. 7. 1990 in Aktiengesellschaften (AG) bzw. Gesellschaften mit beschränkter Haftung (GmbH) umgewandelt. Es entstand somit ein konzernähnliches mehrstufiges Gebilde, an dessen Spitze die **Treuhandanstalt** steht.

Der Übergang von der Planwirtschaft zur sozialen Marktwirtschaft, die Einführung der DM sowie die Umwandlung der ehemaligen Kombinate und volkseigenen Betriebe in Kapitalgesellschaften machte einen entsprechenden Neuanfang im Bereich der Rechnungslegung erforderlich. Diesem Ziel dient das von der Volkskammer der ehemaligen DDR im September 1990 in Zusammenhang mit dem **Einigungsvertrag** verabschiedete »Gesetz über die Eröffnungsbilanz in Deutscher Mark und die Kapitalneufestsetzung (**D-Markbilanzgesetz** – DMBilG)«.

Das **DMBilG** enthält Vorschriften zur Aufstellung des Inventars, der Eröffnungsbilanz, des Anhangs sowie der gegebenenfalls zu erstellenden Konzerneröffnungsbilanz. Weiterhin finden sich dort Bestimmungen zur Kapitalausstattung, zur Prüfung, zur Bilanzfeststellung und -berichtigung, zur Offenlegung sowie darüber hinaus geschäftszweigspezifische Vorschriften und Bestimmungen zur steuerlichen Gewinnermittlung.

Die **Pflicht zur Rechnungslegung** nach dem DMBilG erstreckt sich gemäß § 1 Abs. 1 DMBilG grundsätzlich auf alle Unternehmen mit Sitz in der ehemaligen DDR am 1. 7. 1990, soweit sie als Kaufleute nach § 238 HGB zur Buchführung und zur Erstellung von Jahresabschlüssen verpflichtet sind. Weitere Detailregelungen zur Aufstellungspflicht enthält § 1 Abs. 2–5 DMBilG. Die **Rechnungslegungspflicht** umfaßt die Erstellung

- eines **Inventars** zum Stichtag 1. 7. 1990,
- einer **D-Markeröffnungsbilanz** zum Bilanzstichtag 1. 7. 1990,

- eines **Anhangs** mit einer sog. **Vergleichenden Darstellung** und gegebenenfalls
- einer **Konzerneröffnungsbilanz** sowie eines **Konzernanhangs.**

Die für alle Kaufleute gültigen Vorschriften des HGB bezüglich der Jahresabschlußerstellung finden auch auf die Eröffnungsbilanz Anwendung, soweit sie sich auf die Bilanz beziehen (§§ 243–261 HGB) und das DMBilG keine abweichenden Regelungen enthält (§ 5 Abs. 1 DMBilG). **Ausgenommen** sind daher die Vorschrift zur Aufstellungsfrist (§ 243 Abs. 3 HGB), die Bestimmungen zur Bildung eines Sonderpostens mit Rücklageanteil (§ 247 Abs. 3 HGB), die allgemeinen Bewertungsgrundsätze (§ 252 HGB), die Vorschriften zur Bestimmung der Wertansätze der Vermögensgegenstände (§ 253 Abs. 1 Satz 1 HGB), die Zulässigkeit von Abschreibungen im Rahmen vernünftiger kaufmännischer Beurteilung (§ 253 Abs. 4 HGB), die Einbeziehung von Fremdkapitalzinsen in die Herstellungskosten (§ 255 Abs. 3 HGB) sowie die Anwendung der Verbrauchsfolgeverfahren (§ 256 Satz 1 HGB).

Die **Generalnorm** des § 264 Abs. 2 HGB, nach der der Jahresabschluß ein den tatsächlichen Verhältnissen entsprechendes Bild der Vermögens-, Finanz- und Ertragslage zu vermitteln hat, gilt mit folgenden Einschränkungen auch für die D-Markeröffnungsbilanz (§ 4 Abs. 2 DMBilG): Die Eröffnungsbilanz und der Anhang haben lediglich ein den tatsächlichen Verhältnissen entsprechendes Bild der **Vermögenslage** zu vermitteln, so daß im Anhang zusätzliche Angaben nur dann erforderlich werden, wenn die Eröffnungsbilanz und der Anhang unter Beachtung der Grundsätze ordnungsmäßiger Buchführung dieser Anforderung nicht gerecht zu werden vermögen. Eine unzutreffende Darstellung der Finanz- und Ertragslage führt hingegen aufgrund der besonderen Problematik der Eröffnungsbilanz nicht zu einer zusätzlichen Informationspflicht im Anhang.

Für Unternehmen, die nicht Einzelkaufmann oder Personenhandelsgesellschaft sind, finden außerdem § 265 Abs. 3–8 HGB (allgemeine Grundsätze für die Gliederung), § 266 HGB (Gliederung der Bilanz), § 268 Abs. 3–7 HGB (Vorschriften zu einzelnen Posten der Bilanz, Bilanzvermerke) und die §§ 270–272 HGB (Zeitpunkt der Bildung einer Kapital- oder Gewinnrücklage, Beteiligungen und verbundene Unternehmen, Ausweis des Eigenkapitals) Anwendung. Die größenabhängigen Erleichterungen der §§ 266 Abs. 1 Satz 3 und 327 Nr. 1 HGB dürfen bei der Aufstellung der Eröffnungsbilanz in Anspruch genommen werden, wenn die Größenmerkmale des § 267 Abs. 1 oder 2 HGB bezüglich der Bilanzsumme oder der Arbeitnehmerzahl nicht überschritten werden.

Mit der handelsrechtlichen korrespondiert eine **steuerliche** Rechnungslegungspflicht, die die Vorschriften des DMBilG auch für die steuerliche Gewinnermittlung zu befolgen verlangt. Demgemäß ist zum 1. 7. 1990 auch eine **steuerliche Eröffnungsbilanz** aufzustellen, die unter Beachtung bestimmter Abweichungen grundsätzlich der handelsrechtlichen Eröffnungsbilanz entsprechen muß (§§ 50–56 DMBilG).

3.2.7.2 Erfassung des Mengengerüsts und Bewertung

Voraussetzung für die Erstellung der D-Markeröffnungsbilanz, die gemäß § 4 Abs. 1 DMBilG i. d. R. innerhalb von vier Monaten nach dem Bilanzstichtag (für Unternehmen mit einer Bilanzsumme von höchstens 3,9 Mio. DM oder mit maximal 50 Arbeitnehmern gilt eine Frist von sechs Monaten) zu erfolgen hatte, war die exakte **mengenmäßige** Erfassung der Vermögensgegenstände und Schulden in einem **Inventar** (§ 2 Satz 1 DMBilG), auf das die Bestimmungen des § 240 HGB sinngemäß anzuwenden sind. Hierbei ist zu beachten, daß das Inventar nach § 2 Satz 2 DMBilG auch solche Vermögensgegenstände enthalten muß, die dem Unternehmen nach dem 30. 6. 1990 innerhalb der Aufstellungsfrist für die Eröffnungsbilanz aus ehemals volkseigenem Vermögen unentgeltlich übertragen worden sind (**Durchbrechung des Stichtagsprinzips**). Für die Durchführung der **Inventur** gelten die Bestimmungen des § 3 DMBilG.

Die Erstellung eines vollständigen Inventars erhält dadurch besondere Relevanz, daß eine Reihe von Posten der D-Markeröffnungsbilanz in den Bilanzen der ehemaligen DDR-Betriebe nicht existierte und somit nun zum ersten Mal bilanziell zu erfassen war. Dazu gehören insbesondere:

- **Immaterielle Vermögensgegenstände,**
- **Grund und Boden** (den Unternehmen stand bisher lediglich ein Nutzungsrecht zu; nunmehr wurden Grund und Boden im Rahmen der Umwandlung in AG bzw. GmbH den Unternehmen unentgeltlich übertragen und sind aktivierungspflichtig),
- **Beteiligungen** (Beteiligungen gab es bisher nicht; den in Aktiengesellschaften umgewandelten ehemaligen Kombinaten wurden die Anteile der in GmbH umgewandelten volkseigenen Betriebe übertragen, die ihnen vor dem 1. 7. 1990 unterstellt waren),

– **Rechnungsabgrenzungsposten** und
– **Rückstellungen.**

Bedingt durch die grundlegende Verschiedenheit der Wirtschaftsordnungen in der ehemaligen DDR und in der Bundesrepublik sowie durch die kaum vergleichbaren Rechnungslegungssysteme war eine Fortführung der vor Erstellung der D-Markeröffnungsbilanz gültigen Bewertungsmaßstäbe nicht denkbar (vgl. Küting/Weber [Übergang] 29f.). Erforderlich war daher eine völlige **Neubewertung** der Vermögensgegenstände und Schulden im Rahmen der D-Markeröffnungsbilanzerstellung.

Für die Bewertung enthält § 6 DMBilG einige generelle **Bewertungsgrundsätze:**
– Grundsatz der **Unternehmensfortführung,** dessen Realisierung allerdings im Zusammenhang mit der Frage nach der Sanierungsfähigkeit in vielen Fällen gravierende Probleme aufwirft,
– Grundsatz der **Einzelbewertung,**
– Grundsatz der **Vorsicht** mit dem daraus resultierenden **Realisationsprinzip** sowie dem **Imparitätsprinzip** und
– Grundsatz der **Stetigkeit.**

Damit wurden wesentliche Teile der im § 252 HGB kodifizierten Bewertungsgrundsätze für das DMBilG übernommen. Nicht anwendbar sind jedoch der Grundsatz der **Bilanzidentität** (§ 252 Abs. 1 Nr. 1 HGB), da das DMBilG ja gerade einen Bruch mit den bisherigen Bewertungsnormen anstrebt, sowie der Grundsatz der **Periodisierung** (§ 252 Abs. 1 Nr. 5 HGB), da die D-Markeröffnungsbilanz nicht als Abschluß eines Geschäftsjahres angesehen werden kann.

Zentrale Wertbegriffe des DMBilG sind die **Wiederbeschaffungs-** bzw. **Wiederherstellungskosten,** die den **Neuwert** der Vermögensgegenstände repräsentieren (§ 7 Abs. 1 DMBilG) und die in entsprechender Anwendung des § 255 HGB zur Bestimmung der Anschaffungs- bzw. Herstellungskosten zu ermitteln sind. Liegt der **Zeitwert** (beizulegender Wert) unter den Wiederbeschaffungs- bzw. Wiederherstellungskosten, so ist dieser anzusetzen.

Für die Ermittlung der **Wiederbeschaffungskosten** ergibt sich bei sinngemäßer Anwendung des § 255 Abs. 1 HGB folgendes Schema (vgl. Abschn. 3.2.4.4.1.1):

Aufwendungen für den Erwerb
(Wiederbeschaffungspreis ohne MWSt)
\+ Aufwendungen für Inbetriebnahme
(z. B. Montage, Gebrauchsabnahme, Probeläufe)
\+ Nebenkosten, soweit einzeln zurechenbar
(z. B. Transport)
– Aufwandsminderungen
(z. B. Skonti, Rabatte, Boni, ggf. Zuschüsse)

= Wiederbeschaffungskosten

Bei der Ermittlung der **Wiederherstellungskosten,** für die prinzipiell § 255 Abs. 2 HGB maßgebend ist (vgl. Abschn. 3.2.4.4.1.2), ist zu beachten, daß für die Material- und Fertigungsgemeinkosten sowie die durch die Fertigung veranlaßte Wertminderung des Anlagevermögens im Gegensatz zu § 255 Abs. 2 Satz 3 HGB eine **Einbeziehungspflicht** besteht. Fremdkapitalzinsen dürfen grundsätzlich nicht in die Wiederherstellungskosten einbezogen werden. Die Struktur der **Wiederherstellungskosten** zeigt demgemäß das folgende Bild:

Pflichtbestandteile:	– Materialeinzelkosten – Fertigungseinzelkosten – Sonderkosten der Fertigung – Material- und Fertigungsgemeinkosten (einschließlich Wertminderung des Anlagevermögens), soweit notwendig und angemessen
Wahlbestandteile:	– Kosten der allgemeinen Verwaltung – Kosten der sozialen Einrichtungen des Betriebes – Kosten der freiwilligen sozialen Leistungen – Kosten der betrieblichen Altersversorgung
	= **Wiederherstellungskosten**
Einbeziehungsverbote:	– Zinsen für Fremdkapital – Vertriebskosten
Wertmaßstab:	– Für verbrauchte Güter und bezogene Leistungen = Wiederbeschaffungskosten – Für eigene Leistungen = Lohn- und Gehaltsverhältnisse

Bei der Ermittlung des Zeitwerts ist zu beachten, daß **wesentliche Werterhöhungen,** die innerhalb von vier Monaten **nach** dem Bilanzstichtag eintreten, zu berücksichtigen sind und ein **Wertabschlag** vorzunehmen ist, der die **bisherige Nutzung** der Vermögensgegenstände sowie ihr **Zurückbleiben hinter dem technischen Fortschritt** widerspiegelt.

Bei **abnutzbaren Vermögensgegenständen** ist der Wertabschlag für die bisherige Nutzung in entsprechender Anwendung des § 253 Abs. 2 Satz 1 und 2 HGB zu bestimmen (planmäßige Abschreibung über die Nutzungsdauer). Für die Festlegung der Nutzungsdauern ist dabei von den ab dem 1. 7. 1990 **steuerlich** relevanten Zeiten auszugehen. Es dürfen allerdings dann längere Nutzungsdauern zugrunde gelegt werden, wenn nach vernünftiger kaufmännischer Beurteilung die tatsächliche Nutzungsdauer die steuerlich relevante überschreitet.

Gemäß § 7 Abs. 5 DMBilG ist der **Veräußerungswert,** der als erwarteter Verkaufserlös abzüglich noch anfallender Kosten definiert ist, heranzuziehen für die Bewertung von

- Vermögensgegenständen, die im Unternehmen nicht mehr verwendet werden, und
- Vermögensgegenständen, die zwar noch genutzt werden, aber bereits vor dem 1. 7. 1990 vollständig abgeschrieben worden sind; in diesem Fall stellt der Veräußerungswert den Höchstwert dar.

Auf der Basis der dargelegten Bewertungsregeln ergibt sich für den **Bewertungsvorgang** somit die nachstehende Schrittfolge:

1) Ermittlung der Wiederbeschaffungs-/Wiederherstellungskosten (Neuwert) anhand von Preislisten, Kaufangeboten, Lieferantenbefragungen
2) Festlegung der betriebsgewöhnlichen Nutzungsdauer anhand steuerlicher Abschreibungstabellen (bei abnutzbaren Vermögensgegenständen)
3) Aufstellen eines Abschreibungsplans und Ermittlung des fortgeführten Neuwerts (bei abnutzbaren Vermögensgegenständen) = Bewertung mit dem anteiligen Restneuwert
4) Ermittlung notwendiger Wertabschläge für
   - Zurückbleiben hinter dem technischen Fortschritt
   - Außergewöhnliche technische und/oder wirtschaftliche Abnutzung (z. B. unterlassene Instandhaltung)

   zur Feststellung des beizulegenden Zeitwerts
5) Höchstwert-Probe: Vergleich des fortgeführten Neuwerts oder niedrigeren Zeitwerts mit dem Veräußerungswert bei

– nicht mehr verwendeten Anlagen
– vor dem 1. 7. 1990 abgeschriebenen, aber noch genutzten Anlagen.

Über diese generellen Bewertungsvorschriften hinaus sind bei bestimmten Aktiv- und Passivposten besondere Aspekte zu berücksichtigen. **Besonderheiten** ergeben sich beispielsweise bei der Bewertung von:

- **Grund und Boden** (§ 9 DMBilG): Hier ist prinzipiell der **Verkehrswert** relevant. Aufgrund der Nichtexistenz von Marktpreisen in der ehemaligen DDR führt die Bewertung von Grundstücken jedoch zu erheblichen Schwierigkeiten. Es können daher die vom Ministerium für Wirtschaft vorgeschlagenen **Richtwerte** verwendet werden. Von wesentlicher Bedeutung für die Grundstücksbewertung sind Nutzungs-, Verfügungs- und Verwertungsbeschränkungen sowie künftige Rekultivierungs- bzw. Entsorgungsaufwendungen, die als Wertabschlag zu berücksichtigen sind.
- **Beteiligungen** (§ 11 DMBilG): Da für Beteiligungen keine Anschaffungskosten vorliegen, dürfen diese mit dem Betrag angesetzt werden, der dem in der D-Markeröffnungsbilanz des Unternehmens, an dem die Beteiligung gehalten wird, ausgewiesenen **anteiligen Eigenkapital** entspricht. Läßt sich für Beteiligungen ein Verkehrswert ermitteln, so darf dieser angesetzt werden.
- **Rückstellungen** (§ 17 DMBilG): In der D-Markeröffnungsbilanz sind erstmalig Rückstellungen zu bilden, insbesondere für **ungewisse Verbindlichkeiten** und **drohende Verluste aus schwebenden Geschäften.** Sie sind grundsätzlich zu dem Betrag anzusetzen, der nach vernünftiger kaufmännischer Beurteilung erforderlich ist, um die **Verpflichtung zu erfüllen.** Für den Fall, daß die Bildung derartiger Rückstellungen in der DM-Eröffnungsbilanz nicht durch eine Ausgleichsforderung gemäß § 24 DMBilG (vgl. Abschn. 3.2.7.3) gedeckt oder ein nicht durch Eigenkapital gedeckter Fehlbetrag auszuweisen ist, ist in Höhe des Differenzbetrags ein sogenanntes **Sonderverlustkonto** zu aktivieren, das in den Folgejahren entsprechend der Rückstellungsauflösung erfolgswirksam abzuschreiben ist.

3.2.7.3 Ermittlung des Eigenkapitals

Die Ermittlung des Eigenkapitals im Rahmen der D-Markeröffnungsbilanzerstellung stellt ein besonderes Problem dar, weil der Begriff des Eigenkapitals bzw. der Eigenkapitalausstattung innerhalb der sozialistischen Wirtschaftsordnung irrelevant war. Das Eigenkapital läßt sich daher nur auf rechnerischem Wege als **Überschuß des bilanziellen Vermögens über die ausgewiesenen Schulden** bestimmen. Zu unterscheiden sind zunächst zwei Fälle:

- Ermittlung des Eigenkapitals bei **bisher volkseigenen Unternehmen** und
- Ermittlung des Eigenkapitals bei **privaten Unternehmen.**

Aufgrund der häufig auftretenden Notwendigkeit zur Abwertung von Vermögensgegenständen im Rahmen der Neubewertung sowie der erstmaligen Pflicht zur Bildung von Rückstellungen bei den bisher volkseigenen Unternehmen kam es in vielen Fällen zu einer **buchmäßigen Überschuldung.** Es gab andererseits aber auch Unternehmen, die im Hinblick auf ihre Vermögensausstattung und Schuldensituation erheblich besser gestellt waren, und die folglich ein positives Eigenkapital zum Ausweis bringen konnten. Ziel des DMBilG war es nun, einen **Vermögensausgleich** innerhalb des bisher volkseigenen Vermögens zu erreichen, um zum einen eine annähernde Gleichstellung der Unternehmen beim Übergang auf die Marktwirtschaft zu gewährleisten und zum anderen zusätzliche Belastungen des Staatshaushalts möglichst zu vermeiden. Diesem Ziel dient die Schaffung sogenannter **Ausgleichsforderungen** und **Ausgleichsverbindlichkeiten**.

Im Falle eines **negativen Eigenkapitals** ist es für ehemals volkseigene Unternehmen gemäß § 24 DMBilG zulässig, eine **Ausgleichsforderung** in Höhe des negativen Eigenkapitals zu aktivieren, um eine bereits in der D-Markeröffnungsbilanz auftretende Überschuldung zu vermeiden.

Die folgende Bilanz zeigt die Entstehung einer solchen Ausgleichsforderung:

Aktiva	Bilanz		Passiva
Vermögen	500	Schulden	600
Ausgleichsforderung	100		
	600		600

Schuldner dieser Ausgleichsforderung ist der **Anteilseigner** des betreffenden Unternehmens, also die Treuhandanstalt oder aber eine aus einem ehemaligen Kombinat hervorgegangene AG. Die Treuhandanstalt weist in ihrer Eröffnungsbilanz zum 1. Juli 1990 Verbindlichkeiten aus Ausgleichsforderungen von Treuhandunternehmen in Höhe von 14,5 Mrd. DM aus, was einem Anteil an der Bilanzsumme von lediglich 4,5% entspricht. Der Anteilseigner hatte die Ausgleichsforderung innerhalb von drei Monaten nach Einreichung der festgestellten Eröffnungsbilanz beim Handelsregister zu **akzeptieren**, um die Überschuldung und die eventuell hieraus resultierende Liquidation des Unternehmens zu verhindern. Er hatte jedoch das Recht, die Ausgleichsforderung **abzulehnen**. War das betreffende Unternehmen **nicht sanierungsfähig**, so war er zur Ablehnung **verpflichtet**. Wurde die Ausgleichsforderung akzeptiert, so ist sie ab dem 1. 7. 1990 zu verzinsen. In Höhe der beim Anteilseigner aus einer akzeptierten Ausgleichsforderung resultierenden Verbindlichkeit hat dieser ein sogenanntes **Beteiligungsentwertungskonto** zu aktivieren, das in den Folgejahren in Höhe der jeweiligen Tilgungsbeträge abzuschreiben ist. Durch dieses Vorgehen wird erreicht, daß sich die Vermögenslage sowie die Kapitalstruktur beim Anteilseigner nicht verschlechtert und die künftigen Tilgungszahlungen aufwandswirksam verrechnet werden können. Für den Fall, daß beim Anteilseigner durch die Aktivierung des Beteiligungsentwertungskontos eine Rücklage entsteht, darf diese ausschließlich zum **Verlustausgleich** verwendet werden.

Ergibt die Gegenüberstellung von Vermögen und Schulden ein **positives (vorläufiges) Eigenkapital**, so hat das Unternehmen eine **Ausgleichsverbindlichkeit** zu passivieren, sofern das vorläufige Eigenkapital den auszuweisenden Betrag des Sachanlagevermögens abzüglich des zum 1. 7. 1990 übergegangenen Grund- und Bodenwertes übersteigt (§ 25 DMBilG).

Dadurch wird erreicht, daß das betreffende Unternehmen gewissermaßen ihm unentgeltlich übertragene Beteiligungen und ihm unentgeltlich überlassenen Grund und Boden in Höhe des als Ausgleichsverbindlichkeit angesetzten Betrags **erstatten** muß (vgl. Küting/Weber [Übergang] 14). Die Pflicht zur Passivierung einer Ausgleichsverbindlichkeit greift allerdings nur dann, wenn dadurch das für die Rechtsform oder die Tätigkeit des betreffenden Unternehmens **vorgeschriebene Mindestkapital** nicht unterschritten wird. In Analogie zu den Ausgleichsforderungen ist der Anteilseigner des jeweiligen Unternehmens Gläubiger der Ausgleichsverbindlichkeit, die ebenfalls ab dem 1. 7. 1990 zu verzinsen ist. In der Eröffnungsbilanz der Treuhandanstalt (1. 7. 1990) machen deren Forderungen aus Ausgleichsverbindlichkeiten von Treuhandunternehmen lediglich 6,2 Mrd. DM aus; dies entspricht einem Anteil an der Bilanzsumme von ca. 2%. Die folgende Bilanz verdeutlicht diesen Sachverhalt:

Aktiva	Bilanz		Passiva
Grund und Boden	100	Mindestkapital	100
Übriges Sachanlagevermögen	50	Ausgleichsverbindlichkeit	100
Übriges Vermögen	400	Schulden	350
	550		550

Aus dem Beispiel ergibt sich zunächst ein vorläufiges Eigenkapital von 200 als Differenz von Vermögen (550) und Schulden (350). Da das vorläufige Eigenkapital (200) das übrige Sachanlagevermögen (50) um 150 übersteigt, wäre eine Ausgleichsverbindlichkeit in Höhe eben dieses Betrages zu passivieren. Dies würde allerdings ein Unterschreiten des hier angenommenen vorgeschriebenen Mindestkapitals von 100 zur Folge haben. Das vorläufige Eigenkapital von 200 kann daher nur zur Hälfte (100) in eine Ausgleichsverbindlichkeit verwandelt werden.

In einem nächsten Schritt ist zum Zwecke der **Eigenkapitalsicherung** (§ 26 DMBilG) das nach der eventuellen Bildung von Ausgleichsforderungen bzw. -verbindlichkeiten sich ergebende Eigenkapital dem **vorgeschriebenen Mindestkapital** (Gezeichnetes Kapital) gegenüberzustellen (§ 26 DMBilG): Übersteigt das Eigenkapital das Gezeichnete Kapital, so ist der Differenzbetrag bei einer AG oder einer KGaA der **gesetzlichen Rücklage** zuzuführen und bei einer GmbH eine entsprechende **Sonderrücklage** zu bilden, die nur zum Zwecke des **Verlustausgleichs** aufgelöst werden darf (§ 26 Abs. 2 Satz 2 i. V. m. § 27 Abs. 2 Satz 3 DMBilG). Im umgekehrten Fall, wenn also das Eigenkapital nicht zur Bildung des Gezeichneten Kapitals ausreicht, ist in der Regel der Differenzbetrag als **ausstehende Einlage** zu aktivieren, welche unter bestimmten Voraussetzungen als **eingefordert** gilt (§ 26 Abs. 3 DMBilG).

In einem letzten Schritt der Eigenkapitalbestimmung schließlich erlaubt § 31 DMBilG bei Vorliegen bestimmter Voraussetzungen die Bildung einer **vorläufigen Gewinnrücklage** als zusätzlichem Eigenkapitalbestandteil. Der Ausweis einer derartigen Rücklage wird ermöglicht durch das in § 31 Abs. 1 DMBilG kodifizierte Recht, folgende Posten zu aktivieren:

– **nicht entgeltlich erworbene immaterielle Vermögensgegenstände des Anlagevermögens** (inklusive eines Geschäfts- oder Firmenwertes) mit ihrem Teilwert (planmäßige Abschreibung über die Restnutzungsdauer),

- **Aufwendungen für Ingangsetzung und Erweiterung des Geschäftsbetriebs** gemäß § 269 Satz 1 HGB (planmäßige Abschreibung in den Folgejahren zu mindestens einem Viertel) sowie
- **Zuschüsse, Beihilfen und andere Vermögensvorteile,** die ohne Rückzahlungsverpflichtung von Dritten für Investitionen gewährt wurden (erfolgsneutrale Umbuchung bei Eintreten der Bilanzierungsfähigkeit).

Die Aktivierung nicht entgeltlich erworbener immaterieller Vermögensgegenstände des Anlagevermögens und der Aufwendungen für Ingangsetzung und Erweiterung des Geschäftsbetriebs darf nach § 31 Abs. 5 DMBilG nur dann erfolgen, wenn nach vernünftiger kaufmännischer Beurteilung angenommen werden kann, daß das Unternehmen in der Lage sein wird, sowohl die aufgrund der Aktivierung entstehenden **Aufwendungen** in Form künftiger Abschreibungen als auch eine **Gewinnausschüttung** in Höhe der Zinserträge auf Basis einer Ausgleichsforderung aus den laufenden Erträgen und ohne Beeinträchtigung des in der D-Markeröffnungsbilanz ausgewiesenen Eigenkapitals zu dekken. Darüber hinaus ist die Aktivierung dieser Posten mit einer **Ausschüttungssperre** versehen (§ 31 Abs. 6 DMBilG). Durch die Regelung des § 31 DMBilG wird gewährleistet, daß die **Kreditwürdigkeit** der Unternehmen verbessert wird und daß künftige Jahresüberschüsse zunächst zur Bildung **endgültigen Eigenkapitals** verwendet werden.

Die vorstehenden Ausführungen beschränken sich auf die Problematik der Eigenkapitalermittlung bisher volkseigener Unternehmen. Darüber hinaus ist auch das Eigenkapital solcher Unternehmen, die vor dem 1. 7. 1990 in einer **Rechtsform des privaten Rechts** entstanden oder zur Eintragung in das Handelsregister angemeldet wurden, neu festzusetzen (§§ 27–30 DMBilG). Auch hier ist das Eigenkapital grundsätzlich durch die Gegenüberstellung von Vermögen und Schulden zu bestimmen. In der Eröffnungsbilanz ist gemäß § 27 DMBilG zumindest das gesetzlich vorgeschriebene Mindestkapital als Gezeichnetes Kapital auszuweisen. Übersteigt das Eigenkapital das Gezeichnete Kapital, so ist der Differenzbetrag bei AG und KGaA der gesetzlichen Rücklage und bei GmbH einer Sonderrücklage, die nur zum Verlustausgleich verwendet werden darf, zuzuweisen (§ 27 Abs. 2 DMBilG).

Anstelle dieser sog. **endgültigen Neufestsetzung** der Kapitalverhältnisse privater Unternehmen nach § 27 DMBilG erlaubt § 28 DMBilG alternativ eine **vorläufige Neufestsetzung:** Danach wird das in der zum

30. 6. 1990 erstellten Schlußbilanz in Mark der DDR ausgewiesene Gezeichnete Kapital (Grundkapital, Stammkapital, Einlagen, Genußrechtskapital, Geschäftsguthaben) mit dem **gleichen Betrag** in DM in die D-Markeröffnungsbilanz übernommen. Der gewöhnlich positive Differenzbetrag zwischen diesem Gezeichneten Kapital und dem rechnerisch ermittelten Eigenkapital ist dann in der Eröffnungsbilanz als **Kapitalentwertungskonto** zu aktivieren. Insbesondere durch Verwendung künftiger Jahresüberschüsse ist das Kapitalentwertungskonto innerhalb von fünf Geschäftsjahren zu tilgen. Dem Unternehmen wird dadurch für den Fall, daß das rechnerische Eigenkapital geringer ist als das erforderliche Mindestkapital, die Möglichkeit eingeräumt, dieses erforderliche Mindestkapital durch künftige Erfolge quasi aus eigener Kraft zu verdienen (vgl. Küting/Pfuhl [D-Markbilanzgesetz] 651).

Die **D-Markeröffnungsbilanz** weist unter Berücksichtigung der insbesondere aus der Ermittlung des Eigenkapitals resultierenden Sonderposten demnach die folgende schematische Struktur auf:

Aktiva	D-Markeröffnungsbilanz Passiva
– Ausstehende Einlagen	– Eigenkapital
– Sonderposten nach § 31 DMBilG	
– Kapitalentwertungskonto	
– Sachanlagen	
– Grund und Boden	– Schulden
– Sonstige Aktiva	
– Ausgleichsforderungen	– Ausgleichsverbindlichkeiten
– Sonderverlustkonto	– Rückstellungen

Abb. 3.3.21: D-Markeröffnungsbilanz

3.2.7.4 *Anhang und Vergleichende Darstellung*

Von besonderer Wichtigkeit für das Verständnis der D-Markeröffnungsbilanz ist der **Anhang** (§ 19 DMBilG) mit der ihm beizufügenden sog. **Vergleichenden Darstellung** (§ 20 DMBilG). Zur Erstellung eines Anhangs sind gemäß § 1 Abs. 1 alle Unternehmen verpflichtet, die die Eröffnungsbilanz **offenzulegen** haben.

Der Anhang erfüllt zum einen eine **Erläuterungsfunktion**: Hiernach sind die **Bilanzierungs- und Bewertungsmethoden** im allgemeinen und die im Zusammenhang mit der **Neubewertung** stehenden Bewertungsmethoden im besonderen darzustellen. Hierzu gehört auch das Aufzeigen der aus der Ausübung von **Wahlrechten** resultierenden Auswirkungen auf die **Vermögenslage.** Zum anderen enthält der Anhang über den Inhalt der D-Markeröffnungsbilanz **hinausgehende Informationen,** denen aufgrund des völligen wirtschaftlichen Neuanfangs der Unternehmen in der ehemaligen DDR besondere Bedeutung zukommt. Hierunter fallen gemäß § 19 Abs. 2 und 3 DMBilG vor allem folgende Sachverhalte (vgl. Küting/Pfuhl [D-Markbilanzgesetz] 647 f.):

- Maßnahmen, die für die Zeit nach dem 30. 6. 1990 getroffen oder geplant wurden mit dem Ziel, das Unternehmen an die **veränderten Bedingungen** anzupassen (z. B. die Änderung des Unternehmenszwecks oder die Aufgabe bzw. die Neuaufnahme von Produkten),
- alle **gesetzlichen oder vertraglichen Einschränkungen,** die sich auf die Nutzung, Verfügbarkeit oder Verwertung des in der Eröffnungsbilanz ausgewiesenen **Grund und Bodens** sowie der **Gebäude** und anderer **Bauten** beziehen,
- alle Sachverhalte, aus denen sich künftige **finanzielle Verpflichtungen** ergeben können (insbesondere Großreparaturen, Rekultivierungs- oder Entsorgungsaufwendungen),
- der **Zustand** der in der Eröffnungsbilanz ausgewiesenen technischen Anlagen und Maschinen, anderen Anlagen sowie der Betriebs- und Geschäftsausstattung (durchschnittliche Abnutzung, technischer Stand) und deren zukünftige **Einsatzmöglichkeiten,**
- der **voraussichtliche Investitionsbedarf** für Sachanlagen der nächsten vier Jahre, soweit vorhersehbar, und
- **Ansprüche,** die sich aus Enteignungen früherer Eigentümer des Unternehmens, von Unternehmensteilen, Betrieben oder von Vermögensgegenständen ergeben können.

Diese Angaben sowie weitere, mit bestimmten Pflichtangaben des § 285 HGB übereinstimmende Anhangbestandteile können nach § 19 Abs. 4 DMBilG unter Umständen dann entfallen, wenn sie entweder

- für die Darstellung der **Vermögenslage** von untergeordneter Bedeutung sind oder
- in bestimmten Fällen geeignet sind, dem Unternehmen einen **erheblichen Nachteil** zuzufügen.

Im Zusammenhang mit dem Anhang ist die Vergleichende Darstellung zu sehen, die ihm gemäß § 20 Abs. 1 DMBilG als Anlage beizufügen ist.

In der **Vergleichenden Darstellung** haben die Unternehmen die **Überleitung** der Posten der Schlußbilanz zum 30. 6. 1990 in die D-Markeröffnungsbilanz zum 1. 7. 1990 zu dokumentieren. Dabei sind für die einzelnen Posten der D-Markeröffnungsbilanz die sich aus der Neubewertung der Vermögensgegenstände und Schulden resultierenden **Neubewertungsdifferenzen** aufzuzeigen und nachzuweisen (§ 20 Abs. 1 DMBilG).

3.2.7.5 Die Konzerneröffnungsbilanz

Bis zu ihrer angestrebten Privatisierung sind alle bisher volkseigenen Unternehmen in ein **konzernähnliches Gebilde** mit folgender Struktur integriert:

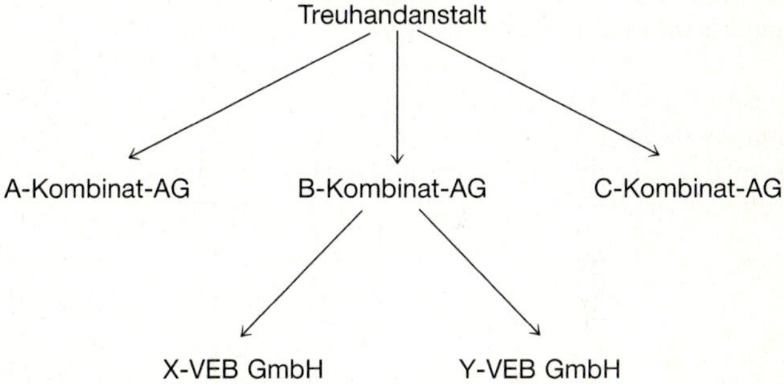

Gemäß § 21 Abs. 1 DMBilG sind nun Mutterunternehmen, die die Mehrheit der Anteile an einem anderen Unternehmen (Tochterunternehmen) halten, verpflichtet, innerhalb von fünf Monaten nach dem 1. 7. 1990 eine **Konzerneröffnungsbilanz** sowie einen **Konzernanhang** zu erstellen, soweit bestimmte Größenkriterien nicht unterschritten werden.

Als Mutterunternehmen, die zur Erstellung einer Konzerneröffnungsbilanz verpflichtet sind, kommen somit zunächst die in AG's umgewandelten ehemaligen Kombinate in Frage, die die Anteile derjenigen in GmbH umgewandelten volkseigenen Betriebe (VEB) halten, die ihnen vor der Umwandlung unterstellt waren. Darüber hinaus kommt aber vor allem die Treuhandanstalt in Betracht.

Für die **Konzerneröffnungsbilanz** nach dem DMBilG gilt gemäß § 21 Abs. 2 DMBilG eine dem § 297 Abs. 2 HGB entsprechende **General-**

norm, die sich jedoch in ihren Anforderungen hinsichtlich des »true and fair view« analog der D-Markeröffnungsbilanz-Regelung auf die **Vermögenslage** des Konzerns beschränkt. In die Konsolidierung sind grundsätzlich alle Tochterunternehmen einzubeziehen, wobei allerdings die Ausnahmen der §§ 295 und 296 HGB zu beachten sind (§ 21 Abs. 3 DMBilG). Für die Durchführung der Konzerneröffnungsbilanzerstellung sind im wesentlichen die **entsprechenden Vorschriften** des HGB anzuwenden (§ 21 Abs. 4 DMBilG).

Im **Konzernanhang** sind gemäß § 22 DMBilG die in § 313 Abs. 2 HGB aufgeführten Einzelangaben zu machen. Zusätzlich sind aus den Anhängen der Tochterunternehmen diejenigen Angaben **zusammenfassend** zu übernehmen, die für die **Beurteilung** des Konzerns von wesentlicher Bedeutung sind.

Für die Treuhandanstalt gilt eine **vereinfachte Regelung**: Sie hat anstelle einer Konzerneröffnungsbilanz und eines Konzernanhangs eine **Gesamteröffnungsbilanz** sowie einen **Gesamtanhang** aufzustellen (§ 21 Abs. 5 DMBilG). Die Gesamteröffnungsbilanz der Treuhandanstalt stellt eine Zusammenfassung der Konzerneröffnungsbilanzen ihrer Tochtergesellschaften dar. Die dazu in Anspruch nehmbaren Vereinfachungen betreffen die Durchführung der Kapital- und Schuldenkonsolidierung sowie die Zwischenergebniseliminierung.

3.2.7.6 Prüfung, Feststellung, Offenlegung sowie Auswirkungen auf Folgeabschlüsse

Kapitalgesellschaften und Genossenschaften, deren Bilanzsumme 3,9 Mio. DM übersteigt oder die am Bilanzstichtag mehr als 50 Arbeitnehmer beschäftigten, sind nach § 33 DMBilG verpflichtet, folgende Unterlagen durch einen Wirtschaftsprüfer bzw. eine Wirtschaftsprüfungsgesellschaft **prüfen** zu lassen:

- das Inventar,
- die D-Markeröffnungsbilanz,
- den Anhang (jedoch **ohne** die Vergleichende Darstellung),
- die Konzerneröffnungsbilanz sowie
- den Konzernanhang.

Für die **Durchführung der Prüfung** sind die §§ 317, 318, 319 Abs. 2 und 3 sowie die §§ 320 bis 323 HGB entsprechend anzuwenden. Die Prüfung mit der Erteilung eines **Bestätigungsvermerks** ist Voraussetzung für die **Feststellung** der D-Markeröffnungsbilanz und des Anhangs sowie der Konzerneröffnungsbilanz und des Konzernanhangs.

Einer Prüfung von Eröffnungsbilanz und Anhang bedarf es nicht, soweit o. g. Größenkriterien für Kapitalgesellschaften nicht überschritten werden oder die Rechtsform der Personenhandelsgesellschaft bzw. des Einzelkaufmanns vorliegt.

Für die **Offenlegung** der D-Markeröffnungsbilanz und des Anhangs sowie der Konzerneröffnungsbilanz und des Konzernanhangs sind grundsätzlich die rechtsformspezifischen Vorschriften des HGB relevant (§ 37 DMBilG).

Dem Charakter einer Eröffnungsbilanz entsprechend haben die Bestimmungen des DMBilG über den Zeitpunkt der Erstellung der D-Markeröffnungsbilanz hinaus materielle Bedeutung für die Folgejahre. Diese resultiert zunächst daraus, daß die in der Eröffnungsbilanz zum Ansatz kommenden Werte der bilanzierten Vermögensgegenstände grundsätzlich als Anschaffungs- oder Herstellungskosten gelten (§ 7 Abs. 1 Satz 5 DMBilG), die zugleich für die Folgejahre die Bewertungsobergrenze und die Berechnungsgrundlage für planmäßige Abschreibungen bilden. Auswirkungen auf Folgeperioden ergeben sich außerdem aufgrund der Vorschriften des DMBilG zur Fortführung der in die Eröffnungsbilanz aufgenommenen Sonderposten (z. B. künftige Abschreibung eines Sonderverlustkontos gem. § 17 Abs. 4 Satz 2 DMBilG).

Aufgrund der besonderen Situation der Unternehmen in der ehemaligen DDR, die im Hinblick auf die Bewertung von Vermögensgegenständen und Schulden mit großer **Unsicherheit** behaftet ist, bestimmt das D-Markbilanzgesetz mit § 36, daß in den Folgejahren bis einschließlich 1994 **Korrekturen** bei der Bewertung bzw. beim Ansatz von Vermögensgegenständen und Schulden sowie den eröffnungsbilanzspezifischen Sonderposten vorzunehmen sind, wenn sich die Ansätze im nachhinein als **falsch** erweisen sollten. Auch für die Erstellung der Eröffnungsbilanz eingeräumte **Wahlrechte** dürfen nachträglich abweichend von dem ursprünglich zur Anwendung kommenden Ansatz ausgeübt werden.

Diese Regelung ist von besonderer Bedeutung in denjenigen Fällen, in denen Vermögensgegenstände mit ihrem Verkehrswert zu bewerten sind (z. B. Grund und Boden), diese aber wegen der zur Zeit noch fehlenden Marktpreise erst in den folgenden Jahren zuverlässig feststellbar sein werden.

Die Nachholung unterlassener oder die Berichtigung falscher Wertansätze nach § 36 DMBilG führt dann auch zu einer Korrektur der gemäß § 50 DMBilG parallel zur handelsrechtlichen Eröffnungsbilanz aufzustellenden **steuerlichen Eröffnungsbilanz** zum 1. 7. 1990 bzw. etwaiger steuerlicher Folgebilanzen.

3.2.8 Internationalisierung der Rechnungslegung

Das Rechnungswesen dient der Erfüllung wirtschaftlicher Informationsansprüche im Rahmen einer **vorgegebenen** rechtlichen, sozialen und politischen Ordnung. Rechnungslegungssysteme sind demzufolge auch in erster Linie an den **einzelstaatlichen** Vorschriften zur Rechnungslegung und Berichterstattung ausgerichtet. Zunehmende politische Integrationsbestrebungen in Verbindung mit einer stetigen Ausweitung grenzüberschreitender Geschäftsbeziehungen haben jedoch die Forderung nach Erarbeitung gemeinsamer Standards für die Rechnungslegung auch auf internationaler Ebene in den vergangenen Jahren immer dringlicher erscheinen lassen. Die bisher international zu konstatierende Divergenz der Rechnungslegungsbestimmungen beeinträchtigt vor allem die **Vergleichbarkeit** der Informationen, und sie erschwert die Informationsbeschaffung besonders für die externen Adressaten. Ein Zwang zur Homogenisierung des weitgehend einzelstaatlich ausgerichteten Rechnungslegungsrechts geht aber auch von der Notwendigkeit zur Schaffung nicht diskriminierender gesetzlicher Rahmenbedingungen für miteinander in Wettbewerb stehende Unternehmen aus.

Die Notwendigkeit einer dem Ausmaß der Internationalisierung der Wirtschaft Rechnung tragenden Rechnungslegung ist allgemein anerkannt. Dennoch hat diese Erkenntnis bislang nur partiell zur Verfolgung einer einheitlichen Konzeption geführt, deren Erfolg jedoch durch mangelnde Verbindlichkeit sowie Kompromißhaftigkeit gefährdet erscheint (Macharzina/Scholl [Vereinheitlichung] 232). So gehen nationale Vorschriften und Grundsätze den auf übernationaler Ebene abgegebenen fachlichen Verlautbarungen immer dann vor, wenn und soweit letztere den nationalen Bestimmungen entgegenstehende Aussagen enthalten. Zumindest historisch ist der bisherige Mangel an methodischer und konzeptioneller Einheitlichkeit aber auch darauf zurückzuführen, daß unterschiedliche politische Abhängigkeiten bei der Bestimmung von Rechnungslegungsgrundsätzen zu beachten sind, ob also deren Festlegung überwiegend den zuständigen Berufsorganisationen vorbehalten bleibt (USA, Großbritannien, Niederlande) oder ob die Entscheidungen von politischen Instanzen getroffen werden (Deutschland, Frankreich, Belgien).

Als hauptsächliche Initiatoren und Träger der internationalen Standardisierung des Rechnungswesens gelten die berufsständischen Organisationen der Wirtschaftsprüfer. Deren bedeutendste, **weltweit** orientierte Organisation stellt das 1973 errichtete **International Accounting Standard Committee** (**IASC**) mit Sitz in London dar, dessen Zielsetzung die Erarbeitung von allgemein anerkannten Rechnungslegungsgrundsätzen für prüfungspflichtige Abschlüsse ist. Unterstützt werden diese Bestrebungen des IASC durch die Arbeit der in New York ansässigen **International Federation of Accountants** (**IFAC**), deren Ziele sich u. a. auf die Errichtung und Förderung eines umfassend koordinierten Berufsverbandes erstrecken.

Standardisierungsbemühungen mit weltweiter Anerkennung gehen auch von einer Expertengruppe der Vereinten Nationen und – mit bisher allerdings deutlich geringerem Einfluß – von der OECD (Organisation for Economic Co-operation and Development) aus. Gerichtet sind die Aktivitäten der dem UN-Center on Transnational Corporations zugehörigen **Group of Experts on International Standards of Accounting and Reporting** (**GEISAR**) auf die Informationsverbesserung und Informationsvereinheitlichung bei der Rechnungslegung und der Berichterstattung transnationaler Unternehmen.

Neben den weltweit ausgerichteten Bestrebungen zur Vereinheitlichung von Rechnungslegung, Berichterstattung und Rechnungsprüfung bemühen sich mehrere Institutionen um eine **regional** begrenzte Harmonisierung. Hierzu gehören aus dem Bereich der Berufsorganisationen vor allem die **Union Européenne des Experts Comptables Economiques et Financiers** (**U.E.C.**) mit Sitz in Paris. Sie repräsentiert die zum gegenwärtigen Zeitpunkt umfassendste Vertretung der Accountants in Europa; ihre fachlichen Verlautbarungen beinhalten Empfehlungen sowohl auf der Grundlage anerkannter Regeln der Rechnungslegung und Prüfung als auch von Idealnormen zur Berufsausübung. Ähnliche regionale Berufsorganisationen bestehen für den asiatischen bzw. asiatisch-pazifischen Raum (**Asean Federation of Accountants, AFA; Confederation of Asian and Pacific Accountants, CAPA**), für den amerikanischen Kontinent (**Interamerican Accounting Association, IAA**) sowie für das Gebiet Nordamerikas und Großbritanniens (**Accountants International Study Group, AISG**).

Gestützt auf den Vertrag zur Gründung der Europäischen Wirtschaftsgemeinschaft (Art. 54 Abs. 3 Buchstabe g) haben sich die **Europäischen Gemeinschaften** (**EG**) zur Koordination der einzelstaatlichen Rechnungslegungsvorschriften für ihren Zuständigkeitsbereich mit dem Ziel verpflichtet, eine weitgehende **Rechtsangleichung** (nicht

Rechtsvereinheitlichung) der einzelstaatlichen Rechnungslegungsvorschriften unter den Mitgliedstaaten zu erwirken. Im Gegensatz zu den lediglich mit Empfehlungscharakter ausgestatteten Verlautbarungen der Berufsorganisationen haben die in Richtlinienform gefaßten Vorschriften für die Mitgliedstaaten jedoch unmittelbare Rechtswirkung; sie richten sich an den nationalen Gesetzgeber und verpflichten diesen zu legislativen Maßnahmen auf dem Gebiet seines nationalen Rechts. Dieser Verpflichtung ist der deutsche Gesetzgeber bezüglich der **4. EG-Richtlinie** (**Bilanzrichtlinie** vom 25. 7. 1978) und der **7. EG-Richtlinie** (**Konzernabschlußrichtlinie** vom 13. 6. 1983) durch die Verabschiedung des **Bilanzrichtlinien-Gesetzes** am 19. 12. 1985 nachgekommen. Die damit erwirkte **umfassende Bilanzreform** war durch das umfangreiche Angebot von bei der einzelstaatlichen Gesetzestransformation beanspruchbaren nationalen Wahlrechten begünstigt, mit dem der Verbindlichkeitscharakter der EG-Rechnungslegungs-Richtlinien deutlich abgeschwächt wurde. Die mit der Bilanzrichtlinie (4. EG-Richtlinie) und der Konzernabschlußrichtlinie (7. EG-Richtlinie) erstrebte Harmonisierung kann deshalb wohl auch nur als bedingt erreicht bezeichnet werden.

Hiermit ist bereits ein erster Ansatzpunkt für eine kritische Betrachtung der auf den ersten Blick bestechenden Harmonisierungsstrategie genannt, der ahnen läßt, welche Probleme und ungeklärten Fragen die Realisierung einer über die EG hinausgehenden, weltweit verbindlichen Vereinheitlichung von Rechnungslegungsnormen mit sich bringt. Wesentlich schwerwiegender sind jedoch **grundsätzliche Bedenken** gegen das Ziel einer weltweiten Harmonisierung von Rechnungslegungsnormen. Zwar würde eine globale Vereinheitlichung aufgrund einer formalen Vergleichbarkeit der Jahresabschlüsse von Unternehmen aus unterschiedlichen Ländern zu einer generellen weltweiten Akzeptanz von Jahresabschlüssen an den Kapitalmärkten führen; es besteht jedoch die Gefahr, daß die so geschaffene Vergleichbarkeit aufgrund der jeweils unterschiedlichen sozialen, kulturellen, rechtlichen und ökonomischen Rahmenbedingungen von Rechnungslegungsnormen nur vordergründiger Art ist und möglicherweise Fehlentscheidungen zur Folge hat.

Als Alternativkonzept zur weltweiten Harmonisierung von Rechnungslegungsvorschriften wird deshalb vorgeschlagen, bei grundsätzlicher Beibehaltung der jeweiligen nationalen Vorschriften zur Rechnungslegung bestimmte, weltweit akzeptierte Mindestanforderungen an den Informationsgehalt von Jahresabschlüssen (sog. **Worldwide Accepted Principles of Accounting and Disclosure**) zu schaffen, die beispielsweise auf den elementaren Grundsätzen der Verläßlichkeit und der Verständlichkeit basieren könnten (Liener [globalisierte Rechnungslegung] 281 ff.). Gemäß dieser Vorstellung sollte ein nach nationalen Vorschriften erstellter Jahresabschluß diesen Mindestanforderungen gerecht werden, andernfalls wären die Mindestanforderungen durch Erläuterungen und Zusatzangaben zu gewährleisten. Eine derartige Konzeption für eine globalisierte Rechnungslegung würde gegenüber dem äußerst langwierigen Prozeß der Harmonisierung von Rechnungslegungsnormen den Vorteil einer sehr viel schnelleren Realisierbarkeit aufweisen und zudem die Möglichkeit einer adäquaten Berücksichtigung der am Kapitalmarkt operierenden Personen und Institutionen eröffnen.

Abkürzungsverzeichnis

AfA	Absetzung für Abnutzung
AG	Aktiengesellschaft
AktG	Aktiengesetz
AO	Abgabenordnung
BFH	Bundesfinanzhof
EGHGB	Einführungsgesetz zum Handelsgesetzbuch
EStDV	Einkommensteuerdurchführungsverordnung
EStG	Einkommensteuergesetz
EStR	Einkommensteuerrichtlinien
GenG	Genossenschaftsgesetz
GewStG	Gewerbesteuergesetz
GmbHG	GmbH-Gesetz
GoB	Grundsätze ordnungsmäßiger Buchführung
GuV	Gewinn- und Verlustrechnung
HGB	Handelsgesetzbuch
KGaA	Kommanditgesellschaft auf Aktien
KStG	Körperschaftsteuergesetz
PublG	Publizitätsgesetz
VAG	Versicherungsaufsichtsgesetz

Literaturhinweise zu 3.1 und 3.2

Adler, Hans, Düring, Walther und Schmaltz, Kurt: [Rechnungslegung] und Prüfung der Aktiengesellschaft. Handkommentar, 4. Aufl., bearb. von Kurt Schmaltz u. a., Bd. 1: Rechnungslegung, Stuttgart 1968; 5. Aufl., Rechnungslegung der Unternehmen, Stuttgart 1987.

Bea, Franz Xaver: [Bewertung], handels- und steuerrechtliche. In: E. Grochla und W. Wittmann (Hrsg.): Handwörterbuch der Betriebswirtschaft, 1. Bd., 4. Aufl., Stuttgart 1974, Sp. 821–833.

Buchner, Robert: [Bilanz], allgemein. In: E. Grochla und W. Wittmann (Hrsg.): Handwörterbuch der Betriebswirtschaft, 1. Bd., 4. Aufl., Stuttgart 1974, Sp. 858–866.

Buchner, Robert: Rechnungslegung und Prüfung der Kapitalgesellschaft, Stuttgart 1990.

Busse von Colbe, Walther, Ordelheide, Dieter: [Konzernabschlüsse], 6. Aufl., Wiesbaden 1993.

Coenenberg, Adolf Gerhard u. a.: [Jahresabschluß] und Jahresabschlußanalyse, 13. Aufl., Landsberg a. Lech 1992.

Egner, Henning: [Bilanzen], München 1974.

Eisele, Wolfgang: [Technik] des betrieblichen Rechnungswesens. Buchführung · Kostenrechnung · Sonderbilanzen, 5. Aufl., München 1993.

Eisele, Wolfgang: Bilanzen, [Systematik] der. In: E. Kosiol, K. Chmielewicz, M. Schweitzer (Hrsg.): Handwörterbuch des Rechnungswesens, 2. Aufl., Stuttgart 1981, Sp. 205–215.

Eisele, Wolfgang, Kühn, Manfred: Bilanzierungskriterien bei [Sonderbilanzen]. In: Wirtschaftswissenschaftliches Studium, 13. Jg. (1984), S. 269–277.

Eisele, Wolfgang, Rentschler, Ralph: [Gemeinschaftsunternehmen] im Konzernabschluß. In: Betriebswirtschaftliche Forschung und Praxis, 41. Jg. (1989), S. 309–324.

Eisele, Wolfgang: [Kapital]. In: K. Chmielewicz, M. Schweitzer (Hrsg.): Handwörterbuch des Rechnungswesens, 3. Aufl., Stuttgart 1993, Sp. 1063–1074.

Europäische Gemeinschaften: Vierte Richtlinie des Rates vom 25. 07. 1978 über den Jahresabschluß von Gesellschaften bestimmter Rechtsformen 78/660/ EWG. In: Amtsblatt der Europäischen Gemeinschaften L 222, 21. Jg. (1978), S. 11–31.

Europäische Gemeinschaften: Siebente Richtlinie des Rates vom 13. 07. 1983 über den konsolidierten Abschluß 83/349/EWG. In: Amtsblatt der Europäischen Gemeinschaften L 193, 26. Jg. (1983), S. 1–17.

Federmann, Rudolf: [Bilanzierung] nach Handelsrecht und Steuerrecht, 9. Aufl., Bielefeld 1992.

Hax, Karl: [Bilanztheorien], allgemein. In: E. Kosiol (Hrsg.): Handwörterbuch des Rechnungswesens, Stuttgart 1970, Sp. 238–248.

Heinen, Edmund: [Handelsbilanzen], 12. Aufl., Wiesbaden 1986.

Küting, Karlheinz, Pfuhl, Jörg: Das [D-Markbilanzgesetz] (DMBilG), Teil 1–3. In: Deutsches Steuerrecht (1990), S. 557–579, S. 623–630, S. 647–654.

Küting, Karlheinz, Weber, Claus-Peter: Der [Übergang] auf die DM-Bilanzierung – Eine praktische Hilfe zur Umstellung der DDR-Bilanzen, Stuttgart 1990.

Küting, Karlheinz, Weber, Claus-Peter: Handbuch der Rechnungslegung. Kommentar zur Bilanzierung und Prüfung, 3. Aufl., Stuttgart 1990.

Küting, Karlheinz, Weber, Claus-Peter: Handbuch der Konzernrechnungslegung. Kommentar zur Bilanzierung und Prüfung, Stuttgart 1989.

Küting, Karlheinz, Weber, Claus-Peter: Der Konzernabschluß. Lehrbuch und Fallstudie zur Praxis der Konzernrechnungslegung, 3. Aufl., Stuttgart 1991.

Leffson, Ulrich: Die [Grundsätze] ordnungsgemäßer Buchführung, 7. Aufl., Düsseldorf 1987.

Liener, Gerhard: Internationale Unternehmen brauchen eine [globalisierte Rechnungslegung]. In: Zeitschrift für Betriebswirtschaft, 62. Jg. (1992), S. 269–292.

Macharzina, Klaus, Scholl, Rolf F.: Internationale [Vereinheitlichung] der Rechnungslegung. In: Die Betriebswirtschaft, 44. Jg. (1984), S. 229–252.

Moxter, Adolf: [Bilanzlehre I], Band I: Einführung in die Bilanztheorie, 3. Aufl., Wiesbaden 1984.

Moxter, Adolf: [Bilanzlehre II], Band II: Einführung in das neue Bilanzrecht, 3. Aufl., Wiesbaden 1986.

Ruchti, Hans: [Erfolgsermittlung] und Bewegungsbilanz. In: Zeitschrift für handelswissenschaftliche Forschung, 7. Jg. (1955), S. 499–520.

Schildbach, Thomas: Der handelsrechtliche Konzernabschluß, München, Wien 1991.

Schildbach, Thomas: Der handelsrechtliche Jahresabschluß, 3. Aufl., Herne/Berlin 1992.

Schmalenbach, Eugen: [Dynamische Bilanz], 13. Aufl., Köln, Opladen 1962.

Schmidt, Fritz: Die organische [Tageswertbilanz], 4. Aufl., Wiesbaden 1969.

Schneider, Dieter: Ausschüttungsfähiger [Gewinn] und das Minimum an Selbstfinanzierung. In: Zeitschrift für betriebswirtschaftliche Forschung, 20. Jg. (1968), S. 1–29.

Schneider, Dieter: [Entwicklungsstufen] der Bilanztheorie. In: Wirtschaftswissenschaftliches Studium, 3. Jg. (1974), S. 158–164.

Schneider, Dieter: [Bilanztheorien], neuere Ansätze. In: E. Kosiol (Hrsg.): Handwörterbuch des Rechnungswesens, Stuttgart 1970, Sp. 260–270.

Schweitzer, Marcell: [Struktur] und Funktion der Bilanz. Berlin 1972.

Stützel, Wolfgang: Bemerkungen zur [Bilanztheorie]. In: Zeitschrift für Betriebswirtschaft, 37. Jg. (1967), S. 314–340.

Wagner, Franz W.: Substanzerhaltung und [Gewinnverwendung] bei Publikumsaktiengesellschaften. In: Die Wirtschaftsprüfung, 29. Jg. (1976), S. 487–494.

Wöhe, Günter: [Bilanzierung] und Bilanzpolitik, 8. Aufl., München 1992.

v. Wysocki, Klaus: [Sozialbilanzen], Stuttgart u. New York 1981.

v. Wysocki, Klaus, Wohlgemuth, Michael: [Konzernrechnungslegung], 3. Aufl., Düsseldorf 1986.

3.3 Kostenrechnung

Gerhard Scherrer

3.3.1 Grundlagen

Die Kostenrechnung stellt – wie in Abschn. 3.1 ausgeführt – neben der Finanzbuchführung ein zentrales Gebiet des betrieblichen Rechnungswesens dar.

Sie ist eine **Erfolgsrechnung** mit den Wert- bzw. Rechengrößen Kosten und Leistung, die im Gegensatz zur Investitionsrechnung als einperiodische **kurzfristige Rechnung** ausgestaltet ist. Die Kostenrechnung ist anders als die Finanzrechnung eine **kalkulatorische Rechnung,** d. h. die zu erfassenden Vorgänge des Einsatzes von Produktionsfaktoren zur Erstellung der betrieblichen Leistung stehen nicht in unmittelbarem Zusammenhang mit Zahlungen.

Für die Durchführung der Kostenrechnung in einem Unternehmen kommen mehrere Verfahren in Betracht. Im allgemeinen wird zwischen **kontenmäßiger** (buchhalterischer) und **statistisch-tabellarischer** Form der Kostenrechnung unterschieden. Bei ersterer wird die Erfassung von Kostenrechnungsvorgängen und ihre Weiterverrechnung ähnlich wie bei der Finanzbuchführung auf **Konten** vorgenommen. Bei letzterer erfolgt die Erfassung und Verrechnung der Kostenrechnungsdaten außerhalb des Kontenkreises in **Tabellen.**

Vor der Darstellung der unterschiedlichen Ausgestaltungsmöglichkeiten (Systeme) der Kostenrechnung und der zentralen Kostenrechnungsbereiche sind die mit der Kostenrechnung zu erfüllenden Aufgaben aufzuzeigen und die grundlegenden Begriffe festzulegen.

3.3.1.1 Aufgaben der Kostenrechnung

Die Aufgaben (Zwecke, Rechnungsziele) der Kostenrechnung werden je nach der Funktion, die der Kostenrechnung im betrieblichen Rechnungswesen beigemessen wird, verschieden umschrieben. Man unterscheidet insbesondere die folgenden **Funktionen:**

– Lenkung,

- Dokumentation,
- Kontrolle.

Die **Lenkungsfunktion** ist von zentraler Bedeutung im entscheidungsorientierten Rechnungswesen. Sie verlangt die Ermittlung von Kostenrechnungsdaten als Basis für optimale unternehmerische Entscheidungen.

Die **Dokumentationsfunktion** besteht darin, die entstandenen Kosten und ihre Zuordnung zu den in Frage kommenden Bezugsobjekten, insbesondere den hergestellten und verkauften Produkten, zu erfassen und aufzubereiten.

Die **Kontrollfunktion** dient der Kontrolle sämtlicher Kosten sowie des Betriebsergebnisses. Dabei richtet sich die Kontrolle insbesondere auf den Vergleich der tatsächlich entstandenen Kosten mit vorgegebenen Plan- oder Sollkosten. Kostenabweichungen sind auf ihre Ursachen hin zu untersuchen.

3.3.1.1.1 Kostenrechnung als Lenkungsrechnung

Die Aufgabe der Kostenrechnung als Lenkungsrechnung besteht in der Ermittlung von Kostenrechnungsdaten als Grundlage für unternehmerische Entscheidungen. Da die Entscheidungen immer zukünftige Perioden betreffen, kann die Erfüllung der Lenkungsaufgabe nur im Rahmen einer Planungsrechnung erfolgen. Das bedeutet, es sind die kostenmäßigen Auswirkungen der in Betracht gezogenen unternehmerischen Entscheidungen festzustellen.

Maßgebliche Entscheidungen, deren Wirkungen im Rahmen der Lenkungsaufgabe der Kostenrechnung zu erfassen sind, betreffen insbesondere

- den Beschaffungsbereich,
- den Produktionsbereich,
- den Absatzbereich.

(1) Im Rahmen der Lenkungsaufgabe für den **Beschaffungsbereich** sind namentlich die Preisobergrenzen für den Einkauf von Produktionsfaktoren zu bestimmen. Dabei geht es um die Ermittlung des Betrages, den der Unternehmer maximal für die Beschaffung eines Produktionsfaktors aufwenden darf, um bei gegebenem Produktionsverfahren und Absatzpreis mit der Herstellung des Produktes noch einen positiven Deckungsbeitrag oder Gewinn zu erzielen.

(2) Im **Produktionsbereich** erstreckt sich die Lenkungsaufgabe der Kostenrechnung u. a. auf die folgenden Sachverhalte:

- Festlegung der Losgröße in der Fertigung,
- Bestimmung der Intensität der Betriebsmittel,
- Wahl des Fertigungsverfahrens,
- Bestimmung der Reihenfolge der Auftragsabwicklung.

Einen besonderen Bereich im Rahmen der Lenkungsaufgabe der Kostenrechnung stellt die Frage dar, ob bestimmte Teile eines herzustellenden Produktes eigengefertigt oder kostengünstiger in Fremdbezug erworben werden sollen.

(3) Die Lenkungsaufgabe im **Absatzbereich** betrifft namentlich die Festlegung von und Preisuntergrenzen. Bei der Preisuntergrenze ist derjenige Produktpreis zu ermitteln, bei dem das Unternehmen bei gegebenen Produktionsfaktorpreisen und gegebenem Produktionsverfahren gerade einen positiven Deckungsbeitrag oder einen Gewinn von Null erzielt. Damit kann gleichzeitig die Frage beantwortet werden, ob das Unternehmen bei der Hereinnahme eines Auftrages zu einem bestimmten Preis einen positiven oder negativen Deckungsbeitrag bzw. einen Gewinn oder Verlust erzielt.

3.3.1.1.2 Kostenrechnung als Dokumentationsrechnung

Mit der Erfassung und Aufbereitung der Kosten im Rahmen der Dokumentationsrechnung lassen sich insbesondere die folgenden Zwecke verwirklichen:

- Bestandsbewertung nach Handels- und Steuerrecht,
- Kalkulation bei öffentlichen Aufträgen,
- Erfassung von Istkosten bei einem Vergleich mit vorgegebenen Plankosten.

(1) Bestandsbewertung

Die Verpflichtung zur Bestandsbewertung ergibt sich handelsrechtlich aus §§ 253, 255 HGB, steuerrechtlich aus § 6 EStG. Danach sind die selbsterstellten Gegenstände des Sachanlagevermögens, die Halb- und Fertigerzeugnisse mit den **Herstellungskosten** zu bewerten. Zur Ableitung der Herstellungskosten dient, wie im einzelnen noch zu zeigen sein wird, die Kostenrechnung im Rahmen ihrer Dokumentationsaufgabe.

(2) Kalkulation öffentlicher Aufträge

Die **Leitsätze für die Preisermittlung aufgrund von Selbstkosten** (LSP) aus dem Jahre 1953 sehen vor, daß bei bestimmten öffentlichen Aufträgen Selbstkostenpreise vereinbart werden dürfen. Es handelt sich dabei um solche Aufträge, die nicht marktgängig sind und für die keine staatlich festgesetzten Preise bestehen, sowie um Leistungen, für die ein Marktengpaß besteht oder der Angebotswettbewerb beschränkt ist und dadurch die Marktpreise nicht nur unerheblich beeinflußt werden. Die Ermittlung der Selbstkostenpreise ist in den LSP im einzelnen geregelt. Sie erfolgt auf der Basis der im Rahmen der Dokumentationsaufgabe der Kostenrechnung ermittelten Kosten.

(3) Erfassung von Istkosten

Ist in einem Unternehmen eine Plankostenrechnung eingerichtet, so werden vor Beginn einer Planungsperiode bzw. vor Beginn der Herstellung eines geplanten Produktes **Plankosten** ermittelt. Die Dokumentationsaufgabe der Kostenrechnung besteht in diesem Zusammenhang darin, während des Ablaufs der Planungsperiode die tatsächlich anfallenden **Istkosten** zu erfassen. Nach Abschluß der Periode können dann Plankosten und Istkosten verglichen werden. Die Dokumentation als Erfassung der Istkosten hat insoweit die Aufgabe, die Voraussetzungen für einen Plan-Ist-Vergleich zu liefern.

3.3.1.1.3 Kostenrechnung als Kontrollrechnung

Die Kontrollaufgabe der Kostenrechnung besteht in der Ermittlung und Analyse von Kostenabweichungen zwischen den vorgegebenen Plankosten und den in der Dokumentation ermittelten Istkosten. Dabei liegt der Schwerpunkt der Kontrollrechnung auf der Analyse der festgestellten Kostenabweichungen.

Die **Ermittlung von Kostenabweichungen** ist für ein Unternehmen nur dann von Interesse, wenn sich aus der Analyse der Kostenabweichungen Folgerungen für spätere Perioden ziehen lassen. Die Folgerungen erstrecken sich namentlich auf einen möglichen Abbau von entstandenen Kostenüberschreitungen in einzelnen Bereichen. Um zu den gewünschten Folgerungen zu kommen, ist es erforderlich, die Kostenabweichungen nach Verantwortungsbereichen und Entstehungsursachen aufzuspalten. Die aufgespaltenen Kostenüberschreitungen sind dann entsprechend den Ursachen für das Entstehen der Kostenabweichungen näher zu untersuchen und zu interpretieren.

Kostenkontrollen können sich erstrecken auf
- die Preise der Produktionsfaktoren,
- die Mengen der Produktionsfaktoren.

Der Schwerpunkt der **Analyse der Kostenabweichungen** betrifft die

Kostenüberschreitungen aufgrund des Mehrverbrauchs von Produktionsfaktormengen. Dabei ist gleichfalls festzustellen, ob die Mengenüberschreitungen bei den Produktionsfaktoren
- unvermeidbar waren aufgrund von äußeren Einflüssen (Maschinenausfall, Stromausfall, Streik) oder
- vermeidbar waren und entstanden sind z. B. durch Überschreitung der vorgegebenen Arbeitszeiten, Mehrverbrauch an Material, erhöhten Abfall und erhöhten Ausschuß.

3.3.1.2 Grundbegriffe der Kostenrechnung

3.3.1.2.1 Kostenbegriff

Der Umfang dessen, was als Kosten in das Rechnungswesen eines Unternehmens eingeht, wird von der verwendeten Begriffsfassung bestimmt. Die verschiedenen in der Betriebswirtschaftslehre bestehenden Fassungen des Begriffs Kosten basieren auf einer unterschiedlichen Interpretation der Merkmale, die den allgemeinen Kostenbegriff bestimmen (Schweitzer, Küpper [Systeme] 28 ff.)

Merkmale des Kostenbegriffs:
1. Verbrauch von Produktionsfaktoren,
2. Leistungsbezogenheit des Produktionsfaktorverbrauchs,
3. Bewertung des Produktionsfaktorverbrauchs.

Man unterscheidet insbesondere zwischen den folgenden **Kostenbegriffen:**

- **Entscheidungsorientierter** Kostenbegriff: »Kosten sind die durch die Entscheidung über das betrachtete Objekt ausgelösten zusätzlichen – nicht kompensierten – Ausgaben (Auszahlungen)« Vertreter dieses Kostenbegriffs ist *Riebel* ([Deckungsbeitragsrechnung] 427).
- **Wertmäßiger** Kostenbegriff: »Kosten sind die in der Kostenrechnung anzusetzenden Werte der für Leistungen verzehrten Güter«. Dieser Kostenbegriff stammt von *Schmalenbach* ([Kostenrechnung] 6).
- **Pagatorischer** Kostenbegriff: Unter Kosten werden »die mit Herstellung und Absatz einer Erzeugniseinheit bzw. einer Periode verbundenen ›nicht kompensierten‹ Ausgaben verstanden. D. h., unter dem Kostenbegriff werden alle diejenigen betrieblichen Ausgaben zusammengefaßt, die nicht als Tilgungsausgaben oder Kreditgewährungsausgaben durch entsprechende Einnahmen aus einer Kreditinan-

spruchnahme oder Rückempfang eines gewährten Kredites kompensiert werden.« Vertreter dieses Kostenbegriffs ist *Koch* ([Kostenbegriff] 361 f.).
- **Realwirtschaftlicher** Kostenbegriff: »Kosten sind der in Geld bewertete Verzehr von Gütern im Zuge der Durchführung des Produktionsprozesses.« (Schneider [Rechnungswesen] 33). Die bei der Produktion einer Periode verwandten Mengen eigener und gekaufter Produktionsmittel werden von *Schneider* als die **Realkosten** einer Periode bezeichnet.

Ohne daß auf die unterschiedlichen Begriffsfassungen näher eingegangen wird, sei in Anlehnung an die herrschende Auffassung definiert:

> **Kosten** sind der bewertete Verbrauch von Produktionsfaktoren zur Erstellung und zum Absatz der betrieblichen Leistungen und zur Aufrechterhaltung der Betriebsbereitschaft.

Kosten sind dabei gegenüber anderen Rechnungsgrößen abzugrenzen, so insbesondere gegenüber
- Ausgaben und
- Aufwand.

3.3.1.2.2 Kosten und Ausgaben

Der Begriff Ausgaben wird im folgenden mit dem Begriff Auszahlung gleichgesetzt. Zuweilen wird zwischen den beiden Begriffen insoweit differenziert, als **Auszahlungen** einen Geldabfluß (z. B. Barkauf), **Ausgaben** einen Geldabfluß oder das Entstehen einer Verpflichtung (z. B. Barkauf oder Kreditkauf) umschreiben sollen. Bei Betrachtung von Ausgaben und Auszahlung als synonymen Begriff für einen Zahlungsstrom gilt folgendes:

> **Ausgaben** stellen einen negativen Zahlungsstrom im Sinne des Abflusses von Geld dar.

Bei der vorgegebenen Begriffsfassung können Kosten und Ausgaben übereinstimmen, aber auch differieren, wobei die auftretenden Unterschiede zeitlicher und/oder sachlicher Art sein können.

Zeitliche Unterschiede liegen in der Zuordnung von Ausgaben und Kosten zu unterschiedlichen Rechnungsperioden. Die Zuordnung der

Ausgaben richtet sich nach dem Zahlungszeitpunkt, die Zuordnung der Kosten nach dem Zeitpunkt des Produktionsfaktorverbrauchs.

Sachliche Unterschiede können in unterschiedlichen Wertansätzen für Ausgaben und Kosten und in fehlender Leistungsbezogenheit von Ausgaben bzw. im fehlenden Ausgabencharakter von Kosten begründet sein. Wertunterschiede können sowohl darin bestehen, daß die Ausgaben die anzusetzenden Kosten übersteigen, als auch darin, daß die Kosten höher sind als die Ausgaben, so z. B. bei der Bewertung des Produktionsfaktorverbrauchs zu Wiederbeschaffungskosten bei Inflation.

Die folgende Darstellung zeigt die in Betracht kommenden Beziehungen zwischen Ausgaben und Kosten auf.

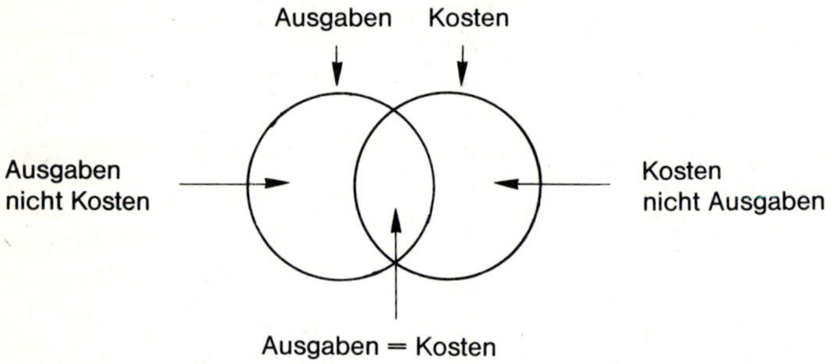

Abb. 3.3.22: Abgrenzung zwischen Ausgaben und Kosten

Beispiele

Ausgaben nicht Kosten:

- Rückzahlung von Darlehen, Privatentnahmen;
- Zahlung von Rohstoffen, die in der Periode nicht verarbeitet werden;
- Zahlung von Löhnen für vorangegangene oder nachfolgende Perioden.

Kosten nicht Ausgaben:

- Kalkulatorische Kosten, soweit für sie kein Geldabfluß entsteht, wie kalkulatorischer Unternehmerlohn bei der Nichtkapitalgesellschaft, kalkulatorische Miete für die Benutzung von Räumen, die zum Privatvermögen des Unternehmers gehören, kalkulatorische Zinsen auf das Eigenkapital;
- Verarbeitung früher bezahlter Rohstoffe;
- Einsatz von Personal bei Zahlung der entsprechenden Löhne in früheren oder späteren Perioden.

Ausgaben gleich Kosten:

- Zahlung von Roh-, Hilfs- und Betriebsstoffen, die in der Periode verarbeitet werden;
- Zahlung von Löhnen und Gehältern für den Personaleinsatz in der Periode;
- Zahlung von Werkzeug, das in der Periode eingesetzt wird;
- Zahlung von Verpackungsmaterial, Fracht und Vertreterprovision, die für die Periode angefallen sind;
- Zahlung von Wartungs- und Reparaturkosten, die die Periode betreffen;
- Zahlung von Fremdkapitalzinsen, die die Periode betreffen.

3.3.1.2.3 Kosten und Aufwand

Aufwand ist im Gegensatz zu Kosten, die als negative Erfolgskomponente in die Betriebsergebnisrechnung eingehen, eine negative Erfolgskomponente in der bilanziellen (handelsbilanziellen, steuerbilanziellen) Erfolgsrechnung. Er läßt sich wie folgt definieren:

> **Aufwand** ist der periodisierte, erfolgswirksame, unter Beachtung der maßgeblichen Rechnungslegungsvorschriften bewertete Verbrauch von Produktionsfaktoren.

Bei der vorgegebenen Begriffsfassung können Kosten und Aufwand übereinstimmen, aber auch differieren, wobei die auftretenden Unterschiede weitgehend sachlicher Art sind. **Unterschiede** zwischen Kosten und Aufwand können namentlich auf drei Ursachen beruhen:

1. **Unterschiedliche Wertansätze.** Wertunterschiede sind insbesondere darauf zurückzuführen, daß der nach den maßgeblichen Rechnungslegungsvorschriften anzusetzende oder ansetzbare Aufwand auf Zahlungsgrößen zurückgeführt wird, d. h. **pagatorischer** Natur ist; die in der Kostenrechnung eines Unternehmens anzusetzenden Kosten werden demgegenüber von der Art des Kostenrechnungssystems bestimmt (Vollkosten, Teilkosten) und sind nicht notwendigerweise auf Zahlungsgrößen zurückzuführen, d. h. sie sind **kalkulatorischer** Natur.

2. **Fehlender Aufwandscharakter** der Kosten. Einer Reihe von in der Kostenrechnung verrechneten Kosten steht keinerlei Aufwand gegenüber (z. B. kalkulatorische Wagnisse, kalkulatorischer Unternehmerlohn bei der Einzelunternehmung und der Personengesellschaft). Derartige Kosten, die nicht zugleich Aufwand sind, nennt man **Zusatzkosten.**

3. **Fehlender Leistungsbezug** des Aufwands. In diesen Fällen ist zwar Aufwand der Periode durch den Verbrauch von Produktionsfaktoren

entstanden; dem Verbrauch fehlt jedoch der Bezug zur Leistungserstellung. Er kann auftreten als

- betriebsfremder Aufwand (Aufwand, der nicht die betriebliche Leistungserstellung betrifft),
- periodenfremder Aufwand (Aufwand, der nicht die Betrachtungsperiode betrifft),
- außerordentlicher Aufwand (Aufwand, der zwar die betriebliche Leistungserstellung und die Betrachtungsperiode betrifft, jedoch in seiner Höhe ungewöhnlich ist).

Derartigen Aufwand, der nicht zugleich zu Kosten führt, nennt man **neutralen Aufwand.**

Soweit sich Kosten und Aufwand entsprechen, spricht man von **Grundkosten** und **Zweckaufwand.**

Die folgende Darstellung soll den Sachverhalt verdeutlichen.

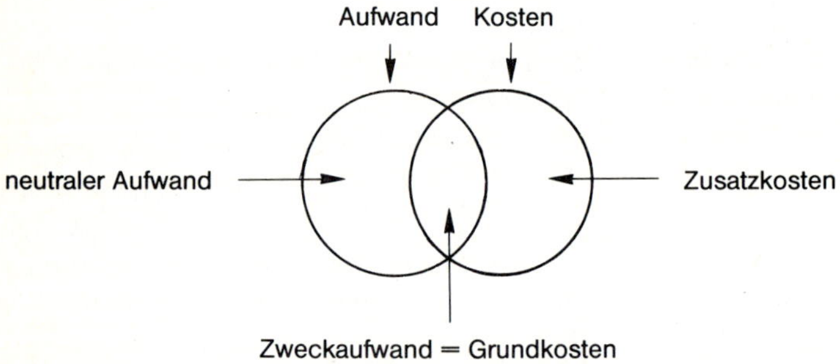

Abb. 3.3.23: Abgrenzung zwischen Aufwand und Kosten

Beispiele

Neutraler Aufwand:

- Betriebsfremder Aufwand, wie Reparatur an nicht betriebsnotwendigen Vermögensgegenständen, Spenden;
- Periodenfremder Aufwand, wie Nachzahlung von Kostensteuern (z. B. Vermögensteuer, Grundsteuer, Gewerbesteuer, Kraftfahrzeugsteuer);
- Außerordentlicher Aufwand, wie Reparatur von Katastrophenschäden.

Zusatzkosten:

Kalkulatorische Kosten, soweit ihnen der Art, der Menge oder dem Wert nach keine entsprechenden Aufwendungen gegenüberstehen:

- Kalkulatorische Kosten, denen der Art nach keine Aufwendungen gegen-

überstehen, sind der kalkulatorische Unternehmerlohn bei der Nichtkapitalgesellschaft, die kalkulatorische Miete für die Benutzung von Räumen, die zu dem Privatvermögen des Unternehmers gehören, kalkulatorische Zinsen auf das Eigenkapital;
- Kalkulatorische Kosten, denen der Menge nach keine Aufwendungen gegenüberstehen, sind z. B. kalkulatorische Abschreibungen auf Gegenstände des Anlagevermögens, die nach den Rechnungslegungsvorschriften bereits voll abgeschrieben sind;
- Kalkulatorische Kosten, denen in der Höhe keine entsprechenden Aufwendungen gegenüberstehen, können sein kalkulatorischer Unternehmerlohn, kalkulatorische Miete, kalkulatorische Zinsen, kalkulatorische Abschreibungen.

Zweckaufwand gleich Grundkosten:

- Gleiche Behandlung von Personalaufwand in der GuV und Personalkosten in der Kostenrechnung;
- Gleiche Behandlung von Materialaufwand in der GuV und Materialkosten in der Kostenrechnung;
- Gleiche Behandlung von Abschreibungen in der GuV und in der Kostenrechnung;
- Gleiche Behandlung von sonstigen Aufwendungen in der GuV und sonstigen Kosten in der Kostenrechnung.

3.3.1.2.4 Leistung, Einnahmen und Ertrag

Den Begriffen Kosten, Ausgaben und Aufwand werden die Begriffe **Leistung (Betriebsertrag), Einnahmen** und **Ertrag** gegenübergestellt.

Wie der Kostenbegriff ist auch der **Leistungsbegriff** durch drei Merkmale gekennzeichnet:

1. Herstellung von Produkten,
2. Sachzielbezogenheit der hergestellten Produkte,
3. Bewertung der hergestellten Produkte.

3.3.1.3 Gliederung der Kosten

Die Durchführung der Kostenrechnung erfordert weitere Abgrenzungen des Kostenbegriffs und die Gliederung der Kosten nach mehreren Merkmalen. **Gliederungsmerkmale** sind:

- die Verrechenbarkeit der Kosten auf einen Kostenträger (Produkt, Produktgruppe, Auftrag);
- die Abhängigkeit der Kosten von dem Kostenbestimmungsfaktor Beschäftigung;
- der Zeitbezug der Kosten.

3.3.1.3.1 Einzelkosten und Gemeinkosten

Die Gliederung der Kosten in Einzelkosten und Gemeinkosten erfolgt im allgemeinen nach dem Merkmal der Kostenverrechnung auf den Kostenträger (Produkt, Produktgruppe, Auftrag). Dabei ist vielfach die Verwendung der Begriffe Einzelkosten und Gemeinkosten unpräzise. Zur Präzisierung ist eine weitere Kennzeichnung der Kosten in dem Sinne notwendig, daß der jeweilige Kostenbegriff das entsprechende Bezugsobjekt einschließt. Insoweit wäre z. B. von Kostenträgereinzelkosten und Kostenträgergemeinkosten zu sprechen.

(1) Einzelkosten

Man definiert in bezug auf den Kostenträger:

> **Einzelkosten** (Kostenträgereinzelkosten) sind die einem Kostenträger (Produkt, Produktgruppe, Auftrag) direkt zurechenbaren Kosten.

Kosten sind dann **direkt zurechenbar,** wenn die Zurechnung ohne die Heranziehung von Hilfsgrößen erfolgen kann. Vielfach wird die direkte Zurechnung dadurch gekennzeichnet, daß die entsprechenden Kosten (Kostenträgereinzelkosten) den Kostenträgern unmittelbar aus der Kostenartenrechnung zugerechnet werden. Letzteres ist indessen keine notwendige Voraussetzung für das Vorliegen von Einzelkosten. Sie können vielmehr auch dann gegeben sein, wenn die Kosten – etwa zum Zwecke der Kostenkontrolle – aus der Kostenartenrechnung über die Kostenstellenrechnung auf den Kostenträger verrechnet werden.

Typische Kostenträgereinzelkosten sind die Materialkosten (Rohstoffe) des Kostenträgers (Produkt, Produktgruppe, Auftrag). Für die Zurechnung der Materialkosten werden keine Hilfsgrößen benötigt. Sie lassen sich vielmehr anhand der Stücklisten (Aufstellungen über Art und Menge der Materialien pro Kostenträgereinheit) dem Kostenträger zurechnen.

(2) Gemeinkosten

Man definiert in bezug auf den Kostenträger:

> **Gemeinkosten** (Kostenträgergemeinkosten) sind die einem Kostenträger (Produkt, Produktgruppe, Auftrag) nicht direkt, sondern über Hilfsgrößen zurechenbaren Kosten.

Vielfach wird die **indirekte Zurechnung** damit gekennzeichnet, daß die entsprechenden Kosten (Kostenträgergemeinkosten) mittelbar über die Verrechnung der Kosten aus der Kostenartenrechnung über die Kostenstellenrechnung anhand von Kalkulationszuschlagssätzen den Kostenträgern zugerechnet werden. Als Merkmal der Kostenträgergemeinkosten wird dabei angesehen, daß sie nicht alleine für den einzelnen Kostenträger, sondern für eine darüberliegende Bezugsgröße, z. B. für eine Kostenstelle oder einen Betriebsbereich, anfallen.

Typische Kostenträgergemeinkosten sind Gehälter, Abschreibungen auf Gebäude, auf technische Anlagen und Maschinen, Betriebsstoffe und Energiekosten, Mietkosten und Versicherungen. Für ihre Zurechnung auf den Kostenträger werden Hilfsgrößen (z. B. Maschinenzeiten, Fertigungszeiten, Durchsatzgewichte) benötigt, die es erlauben, den Mengenverbrauch der angesprochenen Produktionsfaktoren entsprechend der verwendeten Zurechnungsregel den Kostenträgern zuzuordnen. Bei Multiplikation mit den entsprechenden Produktionsfaktorpreisen gelangt man zu den Kostenträgergemeinkosten.

(3) Relative Einzelkosten

Einzelkosten als **relative Einzelkosten** werden im System der Einzelkosten- und Deckungsbeitragsrechnung von *Riebel* ([Deckungsbeitragsrechnung] 709) folgendermaßen definiert:

> **Relative Einzelkosten** sind Kosten, die einem sachlich oder zeitlich genau abzugrenzenden Bezugsobjekt **eindeutig zurechenbar** sind, weil sowohl die Kosten als auch das Bezugsobjekt auf einen gemeinsamen dispositiven Ursprung zurückgehen.

Diese Begriffsfassung beinhaltet neben der Erweiterung der Einzelkosten auf alle in Betracht kommenden Bezugsobjekte gegenüber der traditionellen Kostenrechnung eine Besonderheit insoweit, als Kosten nur dann als Einzelkosten definiert werden, wenn sie mit dem Bezugsobjekt einen gemeinsamen dispositiven Ursprung haben.

3.3.1.3.2 Variable und fixe Kosten

Die Gliederung der Kosten in variable und fixe Kosten erfolgt im allgemeinen nach dem Merkmal der Abhängigkeit von der Beschäftigung (Produktmenge, Ausbringungsmenge). Ebenso wie die Begriffe Einzelkosten und Gemeinkosten ist auch die Verwendung der Begriffe variable und fixe Kosten vielfach unpräzise. Zur Präzisierung des Begriffspaares ist eine weitere Kennzeichnung in dem Sinne notwendig, daß explizit die Bezugsgröße angegeben wird, gegenüber der sich Kosten variabel oder fix verhalten.

(1) Variable Kosten

Man definiert in bezug auf die Beschäftigung:

> **Variable Kosten** (beschäftigungsvariable Kosten) sind die von der Beschäftigung abhängigen Kosten.

Die Feststellung der Abhängigkeit der Kosten von der Beschäftigung sagt in dieser Form lediglich aus, daß die beschäftigungsvariablen Kosten im allgemeinen mit Zunahme der Beschäftigung gleichfalls zunehmen und vice versa. Der Grad der Kostenzunahme kann verschieden sein. Entsprechend der obigen Feststellung lassen sich proportionale, progressive und degressive beschäftigungsvariable Kosten unterscheiden:

- **Proportionale Kosten** verändern sich in gleichem Verhältnis (gleicher Proportion) wie die Beschäftigung. Bei linearem Verlauf der Gesamtkostenkurve entsprechen den proportionalen Kosten die Grenzkosten.
- **Progressive Kosten** erhöhen sich bei steigender Beschäftigung in stärkerem Maße als die Beschäftigung; bei abnehmender Beschäftigung nehmen sie in stärkerem Maße ab als die Beschäftigung.
- **Degressive Kosten** erhöhen sich bei steigender Beschäftigung in geringerem Maße als die Beschäftigung; bei abnehmender Beschäftigung nehmen sie in geringerem Maße ab als die Beschäftigung.

(2) Fixe Kosten

Man definiert in bezug auf die Beschäftigung:

> **Fixe Kosten** (beschäftigungsfixe Kosten) sind die bei gegebener Kapazität von der Beschäftigung unabhängigen Kosten.

Die Feststellung der Unabhängigkeit der Kosten von der Beschäftigung besagt lediglich, daß bei gegebenem Bedingungsrahmen (z. B. bei gegebener Kapazität im Sinne eines gegebenen Betriebsmittelbestandes, eines gegebenen Personalbestandes einer gegebenen Betrachtungsperiode) die beschäftigungsfixen Kosten von dem Ausmaß der Beschäftigung (hergestellte Produktmenge) unabhängig sind.

Bei Änderung des Bedingungsrahmens (z.B. bei Veränderung der Kapazität im Sinne einer Verminderung des Betriebsmittelbestandes, einer Verminderung des Personalbestandes oder einer Ausweitung der Betrachtungsperiode) können sich die fixen Kosten (beschäftigungsfixe Kosten) durchaus verändern. **Beschäftigungsfix** bedeutet insoweit **nicht,** daß in ihrer Höhe **absolut unveränderliche Kosten** vorliegen, sondern lediglich, daß bei gegebenem Bedingungsrahmen die Kosten nicht von der Beschäftigung (hergestellten Produktmenge) abhängig sind.

3.3.1.3.3 Vollkosten und Teilkosten

Die Gliederung der Kosten in Vollkosten und Teilkosten erfolgt nach dem Merkmal des Ausmaßes der Kostenverrechnung auf das in Frage stehende Bezugsobjekt (Produkt, Produktgruppe, Auftrag, Kostenstelle, Betriebsbereich). Zur Präzisierung der Kosten ist es erforderlich, die angeführten Kostenkategorien jeweils mit dem entsprechenden Bezugsobjekt zu kennzeichnen (z. B. volle Produktkosten, Teilauftragskosten).

(1) Vollkosten

Man definiert für ein Bezugsobjekt:

> **Vollkosten** sind die einem Bezugsobjekt (Produkt, Produktgruppe, Auftrag, Kostenstelle, Betriebsbereich) zugerechneten gesamten beschäftigungsabhängigen und beschäftigungsunabhängigen Kosten.

Die **Verrechnung** der Vollkosten erfolgt in der Vollkostenrechnung auf allen Stufen der Kostenrechnung, d.h. bei der
- Verrechnung der Kostenarten (z.B. Material, Lohn, Abschreibungen) auf die Kostenstellen,
- innerbetrieblichen Leistungsverrechnung von einer Hilfskostenstelle (z. B. Stromkostenstelle) auf die Hauptkostenstelle (z. B. Fertigungshauptkostenstelle),
- Bildung von Kalkulationssätzen in den Hauptkostenstellen,
- Verrechnung der Kosten der Hauptkostenstellen auf die Kostenträger (Produkt, Produktgruppe, Auftrag),
- kurzfristigen Erfolgsrechnung.

(2) Teilkosten

Man definiert für ein Bezugsobjekt:

> **Teilkosten** sind die einem Bezugsobjekt (Produkt, Produktgruppe, Auftrag, Kostenstelle, Betriebsbereich) zurechenbaren, nach bestimmten Merkmalen abgegrenzten Teile der Kosten, i. d. R. die beschäftigungsabhängigen Kosten.

Der Begriff der Teilkosten besagt in seiner allgemeinen Form nur, daß nicht die gesamten Kosten dem Bezugsobjekt zugerechnet werden. Teilkosten können neben den angeführten beschäftigungsabhängigen Kosten insbesondere sein die Einzelkosten eines Bezugsobjektes (Kostenträgereinzelkosten, Kostenstelleneinzelkosten).

Die **Verrechnung** der Teilkosten erfolgt in der Teilkostenrechnung auf allen Stufen der Kostenrechnung, d. h. bei der
- Verrechnung der Kostenarten (z. B. Material, Lohn, Abschreibungen) auf die Kostenstellen,
- innerbetrieblichen Leistungsverrechnung von den Hilfskostenstellen auf die Hauptkostenstellen,
- Bildung von Kalkulationssätzen in den Hauptkostenstellen,
- Verrechnung der Kosten der Hauptkostenstellen auf die Kostenträger (Produkt, Produktgruppe, Auftrag),
- kurzfristigen Erfolgsrechnung.

3.3.1.3.4 Istkosten und Plankosten

Die Gliederung der Kosten in Istkosten und Plankosten erfolgt nach dem Merkmal des Zeitbezugs (Vergangenheitsbezug, Zukunftsbezug) der Kosten. Vergangenheitsbezogene Kosten sind neben den Istkosten die Normalkosten. Zukunftsbezogene Kosten sind neben den Plankosten die Sollkosten.

(1) Istkosten und Normalkosten

Man definiert für ein Bezugsobjekt (Kostenträger, Kostenstelle, Periode):

> **Istkosten** sind die für ein Bezugsobjekt in der Betrachtungsperiode auf der Basis der Istbeschäftigung tatsächlich anfallenden Kosten als Produkt der Istverbrauchsmengen und der Istpreise der Produktionsfaktoren.

Da Kosten als bewerteter Verbrauch von Produktionsfaktoren zur Erstellung der betrieblichen Leistung definiert sind, stellt bei den Istkosten sowohl der Produktionsfaktorverbrauch wie auch der Produktionsfaktorpreis eine Istgröße dar. Wird aus Vereinfachungsgründen auf eine Indizierung nach Produktionsfaktorarten verzichtet, so ergeben sich die **Istkosten** K^i bei einem Istverbrauch von r^i in Abhängigkeit von der Istbeschäftigung b^i und einem Produktionsfaktorpreis von q^i mit

$$K^i(b^i) = r^i(b^i)\,q^i$$

Eine Alternative zu den Istkosten sind die durch Normalisierung insbesondere der Produktionsfaktorpreise bestimmbaren vergangenheitsbezogenen Kosten. Man definiert für ein Bezugsobjekt (Kostenträger, Kostenstelle, Periode):

> **Normalkosten** sind die für ein Bezugsobjekt in der Betrachtungsperiode bei Istbeschäftigung angefallenen normalisierten Kosten als Produkt der Istverbrauchsmenge und der Normalpreise der Produktionsfaktoren.

Normalpreise sind aus vorangegangenen Betrachtungsperioden im Wege der Durchschnittsbildung abgeleitete Produktionsfaktorpreise. Als Verfahren der Bestimmung normalisierter Produktionsfaktorpreise wird vielfach die Methode der gleitenden Durchschnittsbildung verwendet. Man stellt z. B. auf den Durchschnitt aus den Preisen eines Produktionsfaktors der letzten zwölf Perioden ab.

Die **Normalkosten** K^n für einen Produktionsfaktor ergeben sich bei einer von der Istbeschäftigung abhängigen Verbrauchsmenge r^i und einem normalisierten Produktionsfaktorpreis q^n mit

$$K^n(b^i) = r^i(b^i)\,q^n$$

(2) Plankosten und Sollkosten

Man definiert für ein Bezugsobjekt (Kostenträger, Kostenstelle, Periode):

Plankosten sind die für ein Bezugsobjekt in der Betrachtungsperiode bei geplantem Produktionsprogramm und Produktionsverfahren auf der Basis der Planbeschäftigung geplanten Kosten als Produkt der Planverbrauchsmengen und der Planpreise der Produktionsfaktoren.

Die Planung der in Betracht kommenden Produktionsfaktormengen und der Produktionsfaktorpreise erfolgt im voraus für die Planungsperiode (Betrachtungsperiode) unter Berücksichtigung der geplanten Beschäftigung (Planproduktmengen, Planausbringungsmengen). Insoweit kann man die oben definierten Kosten auch als **ex ante Plankosten** bezeichnen.

Wird auch hier aus Vereinfachungsgründen auf eine Indizierung verzichtet, so ergeben sich die Plankosten K^p bei einem Planverbrauch r^p in Abhängigkeit von der Planbeschäftigung b^p und einem Planproduktionsfaktorpreis q^p mit

$$K^p(b^p) = r^p(b^p)\, q^p$$

Vielfach treten im Ist Abweichungen gegenüber der im Plan festgelegten Beschäftigung eines betrieblichen Teilbereichs (Kostenstelle, Betriebsbereich) auf. Um einen Maßstab für die Beurteilung der tatsächlich angefallenen Istkosten des betrieblichen Teilbereichs zu erhalten, sind die ex ante auf der Basis der Planbeschäftigung festgelegten Kosten des betrieblichen Teilbereichs an die Istbeschäftigung anzupassen. Diese Anpassung führt zu den Sollkosten. Man definiert für ein Bezugsobjekt (Kostenträger, Kostenstelle, Periode):

Sollkosten sind die für ein Bezugsobjekt in der Betrachtungsperiode geplanten Kosten als Produkt der Planverbrauchsmengen auf der Basis der Istbeschäftigung und der Planpreise der Produktionsfaktoren.

Die Planung der in Betracht kommenden Produktionsfaktormengen erfolgt im nachhinein nach Abschluß der Planungsperiode (Betrachtungsperiode) unter Berücksichtigung der tatsächlichen Beschäftigung (Istproduktmengen, Istausbringungsmengen). Insoweit kann man die oben definierten Sollkosten als **ex post Plankosten** bezeichnen.

Die Sollkosten K^s für den Produktionsfaktor h ergeben sich bei einem

Planverbrauch r^p in Abhängigkeit von der Istbeschäftigung b^i und einem Planproduktionsfaktorpreis q^p mit

$$K^s (b^i) = r^p (b^i) q^p$$

3.3.1.3.5 Opportunitätskosten

Opportunitätskosten (**opportunity costs**) entstehen bei knappen Produktionsfaktoren (Engpässen). Der Begriff läßt sich wie folgt definieren:

> **Opportunitätskosten** sind der Nutzenentgang (Gewinnentgang), der daraus resultiert, daß ein knapper Produktionsfaktor in einer bestimmten Weise eingesetzt wird und er dadurch für einen anderen möglichen nutzenstiftenden (gewinnerzielenden) Einsatz nicht mehr zur Verfügung steht.

Bestehen mehr als zwei Einsatzalternativen für den knappen Produktionsfaktor, so sind die Opportunitätskosten der entgangene Nutzen für die bestmögliche, nicht mehr realisierte Handlungsalternative.

3.3.2 Systeme der Kostenrechnung

> Unter einem **Kostenrechnungssystem** versteht man eine spezifische Ausgestaltungsform der Kostenrechnung, die an den Zwecken der Kostenrechnung als einem internen Rechnungsinstrument auszurichten ist.

Die speziellen Aufgaben der Kostenrechnung können von den unterschiedlichen Kostenrechnungssystemen nicht in gleicher Weise erfüllt werden. Dies wird bei einer Gegenüberstellung unterschiedlicher Kostenrechnungssysteme deutlich, wie sie von Fachvertretern im Rahmen einer Arbeitstagung der Kommission Rechnungswesen im Verband der Hochschullehrer für Betriebswirtschaft vorgenommen worden ist (Chmielewicz [Entwicklungslinien] 1983).

Die im Schrifttum diskutierten und in der Praxis eingesetzten Kostenrechnungssysteme lassen sich nach mehreren Merkmalen gliedern. Die wichtigsten **Gliederungsmerkmale** sind
– die zeitliche Ausrichtung eines Kostenrechnungssystems,

– der Umfang der in einem Kostenrechnungssystem auf die Kostenträger verrechneten Kosten.

Nach den angeführten Gliederungsmerkmalen kann man **unterscheiden** zwischen
- vergangenheits- und zukunftsbezogenen Kostenrechnungssystemen,
- Voll- und Teilkostenrechnungssystemen.

3.3.2.1 Vergangenheitsbezogene Kostenrechnungssysteme

Vergangenheitsbezogene Kostenrechnungssysteme sind dadurch charakterisiert, daß die von der Kostenartenrechnung über die Kostenstellen auf die Kostenträger verrechneten Kosten die tatsächlich entstandenen Kosten einer oder mehrerer Abrechnungsperioden der Vergangenheit sind.

Die vergangenheitsbezogenen Kostenrechnungssysteme lassen sich schematisch wie folgt darstellen:

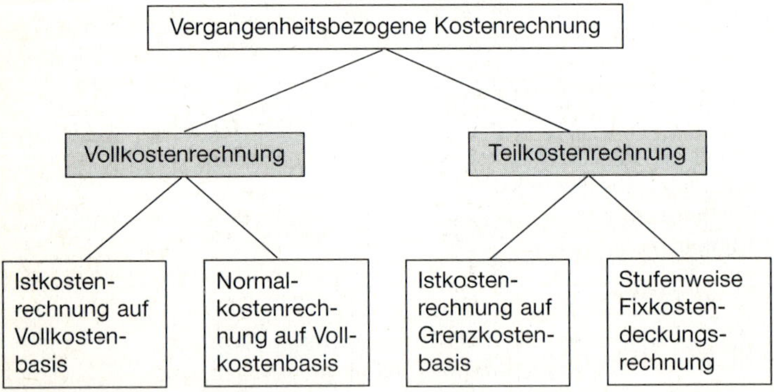

3.3.2.1.1 Vergangenheitsbezogene Vollkostenrechnungssysteme

Vergangenheitsbezogene **Vollkostenrechnungssysteme** sind dadurch gekennzeichnet, daß sie die gesamten (vollen) Kosten der abgelaufenen Abrechnungsperiode auf die in der Periode hergestellten bzw. abgesetzten Kostenträger verteilen. Ein Kostenträger kann dabei ein Produkt, eine Produktgruppe oder ein Auftrag sein.

3.3.2.1.1.1 Istkostenrechnung auf Vollkostenbasis

Die Istkostenrechnung auf Vollkostenbasis ist dadurch charakterisiert, daß sie die gesamten tatsächlich angefallenen Kosten erfaßt und auf die Produkte verrechnet.

Bezeichnet man die Istverbrauchsmenge des Produktionsfaktors i (i = 1,2, ... m) mit r_i^i, den Istproduktionsfaktorpreis des Faktors i mit q_i^i, so lassen sich die gesamten Istkosten K^i als Summe der mit den Istpreisen bewerteten Istverbrauchsmengen der Produktionsfaktoren darstellen mit

$$K^i = \sum_{i=1}^{m} r_i^i \, q_i^i$$

Für den Fall, daß die Einsatzmenge eines jeden Produktionsfaktors eindeutig die Mengen der übrigen Produktionsfaktoren und die Produktmenge bestimmt, ist die Produktmenge eine eindeutige Funktion jeder Faktoreinsatzmenge (**Limitationalität von Produktionsfaktoren**).

Bezeichnet man die Istmenge des Produktes j (j = 1,2, ..., n) mit x_j^i, die Istkosten pro Einheit des Produktes j mit k_j^i, so ergeben sich die gesamten Istkosten auch mit

$$K^i = \sum_{j=1}^{n} k_j^i \, x_j^i$$

Als **Hauptaufgabe** der Istkostenrechnung wird die Überwälzung der Istkosten auf die Kostenträger angesehen. Mit dem Istkostenrechnungssystem auf Vollkostenbasis sollen die tatsächlich angefallenen Kosten möglichst lückenlos auf die Produkte verrechnet werden. Den Schwerpunkt der Rechnung bildet daher die Nachkalkulation.

Die Istkostenrechnung als Vollkostenrechnung gilt als **veraltet.** Gegen sie wird eine Reihe von **Einwendungen** erhoben:

1. Die Zielsetzung richtet sich auf die **Nachkalkulation.** Die Istkostenrechnung will ermitteln, was in der Abrechnungsperiode die einzelnen Produkte effektiv gekostet haben. Damit ist die Istkostenrechnung als **Lenkungsinstrument** ungeeignet.
2. Mit der Erfassung der Istkosten wird die **Dokumentationsfunktion** der Kostenrechnung erfüllt. Allerdings wird das Verfahren als rechentechnisch **schwerfällig** eingestuft. Dies ist im wesentlichen darin begründet, daß jede einzelne verbrauchte Produktionsfaktormenge mit dem zugehörigen Produktionsfaktorpreis zu bewerten ist.

3. Der Haupteinwand gegen die Istkostenrechnung besteht in der fehlenden Möglichkeit der **laufenden Kostenkontrolle.** Letztere setzt voraus, daß die entstandenen Istkosten an vorgegebenen Sollkosten gemessen werden. Hinzu kommt, daß die Istkosten das Ergebnis des Zusammenwirkens aller Kostenbestimmungsfaktoren darstellen. Es wirken Einflüsse von Beschäftigungsschwankungen, Kapazitätsveränderungen, Lohn- und Preisbewegungen, unterschiedlichen Auftragszusammensetzungen und Wirkungen von Unwirtschaftlichkeiten im Betrieb. Das Hauptziel der Kostenrechnung, nämlich die Kontrolle der Wirtschaftlichkeit, ist somit mit der Istkostenrechnung nicht erreichbar.

3.3.2.1.1.2 Normalkostenrechnung auf Vollkostenbasis

Die Normalkostenrechnung auf Vollkostenbasis will einen Teil der genannten Mängel der Istkostenrechnung beseitigen. Hierzu werden die Verrechnungssätze für innerbetriebliche Leistungen und die Kalkulationszuschlagssätze normalisiert. Dies erfolgt in der Weise, daß die Sätze nicht auf der Basis von Istwerten, sondern aus den statistischen oder den aktualisierten Mittelwerten der Istkosten früherer Perioden gebildet werden. Während die Einzelkosten in der Ist- und Normalkostenrechnung übereinstimmen können, bestehen **Unterschiede** insbesondere bei den **Gemeinkosten.**

Wie die Istkostenrechnung gliedert sich auch die Normalkostenrechnung in die Teilbereiche Kostenarten-, Kostenstellen- und Kostenträgerrechnung. Die Verwendung von normalisierten Verrechnungssätzen führt nur in der Kostenstellenrechnung zu Abweichungen zwischen den Istgemeinkosten (hier vereinfacht mit K^i bezeichnet), mit denen eine Kostenstelle belastet wird, und den weiterverrechneten Normalgemeinkosten (hier vereinfacht mit K^n bezeichnet). Diese Abweichungen werden als **Unter-** bzw. **Überdeckungen** bezeichnet. Die Ermittlung der Normalgemeinkosten erfolgt, ebenso wie die der Istgemeinkosten, auf der Basis der Istbeschäftigung der Kostenstelle. Die Unter- bzw. Überdeckungen resultieren damit aus der Unterschiedlichkeit der Gemeinkostenzuschlagssätze, d. h. der Unterschiedlichkeit von Istgemeinkostensatz k^i und Normalgemeinkostensatz k^n pro Istbeschäftigungseinheit.

Die Normalgemeinkosten ergeben sich mit

$$K^n = k^n \, b^i,$$

wobei b^i die Istbeschäftigung einer Kostenstelle bezeichnet. Die Istbeschäftigung kann durch die hergestellte Produktmenge x^i, die Fertigungsstunden t^i oder durch andere Maßgrößen bestimmt werden. Die **Gemeinkostendifferenz D** (vgl. Abb. 3.3.24) errechnet man mit

$$D = K^i - K^n = (k^i - k^n)\,b^i$$

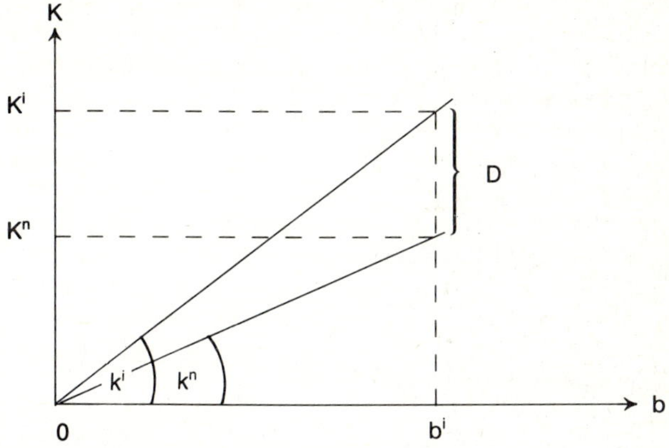

Abb. 3.3.24: Gemeinkostendifferenz Normalkostenrechnung

Es lassen sich drei **Situationen** unterscheiden:

1. Für $k^i > k^n$ ergeben sich Unterdeckungen, d. h., es werden nicht die gesamten tatsächlich entstandenen Kosten weiterverrechnet.
2. Für $k^i < k^n$ ergeben sich Überdeckungen, d. h., es werden mehr als die tatsächlich entstandenen Kosten weiterverrechnet.
3. Für $k^i = k^n$ ist die Gemeinkostendifferenz Null, d. h., es werden genau die Istkosten weiterverrechnet.

Beispiel

In einer Kostenstelle ergeben sich für einen bestimmten Abrechnungszeitraum (Monat) folgende Daten:

– Istfertigungsstunden (b^i)	1 560	
– Istgemeinkosten (K^i)	49 750	DM
– Istgemeinkostensatz pro Fertigungsstunde (k^i)	31,891	DM
– Normalgemeinkostensatz pro Fertigungsstunde (k^n)	25	DM
– Verrechnete Normalgemeinkosten (K^n)	39 000	DM

Die Gemeinkostendifferenz erhält man als Unterdeckung mit D = 49 750 – 39 000 DM = (31,891 – 25) DM/FStd · 1 560 FStd = 10 750 DM.

Die Normalkostenrechnung führt durch die Verwendung normalisierter, über mehrere Abrechnungsperioden konstanter Verrechnungssätze zu einer verfahrenstechnischen **Vereinfachung** gegenüber der Istkostenrechnung.

In bezug auf die Aufgaben der Kostenrechnung ist die Normalkostenrechnung wie folgt zu **beurteilen:**

1. Ebenso wie die Istkostenrechnung liefert die Normalkostenrechnung aufgrund ihres **Vergangenheitsbezugs** keine entscheidungsrelevanten Daten und erfüllt insoweit nicht die **Lenkungsfunktion.**
2. Die Normalkostenrechnung erfüllt aufgrund der Erfassung von Istkosten der vergangenen Abrechnungsperioden die **Dokumentationsfunktion** der Kostenrechnung. Gegenüber der Istkostenrechnung führt sie zu einer Vereinfachung bei der innerbetrieblichen Leistungsverrechnung. Sie verzichtet darauf, jeden einzelnen Produktionsfaktorverbrauch mit dem zugehörigen Istpreis zu bewerten. Statt dessen verwendet die Normalkostenrechnung feste Verrechnungspreise für innerbetriebliche Leistungen.
3. Eine wirksame **Kostenkontrolle** wird mit der Normalkostenrechnung nicht erreicht. Es werden zwar Unter- bzw. Überdeckungen zwischen Ist- und Normalkosten ermittelt. Diese Differenzen sind jedoch zur Beurteilung der Wirtschaftlichkeit des Betriebs nicht geeignet, da beide Vergleichsgrößen auf Vergangenheitswerten beruhen. Die Normalkosten stellen keinen geeigneten Meßwert für die entstandenen Istkosten dar, so daß sich die Wirkungen der unterschiedlichen Kostenbestimmungsfaktoren, insbesondere die Wirkungen von Unwirtschaftlichkeiten im Betrieb, nicht feststellen lassen.

Einen Ansatz zur Kostenkontrolle bietet die Normalkostenrechnung in einer speziellen Ausgestaltung, die dadurch charakterisiert ist, daß die Gemeinkostendifferenzen aufgespalten werden in
- Gemeinkostendifferenzen, die auf Veränderungen der Beschäftigung zurückzuführen sind (**Beschäftigungsabweichungen**) und
- restliche Gemeinkostendifferenzen (**Sonstige Abweichungen**).

Die Aufspaltung der Gemeinkostendifferenzen wird dadurch erreicht, daß bei der Bildung des Gemeinkostenzuschlagssatzes die von der Beschäftigung unabhängigen fixen Kostenbestandteile abgetrennt werden. Auf der Basis der fixen Istgemeinkosten der Vorperioden werden die fixen Normalgemeinkosten ermittelt. Die verbleibenden variablen Istgemeinkosten der Vorperioden bilden die Grundlage für die Ermittlung der proportionalen Normalgemeinkostensätze. Bei Multiplikation mit der relevanten Istbezugsgröße erhält man die proportionalen Normalgemeinkosten. Die sich durch Addition von fixen und proportionalen Normalgemeinkosten ergebenden Normalgemeinkosten werden als **Normkosten** bezeichnet.

3.3.2.1.2 Vergangenheitsbezogene Teilkostenrechnungssysteme

Teilkostenrechnungen sind dadurch charakterisiert, daß sie den Produkten nur einen Teil der Kosten, überwiegend nur die variablen Kosten, zurechnen.

Da für den in der Kostenrechnung i. d. R. unterstellten **linearen Verlauf** der Gesamtkostenkurve die variablen Kosten gleich den Grenzkosten sind, spricht man auch von **Grenzkostenrechnung.** Vielfach werden auch die Bezeichnungen **Deckungsbeitragsrechnung,** Bruttogewinnrechnung, **Direct Costing,** Variable Costing und Marginal Costing verwendet.

Unterschiede zwischen den angeführten Verfahren bestehen darin, daß sich das Schwergewicht der Betrachtung
- einerseits auf die verrechneten Kostenteile (Direct Costing, Variable Costing, Marginal Costing),
- andererseits auf die Differenz zwischen den Erlösen und den verrechneten Kostenteilen (Deckungsbeitragsrechnung, Bruttogewinnrechnung)

richtet.

Teilkostenrechnungen können sich bezüglich der Kostenauflösung (Kostenaufspaltung, Kostenzerlegung) in der Kostenartenrechnung, der Kostenverrechnung in der Kostenstellenrechnung, der Kalkulation und der kurzfristigen Erfolgsrechnung unterscheiden. Wesentliches **Merkmal der Teilkostenrechnung** ist die **Zurechnung nur bestimmter Teile der Kosten auf die Produkte** und die globale Übernahme der nicht zugerechneten Kosten in die kurzfristige Erfolgsrechnung.

3.3.2.1.2.1 Istkostenrechnung auf Grenzkostenbasis

Bei der Istkostenrechnung auf Grenzkostenbasis werden sämtliche tatsächlich angefallenen Kosten in von der Istbeschäftigung abhängige variable Kosten $K^{(v)}$ und unabhängige Fixkosten $K^{(f)}$ aufgelöst (**Kostenauflösung**).

Bei der **Istkostenrechnung auf Grenzkostenbasis** werden nur die variablen Kosten auf die hergestellten Produkte verrechnet.

Es bezeichne i (i = 1,2, ..., m) die beschäftigungsabhängigen Produktionsfaktoren eines Unternehmens. Sind die variablen Istkosten $K^{i(v)}$ einer Kostenstelle für alle beschäftigungsabhängigen Produktionsfaktoren als lineare Funktion der Istbeschäftigung b^i darstellbar, sind damit die durchschnittlichen variablen Kosten $k_i^{i(v)}$ konstant, so gilt für die gesamten Istkosten der Kostenstelle bei Kostenauflösung

$$K^i\,(b^i) = \sum_{i=1}^{m} k_i^{i(v)}\, b^i + K^{i(f)}$$

Die Festlegung der Verrechnungssätze für innerbetriebliche Leistungen in der Kostenstellenrechnung und der Kalkulationssätze in der Kostenträgerrechnung basiert in der Grenzkostenrechnung **ausschließlich auf variablen Kosten.** Für eine Kostenstelle ergibt sich der Istkostenverrechnungssatz $k^{i(v)}$ durch Division der variablen Kosten der Kostenstelle durch die Istbeschäftigung b^i. Die **Fixkosten** $K^{i(f)}$ der Kostenstelle **gehen** danach **nicht in die Istkostenverrechnungssätze ein,** d. h., es erfolgt keine Weiterverrechnung der Fixkosten einer Kostenstelle auf andere Kostenstellen oder Kostenträger (Produkte). Zum Ausgleich der Kostenstellenkonten erfolgt, wie angeführt, eine **globale Übernahme der Fixkosten in die kurzfristige Erfolgsrechnung.**

Wird als Maßstab für die Istbeschäftigung b^i die erstellte Produktmenge x^i verwendet und bezeichnet $k_j^{i(v)}$ die variablen Istkosten pro Einheit des Produktes j (j = 1,2, ..., n), so lassen sich die Istkosten bei der Erstellung der Istproduktmenge x_j^i darstellen mit

$$K^i = \sum_{j=1}^{n} x_j^i\, k_j^{i(v)} + K^{i(f)}$$

Der **Betriebserfolg** (Betriebsergebnis) auf der Basis der Istkosten wird durch Gegenüberstellung von Kosten und Leistung ermittelt. Sind die Istproduktmengen x_j^i zu einem konstanten Preis p_j^i innerhalb der Abrechnungsperiode veräußert worden und kann der Preis als Kriterium für die Wertzuordnung verwendet werden, so läßt sich die **Istleistung** L^i bestimmen mit

$$L^i = \sum_{j=1}^{n} x_j^i\, p_j^i$$

Der **Betriebserfolg** G^i ergibt sich dann als Differenz zwischen der Istleistung und den gesamten Istkosten mit

$$G^i = \sum_{j=1}^{n} x_j^i \, (p_j^i - k_j^{i(v)}) - K^{i(f)}$$

Die in Klammern ausgewiesene Differenz bezeichnet man als **Stückdeckungsbeitrag.** Er wird auch als Bruttogewinn, Marginal Income und Contribution Marginal bezeichnet.

> Der **Stückdeckungsbeitrag** ist die Differenz zwischen dem Preis für ein Produkt und den variablen Stückkosten dieses Produktes.

Bei Multiplikation der Stückdeckungsbeiträge mit den entsprechenden Produktmengen ergeben sich die **Gesamtdeckungsbeiträge** für die einzelnen Produkte als Beiträge zur Fixkostendeckung und zur Gewinnerzielung (vgl. Abb. 3.3.25).

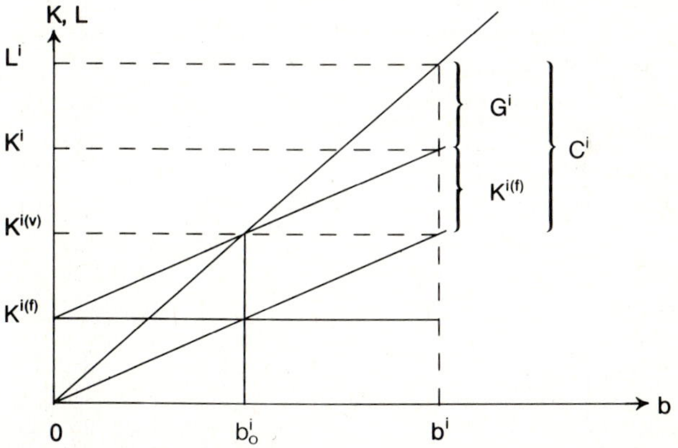

Abb. 3.3.25: Gesamtdeckungsbeitrag C^i und Gewinn G^i eines Produktes

Bei der Beschäftigung b_o^i liegt die **Gewinnschwelle** (auch als **break even point** bezeichnet). Hier sind die Leistungen (Erlöse) gerade so groß wie die gesamten Kosten.

Beispiel

Für die Produkte j = 1, 2, 3, 4 gelten als Istdaten:

Produkt	Produktmenge	Produktpreis DM	Variable Stückkosten DM	Stückdeckungsbeitrag DM	Gesamtdeckungsbeitrag DM
j	x_j^i	p_j^i	$k_j^{i(v)}$	c_j^i	C_j^i
1	3.000	180	125,60	54,40	163.200
2	12.800	75	71,50	3,50	44.800
3	5.700	250	129,80	120,20	685.140
4	8.300	142	120,70	21,30	176.790
					1.069.930

Bei angenommenen Fixkosten von $K^{i(f)}$ = 680 000 DM ergibt sich der Betriebserfolg mit

$$G^i = 1\,069\,930 \text{ DM} - 680\,000 \text{ DM} = 389\,930 \text{ DM}$$

Kontrolle

Den Betriebserfolg errechnet man aus der Differenz von Leistung und Kosten (variable plus fixe Kosten) mit

$$\begin{aligned} G^i &= L^i - (K^{i(v)} + K^{i(f)}) = \\ &= 3000 \cdot 180 \text{ DM} + 12\,800 \cdot 75 \text{ DM} + 5700 \cdot 250 \text{ DM} + 8300 \cdot 142 \text{ DM} - (3000 \cdot 125{,}60 \text{ DM} + 12\,800 \cdot 71{,}50 \text{ DM} + 5700 \cdot 129{,}80 \text{ DM} + 8300 \cdot 120{,}70 \text{ DM} + 680\,000 \text{ DM}) = \\ &= 4\,103\,600 \text{ DM} - (3\,033\,670 \text{ DM} + 680\,000 \text{ DM}) = \\ &= 389\,930 \text{ DM} \end{aligned}$$

Die Grenzkostenrechnung auf Istkostenbasis läßt sich durch Ersatz der Istkosten und Istleistungswerte durch vergangenheitsbezogene Durchschnittswerte leicht in eine Grenzkostenrechnung auf Normalkostenbasis überführen.

3.3.2.1.2.2 Stufenweise Fixkostendeckungsrechnung

Eine Erweiterung der Grenzkostenrechnung in bezug auf die Verrechnung der Fixkosten stellt die stufenweise Fixkostendeckungsrechnung als Istkostenrechnung dar. Sie wurde 1959 von *Agthe* entwickelt (Agthe [Fixkostendeckung]).

> Der **stufenweisen Fixkostendeckungsrechnung** liegt der Gedanke zugrunde, die Fixkosten unter dem Aspekt der Zurechenbarkeit auf bestimmte Bezugsobjekte (Produktarten, Produktgruppen, Betriebsbereiche, Unternehmen) aufzuspalten.

Wie das oben dargestellte Verfahren der Istkostenrechnung auf Grenzkostenbasis zeigt, werden dabei die fixen Kosten (im Beispiel 680 000 DM) dem Gesamtdeckungsbeitrag (im Beispiel 1 069 930 DM) global, d. h. **in einem Betrag,** gegenübergestellt. Bei dem Verfahren der stufenweisen Fixkostendeckungsrechnung erfolgt demgegenüber eine möglichst weitgehende **Aufspaltung des gesamten Fixkostenblocks** in verschiedene Schichten von Fixkosten, die sich durch ihre unterschiedliche Produktnähe unterscheiden:

- **Erzeugnisfixkosten** (z. B. Spezialanlagen für die Fertigung eines bestimmten Produktes) lassen sich dem Produkt direkt zurechnen.
- **Erzeugnisgruppenfixkosten** (z. B. Kosten für Gebäude, in denen mehrere Produktarten hergestellt werden) lassen sich den entsprechenden Produktgruppen direkt zurechnen.
- **Bereichsfixkosten** (z. B. Kosten für spezielle Produktionsbereiche, wie Fertigungsbereiche für bestimmte Produkte, oder selbständige Werke) lassen sich den entsprechenden Fertigungsbereichen direkt zurechnen.
- **Unternehmungsfixkosten** stellen bei der stufenweisen Fixkostenzurechnung diejenigen Fixkostenanteile dar, die nicht den einzelnen Produkten, Produktgruppen oder Betriebsbereichen, sondern nur der gesamten Unternehmensleitung zugerechnet werden können.

Die **Durchführung der stufenweisen Fixkostendeckungsrechnung** erfolgt in der Weise, daß man von den Erzeugnisdeckungsbeiträgen der einzelnen Produkte zunächst die Erzeugnisfixkosten der entsprechenden Produkte subtrahiert. Die verbleibenden Restdeckungsbeiträge werden zu Produktgruppenbeiträgen zusammengefaßt. Von diesen werden die Erzeugnisgruppenfixkosten subtrahiert, so daß man die Restdeckungsbeiträge für die einzelnen Produktgruppen erhält. Die Restdeckungsbeiträge der Produktgruppen werden zu Bereichsdekkungsbeiträgen zusammengefaßt, von denen die Bereichsfixkosten subtrahiert werden. Schließlich werden die sich ergebenden Restdeckungsbeiträge für die einzelnen Betriebsbereiche addiert und von ihnen die Unternehmensfixkosten subtrahiert. Als Ergebnis erhält man den Nettoerfolg (Betriebserfolg) für den Abrechnungszeitraum.

Die stufenweise Fixkostendeckungsrechnung will zeigen, daß die Beurteilung der Deckungsbeiträge für die einzelnen Produkte bei nichtdifferenzierter Fixkostenverrechnung zu einer falschen Einschätzung führt. In der Tat zeigt sich, daß für das Beispiel auf der nächsten Seite, in dem die Produkte 1 und 2 sowie die Produkte 3 und 4 jeweils eine Produktgruppe bilden, für die gleichzeitig ein Betriebsbereich besteht, die erstgenannte Gruppe einen negativen Deckungsbeitrag erzielt.

Die stufenweise Fixkostendeckungsrechnung läßt sich auch zu einem zukunftsbezogenen System ausbauen. Hierzu ist es erforderlich, die gesamte Rechnung auf der Grundlage von
– Planwerten sowie
– Istwerten
vorzunehmen. Bei Durchführung der Rechnung auf Planwertbasis erhält man nach Verrechnung der Planerzeugnisfixkosten, Planerzeugnisgruppenfixkosten, Planbereichsfixkosten, Planunternehmensfixkosten die entsprechenden Planrestdeckungsbeiträge als
– Planproduktdeckungsbeiträge,
– Planproduktgruppendeckungsbeiträge,
– Planbereichsdeckungsbeiträge,
– Planergebnis für die Betrachtungsperiode.

Beispiel

		Produkte			
		1	2	3	4
Produktmenge		3.000	12.800	5.700	8.300
Produktpreis pro Einheit	DM	180	75	250	142
Bruttoerlös	DM	540.000	960.000	1.425.000	1.178.600
Direkte Vertriebskosten	DM	6.000	12.800	17.100	16.600
Nettoerlös	DM	534.000	947.200	1.407.900	1.162.000
Direkte Fertigungskosten	DM	376.800	915.200	739.860	1.001.810
Erzeugnisdeckungsbeitrag	DM	157.200	32.000	668.040	160.190
Erzeugnisfixkosten (z. B. Spezialanlagen)	DM	30.000	–	100.000	50.000
Restdeckungsbeitrag	DM	127.200	32.000	568.040	110.190
		159.200		678.230	
Erzeugnisgruppenfixkosten (z. B. Gebäude)	DM	80.000		60.000	
Restdeckungsbeitrag	DM	79.200		618.230	
Bereichsfixkosten (z. B. Werksleitung)	DM	80.000		90.000	
Restdeckungsbeitrag	DM	– 800		528.230	
		527.430			
Unternehmensfixkosten (z. B. Unternehmensleitung)	DM	137.500			
Nettoerfolg		389.930			

Den Planwerten sind in einer zweiten Rechnung die Istwerte gegenüberzustellen. Aus einem Vergleich von Plan- und Istwerten gelangt man zu den sich aus der stufenweisen Fixkostendeckungsrechnung ergebenden **Abweichungen,** d. h. zu

- den Produktdeckungsbeitragsabweichungen,
- den Produktgruppendeckungsbeitragsabweichungen,
- den Bereichsdeckungsbeitragsabweichungen,
- der Betriebserfolgsabweichung.

3.3.2.2 Zukunftsbezogene Kostenrechnungssysteme

Zukunftsbezogene Kostenrechnungssysteme sind dadurch charakterisiert, daß unabhängig von den Istkosten vergangener Perioden für die Planungsperiode geplante Kosten (Plankosten, Standardkosten, Richtkosten, Budgetkosten) festgelegt werden. Den **Plankosten** kommt die Funktion der Sollgröße als Beurteilungsmaßstab für die in der Planungsperiode tatsächlich entstandenen Istkosten zu.

Die zukunftsbezogenen Kostenrechnungssysteme lassen sich schematisch wie folgt darstellen:

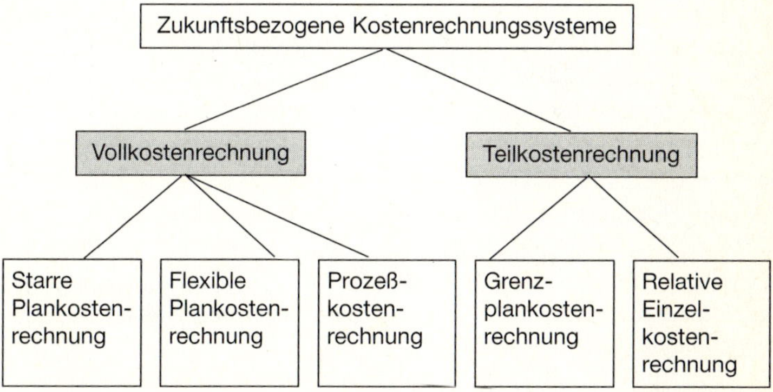

3.3.2.2.1 Plankostenrechnung auf Vollkostenbasis

Bei der **Plankostenrechnung auf Vollkostenbasis** werden die gesamten Kosten geplant und den der Planung zugrunde liegenden Produktarten und Produktmengen zugerechnet.

Bei den Verfahren der Plankostenrechnung auf Vollkostenbasis unterscheidet man zwischen starrer Plankostenrechnung und flexibler Plankostenrechnung.

3.3.2.2.1.1 Starre Plankostenrechnung

Die **starre Plankostenrechnung** ist dadurch gekennzeichnet, daß die Kostenplanung für eine einzige Beschäftigung, nämlich die voraussichtliche Planbeschäftigung, erfolgt.

Das System erlaubt keine Anpassung an alternative, von der Planbeschäftigung abweichende Beschäftigungen, d. h., es ist in bezug auf die Vorgabe von Plankosten für die Betrachtungsperiode starr.

Die Planung der Kosten erstreckt sich auf alle Kosteneinflußgrößen. Bei geplanten Preisen q_i^p und Mengen r_i^p des Produktionsfaktors i und der Planbezugsgröße b^p (z. B. Planproduktmenge x^p oder Planfertigungszeit t^p) sind die **Plankosten** einer Kostenstelle

$$K^p = \sum_{i=1}^{m} q_i^p \, r_i^p = k^p \, b^p$$

Der **Plankostensatz** pro Planbezugsgrößeneinheit ist

$$k^p = \frac{K^p}{b^p}$$

Da der Plankostensatz k^p der Verrechnung der Kosten zugrundegelegt wird, führt dies dazu, daß bei Planbeschäftigung die gesamten Plankosten der Kostenstelle verrechnet werden.

Nach Abschluß der Periode werden die tatsächlich entstandenen Kosten mit den Plankosten verglichen. Auftretende Differenzen (**Kostenabweichungen**) werden in zwei Teile aufgespalten:

Den ersten Teil bilden die Abweichungen, die sich als Differenz zwischen Istkosten K^i und Plankosten K^p bei Zugrundelegung der geplanten Beschäftigung b^p ergeben. Für die entsprechenden Kostenabweichungen gilt

$$\Delta K^{i-p} = k^i \, b^i - k^p \, b^p$$

Den zweiten Teil bilden die Abweichungen zwischen den Istkosten und den bei der tatsächlichen Beschäftigung verrechneten Plankosten. Für die Kostenabweichung gilt

$$\Delta K^{i-vp} = k^i \, b^i - k^p \, b^i$$

Die folgende Abb. 3.3.26 enthält den Graphen der Funktion der verrechneten Plankosten K^{vp}, die Istkosten K^i sowie die Planbeschäftigung b^p und die Istbeschäftigung b^i für die Kostenstelle.

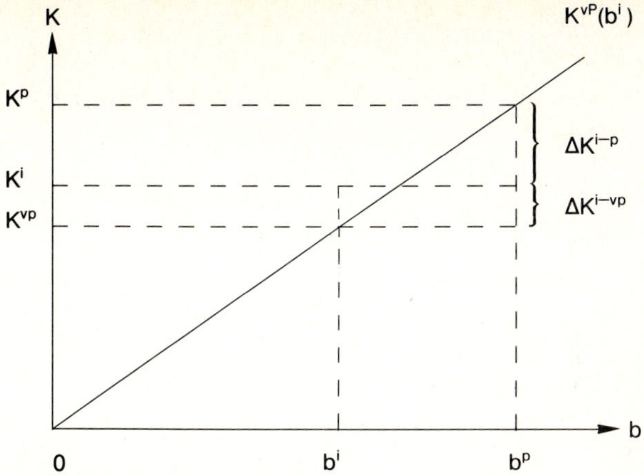

Abb. 3.3.26: Kostenabweichungen in der starren Plankostenrechnung

Beispiel

Der geplante Verrechnungssatz (Plankostensatz) pro Bezugsgrößeneinheit Fertigungsminute betrage als Vollkostensatz 4,15 DM. Damit betragen die Plankosten für die Kostenstelle

$K^p = 4{,}15 \text{ DM/Fmin} \cdot 240\,000 \text{ Fmin} = 996\,000 \text{ DM}$

Die auf der Basis der Istbeschäftigung verrechneten Plankosten der Kostenstelle ergeben sich mit

$K^{vp} = 4{,}15 \text{ DM/Fmin} \cdot 197\,700 \text{ Fmin} = 820\,455 \text{ DM}$

Produkt	Produktmenge		Bezugsgröße (Fertigungsmin pro Produkteinheit)		Bezugsgröße (Fertigungsmin.)	
j	Plan x_j^p	Ist x_j^i	Plan β_j^p	Ist β_j^i	Plan b_j^p	Ist b_j^i
1	5.000	3.000	10	10	50.000	30.000
2	12.000	12.800	5	5	60.000	64.000
3	10.000	5.700	7	8	70.000	45.600
4	10.000	8.300	6	7	60.000	58.100
					240.000	197.700

Die tatsächlich in der Kostenstelle entstandenen Istkosten seien 915 351 DM. Es ergibt sich somit ein **Istkostenverrechnungssatz** von

$$k^i = \frac{915\,351\text{ DM}}{197\,700\text{ Fmin}} = 4{,}63\text{ DM/Fmin}$$

Das bedeutet, die Istkosten wurden nicht in vollem Umfang auf die Produkte verrechnet.

Die **Kostenabweichungen** sind

$$\Delta K^{i-p} = 915\,351\text{ DM} - 996\,000\text{ DM} = -80\,649\text{ DM}$$

$$\Delta K^{i-vp} = 915\,351\text{ DM} - 820\,455\text{ DM} = 94\,896\text{ DM}$$

Die ermittelten Abweichungen sind für Zwecke der Kostenkontrolle ungeeignet, da die Istbezugsgröße (197 700 Fmin) von der Planbezugsgröße (240 000 Fmin) abweicht. Zur **Kostenkontrolle** müssen diejenigen Plankosten bekannt sein, die bei der tatsächlichen Beschäftigung angefallen wären, nämlich die **Sollkosten** (Kilger [Plankostenrechnung] 50f.). Das setzt die Anwendung der flexiblen Plankostenrechnung voraus.

3.3.2.2.1.2 Flexible Plankostenrechnung

Die **flexible Plankostenrechnung** ist dadurch gekennzeichnet, daß die Kostenplanung zwar für eine bestimmte Beschäftigung, nämlich die voraussichtliche Planbeschäftigung erfolgt; der konzeptionelle Aufbau des Systems erlaubt es jedoch, für jede von der Planbeschäftigung abweichende Beschäftigung Plankosten zu bestimmen.

Das System ist bezüglich der Anpassung der Plankosten an die tatsächliche Beschäftigung in der Betrachtungsperiode flexibel.

Zur Ermittlung der Sollkosten im Rahmen der flexiblen Plankostenrechnung ist es erforderlich, die Kosten durch **Kostenauflösung** in fixe und variable Kostenbestandteile zu zerlegen. Damit wird es möglich, die Kostenvorgabe an der Istbezugsgröße auszurichten. Statt fester Kostenbeiträge werden den Kostenstellen Kostenfunktionen vorgegeben, die die Beziehungen zwischen Veränderungen der Beschäftigung und der planmäßigen Veränderung der Kostenarten angeben und die abgespaltenen fixen Plankosten als Konstante einschließen. Für die Planbeschäftigung errechnen sich die Plankosten einer Kostenstelle mit

$$K^p = k^{p(v)}\, b^p + K^{p(f)}$$

Der **Plankostenverrechnungssatz** der Kostenstelle pro Bezugsgrößeneinheit ist

$$k^p = k^{p(v)} + K^{p(f)}/b^p$$

Anders als die Plankosten, die nur für eine bestimmte Beschäftigung, nämlich die Planbeschäftigung, gelten, sind die **Sollkosten** eine Funktion der Beschäftigung, genauer der Istbeschäftigung. Gilt speziell Linearität der Kostenfunktion, so erhält man die Sollkosten K^s als Funktion der Istbeschäftigung b^i der Kostenstelle mit

$$K^s(b^i) = k^{p(v)}\, b^i + K^{p(f)}$$

Nach Abschluß der Periode werden die tatsächlich entstandenen Istkosten mit den Sollkosten verglichen.

Auftretende Differenzen (**Kostenabweichungen**) werden in zwei Teile aufgespalten, nämlich in
- die Verbrauchsabweichung und
- die Beschäftigungsabweichung.

Den ersten Teil bilden die Abweichungen, die sich als Differenzen zwischen Istkosten und Sollkosten ergeben (**Verbrauchsabweichung**). Für sie gilt

$$\Delta K^{i-s} = k^i\, b^i - (k^{p(v)}\, b^i + K^{p(f)})$$

Den zweiten Teil bilden die Abweichungen zwischen Sollkosten und verrechneten Plankosten. Die Ermittlung der Abweichungen erfolgt also jeweils auf der Basis der Istbezugsgröße b^i der Kostenstelle (**Beschäftigungsabweichung**). Für sie gilt

$$\Delta K^{s-vp} = (k^{p(v)}\, b^i + K^{p(f)}) - k^p\, b^i$$

Die Abb. 3.3.27 enthält die Graphen der Funktion der Sollkosten und der verrechneten Plankosten, die Istkosten sowie die Plan- und Istbeschäftigung der Kostenstelle.

Beispiel

Es seien die oben bei der starren Plankostenrechnung angeführten Daten gegeben. Im Rahmen der Kostenauflösung werden die fixen Kostenbestandteile für die Kostenstelle mit 228 000 DM ermittelt. Dann errechnet sich der variable Plankostenverrechnungssatz pro Bezugsgrößeneinheit mit

$$k^{p(v)} = 4{,}15 \text{ DM/Fmin} - 228\,000 \text{ DM}/240\,000 \text{ Fmin} =$$
$$= 4{,}15 \text{ DM/Fmin} - 0{,}95 \text{ DM/Fmin} = 3{,}20 \text{ DM/Fmin}$$

Die Sollkosten der Kostenstelle ergeben sich mit

$$K^s = 3{,}20 \text{ DM/Fmin} \cdot 197\,700 \text{ Fmin} + 228\,000 \text{ DM}$$
$$= 860\,640 \text{ DM}$$

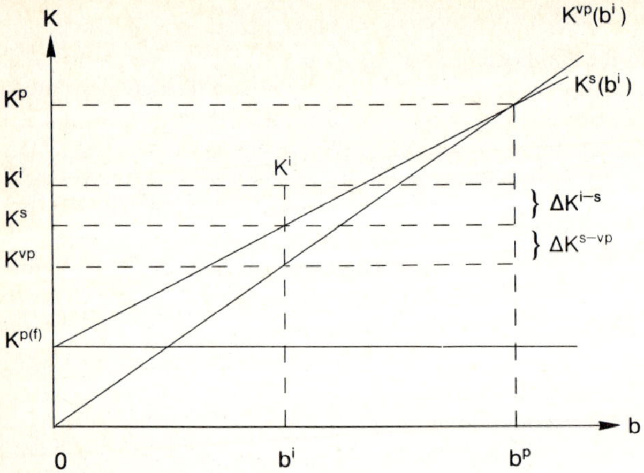

Abb. 3.3.27: Kostenabweichungen in der flexiblen Plankostenrechnung auf Vollkostenbasis

Die **Verbrauchsabweichung** ist dann

$\Delta K^{i-s} = 915\,351 \text{ DM} - 860\,640 \text{ DM} = 54\,711 \text{ DM}$

und die **Beschäftigungsabweichung** ist

$\Delta K^{s-vp} = 860\,640 \text{ DM} - 820\,455 \text{ DM} = 40\,185 \text{ DM}$

Die aufgezeigten Abweichungen sind für Zwecke der **Kostenkontrolle** geeignet:

- Die **Beschäftigungsabweichung** ist darauf zurückzuführen, daß im Plankostenverrechnungssatz die Fixkostenteile auf der Basis der Planbeschäftigung verrechnet werden. Der Plankostenverrechnungssatz ist damit ein Vollkostensatz. Er führt jedoch nur dann zu einer vollen Verrechnung der Fixkosten, wenn die Istbeschäftigung der Planbeschäftigung entspricht. Ist die Istbeschäftigung geringer als die Planbeschäftigung, so wird ein Teil der Fixkosten nicht auf die Kostenträger verrechnet.
- Die **Verbrauchsabweichung** ist darauf zurückzuführen, daß auf der Grundlage der Istbeschäftigung, gemessen an der Kostenplanung, zu viele Produktionsfaktoren verbraucht wurden.

Nach dem Verfahren der flexiblen Plankostenrechnung werden vor Ermittlung der Verbrauchsabweichung die Kostenabweichungen eliminiert, die auf Veränderungen der Produktionsfaktorpreise im Ist gegenüber dem Plan zurückgehen (**Preisabweichungen**).

Im Gegensatz zur **Kostenkontrolle** erfüllen die Verfahren der Plankostenrechnung auf Vollkostenbasis nicht die Aufgabe, **Informationen** für kurzfristige unternehmerische Entscheidungen zu liefern. Dies ist in der **falschen Behandlung der Fixkosten** begründet. Wie die Funktion der verrechneten Plankosten zeigt, werden die Fixkosten nach den gleichen Bezugsgrößen auf die Kostenträger verrechnet wie die variablen Kosten, obwohl sie unabhängig von der Bezugsgröße entstehen. Die den Kostenträgern zurechenbaren variablen Kostenbestandteile werden so von fixen Kostenbestandteilen überlagert und verlieren damit ihren entscheidungsrelevanten Informationswert (Kilger [Plankostenrechnung] 59 ff.). Diesen Fehler vermeidet die Grenzplankostenrechnung.

3.3.2.2.1.3 Prozeßkostenrechnung

(1) Begriff

> Die **Prozeßkostenrechnung** ist dadurch gekennzeichnet, daß die Zurechnung der Produktgemeinkosten der indirekten Leistungsbereiche auf die hergestellten Produkte nicht unter Zugrundelegung von wertmäßigen Bezugsgrößen (Materialeinzelkosten, Fertigungslohn, Herstellkosten) erfolgt, sondern entsprechend der im Zusammenhang mit der Herstellung notwendigen Tätigkeiten (Prozesse, Aktivitäten) unter Berücksichtigung der die Prozesse beeinflussenden Bezugsgrößen (**Cost-drivers**).

Je mehr Prozesse auf einen Kostenträger entfallen und je mehr Bezugsgrößeneinheiten (z. B. Zeiteinheiten) die Prozesse in Anspruch nehmen, desto mehr Gemeinkosten werden dem Kostenträger zugerechnet.

Die **indirekten Leistungsbereiche,** die die betrachteten Prozesse betreffen, sind namentlich die Bereiche der Forschung und Entwicklung, der Konstruktion, der Beschaffung, der Materialwirtschaft, der Logistik, der Produktionsplanung und Produktionssteuerung, der Instandhaltung, der Qualitätssicherung und des Vertriebs. Ihnen kommt infolge technologischer Änderungen der industriellen Fertigungsprozesse mit zunehmender Automatisierung und Mechanisierung wachsende Bedeutung in der Praxis zu.

Die Prozeßkostenrechnung gliedert die im Zusammenhang mit der Herstellung von Produkten notwendigen Prozesse im Rahmen einer **Prozeßhierarchie** in Prozeßbereiche, Hauptprozesse und Teilprozesse. So läßt sich z. B. der Prozeßbereich »Fertigungsaufträge abwickeln« in die Hauptprozesse »Vorfertigungsaufträge abwickeln« und »Aufträge in Werkstatt bearbeiten« einteilen. Weiterhin kann zum Beispiel der Hauptprozeß »Vorfertigungsaufträge abwickeln« in die Teilprozesse »Fertigungsunterlagen erstellen und bereitstellen; Material abrufen, auslagern und bereitstellen; Fertigungsablauf überwachen; Mängel beseitigen« gegliedert werden.

(2) Aufgaben

Hauptaufgabe der Prozeßkostenrechnung:

- Durchführung einer prozeßorientierten Kontrolle der Kosten in den oben angeführten indirekten Leistungsbereichen und
- Vornahme einer prozeßorientierten Kalkulation (Plankalkulation).

Vielfach wird die Aufgabe der Prozeßkostenrechnung weiter gefaßt. Sie soll die Kostentransparenz in den indirekten Leistungsbereichen erhöhen, einen effizienten Ressourcenverbrauch sicherstellen, die Kapazitätsauslastung aufzeigen, die Produktkalkulation verbessern und damit strategische Fehlentscheidungen vermeiden (Horváth/Mayer [Prozeßkostenrechnung] 216).

(3) Aufbau

Für den **Aufbau** der Prozeßkostenrechnung lassen sich mehrere Schritte unterscheiden. Sie betreffen namentlich
- die Bestimmung von Prozessen (Prozeßanalyse),
- die Ermittlung von Bezugsgrößen und
- die Festlegung von Planprozeßkosten.

(a) Die **Prozeßanalyse** (Tätigkeitsanalyse) betrifft die Zerlegung der von den Kostenstellen in den indirekten Leistungsbereichen zu verrichtenden Aufgaben (Teilprozesse). Im wesentlichen handelt es sich dabei um Vorgänge der Planung, der Steuerung und der Überwachung. Das Ergebnis der Prozeßanalyse ist eine für die betrachteten indirekten Leistungsbereiche aufgestellte **Prozeßliste** (Tätigkeitsliste). Sie könnte sich für die Kostenstelle Einkauf aus den folgenden Teilprozessen zusammensetzen: Angebote einholen, Bestellungen aufgeben, Reklamationen bearbeiten, Abteilung leiten.

Nach der Festlegung der in einer Kostenstelle des indirekten Leistungsbereichs anfallenden Prozesse wird festgestellt, ob sich die einzelnen Prozesse in Abhängigkeit vom Leistungsvolumen der Kostenstelle jeweils mengenvariabel oder mengenfix verhalten. Entsprechend wird eine Unterscheidung in **leistungsmengeninduzierte** und **leistungsmengenneutrale Prozesse** vorgenommen (Horváth/Mayer [Prozeßkostenrechnung] 216). Für die oben angeführte Kostenstelle Einkauf werden die Prozesse »Angebote einholen; Bestellungen aufgeben; Reklamationen bearbeiten« als leistungsmengeninduzierte Prozesse eingestuft, während der Prozeß »Abteilung leiten« als leistungsmengenneutraler Prozeß ausgewiesen wird.

(b) Die **Bezugsgrößenwahl** legt für die leistungsmengeninduzierten Prozesse zur Messung (Quantifizierung) des jeweiligen Prozeßumfangs Maßgrößen (Prozeßgrößen) fest. Die **Prozeßgrößen (Cost-driver)** werden als maßgebliche Kostenbestimmungsfaktoren interpretiert und entsprechend als Bezugsgrößen für die Verrechnung der Gemeinkosten der indirekten Leistungsbereiche verwendet. Für die oben angeführte Kostenstelle Einkauf könnten als Cost-driver verwendet werden die Anzahl der eingeholten Angebote, die Anzahl der Bestellungen oder die Anzahl der bearbeiteten Reklamationen.

(c) Zur Bestimmung der **Planprozeßkosten** ist für jede festgelegte Bezugsgröße ein Planwert (**Planprozeßmenge**) festzulegen. Grundlage für die Ermittlung der Planprozeßmengen für die einzelne Bezugsgröße könnte die Produktionsprogrammplanung sein. Für die oben angeführten leistungsmengeninduzierten Prozesse der Kostenstelle Einkauf wäre danach für den Planungszeitraum (Jahr, Monat) festzulegen, wieviele Angebote eingeholt, wieviele Bestellungen aufgegeben und wieviele Reklamationen planmäßig bearbeitet werden sollen.

Im Rahmen der Festlegung der **Planprozeßkosten** sind den Planprozeßmengen der leistungsmengeninduzierten Prozesse Planprozeßkosten zuzuordnen. Als wesentliche Kostenarten werden Personal-, Raum-, Energie- und Büromaterialkosten angesehen. Die Festlegung der Plankosten erfolgt über die **Verfahren**

– der analytischen Kostenplanung und
– der Schlüsselung des Kostenstellenbudgets bzw. der Verwendung normalisierter Stellenkosten (Horváth/Mayer [Prozeßkostenrechnung] 217).

Im zweitgenannten Fall wird anhand von Interviews mit dem Kostenstellenverantwortlichen festgestellt, welches Personal (Mannstunden) und welche Sachmittel zur Durchführung der Prozesse benötigt werden. Als Ergebnis der Interviews wird eine **Prozeßübersicht** erstellt, in der eine Zuordnung der Personalkosten auf die Prozeßarten erfolgt.

Werden die einem leistungsmengeninduzierten Prozeß zugeordneten Kosten (Plankosten) durch die zugehörige Prozeßmenge (Planprozeßmenge) dividiert, so erhält man den jeweiligen **Prozeßkostensatz (Planprozeßkostensatz)**. Der Prozeßkostensatz enthält die Kosten der einmaligen Durchführung eines leistungsmengeninduzierten Prozesses der betrachteten Prozeßart. Nicht berücksichtigt sind die Prozeßkosten (Planprozeßkosten) der leistungsmengenneutralen Prozesse. Um auch diese Kosten den leistungsmengeninduzierten Prozessen zuzurechnen, erfolgt eine **Umlage** der **Kosten** der **leistungsmengenneutralen Prozesse** im Verhältnis zu den Prozeßkosten der leistungsmengeninduzierten Prozesse. Die Ermittlung des leistungsmengeninduzierten, des leistungsmengenneutralen und des vollen Plankostensatzes wird im folgenden für den indirekten Leistungsbereich Einkauf verdeutlicht.

Beispiel

Für den indirekten Leistungsbereich Einkauf seien die im folgenden angeführten vier Teilprozesse zu unterscheiden. Als Cost-driver werden für die Teilprozesse 1 bis 3 jeweils Mengengrößen (Angebote, Bestellungen, Reklamationen) festgelegt. Die Planteilprozeßmengen und die (gesamten) Planprozeßkosten seien aufgrund der Produktionsprogrammplanung bzw. der Schlüsselung des Budgets des indirekten Leistungsbereichs Einkauf wie im folgenden angeführt ermittelt worden.

Teilprozesse ι	Teilprozesse Bezeichnung	Bezugsgrößen der leistungsmengeninduzierten Prozesse (Cost-driver)	Planteilprozeßmengen	Planprozeßkosten K^p_ι DM
1	Angebote einholen	Anzahl der Angebote	800	150 000
2	Bestellungen aufgeben	Anzahl der Bestellungen	1 600	100 000
3	Reklamationen bearbeiten	Anzahl der Reklamationen	75	30 000
4	Abteilung leiten	–	–	20 000

Den leistungsmengeninduzierten Prozeßkostensatz der Teilprozesse 1 bis 3 erhält man durch Division der jeweiligen Planprozeßkosten durch die entsprechenden Planteilprozeßmengen.

Zur Ermittlung des leistungsmengenneutralen Planprozeßkostensatzes, der sich aus der Umlage der Planprozeßkosten für den Teilprozeß 4 (Abteilung Leitung) ergibt, ist zunächst der Zuschlagsatz zu ermitteln. Für ihn gilt

$$z = \frac{20\,000\text{ DM}}{280\,000\text{ DM}} = 0{,}07143$$

Bei Multiplikation des Zuschlagsatzes mit den jeweiligen leistungsmengeninduzierten Planprozeßkostensätzen der Teilprozesse 1 bis 3 erhält man die entsprechenden leistungsmengenneutralen Plankostensätze.

Der **volle Plankostensatz** eines Teilprozesses ergibt sich durch Addition des leistungsmengeninduzierten und des leistungsmengenneutralen Plankostensatzes.

Die Ergebnisse stellen sich für die Teilprozesse wie folgt dar:

ι	Teilprozesse Bezeichnung	leistungsmengeninduzierter (»variabler«) Planprozeßkostensatz $k^p_{\iota v}$ DM	leistungsmengenneutraler Planprozeßkostensatz $k^p_{\iota f}$ DM	»voller« Planprozeßkostensatz k^p_ι DM
1	Angebote einholen	187,50	13,39	200,89
2	Bestellungen aufgeben	62,50	4,46	66,96
3	Reklamationen bearbeiten	400,00	28,57	428,57

(4) Beurteilung

In bezug auf die Aufgaben der Kostenrechnung ist die Prozeßkostenrechnung zusammenfassend wie folgt **zu beurteilen:**

- Die Prozeßkostenrechnung weist bezüglich der traditionellen Kostenrechnungssysteme auf Vollkostenbasis keine prinzipiellen Unterschiede auf. Sie gliedert sich wie die traditionelle Kostenrechnung in Kostenarten-, Kostenstellen- und Kostenträgerrechnung. Daraus folgt, daß sie ebenso wie andere Vollkostenrechnungssysteme die **Lenkungsfunktion** der Kostenrechnung nicht erfüllt. Dies ist im wesentlichen darin begründet, daß die Prozeßkostenrechnung mehrfache Schlüsselungen von Kostenträgergemeinkosten und eine Proportionalisierung beschäftigungsfixer Kosten vornimmt (Franz [Prozeßkostenrechnung] 128; Glaser [Prozeßkostenrechnung] 287f.).

- Die oben (S. 498) vorgenommene Darstellung der flexiblen Plankostenrechnung hat gezeigt, daß eine aussagefähige **Kostenkontrolle** die Ermittlung und Analyse von Verbrauchsabweichungen zum Inhalt hat. Voraussetzung hierfür ist die Kenntnis der kurzfristigen beschäftigungsabhängigen Kosten. Soweit sich die Prozeßkostenrechnung auf die Planung und Analyse von Prozeßkosten indirekter Leistungsbereiche erstreckt, kann sie die Kontrollfunktion der Kostenrechnung im Sinne der Ermittlung und Analyse von Verbrauchsabweichungen nicht erfüllen. Kostenkontrollen in den direkten Leistungsbereichen können dagegen auch in der Prozeßkostenrechnung vorgenommen werden. Darüber hinaus besteht eine Überlegenheit der Prozeßkostenrechnung gegenüber den Verfahren der traditionellen Plankostenrechnung insoweit, als sie durch die Verwendung der oben angeführten Bezugsgrößen eine Auslastungskontrolle der indirekten Leistungsbereiche ermöglicht.

- Schließlich erfüllt die Prozeßkostenrechnung die **Dokumentationsfunktion** der Kostenrechnung. Sowohl die gesetzlichen Vorschriften für die Bestandsbewertung als auch die Leitsätze für die Preisermittlung aufgrund von Selbstkosten erlauben eine Proportionalisierung beschäftigungsfixer Kostenträgergemeinkosten, ohne daß sie eine Vorgabe in bezug auf die zu verwendenden Bezugsgrößen enthalten. Dabei kommt auch eine Zurechnung der beschäftigungsfixen Kosten auf die Kostenträger nach dem Verfahren der Prozeßkostenrechnung in Betracht.

3.3.2.2.2 Plankostenrechnung auf Teilkostenbasis

Bei der Plankostenrechnung auf Teilkostenbasis werden zwar die gesamten, d. h. die beschäftigungsabhängigen (variablen) Kosten und die beschäftigungsunabhängigen (fixen) Kosten für die Betrachtungsperiode geplant, jedoch nur die **beschäftigungsabhängigen** Plankosten den der Planung zugrundegelegten Kostenträgern zugerechnet.

3.3.2.2.2.1 Grenzplankostenrechnung

Der **Aufbau der Grenzplankostenrechnung** entspricht weitgehend dem zuletzt dargestellten System der Plankostenrechnung auf Vollkostenbasis. Der wesentliche Unterschied besteht im angewandten Plankostenverrechnungssatz für die innerbetriebliche Leistungsabrechnung zwischen den Kostenstellen und für die Plankalkulation.

Während bei der Plankostenrechnung auf Vollkostenbasis in den Plankostenverrechnungssatz die Fixkosten eingehen, enthält der Plankostenverrechnungssatz bei der **Grenzplankostenrechnung** nur die variablen Kosten. Damit stimmen die verrechneten Plankosten immer mit den Sollkosten überein.

Die Beschäftigungsabweichungen ΔK^{s-vp} sind in der Grenzplankostenrechnung immer Null; es entstehen nur noch die **Verbrauchsabweichungen.** Für sie gilt

$$\Delta K^{i-s} = (k^{i(v)} - k^{p(v)})\, b^i$$

Die Abb. 3.3.28, die die Graphen der Funktion der Sollkosten und der verrechneten Plankosten, die Istkosten sowie die Plan- und Istbeschäftigung enthält, verdeutlicht den Zusammenhang.

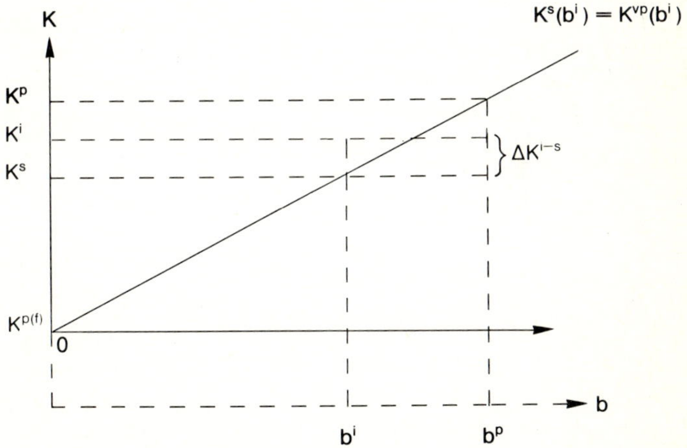

Abb. 3.3.28: Kostenabweichungen in der Grenzplankostenrechnung

Beispiel

Es seien wiederum die oben bei der starren Plankostenrechnung angeführten Daten gegeben, ebenso die fixen Kostenbestandteile für eine Kostenstelle mit 228 000 DM. Der variable Plankostenverrechnungssatz, der hier sowohl der Ermittlung der proportionalen Sollkosten wie der verrechneten Grenzplankosten dient, sei 3,20 DM/Fmin.

Die proportionalen Sollkosten und die verrechneten Grenzplankosten der Kostenstelle ergeben sich mit

$K^{s(v)} = K^{vp(v)} = 3{,}20\ \text{DM/Fmin} \cdot 197\,700\ \text{Fmin} = 632\,640\ \text{DM}$

Bei Unterstellung gleicher Fixkostenbestandteile im Plan und Ist sind die variablen Istkosten

$K^{i(v)} = 915\,351\ \text{DM} - 228\,000\ \text{DM} = 687\,351\ \text{DM}$

Die **Verbrauchsabweichung** als einzige hier entstehende Kostenabweichung ist dann

$\Delta K^{i(v)-s(v)} = 687\,351\ \text{DM} - 632\,640\ \text{DM} = 54\,711\ \text{DM}.$

Das Verfahren ist sowohl für Zwecke der **Kostenkontrolle** wie auch zur Gewinnung von **Informationen** für kurzfristige unternehmerische Entscheidungen geeignet (Plaut [Grenz-Plankostenrechnung] 347 ff. u. 402 ff.).

Die **Kontrollfunktion** wird von der Grenzplankostenrechnung insoweit erfüllt, als das Verfahren in der Lage ist, die Verbrauchsabweichung in den einzelnen Kostenstellen zu ermitteln und es damit die Grundlage bildet für die Feststellung von Unwirtschaftlichkeiten in den einzelnen Kostenstellen. Gegenüber der Plankostenrechnung auf Vollkostenbasis führt das Verfahren insoweit zu Verbesserungen, als

- die Probleme bei der sonst erforderlichen Bestimmung der Planbeschäftigung nicht auftreten,
- die Kostenstellen ihre Sollkosten vergleichsweise einfach selbst bestimmen können,
- die Durchführung des periodenmäßigen kostenartenweisen Soll-Istkostenvergleichs erleichtert wird.

Die **Lenkungsfunktion** wird von der Grenzplankostenrechnung insoweit erfüllt, als das Verfahren relevante Informationen für absatzpolitische und sonstige kurzfristige Entscheidungen liefert. In Betracht kommen Entscheidungen über

- Eigenfertigung bzw. Fremdbezug von Produktionsfaktoren,
- die Festlegung kurzfristiger Preisuntergrenzen.

3.3.2.2.2.2 Relative Einzelkostenrechnung

Die Zuordnung von Kostenrechnungssystemen nach dem Kriterium der Vergangenheits- oder Zukunftsorientierung ist dann nicht möglich, wenn die Systeme in bezug auf die zeitliche Ausrichtung grundsätzlich offen sind. Diese Orientierungsoffenheit besteht namentlich bei einer Reihe von Teilkostenrechnungssystemen, wie dem **Direct Costing** und der **Einzelkosten- und Deckungsbeitragsrechnung.** Da das Direct Costing weitgehend aus Elementen der oben dargestellten vergangenheits- und zukunftsorientierten Teilkostenrechnungssysteme besteht, beschränken sich die folgenden Ausführungen auf die relative Einzelkostenrechnung nach *Riebel* ([Deckungsbeitragsrechnung]).

Die **relative Einzelkostenrechnung** ist an der Hauptaufgabe des Rechnungswesens ausgerichtet, der Vorbereitung von unternehmerischen Entscheidungen zu dienen.

Die aus der Kostenrechnung ableitbaren Informationen über Wirkungen von Entscheidungsalternativen und getroffenen Maßnahmen müssen danach von einer unverzerrten Abbildung der Vergangenheit und der für die Zukunft erwarteten Wirklichkeit ausgehen, d. h., es wird eine weitgehende **Objektivierung** in bezug auf die dargestellten Sachverhalte verlangt. Zur objektiven Abbildung sind nur Realgütermengen, Zahlungsmittelmengen und Entgelte geeignet. Wertmäßige Kosten und Leistungen werden als Fiktionen abgelehnt. Zurechnung wird als eindeutig zwingende Gegenüberstellung zweier Größen (z. B. Ausgaben und bestimmte Maßnahmen) verstanden. Daraus wird der **entscheidungsorientierte Kosten- und Leistungsbegriff** abgeleitet. Nach *Riebel* sind Kosten »die durch die Entscheidung über das betrachtete Objekt ausgelösten zusätzlichen – nicht kompensierten – Ausgaben.«

Aus der Sicht der entscheidungsorientierten Kostenrechnung sind zwei Größen dann einander zurechenbar, wenn sie durch dieselbe Entscheidung ausgelöst werden. Dieses Zurechnungsprinzip wird als **Identitätsprinzip** bezeichnet.

Die relative Einzelkostenrechnung ist kein vorgefertigtes System, sondern eine bestimmte Denkweise, für deren Realisierung nur **allgemeine Grundsätze** aufgestellt wurden. Bei Anwendung des Systems in einem Unternehmen müssen die betrieblichen und marktlichen Eigenschaften des Unternehmens berücksichtigt werden.

Zur Realisierung der relativen Einzelkostenrechnung wird ein System **zweckneutraler, objektiver Grundrechnungen** eingerichtet, das vergangenheits- oder zukunftsbezogen sein kann. Sie enthalten die entscheidungsorientierten Kosten und Leistungen, Einnahmen und Ausgaben, Ein- und Auszahlungen, Einsatz- und Ausbringungsmengen sowie die Nutzungspotentiale. Die Grundrechnungen lassen sich vieldimensional gliedern, je nachdem, welcher Zweck mit der Rechnung verfolgt werden soll. Ebenso können alle denkbaren Bezugsobjekte,

Handlungsparameter, Einflußgrößen und Abhängigkeitsbeziehungen berücksichtigt werden (Riebel [Deckungsbeitragsrechnung] 430 ff., 444 ff.). Die Grundrechnung kann als Datenbank verstanden werden.

Die Grundrechnungen werden ergänzt durch **standardisierte Zweckrechnungen** und **individuelle Sonderrechnungen.** Über diese Ergänzungsrechnungen ist es möglich, die für die individuelle Entscheidung erforderlichen Informationen abzuleiten. Zentrale ableitbare Informationen sind **Deckungsbeiträge.** Dabei wird der Begriff des Deckungsbeitrages weit gefaßt. Er bezeichnet jede Differenz zwischen dem Erlös und bestimmten Kosten. Diese Differenz ist nicht auf die Produkteinheit und die Stückkosten beschränkt, sondern kann sich auf Zeitabschnitte, Leistungseinheiten, Einheiten eingesetzter Produktionsfaktoren, Grenzkosten, mit Ausgaben verbundene Kosten und auf andere Bezugsgrößen richten.

Die Deckungsbeiträge sollen die **Erfolgsänderungen** aufzeigen, die durch getroffene Entscheidungen entstanden oder durch zu treffende Entscheidungen zu erwarten sind. Durch Zusammenfassen der Deckungsbeiträge entsprechend dem anstehenden Entscheidungsproblem können die Erfolgsquellen aufgezeigt und ihre Beeinflussung durch die Entscheidung offengelegt werden.

Die Einzelkosten- und Deckungsbeitragsrechnung beschränkt sich indessen nicht nur auf die Planung und Kontrolle von Einzeldeckungsbeiträgen. Es werden für die einzelnen betrieblichen Teilbereiche und für das Gesamtunternehmen **Deckungsbudgets** aufgestellt. Diese umfassen neben dem direkten Deckungsbedarf der Periode einen Teil der Periodengemeinausgaben als Deckungslast, deren Erwirtschaftung in der Budgetperiode angesteuert wird. Die Gegenüberstellung der erwirtschafteten Auftragsbeiträge und der Deckungsbudgets soll eine kontinuierliche Erfolgsrechnung innerhalb der Budgetperiode ermöglichen.

3.3.3 Teilgebiete der Kostenrechnung

Die Kostenrechnung gliedert sich nach klassischer Auffassung in die Teilgebiete

- **Kostenartenrechnung,**
- **Kostenstellenrechnung,**
- **Kostenträgerrechnung.**

Zur Erfüllung der oben genannten Aufgaben (vgl. S. 466 ff.) ist die Kostenrechnung um die Teilgebiete

– Kurzfristige Erfolgsrechnung und
– Entscheidungsrechnung

zu erweitern.

Wie bei der Darstellung der Systeme der Kostenrechnung S. 483 ff. gezeigt wurde, läßt sich in bezug auf die Ausgestaltung der Kostenrechnung in einem Unternehmen insbesondere unterscheiden zwischen vergangenheits- und zukunftsbezogener Kostenrechnung. Viele Aufgaben lassen sich dabei nur bei zukunftsbezogener Ausgestaltung der Kostenrechnung lösen. Grundlage jeder Form der Kostenrechnung ist indessen die vergangenheitsbezogene Dokumentationsrechnung. Sie ist in aller Regel auch der erste Schritt bei der Einführung der Kostenrechnung in einem Unternehmen. Die folgenden Ausführungen beziehen sich auf die Darstellung dieser vergangenheitsbezogenen Grundform der Kostenrechnung.

3.3.3.1 Kostenartenrechnung

In der **Kostenartenrechnung** werden die in der Abrechnungsperiode geplanten und entstandenen Kosten erfaßt und nach Kostenarten gegliedert.

Bei vergangenheitsbezogener Ausrichtung der Kostenrechnung im Sinne einer Ist- oder Normalkostenrechnung ist die Kostenartenrechnung dem Aufwandsbereich einer Gewinn- und Verlustrechnung vergleichbar.

Anders als die Gewinn- und Verlustrechnung ist die Kostenartenrechnung eine kurzfristige Rechnung. Als Rechnungsperiode wird vielfach der Kalendermonat verwendet. Neuere Kostenrechnungsverfahren stellen auf noch kürzere Rechnungsperioden, wie etwa die Woche ab.

Was im Rahmen der Kostenartenrechnung als Kosten erfaßt wird, ist – anders, als dies für die GuV im Rahmen der Erfassung der Aufwendungen gilt – **gesetzlich nicht vorgegeben.** Maßgeblich ist damit der der Rechnung zugrundegelegte Kostenbegriff. Es wurde oben gezeigt, daß eine Reihe unterschiedlicher Kostenbegriffe existiert, die auch unterschiedliche Größen als Kosten erfassen.

3.3.3.1.1 Kostenarten

Die Erfassung der in der Abrechnungsperiode entstandenen Kosten erfolgt anhand von Belegen. Dabei sind die Belege so auszugestalten, daß sie alle notwendigen Daten für die Erfassung der Kosten und ihrer Verrechnung beinhalten. Wichtigstes Datum ist aus der Sicht der Kostenerfassung die jeweilige Kostenart.

Die **Gliederung** der Kosten nach Kostenarten erfolgt zweckmäßigerweise nach der Art der verbrauchten **Produktionsfaktoren,** wie z. B.

- Rohstoffkosten,
- Hilfsstoffkosten,
- Betriebsstoffkosten,
- Kosten für Fremdteile,
- Löhne,
- Gehälter,
- gesetzlicher Sozialaufwand,
- Energiekosten,
- Reparaturkosten,
- Mieten,
- Kraftfahrzeugkosten,
- Bürokosten,
- Zinsen,
- Abschreibungen,
- Steuern.

Zum Zwecke der **Verrechnung** der Kosten von den Kostenartenkonten auf die Kostenstellen oder auf die Produkte ist es notwendig, daß eine weitere Aufteilung der angefallenen Kosten erfolgt, und zwar nach **Einzelkosten** und **Gemeinkosten** im Sinne von Produkteinzelkosten bzw. Produktgemeinkosten. Dabei werden auf den Belegen die als Einzelkosten zu erfassenden Kostenarten mit den Produkten gekennzeichnet, denen sie zuzurechnen sind.

Die Verrechnung der **Produkteinzelkosten** kann dann in der Weise erfolgen, daß die Kostenartenkonten entlastet und die Kostenträgerkonten (Produktkonten) belastet werden. In zunehmendem Maße erfolgt aber auch eine Verrechnung der Produkteinzelkosten über die Kostenstellen. Die **Verrechnung** erfolgt aber in zwei Schritten, nämlich

- Belastung der Kostenstellen, in denen die entsprechenden Produkte be- oder verarbeitet werden und Entlastung der Kostenartenkonten,
- Belastung der Kostenträgerkonten (Produktkonten) und Entlastung der Kostenstellenkonten.

Die als **Gemeinkosten** gekennzeichneten Kostenarten werden als **primäre Stellenkosten** den verbrauchenden Kostenstellen zugeordnet.

3.3.3.1.2 Erfassung und Verrechnung einzelner Kostenarten

Die Gliederung der Kostenarten nach einzelnen Produktionsfaktoren ist von der Art und der realen Situation eines Betriebes abhängig. Eine generell zweckmäßige Kostenartengliederung kann daher im vorhinein

nicht angegeben werden. Trotzdem lassen sich einzelne wesentliche **Kostenartengruppen** unterscheiden, denen in den meisten Unternehmen große Bedeutung zukommt. Zu nennen sind dabei
- Materialkosten,
- Personalkosten,
- Betriebsmittelkosten.

Bei der Erfassung und Verrechnung der einzelnen Kostenarten ist grundsätzlich zu unterscheiden zwischen der Mengenwirkung auf die Kosten (Verbrauch) und der Preiswirkung auf die Kosten (Bewertung). Im folgenden wird das Verfahren der Erfassung und Verrechnung für die angeführten Kostenarten kurz dargestellt.

(1) Materialkosten

Die **Materialabrechnung** setzt voraus, daß die eingesetzten Materialarten ausreichend tief gegliedert sind. Eine Gliederung erfolgt zunächst anhand der Materialgruppen Rohstoffe, Hilfsstoffe, Betriebsstoffe, fremdbezogene Teile, Handelswaren. Die Materialgruppen werden i. d. R. nach betriebsindividuellen Besonderheiten weiter untergliedert. Bei vorliegender Lagerbuchführung kann die Untergliederung bis zu der einzelnen Materialart gehen.

Die **Materialverbrauchsmengen** der einzelnen Materialarten können mit unterschiedlichen **Verfahren** ermittelt werden. Man unterscheidet insbesondere drei Verfahren:

- Inventurverfahren,
- Retrogrades Verfahren,
- Skontrationsverfahren.

(a) **Inventurverfahren** (Befundrechnung)

Bei dem Inventurverfahren wird die Materialverbrauchsmenge aus den Bestandsveränderungen und dem Zugang ermittelt. Der Materialverbrauch ergibt sich aus Anfangsbestand plus Zugang minus Endbestand. Es gilt:

Anfangsbestand + Zugang − Endbestand = Verbrauch

Das Verfahren hat insbesondere den Nachteil, daß es für jede Abrechnungsperiode (Monat) eine Inventur erforderlich macht und daß sich die ermittelten Verbrauchsmengen wegen Schwund und anderer Fehlmengenursachen nicht unmittelbar dem tatsächlichen Verbrauch und wegen fehlender Verbrauchsbeziehung auch nicht den Kostenstellen zuordnen lassen.

(b) **Retrogrades Verfahren** (Rückrechnung)

Beim retrograden Verfahren wird der Materialverbrauch in der Weise ermittelt, daß ausgehend von den erstellten Produktmengen die hierzu erforderlichen Materialmengen ermittelt werden und rückschreitend Mengenzuschläge für Abfall und Ausschuß erfolgen. Damit ergibt sich die Materialverbrauchsmenge aus der Istproduktion multipliziert mit dem Planverbrauch pro Produkteinheit. Es gilt:

Istproduktmenge · Verbrauch pro Produkteinheit
+ Zuschlag für Abfall
+ Zuschlag für Ausschuß
= Verbrauch

Das Verfahren hat den Nachteil, daß nicht die Ist-, sondern die Sollverbrauchsmengen ermittelt werden. Da man die Istverbrauchsmengen nicht kennt, ist das Verfahren für Soll-Ist-Kostenvergleiche ungeeignet.

(c) **Skontrationsverfahren** (Fortschreibung)

Beim Skontrationsverfahren wird der Materialverbrauch durch Addition der Istmengen laut Materialentnahmescheinen ermittelt. Die Materialverbrauchsmenge ergibt sich aus den Entnahmemengen laut Materialentnahmescheinen. Es gilt:

Istverbrauch laut Materialentnahmescheinen
= Verbrauch

Das Verfahren erlaubt es, zum einen den tatsächlichen Materialverbrauch zu ermitteln, zum anderen den Materialverbrauch den verbrauchenden Kostenstellen oder den Produkten zuzurechnen.

Die **Bewertung** der Materialverbrauchsmengen für die einzelnen Materialarten erfolgt in der Istkostenrechnung durch Heranziehung der Istpreise bzw. in der Normalkostenrechnung durch Verwendung von Normalpreisen für die Produktionsfaktoren. Treten Materialpreisänderungen während der Betrachtungsperiode auf, was vielfach die Regel in der Praxis darstellt, so lassen sich verschiedene Verfahren der Preisermittlung verwenden, wie etwa das Durchschnittsverfahren oder Verbrauchsfolgeverfahren wie das Lifo-, Fifo- oder Hifoverfahren.

Wie die Bewertung der Materialmengen im einzelnen erfolgt, hängt von dem verwendeten Kostenbegriff ab. Bei Zugrundelegung eines wertmäßigen Kostenbegriffs können die verbrauchten Materialien auch zu den Wiederbeschaffungskosten bewertet werden.

(2) Personalkosten

Die Erfassung der Personalkosten wird im wesentlichen durch die in dem Betrieb bestehenden **Formen der Entlohnung** der Beschäftigten bestimmt. Sie erfordert zunächst eine Gliederung in die Kostenartengruppen Löhne, Gehälter, betrieblicher Sozialaufwand. Darüber hinaus können die Löhne und Gehälter nach weiteren Merkmalen untergliedert werden, so etwa nach Abteilungen, Kostenstellen oder Betriebsbereichen.

Als **Mengengröße** der Personalkosten kann die Arbeitszeit (Zeitlohn, Gehalt) oder die bearbeitete Produktmenge (Stücklohn) der Beschäftigten in Betracht kommen. Die Mengenkomponente der Personalkosten ist dabei jeweils belegmäßig zu erfassen.

Beim **Zeitlohn** wird die tatsächlich geleistete Arbeitszeit mit Hilfe von Zeitlohnscheinen, in denen die Arbeitszeit der betroffenen Kostenstellen und Kostenträger (Produkte) zugeordnet wird, erfaßt.

Beim **Akkordlohn** wird nicht die tatsächlich geleistete Arbeitszeit, sondern die den bearbeiteten Produkten entsprechende Vorgabezeit als Mengengerüst der Personalkosten mit Hilfe von Akkordlohnscheinen festgehalten. Eine Mischform von Zeit- und Akkordlohn stellen die vielfältigen Formen des Prämienlohns dar. Die Erfassung des **Prämienlohns** erfolgt gleichfalls mit Hilfe von Lohnscheinen, die eine Zuordnung auf Kostenstellen und Produkte ermöglichen.

Die **Bewertung** der Arbeitszeiten und der Akkordleistungen erfolgt in der Istkostenrechnung mit den tatsächlichen Lohnsätzen bzw. Akkordsätzen. Bei Anwendung der Normalkostenrechnung werden Durchschnittssätze aus vorangegangenen Abrechnungsperioden der Bewertung der Arbeitszeiten zugrundegelegt.

Maßgeblich ist der **Bruttolohn,** der sich errechnet aus dem Tariflohn zuzüglich aller gesetzlichen Zulagen, des gesetzlichen Sozialaufwands, Zuschläge und Prämien. Ob freiwillige Sozialleistungen oder freiwillige

Zulagen als Bewertungsgröße für die Personalkosten in Betracht kommen, ist im Schrifttum umstritten. Im Rahmen der Ermittlung der Herstellungskosten nach § 255 Abs. 2 HGB sind jedenfalls die Kosten für soziale Einrichtungen des Betriebes, für freiwillige soziale Leistungen und für die betriebliche Altersversorgung nicht direkt den Personalkosten zuzurechnen. Sie können vielmehr getrennt im Rahmen der Verrechnung der allgemeinen Verwaltungskosten den hergestellten Produkten belastet werden.

Die **Gehaltskosten** sind kalenderzeitbedingt. Sie werden in Gehaltslisten erfaßt und den Kostenstellen, in denen die Beschäftigten während der Abrechnungsperiode eingesetzt waren, zugeordnet. Auch hier werden gesetzliche Sozialaufwendungen soweit wie möglich zusammen mit den Gehaltskosten verrechnet.

(3) Betriebsmittelkosten

Zu den Betriebsmitteln werden im allgemeinen Gebäude, technische Anlagen und Maschinen, Transportmittel, Transportanlagen sowie Einrichtungsgegenstände gerechnet. Die Abrechnung der Betriebsmittelkosten weist insoweit eine Besonderheit auf, als die Betriebsmittel in der Abrechnungsperiode im Gegensatz zu den Material- und Personalkosten i. d. R. nicht verbraucht werden. Sie geben vielmehr mit der Inanspruchnahme Nutzungen ab, die zu einem Werteverzehr der Betriebsmittel (Verschleiß) führen.

Grundlage für die Erfassung des Werteverzehrs der Betriebsmittel ist die **Anlagenkartei.** Sie muß bei zweckgerechter Ausgestaltung nicht nur die für die Bilanz interessierenden Daten enthalten, sondern darüber hinausgehende für die Kostenrechnung notwendige Daten. Als solche kommen insbesondere in Betracht das Leistungspotential der Betriebsmittel, d. h. der Nutzungsvorrat, aber auch Angaben über die zeitlichen Nutzungsmöglichkeiten.

Die Erfassung der **Mengenkomponente** der Betriebsmittelkosten erfolgt in Abhängigkeit von der Verschleißart.

Beim **Gebrauchsverschleiß** wird die Mengenkomponente durch Messung und Aufzeichnen der in der Abrechnungsperiode bei den einzelnen Betriebsmitteln in Anspruch genommenen Leistungseinheiten erfaßt.

Beim **Zeitverschleiß** wird die Mengenkomponente als Verhältnis des Abrechnungszeitraums zum Gesamtnutzungszeitraum des Betriebsmittels bestimmt.

Bei der Erfassung der **Wertkomponente** der Betriebsmittelkosten besteht anders als bei der bilanziellen Abschreibung keine Bindung an das Anschaffungs- und Herstellungskostenprinzip. D. h., als Basis für die Erfassung der Wertkomponente können neben den **Anschaffungskosten** auch andere Größen, wie etwa die **Wiederbeschaffungskosten** der Betriebsmittel, in Betracht kommen. Auf der Basis von Anschaffungs- bzw. Wiederbeschaffungskosten bestimmen sich dann die kalkulatorischen Abschreibungen für das Betriebsmittel unter Zugrundelegung der geschätzten Nutzungsdauer und der in Betracht kommenden Abschreibungsmethode.

Ein weiteres Element der Betriebsmittelkosten sind die **Zinsen** für die Kapitalbindung der Betriebsmittel. Die Zinsen werden in der Kostenrechnung i. d. R. als **kalkulatorische Kosten** verrechnet. In Betracht kommen zwei Verfahren, nämlich

- das **Restwertverfahren.** Danach werden die kalkulatorischen Zinsen nach dem jeweiligen Restwert eines Betriebsmittels am Ende der Abrechnungsperiode errechnet. Die kalkulatorischen Zinsen nehmen also im Laufe der Betriebsmittelnutzung ständig ab;
- das **Durchschnittsverfahren.** Danach werden die kalkulatorischen Zinsen nach dem durchschnittlichen Wert des Betriebsmittels während seiner Nutzungsdauer errechnet. Die kalkulatorischen Zinsen bleiben während der Nutzungszeit des Betriebsmittels konstant, so daß die Fertigungskosten von dem Alter des Betriebsmittels unabhängig sind.

Ein letzter Bestandteil der Betriebsmittelkosten sind die **Reparatur- und Instandhaltungskosten** für Betriebsmittel. Da die Reparatur- und Instandhaltungskosten stoßweise und in unregelmäßigen Abständen anfallen, führt die Umlage der tatsächlich in einer Abrechnungsperiode entstandenen Reparatur- und Instandhaltungskosten auf die in dieser Periode erstellten Produkte zu Verzerrungen. Eine Möglichkeit zur Vermeidung dieser Verzerrungen besteht in der Kostenglättung. Sie wird dadurch erreicht, daß die geschätzten, während der Betriebsmittelnutzung voraussichtlich anfallenden Reparatur- und Instandhaltungskosten gleichmäßig auf die entsprechenden Abrechnungsperioden verteilt werden.

(4) Sonstige Kosten

Als Sonstige Kosten werden hier die in einem Unternehmen entstehenden Kostenarten zusammengefaßt, die nicht zu den angeführten Kostenarten der Material-, Personal- und Betriebsmittelkosten zählen. Die Sonstigen Kosten können eine große Zahl von Kostenarten beinhalten, die je nach dem Wirtschaftszweig oder dem Gegenstand des

Unternehmens von mehr oder weniger großer Bedeutung für die Kostenrechnung, d. h. hier für die Erfassung der Kostenarten, sein können.

Man kann die Sonstigen Kosten gliedern in Sonstige pagatorische Kosten und Sonstige kalkulatorische Kosten.

(a) **Sonstige pagatorische Kosten**

Zu den Sonstigen Kosten mit pagatorischem Charakter zählen insbesondere

- Werkzeugkosten,
- Energiekosten,
- Kostensteuern (z. B. Grund-, Vermögen-, Gewerbekapital- und Kraftfahrzeugsteuer),
- Gebühren, Beiträge, Versicherungen,
- Miet- und Pachtkosten,
- Kommunikationskosten (z. B. Porto-, Telefon-, Telegramm- und Telefaxkosten),
- Büromaterial, Fachliteratur und Fachzeitschriften,
- Reisekosten,
- Werbungskosten,
- Verkaufsprovision,
- Verpackungs- und Frachtkosten.

Die **Erfassung** der angeführten Sonstigen Kosten erfolgt in gleicher Weise wie die oben dargestellte Erfassung der Materialkosten. Als Unterlagen für die Erfassung der Mengen- und Wertkomponente der Sonstigen Kosten kommen Verbrauchsaufzeichnungen, Lieferscheine, Eingangsrechnungen, Zahlungsbescheide, Abrechnungen und Zahlungsbelege in Betracht.

(b) **Sonstige kalkulatorische Kosten**

Zu den Sonstigen Kosten mit kalkulatorischem Charakter zählen insbesondere

- Unternehmerlohn und
- Wagniskosten.

(aa) Kalkulatorischer **Unternehmerlohn** kommt für den Inhaber einer Einzelfirma oder die Gesellschafter einer Personengesellschaft in Betracht, sofern der Inhaber oder die Gesellschafter in ihrem Unternehmen tätig sind. Nach der gesetzlichen Regelung besteht in diesen Fällen das Entgelt für die Tätigkeit nicht in einem Gehalt, sondern in Teilen des Unternehmensgewinns.

Der kalkulatorische Unternehmerlohn führt zu einer Erfassung von Kosten, denen keine Ausgaben gegenüberstehen (Zusatzkosten). Erfassungsunterlagen können damit nicht die für pagatorische Kosten maßgebenden Rechnungen, Bescheide oder Zahlungsbelege sein. Die Erfassung muß vielmehr auf der Grundlage intern erstellter Belege erfolgen. Sie müssen neben den personellen, betragsmäßigen und bereichsmäßigen Daten auch die Berechnungsmethode des kalkulatorischen Unternehmerlohns aufzeigen.

(bb) Mit dem Ansatz der kalkulatorischen **Wagniskosten** sollen mögliche, abgrenzbare ökonomische Nachteile für das Unternehmen in der Kostenrechung erfaßt werden. Nicht zweckmäßig ist der Ansatz eines allgemeinen Unternehmerrisikos; bei den Wagniskosten muß es sich also um Einzelwagnisse handeln. In Betracht kommen z. B. fertigungsbedingte Wagnisse für Wasser-, Luftverschmutzung, Bergschäden oder Mängel an hergestellten Produkten, die sich nicht in Garantie-, Produkthaftungs- oder Kulanzverpflichtungen niederschlagen.

Die kalkulatorischen Wagnisse führen gleichfalls zu einer Erfassung von Zusatzkosten. Als Erfassungsunterlagen kommen insoweit auch hierbei nicht pagatorische Belastungsanzeigen (z. B. Zahlungsbelege) in Betracht. Die Erfassung muß vielmehr auf der Grundlage interner Berechnungsunterlagen erfolgen, in denen die kalkulatorischen Wagnisse den Kostenträgern (z. B. Produkte, Aufträge) oder den Betriebsbereichen (Profitcenter) zugerechnet werden. Die Unterlagen müssen sowohl das Verfahren der Ermittlung der kalkulatorischen Wagnisse als auch die Aufteilung der für einen längeren Zeitraum (z. B. Jahr) ermittelten Kosten auf die Perioden (z. B. Monate) aufzeigen.

3.3.3.2 Kostenstellenrechnung

Kostenstellen entstehen dadurch, daß ein Betrieb nach bestimmten Merkmalen in Teilbereiche gegliedert wird.

> Die **Kostenstellenrechnung** dient dazu, die Kosten auf diejenigen betrieblichen Teilbereiche (Kostenstellen) zu verteilen, in denen sie entstanden sind. Die Verteilung erfolgt mit Hilfe des Betriebsabrechnungsbogens.

Auf der Basis der verteilten Kosten können **Kalkulationssätze** für die Kostenstellen gebildet werden. Die Kalkulationssätze bilden die Grundlage für die Umlage der Gemeinkosten auf die in den Kostenstellen hergestellten Produkte.

3.3.3.2.1 Kostenstellenbildung

(1) Grundsätze der Kostenstellenbildung

Für die Bildung von Kostenstellen sind drei **Grundsätze** zu beachten:

- Möglichkeit der **Kostenzuordnung.** Die entstandenen Kostenarten müssen sich über Kostenbelege den gebildeten Kostenstellen eindeutig zuordnen lassen. So müssen z. B. die Kostenstellen so gebildet werden, daß sich die Lohnkosten den einzelnen Kostenstellen ohne willkürliche Aufteilung zurechnen lassen.
- Vorliegen eindeutiger **Bezugsgrößen.** Als Bezugsgrößen bezeichnet man Maßgrößen der Kostenverursachung. Sie sind die Voraussetzung für die Ermittlung genauer Kostensätze für die innerbetriebliche Leistungsverrechnung und die Kalkulation. Bezugsgrößen für die Kostenverursachung können z. B. sein die Fertigungszeit oder die Maschinenzeit. Danach lassen sich bestimmte Kostenarten (etwa die Energiekosten) entsprechend der Maschinenzeit, in der die Maschinen installiert sind, der Kostenstelle zuordnen.
- Abgrenzung selbständiger **Verantwortungsbereiche.** Das Bestehen selbständiger Verantwortungsbereiche ist dann notwendig, wenn die Kostenrechnung auch der Kostenkontrolle dienen soll. Sind z. B. in einer Kostenstelle im Ist Kostenüberschreitungen gegenüber den Planvorgaben entstanden, so muß es möglich sein, die Kostenüberschreitungen einem Mitarbeiter (Kostenstellenleiter) persönlich zuzuordnen. Das bedeutet, daß der entsprechende Mitarbeiter für die Einhaltung von Vorgabegrößen verantwortlich ist.

(2) Arten von Kostenstellen

Die **Gliederung der Kostenstellen** erfolgt nach funktionalen und abrechnungstechnischen Merkmalen:

(a) Nach **funktionalen Merkmalen** unterscheidet man zwischen Beschaffungs-, Fertigungs-, Verwaltungs-, Vertriebs- sowie Forschungs- und Entwicklungskostenstellen.

(b) Nach **abrechnungstechnischen Merkmalen** unterscheidet man zwischen Haupt- und Hilfskostenstellen.

(aa) Die den **Hauptkostenstellen** (z. B. Fertigungsstellen) belasteten Kosten werden direkt auf die Kostenträger verrechnet. Die Verrechnung erfolgt kostenstellenweise unter Anwendung von **Zuschlagssätzen** (Kalkulationssätzen). Der Zuschlagssatz für eine Hauptkostenstelle ergibt sich aus dem Quotienten der Kostenstellenkosten und der für die

Umlage der Kosten relevanten Bezugsgröße der Kostenstelle. Werden als Bezugsgröße die Produkteinzelkosten verwendet, so werden die Kostenstellenkosten proportional zu den Produkteinzelkosten auf die Kostenträger verrechnet. Als Zuschlagsbasis für die Verrechnung der Kostenstellenkosten werden insbesondere die Materialeinzelkosten, die Fertigungslöhne und die Herstellkosten herangezogen.

(bb) Die den **Hilfskostenstellen** (z. B. **Allgemeine Kostenstellen,** die Leistungen für den ganzen Betrieb erbringen, wie Wasserversorgung und Kraftzentrale) belasteten Kosten werden auf andere Kostenstellen und damit indirekt auf die Kostenträger verrechnet. Die Verrechnung erfolgt in der Weise, daß die Kosten der Hilfskostenstellen über die **innerbetriebliche Leistungsverrechnung** auf die Hauptkostenstellen verteilt und dort unter Verwendung von Zuschlagssätzen auf die Kostenträger verrechnet werden. Maßgebend für die Verrechnung der Kostenstellenkosten der Hilfskostenstellen sind die innerbetrieblichen Leistungen, die von einer Hilfskostenstelle an eine Hauptkostenstelle erbracht werden.

Aus der Unterscheidung folgt, daß Hilfskostenstellen mit Kostensätzen für innerbetriebliche Leistungen, Hauptkostenstellen mit Kalkulationssätzen abrechnen (vgl. Abb. 3.3.29).

3.3.3.2.2 Kostenverrechnungsprinzipien

Die Kostenverrechnung führt immer dann zu Problemen, wenn die Kosten nicht direkt einem Produkt zugerechnet werden können, also Gemeinkosten sind. Für die Verrechnung der variablen, insbesondere aber der fixen Gemeinkosten ist eine große Zahl von Kostenverrechnungsprinzipien im Schrifttum entwickelt worden, die nach bestimmten Grundsätzen die angefallenen Kosten den hergestellten Produkten zurechnen.

Kostenverrechnungsprinzipien:

- Verursachungsprinzip
- Proportionalitätsprinzip
- Leistungsentsprechungsprinzip
- Durchschnittsprinzip
- Belastungsäquivalenzprinzip
- Tragfähigkeitsprinzip
- Identitätsprinzip.

Die Kostenverrechnungsprinzipien dienen der **Kostenverteilung.** Dabei versteht man unter Kostenverteilung die nach bestimmten Regeln vorgenommene Verteilung von Kostenbeträgen, die nach Kostenarten erfaßt werden, auf bestimmte Bezugsobjekte. Bezugsobjekte können dabei sein die Kostenstellen, insbesondere aber die Kostenträger.

Je nach der Auswahl des Kostenverrechnungsprinzips werden die angefallenen Kosten in anderer Weise auf die in der Periode erstellten Produkte verrechnet. Das bedeutet, es kommt abhängig von dem verwendeten Kostenverrechnungsprinzip zu Verschiebungen der Kostenverteilungen auf die in der Periode hergestellten Produkte.

(1) **Verursachungsprinzip**

Vielfach wird als Fundamentalprinzip der Kostenverrechnung das **Kostenverursachungsprinzip** angesehen. Es besagt, daß die einzelnen Kostenarten nur denjenigen Kostenstellen (Kostenträgern) zugerechnet werden dürfen, die sie verursacht haben. Zur Messung der Kostenverursachung ist die Festlegung von Maßgrößen der Kostenverursachung (Bezugsgrößen) erforderlich.

Ein weithin anerkanntes Verfahren der Verrechnung von Gemeinkosten auf die Produkte ist die Kostenverrechnung unter **Verwendung von Bezugsgrößen** der Kostenverursachung. Dabei bezeichnen, wie angeführt, Bezugsgrößen Hilfsgrößen, z. B. Maschinenzeiten, Fertigungszeiten, Durchsatzgewichte, Arbeitsverrichtungen oder bearbeitete Produktmengen. Verhalten sich die gesamten Kosten einer Kostenstelle proportional zu einer einzigen Bezugsgröße, so können die Kosten in entsprechender Weise den in der Kostenstelle hergestellten Produkten zugerechnet werden. Man spricht von **homogener Kostenverursachung.** In diesem Fall führt z. B. die Erhöhung der Beschäftigung in einer Kostenstelle um 10% gleichfalls zu einer 10%igen Erhöhung der in Betracht gezogenen Kosten der Kostenstelle.

Die Kostenzurechnung auf die Kostenstelle erfolgt über die entsprechende Bezugsgröße. Sind in der Kostenstelle mehrere Bezugsgrößen vorhanden, zu denen sich die gesamten Kosten der Kostenstelle proportional verhalten, so können die Bezugsgrößen gegeneinander ausgetauscht werden. Es gilt das **Gesetz der Austauschbarkeit der Maßgrößen** (Rummel [Kostenrechnung] 5). Verhalten sich demgegenüber einzelne Teile der Kosten einer Kostenstelle proportional zu verschiedenen Bezugsgrößen, so spricht man von **heterogener Kostenverursachung.** Sie erfordert mithin die Verwendung mehrerer Bezugsgrößen in einer Kostenstelle (Kilger [Plankostenrechnung] 142 f. und 327 ff.).

(2) **Proportionalitätsprinzip**

Wegen der häufig der Kostenrechnung zugrundeliegenden Annahmen der Limitationalität und der Linearität bestehen zwischen den Kosten und den Maßgrößen proportionale Beziehungen. Diesen Beziehungen entspricht eine auf Proportionalität eingeengte Form des Kostenverursachungsprinzips, das man entsprechend als **Proportionalitätsprinzip** bezeichnet. Es besagt, daß die einzelnen Kostenarten proportional zu bestimmten Bezugsgrößen auf die Kostenstellen (Kostenträger) zu verteilen sind.

(3) **Leistungsentsprechungsprinzip**

Nach dem **Leistungsentsprechungsprinzip** werden die gesamten Kosten nach Maßgabe der wertmäßigen Größenrelationen der Produkte verteilt. Die Kostenverteilung erfolgt in der Weise, daß die Gesamtheit der während der Abrechnungsperiode erstellten Produkte in einem einheitlichen Maß gemessen wird (Gesamtleistung). Jedem Produkt wird sodann derjenige Teil der Gesamtkosten zugeordnet, der seinem relativen Anteil an der Gesamtleistung entspricht. Das Prinzip dient weniger der Umlage der einzelnen Kostenarten auf die Kostenstellen als vielmehr der Verteilung der Kostenstellenkosten auf die Kostenträger.

(4) **Durchschnittsprinzip**

Bei Anwendung des **Durchschnittsprinzips** werden die Kosten durch zuvor bestimmte Bezugsgrößen dividiert, so daß sich ein Durchschnittssatz pro Bezugsgrößeneinheit ergibt. Als Bezugsgrößen kommen sowohl Wertgrößen (Einzelmaterialkosten, Einzellohn, Herstellkosten) als auch Mengengrößen (Fertigungszeit, Maschinenzeit) in Betracht. Die Kostenverteilung erfolgt entsprechend der in einem Abrechnungszeitraum in Anspruch genommenen Bezugsgrößeneinheiten. In dieser Weise werden etwa die Stromkosten entsprechend der verbrauchten Stromeinheiten auf die Kostenstellen verrechnet.

(5) **Belastungsäquivalenzprinzip**

Das **Belastungsäquivalenzprinzip** bewirkt eine Kostenschlüsselung nach der Inanspruchnahme der Potentialfaktoren (Maschinen, maschinelle Anlagen, Gebäude). Maßgebend für die Kostenverteilung sind dabei in der Regel Mengengrößen, z. B. die zeitliche Inanspruchnahme (Maschinenstunden) oder die flächenmäßige Inanspruchnahme (die von einer Kostenstelle belegten Quadratmeter der Gesamtfläche eines Gebäudes).

(6) **Tragfähigkeitsprinzip**

Nach dem **Tragfähigkeitsprinzip** werden die Kosten proportional zu dem Bruttogewinn der Produkte verteilt. Erfolgsträchtige Produkte werden stärker belastet als Produkte mit geringem Bruttogewinn. Das Tragfähigkeitsprinzip dient in erster Linie der Verteilung der Kostenstellenkosten auf die Kostenträger.

(7) **Identitätsprinzip**

Das **Identitätsprinzip** schließlich geht davon aus, daß die Zuordenbarkeit als eine Gegenüberstellung eindeutig zusammengehöriger Größen aufzufassen ist. Eindeutig zusammengehörende Größen sind dabei verzehrte Kostengüter (Produktionsfaktoren) und entstehende Leistungsgüter (Produkte). Kosten sind nach dem Identitätsprinzip einem Bezugsobjekt nur dann eindeutig und zwingend zuordenbar, wenn die Existenz dieses Bezugsobjektes durch dieselbe Disposition ausgelöst worden ist, die auch zu dem Werteverzehr (d. h. zur Kostenentstehung) geführt hat. Das Identitätsprinzip ist Kernstück der relativen Einzelkostenrechnung nach *Riebel* (vgl. S. 508 ff.).

3.3.3.2.3 Aufbau des Betriebsabrechnungsbogens

Die Kostenstellenrechnung kann auf verschiedene Art durchgeführt werden. Man unterscheidet insbesondere zwischen der kontenmäßigen und der statistisch-tabellarischen Betriebsabrechnung. Beide Formen der Betriebsabrechnung können manuell oder mit Hilfe von EDV-Anlagen erfolgen.

Bei der **kontenmäßigen Betriebsabrechnung** wird für jede Kostenstelle ein Konto geführt, auf dem die der Kostenstelle zuzurechnenden Kostenarten (Kostenstellenkosten) erfaßt werden. Diese Erfassung erfolgt sowohl für die primären als auch für die sekundären Kostenstellenkosten.

> **Primäre** Kostenstellenkosten werden direkt aus der Kostenartenrechnung übernommen.
>
> **Sekundäre** Kostenstellenkosten werden im Rahmen der innerbetrieblichen Leistungsverrechnung einer Kostenstelle zugerechnet.

Die Entlastung der Konten erfolgt durch Verrechnung auf andere Kostenstellen oder auf die Kostenträgerkonten.

Beispiel

Be- und Entlastung des Kontos der Fertigungshauptkostenstelle I (Beträge in DM).

Fertigungshauptkostenstelle I

aus Kostenartenrechnung:		in Kostenträgerrechnung:	
Hilfslöhne	2.576	Produkt 1 (3.000 Stück)	6.267
Gehälter	5.289	Produkt 2 (12.800 Stück)	26.740
Gesetzliche Sozialleistungen	784	Produkt 3 (5.700 Stück)	11.907
Hilfs- und Betriebsstoffe	843	Produkt 4 (8.300 Stück)	17.339
Werkzeuge und Geräte	2.473		
Instandhaltung	879		
Steuern, Gebühren, Versicherungen	1.205		
Verschiedene Gemeinkosten	1.416		
Kalkulatorische Abschreibungen	10.500		
Kalkulatorische Zinsen	8.455		
Umlage Allgemeine Hilfskostenstelle 1	3.764		
Umlage Allgemeine Hilfskostenstelle 2	12.613		
Umlage Fertigungshilfskostenstelle	11.456		
	62.253		62.253

Aufgrund des großen Buchungsaufwandes, der geringen Flexibilität und der geringen Übersichtlichkeit der kontenmäßigen Betriebsabrechnung wird in der Praxis die Beriebsabrechnung ganz überwiegend in **statistisch-tabellarischer Form** vorgenommen. Dabei werden die in der Periode anfallenden Kosten, d. h. im wesentlichen die Kostenträgergemeinkosten, außerhalb der Finanzbuchhaltung statistisch im **Betriebsabrechnungsbogen (BAB)** für die einzelnen Kostenstellen erfaßt und verrechnet. Die Erfassung und Verrechnung der Kostenstellenkosten entsprechend der Kostenverursachung setzen voraus, daß der BAB sowohl in bezug auf die Kostenarten als auch in bezug auf die Kostenstellen eine zweckgerechte, d. h. i. d. R. eine weitgehende Differenzierung aufweist.

> Der **BAB** ist zeilenweise nach **Kostenarten** und spaltenweise nach **Kostenstellen** gegliedert.

Die Gliederung der Kostenstellen erfolgt, wie erwähnt, nach funktionalen und abrechnungstechnischen Merkmalen. Jede Kostenstelle erhält eine Kostenstellennummer und eine Kostenstellenbezeichnung. Die Kostenstelleneinteilung wird nach den speziellen Gegebenheiten eines Unternehmens vorgenommen und kann entsprechend von Unternehmen zu Unternehmen sehr unterschiedlich sein. Als Kostenstellenbereiche, die vielfach eine weitere Untergliederung erfahren, kann man unabhängig von unternehmensspezifischen Gegebenheiten unterscheiden:

Hauptkostenstellen
- Materialkostenstellen
- Fertigungskostenstellen
- Verwaltungskostenstellen
- Vertriebskostenstellen

Hilfskostenstellen
- Raumkostenstellen
- Energiekostenstellen
- Transportkostenstellen
- Sozialkostenstellen
- Instandhaltungs- und Betriebshandwerkskostenstellen

Unabhängig von der speziellen Kostenarten- und Kostenstellengliederung wird der BAB in folgende vier **Aufgabenbereiche** gegliedert:

1. Erfassung und Verteilung der den Kostenträgern nicht direkt zurechenbaren Kostenarten (Kostenträgergemeinkosten) als primäre Kostenstellenkosten,
2. Verteilung der Kostenstellenkosten der Hilfskostenstellen auf die Hauptkostenstellen als sekundäre Kostenstellenkosten im Rahmen der innerbetrieblichen Leistungsverrechnung,
3. Bildung von Kalkulationszuschlagssätzen zum Zwecke der Verrechnung der Kostenstellenkosten der Hauptkostenstellen auf die Kostenträger,
4. Kostenkontrolle in der Normalkostenrechnung in Form der Ermittlung von Kostenüber- und Kostenunterdeckungen.

Die folgende Graphik (Abb. 3.3.29) veranschaulicht die Kostenverrechnung im BAB, wobei PStK die primären Kostenstellenkosten, SStK die sekundären Kostenstellenkosten und KTGK die auf der Basis der Kalkulationssätze auf die Kostenträger (Produkte) verrechneten Kostenträgergemeinkosten bezeichnen.

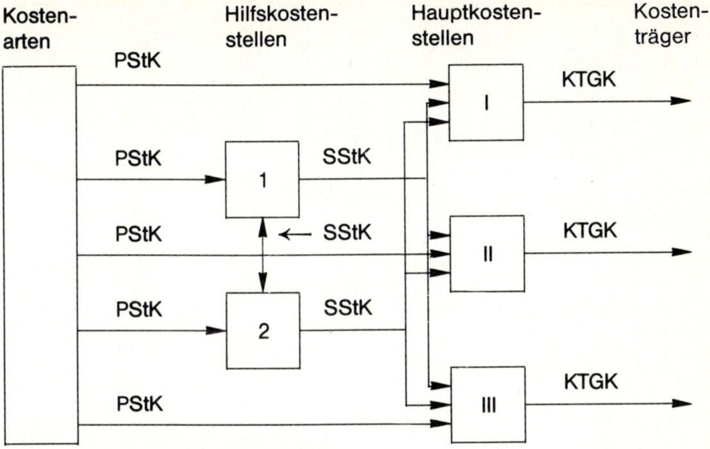

PStK = primäre Kostenstellenkosten
SStK = sekundäre Kostenstellenkosten
KTGK = Kostenträgergemeinkosten

Abb. 3.3.29: Kostenverrechnung im BAB

Beispiel

Dem auf der nächsten Seite beschriebenen Beispiel eines einfachen BAB (Abb. 3.3.30) liegen die angeführten Daten zugrunde.

Für ein Unternehmen seien für eine Abrechnungsperiode (Monat) die folgenden Kosten gegeben:

Materialeinzelkosten	320 480 DM
Fertigungslöhne	228 019 DM
Hilfslöhne	49 876 DM
Gehälter	113 245 DM
Gesetzliche Sozialleistungen	16 397 DM
Hilfs- und Betriebsstoffe	7318 DM
Werkzeuge und Geräte	14 645 DM
Instandhaltung	5380 DM
Heiz-, Brennstoffe, Energie	29 456 DM
Steuern, Gebühren, Versicherungen	23 609 DM
Verschiedene Gemeinkosten	19 972 DM
Kalkulatorische Abschreibungen	65 800 DM
Kalkulatorische Zinsen	46 370 DM
	940 567 DM

		Kostenstellen → / Kostenarten ↓	Zahlen der Kostenartenrechnung	Hilfskostenstellen			Hauptkostenstellen					
				Allgemeine Kostenstellen		Fertigungshilfskostenstelle	Materialkostenstelle	Fertigungshauptkostenstellen			Verwaltungskostenstelle	Vertriebskostenstelle
	Konto Nr.	Bezeichnung		1 Wasserversorgung	2 Kraftzentrale	Lohnbüro	Lager	I	II	III		
		1. **Erfassung der primären Kostenstellenkosten**										
1	432	Hilfslöhne	49.876	4.763	5.839	9.377	5.844	2.576	3.123	2.987	8.976	6.391
2	435	Gehälter	113.245	5.310	2.985	4.213	14.390	5.289	4.890	6.055	45.825	24.288
3	438	Gesetzliche Sozialleistungen	16.397	1.017	891	1.379	2.070	784	809	935	5.434	3.078
4	412	Hilfs- und Betriebsstoffe	7.318	783	956	1.038	819	843	918	966	195	800
5	413	Werkzeuge und Geräte	14.645	1.485	1.691	843	748	2.473	3.504	1.976	412	1.513
6	450	Instandhaltung	5.380	512	648	876	173	879	213	1.348	310	421
7	420	Heiz-, Brennstoffe, Energie	29.456	–	20.718	–	505	–	–	–	2.885	5.348
8	460	Steuern, Gebühren, Versicherungen	23.609	783	211	–	924	1.205	735	1.878	10.925	6.948
9	490	Verschiedene Gemeinkosten	19.972	1.815	2.079	3.128	1.695	1.416	2.347	1.208	3.465	2.819
10	481	Kalkulatorische Abschreibungen	65.800	5.800	8.500	6.000	4.900	10.500	13.800	6.200	5.500	4.600

11	482	Kalkulatorische Zinsen	46.370	3.980	6.105	4.280	2.990	8.455	5.395	4.435	6.750	3.980
12		Summe der primären Kostenstellenkosten	392.068	26.248	50.623	31.134	35.058	34.420	35.734	27.988	90.677	60.186
		2. **Verteilung der sekundären Kostenstellenkosten**										
13		Umlage Allgemeine Hilfskostenstelle 1		·/·26.248	3.056	2.819	1.758	3.764	6.317	3.672	1.548	3.314
14		Umlage Allgemeine Hilfskostenstelle 2			·/·53.679	4.957	3.148	12.613	19.224	7.568	4.052	2.117
15		Umlage Fertigungshilfskostenstelle				·/·38.910	–	11.456	18.961	8.493	–	–
16		Gesamtkosten der Hauptkostenstellen	392.068	–	–	–	39.964	62.253	80.236	47.721	96.277	65.617
		3. **Bildung von Kalkulationszuschlagsätzen**[1]**)**										
17		Zuschlagsbasis Materialeinzelkosten	320.480				320.480					
18		Zuschlagsbasis Fertigungslöhne	228.019					95.568	86.433	46.018		
19		Zuschlagsbasis Herstellkosten									778.673	778.673
20		Kalkulationszuschlagssätze					12,47%	65,14%	92,83%	103,7%	12,3642%	8,4268%

[1]) Zur Ermittlung der Kalkulationszuschlagssätze vgl. den Abschnitt über Zuschlagskalkulation S. 543 ff.

Abb. 3.3.30: Beispiel eines Betriebsabrechnungsbogens

In dem Unternehmen seien die folgenden Kostenstellen eingerichtet:

1. Hilfskostenstellen:
   Wasserversorgung
   Kraftzentrale
   Lohnbüro
2. Hauptkostenstellen:
   Materialkostenstelle
   Fertigungshauptkostenstelle I
   Fertigungshauptkostenstelle II
   Fertigungshauptkostenstelle III
   Verwaltungskostenstelle
   Vertriebskostenstelle

3.3.3.2.4 Verrechnung der primären Kostenstellenkosten

Die den Kostenträgern (Produkt, Produktgruppe, Auftrag) nicht als Kostenträgereinzelkosten direkt zurechenbaren Kosten, d. h. die Kostenträgergemeinkosten, werden auf die in der Betrachtungsperiode (Monat) hergestellten Kostenträger indirekt über die Kostenstellen verrechnet. Nach den obigen Ausführungen zur statistisch-tabellarischen Betriebsabrechung wird die Verrechnung in mehreren Schritten vorgenommen. Der erste Schritt stellt die Zuordnung der primären Kostenstellenkosten auf die verursachenden Kostenstellen dar. Abrechnungstechnisch geschieht dies in der Weise, daß die Kostenbelege mit den Nummern der verursachenden Kostenstellen kontiert werden, auf die die Kosten zu verrechnen sind.

> **Primäre Kostenstellenkosten** sind die auf die Kostenstellen zu verrechnenden originären Kostenarten, die nicht im Rahmen der Umlage der Kosten anderer Kostenstellen (Hilfskostenstellen) auf die Kostenstellen verrechnet werden.

Man unterscheidet zwischen primären Kostenstelleneinzelkosten und primären Kostenstellengemeinkosten.

(1) Primäre Kostenstelleneinzelkosten

Bei den primären Kostenstelleneinzelkosten handelt es sich um Kosten, die im Rahmen der Leistungserstellung in jeweils einem **einzelnen** als **Kostenstelle** abgegrenzten betrieblichen Teilbereich entstanden sind. Sie lassen sich der entsprechenden Kostenstelle eindeutig zuordnen.

Als primäre Kostenstelleneinzelkosten kommen insbesondere die Kostenarten Personal-, Betriebsmittel- und Werkzeugkosten in Betracht.

Zur Vermeidung der Aufteilung primärer Kostenstellenkosten auf mehrere verursachende Kostenstellen wird es im Schrifttum als notwendig angesehen, die **Kostenstellengliederung** so vorzunehmen, daß möglichst viele primäre Kostenstellenkosten als Kostenstelleneinzelkosten verrechnet werden können.

(2) Primäre Kostenstellengemeinkosten

Bei den primären Kostenstellengemeinkosten handelt es sich um Kosten, die sich bei der gegebenen Kostenstellengliederung und den angewandten Kostenerfassungstechniken nicht einer einzelnen Kostenstelle, sondern nur einer **Mehrheit** von **Kostenstellen** zuordnen lassen. Sie entstehen im Rahmen der Leistungserstellung für mehrere Kostenstellen gemeinsam.

Die für mehrere Kostenstellen gemeinsam angefallenen primären Kostenstellengemeinkosten werden unter Anwendung der Aufteilungskriterien den einzelnen **Kostenstellen zugerechnet.** Dies gilt z. B.
- für die Aufteilung des Gehalts eines Maschinenüberwachers, der in mehreren Kostenstellen tätig ist. Die Aufteilung des Gehalts läßt sich entsprechend der Tätigkeitszeit des Maschinenüberwachers in den einzelnen Kostenstellen vornehmen und diesen Kostenstellen als primäre Kostenstellengemeinkosten zurechnen;
- für die Aufteilung der Raumkosten (Miete, Gebäudeabschreibung, Heizungskosten) für eine Fertigungshalle, die mehreren Kostenstellen als Fertigungsstätte dient. Die Aufteilung der Raumkosten läßt sich entsprechend der in Anspruch genommenen Fläche der einzelnen Kostenstellen vornehmen und diesen Kostenstellen als primäre Kostenstellengemeinkosten zurechnen.

3.3.3.2.5 Verrechnung innerbetrieblicher Leistungen

Nach Abschluß der Verrechnung der primären Kostenstellenkosten sind die in dem Betrachtungszeitraum (Monat) tatsächlich entstandenen Kosten aus der Kostenartenrechnung in die Kostenstellenrechnung übernommen worden. Damit sind die Kostenartenkonten entlastet und die Kostenstellenkonten belastet. Die Belastung mit primären Kostenstellenkosten erfolgt sowohl für die Hauptkostenstellen als auch für die Hilfskostenstellen. Im Gegensatz zu den Hauptkostenstellen, die ihre Kosten auf die hergestellten Kostenträger weiterverrechnen, nehmen die (leistenden) **Hilfskostenstellen** eine **Weiterverrechnung** ihrer Kosten auf andere (empfangende) **Kostenstellen** vor. Die von den Hilfskostenstellen weiterverrechneten Kosten sind aus der Sicht der belasteten (empfangenden) Kostenstellen sekundäre Kostenstellenkosten.

Sekundäre Kostenstellenkosten sind die im Rahmen der Umlage der Kosten einer (leistenden) Hilfskostenstelle auf andere (empfangende) Kostenstellen zu verrechnenden Kosten.

Der **Zweck** der **Weiterverrechnung** der Kostenstellenkosten der Hilfskostenstellen auf andere Kostenstellen ist im Ergebnis die Kostenumlage auf die in den Hauptkostenstellen gefertigten Kostenträger (Produkte, Produktgruppen, Aufträge). Die Kosten der Hilfskostenstellen können nicht direkt auf die Kostenträger verrechnet werden. Die Verrechnung erfolgt vielmehr in der Weise, daß die Kosten der Hilfskostenstellen über die innerbetriebliche Leistungsverrechnung im Ergebnis auf die Hauptkostenstellen verteilt und dort anhand von Zuschlagssätzen auf die in den Hauptkostenstellen gefertigten Kostenträger verrechnet werden.

Maßgebend für die Verrechnung der sekundären Kostenstellenkosten sind die **innerbetrieblichen Leistungen,** die von einer (leistenden) Hilfskostenstelle an andere (empfangende) Kostenstellen erbracht werden. Innerbetriebliche Leistungen werden auch als **Wiedereinsatzleistungen** bezeichnet. Sie sind dadurch charakterisiert, daß sie von den empfangenden Kostenstellen im Verlauf der Fertigung der Kostenträger verbraucht werden.

Organisatorisch wird die **Verrechnung** der sekundären Kostenstellenkosten im BAB vorgenommen.

Nach den zwischen den Kostenstellen eines Unternehmens bestehenden Leistungsbeziehungen lassen sich die Verfahren der **innerbetrieblichen Leistungsverrechnung** danach unterscheiden, ob
- einseitige Leistungsbeziehungen oder
- gegenseitige Leistungsbeziehungen

bestehen.

Bei **einseitigen Leistungsbeziehungen** zwischen den Kostenstellen lassen sich die Kostenstellen in der Weise anordnen, daß immer nur nachgeordnete Kostenstellen von den vorgeordneten Kostenstellen Leistungen empfangen. Einseitige Leistungsbeziehungen können unter Anwendung **sukzessiver** Verrechnungsverfahren erfaßt werden.

Bei **gegenseitigen Leistungsbeziehungen** zwischen den Kostenstellen ist eine Anordnung der Kostenstellen entsprechend dem Leistungsempfang der Kostenstellen nicht möglich. Die Interdependenz der innerbetrieblichen Leistungen bewirkt, daß gegenseitige Leistungsbeziehungen nur mit **simultanen** Verrechnungsverfahren erfaßt werden können.

Als **sukzessive** Verfahren der Verrechnung sekundärer Kostenstellenkosten (Kosten innerbetrieblicher Leistungen) werden im allgemeinen unterschieden
- das Kostenartenverfahren,
- das Kostenstellenumlageverfahren,
- das Kostenstellenausgleichsverfahren,
- das Kostenträgerverfahren.

Die folgenden Ausführungen beschränken sich auf die Darstellung der vielfach angewandten Verfahrensvarianten des Kostenstellenumlageverfahrens und des Simultanverfahrens.

Die Varianten des **Kostenstellenumlageverfahrens** sind
- Anbauverfahren,
- Stufenverfahren,
- Sprungverfahren.

(1) Anbauverfahren

Das **Anbauverfahren** berücksichtigt bei der Verrechnung der sekundären Kostenstellenkosten lediglich die Leistungsbeziehungen zwischen den sekundären Kostenstellen und den primären Kostenstellen. Innerbetriebliche Leistungen zwischen den sekundären Kostenstellen werden ebenso vernachlässigt wie der Eigenverbrauch der leistenden sekundären Kostenstelle.

Graphisch läßt sich das wie folgt darstellen (Abb. 3.3.31):

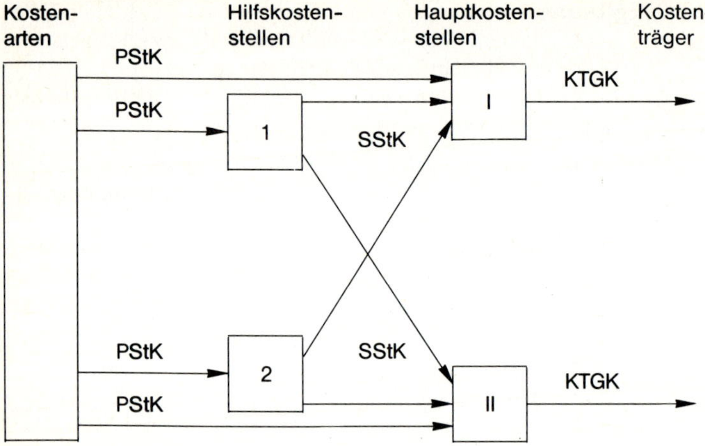

Abb. 3.3.31: Anbauverfahren

Beispiel

Es bestehen folgende Leistungsbeziehungen zwischen den Hilfskostenstellen H 1 und H 2 sowie den zwei Hauptkostenstellen H I und H II in Leistungseinheiten:

Leistende Kostenstelle	Empfangende Kostenstelle H 1	H 2	H I	H II	∑
H 1	25	75	180	245	525
H 2	20.000	52.500	100.000	165.000	337.500
H I	–	–	10	20	
H II	–	–	30	25	
Primäre Kostenstellenkosten DM	26.248	50.623			

Beim Anbauverfahren werden nur die Leistungsbeziehungen zwischen den Hilfskostenstellen und den Hauptkostenstellen berücksichtigt. Die Verrechnungspreise der Hilfskostenstellen pro Leistungseinheit ergeben sich mit

$$q_1 = \frac{26\,248 \text{ DM}}{425} = 61{,}76 \text{ DM}$$

$$q_2 = \frac{50\,623 \text{ DM}}{265\,000} = 0{,}191 \text{ DM}$$

Die den Hauptkostenstellen I und II belasteten sekundären Kostenstellenkosten sind dann:

– für die Hauptkostenstelle I
$K = 180 \cdot 61{,}76\ DM + 100\,000 \cdot 0{,}191\ DM = 30\,217\ DM$

– für die Hauptkostenstelle II
$K = 245 \cdot 61{,}76\ DM + 165\,000 \cdot 0{,}191\ DM = 46\,646\ DM$

(2) Stufenverfahren

Das **Stufenverfahren** berücksichtigt bei der Verrechnung der sekundären Kostenstellenkosten sowohl die Leistungsbeziehungen zwischen den Hilfskostenstellen und den Hauptkostenstellen als auch einseitige innerbetriebliche Leistungsbeziehungen bei den Hilfskostenstellen entsprechend ihrer Anordnung bei der Kostenverrechnung.

Graphisch läßt sich das wie folgt darstellen (Abb. 3.3.32):

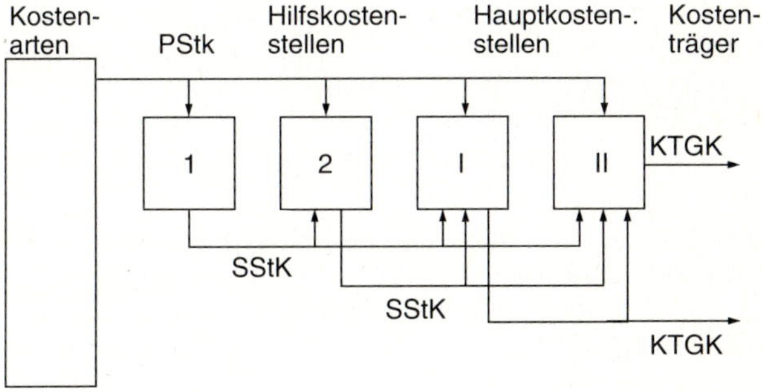

Abb. 3.3.32: Stufenverfahren

Beispiel

Es bestehen die bei der Darstellung des Anbauverfahrens angeführten Leistungsbeziehungen. Beim Stufenverfahren werden die Leistungsbeziehungen zwischen den Hilfskostenstellen und den Hauptkostenstellen sowie zwischen den Hilfskostenstellen entsprechend der Anordnungsbeziehung berücksichtigt. Die Verrechnungspreise der Hilfskostenstellen pro Leistungseinheit ergeben sich für die oben angeführten Daten mit

$$q_1 = \frac{26\,248\ DM}{525 - 25} = 52{,}496\ DM$$

$$q_2 = \frac{50\,623\ DM + 75 \cdot 52{,}496\ DM}{337\,500 - (20\,000 + 52\,500)} = 0{,}20589\ DM$$

Die den Hauptkostenstellen I und II belasteten sekundären Kostenstellenkosten sind dann:

– für die Hauptkostenstelle I
$K = 180 \cdot 52{,}5\ DM + 100\,000 \cdot 0{,}2059\ DM = 30\,040\ DM$

– für die Hauptkostenstelle II
  K = 245 · 52,5 DM + 165 000 · 0,2059 DM = 46 836 DM

(3) Sprungverfahren

Das Sprungverfahren berücksichtigt bei der innerbetrieblichen Leistungsverrechnung sowohl die **Leistungsbeziehungen** zwischen den **Hilfskostenstellen** und den **Hauptkostenstellen** als auch einseitige innerbetriebliche Leistungsbeziehungen zwischen den **Hilfskostenstellen entsprechend** ihrer **Anordnung** bei der Kostenverrechnung. Es stellt eine Kombination des Anbauverfahrens und des Stufenverfahrens dar.

Das Sprungverfahren erlaubt ebenso wie das Stufenverfahren eine **direkte Verrechnung** der innerbetrieblichen Leistungen auf die **Hauptkostenstellen.** Die Verrechnung erfolgt anhand festgelegter **Anteilsätze** der von den Hilfskostenstellen an die Hauptkostenstellen erbrachten innerbetrieblichen Leistungen. Die Anteilsätze werden unter Zugrundelegung des Stufenverfahrens ermittelt. Liegen die Anteilsätze für die Hilfskostenstellen vor, so kann die innerbetriebliche Leistungsverrechnung für alle Hilfskostenstellen (im Sprung) direkt auf die Hauptkostenstellen erfolgen.

Liegen die Anteilsätze für die Verrechnung der Kosten der Hilfskostenstellen fest, so ist das Sprungverfahren äußerst einfach zu handhaben. Es erfolgt lediglich eine Multiplikation des Anteilsatzes einer Hilfskostenstelle mit den Kostenstellenkosten der Hilfskostenstelle.

Beispiel

In einem Unternehmen bestehen die im obigen Beispiel zum Anbauverfahren angeführten Leistungsbeziehungen.

Die Leistungen der Hilfskostenstelle 1 an die nachgelagerte Hilfskostenstelle 2 und die Hauptkostenstellen I und II stellen sich wie folgt dar:

Leistende Kostenstelle	Empfangende Kostenstellen			Σ
	2	I	II	
1	75	180	245	500
Anteilsatz (2, I, II)	0,15	0,36	0,49	1
Anteilsatz (I, II)	–	0,4235	0,5765	1

Maßgebend für die Verrechnung der Kosten der Hilfskostenstelle 1 auf die Hauptkostenstellen I und II sind die zuletzt angeführten Anteilsätze. In entsprechender Weise lassen sich die Anteilsätze der Hilfskostenstelle 2 angeben mit

Leistende Kostenstelle	Empfangende Kostenstellen I	II	Σ
2	100 000	165 000	265 000
Anteilsatz (I, II)	0,3774	0,6226	1

Die den Hauptkostenstellen I und II belasteten sekundären Kostenstellenkosten sind dann:

- für die Hauptkostenstelle I
  K = 26 248 DM · 0,4235 + 50 623 DM · 0,3774 = 30 221 DM
- für die Hauptkostenstelle II
  K = 26 248 DM · 0,5765 + 50 623 DM · 0,6226 = 46 650 DM

(4) Simultanverfahren

Bestehen gegenseitige Leistungsbeziehungen zwischen den Hilfskostenstellen, so entsprechen die genannten Verfahren der Verrechnung sekundärer Gemeinkosten nicht dem Kostenverursachungsprinzip. Eine verursachungsgerechte Kostenverrechnung erfordert die Anwendung des **Simultanverfahrens.** Bei dem Verfahren werden sowohl die gegenseitigen Leistungsbeziehungen zwischen den Hifskostenstellen als auch deren Eigenverbrauch berücksichtigt.

Graphisch läßt sich das wie folgt darstellen (Abb. 3.3.33):

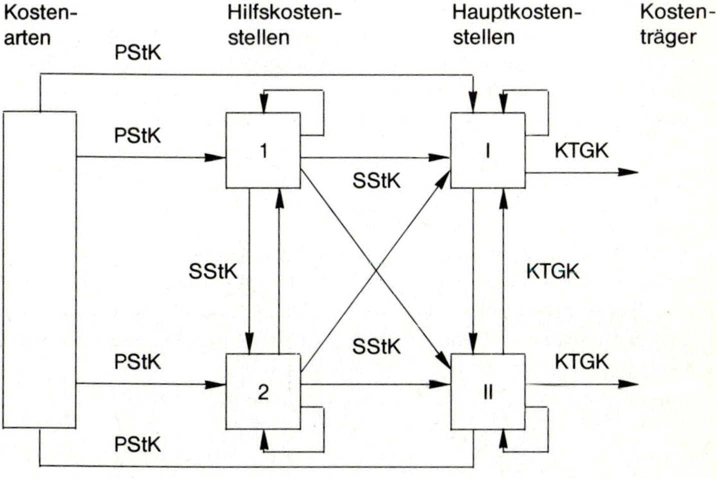

Abb. 3.3.33: Simultanverfahren

Beispiel

Es bestehen wiederum die oben angeführten Leistungsbeziehungen. Sie werden beim Simultanverfahren vollständig berücksichtigt. Die Verrechnungspreise der Hilfskostenstellen pro Leistungseinheit ergeben sich für die angeführten Daten mit

$$q_1 = \frac{26\,248 \text{ DM} + 25\, q_1 + 20\,000\, q_2}{525}$$

$$q_2 = \frac{50\,623 \text{ DM} + 75\, q_1 + 52\,500\, q_2}{337\,500}$$

$\Rightarrow q_1 = 60{,}235$ DM; $q_2 = 0{,}1934759$ DM

Die den Hauptkostenstellen belasteten sekundären Kostenstellenkosten sind dann:

- für die Hauptkostenstelle I
  $K = 180 \cdot 60{,}235 \text{ DM} + 100\,000 \cdot 0{,}1935 \text{ DM} = 30\,192 \text{ DM}$
- für die Hauptkostenstelle II
  $K = 245 \cdot 60{,}235 \text{ DM} + 165\,000 \cdot 0{,}1935 \text{ DM} = 46\,685 \text{ DM}$

Nach Durchführung der innerbetrieblichen Leistungsverrechnung sind die primären und sekundären Kostenstellenkosten den Hauptkostenstellen belastet. Die Bildung der **Kalkulationssätze** zur Weiterverrechnung der Kostenträgergemeinkosten auf die Kostenträger erfolgt in der Weise, daß zunächst durch die Bildung des Quotienten aus gesamten Gemeinkosten und Bezugsgröße der Kostenstelle der Gemeinkostensatz pro Bezugsgrößeneinheit ermittelt wird. Durch Multiplikation der von den Kostenträgern in Anspruch genommenen Bezugsgrößeneinheiten ergeben sich die den Kostenträgern zu belastenden Gemeinkosten.

3.3.3.3 Kostenträgerrechnung

In der **Kostenträgerrechnung** werden die Kosten für die Leistungseinheit ermittelt. Als Leistungseinheit versteht man überwiegend die Einheit der hergestellten oder verkauften Produkte. Als Kosten für die Leistungseinheit können daneben auch die pro Auftrag oder pro Serie angefallenen Kosten verstanden werden.

3.3.3.3.1 Aufgaben der Kostenträgerrechnung

Die Ermittlung der den Kostenträgern zuzurechnenden Kosten kann unterschiedlichen Aufgaben dienen. Zu nennen sind insbesondere:

1. Preisfestsetzung der Produkte,
2. Bewertung der Bestände an Halb- und Fertigprodukten.

(1) Die Ermittlung der Kostenträgerkosten zum Zwecke der **Preisfestsetzung der Produkte** wird vielfach als wichtigste Zielsetzung der Kalkulation angesehen. Den Überlegungen liegt dabei die Vorstellung zugrunde, daß die Angebotspreise der Produkte in der Weise ermittelt werden, daß die mit der Kalkulation errechneten Selbstkosten pro Produkteinheit um einen Gewinnzuschlag erhöht werden (Kostenpreis).

Diese Auffassung steht im Widerspruch zu preistheoretischen Erkenntnissen, nach denen die Angebotsfunktion aus der Grenzkostenfunktion abzuleiten ist und der Marktgleichgewichtspreis durch den Verlauf der Marktangebots- und Nachfragefunktion bestimmt wird. Allerdings entbehrt dieser generelle Einwand gegen die Bestimmung eines Kostenpreises der Grundlage, wenn die der Preistheorie zugrunde liegenden Prämissen nicht gegeben sind. Dafür lassen sich namentlich **drei Situationen** anführen:

- Die Nachfrager akzeptieren aufgrund persönlicher, sachlicher oder räumlicher Präferenzen bzw. wegen fehlender Markttransparenz den auf der Basis von Selbstkosten und Gewinnzuschlag festgelegten Angebotspreis,
- es bestehen vertragliche Vereinbarungen über die Festsetzung des Angebotspreises auf Kosten- und Gewinnzuschlagsbasis,
- der Angebots-Nachfragemechanismus auf einem Markt wird durch gesetzliche Regelungen zugunsten einer Kostenpreisfestsetzung außer Kraft gesetzt.

Für die beiden letztgenannten Situationen ist anzugeben, nach welchen Verfahren die Selbstkosten zu ermitteln sind und welche Gewinnzuschläge maximal verrechnet werden dürfen. Solche Verfahrensvorschriften enthalten die **Leitsätze für die Preisermittlung** aufgrund von Selbstkosten (LSP), die aufgrund der Verordnung PR 30/53 des Bundesministers für Wirtschaft über Preise bei öffentlichen Aufträgen (VPöA) seit 1. 1. 1954 gültig sind.

(2) Die Notwendigkeit zur Ermittlung der Kostenträgerkosten zum Zwecke der **Bestandsbewertung für Halb- und Fertigprodukte** ergibt sich aus handels- und steuerrechtlichen Bilanzierungs- und Bewertungsvorschriften (§§ 252–256 HGB, insbesondere §§ 253, 255 HGB; § 6

EStG). Danach sind die selbsterstellten Betriebsmittel sowie Halb- und Fertigprodukte mit den Herstellungskosten zu bewerten. Die **Herstellungskosten** unterscheiden sich wesentlich von den in der Kostenträgerrechnung ermittelten **Herstellkosten**, insbesondere durch

- ihren Charakter als Aufwendungen,
- ihre Ausrichtung an Istgrößen,
- die Ermessensfreiheit bezüglich der Einrechnung angemessener Teile der notwendigen Materialgemeinkosten, der notwendigen Fertigungsgemeinkosten und des Werteverzehrs des Anlagevermögens, soweit er durch die Fertigung veranlaßt ist, sowie die Ermessensfreiheit in bezug auf die Einrechnung der Kosten der allgemeinen Verwaltung sowie der Aufwendungen für soziale Einrichtungen des Betriebs, für freiwillige soziale Leistungen und für betriebliche Altersversorgung.

Die in der Kostenträgerrechnung ermittelten Herstellkosten für die Halb- und Fertigprodukte sind für den Ansatz in der Handels- und Steuerbilanz in entsprechender Weise zu korrigieren.

3.3.3.3.2 Kalkulationsverfahren

Zur Verrechnung der Kosten auf den Kostenträger wird eine Vielzahl von Verfahren im Schrifttum diskutiert und in der Praxis angewandt. Sämtliche Kalkulationsverfahren sind rechentechnische **Kostenzuordnungsverfahren,** die nichts über den Inhalt der auf einen Kostenträger verrechneten Kosten aussagen. Sie sind nämlich unabhängig davon anwendbar, ob es sich bei den verrechneten Kosten um vergangenheits- oder zukunftsbezogene Kosten bzw. ob es sich um Kostenträgervollkosten oder Kostenträgerteilkosten handelt.

Die **Tauglichkeit** eines bestimmten **Kostenverrechnungsverfahrens** für ein Unternehmen wird von mehreren Faktoren bzw. Sachverhalten bestimmt. Als solche kommen u. a. in Betracht:

- die Anzahl der hergestellten Kostenträgerarten (Einproduktfertigung, Mehrproduktfertigung),
- die Art der Herstellung der Kostenträger (Einfachproduktion, Kuppelproduktion),
- die Anzahl der abzurechnenden Kostenstellen (Einkostenstellenbetrieb, Mehrkostenstellenbetrieb),
- die Behandlung verrechnungstechnisch verschiedener Kosten (Kostenträgereinzelkosten, Kostenträgergemeinkosten),
- die Behandlung funktionsbezogen unterschiedlicher Kosten (Material-, Fertigungs-, Verwaltungs-, Vertriebskosten).

Abhängig von den angeführten Faktoren und Sachverhalten lassen sich die Verfahren der Kostenverrechnung auf den Kostenträger gliedern in **Verfahren**

- der Divisionskalkulation,
- der Zuschlagskalkulation,
- der Kuppelproduktkalkulation.

3.3.3.3.2.1 Divisionskalkulation

Die Verfahren der Divisionskalkulation sind dadurch gekennzeichnet, daß die für eine Betrachtungsperiode angefallenen Kosten durch die in der Periode hergestellten bzw. abgesetzten Kostenträger oder Leistungseinheiten dividiert werden.

Bei der Divisionskalkulation erfolgt insoweit keine Trennung in Kostenträgereinzelkosten und Kostenträgergemeinkosten, ebensowenig eine differenzierte Zurechnung einzelner Kostenarten auf die Kostenträger.

Alternative **Formen** der Divisionskalkulation sind die

- summarische Divisionskalkulation,
- differenzierte Divisionskalkulation und
- Äquivalenzziffern-Divisionskalkulation.

Die Kosten pro Einheit des Kostenträgers werden mit den einzelnen Verfahren wie folgt ermittelt:

(1) **Summarische (kumulative, einstufige) Divisionskalkulation:**

Wird nur ein Produkt mit der Fertigungsmenge x erstellt, so ergeben sich die **Stückkosten** aus der Division der Gesamtkosten durch die Fertigungsmenge mit

$$k = \frac{K}{x}$$

Beispiel

Vereinfachend werden die oben im BAB angeführten Kostenarten zu drei Kostenarten zusammengefaßt. Die Fertigungsmenge betrage 29 800 Stück.

Kostenarten	Gesamtkosten DM	Stückkosten DM
Materialeinzelkosten	320.480	10,7544
Fertigungslöhne	228.019	7,6516
Kostenträgergemeinkosten	392.068	13,1566
	940.567	31,5626

Die Stückkosten ergeben sich mit

$$k = \frac{940\,567 \text{ DM}}{29\,800} = 31{,}5626 \text{ DM}$$

(2) Differenzierte (elektive, mehrstufige) Divisionskalkulation

Sollen die Kosten des einzigen Produktes auf verschiedenen Produktions- und Absatzstufen des Betriebes ermittelt werden (z. B. zur Feststellung der Kosten des Halbfertigproduktes), so bedarf es eines differenzierten Kalkulationsverfahrens. Wird eine Untergliederung des Betriebes in l Kostenstellen vorgenommen, und werden die Kosten K einer Kostenstelle auf diejenigen Produktmengen verteilt, die die Kostenstelle in Anspruch genommen haben, so gilt für die Stückkosten der Kostenstelle gleichfalls $k = K/x$.

Je nach Fertigungszustand des Produktes werden die Kosten für die Kostenstellen h ($h = 1,2, \ldots, l$), die das Produkt durchlaufen hat, summiert. Bei Inanspruchnahme aller Kostenstellen ergeben sich die Stückkosten mit

$$k = \sum_{h=1}^{l} K_h/x_h$$

Beispiel

Vereinfachend werden die oben im BAB angeführten Kostenarten wiederum zu drei Kostenarten zusammengefaßt, allerdings differenziert nach Kostenstellen.

Kostenarten	Kostenstellen					
	Material	Fertigung I	Fertigung II	Fertigung III	Verwaltung	Vertrieb
Materialeinzelkosten DM	320.480	–	–	–	–	–
Fertigungslöhne DM	–	95.568	86.433	46.018	–	–
Gemeinkosten DM	39.964	62.253	80.236	47.721	96.277	65.617
	360.444	157.821	166.669	93.739	96.277	65.617
Produktmenge	29.800	29.800	25.400	20.600	29.800	18.500
Stückkosten je Kostenstelle DM	12,0954	5,296	6,5618	4,5504	3,2308	3,5469

Die Stückkosten (für das verkaufte Fertigprodukt) ergeben sich aus der Addition der Stückkosten je Kostenstelle mit k = 35,2813 DM.

(3) Äquivalenzziffernkalkulation

Werden mehrere Produkte der Menge x_j hergestellt, die in bezug auf das Fertigungsverfahren, die Fertigungszeit und die eingesetzten Produktionsfaktoren verwandt und vergleichbar sind, z. B. Biersorten, so lassen sich die Mengen der unterschiedlichen Produkte mit Hilfe der Äquivalenzziffern α_j in Mengen eines fiktiven Einheitsproduktes x_e umrechnen mit

$$x_e = \sum_{j=1}^{n} x_j \alpha_j$$

Unter Verwendung der Äquivalenzziffern und der Stückkosten $k_e = K/x_e$ des fiktiven Einheitsproduktes lassen sich die Stückkosten der effektiven Produkte j ermitteln mit

$$k_j = k_e \alpha_j$$

Beispiel

In einem Mehrproduktbetrieb bestehe Sortenfertigung, wobei die Sorten 1 bis 4 eines ähnlichen Produktes (z. B. Bier) hergestellt werden. Sorte 1 erfordere 100%, Sorte 3 dagegen 70% und Sorte 4 schließlich 120% höhere Kosten als Sorte 2.

Sorte j	Äquivalenzziffer α_j	Produktmenge x_j	Einheitsproduktmenge x_e
1	2,0	3.000	6.000
2	1,0	12.800	12.800
3	1,7	5.700	9.690
4	2,2	8.300	18.260
			46.750

Bei Gesamtkosten von 940 567 DM ergeben sich die Stückkosten des Einheitsproduktes, die gleich den Stückkosten der Sorte 2 sind, mit

$$k_e = \frac{940\,567 \text{ DM}}{46\,750} = 20{,}11908 \text{ DM}$$

Die Stückkosten der Sorten 1, 3 und 4 sind dann

$k_1 = 40{,}23816$ DM; $k_3 = 34{,}202436$ DM; $k_4 = 44{,}261976$ DM

3.3.3.3.2.2 Zuschlagskalkulation

Die Verfahren der Zuschlagskalkulation sind dadurch gekennzeichnet, daß bei der Verrechnung der Kosten auf die Kostenträger eine

Trennung in Kostenträgereinzelkosten und Kostenträgergemeinkosten vorgenommen wird. Die Kostenträgereinzelkosten werden den Kostenträgern direkt zugerechnet, die Zurechnung der Kostenträgergemeinkosten erfolgt indirekt mit Hilfe von **Zuschlagssätzen.**

Die Kostenverrechnung auf die Kostenträger unter Anwendung der Verfahren der Zuschlagskalkulation ist dann erforderlich, wenn die Voraussetzungen für die Anwendbarkeit der Verfahren der Divisionskalkulation nicht gegeben sind. Dies gilt immer dann, wenn das Produktionsprogramm eines Unternehmens aus Kostenträgern (Produkten) besteht, die sich in bezug auf
- die anzuwendenden Produktionsverfahren,
- die Fertigungs- oder Maschinenzeit für die Herstellung,
- die einzusetzenden Produktionsfaktoren

wesentlich unterscheiden (z. B. Einzel- und Auftragsfertigung oder Serienfertigung wesentlich unterschiedlicher Produkte).

Als **Verfahren** der Zuschlagskalkulation unterscheidet man insbesondere
- die summarische Zuschlagskalkulation und
- die differenzierte Zuschlagskalkulation.

(1) **Summarische Zuschlagskalkulation**

Bei der summarischen Zuschlagskalkulation werden die Kosten pro Produkteinheit j ermittelt nach dem Schema

Materialeinzelkosten
+ Lohneinzelkosten (Fertigungslöhne)
+ Sondereinzelkosten der Fertigung
= Einzelkosten
+ summarische Gemeinkosten
= Selbstkosten

Formal ergeben sich die Einzelkosten k_{Ej} pro Produkteinheit j als Summe der Einzelkostenarten i.

Sämtliche nicht als Einzelkosten zurechenbare Kosten werden addiert. Sie ergeben die insgesamt entstandenen Gemeinkosten K_G.

Wird nur eine Bezugsgröße b verwendet, so ergeben sich bei dem summarischen Zuschlagssatz $z_G = K_G/b$ die Stückkosten für das Produkt j mit

$$k_j = k_{Ej} + \beta_j z_G$$

mit β_j als Bezugsgröße pro Einheit des Produktes j.

Sind speziell die Einzelkosten Bezugsgröße, so gilt für die Stückkosten des Produktes j

$$k_j = k_{Ej} + k_{Ej} z_G = k_{Ej} (1 + z_G)$$

Beispiel

Die Einzelkosten pro Einheit eines Produktes seien 25,55 DM. Die gesamten Gemeinkosten des Unternehmens betragen 448 319 DM. Die gesamten Einzelkosten, die als Bezugsgröße für die Verrechnung der Gemeinkosten verwendet werden, seien für alle Produkte zusammen 876 650 DM.

Es ergibt sich ein summarischer Gemeinkostenzuschlagssatz von

$$z_G = \frac{448\,319 \text{ DM}}{876\,650 \text{ DM}} = 0{,}5114$$

Die Stückkosten pro Einheit des Produktes betragen

$$k = 25{,}55\ (1 + 0{,}5114) = 38{,}61627 \text{ DM}$$

(2) **Differenzierte Zuschlagskalkulation**

Bei der differenzierten Zuschlagskalkulation werden die Kosten pro Produkteinheit ermittelt nach dem Schema

Materialeinzelkosten	
+ Materialgemeinkosten	
=	Materialkosten
+ Lohneinzelkosten (Fertigungslöhne)	
+ Fertigungsgemeinkosten	
+ Sondereinzelkosten der Fertigung	
=	Fertigungskosten
=	Herstellkosten
+	Verwaltungsgemeinkosten
+	Vertriebsgemeinkosten
+	Sondereinzelkosten des Vertriebs
=	Selbstkosten

Die Einzelkosten k_{Ej} pro Produkteinheit j ermittelt man in gleicher Weise wie bei der summarischen Zuschlagskalkulation.

Der wesentliche Unterschied zu den Verfahren der summarischen Zuschlagskalkulation besteht bei der Verrechnung der Gemeinkosten. Sie werden bei der differenzierten Zuschlagskalkulation nicht über einen einheitlichen Zuschlagssatz, sondern differenziert nach Kostenstellenzuschlagssätzen $z_{Gh} = K_{Gh}/b_h$ den Produkten zugerechnet.

Als **Bezugsgröße** b_h werden dabei vielfach verwendet für die Verrechnung der Materialgemeinkosten die Materialeinzelkosten k_M, als Bezugsgröße für die Verrechnung der Fertigungsgemeinkosten die Lohneinzelkosten (Fertigungslöhne)k_L sowie als Bezugsgröße für die Verrechnung der Verwaltungs- und Vertriebsgemeinkosten die Herstellkosten k_H. Im BAB der Abb. 3.3.27 betragen die Materialeinzelkosten 320.480 DM; bei Materialgemeinkosten in Höhe von 39.964 DM wird ein Kalkulationszuschlagssatz von 12,47% errechnet. Nach demselben Verfahren werden die Sätze für die anderen Hauptkostenstellen ermittelt.

Bezeichnet man die entsprechenden Gemeinkostenzuschlagssätze mit z_M, z_L sowie z_V, so ergeben sich die Gemeinkosten für das Produkt j im Herstellbereich mit

$$k_{GHj} = k_{Mj}\, z_M + k_{Lj}\, z_L$$

Bei Einbeziehung der Einzelkosten für das Produkt j im Herstellbereich ergeben sich die **Herstellkosten** für das Produkt j mit

$$k_{Hj} = k_{EHj} + k_{GHj}$$

Unter Berücksichtigung des Gemeinkostenzuschlags sowie der Einzelkosten k_{Vj} für das Produkt j im Verwaltungs- und Vertriebsbereich ergeben sich die **Selbstkosten** für das Produkt mit

$$k_{Sj} = k_{Hj}\,(1 + z_V) + k_{Vj}$$

Die Ermittlung der vollen und der variablen Selbstkosten des Produktes j kann grundsätzlich mit dem gleichen Verfahren erfolgen. Im ersten Fall beinhalten die Zuschlagssätze Vollkostensätze, im zweiten Teilkostensätze, die einer Verrechnung der variablen Gemeinkosten dienen.

Beispiel

Die Materialeinzelkosten pro Einheit eines Produktes seien 9,70 DM, die Fertigungslöhne in den Kostenstellen I bis III pro Produkteinheit seien 7,40 DM, 4,80 DM und 3,65 DM. Bei Anwendung der im oben angeführten

BAB ermittelten Zuschlagssätze errechnen sich die Selbstkosten pro Einheit des Produktes wie folgt:

Materialeinzelkosten		9,70 DM
darauf Materialgemeinkosten 12,47%		1,2096 DM
Materialkosten		10,9096 DM
Fertigungslöhne H I	7,40 DM	
darauf Fertigungsgemeinkosten 65,14%	4,8204 DM	
Fertigungslöhne H II	4,80 DM	
darauf Fertigungsgemeinkosten 92,83%	4,4558 DM	
Fertigungslöhne H III	3,65 DM	
darauf Fertigungsgemeinkosten 103,7%	3,7851 DM	28,9113 DM
Herstellkosten		39,8209 DM
darauf Verwaltungskosten 12,3642%		4,9235 DM
Vertriebskosten 8,4268%		3,3556 DM
Selbstkosten		48,10 DM

3.3.3.3.2.3 Kuppelproduktkalkulation

Die Kuppelproduktkalkulation (Kalkulation bei verbundener Produktion) kommt bei Fertigungsprozessen in Betracht, bei denen aufgrund technologischer Bedingungen des Produktionsprozesses zwangsläufig in einem Arbeitsgang **gleichzeitig** mehrere Kostenträger (Produkte) unterschiedlicher Kostenträgerart entstehen.

Die bei der Kuppelproduktion zwangsläufig entstehenden unterschiedlichen Produktarten (Kuppelprodukte) können in festen Mengenrelationen zueinander stehen oder innerhalb vorgegebener enger Intervalle variieren.

Beispiele für das Vorliegen einer Kuppelproduktion sind die Fertigung bei
- Hochöfen, bei denen in einem Fertigungsprozeß die Produktarten Roheisen, Schlacke und Gas gleichzeitig erzeugt werden oder
- Raffinerien, bei denen in einem Fertigungsprozeß Schweröl, Leichtöl, Benzin und Gas gleichzeitig hergestellt wird.

Für die Kuppelproduktkalkulation sind mehrere **Verfahren** entwickelt worden; die bekanntesten sind
- die Restwertkalkulation und
- die Verteilungskalkulation.

(1) Restwertkalkulation

Das Verfahren der Kalkulation als Restwertkalkulation (Subtraktionsverfahren) wird angewendet, wenn sich die Kuppelprodukte eines Kuppelproduktpäckchens in ein **Hauptprodukt** und ein oder mehrere **Neben- oder Abfallprodukte** einteilen lassen. Als Hauptprodukt wird die Produktart aufgefaßt, die in ihrer ökonomischen Bedeutung weit über den anderen Produkten des Kuppelproduktpäckchens liegt und den Hauptgegenstand der Kalkulation bildet (z. B. die Produktart Roheisen beim Hochofenprozeß).

Die Kalkulation als Restwertkalkulation stellt auf die **Herstellkosten** bzw. auf die **Selbstkosten** für eine **Einheit des Hauptproduktes** ab. Die Ermittlung der Hauptproduktkosten erfolgt unter Anwendung der **Divisionskalkulation.** Die Divisionskalkulation ermittelt die Kosten für einen Kostenträger durch Division der der Kostenträgerart zuzuordnenden Gesamtkosten durch die Anzahl der hergestellten bzw. abgesetzten Kostenträgereinheiten der Kostenträgerart.

Das **Verfahren der Restwertkalkulation** läßt sich nach dem folgenden Schema durchführen:

	Kuppelproduktgesamtkosten
–	Nettoerlöse Neben-/Abfallprodukte
=	Restwert
:	Hauptproduktmenge
=	Restwert pro Hauptprodukteinheit
+	Sondereinzelkosten des Vertriebs pro Hauptprodukteinheit
=	Selbstkosten pro Hauptprodukteinheit

Für die formale Darstellung seien die folgenden Annahmen getroffen. Es bezeichnet

$$G_N = \sum_{j=2}^{n} (p_j - k_{Vj})\, x_j$$

die **Nettoerlöse** für die **Neben- und Abfallprodukte.** Dabei bezeichnet p_j den Produktpreis, k_{Vj} die Sondereinzelkosten des Vertriebs und x_j die Produkt- bzw. Absatzmenge des Neben- oder Abfallproduktes j ($j = 2,3, \ldots, n$).

Gibt K die Plankuppelproduktgesamtkosten ausschließlich der den einzelnen Produkten direkt zurechenbaren Kosten, x die hergestellte bzw. abgesetzte Hauptproduktmenge und k_v die Sondereinzelkosten des Vertriebs für das Hauptprodukt an, so läßt sich die Bestimmungsgleichung für die **Selbstkosten k_s pro Einheit des Hauptproduktes** angeben mit

$$k_S = \frac{K - G_N}{x} + k_V$$

Beispiel

Die Gesamtkosten in einem Unternehmen, das die Produkte 1, 2, 3 und 4 in einem Kuppelprozeß herstellt, betragen für die Betrachtungsperiode 1 019 500 DM. Die den einzelnen Kuppelproduktarten direkt zurechenbaren Sondereinzelkosten des Vertriebs sind zusammen 78 900 DM. Darüber hinaus werden für das Hauptprodukt (Produkt 1) und die Neben- oder Abfallprodukte 2, 3 und 4 die folgenden Daten ermittelt:

Produkt	Produktmenge	Produktpreis DM	Sondereinzelkosten des Vertriebs DM
1	3000	–	5,8
2	2800	22	2
3	5700	37	3,4
4	8300	45	4,4

Die Selbstkosten pro Einheit des Hauptproduktes errechnen sich wie folgt:

- Die Gesamtkosten des Kuppelproduktionsprozesses sind 940 600 DM.
- Die Nettoerlöse für die Neben- und Abfallprodukte 2, 3 und 4 errechnen sich mit 584 500 DM.
- Man erhält den Restwert als Differenz mit 356 100 DM. Der Restwert pro Hauptprodukteinheit ergibt sich mit 118,70 DM.
- Für die Selbstkosten pro Hauptprodukteinheit gilt schließlich

k_S = 124,50 DM.

Die Selbstkosten für die Neben- und Abfallprodukte 2, 3 und 4 entsprechen nach der dem Verfahren immanenten Unterstellung den Produktpreisen und ergeben sich entsprechend mit

k_{S2} = 22 DM
k_{S3} = 37 DM
k_{S4} = 45 DM

(2) Verteilungskalkulation

Das Verfahren der Kalkulation als Verteilungskalkulation (Schlüsselverfahren) wird angewendet, wenn die Kuppelprodukte eines Kuppelproduktpäckchens **Hauptprodukte** sind, d. h., wenn der Produktionsprozeß zur gleichzeitigen Herstellung mehrerer in ihrer ökonomischen Bedeutung **gleichwertiger Produkte** führt (z. B. die Produktarten Heizöl, Benzin beim Erdölraffinerieprozeß).

Die Ermittlung der Kosten des Kuppelproduktprozesses von gleichgewichtigen Produkten (Hauptprodukten) wird unter Verwendung von **Verteilungsschlüsseln** durchgeführt. Ziel ist dabei ebenso wie bei der Restwertkalkulation die Ermittlung der Herstellkosten bzw. der Selbstkosten pro Einheit der einzelnen Produkte (Hauptprodukte).

Das zentrale Problem der Kostenermittlung unter Verwendung der Verteilungskalkulation ist die Festlegung des maßgeblichen Verteilungsschlüssels. Es werden unterschiedliche **Größen** diskutiert und in der Praxis angewendet. Als solche gelten insbesondere
- Mengenanteile,
- physikalische Eigenschaften,
- Marktpreise,
- Verwertungsüberschüsse.

Bei Zugrundelegung der Marktpreise der einzelnen Kuppelprodukte als Verteilungsschlüssel für die Kosten der Kuppelproduktion ergeben sich die Selbstkosten für das Kuppelprodukt j ($j = 1,2, \ldots, n$) durch Multiplikation des Produktpreises p_j für das Kuppelprodukt j mit der durchschnittlichen Kostenquote. Letztere erhält man als Quotient aus den Gesamtkosten der Kuppelproduktion und dem Gesamtumsatz.

Formal ergeben sich die Selbstkosten k_{S_j} pro Einheit des Kuppelproduktes j ($j = 1,2, \ldots, n$) mit

$$k_{S_j} = \frac{K}{\sum\limits_j p_j x_j} p_j$$

Beispiel

Für ein Unternehmen seien die Daten des obigen Beispiels bei der Restwertkalkulation gegeben. Produktspezifische Sondereinzelkosten des Vertriebs seien nicht angefallen. Zusätzlich wird der Produktpreis für das Produkt 1 mit 200 DM angenommen.

Die Selbstkosten pro Einheit der Kuppelprodukte 1, 2, 3 und 4 errechnen sich wie folgt:

- Die Gesamtkosten der Kuppelproduktion sind 940 600 DM.
- Der Gesamtumsatz für die Kuppelprodukte 1 bis 4 beträgt 1 246 000 DM.
- Die durchschnittliche Kostenquote errechnet sich aus dem Quotienten der gesamten Kosten und des gesamten Umsatzes mit 0,7549.
- Die Selbstkosten pro Einheit des Produktes 1 sind dann

  k_{S1} = 150,98 DM

  In entsprechender Weise errechnen sich die Selbstkosten für die Kuppelprodukte 2, 3 und 4 mit

  k_{S2} = 16,61 DM
  k_{S3} = 27,93 DM
  k_{S4} = 33,97 DM

Ein Vergleich mit den Ergebnissen des Beispiels zur Kalkulation als Restwertkalkulation zeigt eine erhebliche Kostenverlagerung zu Lasten des Kuppelproduktes 1 und zugunsten der Kuppelprodukte 2, 3 und 4.

3.3.3.4 Kurzfristige Erfolgsrechnung

Die kurzfristige Erfolgsrechnung (Betriebsergebnisrechnung, Kostenträgerzeitrechnung) dient der Ermittlung und Analyse des **Betriebserfolgs** i. S. des Periodenerfolgs für den kurzen Abrechnungszeitraum. Dabei ergibt sich der Betriebserfolg als die Differenz zwischen den Leistungen und den gesamten Kosten des Abrechnungszeitraums.

3.3.3.4.1 Aufgaben der kurzfristigen Erfolgsrechnung

Während in der traditionellen Kostenrechnung in erster Linie Produktgewinne als Differenz zwischen Erlösen und Kosten pro Produkteinheit ermittelt wurden, wird in neueren Verfahren der Kostenrechnung dem Periodenerfolg entscheidende Bedeutung für die Beurteilung eines Unternehmens beigemessen (Laßmann [Kostenrechnung] 39 ff.). Der Periodenerfolg gilt insbesondere als **Steuerungsinstrument** in bezug auf das Produktionsprogramm, den Produktionsfaktoreinsatz und die Festlegung von Preisgrenzen im Produktionsfaktorbereich und im Fertigproduktbereich.

Im Rahmen der kurzfristigen Erfolgsrechnung wird der Erfolg eines Unternehmens für möglichst kurze Zeiträume (Perioden) ermittelt und nach unterschiedlichen Bezugsobjekten aufgegliedert. Betrachtungsperiode der kurzfristigen Erfolgsrechnung ist in der Regel der Monat. In Betracht kommen aber auch kürzere Zeiträume, z. B. die Woche oder die der operationalen Kontrolle zugrundeliegenden Zeiträume Tag oder Schicht.

Bezugsobjekte, nach denen der Erfolg in der kurzfristigen Erfolgsrechnung gegliedert wird, sind insbesondere Kostenträger (Produkte, Produktgruppen, Aufträge), Abnehmer (Großabnehmer, Kleinabnehmer), Absatzgebiete (Inland, EG-Ausland, andere Industrieländer, Entwicklungsländer) oder betriebliche Erfolgsbereiche (Profit Center).

Aufgaben der kurzfristigen Erfolgsrechnung sind u. a. **Informationsgewinnung** als Grundlage

- zur Beseitigung von Mängeln und Fehlentwicklungen im Fertigungsprozeß und zur Anpassung an nicht planbare exogene Kosteneinflußfaktoren;
- zur Revision der Produktions- und Kostenplanung.

3.3.3.4.2 Erfolgsgliederung und Bestimmung von Deckungsbeiträgen

Die Gliederung des globalen Erfolgs eines Unternehmens für den kurzfristigen Betrachtungszeitraum (Periodenerfolg) ist ein wesentliches Merkmal der kurzfristigen Erfolgsrechnung. Primäres Gliederungskriterium für den Erfolg ist der Kostenträger, insbesondere das Produkt oder die Produktgruppe.

> **Erfolg** läßt sich als Differenz zwischen Leistung und Kosten oder als Differenz zwischen Erlösen und Kosten definieren.

Entsprechend ist Voraussetzung für die Erfolgsgliederung nach dem Kostenträger, daß in der kurzfristigen Erfolgsrechnung sowohl die Leistung bzw. die Erlöse wie auch die Kosten nach Kostenträgern gegliedert sind. Eine **kostenträgerbezogene Gliederung** der Erlöse und der Kosten weist die unten dargestellte kurzfristige Erfolgsrechnung in Form des Umsatzkostenverfahrens aus.

Auf der Grundlage des primären Gliederungskriteriums für den Erfolg wird vielfach eine **weitere Erfolgsgliederung** vorgenommen, indem der Kostenträgererfolg nach wichtigen Absatzgebieten und/oder nach wichtigen Abnehmern differenziert wird.

Sind die Voraussetzungen für die Erfolgsgliederung gegeben, d. h. besteht die Möglichkeit, sowohl Kosten wie auch Leistung (Erlös) nach dem gleichen Bezugsobjekt (z. B. Produkt) zu gliedern, so kann die kurzfristige Erfolgsrechnung in der Form des **Umsatzkostenverfahrens** in zwei verschiedenen Ausgestaltungen durchgeführt werden:

- Werden die Erlöse und alle Kosten der Betrachtungsperiode dem Bezugsobjekt (z. B. Produkt) zugeordnet, so liegt eine kurzfristige

Erfolgsrechnung in Form des **Umsatzkostenverfahrens** auf **Vollkostenbasis** vor. Die Differenz zwischen den Erlösen und den Kosten für das einzelne Bezugsobjekt (z. B. für das Produkt j) stellt den Erfolg des Bezugsobjekts in der Betrachtungsperiode (z. B. Erfolg des Produktes j) dar.

– Werden die Erlöse und die beschäftigungsabhängigen Kosten der Betrachtungsperiode dem Bezugsobjekt (z. B. Produkt) zugeordnet, und werden die dem Bezugsobjekt nicht zuordenbaren beschäftigungsunabhängigen Kosten als Kostenblock behandelt, so liegt eine kurzfristige Erfolgsrechnung in Form des **Umsatzkostenverfahrens** auf **Teilkostenbasis** (Grenzkostenbasis) vor. Die Differenz zwischen den Erlösen und den beschäftigungsabhängigen Kosten für ein Bezugsobjekt (z. B. für ein Produkt j) stellt den Deckungsbeitrag des Bezugsobjekts in der Betrachtungsperiode (z. B. Deckungsbeitrag des Produktes j) dar.

3.3.3.4.3 Verfahren der kurzfristigen Erfolgsrechnung

Der Erfolg eines Unternehmens für den kurzen Betrachtungszeitraum (Betriebserfolg, Betriebsergebnis) kann im Rahmen der kurzfristigen Erfolgsrechnung mit unterschiedlichen Verfahren ermittelt werden. Zu unterscheiden sind in erster Linie
– das Gesamtkostenverfahren und
– das Umsatzkostenverfahren
mit unterschiedlichen Ausgestaltungen als Vollkosten- oder Teil-(Grenz)kostenverfahren.

(1) Gesamtkostenverfahren

Die Bezeichnung Gesamtkostenverfahren für eine spezielle Ausgestaltung der kurzfristigen Erfolgsrechnung geht auf folgenden Sachverhalt zurück: In dem Betriebsergebniskonto, das eine Gegenüberstellung der Leistung und der Kosten für die Betrachtungsperiode beinhaltet, werden auf der Sollseite die **gesamten Kosten** der Betrachtungsperiode ausgewiesen, d. h. sowohl die Kosten für die abgesetzten Kostenträger als auch die Kosten für die hergestellten, aber nicht abgesetzten Kostenträger (Lagerproduktion).

Das **Gesamtkostenverfahren** ist dadurch charakterisiert, daß die Gesamtkosten im Betriebsergebniskonto nach **Kostenarten** gegliedert sind, während eine Gliederung der Leistungen nach **Kostenträgern** erfolgt.

Das Verfahren entspricht insoweit im Aufbau der Gewinn- und Verlustrechnung. Die Leistungen setzen sich zusammen aus den mit den Verkaufspreisen p_j bewerteten Mengen der abgesetzten Produkte y_j und den Lagerbestandsveränderungen der Produkte, die mit den Herstellkosten k_{Hj} bewertet werden. Nach dem Gesamtkostenverfahren ergibt sich der Betriebserfolg mit

$$G = \sum_{j=1}^{n} (y_j\, p_j + (x_j - y_j)\, k_{Hj}) - \sum_{i=1}^{m} K_i$$

Beispiel

Es seien die im oben angeführten BAB ausgewiesenen Kostenarten gegeben. Darüber hinaus gelten folgende Daten:

Produkt j	Produktions-menge x_j	Absatz-menge y_j	Produkt-preis DM p_j	Herstell-kosten DM k_{Hj}	Erlöse DM	Bestands-erhöhungen DM
1	3.000	2.850	45	33,31	128.250	4.996,50
2	12.800	10.980	24	16,66	263.520	30.321,20
3	5.700	5.485	36	28,32	197.460	6.088,80
4	8.300	7.840	48	36,64	376.320	16.854,40
					965.550	58.260,90

Im Betriebsergebniskonto werden zur Ermittlung des Betriebserfolgs beim Gesamtkostenverfahren die Kostenarten den Kostenträgererlösen gegenübergestellt.

Betriebsergebniskonto DM

Materialeinzelkosten	320.480	Erlöse Produkt 1	128.250
Fertigungslöhne	228.019	Produkt 2	263.520
Hilfslöhne	49.876	Produkt 3	197.460
Gehälter	113.245	Produkt 4	376.320
Gesetzliche Sozialleistungen	16.397	Bestandserhöhungen	
Hilfs- und Betriebsstoffe	7.318	Produkt 1	4.996,50
Werkzeuge und Geräte	14.645	Produkt 2	30.321,20
Instandhaltung	5.380	Produkt 3	6.088,80
Heiz-, Brennstoffe, Energie	29.456	Produkt 4	16.854,40
Steuern, Gebühren, Vers.	23.609		
Verschiedene Gemeinkosten	19.972		
Kalk. Abschreibungen	65.800		
Kalk. Zinsen	46.370		
Betriebserfolg	83.243,90		
	1.023.810,90		1.023.810,90

Der Betriebserfolg ergibt sich nach dem Gesamtkostenverfahren bei Zusammenfassung der Erlöse, Bestandsveränderungen und Kostenarten mit

$$G = (965\,550 + 58\,260{,}90)\ \text{DM} - 940\,567\ \text{DM} = 83\,243{,}90\ \text{DM}$$

Das Verfahren weist einen schwerwiegenden **Nachteil** auf: Es erlaubt nicht festzustellen, welchen **Beitrag** die Produkte oder Produktgruppen zum Betriebserfolg geleistet haben.

Das Gesamtkostenverfahren liefert weder entscheidungsrelevante Daten, noch ermöglicht es eine Kontrolle der Betriebserfolgsbeiträge der einzelnen Produkte. Dies ist im wesentlichen darin begründet, daß die Kosten einer Abrechnungsperiode und die ihnen entsprechenden Erlöse und Bestandserhöhungen nach unterschiedlichen Kriterien gegliedert werden. Während bei den Kosten eine Gliederung nach Kostenarten erfolgt, wird die Gliederung der Erlöse nach Produktarten vorgenommen. Bei dieser Gliederung der erfaßten Kosten einerseits und der Erlöse sowie der Bestandserhöhungen andererseits ist es nicht möglich festzustellen, wie hoch der Nettogewinn bzw. der Deckungsbeitrag der einzelnen Produkte in der Abrechnungsperiode war.

(2) Umsatzkostenverfahren

Die Bezeichnung Umsatzkostenverfahren für eine spezielle Ausgestaltung der kurzfristigen Erfolgsrechnung geht auf den Sachverhalt zurück, daß bei dem Verfahren auf der Sollseite des Betriebsergebniskontos nicht die gesamten Kosten der Betrachtungsperiode, sondern nur die Kosten der **umgesetzten** (**abgesetzten**) Kostenträger ausgewiesen werden. Bei dem Kostenausweis für die abgesetzten Kostenträger kann es sich um Vollkosten oder um Teilkosten (Grenzkosten) handeln. Entsprechend unterscheidet man
- das Umsatzkostenverfahren auf Vollkostenbasis und
- das Umsatzkostenverfahren auf Teilkostenbasis (Grenzkostenbasis).

(a) Umsatzkostenverfahren auf Vollkostenbasis

Das **Umsatzkostenverfahren auf Vollkostenbasis** gliedert die vollen Kosten der abgesetzten Produkte im Betriebsergebniskonto ebenso wie die entsprechenden Leistungen nach **Kostenträgern.**

Die hergestellten, nicht abgesetzten Produkte werden ergebnisneutral mit den Herstellkosten bewertet, den abgesetzten Produkten werden die gesamten Verwaltungs- und Vertriebskosten zugeordnet. Bezeichnet k_{Vj} die Verwaltungs- und Vertriebskosten und k_{Sj} die Selbstkosten pro Einheit des Produktes j, so kann die Gleichung für den Betriebserfolg nach dem Umsatzkostenverfahren auf Vollkostenbasis aus der Betriebserfolgsgleichung des Gesamtkostenverfahrens abgeleitet werden.

$$G = \sum_{j=1}^{n} (y_j\, p_j + (x_j - y_j)\, k_{Hj}) - \sum_{j=1}^{n} (y_j\, k_{Vj} + x_j\, k_{Hj})$$

Dies führt wegen $k_{Hj} + k_{Vj} = k_{Sj}$ zu

$$G = \sum_{j=1}^{n} y_j\, (p_j - k_{Sj})$$

Beispiel

Es seien die oben angeführten Daten sowie die Verwaltungs- und Vertriebskosten wie folgt gegeben:

Produkt j	Absatz- menge y_j	Herstell- kosten DM k_{Hj}	Verwaltungs- und Vertriebs- kosten DM K_{Vj}	Selbstkosten der abgesetzten Produkte DM
1	2 850	33,31	21 375,—	116 308,50
2	10 980	16,66	41 065,20	223 992,—
3	5 485	28,32	34 889,60	190 224,80
4	7 840	36,64	64 523,20	351 780,80
				882 306,10

Im Betriebsergebniskonto werden zur Ermittlung des Betriebserfolgs beim Umsatzkostenverfahren auf Vollkostenbasis die Kostenträgerselbstkosten den Kostenträgererlösen gegenübergestellt.

Soll		Betriebsergebniskonto DM	Haben
Selbstkosten		Erlöse	
– Produkt 1	116 308,50	– Produkt 1	128 250
– Produkt 2	223 992	– Produkt 2	263 520
– Produkt 3	190 224,80	– Produkt 3	197 460
– Produkt 4	351 780,80	– Produkt 4	376 320
Betriebserfolg	83 243,90		
	965 550		965 550

Der Betriebserfolg ergibt sich nach dem Umsatzkostenverfahren auf Vollkostenbasis als Summe der Erfolgsbeiträge der einzelnen Kostenträger mit

G = (11 941,50 + 39 528 + 7 235,20 + 24 539,20) DM =
= 83 243,90 DM

Das Verfahren weist gegenüber dem Gesamtkostenverfahren den Vorteil der **Kostenträgerorientierung** auf. Die damit mögliche Aussagefähigkeit bezüglich der Betriebsergebnisbeiträge der einzelnen Produkte oder Produktgruppen wird jedoch durch die nicht dem Kostenverursachungsprinzip entsprechende Verteilung der fixen Gemeinkosten auf die Kostenträger stark beeinträchtigt.

(b) **Umsatzkostenverfahren auf Teilkostenbasis**

Das **Umsatzkostenverfahren auf Teilkostenbasis** gliedert die Teilkosten der abgesetzten Produkte im Betriebsergebniskonto nach Kostenträgern, ebenso die entsprechenden Leistungen.

Werden als Teilkosten die variablen Kosten verrechnet, so entsprechen diese bei linearer Kostenfunktion den Grenzkosten. Die nicht auf die Produkte verteilten fixen Gemeinkosten werden gesondert ausgewiesen. Bezeichnet $k_{Sj}^{(v)}$ die auf die abgesetzten Produkte verrechneten Grenzselbstkosten und $K^{(f)}$ die fixen Gemeinkosten, so ist der Betriebserfolg nach dem Umsatzkostenverfahren auf Grenzkostenbasis

$$G = \sum_{j=1}^{n} y_j \, (p_j - k_{Sj}^{(v)}) - K^{(f)}$$

Dabei bezeichnet der Ausdruck in der Klammer den Deckungsbeitrag pro Einheit des Produktes j und der erste Ausdruck auf der rechten Seite der Gleichung den Deckungsbeitrag aller Produkte.

Beispiel

In einem Unternehmen seien für den Betrachtungszeitraum die im obigen Beispiel zum Gesamtkostenverfahren angeführten Daten gegeben.

Zusätzlich stellen sich die Grenzherstellkosten und die Grenzselbstkosten für die Produkte 1 bis 4 wie folgt dar:

Produkt	Absatzmenge	Produktpreis DM	Grenzherstellkosten DM	Grenzselbstkosten DM	Grenzselbstkosten der abgesetzten Produkte DM
1	2 850	45	20,96	22,46	64 011,—
2	10 980	24	10,20	10,90	119 682,—
3	5 485	36	18,45	19,75	108 328,75
4	7 840	48	22,42	24,12	189 100,80
					481 122,55

Das Betriebsergebniskonto beim Umsatzkostenverfahren auf Teilkostenbasis stellt sich dann als Gegenüberstellung der nach Produkten gegliederten Erlöse und Grenzselbstkosten wie folgt dar:

Soll	Betriebsergebniskonto DM		Haben
Grenzselbstkosten		Erlöse	
– Produkt 1	64 011,—	– Produkt 1	128 250,—
– Produkt 2	119 682,—	– Produkt 2	263 520,—
– Produkt 3	108 328,75	– Produkt 3	197 460,—
– Produkt 4	189 100,80	– Produkt 4	376 320,—
Fixkosten	423 456,50		
Betriebserfolg	60 970,95		
	965 550,—		965 550,—

Der Betriebserfolg ergibt sich nach dem Umsatzkostenverfahren auf Teilkostenbasis als Summe der Produktdeckungsbeiträge abzüglich der beschäftigungsunabhängigen (fixen) Kosten mit

$$G = (64\,239 + 143\,838 + 89\,131{,}25 + 187\,219{,}20)\ \text{DM} - 423\,456{,}50$$
$$= 60\,970{,}95\ \text{DM}$$

Das Verfahren führt nur dann zu dem gleichen Betriebserfolg wie das Umsatzkostenverfahren auf Vollkostenbasis, wenn keine Bestandsveränderungen der Halb- und Fertigprodukte eingetreten sind. Haben sich dagegen die Bestände der Halb- und Fertigprodukte erhöht, so führen das Umsatzkostenverfahren auf Vollkostenbasis ebenso wie das Gesamtkostenverfahren zu einem höheren Betriebserfolg als das Umsatzkostenverfahren auf Grenzkostenbasis. Dies ist darin begründet, daß ein Teil der fixen Gemeinkosten des Herstellbereichs in die Bestände eingeht und nicht wie bei dem Grenzkostenverfahren den Betriebserfolg negativ beeinflußt. Umgekehrtes gilt bei Bestandsverminderungen.

Literaturhinweise

Adam, Dietrich: Entscheidungsorientierte Kostenbewertung, Wiesbaden 1970.

Agthe, Klaus: Stufenweise [Fixkostendeckung] im System des Direct Costing. In: Zeitschrift für Betriebswirtschaft, 29. Jg. (1959), S. 404–418.

Chmielewicz, Klaus (Hrsg.): Entwicklungslinien der Kosten- und Erlösrechnung, Stuttgart 1983.

Franz, Klaus-Peter: Die [Prozeßkostenrechnung]. Darstellung und Vergleich mit Plankosten- und Deckungsbeitragsrechnung. In: Finanz- und Rechnungswesen als Führungsinstrument, hrsg. von D. Ahlert, K.-P. Franz und H. Göppl, Wiesbaden 1990, S. 109–136.

Glaser, Horst: [Prozeßkostenrechnung] – Darstellung und Kritik. In: Zeitschrift für betriebswirtschaftliche Forschung, 44. Jg. (1992), S. 275–288.

Horváth, Peter, Mayer, Reinhold: [Prozeßkostenrechnung]. Der neue Weg zu mehr Kostentransparenz und wirkungsvolleren Unternehmensstrategien. In: Controlling, 1. Jg. (1989), S. 214–219.

Hummel, Siegfried, Männel, Wolfgang: Kostenrechnung, Bd. 1: Grundlagen, Aufbau und Anwendung. 4. Aufl., Wiesbaden 1986.

Kilger, Wolfgang: [Einführung] in die Kostenrechnung. 3. Aufl., Wiesbaden 1987.

Kilger, Wolfgang: Flexible [Plankostenrechnung] und Deckungsbeitragsrechnung. 9. Aufl., Wiesbaden 1988.

Koch, Helmut: Zur Diskussion über den [Kostenbegriff]. In: Zeitschrift für handelswissenschaftliche Forschung, N. F., 10. Jg. (1958), S. 355–399.

Laßmann, Gert: [Kostenrechnung]. Die Kosten- und Erlösrechnung als Instrument der Planung und Kontrolle im Industriebetrieb. Düsseldorf 1968.

Plaut, Hans-Georg: Die [Grenz-Plankostenrechnung]. In: Zeitschrift für Betriebswirtschaft, 23. Jg. (1953), S. 347–363 u. S. 402–413.

Plaut, Hans-Georg, Heinrich Müller und Werner Medicke: [Grenzplankostenrechnung] und Datenverarbeitung. 3. Aufl., München 1973.

Riebel, Paul: Kuppelprodukte, Kalkulation der. In: HWR, hrsg. von E. Kosiol, Stuttgart 1970, Sp. 994–1006.

Riebel, Paul: Einzelkosten- und [Deckungsbeitragsrechnung]. 6. Aufl., Wiesbaden 1990.

Rummel, Kurt: Einheitliche [Kostenrechnung] auf der Grundlage einer vorausgesetzten Proportionalität der Kosten zu betrieblichen Größen. 3. Aufl., Düsseldorf 1967.

Scherrer, Gerhard: Kostenrechnung – Arbeitsbuch. Stuttgart u. New York 1983.

Scherrer, Gerhard: [Kostenrechnung]. 2. Aufl., Stuttgart u. New York 1991.

Schmalenbach, Eugen: [Kostenrechnung] und Preispolitik. 8. Aufl., Köln u. Opladen 1963.

Schneider, Erich: Industrielles [Rechnungswesen]. 5. Aufl., Tübingen 1969.

Schweitzer, Marcell, Hans-Ulrich Küpper: [Systeme] der Kostenrechnung. 5. Aufl., München 1991.

4 Prognosen

Klaus Brockhoff

4.1 Begriff und Typen der Prognose

4.1.1 Begriff

Im Kapitel 1 über Planung und Kontrolle wurde gezeigt, daß Prognosen eine der Alternativensuche folgende und der Alternativenbewertung sowie Entscheidung vorausgehende Phase des Planungsprozesses ausmachen. Sie dienen der Gewinnung derjenigen zukunftsorientierten Information, die eine Bewertung der Alternativen erst ermöglichen.

Prognosen sind

- Wahrscheinlichkeitsurteile über das Auftreten eines oder mehrerer Ereignisse
- in einem Zeitraum der Zukunft,
- die auf Beobachtungen der Vergangenheit und
- einer möglicherweise nur wenig ausgearbeiteten Theorie über die Erklärung dieser Beobachtungen sowie einer
- Annahme über die Fortgeltung der Erklärung in der Zukunft beruhen.

Einzelne Komponenten dieser Definition erfordern genauere **Erläuterungen** (vgl. im folgenden Brockhoff [Prognoseverfahren]):

(1) Prognosen können **nicht mit Sicherheit** abgegeben werden, weil der Gegenstand der Aussage erst in der Zukunft realisiert werden kann. Der Gegenstand darf natürlich nicht so bestimmt werden, daß er mit allen möglichen Zuständen der Welt identisch ist, also Fehlurteile ausgeschlossen sind (z. B. »Der Schlußkurs der AEG Aktie in Frankfurt am 2. 1. 2000 ist entweder kleiner als 50 DM, gleich 50 DM oder größer als 50 DM oder die Aktie wird nicht gehandelt«). Aus demselben Grunde kann der Gegenstand weder in sachlicher noch in zeitlicher

Hinsicht **streng »punktweise«** bestimmt werden. Hierfür wäre die Eintreffenswahrscheinlichkeit Null.

Wenn z.B. ein Kurs von genau 50 DM für die genannte Aktie prognostiziert wird, meint dies punktweise Bestimmung in sachlicher Hinsicht; statt dessen müßte ein Intervall für den erwarteten Kurs angegeben werden, wenn dieses auch beliebig klein sein kann. – Wenn z.B. der Kurs für den 2.1. 2000 prognostiziert wird, so bleibt offen, wann innerhalb dieser 24 Stunden die Feststellung des Schlußkurses erfolgt. Je mehr dieses Intervall eingeengt wird, z.B. auf die Zeit zwischen 13.40 Uhr und 14.00 Uhr, um so geringer wird die Wahrscheinlichkeit, daß in dem Intervall ein Schlußkurs festgestellt wird, bis diese für einen Zeitpunkt auf Null sinkt. Beide Gesichtspunkte sind gemeinsam zu beachten.

(2) Sind **mehrere Ereignisse** Gegenstand der Prognose, so sind zu unterscheiden: gemeinsames Auftreten (konjunktive Verknüpfung) und gegenseitiger Ausschluß (disjunktive Verknüpfung). Beide stellen Extremfälle dar.

In der **»Szenario-Analyse«**, bei der es um die Darstellung möglichst widerspruchsfreier Konstellationen künftiger Umweltzustände geht, stellt man in einem frühen Verfahrensschritt fest, in wieweit sich einzelne Prognosegegenstände wechselseitig beeinflussen. Die Stärke der Einflüsse wird in einer »Wechselwirkungs-Matrix« (»cross impact matrix«) erfaßt. So kann etwa berücksichtigt werden, daß hohe Rohölpreise nicht nur den Benzinabsatz dämpfen, sondern auch die Nachfrage nach PKW mit hohen Verbrauchswerten. Man sollte diese Ereignisse nicht unabhängig voneinander prognostizieren.

(3) Durch das Erfordernis einer **theoretischen Grundlage** werden **Randbedingungen** für die Gültigkeit prognostischer Aussagen gesetzt. Das ist das erste Erfordernis für die Herstellung hoher **Prognosequalität.** Die Prognose hat um so höhere Qualität, je weniger einschränkenden Bedingungen sie unterliegt. Die Qualitätssteigerung ist natürlich nicht dadurch zu erreichen, daß man bestehende Bedingungen vergißt, verdrängt oder aus sonstigen Gründen vernachlässigt.

Ein zweites Qualitätsmerkmal wird aus dem **Allgemeinheitsgrad des Prognosegegenstandes** abgeleitet: »Singuläre Aussagen beziehen sich auf einen einzelnen spezifischen Sachverhalt. Partikuläre Aussagen haben die Struktur eines »Es gibt«-Satzes, und generelle Aussagen stellen All-Sätze dar, deren Behauptung sich auf alle Sachverhalte eines bestimmten Bereichs bezieht« (Wild [Unternehmungsplanung] 124).

An dritter Stelle hängt die Qualität einer Prognose von der **Güte ihrer empirischen Begründung** ab. Dieses Gütemaß hat zwei zusammengesetzte Dimensionen:

- Erstens sind der **Umfang** und die **fehlerfreie Ermittlung der Vergangenheitsbeobachtungen** hierunter zu fassen. Die Beobachtungen betreffen den Prognosegegenstand und alle Größen, von denen vermutlich ein Einfluß auf diesen Gegenstand ausgeht. Dieses Einflußmuster wird durch ein **Erklärungsmodell** abgebildet. Dieses Modell kann allein Ergebnis der Bildung subjektiver Erfahrungen sein oder auf der systematischen Überprüfung quantitativ formulierter funktionaler Zusammenhänge beruhen, die selbst auf Hypothesen oder Theorien gründen und sich am Beobachtungsmaterial der Vergangenheit bewährt haben.
- Zweitens ist hierunter die Vermutung zu fassen, daß ein in der Vergangenheit beobachtetes Erklärungsmuster des Prognosegegenstandes auch in Zukunft wirksam sein wird (**zeitliche Stabilität des Erklärungsmodells**). Für diese allen Prognosen innewohnende Unterstellung kann es keinen Beweis geben. Immer wieder kann die Vermutung bestätigt, aber auch umgestoßen werden. So ist z. B. die 1990 beobachtete sprunghafte Steigerung des Erdölpreises ein Beispiel für den Bruch dieser Annahme etwa bei der Prognose der Haushaltsaufwendungen für Heizung oder der Nachfrage nach PKW unterschiedlicher Leistung. Deutliche **Strukturbrüche** ergeben sich auch aus der Vereinigung der beiden deutschen Staaten.

(4) Aussagen über zukünftige Ereignisse, die obiger Definition nicht entsprechen, werden als **Projektionen** oder **Prophezeiungen** bezeichnet.

Wenn unter Prognosebedingungen zur Prüfung der Bewährung eines Erklärungs- und Prognosemodells eine Aussage über eine Entwicklung der Vergangenheit gemacht wird, spricht man von **ex post-Prognosen** (im Gegensatz zu ex ante-Prognosen). Z. B. wird im Januar 1991 ein Erklärungsmodell für den Marktanteil eines Unternehmens und seine Entwicklung von 1970 bis 1980 entwickelt. Dann werden die Marktanteile 1981 bis 1990 »prognostiziert«, obwohl hierfür schon Beobachtungen vorliegen. Diese »ex post-Prognose« dient der Modellüberprüfung. Anschließend werden die noch unbekannten Werte 1991 bis 1995 »ex ante« prognostiziert.

Prognosequalität hängt ab
- vom Umfang der Bedingungen, unter denen die Prognoseaussage gelten soll,
- von der Allgemeinheit dieser Aussage oder des Prognosegegenstandes,
- von der Güte des Erklärungsmodells,
- von der Fehlerfreiheit der darin benutzten Daten und
- von der zeitlichen Stabilität des Erklärungsmodells.

4.1.2 Typen

Es gibt eine Fülle von **Kriterien,** die **zur Bildung verschiedener Typen** von Prognosen herangezogen werden. Wir nennen vier besonders wichtige Kriterien:

- den Zeitraum, auf den sich Prognosen beziehen,
- den Gegenstand, auf den sich Prognosen richten,
- die Art der Wirkung einer Prognose,
- den Aufbau des Prognosemodells.

(1) Nach dem **Zeitraum,** auf den sich Prognosen beziehen, unterscheidet man **kurz-, mittel-** und **langfristige** Prognosen. Die in der Praxis hierfür gebräuchlichen Zeitabgrenzungen weisen große Unterschiede auf. Generell soll der Zeitraum höchstens so weit in die Zukunft reichen, wie die Prognosequalität ausreicht, um die prognostizierten Ereignisse für die Auswahl einer optimalen Handlungsalternative im Zeitpunkt der Planung von Bedeutung erscheinen zu lassen oder – schwächer formuliert – die Rangfolge der Handlungsalternativen im Planungszeitpunkt noch zu beeinflussen. So wird klar, daß Entscheidungen über Aufnahme und Einstellung von Geschäftsbereichen langfristige Prognosezeiträume erfordern, Sachanlageinvestitionen in bekannten Geschäftsbereichen mittelfristige Prognosezeiträume, preispolitische Entscheidungen kurzfristige Prognosezeiträume, weil jeweils Vorbereitung, Durchführung und Auswirkung der Aktionen unterschiedlich lange Zeiträume beanspruchen.

(2) Nach dem **Gegenstand,** auf den sich Prognosen richten, ist vor allem die Unterscheidung **wirtschaftlicher** und **technologischer** Prognosen bedeutend. Erstere machen Aussagen über wirtschaftliche Tatbestände, letztere über die Verfügbarkeit neuer Technologien.

In wissenschaftstheoretischer Sicht wird der Begriff »technologische Prognose« aber anders verwendet. Darunter werden dann Prognosen verstanden, die über Veränderungen der Randbedingungen die Realisierung der Prognoseergebnisse beeinflussen (Albert [Theoriebildung] 62).

(3) Prognosen haben die **direkte Wirkung,** zur Auswahl einer Handlungsalternative beizutragen. Darüber hinaus können **indirekte Wirkungen** auftreten. Diese indirekten Wirkungen bestehen darin, daß die Prognoseergebnisse Handlungen auslösen, die den Eintritt der Prognoseergebnisse herbeiführen oder verhindern. Wird ein Ergebnis herbeigeführt, so spricht man von **selbst bestätigenden** (selbst erfüllenden) Prognosen. Wird ein Ergebnis verhindert, so liegt eine **selbst widerlegende** (selbst zerstörende) Prognose vor. Zur Feststellung dieser Effekte sind verschiedene Maße vorgeschlagen worden (Brockhoff [Prognoseverfahren] 44). Die Ansicht, daß bei Existenz vor allem sich selbst widerlegender Prognosen niemals ein zutreffendes Prognoseergebnis erreicht werden könne, kann allerdings nicht generell richtig sein.

Das erkennt man aus folgendem:

Nehmen wir an, es werde eine Prognose $\hat{y}$ über ein Ereignis y veröffentlicht. Eine zutreffende Prognose erfüllt $\hat{y} = y$. Nehmen wir weiter an, daß die indirekten Prognosewirkungen durch die **Reaktionsfunktion** $y = f(\hat{y})$ beschrieben werden können. Wenn es einen Schnittpunkt der Reaktionsfunktion mit der 45°-Linie im y, $\hat{y}$-Koordinatensystem gibt, d. h. $\hat{y} = f(\hat{y})$, so ist damit die Prognose mit zutreffendem Prognosewert gefunden (vgl. Abb. 3.4.1).

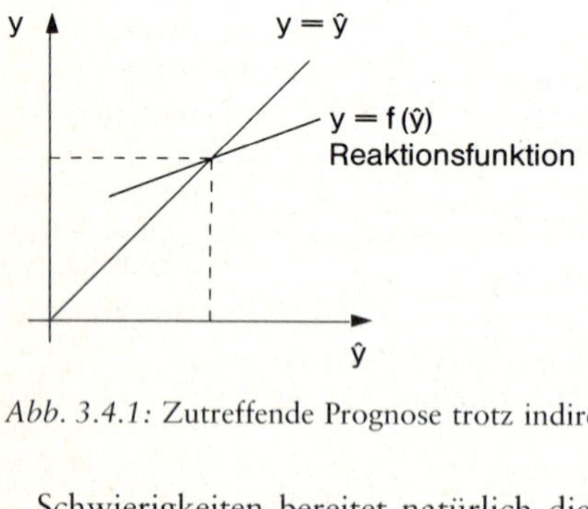

Abb. 3.4.1: Zutreffende Prognose trotz indirekter Prognosewirkungen

Schwierigkeiten bereitet natürlich die Bestimmung der Reaktionsfunktion, über die bisher nur empirische Vermutungen vorliegen. So erhebt sich z. B. vor Wahlen regelmäßig die Frage, welchen Einfluß

Befragungsergebnisse über die Wahlabsichten auf das Wählerverhalten haben; die Antworten fallen unterschiedlich aus.

(4) Schließlich wollen wir das Kriterium des **Prognosemodellaufbaus** zur Unterscheidung von Prognosetypen heranziehen. Im allgemeinen Falle nehmen wir an, daß Prognosen über die Ereignisse y_i, $i = 1,2, \ldots, n$, abzugeben seien. Für diese Ereignisse könne im Prognosemodell formuliert werden:

$$y_1 = f_1(x_1, x_2, \ldots, x_m, y_2, y_3, \ldots, y_n) + \varepsilon_1$$
$$y_2 = f_2(x_1, x_2, \ldots, x_m, y_1, y_3, \ldots, y_n) + \varepsilon_2$$
$$\ldots$$
$$y_n = f_n(x_1, x_2, \ldots, x_m, y_1, y_2, \ldots, y_{n-1}) + \varepsilon_n.$$

(a) In jeder einzelnen Gleichung stehen auf der linken Seite die **erklärte Variable** (z. B. y_n), auf der rechten Seite in der Funktionenklammer die **erklärenden Variablen** (z. B. $x_1, x_2, \ldots, x_m, y_1, \ldots, y_{n-1}$), und schließlich die **Zufallsvariable** (z. B. ε_n), die nichtbeobachtete Einflüsse oder Störeinflüsse aufnimmt. Im ganzen Modell werden $x_1, x_2, \ldots, x_m$ die **exogenen Variablen** genannt; $y_1, y_2, \ldots, y_n$ heißen **endogene Variablen.** In beiden Gruppen von Variablen kann sich eine Teilmenge auf diejenige Periode beziehen, für die die Prognoseaussage gelten soll; eine andere Teilmenge kann sich auf die vorausgehenden Perioden beziehen. In diesem Fall wird die zeitliche Differenz als **Lag** (Verzögerung) aus der Sicht jener Periode bezeichnet, für die die Prognoseaussage gelten soll. Die Berücksichtigung von Variablen mit unterschiedlichen Periodenindizes läßt ein **dynamisches Modell** entstehen, im anderen Falle liegt ein **statisches Modell** vor. Die Menge der verzögerten Variablen und der unverzögerten exogenen Variablen nennt man **vorherbestimmte** oder **prädeterminierte Variablen.**

Für Prognosen sind Modelle interessant, in denen alle prädeterminierten Variablen verzögert sind. Sind sie das nicht, so müssen die Werte der unverzögerten Variablen zunächst vorherbestimmt werden, indem man für sie eine besondere Prognose vornimmt. – In einer großen Zahl von Fällen ist es ausreichend, wenn die Funktionen $f_i(\cdot)$, $i = 1,2, \ldots, n$, als linear angenommen werden. Nichtlineare Funktionen wird man zunächst in lineare Funktionen umzuwandeln versuchen. Kommt z. B. eine potenzierte Variable z^b mit vorgegebenem Exponenten b in einer Summe vor, so kann $x_j := z_j^b$ diese Variable ersetzen. Soweit dies nicht möglich ist, können erhebliche Schwierigkeiten bei der Schätzung der unbekannten Parameter des Erklärungsmodells auftreten, die aber als Grundlage der Prognose bekannt sein müssen.

(b) Nehmen wir an, daß die oben eingeführten Funktionen $f_i(x_1, x_2,$

$\ldots, x_m, y_1, y_2, \ldots, y_{i-1}, y_{i+1}, \ldots, y_n$), $i = 1,2,\ldots, n$, linear seien. Für $n = 1$ spricht man von **Ein-Gleichungsmodellen**, in denen die endogenen Variablen nicht auftreten. Für $n > 1$ spricht man von **Mehr-Gleichungsmodellen.** Für die Schätzung unbekannter Parameter im linearen Ein-Gleichungsmodell steht das Standard-Verfahren der **Kleinste-Quadrate-Schätzung** zur Verfügung. Das bedeutet die Minimierung der Summe des Quadrats der Fehler: $\min \sum_{t=1}^{T} \hat{\varepsilon}_{it}^2$,

wobei $t = 1,2, \ldots, T$ die Beobachtungsperioden und $\hat{\varepsilon}$ die nach Schätzung realisierten Werte von ε sind.

Das Verfahren kann aber nicht generell auf jede einzelne Gleichung eines Mehr-Gleichungsmodells angewendet werden (hierauf ist z. B. eine mehrstufige Kleinste-Quadrate-Schätzung anzuwenden). Eine Ausnahme können sog. **rekursive Modelle** oder **Kausalketten-Modelle** bieten. In diesen Ansätzen hängen die endogenen Variablen nur in der Form $y_i = f_i(x_1, x_2, \ldots, x_m, (y_j \mid j > i))$ voneinander ab. Darauf kommen wir im Abschnitt 4.4.5.2 zurück.

(c) Alle bisher besprochenen Ansätze sind **multivariable Modelle.** Einen weiteren Spezialfall stellt das **univariable Modell** dar:

$$y = f(x) + \varepsilon.$$

In Prognosen hat es insbesondere als zeitabhängiges Modell Bedeutung, bei dem dann die unabhängige Variable durch die Kalenderzeit gebildet wird. Ein Modellbeispiel ist der sog. Lebenszyklus von Produkten:

$$y(t) = b_0 t^{b_1} e^{-b_2 t} \cdot \varepsilon_t,$$

worin y den Absatz in der Zeitperiode t, $t > 0$, bedeutet und b_0, b_1, b_2 positive, unbekannte Parameter sind, die durch Schätzung zu bestimmen sind. (Transformieren Sie das Lebenszyklus-Modell zu einem linearen Ansatz!) Der Absatz ist allein von einer Variablen, der Kalenderzeit, abhängig. Sie wird als eine Sammelgröße für nicht näher spezifizierte, im Laufe der Zeit auftretende Einflüsse auf den Absatz angesehen.

4.2 Prognose und Entscheidung

4.2.1 Typen von Unternehmensrechnungen

Wir nehmen an, daß Prognoseaussagen quantitativ gefaßt werden können und aufgrund explizit formulierter Erklärungsmodelle abgeleitet werden. Während letzteres eine starke Einschränkung darstellt, indem z. B. alle nur subjektiv begründeten und nur individuell bekannten Erfahrungsaussagen ausgeschlossen werden, stellt das erstere keine Einschränkung dar. Auch die »qualitative« Existenzaussage (»Im Jahre T wird es y geben«) kann genauer als Wahrscheinlichkeitsaussage gefaßt werden (»Die Wahrscheinlichkeit des Auftretens von y im Jahre T beträgt $p_T(y)$«.) Schließt man einen konsumtiven Nutzen von Prognosen aus (Selbstzweck: Es erscheint interessant zu wissen, daß die Vermutung $p_T(y)$ über y besteht.), so sollen Prognosen **Planungen** unterstützen und **Entscheidungen** ermöglichen (vgl. 1. Kap., S. 59 ff.). Damit stellen Prognosen Voraussetzungen für den Einsatz von Instrumenten der **Unternehmensführung** dar.

Da Prognosen auf Beobachtungen aus der Vergangenheit aufbauen, müssen die benötigten Daten durch **Dokumentationsrechnungen** innerhalb des Unternehmens (z. B. Kostenrechnung) oder außerhalb des Unternehmens (z. B. Einkommensstatistik, Geburtenentwicklung) bereitgestellt werden. Auf Entscheidungen hin können **Kontrollrechnungen** durchgeführt werden, die Planwerte und Istwerte vergleichen sowie eine Analyse von Abweichungsursachen zum Gegenstand haben. Damit beruhen sie direkt auf den Dokumentationsrechnungen für die Feststellung der Istergebnisse und indirekt (über die **Planungsrechnungen**) auf den **Prognoserechnungen** für die Verfolgung der Planungsergebnisse. Soweit bildet Abb. 3.4.2 die Zusammenhänge ab. Ausgelassen sind dabei vor allem die Rückflußwirkungen der Ergebnisse von Kontrollrechnungen auf die übrigen Rechnungsarten.

Auch innerhalb der einzelnen Rechnungsarten wird eine laufende Ergebnisverbesserung angestrebt. Das ist durch eine Rückflußschleife bei den Planungsrechnungen in Abb. 3.4.2 angedeutet. Für die Prognoserechnungen wird dieser Zusammenhang im folgenden verdeutlicht.

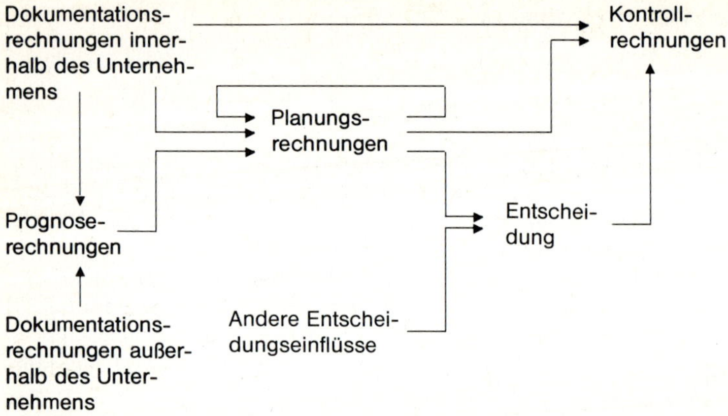

Abb. 3.4.2: Zusammenhänge zwischen Typen der Unternehmensrechnung und Entscheidung, ohne Berücksichtigung aller Rückflußzyklen (feedbacks)

4.2.2 Hauptschritte zur Abwicklung einer Prognose

Die Abwicklung einer Prognoseaufgabe durchläuft im wesentlichen die in Abb. 3.4.3 dargestellten **Schritte.** Inwieweit die Organisations- und Kontrollfunktionen routinisiert werden sollen, ist davon abhängig, wie häufig die Prognoseaufgabe identisch zu wiederholen ist. So wird man bei der täglichen Artikelüberwachung am Lager andere organisatorische Maßnahmen und kontrollierende Regeln anwenden als bei der prognostischen Identifikation eines neuen Geschäftsfeldes im Rahmen langfristiger Planungen.

Vor der Überprüfung der prognostischen Qualität des Erklärungsmodells (Abb. 3.4.3) ist ein **Prognoseverfahren** auszuwählen. Hierfür ist eine Vielzahl von Überlegungen heranzuziehen. In Frage kommen:

- Heuristische Merkmale; sie werden wesentlich durch das Prognoseproblem selbst bestimmt.
- Statistische Merkmale; sie werden aus früheren Anwendungen, also ex post, festgestellt.
- Ökonomische Merkmale; sie betreffen die Wirtschaftlichkeit des Verfahrenseinsatzes.

Diese Merkmale werden im folgenden Abschnitt erläutert.

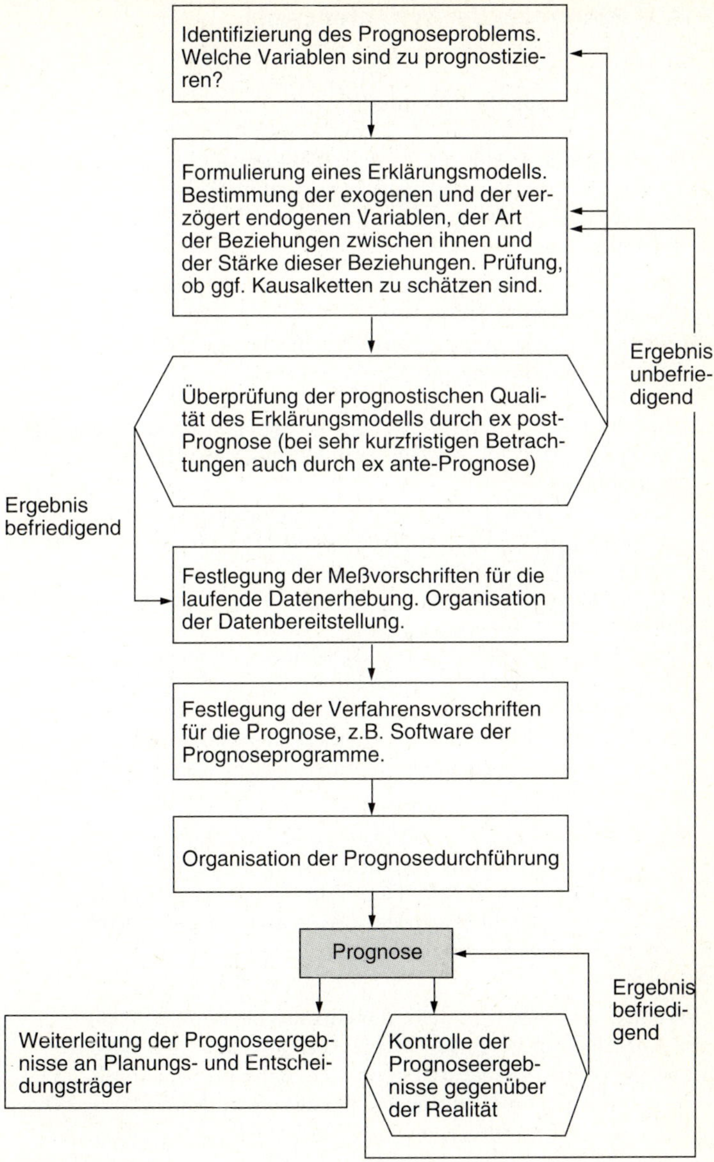

Abb. 3.4.3: Wesentliche Schritte bei Abwicklung von Prognoseaufgaben

4.3 Merkmale der Verfahrenswahl

4.3.1 Heuristische Merkmale

Die heuristischen Merkmale der Verfahrenswahl knüpfen an **Vermutungen** und **Erfahrungen der Verfahrenseignung für bestimmte Prognoseaufgaben** und die verfügbaren Daten an. Aus der Prognoseaufgabe werden abgeleitet:

(1) Art und Detaillierungsgrad der notwendigen Daten;
(2) Prognosehorizont (Tage, Wochen, Monate, Jahre, Jahrzehnte);
(3) Vermutetes Muster der zu prognostizierenden Daten (z. B. trendförmige Entwicklungen oder zyklenförmige Entwicklungen wie bei Saisoneinflüssen);
(4) Anzahl der notwendigen und der verfügbaren Beobachtungen;
(5) Zeitlicher Abstand, in dem dieselbe Prognoseaufgabe wiederholt werden soll;
(6) Verfügbarkeit anwendungsreifer Prognosetechniken (z. B. als Standardsoftware für Rechenanlagen) und Methodenkenntnis der Anwender (bei Unkenntnis können nicht nur Ausbildungsaufwendungen nötig werden, sondern auch Widerstände gegen die Einführung der Verfahren wirksam werden);
(7) Sensitivität der vorzubereitenden Sachentscheidungen bezüglich der Prognoseergebnisse (Wie groß dürfen Ergebnisschwankungen sein, ohne eine neue Auswahl von Handlungsalternativen zu erfordern?);
(8) Sensitivität des Unternehmenszieles bezüglich der Sachentscheidungen (Steht ein »bedeutendes« Sachproblem zur Entscheidung an oder nicht?).

Die Erfüllung des Merkmals (1) wird schon mit der Aufstellung des Erklärungsmodells geprüft werden können. Dabei ist auf die Kosten der Datenbeschaffung zu achten. Durch die Kriterien (5) und (6) werden neben (1) bis (4) potentielle Prognosekostenwirkungen abgeschätzt; die Kriterien (7) und (8) erlauben Hinweise auf potentielle Prognoseertragswirkungen.

Da nicht alle diese Merkmale voneinander völlig unabhängig sind, ist ein generalisierender Ausweis von Anwendungskosten oder der Kostenproportionen der Verfahren untereinander problematisch, obwohl solche Kosten häufig angegeben werden (z. B. Makridakis, Wheelwright [Interactive Forecasting] 7).

4.3.2 Ex post feststellbare statistische Merkmale

Nach statistischen Kriterien können Prognosemodelle vor ihrem Einsatz (ex ante) und nach ihrem Einsatz (ex post) beurteilt werden. Die **Beurteilung vor dem Einsatz** bezieht sich auf die möglichen Fehler bei der Aufstellung des Erklärungsmodells, bei der Annahme über die zeitliche Gültigkeit des Erklärungsmodells, bei der Schätzung unbekannter Modellparameter und auf die »Verschmutzung« der benutzten Daten. Über die Folgen und die Kontrolle solcher Fehler gibt die ökonometrische Literatur Auskunft (z. B. Schönfeld [Ökonometrie]).

Ex post-Beurteilungen beruhen i. d. R. auf **Vergleichen zwischen den tatsächlich eingetretenen Entwicklungen** (y_t) **und den prognostizierten Entwicklungen** ($\hat{y}_t$). Wir wollen annehmen, daß $t = 1,2, \ldots, T$ Werte zu prognostizieren waren. Es läge nun nahe, die Summe einfacher Abweichungen ($\sum_{t=1}^{T} (\hat{y}_t - y_t)$) als Fehlermaß zu benutzen. Das ist aber nicht sinnvoll, weil sich positive und negative Abweichungen beliebiger Höhe dann kompensieren könnten. Deshalb kommen als **Fehlermaße** unterschiedliche Ausprägungen der sog. Metrik ($\sum_{t=1}^{T} S_t \mid \hat{y}_t - y_t \mid^{m})^{1/m}$ vor, wie sie in der folgenden **Tabelle** 3.4.1 zusammengestellt sind.

	$S_t = 1/T$	$S_t = 1/y_t$
m = 1	$F_1 = \frac{1}{T} \sum_{t=1}^{T} \lvert \hat{y}_t - y_t \rvert.$ (1) Mittlere absolute Abweichung	$F_2 = \sum_{t=1}^{T} \frac{\lvert \hat{y}_t - y_t \rvert}{y_t}.$ (2) Relative absolute Abweichung
m = 2	$F_3 = \sqrt{\frac{1}{T} \sum_{t=1}^{T} (\hat{y}_t - y_t)^2}.$ (3) «Root Mean Square Error»	$F_4 = \sqrt{\left[\sum_{t=1}^{T} (\hat{y}_t - y_t)^2 / \sum_{t=1}^{T} y_t^2\right]}$ (4) U-Koeffizient
m = ∞	(5) (ungebräuchlich)	$F_6 = \max_t [\lvert \hat{y}_t - y_t \rvert / y_t]$ (6) Maximale relative Abweichung

Tab. 3.4.1: Gebräuchliche Maße für die Beurteilung von Prognosefehlern

Die Fehlermaße (1), (2) und (3) finden besonders häufige Anwendung. Statt (3) wird auch das Quadrat des Fehlers F_3 unter der Bezeichnung **mittlere quadratische Abweichung** verwendet. Entsprechend ist das Quadrat von F_4 die relative quadratische Abweichung.

Wenig sinnvoll ist es, den Erwartungswert der Störvariablen ε_t des Prognosemodells als Fehlermaß zu verwenden. Er sollte bei richtiger Spezifikation des Modells nicht mehr als zufällig von Null abweichen.

Ungünstig ist auch die Benutzung von Korrelationskoeffizienten als Fehlermaß zur Beurteilung linearer Prognosemodelle, da sie jeden straffen linearen Zusammenhang zwischen $\hat{y}_t$ und y_t mit demselben Wert versehen, wie den allein interessierenden Zusammenhang auf der 45°-Linie des y_t, $\hat{y}_t$-Koordinatensystems (Linie der exakten Prognose).

Deshalb hat *Theil* ([Forecasts] 27 f.) den U-Koeffizienten F_4 als Fehlermaß vorgeschlagen. Da sich gleiche absolute Veränderungen von $\hat{y}_t$ und y_t nur in seinem Nenner auswirken, er damit also beeinflußt werden kann, schlägt *Schwarze* ([Fehlermessung] 556) ein Verhältnis von mittlerem quadratischem Fehler zur prognostizierten Varianz für diesen Zweck vor.

Die Linie der exakten Prognose hat *Theil* ([Forecasts] 19 ff.) zu einer interessanten Fehlerklassifikation verwendet. Je nachdem, ob die Prognose sich auf Niveaugrößen $\hat{y}_t$ oder auf Änderungsgrößen ($\hat{y}_t := \triangle\hat{y}_t$) bezieht, sind verschiedene Interpretationen in den Feldern angebracht, die sich zwischen den Koordinatenachsen eines y_t,$\hat{y}_t$-Koordinatensystems und der Linie der exakten Prognose ergeben (vgl. Abb. 3.4.4 und Tab. 3.4.2).

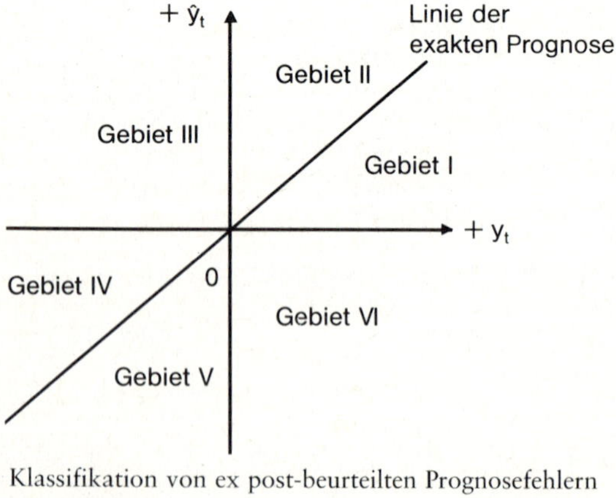

Abb. 3.4.4: Klassifikation von ex post-beurteilten Prognosefehlern

	Charakter der Variablen y_t	
	Niveauprognose $\hat{y}_t$	Prognose einer Änderung ($\hat{y}_t \triangleq \Delta \hat{y}_t$)
Fehlerhafte Prognose einer Tendenzumkehr	nicht feststellbar	III, VI
Überschätzung der Variablen	II, III, IV	II, V
Unterschätzung der Variablen	I, V, VI	I, IV

Tab. 3.4.2: Fehlerklassifikation und Zuordnung zu den Gebieten der Abb. 3.4.4

Die dargestellten Fehlermaße wählen als impliziten **Vergleichsstandard** die fehlerfreie Prognose. Statt dessen kann aber auch ein Vergleich zwischen den Fehlern durchgeführt werden, die mit verschiedenen Verfahren erzielt werden. Das die Bezugsgrundlage bildende Verfahren nennt man den Vergleichsstandard (base line).

Wiederum eine andere Fragestellung liegt vor, wenn die Verfahrensgüte an der Fähigkeit zur zutreffenden **Prognose von Trendumkehrpunkten** (Vorzeichenwechsel im Steigungsmaß der $\hat{y}_t$ verbindenden Kurve) gemessen wird. Zur Beurteilung eines Verfahrens legt man eine Tabelle (wie Tab. 3.4.3) an und trägt die beobachteten Häufigkeiten in die Felder A bis D ein.

		Prognoseaussage: «Wendepunkt»	Prognoseaussage: «kein Wendepunkt»
Realität:	«Wendepunkt»	A	B
	«kein Wendepunkt»	C	D

Tab. 3.4.3: Klassifikation von »Wendepunkt«-Prognosen

Der Anteil der exakten Prognosen wird durch (A + D)/(A + B + C + D) gegeben. Der Anteil verpaßter Wendepunktprognosen wird durch B/(A + B), der Anteil fehlgemeldeter Wendepunktprognosen durch C/(A + C) gemessen. Die Maße liefern Werte zwischen Null (exakte Wendepunktvoraussage) und Eins (unexakte Wendepunktvoraussage) (Zarnowitz [Appraisal] 52f.).

Ein Anwendungsbeispiel wird im Abschnitt 4.4 dieses Kapitels gegeben.

4.3.3 Ökonomische Merkmale

Über die ungenauen Andeutungen ökonomischer Einflüsse auf die Auswahl von Prognoseverfahren bei den heuristischen Merkmalen hinaus können auch exaktere Bewertungen versucht werden. Man kann drei Ansätze unterscheiden:

(1) **Gewichtung der Prognosefehler** ($\hat{y}_t - y_t$) mit **ökonomisch begründeten Faktoren** (Theil [Forecasts] 15 ff.). Hierbei treten aber Schwierigkeiten bei der Bestimmung der Faktorgewichte auf. Man müßte nämlich die Folgen eines Prognosefehlers dafür kennen.

(2) **Bewertung der Prognose mit den Zielabweichungen** zwischen einer Planung bei zutreffender Prognose und der Planung mit der tatsächlich ermittelten Prognose.
Dies setzt ein möglichst überschaubares Planungsmodell voraus, das zugleich die Elimination der durch die Prognosefehler beeinflußten Zielabweichungen erlaubt.

(3) Ein besonders häufig empfohlener Ansatz beruht auf dem **Theorem von Bayes.**

Durch eine der Logik der Wahrscheinlichkeitsgesetze entsprechende Verarbeitung zusätzlicher Information erlaubt es das **Theorem von Bayes,** den Wert der Prognose zu bestimmen.

Das Grundmodell geht auf Überlegungen von *J. Marschak* ([Problems]) zurück. Es unterstellt einen Entscheidungsträger, der eine **Maximierung erwarteter Gewinne** anstrebt.

Dieser Entscheidungsträger sollte berücksichtigen, daß ein Prognoseverfahren

– seine ursprünglichen Vorstellungen über das Eintreffen von unterschiedlichen Umweltzuständen verändern kann und
– deshalb auch seine optimale Handlungsalternative im Vergleich zur Situation ohne Prognose sich ändert.

Allerdings stellen Prognoseverfahren keine vollkommenen Informationen zur Verfügung, durch die ein künftiger Umweltzustand präzise identifiziert wird, sondern nur unvollkommene Information.

Ein **Prognoseverfahren** sollte eingesetzt werden, wenn sein **Aufwand** den **Wert** der von ihm erbrachten unvollkommenen Information **nicht übersteigt.** Andernfalls ist auf seinen Einsatz zu verzichten.

Zwischen mehreren Prognoseverfahren ist nach dem Kriterium der maximalen positiven Differenz zwischen den jeweiligen Werten und den jeweiligen Aufwendungen auszuwählen.

4.4 Ausgewählte Prognoseverfahren

4.4.1 Überblick

Prognoseverfahren werden häufig für spezifische Anwendungszwecke entwickelt. Es ist deshalb praktisch unmöglich, einen Überblick über alle Verfahren zu geben. Häufig eingesetzte Standardverfahren sind z. T. von so kompliziertem Aufbau, daß die genaue Schilderung auch nur eines der Verfahren, seiner Voraussetzungen, der bevorzugten Anwendungsbereiche und der besonderen Anwendungsschwierigkeiten weit mehr Raum erfordert, als in dieser Einführung zur Verfügung steht. Die folgenden Ausführungen können deshalb nur Hinweise auf die Verfahrensvielfalt geben. Sie können aber nicht die systematische Einzeldarstellung der Verfahren und die Einübung ihrer Anwendung ersetzen. (Überblicksdarstellungen mit Weiterentwicklungen der Prognosetechniken bieten z. B.: Bruckmann [Prognosen]; Makridakis, Wheelwright [Interactive Forecasting]; Mertens [Prognoserechnung].) Wir behandeln folgende **Verfahren:**

1 Prognosen aus Befragungen:
  - Repräsentativbefragungen
  - Expertenbefragungen

2 Leitindikatoren
3 Zeitreihenanalysen
4 Regressionsmodelle
  - Ein-Gleichungs-Modelle
  - Mehr-Gleichungs-Modelle.

4.4.2 Prognosen aus Befragungen

4.4.2.1 Repräsentativbefragungen

Bei **Repräsentativbefragungen** werden die Grundgesamtheit repräsentierende Stichproben von Verbrauchern, Unternehmern, Haushalten, Telefonbesitzern usw. gezogen, um diese über geplante Verhaltensweisen zu befragen.

Geeignet erscheint dieses Verfahren dort, wo

(1) die Abweichungen zwischen geplantem und realisiertem Verhalten sich über alle Befragten gesehen ausgleichen oder doch zumindest kalkulieren lassen,
(2) die Einzelentscheidungen der Befragten relativ unabhängig von den Entscheidungen anderer Befragter sind,
(3) der zeitliche Vorlauf der Entscheidungsabsichten vor den tatsächlich interessierenden Entscheidungen größer ist als die für Befragungen, Befragungsauswertung und Reaktion auf die Auswertungen nötige Zeitspanne,
(4) Bereitschaft zu unverzerrten Antworten besteht oder Verzerrungen wenigstens korrigiert werden können,
(5) das Interesse an den geplanten Entscheidungen größer ist als das Interesse an den Bestimmungsgründen der Entscheidungen, weil zu deren Feststellung häufig andere Befragungstechniken als die auf breiter Basis anwendbaren Techniken eingesetzt werden müssen.

Die **Qualität** der Prognosen aufgrund von Befragungen hängt davon ab, in welcher Form die Fragestellung erfolgt, ob eine repräsentative Befragtenauswahl gelingt und ob der Rückschluß von der Stichprobe auf die Gesamtheit nach statistischen Gesichtspunkten kontrollierbar ist. In wirtschaftlicher Betrachtung sind Prognosekosten und Varianz der Beobachtungen zwei gegeneinander abzuwägende Komponenten bei der Bestimmung einer optimalen Befragung.

Prognosen aus Befragungen bieten zwar keine allgemeine Lösung von Prognoseproblemen. Sie scheinen aber eine Reihe einfacher linearer Fortsetzungen beobachteter Zeitreihen überlegen zu sein. In letzter Zeit wird deshalb mehrfach versucht, Befragungsdaten in andere Prognosemodelle als exogene Variablen einzusetzen, um deren Ergebnisse zu verbessern und eine größere Zahl anderer Variablen zu ersetzen.

4.4.2.2 *Expertenbefragungen*

Expertenbefragungen zeichnen sich durch den Versuch aus, die fehlende Repräsentativität der Befragtenauswahl durch eine besonders hoch entwickelte Sachkunde über den Befragungsgegenstand zu kompensieren.

Die Unmöglichkeit von Zufallsauswahlen verhindert einerseits einen statistisch kontrollierten Rückschluß von den Befragungsergebnissen auf eine Gesamtheit. Andererseits setzt die Expertenbefragung voraus, daß die Träger von Sachwissen vor der Befragung als solche erkannt werden. Hierzu verläßt man sich entweder auf bereits bestehende Einschätzungen oder man muß den vorgesehenen Befragungsteilnehmern Testaufgaben mit bekannten Antworten zur Lösung vorlegen; von der Qualität der Lösungen hängen dann die Beurteilung der Sachkunde und die Verwendung als Experte ab. Insbesondere hinsichtlich neuer Fragen und langfristiger Entwicklungsbeurteilungen ist es aber schwer, Aufgaben zu finden, die die Experteneigenschaften ausreichend zuverlässig erkennen lassen.

Besonders wichtige Gesichtspunkte bei der Durchführung von Expertenbefragungen sind die Art der Äußerung und der Kombination von Urteilen. Wegen der Möglichkeit gegenseitiger **Urteilsbeeinflussung** bei Diskussionen und Abstimmungen im Kreis von Experten sollte man jeweils andere Ergebnisse erwarten, wenn

(1) die Äußerungen anonym, ohne Absprache mit anderen Befragten, abgegeben werden, als wenn diese Bedingungen nicht gelten,
(2) die Kombination von Urteilen nach statistischen Verfahren (Mittelwertbildungen) erfolgt oder nach verschiedenen Abstimmungsverfahren (z. B. nach einer Mehrheitsregel).

Die gegenseitige Beeinflussung von Experten bei der Urteilsabgabe ist unerwünscht, soweit sich sachfremde Effekte in ihr niederschlagen. Es sind verschiedene Muster der Organisation von Expertengruppen vorgeschlagen worden, um die unerwünschten Effekte zurückzuhalten und die erwünschten Effekte zu fördern. Zu diesem Zweck ist auch die sog. **Delphi-Methode** konzipiert worden.

Die vielfach abgewandelte **Grundstruktur der Delphi-Methode** besteht aus den **folgenden Schritten:**

1. Es werden Experten gesucht.
2. Jedem Experten wird dieselbe Frage vorgelegt.
3. Die Experten erarbeiten ohne Kontakt mit anderen befragten Experten ihre Antworten.
4. Die Antworten werden gesammelt und statistisch gemittelt.
5. An Experten, deren Antworten stark vom Mittelwert abweichen, ergeht eine Aufforderung zur Begründung ihrer Antworten nach Bekanntgabe des Mittelwerts.
6. Die Experten erarbeiten Begründungen und reichen diese ein.
7. Mittelwert und Begründungen werden allen Experten zugestellt. Das Verfahren wiederholt sich in den Schritten (2) bis (7) etwa drei- bis viermal.

Im 6. Schritt wird die erwünschte Wissensvermittlung betrieben. Durch den Verzicht auf direkten Kontakt mit anderen Experten sollen unerwünschte Einflüsse ausgeschaltet werden. Mit dieser Methode sind besonders **langfristige Vorhersagen** erarbeitet worden. In kontrollierten Experimenten mit kurzfristigen Vorhersagen zeigt sich eine Neigung zur linearen Verlängerung bestehender Zeitreihenentwicklungen bei den Experten, allerdings mit gewissen Korrekturen, die ihre Antworten **einfachen** mathematischen Zeitreihenextrapolationen gegenüber überlegen erscheinen lassen. Von einigen als prognostisches Allheilmittel genutzt, von anderen als völlig unbrauchbar zurückgewiesen (Sackmann [Delphi]), deutet sich in den Ergebnissen eine Prognosequalität an, die zwischen der Qualität der einfachen und der komplizierten Verfahren der Zeitreihenanalyse liegt. Expertenbefragungen sind den alternativ eingesetzten mathematisch-statistischen Verfahren meist unterlegen.

Wie bei den Repräsentativbefragungen wird in letzter Zeit über Ansätze berichtet, in denen Ergebnisse aus Delphi-Prognosen mit anderen Aussagen zu neuen Prognosen im Rahmen mathematisch-statistischer Prognosemodelle kombiniert werden. *Sarin* [Approach] hat z. B. gezeigt, wie eine solche Kombination für die langfristige Vorhersage der Anwendung von Solarenergieanlagen genutzt werden kann.

Um das Delphi-Verfahren zu demonstrieren, ziehen wir ein **Beispiel** der Zinsprognose heran, das wegen seiner guten Kontrollierbarkeit durch statistische Prognoseverfahren für die Anwendung des Verfah-

FAZ Rentenrendite 8 %, Okt.
(Geschätzt am 6. Mai desselben Jahres)

Runde	1	2	3
OQW	8.50	8.25	8.21
Median	8.25	8.22	8.18
UQW	8.00	8.11	8.11

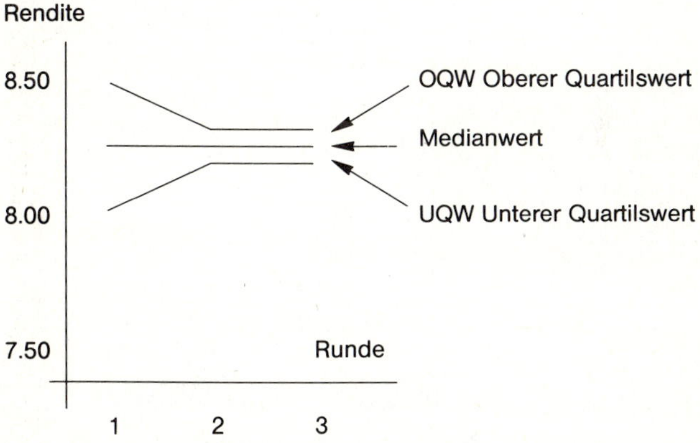

Abb. 3.4.5: Konsensbildung über drei Runden in einem Prognoseexperiment nach der Delphi-Methode

rens untypisch ist. Die Eigenheiten werden gleichwohl erkennbar. Es handelt sich um die Prognose von Zinssätzen für drei und sechs Monate durch Expertengruppen, die drei verschiedenen Berufen nachgehen (vgl. Brockhoff [Delphi-Prognosen]). In Abb. 3.4.5 sehen wir, daß mit zunehmender Zahl der Wiederholungen der Befragung die Spannweite der Urteile sinkt. Dies ist die **konsens-erzeugende Funktion** der Delphi-Methode. Das bedeutet aber nicht, daß gleichzeitig auch der Prognose-Fehler F_2, die relative absolute Abweichung (Tab. 3.4.1), sinkt. Man sieht in Abb. 3.4.6, daß dies nicht generell der Fall ist. Zumindest in der Gruppe W ist es zu einer Fehlererhöhung gekommen, die kräftig auf das Gesamtergebnis durchschlägt. Aus der Kenntnis der Gruppen liegt es nahe zu vermuten, daß steigende Unsicherheit der »Experten« bezüglich des Prognosegegenstandes eher ein Verhalten erkennen läßt, das dem der Gruppe W entspricht, steigende Sicherheit aber ein Verhalten auslöst, bei dem die Prognosefehler sich eher wie bei Gruppe K verhal-

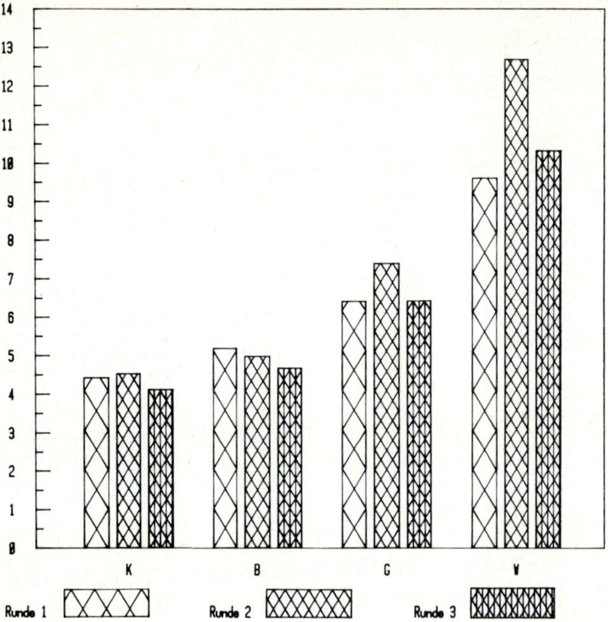

Abb. 3.4.6: Durchschnittlicher Gruppenfehler F_2 in drei Runden einer Serie von Delphi-Experimenten bei drei Teilnehmergruppen (K, B, W) und insgesamt (G)

ten. Je mehr Sicherheit aber die Experten haben, umso eher kann auch ein statistisches Prognosemodell konzipiert werden. Seine Anwendung würde es erlauben, fehlerhafte Bewertungen, Schlußweisen und Rechenoperationen der Experten zu vermeiden. Solche Effekte sind vielfach belegt worden.

4.4.3 Leitindikatoren

Unter einem **Leitindikator** versteht man eine oder mehrere Beobachtungen, die mit ausreichender Regelmäßigkeit Rückschlüsse auf die Wertausprägung einer anderen Variablen in einer späteren Periode zulassen.

Etwas besser formalisiert, kann man dies so ausdrücken:

Es seien $\underline{x}_t$ ein Vektor von Beobachtungen in der Periode t und $y_{t+\tau}$, $\tau > 0$, eine Realisation einer Variablen y in der Periode $t + \tau$. Wenn eine Funktion $f(\underline{x}_t)$ existiert, so daß $\hat{y}_{t+\tau} = E(y_{t+\tau}) = f(\underline{x}_t)$, wobei $E(\cdot)$ einen Erwartungswert bezeichnet, so nennen wir $\underline{x}_t$ einen Vektor von **vorauseilenden** oder **Leitindikatoren.** Der Vektor kann natürlich nur ein Element enthalten, es können aber auch mehrere Elemente zu einem sog. **Diffusionsindex** (composite index) zusammengefaßt sein. Gegenüber dieser Definition können verschiedene Abweichungen zweckmäßig sein, z. B. die Zulassung unterschiedlicher Bezugsperioden für die Vektorelemente, wenn diese nur vor $t + \tau$ liegen.

Schnelle Verfügbarkeit von Leitindikatoren und möglichst **exakte Ermittlung,** die spätere Revisionen unnötig machen, sind Vorbedingungen für ihre Verwendung.

Ein **Beispiel** für einen vorauseilenden Indikator für die gesamtwirtschaftliche Entwicklung bildet der Anteil der **Auftragseingänge** am Umsatz der Industrie in der Bundesrepublik Deutschland.

Diese Aussagen regen zu einer Reihe **kritischer Fragen** hinsichtlich der Verwendung von Indikatoren an:

(1) Muß die prognostische Qualität von Leitindikatoren nicht nur hinsichtlich ihrer durchschnittlichen Voreilung, sondern auch hinsichtlich der Streuung dieser Voreilung beurteilt werden?
(2) Wie groß ist die zeitliche Stabilität der Voreilung, d. h. insbesondere: hat sie möglicherweise einen Trend? Zerstört die allgemeine Verbreitung der Kenntnis von einem Leitindikator dessen prognostische Eigenschaften? Was wäre zu erwarten, wenn jemand einen Leitindikator für Börsenkursentwicklungen entdecken würde und sich diese Entdeckung allgemein verbreiten würde?
(3) Wie können Leitindikatoren entdeckt werden? Wenn dazu und zu ihrer periodischen Kontrolle statistische Verfahren notwendig sind, könnte der Vorteil von Indikatoren nur in ihrer leichten Verwendbarkeit liegen.
(4) Nach welchen Regeln sollen Diffusionsindizes gebildet werden? Offenbar zeigen gelegentlich vorgenommene Entrümpelungsaktionen von Diffusionsindizes mit einer großen Zahl von Einzelindizes, daß nur wenige, voneinander unabhängige Einzelindizes in ihrer prognostischen Qualität umfangreicheren Listen kaum nachstehen.

Ein **Beispiel** für Leitindikatoren zeigen die Abb. 3.4.7 und 3.4.8. Der gestrichelte Linienzug stellt die relative Umsatzänderung im Verarbei-

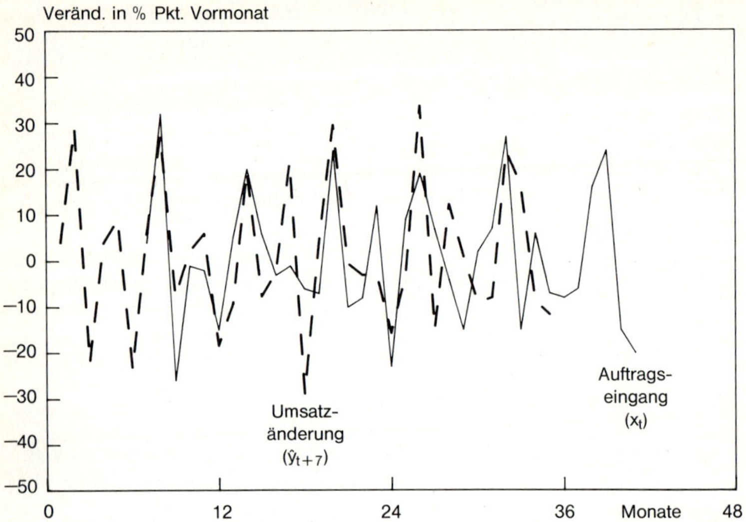

Abb. 3.4.7: Relative Veränderung des Umsatzes und des Auftragseingangs im Verarbeitenden Gewerbe. Vorlauf des Auftragseingangs: sieben Monate

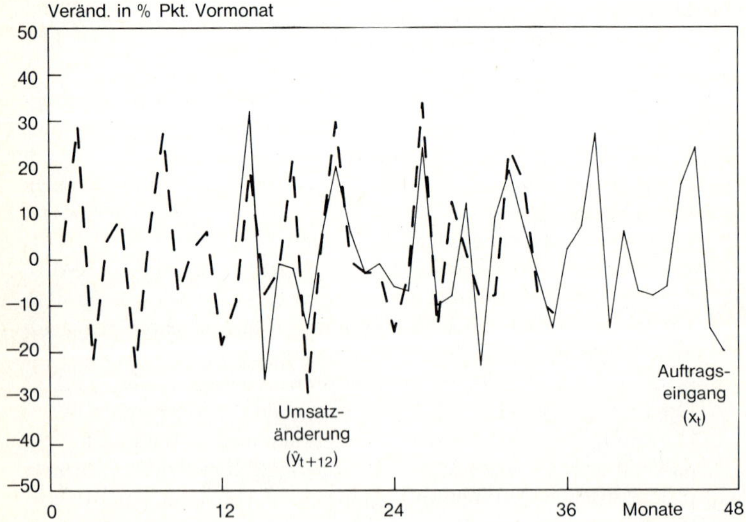

Abb. 3.4.8: Relative Veränderung des Umsatzes und des Auftragseingangs im Verarbeitenden Gewerbe. Vorlauf des Auftragseingangs: zwölf Monate

tenden Gewerbe der Bundesrepublik Deutschland zwischen dem Januar 1977 und dem Dezember 1979 dar. Mit einer zeitlichen Verschiebung von sieben (Abb. 3.4.7) und zwölf Monaten (Abb. 3.4.8) ist ihm der durchgezogene Kurvenzug überlagert. Er stellt die relative Veränderung der Auftragseingänge dar.

Beim Vergleich der Abb. 3.4.7 und 3.4.8 sieht man leicht, wie diese Kurve um fünf Monate nach rechts verschoben wird. Nach der Klassifikationstabelle (Tab. 3.4.4, 3.4.3) ergibt sich hier:

Anteil exakter Wendepunktprognosen: $\frac{11 + 6}{23} = 0{,}739$;

Anteil verpaßter Wendepunktprognosen: $\frac{3}{14} = 0{,}214$;

Anteil fehlgemeldeter Wendepunktprognosen: $\frac{3}{14} = 0{,}214$.

		Prognose	
		Wendepunkt	Kein Wendepunkt
Realität	Wendepunkt	11	3
	Kein Wendepunkt	3	6

Tab. 3.4.4: Klassifikation von Wendepunktprognosen nach dem Beispiel der Abb. 3.4.8

Die starke Ausprägung einer stabilen Saisonfigur in den beiden Zeitreihen erklärt diesen hohen Anteil exakter Wendepunktprognosen.

4.4.4 Zeitreihenanalysen

In der **Zeitreihenanalyse** wird der Versuch gemacht, aus Beobachtungen $y_t, y_{t+1}, \ldots, y_{t+\tau-1}$ eine Prognose $\hat{y}_{t+\tau}$ abzuleiten:
$\hat{y}_{t+\tau} = f(y_t, y_{t+1}, \ldots, y_{t+\tau-1}), \tau > 0$.

Im Unterschied zu den Leitindikatoren wird also jeweils **dieselbe Variable** betrachtet.

Der dargestellte Fall wird als **multivariable Zeitreihenanalyse** bezeichnet. Es ist darin grundsätzlich beliebig, wie viele Variablen mit unterschiedlichem zeitlichem Vorlauf vor $\hat{y}_{t+\tau}$ betrachtet werden. Wird nur noch eine Variable betrachtet, so spricht man von **univariabler Zeitreihenanalyse.**

Beide Typen bauen auf dem Grundgedanken auf, daß jede Zeitreihe von Beobachtungen, auf die das Instrument angewendet werden soll, Regelmäßigkeiten enthält, die entdeckt und prognostisch benutzt werden können.

Während die ältere Zeitreihenanalyse auf dem Versuch aufbaut, diese Regelmäßigkeiten als **Trendkomponente** und als **Saisonkomponente** vorweg zu bestimmen und daraus additiv oder multiplikativ die Zeitreihe zusammenzusetzen, faßt die jüngere Zeitreihenanalyse die Zeitreihe als einen besonderen Zufallsprozeß auf, der zu analysieren ist.

Es gibt eine große Vielzahl von Methoden der zeitreihenanalytischen Prognostik. Um ihre Auswahl zu erleichtern, bedient man sich der **Autokorrelationsanalyse.** Diese gibt Aufschluß darüber, ob in einer Zeitreihe von Beobachtungen ein Trend und eine Saisonfigur erkennbar sind. Je nach diesen Erkenntnissen wird die Auswahl geeigneter Prognoseverfahren (oder sogar Modelle) gesteuert.

Die Autokorrelationsanalyse baut auf **Korrelationskoeffizienten** auf. Sie werden errechnet zwischen einer möglichst großen Zahl von Beobachtungen einer Zeitreihe und den um 1,2,3, ... Perioden verzögerten Beobachtungen derselben Zeitreihe. Hohe, signifikant von Null verschiedene positive Autokorrelationskoeffizienten bei kleinen Verzögerungen deuten auf einen Trend in der Zeitreihe hin. Treten solche positiven oder negativen Koeffizienten mit größeren Verzögerungen auf, so deuten sie auf Saisoneinflüsse hin (z. B. bei sechs- oder zwölfperiodigen Verzögerungen, wenn Monatswerte beobachtet wurden).

Um zeitabhängige Prognoseverfahren zu demonstrieren, skizzieren wir hier nur zwei Ansätze

- die exponentielle Glättung und
- das Box-Jenkins-Verfahren:

(1) Beim **Verfahren der exponentiellen Glättung** (exponential smoothing) geht man davon aus, daß regelmäßig Prognosen $\hat{y}_t^{t+\tau}$, $\tau =$ 1,2, ..., abgegeben werden, wobei der tiefgestellte Index den Zeitpunkt der Prognose und der hochgestellte Index den Zeitraum angibt, auf den sich die Prognoseaussage bezieht. Außerdem werden Realisationen y_t beobachtet. Grundsätzlich wird angenommen, die Zeitreihe sei stationär, habe also keinen Trend.

Man geht nun davon aus, daß

$$\hat{y}_t^{t+\tau} - \hat{y}_{t-\tau}^t = \alpha(y_t - \hat{y}_{t-\tau}^t),$$

worin $0 < \alpha < 1$ die **Glättungskonstante** ist. I. d. R. ist $\tau = 1$. Daraus erhält man

$$\hat{y}_t^{t+1} = \alpha \cdot y_t + (1-\alpha)\hat{y}_{t-1}^t.$$

In dieser exponentiellen Glättung erster Ordnung kann auf der rechten Seite $\hat{y}_{t-1}^t$ durch fortgesetztes Einsetzen substituiert werden:

$$\hat{y}_t^{t+1} = \alpha \cdot \sum_{k=0}^{t-1} (1-\alpha)^k y_{t-k} + (1-\alpha)^t \hat{y}_o^t.$$

Wegen $\lim (1-\alpha)^t = 0$, $t \to \infty$, ist darin $\hat{y}_o^t$ häufig praktisch ohne Bedeutung. Die Prognose erfolgt dann also allein aus der Zeitreihe der Beobachtungen heraus. Je weiter die Beobachtungen zurückliegen, um so geringer gewichtet gehen sie in die Prognose ein. Das Verfahren ist einfach anzuwenden und erfordert nur die Bestimmung eines einzigen Parameters.

Die **Glättungskonstante** α hat folgende Wirkung: Je kleiner der Wert von α, um so stärker glättet er die Zeitreihe, je größer, um so weniger stark ist der Glättungseffekt. Im ersten Falle hat nämlich die tatsächliche Entwicklung y_t ein sehr kleines, im letzten Fall ein großes Gewicht bei der Bestimmung von $\hat{y}_t^{t+\tau}$.

In der folgenden Abb. 3.4.9 wird dieser Effekt gezeigt. Es handelt sich bei der durchgezogenen Linie um den Absatz eines Konsumgutes. Von der Periode 24 (Januar 1993) an werden mit $\tau = 1$ jeweils ex post-Prognosen erstellt, wobei drei unterschiedliche Werte für die Glättungskonstante verwendet werden. Der Glättungseffekt ist deutlich zu erkennen. Die Wirkung der Parametervariation auf die Prognosequalität kann nach den oben genannten Fehlermaßen und dem *Theil*'schen U-Koeffizienten beurteilt werden (siehe Tabelle 3.4.1, oben). In den Spalten der Tab. 3.4.5 sind die Maße angegeben. Durchgängig ergeben sich hier die besten Werte für $\alpha = 0{,}8$.

Wegen der **Einfachheit des Verfahrens** sind die Prognosen häufig unbefriedigend. Es hat deshalb eine Fülle von Verfahrensverbesserungen gegeben, von denen – um die Richtung der Arbeiten anzudeuten – nur einige genannt seien:

(a) Adaptive, d. h. mit jeder Beobachtung erneute optimale Bestimmung des Parameters α, wobei an der Annahme festgehalten wird, daß die Zeitreihe grundsätzlich »stationär« sei;

	Einfache exponentielle Glättung		
	α = 0.2	α = 0.5	α = 0.8
F1: Mittl. abs. Abw.	20.58	19.98	19.67
F2: Rel. abs. Abw.	4.40	4.26	4.15
Mittl. quadr. Abw.	557.46	532.20	509.66
Rel. quadr. Abw.	0.11	0.11	0.11
F3: Root mean square error	23.61	23.07	22.58
F4: U-Koeff.	0.33	0.33	0.32

Tab. 3.4.5: Statistische Kennzahlen der ex post-Prognose bei Exponentieller Glättung

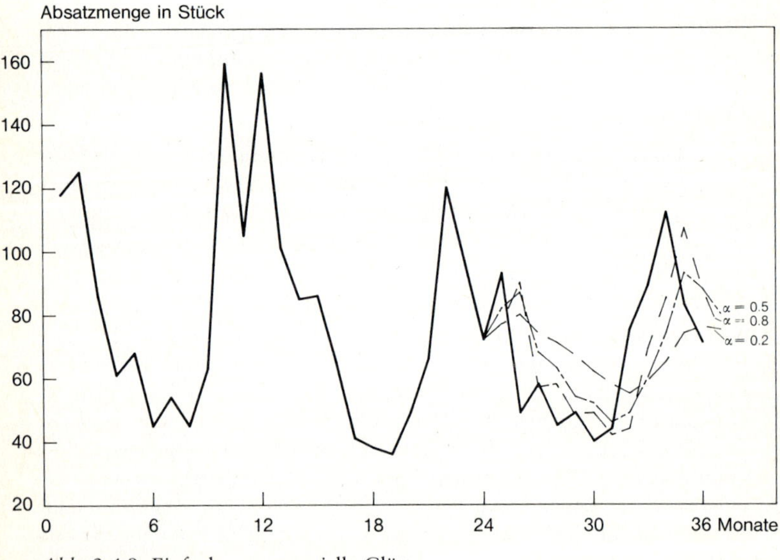

Abb. 3.4.9: Einfache exponentielle Glättung

(b) Berücksichtigung von Saisonkomponenten in der Glättung;
(c) Exponentielle Glättung höherer Ordnung nach dem sog. Fundamentaltheorem der exponentiellen Glättung, um Trendeffekte in der Zeitreihe erfassen zu können;
(d) Kombination der Berücksichtigung von Trend- und Saisoneffekten in der Zeitreihe.

Diese Andeutungen sollen allein der Vermutung entgegentreten, daß die exponentielle Glättung nicht einmal eine brauchbare Grundlage für Prognoseverfahren abgeben könne. Tatsächlich wird das Verfahren häufig dort eingesetzt, wo eine große Zahl von kurzfristigen Prognosen mit im einzelnen geringer Bedeutung für das Unternehmensergebnis abzugeben ist, z. B. bei Artikeldispositionen im Lager.

In der Abb. 3.4.10 wird noch einmal der Absatz des Konsumgutes gezeigt, der schon in der vorausgehenden Abb. 3.4.9 dargestellt wurde. Außerdem sind Prognosen nach verschiedenen erweiterten Verfahren der exponentiellen Glättung eingezeichnet.

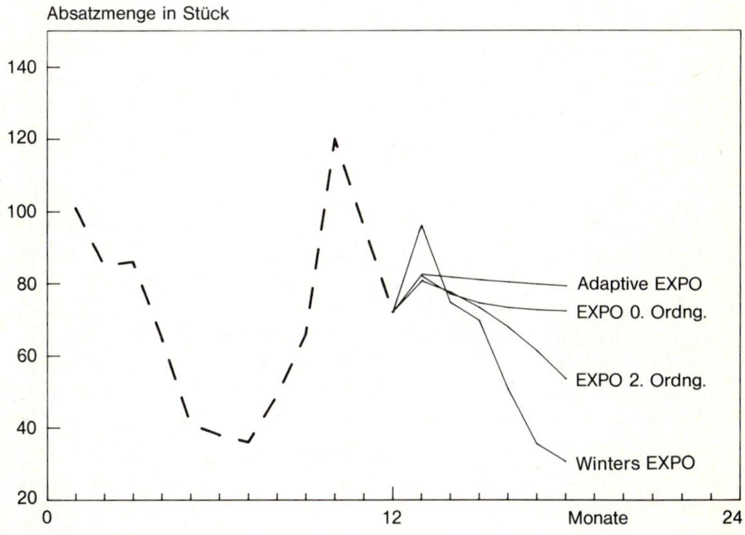

Abb. 3.4.10: Exponentielle Glättungsverfahren

Die exponentielle Glättung »nullter Ordnung« ist das oben dargestellte Verfahren der einfachen exponentiellen Glättung. Hier werden Prognoseergebnisse für $\alpha = 0{,}5$ dargestellt. Die adaptive exponentielle Glättung entspricht einem Verfahren von *Trigg* und *Leach*. Die exponentielle Glättung »zweiter Ordnung« unterstellt der Zeitreihe einen quadratischen Trend, vermeidet also die Annahme, daß die Zeitreihe stationär sei. Die gemeinsame Berücksichtigung von Trend- und Saisonkomponenten wird durch das Verfahren von *Winters* ermöglicht.

Eine **Beurteilung der Prognosen** nach den oben eingeführten Fehlermaßen zeigt Tab. 3.4.6. Wir vergleichen sie jeweils mit den Fehlern der einfachen exponentiellen Glättung (nullter Ordnung) für $\alpha = 0{,}5$.

	EXPO 0. Ordnung	Adaptive EXPO	Winters EXPO	EXPO 2. Ordnung
	$\alpha = 0.5$		$\alpha = 0.2$, $\beta = 0.3$ $\gamma = 0.1$	$\alpha = 0.42$
F1	27.13	28.61	11.52	14.15
F2	3.41	3.57	1.40	1.62
MQA	871.04	907.73	184.39	250.56
RQA	0.26	0.27	0.05	0.07
F3	29.51	30.13	13.58	16.83
F4	0.51	0.52	0.23	0.27

Tab. 3.4.6: Statistische Kennzahlen der ex post-Prognose verschiedener Glättungsverfahren

Überraschend ist zunächst, daß die adaptive Glättung keine geringeren Fehler aufweist, obwohl in ihr α den Prognosefehlern entsprechend laufend angepaßt wird. Abgesehen davon, daß die beiden bisher hinsichtlich ihrer Fehler betrachteten Verfahren nur für stationäre Zeitreihen geeignet sind, ist hier ein zweiter fehlererzeugender Einfluß wirksam. Die adaptive exponentielle Glättung benutzt neben α einen weiteren Parameter, der i. d. R. vorgegeben wird (hier $\beta = 0{,}2$). Er wird nicht mit α angepaßt. Deshalb können von dieser Größe Störungen ausgehen. Versucht man nun aber in ex post-Prognosen auch β durch Variation der Werte möglichst gut zu bestimmen, wird der Verfahrensvorteil wenig aufwendiger, automatischer Bestimmung von α wieder kompensiert.

Wesentlich geringere Fehler als die beiden betrachteten Verfahren verursachen die exponentielle Glättung zweiter Ordnung und das Verfahren von *Winters*. Beide Vorgehensweisen erfassen einen Trend in der Zeitreihe. Die Berücksichtigung von Saisonschwankungen im Verfahren von *Winters* vermeidet insbesondere das Auftreten besonders starker Ausreißerwerte, wie der Vergleich der Fehlermaße F_1 mit der mittleren quadratischen Abweichung (MQA) oder F_2 mit der relativen quadratischen Abweichung (RQA) deutlich macht.

(2) Weit verbreitet ist das **Verfahren von Box und Jenkins** [Time Series]. Der Standardfall seiner Darstellung geht von Prognoseaufgaben

in einem **stationären Zufallsprozeß** aus. (Das ist ein Prozeß, bei dem sich die Verteilung der Zufallsvariablen im Zeitablauf nicht ändert.) Diese starke Einschränkung kann in anderen Verfahrensvarianten überwunden werden, z. B. dadurch, daß statt Niveauprognosen $\hat{y}_t$ Prognosen von Niveauänderungen $\Delta\hat{y}_t$ vorgenommen werden.

Ausgangspunkte der Überlegungen sind zwei **Modelldarstellungen stationärer Zeitreihen:**

(a) Der **autoregressive Prozeß** (AR) J-ter Ordnung

$$\hat{y}_t = \sum_{j=1}^{J} a_j y_{t-j} + \varepsilon_t,$$

wobei a_j, $j = 1,2, \ldots, J$, Parameter und ε_t, $t = 1,2, \ldots,$ Störvariablen sind.

(b) Der **Gleitende-Durchschnitts-Prozeß** (MA) K-ter Ordnung

$$\hat{y}_t = \sum_{k=1}^{K} b_k \varepsilon_{t-k} + \varepsilon_t,$$

wobei b_k, $k = 1,2, \ldots, K$ Parameter sind.

Beide Darstellungen sind unbefriedigend, weil eine ausreichende Genauigkeit der Prognose unter Umständen für J und K sehr hohe Werte erfordert. Um eine möglichst sparsame Parameterverwendung zu ermöglichen, liegt eine Kombination der beiden Prozesse im **ARMA-Modell** (Box-Jenkins-Verfahren) nahe:

$$\hat{y}_t = \sum_{j=1}^{J^*} a_j y_{t-j} + \sum_{k=1}^{K^*} b_k \varepsilon_{t-k} + \varepsilon_t.$$

Hierin sind i. d. R. $J^* < J$ und $K^* < K$.

Bei der Prognose um eine Periode wird nach der Bestimmung der Parameter (durch maximum likelihood-Schätzung) zunächst $\hat{y}_t$ ermittelt. Ein Startwert ε_0 kann gleich Null gesetzt werden, was mit zunehmender Zahl der Beobachtungen immer weniger Verzerrungen verursacht. Mehrperiodige Prognosen werden durch sukzessives Einsetzen aus einperiodigen Prognosen entwickelt, bieten dann aber keine unverzerrten Schätzungen der unbekannten Parameter mehr.

In Abb. 3.4.11 zeigen wir die Prognose des schon früher betrachteten Absatzes eines Konsumguts nach dem **Box-Jenkins**-Verfahren (ausge-

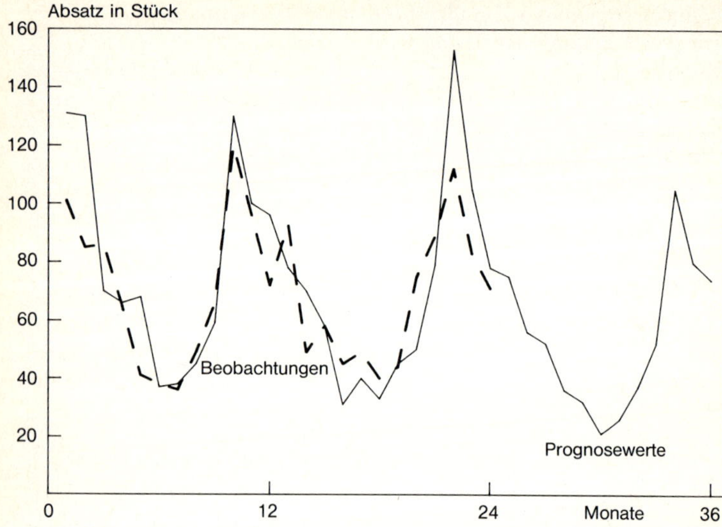

Abb. 3.4.11: Box-Jenkins Prognoseverfahren; ARMA (1,1) Modell, Saisonal in MA

zogene Linie). Dabei ist mit der Annahme einer zwölfmonatigen Saisonfigur gearbeitet worden und $J^* = K^* = 1$. Auf eine Berechnung der Fehlermaße mußte hier verzichtet werden, um alle verfügbaren Beobachtungen für die Prognose zu verwenden.

Im Vergleich zur exponentiellen Glättung ist das **Box-Jenkins**-Verfahren in der Anwendung **wesentlich aufwendiger.** Auch die Angabe, daß es nur mit 40 bis 150 Beobachtungen zufriedenstellende Ergebnisse liefere, läßt es für Prognosen mit kurzen Beobachtungsreihen, z. B. Absatzprognosen, wenig geeignet erscheinen. Allerdings sind die generellen Angaben wenig aufschlußreich, da es wesentlich auf die von der Zeitreihenstruktur her bestimmte Parameterzahl ankommt, wie viele Beobachtungen zur Schätzung heranzuziehen sind. Diese Überlegungen werden durch Analysen von Korrelogrammen gestützt, das sind Abbilder von Korrelationskoeffizienten zwischen den Störvariablenwerten ε_t und $\varepsilon_{t-\tau}$ für $\tau = 1,2, \ldots$ Erste Ansätze, von dieser subjektiven Beurteilungsgrundlage abzugehen, hat *Parzen* [Forecasting] entwickelt.

4.4.5 Regressionsmodelle

4.4.5.1 Ein-Gleichungs-Modelle

In der Produktionstheorie wird erwartet, daß der Output einer t-ten Periode (O_t) durch die Inputfaktoren Arbeit (A_t) und Kapitaleinsatz (K_t) nach der Formel

$$O_t = a_o \, A_t^{a1} \, Kt_t^{a2} \, \varepsilon_t$$

(mit der Störvariablen ε_t und den unbekannten Parametern a_o, a_1, a_2) zu erklären ist, wenn die Inputfaktoren zumindest partiell substituierbar sind. Sobald man die Parameter und die Inputmengen kennt, können die Outputmengen errechnet werden. Es wäre vorstellbar, das dargestellte Modell der sog. Cobb-Douglas-Produktionsfunktion zunächst in eine lineare Beziehung zu verwandeln:

$$\ln O_t = \ln a_o + a_1 \ln A_t + a_2 \ln K_t + \ln \varepsilon_t.$$

Falls man genügend Daten zur Messung der Variablen kennt und diese bestimmte statistische Eigenschaften aufweisen, können die unbekannten Parameter nach der »Methode der kleinsten Quadrate« geschätzt werden. Dazu wäre hier

$$\min \sum_t (\ln \varepsilon_t)^2$$

zu bestimmen. Zusammen mit beliebigen Werten für A_t und K_t können dann die erwarteten Outputs O_t ermittelt werden. Dieses Beispiel zeigt Grundlagen der Schätzung von Ein-Gleichungs-Modellen durch Regressionsrechnung. Wir wollen es nun verallgemeinern.

Wir nehmen an, daß aufgrund einer Theorie

$$y_t = a_o + \sum_{l=1}^{L} a_l x_{tl} + \varepsilon_t$$

mit unabhängigen Variablen x_{tl}, $l = 1,2,\ldots, L$; $t = 1,2,\ldots$, abhängigen Variablen y_t, Parametern a_o, a_l, … a_L und Störvariablen ε_t postuliert wird. Der Zusammenhang soll auch zur Prognose verwendet werden. Im Unterschied zur Zeitreihenanalyse werden die y_t und die x_{tl} jeweils inhaltlich unterschiedlich interpretiert. Für Prognosen ist es natürlich erforderlich, daß x_{tl} vor der Realisierung der y_t bekannt werden. Es könnte sich hierbei z. B. um Beobachtungen früherer Perioden handeln, was durch Einsetzen in der Form

$x_{tl} := x_{t-1,l}$

$x_{t,l+1} := x_{t-2,l} \ldots$

unmittelbar zu erreichen wäre. Man spricht in einem solchen Fall von **Lag-Modellen** mit zeitlich verzögerten Variablen. – Die Schätzung der unbekannten Parameter der Modelle erfolgt nach der **Methode der kleinsten Quadrate** oder nach der **maximum-likelihood-Methode.** Werden geschätzte Parameter mit dem Symbol ^ bezeichnet, so ergibt sich die Prognose aus:

$$\hat{y} = \hat{a}_o + \sum_{l=1}^{L} \hat{a}_l \, x_{tl}.$$

Bei Lag-Modellen treten allerdings wegen der häufig hohen Korrelationen zwischen den unabhängigen Variablen (Multikollinearität) besondere Probleme bei der Schätzung der Parameter auf. Sie können z. B. dadurch überwunden werden, daß vorweg eine Lagstruktur bestimmt wird. Sie legt die relative Bedeutung der einzelnen Parameter der verzögerten Variablen fest und muß nur noch durch einzelne Stützwerte numerisch bestimmt werden.

Will man z. B. die **Wirkung der Werbeaufwendungen** eines Unternehmens in den Perioden $(t-l)$, $l = 1,2, \ldots$, die mit dem Symbol x_{t-l} bezeichnet werden, auf den Absatz y_t messen, so könnte man ein Modell der Form

$$y_t = a_o + a_1 x_{t-1} + a_2 x_{t-2} + \ldots$$

aufstellen. Nun werden die Werbeaufwendungen vermutlich hoch miteinander korrelieren. Weiß man aber, daß die Werbung von einer Periode zur folgenden Periode zu einem Anteilssatz von c behalten wird $(1-c$ wird vergessen), so ist $a_2 = a_1c$, $a_3 = a_2c = a_1c^2$ usw. Darin kommt die **Lagstruktur** zum Ausdruck. Man kann nun zeigen, daß statt des ursprünglichen Modells eine identische Formulierung, nämlich

$$y_t = a_o\,(1-c) + a_1 x_{t-1} + c y_{t-1}$$

verwendet werden kann. Dadurch können einige Schätzprobleme vermieden werden.

Wir betrachten nun den Spezialfall, daß die Beziehung

$$\hat{y}_t = \hat{a} + \hat{b} x_{t-1}$$

geschätzt worden wäre. Für einen beliebigen Wert x_p kann dann die Prognose $\hat{y}_p = \hat{a}_o + \hat{a}_1 x_p$ abgegeben werden. Dies ist ein Erwartungswert, um den die tatsächlichen Realisationen in einem **Mutungsinter-**

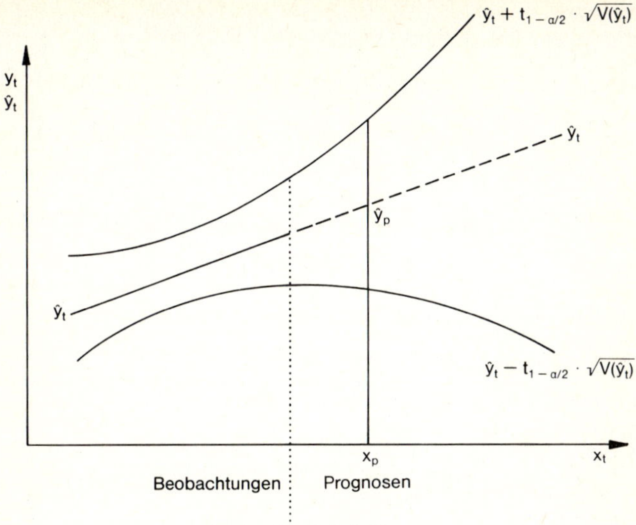

Abb. 3.4.12: Das Mutungsintervall bei zeitabhängiger Prognose

vall streuen, das bei vorgegebenem Sicherheitsniveau mit zunehmendem Abstand $(x_p - \bar{x})$, wobei $\bar{x}$ der Mittelwert der Beobachtungen von x_t ist, zunimmt (vgl. Abb. 3.4.12).

Ein sehr einfaches **Beispiel** zeigt die Prognose des Marktanteils eines Artikels in Abb. 3.4.13. Man erkennt die um die Trendgerade verteilte tatsächliche Entwicklung. Am rechten Bildrand ist das Mutungsintervall gezeigt, in welches 95% der tatsächlichen Ergebnisse fallen werden, wenn die Verhältnisse fortbestehen, die zur Entwicklung der Vergangenheit führten. Die Regressionsgleichung hat die folgenden Werte:

$\hat{a}_o = 22{,}03\ (0{,}23)$
$\hat{a}_1 = \ \ 0{,}28\ (0{,}03)$

In Klammern ist die Standardabweichung dieser Schätzungen angegeben. Sie kann benutzt werden, um die Wahrscheinlichkeit einer zufälligen Abweichung der Ergebnisse von einem vorgegebenen Wert (insbesondere die Abweichung von Null) zu testen, indem empirische t-Werte (22,03 : 0,23 bzw. 0,28 : 0,03) errechnet werden, die mit tabel-

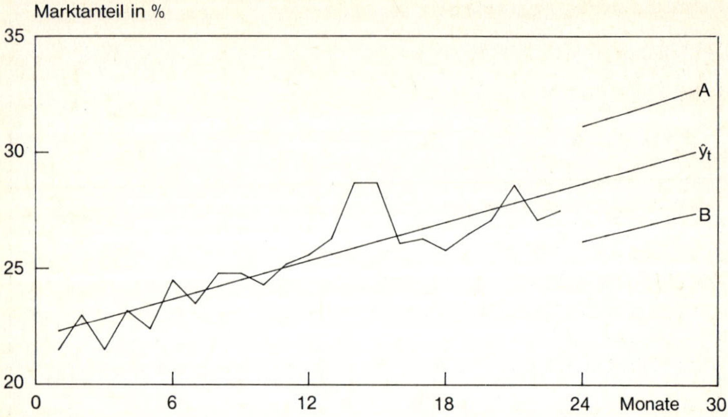

Abb. 3.4.13: Regressionsanalyse (Trendextrapolation) mit Obergrenze (A) und Untergrenze (B) des Mutungsintervalls für 95% Sicherheit

lierten Werten bei der entsprechenden Zahl von Freiheitsgraden (bei T = 23 Beobachtungen (T−2) = 21 Freiheitsgrade) zu vergleichen sind. Liegt der empirische Wert über dem tabellierten Wert, so kann angenommen werden, daß der zugehörige Parameter mit einer Wahrscheinlichkeit, die nicht kleiner ist als w, nicht zufällig von Null verschieden ist. Hier sind beide Parameter mit hoher Wahrscheinlichkeit ($w > 0{,}99$) von Null verschieden. Die Straffheit des Zusammenhangs zwischen den Beobachtungen und dem Zeitablauf ist mit dem Bestimmtheitsmaß (Quadrat des Korrelationskoeffizienten) von 0,87 bei 23 Beobachtungen ebenfalls signifikant von Null verschieden ($w > 0{,}99$).

Problematisch ist an dieser Schätzung, daß eine lineare Beziehung zwischen Marktanteil und Zeitablauf eine Ursachenanalyse nicht zuläßt und nicht beliebig in die Zukunft verlängert werden kann, weil beim Überschreiten der 100% (0%)-Grenze logische Widersprüche auftreten und weil die Konkurrenzreaktionen der Vergangenheit sich dann vermutlich nicht in der bisherigen Intensität fortsetzen. Es gibt spezielle Ansätze, die insbesondere das logische Problem lösen können (Logit- und Probit-Modelle). Die Sachprobleme können nur durch einen anderen, nicht allein zeitreihenbezogenen Ansatz gelöst werden.

Bei den unabhängigen oder den abhängigen Variablen können gegenüber den ursprünglichen Beobachtungen transformierte Werte benutzt werden. Beispielsweise ist nach der Seerechtskonvention der Vereinten

Nationen die Regression zwischen dem Logarithmus des Nickelverbrauchs und der Zeit über die aktuellsten 15 Jahre zu bestimmen, um eine Produktionsgrenze für den Tiefseebergbau festzulegen.

4.4.5.2 Mehr-Gleichungs-Modelle

Mehr-Gleichungs-Modelle wurden allgemein im Abschnitt 4.1.2 dargestellt. Sie bieten wegen der Interdependenz der endogenen Variablen besondere Probleme der Schätzung, dürfen also auf keinen Fall generell wie Ein-Gleichungs-Modelle behandelt werden (zur Schätzung z. B. Malinvaud [Econometrics]). Ausnahmen bilden die rekursiven Modelle. (Das sind Mehr-Gleichungs-Modelle, die durch fortgesetztes Einsetzen auf ein Ein-Gleichungs-Modell zurückzuführen sind. Zum Beispiel wird aus

$$y_1 = a_{o,1} + a_{1,1}x_1 + a_{2,1}x_2 + y_2 + \varepsilon_1$$

$$y_2 = a_{o2} + a_{1,2}x_1 + a_{2,2}x_2 + \varepsilon_2$$

die Gleichung

$$y_1 = a_{o,1} + a_{o,2} + (a_{1,1} + a_{1,2})x_1 + (a_{2,1} + a_{2,2})x_2 + (\varepsilon_1 + \varepsilon_2),$$

deren unbekannte Parameter auf normalem Wege geschätzt werden können.) In diese Klasse können grundsätzlich auch diejenigen Probleme eingeordnet werden, bei denen neben einer Erklärungsgleichung eine weitere Gleichung als Nebenbedingung zu berücksichtigen ist. Dieser Fall tritt z. B. bei der Schätzung von Marktanteilen auf.

Häufig trifft man auf die Meinung, daß interdependente Mehr-Gleichungs-Modelle wegen der makroökonomischen Kreislaufbeziehungen für Volkswirte von größerem Interesse seien als für Betriebswirte. Diese Ansicht trifft nicht zu. Die linearen **Input-Output-Produktionssysteme** bieten ein erstes Anwendungsbeispiel, die Feststellung von **Kostenabweichungen** im Entwicklungsbereich ein zweites, die Erklärung von Marktanteilen aus den Preisen von Anbietern im Dyopol ein drittes. Da die Liste verlängert werden kann, lohnt sich die intensive Beschäftigung mit Mehr-Gleichungs-Prognosemodellen auch für Betriebswirte (vgl. Zschocke [Betriebsökonometrie]).

4.5 Prognosen und elektronische Datenverarbeitung

Die grundsätzlichen Einsatzmöglichkeiten der elektronischen Datenverarbeitung im Rahmen der Informationswirtschaft wurden in Abschnitt 2 beschrieben. Im Rahmen dieses Abschnitts sei festgehalten, daß die EDV speziell die Erarbeitung von Prognosen in sehr vielfältiger Weise unterstützen kann. Im einzelnen kann sie folgende Funktionen übernehmen:

(1) Die elektronische Datenverarbeitung stellt große, wenig aufwendige und leicht zugängliche **Datenspeicher** bereit. Diese Funktion wird durch die Möglichkeit des gegenseitigen Zugriffs auf öffentliche und private Datenbanken dauernd quantitativ erweitert. Eine qualitative Erweiterung liegt in den Möglichkeiten, die sich aus der Erfassung von Daten an ihrem Entstehungsort und zu ihrem Entstehungszeitpunkt ergeben. Als Beispiel seien die Führung von Verkaufsstatistiken, die Aufstellung eines täglichen Finanzstatus und die Automatisierung des Bestellwesens in Abhängigkeit von den durch Verkaufskassen automatisch registrierten Verkäufen (scanner) genannt.

(2) Die elektronische Datenverarbeitung dient als **Vermittlungs-, Auswahl-** und **Steuerungsinstrument für Kommunikationsprozesse.** Prognoseverfahren, die auf Expertenbefragungen beruhen oder zur Ergebnisbeurteilung Expertenbeurteilungen erfordern, können über interaktive Bildschirm-Dialog-Systeme geführt werden. Dabei können Experten mit anderen Experten ebenso in Kommunikation treten, wie – unter Ausnutzung der unter (1) und (3) genannten Funktionen – mit den in der Anlage gespeicherten Daten und Programmen (Brockhoff [Delphi-Prognosen]).

(3) Die elektronische Datenverarbeitung übernimmt **Rechenfunktionen.** Anlagenhersteller (hardware producers) und Programmentwickler (software houses) boten ursprünglich einzelne Prognoseprogramme an, die in Stapelverarbeitung eingesetzt wurden. Der Benutzer hatte die Daten vorzubereiten, die Auswahl des Verfahrens zu treffen, es gegebenenfalls zu testen und dann einzusetzen. Inzwischen werden praktisch alle bekannten Prognosetechniken im Rahmen von Programmpaketen angeboten. Dies sind erstens solche Pakete, in denen bestimmte Prognoseverfahren mit bestimmten Planungs- und Entscheidungsverfahren aufgabenspezifisch kombiniert sind: z. B. exponentielle Glättung zur Bestandsprognose von Lagerbeständen und Ermittlung optimaler Bestellungen nach einer Bestellmengenformel. Zweitens

kann es sich um Pakete von Prognoseprogrammen handeln, die für beliebige Aufgaben einsetzbar sind. »Dabei wird deutlich der Weg von der bloßen Methodensammlung zu einer Daten- und Methodenbank beschritten, in der das Programm für den eigentlichen Prognosealgorithmus nur ein verhältnismäßig kleiner Teil ist, während vor allem der Analyse der Daten viel Raum gegeben wird« (Mertens/Backert [Vergleich]). Diese Analysen werden nach Kriterien teils automatisch, teils im Mensch-Maschine-Dialog gesteuert, wie sie S. 570ff. aufgezählt wurden.

Eine Vielzahl der ursprünglich für die Benutzung auf Großrechnern entwickelten Prognoseprogramme konnte mit zunehmender Leistungsfähigkeit der personal computer auch auf diese übertragen werden. So steht etwa das im wissenschaftlichen Bereich weit verbreitete SPSS (Statistical Package for the Social Sciences) in einer »PC-Version« zur Verfügung. Speziell zur Bearbeitung von Aufgaben der Datenanalyse und -prognose sind z. B. die Programmpakete RATS oder SORITEC geeignet.

Vor dem Einsatz solcher Systeme und bei der Übernahme der von ihnen erstellten Ergebnisse in Entscheidungen sollte man kritisch prüfen, ob das Skalenniveau der Daten und ihre Struktur den Einsatz des jeweiligen Verfahrens überhaupt gestatten. Die Programme sind im Bestreben, ein Höchstmaß an Benutzerfreundlichkeit zu bieten, oft so geschrieben, daß sie auch dann Daten verarbeiten und Ergebnisse ausweisen, wenn dies nach theoretischen Überlegungen überhaupt nicht zulässig ist.

(4) Die elektronische Datenverarbeitung übernimmt auf der **Grundlage von Analysefunktionen** schließlich **Ausbildungsfunktionen.** Im Punkt (3) wird angedeutet, wie die Entwicklung von Rechenfunktionen mit Analysearbeiten des Benutzers zu kombinierten Rechen- und Analysefunktionen bei der EDV-Anlage strebt. Zunächst kann damit eine Entlastung des Benutzers eintreten. Er kann sich z. B. vermehrt der Ergebnisinterpretation zuwenden oder nach neueren Verfahren suchen. In diesem Sinne ist z. B. die Entwicklung zu sehen des:

- »Integrierten Analyse- und Prognose-Systems« (Mertens/Backert [Vergleich]), in dem wie in seinem Vorläufer »Marktdatenbanksystem« die Auswahl von Prognoseverfahren unter Zuhilfenahme der in einer Entscheidungstabelle normierten heuristischen Kriterien der Verfahrenswahl erfolgt;
- »SYBIL-RUNNER«-Systems (Makridakis, Wheelwright [Interactive Forecasting]), dessen erstes Teilsystem die Datenanalyse über-

nimmt, das zweite die Rechnungen nach einem der in der Analysephase als geeignet erkannten Programme;
- »FLEXICAST«-Systems (Coopersmith [Forecasting]), das eine Datenanalyse zur Auswahl zeitreihenanalytischer Verfahren für kurz- und mittelfristige Prognosen vornimmt.

Sobald in die Analysephasen der Programme auch Prüfungen eingeschaltet werden, die als ex ante feststellbare statistische Merkmale zur Beurteilung der Prognoseaufgabe bezeichnet werden können (vgl. Brockhoff [Prognoseverfahren] 52ff.), übernehmen die interaktiven Verfahren auch eine Ausbildungsfunktion. Dafür bieten die Systeme

- Interactive Data Analysis (Ling, Roberts [Approach]);
- General Data Management and Analysis System der Stanford University

zwei Beispiele. Im Dialog mit dem Rechner beschreibt der Benutzer seine Daten, kann sie einlesen und analysieren. Sobald der Benutzer Methodenschritte unternehmen will, die mit den gegebenen Daten unverträglich sind oder zumindest fehlerhafte Ergebnisse hervorrufen könnten, werden ihm Warnungen erteilt.

Er hat dann die Möglichkeit, den Grund für die Warnungen festzustellen und gegebenenfalls für Abhilfe zu sorgen, sei dies durch Datentransformation (z.B. Bildung von ersten Differenzen zwischen Beobachtungen statt Benutzung der Beobachtungen selbst) oder durch Wechsel in der Methodenauswahl. Es ist möglich, auch hierfür Vorschläge durch das Programmsystem des Rechners bereitzustellen. Ihre verständige Interpretation setzt aber weiter die intensive Erarbeitung von Methodenkenntnissen und Anwendungserfahrungen beim Benutzer voraus, sei dies nun mit oder ohne Rechnerunterstützung.

Literaturhinweise

Albert, Hans: Probleme der [Theoriebildung]. In: H. Albert (Hrsg.): Theorie und Realität. Tübingen 1964.

Box, George E. und Gwilym M. Jenkins: [Time Series] Analysis for Forecasting and Control. San Francisco 1976.

Brockhoff, Klaus: [Delphi-Prognosen] im Computerdialog. Tübingen 1979.

Brockhoff, Klaus: [Prognoseverfahren] für die Unternehmensplanung. Wiesbaden 1977.

Bruckmann, Gerhart: Langfristige [Prognosen]. Würzburg u. Wien 1977.

Coopersmith, Lewis: Automatic [Forecasting] using the FLEXICAST System.

In: Spyros Makridakis u. Steven C. Wheelwright (Hrsg.): Forecasting. Amsterdam, New York u. Oxford 1979, S. 265–278.

Ling, Robert F. u. Harry V. Roberts: IDA: An [Approach] to Interactive Data Analysis in Teaching und Research. In: Journal of Business, Vol. 48 (1975), S. 411–451.

Makridakis, Spyros und Steven C. Wheelwright: [Interactive Forecasting]. San Francisco 1978.

Makridakis, Spyros: The Art and Science of Forecasting. An Assessment. In: International Journal of Forecasting, Vol. 2 (1986), S. 15–39.

Malinvaud, Edmond: Statistical Methods of [Econometrics]. Amsterdam, London u. New York 1970.

Marschak, Jacob: [Problems] in Information Economics. In: Charles P. Bonini, Robert Jaedicke, Robert K. Wagner, M. Harvey (Hrsg.): Management Controls: New Directions in Basis Research. New York, San Francisco, Toronto u. London 1964, S. 38–74 (WMSI Reprint No. 17).

Mertens, Peter (Hrsg.): [Prognoserechnung]. 3. Aufl., Würzburg u. Wien 1978.

Mertens, Peter und Klaus Backert: [Vergleich] und Auswahl von Prognoseverfahren für betriebswirtschaftliche Zwecke. In: Zeitschrift für Operations Research, 24. Jg. (1980), S. B 1–B 27.

Nerb, Gernot: [Konjunkturprognose] mit Hilfe von Urteilen und Erwartungen der Konsumenten und der Unternehmer, Berlin u. München 1975.

Parzen, Emanuel: [Forecasting] and Whitening Filter Estimation. In: Spyros Makridakis u. Steven C. Wheelwright (Hrsg.): Forecasting. Amsterdam, New York u. Oxford 1979, S. 149–166.

Sackmann, Harold: [Delphi] Critique. Lexington 1975.

Sarin, Rakesh K.: An [Approach] for Long Term Forecasting with an Application to Solar Electric Energy. In: Management Science, Vol. 25 (1979), S. 543–554.

Schönfeld, Peter: Methoden der [Ökonometrie] I. Berlin 1969.

Schwarze, Jochen: Probleme der [Fehlermessung] bei quantitativen ökonomischen Prognosen. In: Zeitschrift für die gesamte Staatswissenschaft, 129. Bd. (1973), S. 535–558.

Theil, Henri: Economic [Forecasts] and Policy. Amsterdam 1965.

Wild, Jürgen: Grundlagen der [Unternehmungsplanung]. 3. Aufl., Opladen 1981.

Zarnowitz, Victor: An [Appraisal] of Short-Term Economic Forecasts. New York 1967.

Zschocke, Dietrich: [Betriebsökonometrie]. Würzburg u. Wien 1974.

Spezialzeitschrift:
International Journal of Forecasting

Stichwortverzeichnis für Band 2 der ABWL

Hinweis: Band 1 enthält ein vollständiges Stichwortverzeichnis für alle 3 Bände der Allgemeinen Betriebswirtschaftslehre. Das Stichwortverzeichnis des vorliegenden Bandes enthält neben den Stichworten für Band 2 Hinweise auf wichtige Stichworte in Band 1 und Band 3. I verweist auf Band 1, III auf Band 3. Hinweise auf eine ausführliche Behandlung des jeweiligen Stichworts sind fett gedruckt. Die Stichwörter wurden alphabetisch nach ihrer invertierten Form (z. B. »Abschreibungen, degressive« unter dem Buchstaben A) und nicht nach der mechanischen Wortfolge (z. B. »degressive Abschreibung« unter dem Buchstaben D) eingeordnet.

A

Q